ERGEBNISSE DER EXAKTEN NATURWISSENSCHAFTEN

HERAUSGEGEBEN VON DER

SCHRIFTLEITUNG DER »NATURWISSENSCHAFTEN«

ERSTER BAND

MIT 35 ABBILDUNGEN

SPRINGER-VERLAG BERLIN HEIDELBERG GMBH

1922

ISBN 978-3-540-77157-9   ISBN 978-3-540-77158-6 (eBook)
DOI 10.1007/978-3-540-77158-6

Vorwort.

Die Ergebnisse der exakten Naturwissenschaften stellen das »Gewordene« dar, den augenblicklichen Stand des Wissens auf den einzelnen Gebieten, d. h.: sie sollen einen Überblick über die Sache geben, nicht über die Veröffentlichungen. Sie haben daher auch nicht die Aufgabe, jede einzelne Arbeit irgend wo und irgend wie einzuordnen. Der Mannigfaltigkeit der Gebiete der exakten Naturwissenschaften und der sich daraus ergebenden Mannigfaltigkeit der Mitarbeiter entspricht jedoch trotz dieses feststehenden Planes eine gewisse Verschiedenartigkeit in der Behandlung, die aber dem Ganzen hoffentlich nur zum Vorteil gereicht.

Die Ergebnisse sollen im allgemeinen über das berichten, was im vorangegangenen Jahre zu besonderer Bedeutung gelangt ist; der erste Band greift naturgemäß etwas weiter zurück.

Berlin, im Herbst 1922. Der Herausgeber.

Inhaltsverzeichnis.

I. Die Fortschritte der Astronomie im Jahre 1921.

Von **R. Prager**-Neubabelsberg.

Vorbemerkung. Einem Wunsche des Herausgebers folgend, habe ich aus dem nachfolgenden Bericht die hauptsächlichsten astrophysikalischen Fragen ausgeschlossen, weil sie in einem besonderen Artikel behandelt werden sollen. Es empfahl sich weiter, mit diesen spektroskopischen und photometrischen Arbeiten auch die Besprechung der Gebiete zu verbinden, die zu einem großen Teil auf jenen Arbeiten beruhen, nämlich die Stellarstatistik und die Probleme der Milchstraße, der Sternhaufen und Nebelflecke. Alle Fortschritte auf diesen Gebieten sind also im folgenden nicht berücksichtigt.

I.

Das Jahr 1921 brachte vier Kometenentdeckungen, von denen zwei bereits bekannte periodische Kometen betrafen. Der Komet 1921a wurde von REID am 13. März am Kap der Guten Hoffnung entdeckt. Er erreichte fast die 5. Größe und konnte längere Zeit mit bloßem Auge gut verfolgt werden. Der zweite Komet, 1921b, war der von BARNARD wieder aufgefundene WINNECKEsche, der seit seiner letzten Erscheinung erhebliche Störungen durch Jupiter erlitten hatte. Dadurch hat sich seine Bahn so verändert, daß seine Periheldistanz sich merklich vergrößert hat und etwa der mittleren Entfernung Erde-Sonne gleichgeworden ist. Da der Perihel-durchgang nahe mit dem niedersteigenden Knoten zusammenfällt, und zwar an einer Stelle, die die Erde wenige Tage später passiert, so war mit einem starken Meteorfall zu rechnen, der aber nur in Japan beobachtet wurde. In Europa und Amerika wurden zwar auch Meteore im Zusammenhang mit dem WINNECKEschen Kometen wahrgenommen, aber nicht in erheblicher Anzahl. Komet 1921c wurde von DUBIAGO in Kasan entdeckt. Er blieb während der ganzen Dauer seiner Sichtbarkeit sehr schwach und bot nichts Bemerkenswertes. Der ENCKEsche Komet war der vierte, er wurde auch am Kap entdeckt. Es liegen nur wenige Messungen aus Südafrika vor. Möglicherweise ist noch ein fünfter Komet beobachtet worden. Am 7. August zur Zeit des Sonnenuntergangs wurde nämlich auf der Lpicksternwarte und auch an anderen Orten ein strahlend helles Gestirn, $3°$ von der Sonne entfernt, gesehen. Am nächsten Abend beobachteten WOLF in Heidelberg und HOFFMEISTER in Sonneberg leuchtende

Bänder, die den sternklaren Himmel in geraden, parallelen Streifen überquerten; das Sternlicht wurde durch diese Bänder nicht geschwächt. Ob zwischen den beiden Erscheinungen ein Zusammenhang besteht, ob man es also bei den leuchtenden Bändern mit einem Kometenschweif zu tun hatte, muß dahingestellt bleiben. Weitere Beobachtungen, die eine Aufklärung über Art und Verbleib des Objektes geben könnten, sind bisher nicht bekannt geworden.

Kleine Planeten sind im Jahre 1921 52 neu entdeckt worden. Die Zahl der gesicherten Bahnen beträgt jetzt 950. Unter den neu hinzugekommenen findet sich der interessante von BAADE entdeckte Planet 944, dessen Bahn mit einer Exzentrizität 0.65, der Bahnneigung 43° und der Umlaufszeit von 13.7 Jahren durchaus kometenartigen Charakter hat. Zur Zeit seines Perihels nähert er sich der Marsbahn auf eine halbe Sonnenweite, im Aphel erreicht er fast die Saturnbahn.

Diese Entdeckungen haben deswegen ein Interesse, weil sie beweisen, daß unter den noch nicht entdeckten Planeten manche sein werden, die unsere Kenntnis des Asteroidenschwarms wesentlich erweitern. Insbesondere sind es die Planeten mit großer Exzentrizität, die nur in günstigen Oppositionen für unsere Instrumente sichtbar werden können und sich daher der Entdeckung bislang entzogen haben. Die letzten Jahre haben noch zwei andere Objekte dieser Art beschert, 719 Albert und 887 Alinda, die der großen Exzentrizität wegen der Erde fast so nahe kommen wie Eros. Um solche Entdeckungen möglich zu machen, muß freilich der dornenvolle Weg der Verfolgung aller Planeten beschritten werden. Diesen Weg zu erleichtern gibt es verschiedene Methoden. Die sehr zweckmäßige BOHLINsche Methode zur gruppenweisen Berechnung allgemeiner Störungen kleiner Planeten, die die Hauptstörungen gleichzeitig für eine größere Zahl von Planeten — mit nahe gleicher mittlerer Bewegung — liefert, erfordert eine Reihe von Tafeln, die für die wichtigsten Fälle des Umlaufsverhältnisses zu Jupiter vorliegen. Für die Saturnstörungen existierten bisher bloß die Tafeln von BLOCK für das Umlaufsverhältnis 1 : 7. OSTEN [29]) liefert nun die entsprechenden Tafeln für das Umlaufsverhältnis 1 : 5 und dehnt damit die Anwendungsmöglichkeit der Methode auf alle Planeten aus, die eine tägliche Bewegung zwischen 550″ und 670″ besitzen. Für eine größere Anzahl von Planeten liegen ferner die Hauptstörungen vor, die von LABITZKE und BODA im Frankfurter Planeteninstitut nach der Methode von BRENDEL gerechnet wurden [4]).

Dem Studium des Gesamtsystems der Asteroiden hat HIRAYAMA einige bemerkenswerte Arbeiten gewidmet [18]). Schon ehe ein Hundert der kleinen Planeten bekannt war, war es aufgefallen, daß in der Anordnung der Entfernungen von der Sonne oder, was dasselbe ist, der täglichen Bewegungen auffallende Lücken da auftraten, wo sich eine Kommensurabilität mit der mittleren Bewegung des Jupiter fand. Diese ist 300″ und die hauptsächlichsten Lücken finden sich bei 600″ (Verhältnis der Bewegung des

Jupiter zum kleinen Planeten $= 1:2$), bei 900" (Verhältnis $1:3$), bei 750" (Verhältnis $2:5$) und bei 700" (Verhältnis $3:7$). Die späteren Entdeckungen haben diese Erscheinung vollauf bestätigt, aber die merkwürdige Tatsache hinzugefügt, daß bei Bewegungen unter 500", von denen es nur etwa ein Dutzend gibt, gerade die Kommensurabilitätsstellen: 300" (Verhältnis $1:1$), 400" (Verhältnis $3:4$), 450" (Verhältnis $2:3$) mit Planeten besetzt sind, während dazwischen kein einziger Planet sich gefunden hat. HIRAYAMA zeigt nun, daß die Konjunktionen der letztgenannten Klassen von Planeten mit Jupiter immer in der Nähe ihres Perihels stattfinden; würde das nicht der Fall sein, würde der Planet z. B. in seinem Aphel mit Jupiter in Konjunktion kommen, so würden die Störungen so anwachsen, daß die Bahn nicht stabil bleiben könnte. Es läßt sich nun leicht zeigen, daß die kritische Entfernung von der Exzentrizität der Planetenbahn abhängt. Es ist auch schon länger bekannt, daß die Exzentrizitäten in der Nähe der Lücken kleiner sind als im Durchschnitt. Je näher der Planet an Jupiter steht, desto kleiner braucht die Exzentrizität zu sein, um einen Zusammenstoß zwischen Jupiter und dem Planeten in einer Aphelkonjunktion zu ermöglichen. Es werden also nur die Bahnen stabil bleiben, die durch eine Libration ihrer Konjunktionen um das Perihel vor einer Aphelkonjunktion geschützt sind. Bei einer täglichen Bewegung von 500" ist die kritische Exzentrizität schon 0.41. Alle Planeten mit kleineren Exzentrizitäten können hier schon stabil bleiben. Einen ganz analogen Fall kennt man übrigens im Saturnsystem, wo zwischen Hyperion und Titan die Kommensurabilität $4:3$ besteht und die Konjunktionen stets um das Aposaturnium Hyperions herum stattfinden.

In der Verteilung der Bahnelemente der kleinen Planeten, hauptsächlich der mittleren Bewegung, Neigung und Exzentrizität treten Verdichtungsstellen auf, die zum Teil zufälliger Art sein mögen. Aber einige auffallende Gruppierungen scheinen nicht bloß zufällig zu sein. HIRAYAMA vergleicht die Zahl der innerhalb gewisser Grenzen vorhandenen Planeten mit der Wahrscheinlichkeit ihrer Gruppierung und findet auf diese Art mehrere Familien mit merkwürdigen Eigenschaften. So liegen die Pole der Bahnebenen auf einem Kreise, in dessen Zentrum der Pol der Jupiterbahn liegt. Dasselbe gilt, wenn auch nicht so deutlich ausgesprochen, für die Apsiden. Solcher Familien findet er fünf, vier weitere werden wahrscheinlich gemacht. Bei seiner ersten Untersuchung konnte HIRAYAMA nur die ersten 790 Planeten benutzen. Die inzwischen erfolgte Entdeckung weiterer 120 Planeten ergab für die einzelnen Familien einen Zuwachs, dessen gute Übereinstimmung mit der berechneten Wahrscheinlichkeit eine gute Stütze für die Theorie bildet.

Diese Erscheinung bestätigt nach HIRAYAMAS Meinung die schon lange aufgestellte Hypothese, daß die kleinen Planeten Bruchstücke eines größeren Körpers sind. Wenigstens wird man die Glieder einer Planetenfamilie als solche Bruchstücke gemeinsamen Ursprungs ansehen können. Die Eigenschaften dieser Familien lassen sich in befriedigender Weise durch die

Säkularstörungen der Bahnebenen durch Jupiter erklären, was ebenfalls als Stütze der Theorie angesprochen werden darf. Ob indessen das Auftreten solcher Gruppierungen nicht als Ergebnis der Störungen allein, auch ohne gemeinsamen Ursprung der einzelnen Planeten, angesehen werden kann, muß weiterer Untersuchung vorbehalten bleiben.

Was den Ursprung der Kometenfamilien anlangt, so neigt man allgemein der Ansicht zu, daß die großen Planeten die ihnen nahekommenden parabelnahen Kometen eingefangen, sie durch ihre störende Kraft in elliptische Bahnen mit mäßiger Exzentrizität und Umlaufszeit verwandelt haben. Bei einer genaueren Betrachtung findet aber Russell[41]), daß nur die Glieder der Familie des Jupiter wirklich von diesem eingefangen sind. Von den Kometen mit längerer Umlaufszeit hat nur bei zweien eine solche Annäherung stattgefunden, daß sie gefangen werden konnten. Bei den übrigen kommt man mit der Annahme aus, daß sie bereits vor sehr langer Zeit eingefangen, ihre Bahnen aber inzwischen durch die Störungen völlig verändert worden sind. Man kann also nicht angeben, welcher Planet sie eingefangen hat. Aus theoretischen Gründen ist es wahrscheinlich, daß Jupiter die große Mehrzahl, Saturn den Rest, vielleicht den einen oder anderen auch Uranus, keinen aber Neptun eingefangen hat.

Neben den gewöhnlichen Annahmen über die Bewegungen der Sterne, der Zweischwarmhypothese von Kapteyn und der Ellipsoidhypothese von Schwarzschild ist noch von Oppenheim eine dritte aufgestellt worden als Analogie zur Bewegung des Schwarms kleiner Planeten, wie sie sich dem Beobachter auf der exzentrisch in ihm stehenden und im Sonnensystem bewegten Erde darstellt. Sie will nachweisen, daß die in den Spezialbewegungen der Fixsterne konstatierten Gesetzmäßigkeiten den gleichen systematischen Charakter zeigen wie jene. Sie ist also auch eine unitarische Hypothese und behauptet, daß die Teilschwärme und die von ihnen bevorzugten Bahnen vorgetäuscht werden dadurch, daß die Sonne nicht im Zentrum der Sternbewegungen liegt und selbst eine ähnliche Bewegung aufweist.

In einer »Statistische Untersuchungen über die Bewegung der kleinen Planeten« betitelten Arbeit[28]) faßt Oppenheim frühere Einzelresultate zusammen und entwirft im Zusammenhange gewissermaßen eine statistische Mechanik der Bewegungen im System der kleinen Planeten, die die Methoden der Stellarstatistik in einem Falle anwendet, der genauer Prüfung durch Theorie und Erfahrung zugänglich ist.

Es werden für zwei willkürliche Epochen die geozentrischen Bewegungen der ersten 265 Planeten herausgegriffen, und bereits aus diesem verhältnismäßig dürftigen Material folgt in ausgezeichneter Übereinstimmung mit der Erfahrung die Lage der Ekliptik gegen den Äquator, des Apex der jeweiligen Erdbewegung und ihre Geschwindigkeit, die Entfernung der Erde von der Sonne. Die Rechnung wird sowohl nach der Airyschen wie nach der Bessel-Koboldschen Methode der Apexbestimmung durchgeführt und damit die Berechtigung der Anwendung dieser Methoden auch auf die Fixsternbewegungen dargetan.

Einen neuen Versuch der Massenbestimmung des Planetoidenringes macht Osten [30]. Unter der Annahme, daß die Anziehung des Planetoidenrings durch die eines massenerfüllten Kreisrings auf einen in seiner Äquatorebene und im Innern gelegenen Punkt ersetzt werden kann, findet er aus seiner Bearbeitung des Planeten 447 Valentine die Masse des Ringes zu $25 \cdot 10^{-8}$, rund 50 mal so groß, wie die aus den Helligkeiten der kleinen Planeten schätzungsweise ermittelte. Eine Nachprüfung der Rechnung an einem stark exzentrischen Planeten wird vielleicht die Entscheidung bringen, welcher von beiden Werten vorzuziehen ist.

Unter den früheren Versuchen, die Anomalie in der Bewegung des Merkurperihels zu erklären, spielte lange die Annahme eines oder mehrerer unbekannten Planeten eine Rolle. Diese Annahme ist rechnerisch nur verfolgt worden, soweit es sich um einen Planeten handelt, dessen Bahn innerhalb der Merkurbahn liegt, worauf die Bode-Titiussche Reihe hindeutete. Nachdem nun durch Bekanntwerden der Trojanerplaneten der Fall von Planetenbewegungen in den Lagrangeschen Dreieckspunkten in der Erfahrung bestätigt war, lag es nahe, die Rechnung unter der Voraussetzung zu wiederholen, daß Vulkan — der nicht gefundene Planet hat ja längst einen Namen — in einem Lagrangeschen Dreieckspunkt mit Merkur liegt. Diese Rechnung hat Smart durchgeführt [47]. Dabei findet er die Masse des Vulkan zu nur $^1/_7$ Merkurmasse — Leverrier hatte bis $2\,^2/_3$ Merkurmasse gefunden — und unter gewissen plausibeln Annahmen über Dichte und Albedo ergibt sich die scheinbare Maximalhelligkeit zu 0^m0 bis 1^m2. Da nun seine Elongation von der Sonne 23° erreichen kann, hält es Smart nicht für ausgeschlossen, daß er den Nachforschungen bei Sonnenfinsternissen, die sich auf ein Feld bis 10° Sonnendistanz erstreckten, entgangen ist, und bei einer größeren Neigung der Bahn wäre auch das Vorkommen von Vulkandurchgängen sehr selten. Trotzdem bleibt die Nichtentdeckung des Planeten, der bei Sonnenfinsternissen ein auffälliges Objekt sein muß und bei der sorgsamen ständigen Überwachung der Sonne, die das Nichtbemerken eines Durchgangs höchst unwahrscheinlich macht, ein gewichtiges Argument gegen die Existenz des Vulkan.

Ob unser Sonnensystem nach außen hin mit Neptun abschließt, vermögen wir nicht zu sagen. Bisher hatte Neptun keine nachweisbaren Abweichungen von den Tafelörtern gezeigt. Jetzt beginnen diese jedoch merklicher zu werden, bis 1919 haben sie den Betrag von $2''$ erreicht. W. H. Pickering [33], der auch früher der Frage nach einem transneptunischen Planeten näher getreten war, berechnet daraus den Ort des unbekannten Planeten, analog der Berechnung des Neptun durch Adams und Leverrier aus den gestörten Örtern des Uranus. Er gibt seinen jetzigen Ort nahe bei ε Geminorum an, die Helligkeit schätzt er 15. Größe.

Auch bei Mars hatten sich Abweichungen der Rektaszensionen von den Tafelwerten gezeigt, die 1903 3″, 1905 bereits 6″ betrugen. Die Ursache konnte Ross feststellen [40]. Sie liegt in der Beibehaltung des Leverrierschen 7°/₀ zu kleinen Erdmassenwerts durch Newcomb, wodurch in die Exzentrizität der Marsbahn ein Fehler von etwa 1″ hineingetragen wird. Die neue Ausgleichung, die auch die Newcomb noch nicht zugänglichen Beobachtungen von 1892—1912 mitnimmt, bestätigt im übrigen die Newcombschen Elemente praktisch völlig, doch wird wegen des erwähnten Fehlers in der Exzentrizität die Darstellung bei Ross wesentlich besser. Eine Diskussion der auf den Sternwarten Greenwich, Paris und Washington angestellten Beobachtungen ergibt auch für die Planetenbeobachtungen, daß die systematischen Differenzen, sowohl in Rektaszension wie in Deklination zwischen den mittleren Resultaten der verschiedenen Sternwarten für jede Opposition größer sind als die wahrscheinlichen Fehler einer einzelnen Ortsbestimmung. Man sollte daraus die Konsequenz ziehen, daß es zwecklos ist, die Beobachtungen an einem einzelnen Ort zur Zeit der Opposition zu häufen. Weniger Beobachtungen, dafür über einen größeren Teil der Bahn verteilt, die Mitarbeit zahlreicher Sternwarten und verschiedener Beobachter, durchgehende Anwendung des Registriermikrometers, Zuhilfenahme der Photographie — das sind die Forderungen, die man an die Beobachtungen stellen muß, um die Theorie der großen Planeten in Zukunft verfeinern und die vermuteten kleinen Schwankungen ihrer Positionen aufhellen zu können.

Der Planet Eros ermöglicht bekanntlich bei günstigen Oppositionen, wie eine solche im Jahre 1931 stattfinden wird, die sicherste Bestimmung der Sonnenparallaxe. Die Elemente der Bahn und die Erdmasse hat Noteboom [27] aus dem gesamten bisher vorliegenden Beobachtungsmaterial mit einer Genauigkeit abgeleitet, die er als ausreichende Unterlage für die theoretische Untersuchung der 1931 zu erwartenden Erscheinung ansieht.

Theoretische Untersuchungen über die Bewegung kleiner Planeten, deren mittlere Bewegung nahe kommensurabel mit der des Jupiter ist, sind früher vielfach angestellt worden. Greaves [14] untersucht nun den Fall einer Kommensurabilität mit Mars und nimmt die Gruppe kleiner Planeten vor, deren mittlere tägliche Bewegung gleich der halben des Mars ist. Die Methode ist dieselbe, die Laplace bei der Diskussion der säkularen Ungleichheiten der großen Planeten angewandt hat, nämlich die Störungsfunktion auf einige Hauptglieder zu reduzieren und dann zu integrieren. Die Neigung der Bahnebenen wird vernachlässigt. Die erhaltenen Resultate werden auf vier Planeten numerisch angewandt. Die wichtigsten Ergebnisse sind, daß langperiodische Ungleichheiten auftreten, und zwar abhängig von Jupiter, von der Exzentrizität des Mars und der des Asteroiden, die ersteren nur in der Exzentrizität des gestörten Körpers, die beiden letzteren auch in den großen Achsen.

Für die Untersuchung der Bewegung der Trojaner hatte WILKENS eine Methode angegeben. Diese besteht in der Annahme, daß ein Trojaner in erster Näherung eine Ellipse um die Sonne als Brennpunkt beschreibt, wenn man sich in dieser die Masse von Sonne und Jupiter vereinigt denkt. DRUCKER [8]) weist bei einer Neubearbeitung der Bahn von 617 Patroclus nach, daß dies Näherungsverfahren nur eine geringe Genauigkeit bietet, und bei Erstrebung größerer Genauigkeit eine Störungsrechnung notwendig wird, die gegenüber den gewöhnlichen Methoden keine Arbeitsersparnis bedeutet.

Seine langjährigen groß angelegten Arbeiten über Librationen und periodische Ejektionsbahnen hat STRÖMGREN im wesentlichen zum Abschluß gebracht [49]).

Eine Beziehung zwischen Masse und Exzentrizität in dem Sinne, daß kleineren Massen größere Exzentrizitäten zugeordnet sind, findet PERRINE [32]) angedeutet, und zwar nicht bloß bei den Planeten und Satelliten, sondern auch bei den spektroskopischen und visuellen Doppelsternen. Diese Relation berührt nahe die für Doppelsterne schon länger bekannte Beziehung zwischen Periodenlänge und Exzentrizität: mit zunehmender Umlaufszeit nimmt auch die Exzentrizität zu. Das wird von WILSON an einem reichhaltigeren Material bestätigt [51]). Er findet ferner bei einer Scheidung nach Riesen und Zwergen, daß die letzteren durchweg kleinere Exzentrizität haben, also gerade das Gegenteil von PERRINES Resultat. PERRINE bezeichnet selber sein Material als zu dürftig, den Beweis nicht stichhaltig; aber die Frage verdient weitere Beachtung, da sie auf kosmogonische Theorien Licht zu werfen imstande ist.

Im Bereich der Satellitentheorie hatte die Untersuchung der Bahn des 7. Saturntrabanten Hyperion besondere Schwierigkeiten bereitet. Auf die eigentümlichen Störungsverhältnisse hatte zuerst NEWCOMB aufmerksam gemacht. H. STRUVE hatte bei seiner Bearbeitung der Saturntrabanten auf eine theoretische Entwicklung der Hyperionbewegung verzichtet und sich mit der numerischen Festlegung einiger Hauptglieder begnügt. Jetzt hat WOLTJER [53]) das Problem von der theoretischen Seite angegriffen und in verschiedenen Abhandlungen wertvolle Beiträge zu verschiedenen Teilen der Theorie des Satelliten geliefert. Insbesondere bestimmt er die Bewegung der Bahnebene und die Größe des Halbachsenverhältnisses Hyperion-Titan und erklärt den Ursprung der kritischen Glieder in den Störungen der mittleren Länge.

In dem System Enceladus-Dione waren Abweichungen zwischen Theorie und Beobachtung übrig geblieben, die WOLTJER [52]) durch eine von der Exzentrizität des Enceladus herrührende Libration zu erklären vermag.

Unter den Erscheinungen im Saturnsystem ist eine Beobachtung von Interesse, die COMRIE und LEVIN gemacht haben [6]), nämlich eine Verfinsterung von Rhea durch den Schatten von Titan. Solche Verfinsterungen kommen zwar häufig vor, sind aber kaum beobachtet worden. Die Beobachtung gibt eine sehr genaue Ortsbestimmung der Satelliten und gestattet auch, das Durchmesserverhältnis von Titan und Rhea zu berechnen, wenn die Verfinsterung photometrisch verfolgt wird.

Für die Bestimmung der Säkularakzeleration des Mondes zieht FOTHERINGHAM [10]) alte Sonnenfinsternisse vom Jahre 1063 v. Chr. bis 364 n. Chr. heran. Er findet 10″.8 für das Jahrhundert.

Über den Einfluß der Gezeiten auf die Säkularakzeleration des Mondes stellt HEISKANEN Überlegungen an [17]). Der Mond überträgt auf die Wasserwellen die Arbeit von $20.2 \cdot 10^{18}$ erg/sec. Diese Energie, die der Mond an die Erde abgibt, vergrößert die Rotationsgeschwindigkeit der Erde und die mittlere Bewegung des Mondes. Der Mond erhält also eine Akzeleration, aber durch die Verkürzung des Tages eine noch größere Retardation. Beobachtet wird aber eine Akzeleration der Mondbewegung, und die Ursache dieses Widerspruchs glaubt HEISKANEN in der Energiezerstreuung beim Auslaufen der Gezeitenströmungen in den Randmeeren und Kanälen und an flachen Küsten zu finden.

II.

Die beobachtende Astronomie ist es in erster Linie, der heute die Aufgabe zufällt, die aus der Relativitätstheorie gezogenen Schlußfolgerungen einer Prüfung zu unterziehen. Welche Gesichtspunkte dabei in Frage kommen, wieweit die heutige Beobachtungskunst imstande ist, die bestehenden Möglichkeiten einer Prüfung der Theorie auszunutzen, welche andere Deutung den astronomischen Ergebnissen bei der Beobachtung der in Frage kommenden Erscheinungen gegeben werden kann, wieweit also die etwa mit den Forderungen der Relativitätstheorie übereinstimmenden Messungsergebnisse als schlüssige Beweise für die Richtigkeit der Relativitätstheorie anzusehen sind, untersucht BOTTLINGER [5]) in einer zusammenfassenden kritischen Darstellung der bisher angegebenen Prüfungsmethoden und des dazu vorliegenden Beobachtungsmaterials.

Über die drei wichtigsten Kriterien der Relativitätstheorie: die Ablenkung eines Lichtstrahls im Gravitationsfeld der Sonne, die Anomalie in der Bewegung des Merkurperihels und die Rotverschiebung der Spektrallinien wird die Diskussion weiter fortgesetzt. Bei der Kritik über die Sonnenfinsternisaufnahmen der englischen Expedition nach Sobral im Mai 1919 ist Wert auf die Tatsache gelegt worden, daß die Verschiebungen der Sterne nicht radial vom Sonnenzentrum verlaufen. RUSSELL [44]) erklärt dies durch eine Distorsion des Gesichtsfeldes, die gleichbedeutend mit einer Kontraktion aller Distanzen parallel der Vertikalen um $^{1}/_{12000}$ ihres Betrages ist. Nimmt man eine solche Distorsion nicht an, so ist die Darstellung der Gesamtheit der Beobachtungen wesentlich schlechter, als aus der inneren Übereinstimmung der einzelnen Platten zu erwarten ist. Läßt man die Distorsion aber zu, so wird die Darstellung der Beobachtungen mit dem von EINSTEIN geforderten theoretischen Wert der Lichtablenkung besser als zu erwarten ist. Der aus der Ausgleichung abgeleitete etwas größere Wert des Einsteineffektes dagegen gibt — immer im Vergleich zu der inneren Genauigkeit — eine so gute Darstellung der Beobachtungen, daß RUSSELL sie einem glücklichen Zufall zuzuschreiben geneigt ist. Die Distorsion des Feldes läßt sich leicht erklären durch die Annahme einer zylindrischen Krümmung des Zölostatenspiegels infolge der Erwärmung durch die Sonne, wobei der Krümmungsradius nicht kleiner als 12 km zu sein braucht.

Die Anomalie der Perihelbewegung des Merkur spielt bei der Prüfung der Relativitätstheorie eine besondere Rolle, insofern, als sie nicht erst durch ad hoc anzustellende Beobachtungen erwiesen werden mußte, sondern aus den Arbeiten LEVERRIERS und NEWCOMBS bereits bekannt war. Bei der Wichtigkeit, die der von NEWCOMB abgeleitete Zahlenwert der Perihelbewegung des Planeten für die Relativitätstheorie besitzt, ist eine Nachprüfung des Wertes selbst sowie seiner Genauigkeit sehr erwünscht. Die NEWCOMBsche Ableitung unterzieht GROSSMANN [15]) einer eingehenden Kritik, die das Resultat in numerischer Hinsicht als keineswegs so sicher erscheinen läßt, wie es vielfach angesehen worden ist. Der Haupteinwand ist der, daß NEWCOMB die Meridianbeobachtungen des Merkur — über 5400 an Zahl — verwirft und nur die Beobachtungen der Merkurdurchgänge benutzt. So wenig bei den einzelnen Meridianbeobachtungen die systematischen Fehler zu vermeiden sind, wodurch das Beobachtungsmaterial in der Tat nicht einwandfrei ist, so wenig ist das auch bei den Durchgangsbeobachtungen der Fall. Die letzteren sind außerdem an Zahl wesentlich geringer und treten nur zu bestimmten Zeiten, nämlich in der Nähe der Knoten der Merkurbahn ein. Die Verwerfung der Meridianbeobachtungen bedeutet somit eine Willkür, die GROSSMANN nicht gerechtfertigt erscheint.

Von erheblicher Bedeutung für das vorliegende Problem ist ferner die Größe der Venusmasse. Hier verwirft NEWCOMB den aus den säkularen Störungen des Merkur hervorgehenden Wert, weil er von den aus den periodischen Störungen der Längen der Sonne und des Merkur abgeleiteten, die untereinander in guter Übereinstimmung sind, abweicht.

Aus GROSSMANNS Untersuchung geht hervor, daß in unserer Kenntnis der Merkurbewegung noch mancherlei der Aufklärung bedürftige Widersprüche vorhanden sind. Eine durch die Newtonsche Theorie ohne Zuhilfenahme weiterer Hypothesen nicht erklärbare Bewegung des Perihels ist zweifellos vorhanden, sie beträgt nach GROSSMANN zwischen 29″ und 38″ im Jahrhundert, erreicht also nicht ganz den von der EINSTEINschen Formel geforderten Wert von 43″, der auf den sehr genau bekannten Dimensionen der Bahn beruht. Eine Entscheidung für oder gegen die Relativitätstheorie kann bei der Unsicherheit unserer gegenwärtigen Kenntnis der Perihelbewegung des Merkur nur von einer Neubearbeitung des gesamten Materials mit Einschluß der neuesten Beobachtungen erwartet werden.

Die wichtigste der astronomischen Prüfungsmöglichkeiten der Relativitätstheorie ist die Rotverschiebung der Spektrallinien. Außer auf der Sonne ist das Schwerefeld auf manchen Sternen mit großer Dichte vielleicht groß genug, um mit den heutigen Hilfsmitteln eine Rotverschiebung von dem von der Theorie geforderten Betrage nachzuweisen. Daß die Methode bei Fixsternen allgemein versagt, liegt daran, daß sich der etwa vorhandene EINSTEIN-Effekt mit dem DOPPLER-Effekt vermischt, ohne daß eine Trennung möglich ist. Bisher wurde deshalb jede Linienverschiebung als reiner DOPPLER-Effekt angesprochen und aus ihm die Relativgeschwindigkeit des Sterns gegen die Erde berechnet. Es ist klar, daß eine Trennung von EINSTEIN- und DOPPLER-Effekt nur dann möglich ist, wenn diese Relativgeschwindigkeit anderweitig genau bekannt ist, wie bei der Sonne. In einzelnen Fällen wird das auch bei Fixsternen, unter Hinzuziehung gewisser Hypothesen, vorkommen. So hat FREUNDLICH die Gleichheit der Geschwindigkeit der Orionsterne mit denen des Orionnebels vorausgesetzt, was aber wegen der Bewegungsverhältnisse des Nebels bedenklich ist. Einen anderen Weg beschreitet KOHL [20]), der die Geschwindigkeiten der Sterne des Taurusstromes untersucht und dabei folgendermaßen argumentiert. Da die Sterne gleiche Entfernung von der Erde und gleiche räumliche Geschwindigkeit haben, müßte sich bei den Sternen mit großer Masse ein Einfluß des Schwerefeldes bemerkbar machen, die Rotverschiebung müßte, wie KOHL annimmt, bei den Riesen, die im allgemeinen größere Masse haben, stärker sein als bei den Zwergen. Die Riesen würden sich also, die gesamte Rotverschiebung wieder als DOPPLER-Effekt gedeutet, schneller von uns entfernen als die Zwerge. Infolge des noch ziemlich dürftigen Materials — von den 56 sicher zum Taurusstrom gehörenden Sternen sind die Radialgeschwindigkeiten nur von 16 Sternen bekannt — ist nun eine strenge Teilung in Riesen und Zwerge nicht durchführbar. KOHL teilt daher die Sterne in zwei nahe gleich große Gruppen, von denen die eine die absolut helleren, die andere die absolut schwächeren umfaßt. Die helleren, vornehmlich Riesen, ergeben in der Tat eine um 3 km größere Stromgeschwindigkeit als die schwächeren. KOHL will das gefundene Resultat in Rücksicht auf das wenig geeignete Beobachtungsmaterial nur als eine Andeutung für das Vorhandensein des Einsteineffektes ansehen, aber selbst dieser vorsichtigen Fassung wird man nicht beistimmen können, weil einmal die Berechtigung der Gleichsetzung der Riesen mit Sternen größerer Masse noch nicht erwiesen ist, vor allem aber, weil gerade bei den Zwergen die Rotverschiebung den größten Betrag erreichen kann. Denn das Gravitationspotential an der Oberfläche eines Sternes ist ja nicht bloß von der Masse, sondern auch von der Dichte abhängig. Das von KOHL bearbeitete Material würde also, wenn man ihm überhaupt eine Beweiskraft zusprechen will, gerade das Gegenteil beweisen von dem, was bewiesen werden soll.

Neben den Bemühungen, die Konsequenzen der Relativitätstheorie aus den Beobachtungen zu bestätigen, verdienen die Versuche, aus astronomischen Messungen eine Absolutbewegung herzuleiten, ernsteste Beachtung. Mit diesen beschäftigt sich COURVOISIER sehr eingehend [7]. Die Frage nach der Mitführung des Äthers durch die Erde kann nämlich aus dem beobachteten Betrage der astronomischen Aberration entschieden werden. COURVOISIER benutzt das durch den internationalen Breitendienst gelieferte umfangreiche Material an Polhöhenwerten. Aus den Jahresschlußfehlern der Polhöhen- und Refraktionspaare erhält man verschiedene Werte der Aberrationskonstante, und aus der Differenz dieser Werte einen Betrag für den Mitführungskoeffizienten des Äthers, der zwar positiv, aber von gleicher Größe wie sein mittlerer Fehler herauskommt, mithin nicht als reell anzusehen ist. Dabei zeigt sich jedoch, daß der mittlere Fehler des Mitführungskoeffizienten nur 0.6 $^{\circ}/_{oo}$ der Erdgeschwindigkeit beträgt, während LODGE die Unsicherheit seiner physikalischen Bestimmung der Viskosität des Äthers zu höchstens 2 $^{\circ}/_{oo}$ der von ihm erreichten Geschwindigkeit angibt. Die astronomische Herleitung des Mitführungskoeffizienten scheint also der physikalischen an Genauigkeit noch etwas überlegen zu sein.

Aus dem Einflusse der säkularen Aberration auf die vorliegenden Beobachtungen berechnet COURVOISIER ferner die Geschwindigkeit der Erde im Raum relativ zum ruhenden Äther, wobei er vorläufig über den Zielpunkt der Sonne willkürliche Annahmen macht. Er führt die Rechnung für drei Hypothesen durch, den Sonnenapex, den Nordpol und den Vertex. Nur die letztere Annahme liefert ein bemerkenswertes Resultat: Geschwindigkeit der Erde relativ zum ruhenden Äther 1120 $\pm$ 630 km/sec. Auch diese Zahl ist äußerst unsicher, doch geht daraus hervor, daß der Anteil der säkularen Aberration an der Differenz der Aberrationskonstanten für die Polhöhen- und Refraktionspaare erheblich sein kann, und somit wird es noch wahrscheinlicher, daß dem oben abgeleiteten Mitführungsfaktor keine Realität zukommt.

Eine weitere Bestimmungsmöglichkeit der relativen Geschwindigkeit der Erde gegen den ruhenden Äther ergibt folgende Überlegung: Faßt man die LORENTZ-Kontraktion als einen reellen Vorgang auf, so wird ein Kreis, mit dem Meridianzenitdistanzen gemessen werden, deformiert, gleichzeitig auch das Fernrohr, mit dem beobachtet wird, und ebenso wird das Lot abgelenkt. Da aber die momentanen Meridiankomponenten der Erdbewegung periodisch veränderlich sind, muß es auch die in Betracht kommende LORENTZ-Kontraktion sein, nicht aber die Richtung nach dem Stern. Die abgeleiteten Zenitdistanzen müssen also periodische Schwankungen aufweisen, deren Größe vom Quadrat des Verhältnisses der absoluten Erdgeschwindigkeit zur Lichtgeschwindigkeit abhängt. Ein anderes Verfahren der Bestimmung der Erdbewegung relativ zum Äther ergibt sich aus dem Unterschiede der direkt und im Quecksilberhorizonte reflektiert gemessenen Zenitdistanzen eines Sternes, da Einfallswinkel und Reflexionswinkel im bewegten System gemessen um Größen 2. Ordnung von v/c verschieden sind. Der Effekt ist bei der heutigen Meßgenauigkeit nachweisbar, wenn die Erdgeschwindigkeit größer als etwa 300 km/sec ist.

Es sei in diesem Zusammenhange noch einer Gravitationstheorie gedacht, die Majorana auf Grund außerordentlich sorgfältiger Pendelexperimente aufgestellt hat. Majorana nimmt eine Abnahme der Anziehungskraft beim Durchgang durch Materie an, analog der bei der Strahlung auftretenden Absorption. Die Absorption der Gravitation soll eine universelle Konstante sein, die er zu $6.73 \cdot 10^{-12}$ CGS bestimmt.

Die Möglichkeit einer Absorption der Gravitation ist früher schon untersucht worden, am eingehendsten von Bottlinger, besonders um Störungen der Mondbewegung zu erklären. Seine Rechnungen, die mit der Absorptionskonstante $3 \cdot 10^{-15}$ CGS geführt wurden, gaben Störungsbeträge, die sicher nicht vorhanden sind. Die astronomischen Konsequenzen der Majoranaschen Theorie untersucht Russell [42]. Aus der Anziehung auf einen anderen Körper erhält man mit der Newtonschen Formel nach Majorana nur die scheinbare Masse des anziehenden Körpers, die stets kleiner sein muß als die wahre Masse, um so kleiner, je größer die Oberfläche und je größer die Dichte des betrachteten Körpers ist. Für Jupiter z. B. ergibt sich eine Verminderung der wahren Masse um $5°/_0$. Das bezieht sich natürlich nur auf die schwere Masse, über eine gleichzeitige Verminderung der trägen Masse sagt die Theorie nichts aus. Daraus folgt, daß das dritte Keplersche Gesetz eine Form annimmt, die besagt, daß von zwei Planeten mit gleicher Umlaufszeit der massigere der Sonne näher steht. Das würde z. B. bedeuten, daß Jupiter in der Quadratur von dem nach der Newtonschen Theorie berechneten Ort in Länge $7'$ abweichen müßte, was natürlich ganz ausgeschlossen ist. Für Eros im Perihel würde die Abweichung sogar $39'$ in der Quadratur, und in der Nähe der Perihelopposition, wo er 1901 beobachtet wurde, mehr als $1°$ betragen. Noch größere Widersprüche ergeben sich bei der Mondbewegung und bei den Gezeiten. Russell kommt zum Schluß, daß bei Annahme einer Gravitationsabsorption ohne gleichzeitige Änderung auch der trägen Masse, Majoranas Konstante auf ihren 10000. Teil vermindert werden müßte; dann aber ist der Nachweis der Absorption weit unterhalb der Beobachtungsmöglichkeit im Laboratorium. Die Planetenbewegungen beweisen eben die strenge Proportionalität zwischen schwerer und träger Masse, und es bleibt sich zunächst völlig gleich, ob wir die aus den Bewegungen gemäß dem Newtonschen Gesetz abgeleiteten Massen als wahre oder scheinbare ansehen wollen. Eine Entscheidung läßt sich aber herbeiführen, wenn ein Körper zwischen zwei andere tritt. Dieser Effekt ist unmerklich bei den Planeten und beim Monde, aber erheblich bei den Gezeiten. Aus den numerischen Konsequenzen ergibt sich mit aller Deutlichkeit, daß auch hier der Betrag der Absorption unter $^1/_{5000}$ des von Majorana angenommenen Betrages bleiben muß.

Wie die Majoranaschen Experimente zu deuten sind, bleibt also eine offene Frage. Russell stellt die Hypothese auf, daß die Masse eines Körpers, die träge wie die schwere, durch die Nähe eines anderen vermindert wird, etwa indem die von dem einen Körper in der vierdimensionalen Welt erzeugte Krümmung durch die Superposition einer anderen Krümmung modifiziert wird. Aber auch dagegen lassen sich leicht Einwendungen erheben. So müßte sich die Masse eines Planeten in der Nähe des Perihels vermindern und seine Geschwindigkeit sich ändern, was durch die Beobachtungen nicht angezeigt wird. Ähnlich müßte eine große Kugel, die in geradliniger Bewegung ist, infolge der Kontraktion in der Bewegungsrichtung ihre Masse vermindern, ihre Geschwindigkeit müßte wachsen, wenn Trägheit und Energie erhalten bleiben. Dann wäre es theoretisch möglich, aus dem Betrag der Änderung die absolute Geschwindigkeit zu berechnen, was wieder mit dem Relativitätsprinzip nicht vereinbar ist. Russell selbst hält solche Spekulationen für verfrüht, ehe nicht weitere Bestätigungen der Majoranaschen Experimente erbracht sind.

III.

Die Grundlage für alle Untersuchungen über Bewegungen im Sonnensystem wie in der Fixsternwelt bilden die Ortsbestimmungen am Meridiankreis. Sie haben durch die Radialgeschwindigkeitsmessungen aus spektrographischen Aufnahmen eine wichtige Ergänzung gefunden, aber während die letzteren sofort die Geschwindigkeit bei einer einzigen Messung liefern, gehören zur Ermittlung der lateralen Eigenbewegungen jahrhundertelange Reihen von immer wieder neuen Ortsbestimmungen. Auch die photographischen Ortsbestimmungen machen die Beobachtungen am Meridiankreis nicht entbehrlich, im Gegenteil, für jede photographische Aufnahme ist streng genommen eine gleichzeitige Beobachtung einiger Sterne des auf der Platte abgebildeten Himmelsareals notwendig. Denn zur Ableitung der Plattenkonstanten bedarf man einiger genau bekannter Sternörter, und diese eben muß der Meridiankreis liefern.

Die Meridianbeobachtungen zerfallen nun wieder in zwei Sorten, die Fundamentalbeobachtungen und die Anschlußbeobachtungen. Die letzteren setzen ebenfalls eine Reihe gut bestimmter Sternörter voraus, um den Anschluß an das zugrunde gelegte Koordinatensystem zu ermöglichen. Das Problem der Ortsbestimmung läuft also immer darauf hinaus, gute fundamental bestimmte Sternörter zu gewinnen. Dieser Aufgabe widmen sich nur wenige Sternwarten dauernd, vor allem Pulkowa, Babelsberg, Greenwich, Washington und auf der Südhalbkugel die Sternwarte am Kap der guten Hoffnung. Im vergangenen Jahre sind von den drei letzteren große fundamental beobachtete Kataloge erschienen, der von Greenwich [12]) enthält 1540, der Washingtoner 4526 [37]) und der vom Kap [11]) 1846 Sterne. Um dies wertvolle Material nun jederzeit nutzbar zu machen, ist durch Vergleichung mit früheren Bestimmungen die Eigenbewegung jedes Sterns abzuleiten; das ist in den vorliegenden zusammenfassenden Bearbeitungen von Auwers, Newcomb, Boss geschehen, die aber alle nur das bis etwa 1900 gesammelte Beobachtungsmaterial benutzen konnten. Erreichen die Örter in diesen Katalogen für das Mittel der Beobachtungszeiten, die Epoche, die etwa auf 1870 anzusetzen ist, eine erhebliche, allen Anforderungen genügende Genauigkeit, so gilt das keineswegs für die Eigenbewegungen. Denn in diese gehen einmal die Fehler der ältesten Kataloge mit ihrem vollen Betrage ein, zweitens aber sind die Systeme der einzelnen Kataloge verschieden, und häufig nicht mit der gewünschten Strenge aufeinander reduzierbar. Solche Systemunterschiede können herrühren von Fehlern des Instruments, Fehlern des Beobachters, und Fehlern der Reduktion, vorwiegend bei der Berücksichtigung der Refraktion, die auf die Deklinationen verhängnisvoll wirken können. Da wir nun bereits ein halbes Jahrhundert von der mittleren Epoche der vorhandenen Fundamentalkataloge entfernt sind, muß selbst ein kleiner Fehler in der angenommenen jährlichen Eigenbewegung schon merklich werden.

Wie groß diese Fehler sind und welche Mittel zu ihrer Beseitigung zu ergreifen sind, untersucht KAPTEYN [19]) in einer ausführlichen Diskussion des Fundamentalkatalogs von Boss. Die Konsequenzen, die er zieht, gelten aber in ähnlicher Weise für die anderen Fundamentalkataloge und ebenso natürlich für alle anderen Sternverzeichnisse, die ja differentiell an ein Fundamentalsystem angeschlossen werden müssen. Einleitend bemerkt er, daß es nichts Deprimierenderes im ganzen Gebiet der Astronomie gibt, als den Übergang von der Betrachtung der zufälligen Fehler der Sternpositionen zu ihren systematischen. Während die besten modernen Meridianinstrumente die Koordinaten eines Sterns am Äquator durch eine einzelne Beobachtung auf $0''.2$ (zufälliger wahrscheinlicher Fehler) genau ergeben, bleibt aus Tausenden von Beobachtungen der besten Sternwarten zusammen ein Fehler von mehr als einer halben Bogensekunde. Soweit es sich heute übersehen läßt, sind die systematischen Fehler der Deklinationen — diese betrachtet KAPTEYN vornehmlich — in ihrer Abhängigkeit von der Rektaszension praktisch bedeutungslos. Aber die Fehler der Deklination als Funktion der Deklination sind erheblich. Die Ursache ist leicht zu finden, sie liegt in den der Rechnung zugrunde gelegten Werten der Refraktion. Ob unsere Kenntnis der Strahlenbrechung in der Atmosphäre im allgemeinen noch nicht ausreicht, ob lokale Störungen der Refraktion mitwirken, das ist vor der Hand nicht zu entscheiden. Erstrebenswert ist es jedenfalls, Beobachtungsmethoden anzuwenden, bei denen die Refraktion keine oder nur eine untergeordnete Rolle spielen kann. Solche Beobachtungsmethoden sollen jetzt auf der Leidener Sternwarte ausprobiert werden, aber wir würden zur Ermittlung der Eigenbewegungen damit nur eine Anfangsepoche gewinnen, brauchbare Resultate über Eigenbewegungen der schwächeren Sterne könnten wir dann erst in hundert Jahren erhoffen. Das bedeutete aber, jede fruchtbare Untersuchung über die Bewegungsverhältnisse der Sterne einem späteren Jahrhundert zu überlassen, und einen solchen entsagungsvollen Standpunkt wird man nicht einnehmen wollen, solange ein Ausweg aus dieser Schwierigkeit zu finden ist. KAPTEYN zeigt nun einen solchen Ausweg, der in naher Zukunft doch zu einem brauchbaren Ergebnis führen kann.

Um zunächst einen Überblick zu bekommen, wie groß die möglichen Fehler der Eigenbewegungen des Bossschen Fundamentalkatalogs sein können, macht KAPTEYN verschiedene Überlegungen.

a) Aus dem Vergleich der besten neueren Sternkataloge mit Boss findet er die notwendige durchschnittliche Korrektion, die an die Eigenbewegungen der Äquatorsterne des Boss-Katalogs anzubringen sind $= + 0\overset{''}{.}0174$,

b) aus den älteren und späteren Pulkowaer Katalogen $= + 0\overset{''}{.}0140$,

c) aus der Differenz der Apexdeklinationen, bestimmt aus den Eigenbewegungen, verglichen mit der aus Radialgeschwindigkeiten bestimmten, die als frei von systematischen Fehlern in Abhängigkeit von der Deklination angesehen werden können $= + 0\overset{''}{.}0136$, endlich

d) auf einem vierten, gleich näher zu besprechenden Wege $= + 0\overset{''}{.}0131$. Diese Zahl gewinnt er durch folgende Überlegung: Die Werte der Deklination des Vertex der 1. Sterntrift zeigen eine deutliche Abhängigkeit von der Größe der der Rechnung zugrunde liegenden durchschnittlichen Eigenbewegungen. Je kleiner diese sind, um so unsicherer sind sie infolge des Einflusses der systematischen Fehler. Die kleinsten Eigenbewegungen haben nun die Heliumsterne (Sterne vom Typus B). Diese haben sich niemals in eine der beiden Sterntriften einordnen lassen, und es tritt nun klar zutage, daß das nicht irgend eine physische Eigentümlichkeit der Sterne ist, sondern lediglich eine Folge ihrer sehr kleinen Eigenbewegungen. Die kleine Tabelle, die außerordentlich instruktiv ist, sei hier wiedergegeben.

	Durchschnittl. Eigenbewegung	D	D′
Sterne mit sehr großer E.B.	$0\overset{''}{.}56$	$+ 6\overset{\circ}{.}8$	$+ 3\overset{\circ}{.}0$
Sterne vom Typus A, F, G, K, M (EDDINGTON)	0.108	$+ 14.6$	$+ 4.0$
Sterne vom Typus A (KAPTEYN)	0.064	$+ 18.8$	$+ 3.3$
Sterne vom Typus F, G, K, M und E.B. zwischen $0\overset{''}{.}02$ und $0\overset{''}{.}075$	0.043	$+ 26.0$	$+ 1.9$
Sterne vom Typus B (KAPTEYN)	0.026	$+ 31.6$	$+ 4.8$
Mittel			$+ 3\overset{\circ}{.}4$

Hier bezeichnet D die Deklination des Vertex der 1. Sterntrift, berechnet mit den bisher bekannten Werten der Eigenbewegung, D′ dieselbe Deklination nach Einführung der obengenannten Korrektion $+ 0\overset{''}{.}0131 \cos \delta$. Die Übereinstimmung ist ausgezeichnet. Die früher gefundenen Unterschiede in der Richtung der Sternbewegungen hängen also nicht vom Spektraltypus ab, sondern sind nur ein Rechnungsresultat, in dem die systematischen Fehler der Sternpositionen, die die kleinen Eigenbewegungen stärker beeinflussen als die großen, ihren Ausdruck finden.

Die Resultate unter c) und d), die sich nicht bloß auf Äquatorsterne beziehen, erhält KAPTEYN unter der aus der Beobachtungsmethode am Meridianinstrument folgenden plausibeln Annahme, daß die Korrektion abhängig ist vom Cosinus der Deklination, am Pole also verschwindet, am Äquator am größten wird. Die Übereinstimmung der vier aus den verschiedenen Methoden folgenden Zahlenwerte ist so gut, daß an der

Realität einer Korrektion der Eigenbewegungen in Deklination bis zu $+ 0''015$ nicht wohl gezweifelt werden kann.

Mit diesen Überlegungen ist ein Anhalt über die Größe der möglichen Fehler gewonnen. KAPTEYN zeigt nun auch einen Weg zur Gewinnung einwandfreier Eigenbewegungen, der hier nur kurz angedeutet werden soll. Aus dem umfangreichen Material an photographischen Platten, die zur Parallaxenbestimmung von BOSS-Sternen aufgenommen worden sind, und die durch Zusatzaufnahmen nach einer Zwischenzeit von fünf bis zehn Jahren ergänzt werden sollen, erhält man sehr genaue *relative* Eigenbewegungen der auf der Platte vorhandenen Sterne bis zur 12. oder 13. Größe herunter gegen den Boss-Stern. Durch geeignete Kombination von Sternen, die in gleicher Deklination, aber um $180°$ voneinander verschiedenen Rektaszensionen stehen, läßt sich dann der Einfluß der systematischen Fehler leicht eliminieren.

Ein interessantes Beispiel, wieweit solche Fehler der Eigenbewegungen auch für ganz abseits liegende Probleme von Bedeutung werden, ist das folgende. Der Geologe LAWSON hatte aus dem Material des internationalen Breitendienstes gefunden, daß die Polhöhe der amerikanischen Station Ukiah eine fortschreitende Zunahme von $0''01$ im Jahre aufweise, und zieht diese Zunahme zur Diskussion seiner Theorie des elastischen Rückpralls der Erdbeben heran. LAMBERT findet diese Erscheinung für die übrigen Stationen des Breitendienstes ebenfalls bestätigt, mit Ausnahme der japanischen Station Mizusawa, die in einer seismisch stark erregten Gegend liegt; er nimmt an, daß fehlerhafte Eigenbewegungen das Resultat vortäuschen. In der Tat zeigen, wie SCHLESINGER [46]) nachweist, die von COHN abgeleiteten Eigenbewegungen der Breitendienststerne, die für das AUWERSsche Fundamentalsystem gelten, eine systematische Differenz gegen das Boss-System im Betrage von $+ 0''0087 \pm 0''0007$ (COHN—Boss). Würde man die Bossschen Eigenbewegungen in die Rechnung einführen, so fiele die Polwanderung fort. Indessen ergeben gerade die KAPTEYNschen Untersuchungen Korrektionen des Boss-Systems, die zugunsten des AUWERSschen Systems sprechen, ja, die Verschiebung des Pols in noch stärkerem Grade wahrscheinlich machen.

Ebenso wie die Deklinationen sind auch die Rektaszensionen unserer Sternkataloge mit merklichen systematischen Fehlern behaftet. Während bei jenen unsere mangelhafte Kenntnis der Refraktionsvorgänge die Schuld daran zu tragen scheint, kommen bei diesen andere Einflüsse in Frage, die noch unaufgeklärt sind.

Vor einiger Zeit machte ZIMMER [54]) in Cordoba darauf aufmerksam, daß zwischen den Zeitbestimmungen am Meridiankreis um Sonnenuntergang und um Sonnenaufgang ein systematischer Unterschied bestünde, in dem Sinne, daß die Durchgänge der Sterne am Morgen um 0.08 Sekunden später beobachtet würden, als am Abend. Das gilt jedoch nur für die Zeit des Frühlingsäquinoktiums, im Herbstäquinoktium war der Unterschied verschwunden. Es folgte zunächst daraus, daß in den Rektaszensionen des Boss-Katalogs, die den Beobachtungen zugrunde gelegt waren, eine systematische Differenz zutage trat, indem sie bei 6^h um $0^s.04$ größer waren als bei 18^h. Die dann noch übrigbleibende Differenz zwischen Abend- und Morgenbeobachtungen im Betrage von $0^s.04$ ist auch auf anderen Sternwarten bestätigt worden. So fand TUCKER [50]) aus älteren Beobachtungsreihen $0^s.05$, aus einer neueren, speziell zur Untersuchung des in Rede stehenden Problems angestellten Reihe sogar $0^s.07$. Ähnliche Werte sind in Washington [3]) und Albany [38]) gefunden worden. Die Erscheinung ist von ZIMMER und TUCKER eingehend diskutiert, eine befriedigende Erklärung aber noch nicht gefunden worden. Störende Einflüsse, wie persönliche Fehler beim Wechsel von Tag- und Nachtbeobachtungen, deren Größe übrigens genau bestimmt werden konnte, sind durch die Anordnung der Beobachtungen eliminiert. Die instrumentellen Bedingungen, insbesondere die Aufstellung der Uhren, die gegen Schwankungen der Temperatur und des Luftdrucks geschützt sind, waren einwandfrei, Änderungen des Ganges der Uhren kommen also nicht in Frage. Den Einfluß der Attraktion der Sonne auf das Pendel der Uhr schätzt TUCKER ab, er ist ebenfalls viel zu klein. Alle Versuche, das Phänomen mit physikalischen, physiologischen oder psychologischen Gründen zu erklären, sind gescheitert. Bei dem sehr reichhaltigen Material, das in Cordoba gesammelt ist, war nämlich noch etwas aufgefallen. Die Differenzen der Rektaszensionen der einzelnen Sterne zwischen Frühlings- und Herbstäquinoktium, sind voneinander um Beträge verschieden, die ein Vielfaches des wahrscheinlichen Fehlers der einzelnen Bestimmungen ausmachen. Eine Abhängigkeit dieser Differenzen vom Spektraltypus, der Eigenbewegung, der Rektaszension oder Deklination ist nicht vorhanden, höchstens eine solche von der Größe und von der Lage der Sterne zur Milchstraße. Die von TUCKER verfochtene Anschauung, daß es sich um laterale Refraktion handelt, ist also auch höchst unwahrscheinlich. Denn wie sollte eine solche Störung nahe beieinander stehende Sterne regelmäßig um so erheblich verschiedene Beträge beeinflussen? Zudem müßte sich dann ein Gang mit der Deklination oder der Zenitdistanz zeigen, der nicht vorhanden ist. Der gleiche Einwand [48]) trifft die Vermutung ZIMMERS, der auf der Suche nach einem stellaren Ursprung des Phänomens, die Parallaxe der Sterne als Ursache anzusehen geneigt ist. Soweit Sterne mit bekannter Parallaxe in der Beobachtungsliste vorhanden sind, finden sie allerdings in den Abweichungen vom Mittel ihren Ausdruck. Aber die ganze Erscheinung als Parallaxe zu deuten, ist mit unseren übrigen Kenntnissen der Sternentfernungen völlig unvereinbar. Zur Untersuchung, ob die Ursache stellar oder terrestrisch ist, schlägt ZIMMER vor, die sich sehr langsam bewegenden Planeten Uranus und Neptun an eine Reihe von Sternen nahe gleicher Rektaszension, ebenfalls am Abend und am Morgen anzuschließen. Im ersteren Falle müßte sich die Ephemeridenkorrektion am Abend größer als am Morgen zeigen. Es liegt jedoch erst eine solche

Reihe von Uranus von Guérin und eine von Neptun von Tretter vor, die gerade den gesuchten Effekt von $0\overset{s}{.}04$ ergeben. Doch wäre es voreilig, daraus bestimmte Schlüsse zu ziehen. Bei der Bedeutung der ganzen Frage für die fundamentale Astromonie ist eine genauere Verfolgung durch Kooperation mehrerer Sternwarten, die in geographischer Länge gut verteilt sind, und Benutzung der drahtlos übermittelten Zeitsignale erstrebenswert.

Diese Signale hat Sampson [45]) benutzt, um die an verschiedenen Sternwarten ausgeführten Zeitbestimmungen zu vergleichen. Von sechs Zeitdienststationen liegt Material zu einer solchen Vergleichung vor: Nauen, Paris, Annapolis, Edinburgh, Greenwich, Uccle. Die Differenzen zwischen einer dieser Stationen und dem Mittel aller zeigen überraschende Sprünge, die für Paris eine Gesamtamplitude von $0\overset{s}{.}43$ erreichen, und für die übrigen auch größer als $0\overset{s}{.}2$ sind. Im allgemeinen zeigt sich deutlich eine jährliche Periode. In der lateralen Refraktion kann der Fehler nicht liegen, da eine Verschiebung des meteorologischen gegen das geographische Zenit von 1^{0} nur eine seitliche Verschiebung des Sterns von $0\overset{s}{.}07$ hervorrufen würde. Die Bestimmung des Azimuts aus einem durch laterale Refraktion verschobenen Polstern müßte eine Differenz zwischen Zenitsternen und Äquatorsternen ergeben. Eine solche läßt sich auch nachweisen, aber sie beträgt nur $0\overset{s}{.}012$ im Mittel aus 229 Beobachtungen, entsprechend einer Verlagerung des atmosphärischen Zenits gegen das geographische von $6'$. Selbst eine solche muß als ausgeschlossen betrachtet werden. Die Differenz zwischen Äquator- und Zenitsternen wird auf das Boss-System zurückzuführen sein. Daß auch die jahreszeitlichen Schwankungen in den Rektaszensionsanomalien des Boss-Katalogs ihre Ursache haben, wird durch die erwähnten Beobachtungen Zimmers wahrscheinlich gemacht.

Die Zahl der bisher bekannten Eigenbewegungen hat im vergangenen Jahre eine außerordentliche Zunahme erfahren. Da die Epoche des Katalogs der Astronomischen Gesellschaft, der ersten genauen vollständigen Durchbeobachtung sämtlicher Sterne des nördlichen Himmels bis zur 9. Größe um Jahrzehnte zurückliegt, kann jede moderne gute Beobachtung eines Sterns bis zur genannten Helligkeit einen genäherten Wert der Eigenbewegung liefern. Solche genäherten Werte gibt der Greenwicher Katalog der Oxforder Anhaltsterne [13]) für mehr als $12\,000$ Objekte zwischen 24^{0} und 32^{0} nördlicher Deklination, und die ebenfalls in Greenwich bearbeitete Sektion der photographischen Himmelskarte zwischen 64^{0} und dem Nordpol [2]) für rund $13\,000$ Sterne. Unter den Sternen, die der Greenwicher Himmelskarte mit der Bonner Durchmusterung gemeinsam sind, finden sich 270 mit einer Eigenbewegung von mehr als $0\overset{''}{.}2$ im Jahr (davon 8 mit mehr als $1''$). Da das untersuchte Areal etwas weniger als $^{1}/_{20}$ des ganzen Himmels bedeckt, ist die Gesamtzahl der Sterne bis zur Grenzhelligkeit der Bonner Durchmusterung mit mehr als $0\overset{''}{.}2$ jährlicher Eigenbewegung auf etwa 6000 zu veranschlagen.

Mit den großen Eigenbewegungen speziell hat sich seit langer Zeit PORTER befaßt. In seinem neuen Katalog[36]) gibt er eine Zusammenstellung aller bisher bekannt gewordenen Eigenbewegungen von mehr als $0\overset{''}{.}1$, die nicht im Boss-Katalog vorkommen. Diese sind aber nicht bloß genähert berechnet, sondern durch strenge Ausgleichung aus dem gesamten verfügbaren Material abgeleitet. Die Zahl der Sterne seines Katalogs beträgt 3164.

Von besonderem Interesse wäre die Kenntnis der relativen Bewegungen in den Sternhaufen. Darüber ist vorläufig noch gar nichts bekannt, und es werden wohl Jahrhunderte vergehen, bis solche mit Sicherheit festzustellen sind. Um künftigen Geschlechtern das Material zu sichern, sind u. a. von KÜSTNER Aufnahmen der Sternhaufen hergestellt worden. Der bequemste Weg zur Aufdeckung der gesuchten Bewegungen, nämlich die differentielle Vergleichung, etwa im Stereokomparator, würde gangbar sein, wenn sich die Platten so lange unverändert und unversehrt erhalten lassen. Da das immerhin zweifelhaft ist, hat sich KÜSTNER der ungeheuren Mühe unterzogen, eine vollständige und genaue Ausmessung der Sternörter und Festlegung der Größen der Haufensterne — die Platten enthalten Sterne bis über die 16. Größenklasse hinaus — vorzunehmen. Die Resultate der Bearbeitung der kugelförmigen Sternhaufen Messier 56, 15, 3 liegen jetzt fertig vor [23]).

IV.

Die Zahl der ganz großen Instrumente, die durch ihre Lichtstärke im besonderen Maße zur Erforschung der schwachen Sterne geeignet sind, ist im vorigen Jahre abermals gewachsen. Das astrophysikalische Observatorium in Victoria (Canada) ist in den Besitz eines Spiegelteleskops von 180 cm Öffnung gekommen, das in der Bauart einige Änderungen gegen den gewöhnlichen Typus aufweist. So wird der Spektrograph in der Verlängerung der Tubusachse angesetzt, nicht seitlich, der Hauptspiegel ist deshalb in der Mitte durchbohrt. Für die drei Prismen des Spektrographen ist nicht das sonst meist angewandte schwere Flint (Jenaer Flint O 102), sondern das gewöhnliche Jenaer Flint O 118 in Aussicht genommen, das bei etwas geringerer Dispersion eine sehr viel größere Durchlässigkeit für violettes Licht besitzt. Vorläufig ist übrigens nur ein Prisma fertig, das aus Jenaer Glas hergestellt wurde, das die Firma Hilger noch im Vorrat hatte, die Lieferung des Materials für die übrigen Prismen wurde durch den Krieg unterbunden und war bis zur Abfassung des Berichts von PLASKETT [34]) noch nicht erfolgt.

Den bedeutsamsten Fortschritt der astronomischen Beobachtungstechnik stellt fraglos die Einführung des MICHELSONschen Interferometers dar [25]) [1]).

Bereits im Jahre 1890 hatte MICHELSON die Methode beschrieben, kleine Winkel, die unter der Meßbarkeit selbst in den größten Fernrohren waren, mit Zuhilfenahme von Interferenzerscheinungen zu bestimmen. Er hatte durch die Messung der Durchmesser der Jupitersatelliten die Brauchbarkeit der Methode erwiesen, aber merkwürdigerweise war sie in den nächsten drei Jahrzehnten völlig in Vergessenheit geraten. Auf seine Anregung hin wurden nun auf der Yerkes-Sternwarte von ihm selbst, und etwas später auf der Mount Wilson-Sternwarte von ANDERSON und PEASE neue Versuche unternommen, die bald zu überraschenden Resultaten führten. Das Prinzip der Methode ist kurz das folgende. Aus dem Strahlenbündel zwischen Objektiv und Okular werden zwei Teilbündel herausgeschnitten, die eine möglichst große Entfernung voneinander haben, also von den beiden Enden eines Durchmessers des Objektivs ausgehen. Auf dem Beugungsbild im Brennpunkt des Fernrohres wird dann eine Reihe von äquidistanten Interferenzstreifen sichtbar, die senkrecht auf der Verbindungslinie der Strahlenbündel stehen.

Dreht man nun das Interferometer — dies besteht lediglich aus einer in den Strahlengang eingeschobenen Platte mit zwei rechteckigen Öffnungen, die gegeneinander verschiebbar sind — um seine Achse, so sieht man die Interferenzstreifen in jeder Lage gleich deutlich, wenn man es mit einem einfachen, kugelförmigen Stern zu tun hat. Ist das betrachtete Objekt aber ein Doppelstern, so nimmt beim Drehen des Instruments die Sichtbarkeit der Streifen von einem Optimum bis zu einem Betrage ab, der von der Distanz der Komponenten und der Entfernung der Strahlenbündel abhängt, und bei geeigneter Wahl der letzteren verschwinden die Streifen völlig. Dieses Verschwinden wird dann eintreten, wenn die Verbindungslinie der Öffnungen im Interferometer mit dem Positionswinkel des Doppelsternbegleiters zusammentrifft, indem die hellen Streifen der einen Komponente mit den dunklen der anderen zusammenfallen, und das Beugungsbild des Sterns dann gleichmäßig hell erscheint. Durch Aufsuchen dieser Stelle wird also der Positionswinkel des Doppelsternbegleiters bekannt. Die Distanz wird aus einer einfachen Beziehung zwischen der Entfernung der Öffnungen des Interferometers und der effektiven Wellenlänge des Sterns gefunden.

In der Praxis verfährt man etwas anders, da das Aufsuchen der Entfernung der Interferometeröffnungen, für die die Streifen völlig verschwinden, umständlich und nicht mit der nötigen Genauigkeit ausführbar ist. Wählt man die genannte Entfernung nämlich etwas zu groß, so tritt beim Drehen des Apparats gleichwohl ein Verschwinden der Interferenzstreifen ein, aber nicht mehr im Positionswinkel p des Doppelsterns, sondern bei einer Stellung $p \pm \theta$ bzw. $p \pm \theta + 180°$, im ganzen also viermal bei einer vollständigen Umdrehung.

Natürlich tritt ein völliges Verschwinden der Interferenzstreifen nur ein, wenn die beiden Komponenten des Doppelsterns gleiche Helligkeit besitzen. Ist die Helligkeit ungleich, so tritt an Stelle des völligen Verschwindens ein Minimum der Sichtbarkeit, das sich aber ebenfalls sehr genau beobachten läßt. Eine verminderte Sichtbarkeit wird auch dann nur zu beobachten sein, wenn die Komponenten des Doppelsterns zwar gleich hell sind, ihre Distanz aber so klein ist, daß die entsprechend große

Entfernung der Interferometeröffnungen bei dem benutzten Fernrohr nicht hergestellt werden kann.

Die erste Anwendung der MICHELSONschen Methode bestand in der Messung der relativen Lage der Komponenten des engen Doppelsterns Capella. Aus den Radialgeschwindigkeitsbeobachtungen waren die für einen spektroskopischen Doppelstern ziemlich lange Periode von 104 Tagen und die Dimensionen der Bahn bekannt. Mit der gleichfalls bekannten Parallaxe und einem mittleren Werte für die Neigung ließ sich die scheinbare Distanz zu $0{.}''05$ abschätzen, also zu klein, um selbst in den mächtigsten Instrumenten mit der direkten Methode, aber groß genug, um mit der interferometrischen Methode festgestellt zu werden.

Die Genauigkeit der mit dem Interferometer bei Capella erhaltenen Resultate ist außerordentlich groß. Fünf gemessene Distanzen, die zwischen $0{.}''0418$ und $0{.}''0505$ liegen, werden durch die aus den Interferometermessungen verbesserten und ergänzten Bahnelemente bis auf die letzte Stelle genau dargestellt. Bei den fünf gemessenen Positionswinkeln beträgt die größte Abweichung von den berechneten nur $0{.}°9$, was im Bogen größten Kreises einem Betrag von $0{.}''0007$ entspricht. Mag die genaue Übereinstimmung namentlich in den Distanzen, wegen der geringen Zahl der bisher vorliegenden Messungen vielleicht auch nur eine zufällige sein, so wird man die Werte doch innerhalb $1°/_0$ als verbürgt ansehen dürfen, was eine Steigerung der Meßgenauigkeit auf etwa das Hundertfache der üblichen Methoden bedeutet.

Eine weitere Anwendung der Interferometermethode wurde von MICHELSON und PEASE auf einem anderen Gebiete gemacht, das bisher exakter Messung völlig verschlossen geblieben war: der Bestimmung des Winkeldurchmessers der Fixsterne [26]) [31]). Selbst der große Spiegel des Mount Wilson mit einem Durchmesser von 254 cm reichte dazu jedoch nicht aus, und die Basis der zur Interferenz gebrachten Strahlen mußte ganz wesentlich vergrößert werden. Es wurde deshalb vor der Öffnung des Spiegelteleskops ein 6 m langer Stahlbalken gesetzt, auf den vier Planspiegel so aufmontiert wurden, daß die von den beiden äußeren aufgefangenen Lichtstrahlen des Sterns von den beiden inneren in das Rohr geworfen wurden. Das Verschwinden der Interferenzstreifen hängt von der Entfernung der beiden äußeren Spiegel ab. Die Messung geht dann so vor sich, daß diese beiden Spiegel symmetrisch zur Achse des Rohres so lange verschoben werden, bis die Streifen verschwinden. Da der gewaltige Apparat in seinen Einzelheiten noch nicht fertig konstruiert ist, konnten bisher nur provisorische Resultate erhalten werden, die mit einer Unsicherheit von $10°/_0$ behaftet sein mögen. Es fand sich der scheinbare Durchmesser für α Orionis (Beteigeuze) $= 0{.}''047$, für α Bootis (Arcturus) $0{.}''024$, für α Scorpii (Antares) $= 0{.}''040$ [35]). Auch an α Tauri, β Geminorum, α Ceti wurden Versuche gemacht, die wie die ersten drei genannten als rote Riesensterne bekannt sind. Doch hat die Länge des Stahlbalkens von 6 m noch nicht ausgereicht, die Interferenzstreifen völlig zum Verschwinden zu bringen. Da aber die Sichtbarkeit bereits stark vermindert war, wird sich der Durchmesser zu etwa $0\overset{''}{.}02$ abschätzen lassen.

Mit den erhaltenen Werten für Beteigeuze, Arcturus und Antares, in Verbindung mit ihren Parallaxen können wir nun auch ihre linearen Durchmesser berechnen. Wir erhalten für

	Parallaxe	Durchmesser
Beteigeuze . .	$0\overset{''}{.}0154$	460 000 000 km
Arcturus . .	0.116	31 000 000 »
Antares . . .	0.0085	700 000 000 »

Beteigeuze würde also die ganze Marsbahn ausfüllen, Antares sie noch um die Hälfte überschreiten.

Bei den Beobachtungen mit dem lichtelektrischen Photometer hatte sich herausgestellt, daß besondere Vorsichtsmaßregeln nötig sind, um ein störungsfreies Arbeiten zu erzielen. Die Ursachen solcher leicht auftretenden Störungen hat ROSENBERG [39] eingehend untersucht und findet sie in Ermüdungserscheinungen der Photozellen. Bei einer vorher unbelichteten Zelle nimmt die Empfindlichkeit in der Nähe des Entladungspotentials erst schnell, dann langsamer ab, bis nach einigen Stunden eine Empfindlichkeitsänderung nicht mehr eintritt. Wird dann die Zelle vom Licht abgesperrt, so tritt eine Erholung ein, die ebenfalls erst schnell, dann langsamer verläuft. Für verschiedene Zellen und verschiedene Versuchsbedingungen ist der Verlauf quantitativ nicht unerheblich verschieden. Die aus diesen Untersuchungen für die Handhabung des lichtelektrischen Photometers zu ziehenden praktischen Folgerungen sind von den Beobachtern schon früher empirisch gefunden und angewandt worden. Wieweit bei Berücksichtigung dieser Vorsichtsmaßregeln die Meßgenauigkeit unter günstigen Umständen zu steigern ist, wird an einem Beispiel gezeigt. ROSENBERG bestimmte im Laboratorium die Absorption eines Blendglases an vier verschiedenen Tagen bei verschiedenen Intensitäten und verschiedenen Spannungen. Aus 60 Einzelwerten erhält er den mittleren Fehler des Resultats zu $\pm$ 0.00006 Größenklassen. Diese Genauigkeit wird bei Sternmessungen wegen der unvermeidlichen Störungen durch die Atmosphäre nie erreichbar sein, aber die Untersuchung ROSENBERGS zeigt von neuem, ein wie machtvolles Werkzeug die Photozelle für den mit ihrer Handhabung vertrauten Forscher bedeutet.

Bei den Durchgangsbeobachtungen am Meridiankreise ist die persönliche Gleichung verschiedener Beobachter eine Fehlerquelle, die auf das Sorgfältigste berücksichtigt werden muß. Meist begnügt man sich mit der Ermittlung der relativen persönlichen Gleichung, es werden damit die Messungen verschiedener Beobachter auf einen reduziert. Es ist aber oft nötig, auch die absolute persönliche Gleichung zu kennen. Um diese zu bestimmen, hat LITTELL [24] [9] einen Apparat konstruiert, der auf der Washingtoner Sternwarte in Gebrauch genommen ist[16]). Bei diesem Apparat wird ein künstlicher Stern durch das Gesichtsfeld bewegt, der automatisch die Durchgänge registriert. Durch Vergleich der beobachteten Durchgangszeiten mit den registrierten erhält man unmittelbar die absolute persönliche Gleichung der verschiedenen Beobachter, die in ausgezeichneter Übereinstimmung mit der relativen, nach der üblichen Methode erhaltenen sind. Die Sterne wurden dabei mit einem Doppelfaden geführt. Auch die Helligkeitsgleichung wurde mit dem Apparat bestimmt, sie ergab sich für das mit der Hand getriebene Registriermikrometer im Bereich der Größenklassen 5—8 völlig gleich Null.

Auf eine für viele Messungen außerordentlich wichtige Eigenschaft des Auges macht A. Kühl[22]) aufmerksam. Bei der Betrachtung allmählich verlaufender Intensitätsverteilungen werden an gewissen Stellen mehr oder weniger deutliche helle oder dunkle Streifen gesehen, die objektiv nicht vorhanden sind. Die Erscheinung ist zuerst von Mach und später unabhängig von Seeliger näher untersucht worden; der letztere hat sie zu seiner bekannten Erklärung der Vergrößerung des Erdschattens bei Mondfinsternissen verwertet. Es handelt sich dabei um eine Kontrasterscheinung; die vom Auge gesehenen Bildgrenzen sind solche Kontraststreifen, und zwar je nach den Beobachtungsbedingungen die hellste Stelle im hellen Kontraststreifen, die dunkelste im dunkeln Kontraststreifen oder die Grenze zwischen hellen und dunklen Streifen.

Ein besonderes Interesse bietet nun die Theorie der Bildbegrenzung bei großer Annäherung zweier Bilder aneinander, ein Fall also, der bei vielen Mikrometermessungen vorliegt. Kühl kann auf diese Weise manche bisher unaufgeklärten Widersprüche zwischen Beobachtungsergebnissen beseitigen, so z. B. die systematischen Differenzen der Distanzbeobachtungen enger Doppelsterne zwischen W. Struve und Dembowski, die Unterschiede in den Venusdurchmessern zwischen Heliometerbeobachtungen, solchen mit dem Fadenmikrometer und den Messungen beim Venusdurchgang, wo die Venus als dunkle Scheibe auf hellem Grunde beobachtet wurde, und manche anderen. Das gleiche gilt natürlich nicht nur für visuelle, sondern auch für photographische Messungen, z. B. an engen Doppelsternen. Dieser Fall ist von Kostinsky[21]) bereits 1907 in allen Einzelheiten, wie sie die Theorie fordert, beobachtet worden, ohne daß es ihm möglich war, die wahre Ursache dafür anzugeben.

Die Versuche, Höhenbeobachtungen auf See mit künstlichem Horizont anzustellen, wenn der natürliche nicht sichtbar ist, haben bisher zu keinem befriedigenden Resultate geführt. Während man mit einem Libellensextanten auf Land gute, und sogar im Flugzeug genügende Genauigkeit erzielt, ist das selbst auf den größten Dampfern nicht gelungen. Russell[43]) hat das durch eigene Versuche bestätigt und findet die Erklärung in der durch das Schlingern oder Stampfen des Schiffes hervorgerufenen Beschleunigung gegen das Azimut der Sonne, wodurch eine Ablenkung der scheinbaren Schwerkraftrichtung, relativ zum Beobachter, entsteht. Um das Problem der Anwendung des künstlichen Horizonts auf See praktisch zu lösen, ist also ein Apparat nötig, der eine im Verhältnis zu den Schiffsschwingungen lange und von ihnen freie Schwingungsperiode hat, etwa ein Cardanisch aufgehängtes Gyroskoppendel mit darüber befindlichem Spiegel.

Literatur.

1. ANDERSON, Astrophysical Journ. Vol. 51, p. 263.
2. Astrographic Catalogue 1900.0. Greenwich Section, Vol. IV., London 1921.
3. Astronomical Journ. Vol. 29, p. 1.
4. Astronom. Nachr. Bd. 212, S. 217, 219.
5. BOTTLINGER, Jahrb. d. Radioakt. u. Elektronik Bd. 17, S. 146.
6. COMRIE und LEVIN, Monthly Notices of the Royal Astronom. Soc. Vol. 81 p. 486.
7. COURVOISIER, Astronom. Nachr. Bd. 213, S. 281; Bd. 214, S. 33.
8. DRUCKER, Astronom. Nachr. Bd. 214, S. 17.
9. EICHELBERGER und LITTELL, Publications of the Astronomical and Astrophysical Soc. Vol. 2, p. 132.
10. FOTHERINGHAM, Monthly Notices of the Royal Astronom. Soc. Vol. 81, p. 104.
11. Fundamental Catalogue of 1846 stars for the equinox 1900. Edinburgh 1920.
12. Greenwich Catalogue of stars for 1910.0. Part. I. London 1920.
13. Greenwich Catalogue of stars for 1910.0. Part. II. London 1920.
14. GREAVES, Monthly Notices of the Royal Astronom. Soc. Vol. 82, p. 149.
15. GROSSMANN, Astronom. Nachr. Bd. 214, S. 41, 195.
16. HAMMOND, Astronomical Journ. Vol. 33, p. 155.
17. HEISKANEN, Astronom. Nachr. Bd. 214, S. 81.
18. HIRAYAMA, Annales de l'Observatoire de Tokyo, Appendices 2, 4, 5, 6, 9.
19. KAPTEYN, Bull. of the Astronomical Institutes of the Netherlands Nr. 14.
20. KOHL, Phys. Zschr. Bd. 22, S. 665.
21. KOSTINSKY, Mitt. d. Nikolai-Hauptsternwarte zu Pulkowo Bd. 2, S. 17.
22. KÜHL, Vierteljahrsschr. d. Astronom. Ges. Bd. 56, S. 165.
23. KÜSTNER, Veröff. d. Sternwarte Bonn Nr. 14, 15, 17.
24. LITTELL, Publications of the Astronomical and Astrophysical Soc. Vol. 2, p. 100.
25. MICHELSON, Astrophysical Journ. Vol. 51, p. 257; Proceedings of the National Academy of Sciences Vol. 6, p. 474.
26. MICHELSON und PEASE, Astrophysical Journ. Vol. 53, p. 249; Proceedings of the National Academy of Sciences Vol. 7, p. 143.
27. NOTEBOOM, Astronom. Nachr. Bd. 214, S. 153.
28. OPPENHEIM, Denkschriften d. Wien. Akad., math.-nat. Klasse, Bd. 97.
29. OSTEN, Astronom. Jakttagelser och Undersökningar å Stockholms Observatorium Bd. 10, No. 7.
30. — Astronom. Nachr. Bd. 212, S. 91.
31. PEASE, Proceedings of the National Academy of Sciences Vol. 7, p. 177.
32. PERRINE, Astronomical Journ. Vol. 33, p. 180.
33. PICKERING, W. H., Harvard Circular Nr. 215.
34. PLASKETT, Publ. of the Dominion Astrophys. Observatory, Victoria. Vol. 1, Nr. 1.
35. Popular Astronomy Vol. 29, p. 522.
36. PORTER, Publ. Cincinnati Observatory Nr. 18.

37. Publ. of the Naval Observatory Washington Vol. 9, Part. 1.
38. Report of the Director of the Department of Meridian Astrometry (Carnegie Year-Book for 1920).
39. ROSENBERG, Zschr. f. Phys. Bd. 7, S. 18.
40. ROSS, Astronom. Papers Vol. 9, Part. 2.
41. RUSSELL, Astronomical Journ. Vol. 33, p. 49.
42. — Astrophysical Journ. Vol. 54, p. 334. Die Originalarbeiten von Majorana (Atti della Reale Accademia dei Lincei Vol. 28, 29; Philos. Magaz. Vol. 39, p. 488) waren mir nicht zugänglich.
43. — Monthly Notices of the Royal Astronom. Soc. Vol. 81 p. 417.
44. — Monthly Notices of the Royal Astronom. Soc. Vol. 81, p. 154.
45. SAMPSON, Monthly Notices of the Royal Asronom. Soc. Vol. 82, p. 215.
46. SCHLESINGER, Astronomical Journ. Vol. 34, p. 42.
47. SMART, Monthly Notices of the Royal Astronom. Soc. Vol. 82, p. 12.
48. STEWART, Astronomical Journ. Vol. 33, p. 46.
49. STRÖMGREN, Astronom. Nachr., Jubiläumsnummer.
50. TUCKER, Lick Observatory Bulletin Vol. 10, .p. 47, 93.
51. WILSON, Astronomical Journ. Vol. 33, p. 147.
52. WOLTJER, Bull. of the Astronomical Institutes of the Netherlands Nr. 5, 7.
53. — Bull. of the Astronomical Institutes of the Netherlands Nr. 7; Monthly Notices of the Royal Astronom. Soc. Vol. 81, p. 603; Proceedings Acad. Amsterdam Vol. 21, Nr. 6, 7, 9.
54. ZIMMER, Astronomical Journ. Vol. 32, p. 1, 169; Vol. 33, p. 201.

II. Relativitätstheorie.

Von **Hans Thirring**-Wien.

Mit 3 Abbildungen.

Gemäß dem Vorschlage EINSTEINS wird in der Relativitätstheorie zwischen einer speziellen und einer allgemeinen Theorie unterschieden, wobei die erstere sich auf die Relativität einer speziellen Art der Bewegung, nämlich der gleichförmig geradlinigen Translationsbewegung, bezieht, während die letztere eine sinngemäße Verallgemeinerung auf beliebige Bewegungen darstellt.

I. Spezielle Relativitätstheorie.

A. Idee der Theorie und Folgerungen bezüglich Raum und Zeit.

§ 1. *Die spezielle Theorie* verdankt ihre Entstehung in erster Linie den vergeblichen Versuchen, einen Einfluß der Erdbewegung auf die Lichtausbreitung oder auf andere elektromagnetische Erscheinungen auf der Erdoberfläche zu entdecken. Gemäß der MAXWELL-LORENTZschen Theorie der elektrodynamischen Erscheinungen wäre es zu erwarten gewesen, daß die elektrodynamischen Vorgänge sich in einem Bezugssystem, das relativ zum Äther ruht, anders abspielt als in einem, das sich relativ zum Äther bewegt, so wie ja auch die Schallausbreitung in einem relativ zur Erdatmosphäre bewegten System anders verläuft als in einem relativ dazu ruhenden. Diese Effekte mußten zwar, wie LORENTZ [22]) zeigen konnte, von der Ordnung $\left(\dfrac{v}{c}\right)^2$ klein sein (c Lichtgeschwindigkeit, v Relativgeschwindigkeit des betreffenden Bezugsystems gegen den Äther); immerhin wurde aber eine Reihe von Versuchen angestellt, bei denen die Genauigkeit reichlich groß genug gewesen wäre um einen solchen Effekt, wenn er existierte, festzustellen. Der berühmteste davon ist der Versuch von MICHELSON und MORLEY [27]), der später von MORLEY und MILLER [30]) mit höchster Präzision ausgeführt worden ist. Sein Versuch, wie alle andern analogen, fiel vollkommen negativ aus. Dieser Umstand bereitete den elektrodynamischen Theorien, welche von der Vorstellung eines substantiellen Äthers ausgingen, Schwierigkeiten; andererseits war aber die Erkenntnis eigentlich ganz befriedigend, daß nicht nur hinsichtlich der mechanischen Erscheinungen (wie man schon seit NEWTON wußte) sondern bezüglich aller Erscheinungen überhaupt, zwei gegeneinander gleichförmig und geradlinig bewegte Bezugssysteme völlig gleichberechtigt seien. Diese Erkenntnis zu einem Prinzip zu erheben und als Basis für weitere Deduktionen zu benützen, war das Verdienst EINSTEINS; vorher hatten schon viele

Autoren den Versuch gemacht, den negativen Ausfall des Michelsonschen Versuches mit der Maxwell-Lorentzschen Elektrodynamik in Einklang zu bringen; es sind da hauptsächlich zu erwähnen: Lorentz, Fitzgerald, Larmor[18]), Poincaré[36]).. Lorentz und Fitzgerald stellten die Hypothese auf, daß alle Körper sich bei einer Bewegung, die mit der Geschwindigkeit v relativ zum Äther erfolgt, auf den Bruchteil $\sqrt{1 - v^2/c^2}$ in der Bewegungsrichtung verkürzen, während die Querdimensionen unverändert bleiben. Diese Hypothese würde auch nach dem heutigen Stande unserer experimentellen Kenntnisse hinreichen, um nicht nur das Ergebnis des Michelson-Versuches sondern alle übrigen diesbezüglichen Beobachtungsresultate zu erklären. Daß trotzdem die Mehrzahl der Theoretiker ungeachtet des von vielen Seiten geäußerten Widerspruchs der Einsteinschen Theorie den Vorzug geben, ist in folgendem Umstande begründet: Die Lorentz-Fitzgeraldsche Kontraktionshypothese ist eine ad hoc gemachte Annahme, während die gleich später zu besprechende Einsteinsche Relativitätstheorie die rationelle Verarbeitung zweier durch die Erfahrung gut gestützter allgemeiner Prinzipe ist.

§ 2. *Das Relativitätsprinzip.* Die diversen Erklärungsversuche für den negativen Ausfall des Michelson-Versuches wurden 1892 (Lorentz)[23]) begonnen und dauern eigentlich bis in die Gegenwart an; alle mehr oder weniger gezwungenen Erklärungen erscheinen aber überflüssig nach der radikalen Lösung, die 1905 von Einstein[5]) gegeben wurde. Indem Einstein damals sein Relativitätsprinzip aufstellte, tat er dasselbe, was die Schöpfer anderer großer Naturprinzipe machten: aus einer großen Anzahl mißlungener Versuche zog er die Konsequenz, daß eine prinzipielle Unmöglichkeit vorliege, den gewünschten Effekt zu finden. So wie also die Versuche ein Perpetuum mobile erster Art zu konstruieren an dem Energieprinzip und die Versuche ein Perpetuum mobile zweiter Art zu konstruieren an dem Entropiesatz scheiterten, so ist der negative Ausfall des Michelson-Versuches und aller andern, einen analogen Zweck verfolgender Experimente darauf zurückzuführen, daß hier eine prinzipielle Unmöglichkeit besteht: es ist unmöglich, durch irgendwelche physikalische Beobachtungen innerhalb eines geschlossenen Systems zu konstatieren, ob dieses System eine gleichförmig geradlinige Translationsbewegung ausführte oder nicht. Besser formuliert lautet der Satz so: *Es gibt eine dreifach unendliche Schar von geradlinig und gleichförmig gegeneinander bewegten Bezugssystemen, in denen sich alle physikalischen Vorgänge in vollkommen gleicher Weise abwickeln.* Dieses Naturgesetz wird das spezielle Relativitätsprinzip oder auch Relativitätspostulat genannt. Wir wollen in den folgenden, auf die spezielle Theorie bezüglichen Ausführungen der Kürze halber statt »spezielles Relativitätsprinzip« nur »Relativitätsprinzip« schreiben.

Es wäre nun falsch, anzunehmen, daß das, was man als die spezielle Relativitäts*theorie* bezeichnet, als eindeutige Folgerung aus dem Relativitäts*prinzip* allein hervorgehe. Es zeigt sich vielmehr, daß man zu Theorien des Lichts und der Elektrodynamik überhaupt gelangen kann, die mit dem Relativitätsprinzip im Einklang stehen, die aber wesentlich von der Relativitätstheorie unterschieden sind.. Man braucht nur daran zu denken, daß die alte Newtonsche Emissionstheorie des Lichts das Relativitätsprinzip erfüllt, um zu erkennen, wie naheliegend es ist, zu versuchen, Emissionstheorie und Undulationstheorie in geeigneter Weise zu verknüpfen, um dem Relativitätspostulat Genüge zu leisten. Eine solche Verquickung wurde in der Tat von W. Ritz [38]) und unabhängig von ihm von mehreren amerikanischen Autoren durchgeführt. Nach Ritz breiten sich die Lichtstrahlen in Form von Kugelwellen mit der Geschwindigkeit c *relativ zur Lichtquelle aus.* Der Unterschied gegenüber der Äthertheorie liegt darin, daß gemäß letzterer die Ausbreitung mit der Geschwindigkeit c relativ zum ruhenden Äther erfolgt. Die von einer bewegten Lichtquelle emittierten Wellen wären daher nach der Ritzschen Theorie Kugeln, deren Mittelpunkte mit der Lichtquelle wandern (also konzentrische Kugeln); nach der Äthertheorie hingegen wären es Kugeln mit ruhendem Mittelpunkt (also bezüglich der Lichtquelle exzentrische Kugeln). Die Ritzsche Theorie ist zunächst unvereinbar mit der Vorstellung irgend eines Mediums nach Art des Lichtäthers, das als Träger der Lichtwellen fungiert, da ja dann jede einzelne Lichtquelle, jedes einzelne leuchtende Atom gewissermaßen einen eigenen Privatäther besitzen müßte, der relativ zu ihr ruht und sich dabei, alle anderen Äther durchdringend, ins Unendliche erstreckt. Dieses Bedenken würde nun allerdings nicht hinreichen, um die Ritzsche Theorie zu entkräften; was sich aber für sie als fatal erweist, ist der Umstand, daß nach ihr die Geschwindigkeit eines Lichtstrahls vom Bewegungszustand der Lichtquelle abhängig wäre. Denn wenn der Lichtstrahl die Geschwindigkeit c relativ zur Lichtquelle hat und die Lichtquelle selbst sich mit der Geschwindigkeit v auf den Beobachter zu bewegt, so müßte eine Messung der Lichtgeschwindigkeit durch diesen Beobachter den Wert $c + v$ ergeben; beziehungsweise $c - v$, wenn sich die Lichtquelle von ihm entfernt. Diese Folgerung ist nun, wie de Sitter [3]) in einfacher Weise durch astronomische Beobachtungen zeigen konnte, nicht erfüllt; die Ritzsche Theorie ist darum als mit der Erfahrung in Widerspruch stehend zu verwerfen.

§ 3. *Prinzip der Konstanz der Lichtgeschwindigkeit.* Jene Erfahrungstatsache, mit der die Ritzsche Theorie in Widerspruch geriet, ist nun gerade diejenige, welche die zweite Prämisse der Einsteinschen Relativitätstheorie bildet: Die Geschwindigkeit der Ausbreitung elektromagnetischer Wellen im Vakuum ist stets gleich c, unabhängig vom Bewegungszustand der Lichtquelle. Diese Tatsache wurde von Einstein dem Relativitätsprinziv ebenbürtig an die Seite gestellt und das *Prinzip der Konstanz der Lichtgeschwindigkeit* genannt. Zur Zeit der Aufstellung seiner Theorie (1905) war übrigens dieses Prinzip noch nicht ausdrücklich experimentell auf seine Richtigkeit geprüft worden (die DE SITTERschen Untersuchungen datieren viel später). Trotzdem hatte man aber schon damals guten Grund daran zu glauben, daß es richtig sei, da es einen integrierenden Bestandteil jeder der älteren Lichttheorien gebildet hatte und nie zu einem Widerspruch mit der Erfahrung führte. Immerhin war die Sachlage 1905 so, daß die Relativitätstheorie EINSTEINS einerseits auf einer Erfahrungstatsache (Relativitätsprinzip), andererseits auf einer — allerdings sehr plausibeln — Annahme (Prinzip der Konstanz der Lichtgeschwindigkeit) aufgebaut wurde. Heute wo das zweitgenannte Prinzip nicht nur durch astronomische Beobachtungen (DE SITTER), sondern auch durch Laboratoriumsversuche (MAJORANA) [26]) verifiziert ist, kann man allerdings behaupten, daß die Relativitätstheorie auf zwei Erfahrungstatsachen aufgebaut sei. Die beiden Prinzipe sind die zum Aufbau der EINSTEINschen Relativitätstheorie notwendigen und auch hinreichenden Prämissen; diese Theorie ist also der Inbegriff aller Folgerungen aus den beiden Prinzipen. Wir wollen diese daher als die beiden Grundprinzipe der Theorie bezeichen.

§ 4. *Der Konflikt zwischen den beiden Grundprinzipen und seine Lösung durch* EINSTEIN. Was nun die Relativitätstheorie über das Niveau anderer physikalischer Theorien emporhebt und sie vom philosophischen Standpunkt aus interessant macht, ist die Tatsache, daß ihre beiden Prämissen einander von vornherein zu widersprechen scheinen. Worin dieser Widerspruch liegt, ist leicht einzusehen. Es seien K und K' zwei Bezugssysteme, die sich gegeneinander mit der konstanten Geschwindigkeit v in der Richtung der X-Achse bewegen. Von einem beliebigen Punkte aus werde nun ein Lichtsignal emittiert und die Geschwindigkeit, mit der sich dieses Lichtsignal nach allen Seiten ausbreitet, sowohl von Beobachtern in K als auch in K' gemessen. Da muß nun nach dem Prinzip der Konstanz der Lichtgeschwindigkeit die Fortpflanzung des Signals in K nach allen Seiten mit der Geschwindigkeit c erfolgen und, da wegen des Relativitätsprinzips das System K' völlig gleichberechtigt ist, muß dasselbe auch für K' gelten. Man kommt also zu dem paradoxen Resultat, daß ein und dieselbe Wirkung in bezug auf beide Systeme nach allen Seiten mit der gleichen Geschwindigkeit läuft, während man doch vermuten sollte, daß irgend eine Wirkung, die sich in bezug auf K' nach allen Seiten mit der Geschwindigkeit c fortpflanzt, in bezug auf K mit der Geschwindigkeit $c + v$ in der Bewegungsrichtung und mit der Geschwindigkeit $c - v$ in der entgegengesetzten Richtung laufen müßte (Klassisches Additionstheorem der Geschwindigkeiten). Diese Schwierigkeit scheint zunächst unüberbrückbar zu sein und in der Tat behaupten auch viele Gegner der Relativitätstheorie, daß hier ein innerer logischer Widerspruch der Theorie vorliege. Dieses ist nun nicht richtig; wahr ist vielmehr bloß, daß aus den Grundprinzipen auf logischem Wege die eben angegebenen Folgerungen bezüglich der Lichtausbreitung in K und K' deduziert werden, die ihrerseits in Widerspruch zu unseren herkömmlichen Vorstellungen über Raum und Zeit stehen. Die revolutionäre Tat EINSTEINS bestand nun darin, daß er im Vertrauen auf die durch zuverlässige physikalische Messungen gestützten beiden Grundprinzipe den Mut fand, kritisch an den Raum-Zeitbegriff heranzutreten und ihn zu analysieren. Um den Gedankengang dieser Analyse anzudeuten, wollen wir noch einmal die beiden widersprechenden Behauptungen von Relativitätstheorie und klassischer Raum-Zeitauffassung einander gegenüberstellen: Voraussetzung sei, daß ein Lichtsignal sich in K nach allen Richtungen mit der gleichen Geschwindigkeit c ausbreite. Dann muß nach der Relativitätstheorie die Ausbreitung des Signals auch in K' nach allen Richtungen mit der gleichen Geschwindigkeit c vor sich gehen (Satz A); nach der klassischen Auffassung hingegen mit der Geschwindigkeit $c + v$ in der Bewegungsrichtung und mit der Geschwindigkeit $c - v$ in der entgegengesetzten Richtung (Satz B). Der Satz A geht durch logische Schlüsse aus den beiden Grundprinzipen hervor, ist also mittelbar aus der Erfahrung gewonnen; der Satz B kann wegen der Ungenauigkeit unserer Meßmittel nicht direkt experimentell verifiziert werden; er stellt aber die sehr einleuchtende Extrapolation eines Gesetzes — des Additionstheorems der Geschwindigkeiten — dar, das für geringere Ausbreitungsgeschwindigkeiten (z. B. beim Schall) innerhalb der Genauigkeit unserer Meßmethoden zweifellos gilt. Er ist nun im Widerspruch mit Satz A, darum also im Widerspruch mit den empirisch bestätigten Grundprinzipen; wir sind daher veranlaßt zu zweifeln, ob diese Extrapolation berechtigt sei. Wollte man den Satz B experimentell auf seine Richtigkeit prüfen, so müßte man zur Durchführung der notwendigen Lichtgeschwindigkeitsmessungen — genügend genaue Meßmittel vorausgesetzt — in beiden Systemen K und K' auf große räumliche Distanzen verteilte Uhren aufgestellt haben, die exakt gleichlaufen und exakt gleichgerichtet sind. Nun sind zwei Uhren dann gleichgerichtet, wenn entsprechende Zeigerstellungen auf beiden Uhren gleichzeitig stattfindende Ereignisse sind. Damit man also auf empirischem Wege zum Satz B gelangen könnte, müßte man Mittel besitzen, um die Gleichzeitigkeit räumlich getrennter Ereignisse zu konstatieren. Nun ist leicht einzusehen, daß ohne Zuhilfenahme des Satzes von der Konstanz der Lichtgeschwindigkeit die Gleichzeitigkeit örtlich weit getrennter Ereignisse überhaupt nie konstatierbar wird. Denn zwei sehr weit von einander entfernte Uhren können nur mit Lichtsignalen, bzw. Radiosignalen gleichgerichtet werden, und damit dieses exakt geschehe, ist die Zeit in Rechnung zu ziehen, die das Signal braucht, um die Entfernung zwischen den beiden Uhren zu durchlaufen. Unter Zugrundelegung dieses Prinzips läßt sich dann per definitionem festsetzen: Zwei räumlich entfernte Ereignisse sind dann gleichzeitig, wenn sie von einem Beobachter, der von den Orten der beiden Ereignisse gleich weit entfernt ist, gleichzeitig gesehen werden. (Von manchen Seiten wurde der Vorschlag gemacht, die Gleichzeitigkeit

entfernter Ereignisse mit Hilfe transportierter Uhren festzustellen, das
ist aber weitaus unexakter als die Uhrenvergleichung mit Hilfe von Licht-
bzw. Radiosignalen. Es würde dieses einen ähnlichen Rückschritt bedeuten,
als würde man in der Physik an Stelle des Normalmeters die Länge
eines Pferdes als Einheit der Längenmessung einführen.) Aus dem eben
Gesagten ergibt sich, daß ein Experiment, zu welchem örtlich getrennte
gleichgestellte Uhren verwendet werden, nie auf einen Widerspruch mit
dem Prinzip der Konstanz der Lichtgeschwindigkeit führen kann, weil
eben die Uhren erst mit Hilfe dieses Prinzips gleichgerichtet werden,
das heißt definitionsgemäß erst dann gleichgehen, wenn Messungen, die
mit ihrer Hilfe ausgeführt werden, dieses Prinzip bestätigen. Würde
man also tatsächlich die Messung der Ausbreitungsgeschwindigkeit eines
Lichtsignals in zwei gegeneinander bewegten Systemen ausführen, so
würde man unter Verwendung von Uhren, die nach der oben angebenen
Definition gleichgerichtet sind, zur Bestätigung des Satzes A und zur
Widerlegung des Satzes B geführt werden und so zu der Erkenntnis gelangen,
daß die Extrapolation des klassischen Additionstheorems der Geschwindigkeiten auf die Lichtausbreitung unzulässig ist.

Der Widerspruch zwischen den beiden Grundprinzipen wird also
in der Weise aus dem Wege geräumt, daß jener Satz B, mit dem die erwähnte Konsequenz aus den beiden Prinzipen im Widerspruch steht,
als ungültig erklärt wird. Diese Lösung des gordischen Knotens wurde
ermöglicht durch einen Gewaltakt, der darin bestand, daß EINSTEIN eine
Gleichzeitigkeit per definitionem einführte. Dadurch wurde dem idealen,
absoluten Zeitbegriff der alten Physik ein realer, relativer Zeitbegriff
gegenübergestellt. Zwischen diesen beiden Zeitbegriffen zeigt sich, wie
eine Diskussion der unten angegebenen Lorentz-Transformation leicht
ergibt, folgender fundamentaler Unterschied: Bei Zugrundelegung des
idealen Zeitbegriffs sind zwei Ereignisse (gleichgültig ob sie sich unmittelbar benachbart oder räumlich weit getrennt abspielen) schlechtweg entweder gleichzeitig oder nicht gleichzeitig. Bei Zugrundelegung des realen,
relativen Zeitbegriffs gilt dies aber nur für räumlich unmittelbar benachbarte Ereignisse. Hingegen werden Ereignisse, die sich in großer Entfernung voneinander abspielen, und die von dem Bezugssystem K aus
betrachtet gleichzeitig ablaufen, von einem andern gegen K bewegten
Bezugssystem K' aus betrachtet, nicht gleichzeitig sein. Ja man kann
bei zwei Ereignissen A und B, die sich in hinreichend großer räumlicher
Entfernung und innerhalb eines hinreichend kleinen Zeitintervalls abspielen, stets zwei gegeneinander bewegte Bezugssysteme K und K' finden,
so daß für das eine Bezugssystem das Ereignis A früher als B stattfindet,
für das andere Bezugssystem jedoch B früher als A. Man gelangt also
aus den Betrachtungen über die Relativität der gleichförmig geradlinigen
Bewegung zu einer Relativierung des Zeitbegriffs. Die Aussage: »zwei
Ereignisse finden gleichzeitig statt« verliert, sobald es sich um räumlich

getrennt verlaufende Ereignisse handelt, ihren absoluten Charakter; sie
bedarf als notwendige Ergänzung noch der Angabe eines Bezugssystems.
In ähnlicher Weise sind ja schon in unserer gewöhnlichen Auffassung
die Begriffe oben und unten oder links und rechts relativ, indem sie von
der Stellung des Beobachters abhängig sind.

Dieser unserem instinktiven Gefühl zunächst widerstrebende Zeitbegriff geht also als notwendige Folgerung aus dem gleichzeitigen Bestehen der beiden Grundprinzipe hervor. Auch bezüglich des Raumbe-
griffs tritt eine Relativierung ein, die aber erst später erörtert werden soll.

§ 5. *Die Lorentz-Transformation.* Die quantitative Fassung dieser
Folgerung wird gegeben durch die sogenannte Lorentz-Transformation,
welche die Raum-Zeitkoordinaten in zwei gegeneinander gleichförmig
und geradlinig bewegten Bezugssystemen verknüpft. Seien K und K'
wieder zwei mit der konstanten Geschwindigkeit v geradlinig gegeneinander
bewegte Bezugssysteme. In beiden Systemen werden Koordinatennetze
mit einander parallelen Achsen angelegt, derart, daß beide Systeme sich
längs ihrer gemeinsamen X-Achse bewegen. Zur Zeit $t = 0$ sollen die
Koordinatenursprünge der beiden Systeme zusammenfallen. Es seien
x, y, z und t, die mit Hilfe eines Einheitsmaßstabes und einer Einheitsuhr
im System K gemessenen Koordinaten eines Punktereignisses*) und
x', y', z' und t' die ebenso in K' gemessenen Koordinaten *desselben* Punktereignisses. Gemäß der klassischen Raum-Zeitauffassung müßten die
beiden Koordinatenquadrupel durch die Formeln

$$(1) \qquad x' = x - vt, \quad y' = y, \quad z' = z, \quad t' = t .$$

(Galilei-Transformation) verbunden sein. Man sieht nun leicht ein, daß
das klassische Additionstheorem exakt für alle Geschwindigkeiten resultieren müßte, wenn die Koordinatenwerte in den Systemen K und K'
tatsächlich in dem durch diese Formeln gegebenen Zusammenhange
stünden und daß man dadurch zu dem oben angegebenen Widerspruch
mit beiden Grundprinzipen gelangen würde. Die Forderung, daß beide
Grundprinzipe gleichzeitig richtig seien, führt nun dazu, daß zwischen
den Koordinatenwerten eines und desselben Punktereignisses in K und K'
an Stelle der Galilei-Transformation die folgenden Transformationsformeln
gelten müssen:

$$(2) \qquad x' = \frac{x - vt}{\sqrt{1 - v^2/c^2}}, \quad y' = y, \quad z' = z, \quad t' = \frac{t - \dfrac{vx}{c^2}}{\sqrt{1 - v^2/c^2}},$$

mit den Umkehrungsgleichungen:

$$(2\,a) \qquad x = \frac{x' + vt'}{\sqrt{1 - v^2/c^2}}, \quad y = y', \quad z = z', \quad t = \frac{t' + \dfrac{vx'}{c^2}}{\sqrt{1 - v^2/c^2}}$$

$$\left.\vphantom{\begin{array}{c}a\\a\\a\\a\\a\end{array}}\right\} \text{(Lorentz-Transformation).}$$

---

*) Unter »Punktereignis« versteht man ein an einem bestimmten Raumpunkt zu
einem bestimmten Zeitpunkt stattfindendes Ereignis.

Man erkennt aus diesen Formeln vor allem, daß sie für $\frac{c}{v} = \infty$ in die gewöhnliche Galilei-Transformation degenerieren. Nun ist im Vergleich zu den in der menschlichen Technik erreichbaren Geschwindigkeiten c so gut wie unendlich groß und darum sind die Abweichungen des Wurzelausdrucks von der Einheit sehr klein. So ist z. B. selbst für Kanonengeschosse die Größe $\frac{v^2}{c^2}$ bloß von der Größenordnung ein Billiontel. Daraus erklärt es sich, daß man praktisch von der Relativität des Raum- und Zeitbegriffs nichts merkt, weil die Abweichungen von den Resultaten der klassischen Raum-Zeitauffassung für alle in der menschlichen Technik vorkommenden Geschwindigkeiten unmeßbar klein sind.

Setzen wir hingegen voraus, daß wir im Besitz von billionenfach verfeinerten Meßinstrumenten für Längen und Zeiten wären, so würde man, wie eine elementare Diskussion der LORENTZ-Transformation zeigt, folgende Beobachtungen machen. Wenn ein im Bezugssystem K ruhender Körper, z. B. ein Stab, in der Richtung der X-Achse die Ausdehnung l hat, so würde ein im System K' ruhender, also relativ zum Stab bewegter Beobachter konstatieren, daß die Längsausdehnung des Stabes nicht l, sondern $l\sqrt{1 - v^2/c^2}$ beträgt. Umgekehrt würde die zur Bewegungsrichtung parallele Dimension eines Körpers der in K' ruht, von K aus um den gleichen Betrag verkürzt erscheinen. Etwas ganz Analoges gilt bezüglich zeitlicher Intervalle. Betrachten wir eine im Koordinatenursprung von K' ruhende Uhr U', welche zur Zeit $t' = 0$ mit einer im Koordinatenursprung von K ruhenden Uhr U räumlich und zeitlich koinzidiert. Da für sie $x' = 0$ ist, wird die vierte der Gleichungen (2a)

$$(3) \qquad t = \frac{t'}{\sqrt{1 - v^2/c^2}} \qquad \text{oder} \qquad t' = t\sqrt{1 - v^2/c^2}.$$

Wenn also U' in jenem Moment wo sie die Zeit t' zeigt eine in K befindliche mit U gleichgerichtete Uhr passiert, so wird diese die Zeit $t = \frac{t'}{\sqrt{1 - v^2/c^2}}$, also einen größeren Wert zeigen; d. h. U' geht im Verhältnis $\sqrt{1 - v^2/c^2}$ langsamer als die Uhren in K, die sie nacheinander passiert. Man muß sich aber immer vor Augen halten, daß (wie nach dem Relativitätsprinzip ja selbstverständlich sein muß) alle diese Beziehungen reziprok sind: Wenn nämlich ein im Koordinatenursprung von K befindlicher Beobachter seine Uhr U mit den Uhren von K' vergleicht, an denen er nacheinander vorbeiläuft, so wird er konstatieren müssen, daß U gegenüber den K'-Uhren im Verhältnis $\sqrt{1 - v^2/c^2} : 1$ langsamer geht.

Wenn also die durch die LORENTZ-Transformation gegebenen Verhältnisse gewöhnlich durch die Schlagworte charakterisiert werden: »Bewegte Körper verkürzen sich in der Bewegungsrichtung im Verhältnis

$\sqrt{1 - v^2/c^2} : 1$ und bewegte Uhren gehen in demselben Verhältnis langsamer «, so muß man sich vor einem naheliegenden Mißverständnis hüten. Man könnte nämlich bei oberflächlicher Betrachtung vermuten, daß in dieser Längenkontraktion, beziehungsweise Zeitdilatation ein Kriterium für das Vorhandensein einer wirklichen, absoluten Bewegung gegeben wäre, indem man sagt: Jenes System bewegt sich »wirklich«, in welchem die angegebenen Längenverkürzungen stattfinden. Um diesem Mißverständnis zu entgehen, muß man bedenken, daß nicht etwa durch das Verweilen in dem einen oder dem andern der beiden Bezugssysteme K und K' eine Längenverkürzung bzw. eine Änderung des Uhrenganges eintritt; die erwähnte Behauptung ist vielmehr nur so aufzufassen, daß verschiedene Arten der Längen- bzw. Zeitenvergleichungen zu verschiedenen Resultaten führen. Bezüglich der Uhren wurde das oben schon angedeutet: Ein Reisender in einem Zug, der seine Taschenuhr mit den Stationsuhren vergleicht, die er nacheinander durchläuft, würde feststellen, daß sie gegenüber diesen zurückbleibt (falls er nämlich Zeitdifferenzen von weniger als Billiontel-Sekunden feststellen könnte); andererseits würde bei einem unendlich langen Eisenbahnzug der Beamte einer bestimmten Station konstatieren, daß seine Stationsuhr gegenüber den Taschenuhren, der nacheinander vorbeifahrenden Reisenden zurückbleibt. Dabei ist vorausgesetzt, daß die einzelnen Stationsuhren untereinander durch Lichtsignale gemäß der oben aufgestellten Definition der Gleichzeitigkeit gleichgerichtet sind und daß dasselbe mit den Taschenuhren der Reisenden im Zuge geschehen ist. Das Ganze läuft sich also darauf hinaus, daß Gleichzeitigkeit im System K und Gleichzeitigkeit im System K' nicht dasselbe sind. Auch bei der »Längenverkürzung« kommt es darauf an, daß zwei verschiedene Arten der Messung vorgenommen werden. Wenn die Länge eines in K ruhenden Körpers durch Beobachter in K vorgenommen wird, so geschieht dies einfach durch so und so oftmaliges Anlegen eines Einheitsmaßstabes (Operation I). Die Längenmessung durch in K' befindliche Beobachter geschieht aber so, daß zunächst in K' zwei Punkte A und B festgestellt werden, die die Eigenschaft haben, daß das Zusammenfallen des einen Endes des zu messenden Körpers mit dem Punkt A und das Zusammenfallen des andern Endes mit dem Punkt B Ereignisse sind, die für die K'-Beobachter gleichzeitig erfolgen, und daß dann der Abstand AB durch Anlegen von in K' ruhenden Maßstäben gemessen wird (Operation II). Der Satz von der Längenverkürzung besagt nichts anderes, als daß Operation II einen um den Faktor $\sqrt{1 - v^2/c^2}$ kleineren Wert liefert wie die am gleichen Körper vorgenommene Operation I, was nicht weiter erstaunlich ist, wenn man bedenkt, daß eben die in Operation II benützte »Gleichzeitigkeit in K'« etwas anderes ist als »Gleichzeitigkeit in K«.

§ 6. *Die Union von Raum und Zeit; die Minkowski-Welt.* Wie aus diesen Beispielen hervorgeht, kommt es bei allen solchen Längen-

und Zeitmessungen auf die Feststellung von *Koinzidenzen* an; wenn im obigen Beispiel das Koinzidieren von *A* mit dem einen und das von *B* mit dem andern Ende des Körpers gleichzeitige Ereignisse sind, so ist der Abstand *AB* die »vom bewegten Beobachter gemessene Länge des Körpers«. Da diese Koizidenzen an einem bestimmten Raumpunkt und zu einem bestimmten Zeitpunkt stattfinden, sind sie das, was wir früher als »Punktereignis« bezeichnet hatten und was man, dem Vorschlag Minkowskis entsprechend, auch »Weltpunkt« nennt, indem man Raum und Zeit zu einem Begriff »Welt« zusammenfaßt. (Über die Bedeutung dieser Zusammenfassung werden wir gleich später sprechen.) Da der Raum für sich drei Dimensionen hat und die Zeit eindimensional ist, so muß die Welt natürlich vierdimensional sein. Ein in einem bestimmten Raumpunkt zu einem bestimmten Zeitpunkt stattfindendes Ereignis ist gegeben durch einen Punkt in der vierdimensionalen Mannigfaltigkeit der Welt, der also füglich als »Weltpunkt« zu bezeichnen sein wird. Die Bewegungsgeschichte eines materiellen Punktes wird charakterisiert durch seine »Weltlinie«. Bei gleichförmig geradlinigen Bewegungen sind die Weltlinien Gerade; für ungleichförmige Bewegungen sind es krumme Linien; die Weltlinien eines ruhenden Punktes sind Gerade, die zur Zeitachse paralell laufen. Die Weltlinien von Anfangs- und Endpunkt eines Stabes, der entweder ruht oder eine gleichförmige Translationsbewegung ausführt, werden paralelle Gerade sein. Wenn man vom

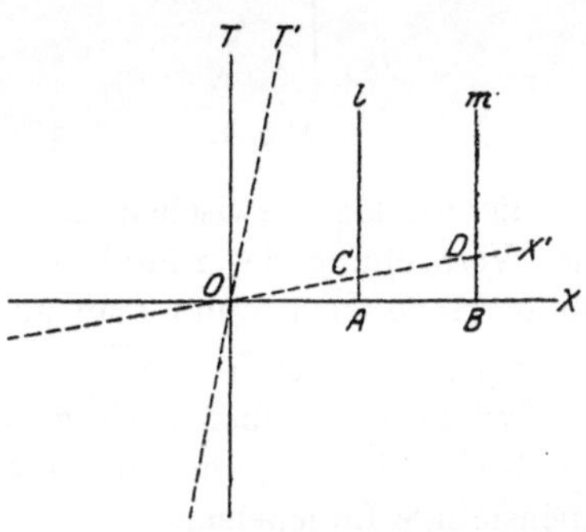

Abb. 1.

Raum nur eine Dimension (etwa die Erstreckung in der *X*-Richtung) in Betracht zieht, so läßt sich die Welt in einem zweidimensionalen Diagramm darstellen. In Fig. 1 stellen *l* und *m* die Weltlinien von Anfangs- und Endpunkt eines Stabes dar, der parallel zur *X*-Achse liegt und in dem gewählten Bezugsystem *K* mit den Koordinaten *x* und *t* ruht. Die Länge des Stabes ist natürlich der Abstand *AB* der Projektionen der Weltlininen *l* und *m* auf die *X*-Achse. Wie nun Minkowski zeigen konnte, bedeutet die Lorentz-Transformation, mathematisch gesprochen, den Übergang zu dem schiefwinkligen Koordinatensystem *x't'*, verbunden mit einer Änderung der Einheiten für Länge und Zeit. Im Bezugsystem *K'* entsprechen dann nicht *A* und *B*, sondern *C* und *D* gleichzeitigen Ereignissen und das Resultat der Operation II wird darum das Stück *CD*, noch dazu gemessen, in anderen Einheiten sein. Daß also bei der Messung von räumlichen und zeitlichen Intervallen in den Bezugsystemen *K* und *K'* verschiedene Werte resultieren, liegt, mathematisch gesprochen, darin, daß sich in beiden Bezugsystemen der Abstand zweier Weltpunkte ver-

schieden auf Raum und Zeit projiziert. Etwas ganz Analoges tritt ja
auch ohne Verwendung der relativitätstheoretischen Betrachtungen im
Raum allein ein, wenn man zwei gegeneinander verdrehte räumliche Be-
zugsysteme verwendet. Wenn wir die Differenz der X-Koordinaten zweier
Punkte als Horizontalabstand und die Differenz der Y-Koordinaten als
ihre Höhendifferenz definieren, dann wird (vgl. Fig. 2) im Koordinaten-

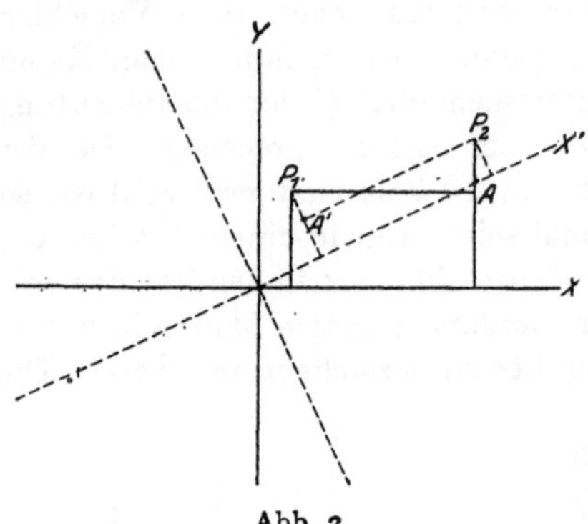

system XY die Höhendifferenz
der Punkte P_1 und P_2 gegeben
sein durch P_2A und ihr Horizontalabstand durch P_1A; in einem
dagegen verdrehten Koordinatensystem $X'Y'$ jedoch durch $A'P_1$
bzw. $A'P_2$. In beiden Bezugssystemen projiziert sich also der
räumliche Abstand P_1P_2 verschieden auf das, was man jeweilig als
»Horizontale« und als »Vertikale«
definiert.

Abb. 2.

MINKOWSKI konnte nun zeigen,
daß die Analogie zwischen der LORENTZ-Transformation einerseits und
einer Verdrehung des räumlichen Koordinatensystems andererseits eine
vollkommene wird, wenn man an Stelle der Zeit t die imaginäre Variable
$x_4 = ict$ verwendet $(i = \sqrt{-1}$; c die Lichtgeschwindigkeit). Wenn man
der Symmetrie halber noch $x = x_1$, $y = x_2$, $z = x_3$ setzt, so ist, wie
man leicht einsieht, die LORENTZ-Transformation jene, welche das vier-
dimensionale Linienelement

$$(4) \qquad ds^2 = dx_1^2 + dx_2^2 + dx_3^2 + dx_4^2$$

invariant läßt, gerade so, wie die dreidimensionale orthogonale Koordinatentransformation (Drehung des Koordinatensystems) das dreidimensionale
Linienelement $dx_1^2 + dx_2^2 + dx_3^2$ invariant läßt. (Bei der in Fig. 2 dargestellten Drehung ist zwar, wenn wir die Koordinaten wieder x und y
nennen, $x_2 - x_1 \neq x_2' - x_1'$ und $y_2 - y_1 \neq y_2' - y_1'$, aber es ist

$$(x_2 - x_1)^2 + (y_2 - y_1)^2 = (x_2' - x_1')^2 + (y_2' - y_1')^2;$$

der räumliche Abstand der beiden Punkte ist also eine Invariante.) Die
LORENTZ-Transformation ist also bei Verwendung der angegebenen Koordinaten nichts anderes als eine Verdrehung des Achsenkreuzes.

Die Bedeutung dieser Überlegungen MINKOWSKIS liegt nun in dem
Umstand, daß Raum und Zeit dadurch ihre Selbständigkeit verlieren
und nur die Raum-Zeit-Gesamtheit, die »Welt«, einen selbständigen,
absoluten Charakter bewahrt. Denn so wie Horizontalabstand und
Höhendifferenz zweier Raumpunkte schon in der klassischen Auffassung
keine absolute Bedeutung haben, sondern von der Wahl des Bezugs-

systemes abhängen, so werden nun in der Relativitätstheorie auch räumlicher und zeitlicher Abstand zweier Punktereignisse (Weltpunkte) je nach der Wahl des Bezugssystems verschiedene Werte annehmen. »Von Stund an sollen Raum für sich und Zeit für sich völlig zu Schatten herabsinken und nur noch eine Art Union der beiden soll Selbständigkeit bewahren.« (MINKOWSKI, 1908 [29]).) Der Ausdruck »Schatten« ist hier insofern ganz wörtlich zu verstehen, als eben der räumliche Abstand zweier Weltpunkte nur mehr die Projektion (der Schatten) ihres »Weltabstandes« auf das ist, was in dem jeweiligen Bezugsystem den »Raum« bedeutet. In dem folgenden Analogienschema sind die einander entsprechenden Begriffe von »Raum« und »Welt« einander gegenübergestellt:

	Klassische Auffassung	Relativitätstheorie
	Raum	Welt
	Drehung des Achsenkreuzes	Lorentz-Transformation
Absolute Größen:	Raumabstand zweier Punkte: $ds^2 = dx_1^2 + dx_2^2 + dx_3^2$	Weltabstand zweier Weltpunkte: $ds^2 = dx_1^2 + dx_2^2 + dx_3^2 + dx_4^2$
Relative Größen:	Horizontalabstand, Höhendifferenz	Räumlicher und zeitlicher Abstand

Daß trotz dieser weitgehenden formalen Analogie ein tiefer Unterschied zwischen der Zeit einerseits und den drei untereinander gleichberechtigten Dimensionen des Raumes andererseits besteht, ist mathematisch darin begründet, daß nicht die Zeitkoordinate t selbst, sondern ihr mit ic multiplizierter Wert symmetrisch in die Formeln eingeht. In reellen Koordinaten heißt das Linienelement

$$(4\,\text{a}) \qquad ds^2 = dx^2 + dy^2 + dz^2 - c^2 dt^2.$$

In dieser Form erkennt man ohne weiteres, daß die Zeit eine ausgezeichnete Rolle spielt. Warum ferner die Relativität von Raum und Zeit bei unseren Alltagserfahrungen nicht bemerkbar wird, wurde schon oben daraus erklärt, daß c praktisch unendlich groß ist. Mathematisch gesprochen bedeutet dies, daß die praktisch vorkommenden LORENTZ-Transformationen nur unendlich kleine Drehungen repräsentieren. (Würde man im Dreidimensionalen bloß Koordinatensysteme verwenden, die höchstens um Milliontel von Bogensekunden gegeneinander verdreht sind, so würde sich die Relativität der Größen »Horizontalabstand« und »Höhendifferenz« auch nicht bemerkbar machen.)

B. Physikalische Konsequenzen.

§ 7. *Die Abhängigkeit der Masse von der Geschwindigkeit.* Die Relativitätstheorie behauptet, daß das spezielle Relativitätsprinzip für alle Naturerscheinungen Gültigkeit habe. Daraus ergibt sich bezüglich der mathematischen Fassung der physikalischen Gesetze die Forderung, daß sie der LORENTZ-Transformation gegenüber kovariant sein müssen, d. h.: wenn man in die physikalischen Gesetze vermöge der LORENTZ-Transformation die neuen Koordinaten x', y', z', t' einführt, so müssen Formeln von der gleichen Gestalt resultieren wie in den alten Variabeln x, y, z, t.

Nun gilt, wie in § 1 erwähnt, das Relativitätsprinzip schon vor Einführung des neuen Raum-Zeitbegriffes für die mechanischen Erscheinungen, was mathematisch darin seinen Ausdruck findet, daß die NEWTONschen Grundgleichungen der Mechanik der Galilei-Transformation gegenüber kovariant sind. Unter Zugrundelegung der relativistischen Raum-Zeitvorstellung stellt aber nicht mehr die Galilei-Transformation, sondern die LORENTZ-Transformation den Übergang zu einem gleichförmig geradlinig bewegten Bezugssystem dar; die korrekten mechanischen Gleichungen werden daher, sowie alle andern Naturgesetze, der letzteren Transformation gegenüber kovariant sein müssen. Daraus folgt, daß die NEWTONsche Mechanik nur in dem Maße eine Approximation an die richtigen Gesetze darstellt, als die Galilei-Transformation eine Näherungsformel für die LORENTZ-Transformation ist. Es gelingt nun durch eine leichte Modifikation der NEWTONschen Gesetze jene mechanischen Gleichungen aufzustellen, die der Forderung der Kovarianz gegenüber der LORENTZ-Transformation Genüge leisten. Das NEWTONsche Grundgesetz der Mechanik lautet bekanntlich: Kraft ist gleich Masse mal Beschleunigung. Eine äquivalente Formulierung dieses Gesetzes besagt, daß die Kraft gleich ist der Änderung der Bewegungsgröße (oder des Impulses) pro Zeiteinheit, wobei die Bewegungsgröße definiert ist als das Produkt von Masse und Geschwindigkeit:

$$(5) \qquad \mathfrak{G} = m\,\mathfrak{v}.$$

Bezeichnet man also in der üblichen Weise den zeitlichen Differentialquotienten (Änderung pro Zeiteinheit) irgend einer Größe durch einen darübergesetzten Punkt und nennt man die Kraft $\mathfrak{K}$, so lautet das erwähnte Grundgesetz:

$$(6) \qquad \mathfrak{K} = \dot{\mathfrak{G}}.$$

Damit diese Formel nun auch in der relativistischen Mechanik gilt (also der LORENTZ-Transformation gegenüber kovariant wird), braucht man bloß $\mathfrak{G}$ statt durch Formel (5) durch die folgende Gleichung zu definieren:

$$(7) \qquad \mathfrak{G} = \frac{m_0\,\mathfrak{v}}{\sqrt{1 - v^2/c^2}}.$$

Dabei ist m_0 die sogenannte *Ruhmasse* des betreffenden Körpers, das ist jene Masse, die man als Quotient zwischen Kraft und Beschleunigung erhält, wenn man den Körper vom Ruhezustand aus eine Beschleunigung erteilt. (Die praktisch gemessene Masse ist stets mit großer Annäherung gleich der Ruhmasse, weil die Geschwindigkeit irdischer Objekte gegenüber der Lichtgeschwindigkeit praktisch unendlich klein ist.) Die Ruhmasse ist für einen bestimmten Körper ein für allemal konstant. Man kann auch Gleichung (5) beibehalten, wenn man die darin vorkommende

Größe m als von der Geschwindigkeit des Körpers abhängig ansieht, indem man

$$(8) \qquad m = \frac{m_0}{\sqrt{1 - v^2/c^2}}$$

setzt. Man bezeichnet nun m als »Masse« schlechtweg und gelangt so zu dem Satz, daß die Masse mit der Geschwindigkeit wächst. Das bedeutet: Wenn man einen Körper z. B. von der Geschwindigkeit 1000000 m/sek binnen einer Sekunde auf die Geschwindigkeit 1000010 m/sek beschleunigen will, so muß man eine etwas größere Kraft anwenden, als wenn man ihn von der Geschwindigkeit o binnen einer Sekunde auf die Geschwindigkeit 10 m/sek bringen will.

Da die Massenveränderlichkeit sich durch den Faktor $\dfrac{1}{\sqrt{1 - v^2/c^2}}$ ausdrückt, so war von vornherein die Möglichkeit einer experimentellen Verifikation dieser Folgerung der Relativitätstheorie beschränkt auf Körper, die sich mit Geschwindigkeiten bewegen, welche mit der Lichtgeschwindigkeit vergleichbar sind. Derartig hohe Geschwindigkeiten treten nur bei den freien Elektronen der Kathodenstrahlen oder der β-Strahlen radioaktiver Substanzen auf. Nun ergibt sich schon aus der klassischen Elektrodynamik, also ohne Verwendung der Relativitätstheorie, eine Abhängigkeit der Elektronenmasse von der Geschwindigkeit, wenn man die sehr plausible Annahme macht, daß die Masse des Elektrons elektromagnetischen Ursprungs sei. (Dies bedeutet, daß man den Trägheitswiderstand eines Elektrons gegen eine Beschleunigung durch die Rückwirkung des vom Elektron erzeugten Feldes auf das Elektron selbst erklärt.) Formeln für diese Massenveränderlichkeit wurden abgeleitet von Abraham[1]) und Lorentz[24]) und zwar von ersterem unter der Annahme eines starren Elektrons, von letzterem unter der Annahme, daß das Elektron bei der Bewegung eine Lorentz-Kontraktion erleide. Die Lorentzsche Formel stimmt mit der Gleichung (8) überein; die Abrahamsche weicht von ihr ab. Durch Ablenkungsversuche an Kathoden- und β-Strahlen gelang es sehr bald, mit Sicherheit festzustellen, daß eine derartige Massenveränderlichkeit überhaupt exstiere — bloß die Entscheidung zwischen der Abrahamschen und der Lorentzschen Formel machte Schwierigkeiten, da sie sehr genaue Messungen an sehr rasch bewegten Partikeln erforderte. Die letzten diesbezüglichen Versuche (Schäfer[39]) Neumann[32]) Guye und Lavanchy[15])) entscheiden aber eindeutig zugunsten der Lorentz-Einsteinschen Formel. Neben den direkten Methoden zur Bestimmung der Massenveränderlichkeit des Elektrons gibt es noch eine indirekte, nämlich die Ausmessung der Feinstruktur der Spektrallinien (Sommerfeld[42]) Glitscher[12])), die eine noch schärfere Bestätigung der letzterwähnten Formel liefert.

So wie der MICHELSON-Versuch gewissermaßen den Kardinalbeweis
für das eine Fundament der Relativitätstheorie darstellt, so ist die gelungene Verifikation der Formel (8) der Hauptbeweis für die Gültigkeit
ihrer Folgerungen. Allerdings muß zugegeben werden, daß die bloße Annahme der LORENTZ-Kontraktion schon hinreichen würde, um sowohl
den negativen Ausfall des MICHELSON-Versuches zu erklären, als auch
die Formel (8) zu begründen; zugunsten der Relativitätstheorie spricht
aber ihre innere Geschlossenheit, während die Hypothese der LORENTZ-
Kontraktion, wie schon erwähnt, ad hoc fingiert ist.

§ 8. *Die Identität von Masse und Energie.* Während die mechanischen
Grundgleichungen modifiziert werden müssen, um der Forderung der
Kovarianz gegenüber der LORENTZ-Transformation Genüge zu leisten,
erfüllen die elektromagnetischen Grundgleichungen (MAXWELL-LORENTZsche
Gleichungen) diese Forderung ohne weitere Modifikation, wenn man
nur die Annahme macht, daß die Komponenten der elektrischen und magnetischen Feldstärke beim Übergang zum gestrichenen Koordinatensystem, Gleichung (2), die folgende Substitution erleiden.

$$\mathfrak{E}_x' = \mathfrak{E}_x, \qquad\qquad \mathfrak{H}_x' = \mathfrak{H}_x,$$

$$(9) \qquad \mathfrak{E}_y' = \frac{\mathfrak{E}_y - \dfrac{v}{c}\mathfrak{H}_z}{\sqrt{1 - v^2/c^2}}, \qquad\qquad \mathfrak{H}_y' = \frac{\mathfrak{H}_y + \dfrac{v}{c}\mathfrak{E}_z}{\sqrt{1 - v^2/c^2}},$$

$$\mathfrak{E}_z' = \frac{\mathfrak{E}_z + \dfrac{v}{c}\mathfrak{H}_y}{\sqrt{1 - v^2/c^2}}, \qquad\qquad \mathfrak{H}_z' = \frac{\mathfrak{H}_z - \dfrac{v}{c}\mathfrak{E}_y}{\sqrt{1 - v^2/c^2}}.$$

Mißt man also die elektrischen und magnetischen Kräfte in einem Punkt
des Feldes, indem man einmal die Kräfte $\mathfrak{E}$ und $\mathfrak{H}$ auf einen im System
K ruhenden elektrischen bzw. magnetischen Einheitspol bestimmt, und
dann die Kräfte $\mathfrak{E}'$ und $\mathfrak{H}'$ auf einen im System K' ruhenden elektrischen
bzw. magnetischen Einheitspol, so stehen die Komponenten dieser Kräfte
in dem durch die Gleichungen (9) gegebenen Zusammenhange. Das
Auffallende dabei ist folgendes: Während bei einer bloß räumlichen Drehung
des Koordinatensystems die Komponenten von $\mathfrak{E}$ für sich allein und jene
von $\mathfrak{H}$ für sich allein eine Substitution erleiden, werden bei einer LORENTZ-
Transformation (Drehung des Weltachsenkreuzes, vgl. § 6) die Kom-
ponenten von $\mathfrak{E}$ und $\mathfrak{H}$ durcheinander substituiert. Wenn zum Beispiel
ein bestimmtes Feld bezüglich des Koordinatensystems K ein elektro-
statisches ist (alle Komponenten von $\mathfrak{H}$ gleich Null), so wird bezüglich
des Koordinatensystems K' ein von o verschiedenes magnetisches Feld
vorhanden sein. Die Aufspaltung des Feldes in ein elektrisches und ein
magnetisches hat also keine absolute Bedeutung mehr; sie fällt je nach
der Wahl des Bezugssystems verschieden aus. Wenn also in der klassi-
schen Elektrodynamik die Größen $\mathfrak{E}_x$, $\mathfrak{E}_y$, $\mathfrak{E}_z$ und $\mathfrak{H}_x$, $\mathfrak{H}_y$, $\mathfrak{H}_z$ zwei

selbständige Größentripel (Vektoren) darstellen, werden sie in der Relativitätstheorie zu einem Einheitsbegriff, dem Feldtensor zusammengefaßt. Es zeigt sich nämlich, daß unter Verwendung der MINKOWSKIschen Schreibweise (mit $x_4 = ict$) die Transformationsgleichungen (9) gerade jenen Transformationen entsprechen, nach denen sich *Tensorgrößen* (wie z. B. die Spannungen eines elastischen Mediums) bei einer Drehung des Koordinatensystems substituieren. Wenn man darum die elektrodynamischen Gleichungen von vornherein so schreibt, daß die in ihnen auftretenden Größen Tensoren bzw. Vektoren der vierdimensoinalen Welt (vgl. hierzu LAUE [20]), PAULI [34]), WEYL [43])) sind, dann ist die Kovarianz gegenüber der LORENTZ-Transformation erfüllt, ohne daß zusätzliche Transformationsbedingungen (Gl. (9)) aufgestellt werden müssen. In dieser Schreibweise werden die elektromagnetischen Gleichungen auch viel symmetrischer und übersichtlicher, so daß die Relativitätstheorie auch in formal mathematischer Hinsicht der klassischen Elektrodynamik gegenüber vorzuziehen ist.

In der vierdimensionalen MINKOWSKIschen Darstellung wird nun nicht nur der elektrische und der magnetische Vektor zu einem Begriff, dem Feldtensor, zusammengefaßt, sondern es wird auch die elektrische Ladungsdichte mit den drei Komponenten der Stromdichte zu einem Begriff, dem Viererstrom, das Skalarpotential mit den drei Komponenten des Vektorpotentials zum Viererpotential und die Energiedichte mit den drei Komponenten der Impulsdichte zu einem Begriff, dem Energie-Impulstensor, zusammengefaßt. Der letztere Umstand ist nun von besonderer Wichtigkeit, er führt nämlich zu dem Schluß, daß bewegter Energie ein Impuls zukommt und daraus folgt weiter, wie ein Blick auf die Gleichung (5) zeigt, daß der Energie selbst eine *Masse* zukommen muß. Zu dieser bedeutungsvollen Erkenntnis war EINSTEIN [6]) schon vor MINKOWSKIS vierdimensionaler Darstellung auf Grund eines einfachen Gedankenexperiments gekommen; er konnte zeigen, daß Körper, die in irgendeiner Form Energie gewinnen, einen Massenzuwachs, hingegen Körper, die Energie abgeben, einen Massenverlust erleiden. (Die in § 7 besprochene Veränderlichkeit der Masse mit der Geschwindigkeit kommt beispielsweise dadurch zustande, daß die bei einer Erhöhung der Geschwindigkeit eines Körpers erfolgende Vermehrung seiner kinetischen Energie den Massenzuwachs verursacht.) Und zwar ergibt sich, daß eine Energievermehrung um dE einen Massenzuwachs

$$(10) \qquad dm = \frac{dE}{c^2}$$

verursacht. Durch Integration von (10) ergibt sich

$$(11) \qquad m = \frac{E}{c^2} + \text{Const.}$$

Die oben erwähnte Verquickung des Impulses mit der Energie in der kovarianten Schreibweise der elektromagnetischen Grundgleichungen führt nun dazu, die in (11) auftretende Integrationskonstante gleich Null zu setzen, es ergibt sich also

$$(11\,a) \qquad\qquad m = \frac{E}{c^2}\,.$$

Jeder Art von Energie kommt also eine gewisse Masse zu; man erhält nun ihren Wert in g ausgedrückt, wenn man die Maßzahl der in erg ausgedrückten Energiemenge durch 900 Trillionen dividiert. Insbesondere wird auch das Innere eines vollkommen evakuierten Hohlraumes, wenn es von Wärmestrahlung durchsetzt ist, eine allerdings sehr kleine Masse besitzen. Dieses Resultat ist übrigens schon vor Aufstellung der Relativitätstheorie auf anderem Wege deduziert worden (HASENÖHRL [16]), MOSENGEIL) [31]). Bei ponderablen Körpern muß der (zum überwiegenden Teil intraatomistische) Energieinhalt wegen $E = mc^2$ ungeheuer groß sein; seine Existenz bleibt uns darum verborgen, weil bei chemischen Umsetzungen nur relativ sehr geringe Energiedifferenzen frei werden. Bloß bei den radioaktiven Prozessen, die mit großer Energieabgabe verlaufen, enthüllt sich ein Teil des ungeheuren intraatomistischen Energiereichtums. Die Gültigkeit der Beziehung (10) läßt sich leider nicht direkt (etwa durch Wägung eines und desselben Körpers vor und nach einer Erwärmung) nachprüfen, weil die Genauigkeit unserer Wagen bei der außerordentlichen Kleinheit des Faktors $\frac{1}{c^2}$ nicht ausreicht. Wohl aber wird man später einmal durch genauere Atomgewichtsbestimmung des Heliums und der radioaktiven Substanzen eine Verifikation der Beziehungen (10) und 11a) durchführen können. Bei einem α-Zerfall darf nämlich gemäß (10) die Differenz zwischen Atomgewicht der Muttersubstanz und jenem des Zerfallprodukts nicht genau gleich dem Atomgewicht des Heliums sein, sondern gleich diesem Atomgewicht vermehrt um das Massenäquivalent $\Delta m = \dfrac{\Delta E}{c^2}$ der bei dem α-Zerfall freiwerdenden Energie ΔE. Leider ist trotz des großen Wertes der Zerfallsenergie ΔE sein Massenäquivalent noch so klein, daß die Genauigkeit der bisherigen Atomgewichtsbestimmungen eine Prüfung derzeit noch nicht zulassen.

Gleichung (10) rückt nun wieder die PROUTsche Hypothese in den Bereich der Möglichkeit, nach welcher die Atomkerne der höheren Elemente sich aus Wasserstoffkernen und Elektronen zusammensetzen. Man hatte diese Hypothese wegen der Abweichung der Atomgewichte von der Ganzzahligkeit aufgegeben; auf Grund der Gleichungen (10) ließen sich nun die kleinen Abweichungen von der Ganzzahligkeit dadurch erklären, daß bei dem Zusammentreten mehrerer H-Kerne und Elektronen zu einem Atomkern eines höheren Elements große Energiebeträge ΔE frei werden, deren Massenäquivalente $\Delta m = \dfrac{\Delta E}{c^2}$ gerade gleich den genannten Atom-

gewichtsdefekten zu setzen wären (SMEKAL[41]), LENZ)[21]). — Die großen Abweichungen von der Ganzzahligkeit sind durch die ASTONschen[2]) Isotopenuntersuchungen größtenteils aufgeklärt worden.

Wählt man (so wie es MINKOWSKI tat) die Einheiten für Längen und Zeiten derart, daß die Lichtgeschwindigkeit c gleich Eins wird, so geht (10a) über in

$$(10\,\mathrm{b}) \qquad\qquad m = E.$$

Es wird also bei Zugrundelegung dieser natürlichen Einheiten Masse und Energie identisch. Diese Erkenntnis ist darum sehr befriedigend, weil gerade bezüglich dieser beiden Begriffe zwei formal einander äquivalente Grundgesetze der Natur gelten: Das Gesetz von der Erhaltung der Energie und das von der Erhaltung der Materie. Dadurch, daß nun die Begriffe Energie und Masse identisch werden, verschmelzen natürlich auch die beiden erwähnten Gesetze in ein einziges.

II. Die allgemeine Relativitätstheorie.

A. Die Idee der Theorie, Folgerungen bezüglich Raum und Zeit.

§ 9. *Trägheit und Schwere.* Nach dem speziellen Relativitätsprinzip hat es bei gleichförmig geradlinigen Bewegungen nur Sinn, von Relativbewegungen der Körper gegeneinander zu sprechen; eine absolute Bewegung hat keinen Sinn, denn sie ist nicht konstatierbar. Nun versteht man unter Bewegung eines Körpers im allgemeinen die Änderung seiner Lage und, da die Lage eines Körpers nur gegeben ist durch seine Entfernung von andern Körpern, ist dieser »phoronomische« Begriff der Bewegung seinem Wesen nach ein relativer. Es mag darum scheinen, als ob die erwähnte Aussage des speziellen Relativitätsprinzips gar nichts Neues besagen würde, sondern nur ein analytisches Urteil wäre, das eine Eigenschaft charakterisiert, die dem Bewegungsbegriff schon kraft seiner Definition zukommt. Man kann aber den Bewegungsbegriff auch noch anders auffassen, indem man unter »Bewegung« eines Körpers einen *physikalischen Zustand* versteht, dessen Vorhandensein unter Umständen auch ohne Relation zu andern Körpern festgestellt werden könnte. Wenn sich z. B. ein Körper im Zustand der Rotation befindet, so erkennt man das Vorhandensein dieses Zustandes an dem Auftreten von Zentrifugalkräften auch ohne Betrachtung der Umgebung; es ist daher dieser *pyhsikalische* Bewegungsbegriff in der NEWTONschen Mechanik seinem Wesen nach kein relativer. Indem sich nun das spezielle Relativitätsprinzip (unter Beschränkung auf die gleichförmig geradlinigen Bewegungen) auf den physikalischen Bewegungsbegriff bezieht, ist es keine Selbstverständlichkeit, sondern eine Aussage über eine physikalische Tatsache.

Die Tendenz der allgemeinen Relativitätstheorie geht nun dahin, den phoronomischen und den physikalischen Bewegungsbegriff überhaupt in einen zu verschmelzen, derart, daß nur dann von einem physikalischen Bewegungszustand eines Körpers die Rede sein kann, wenn er auch phoronomisch (d. h. relativ zu andern Körpern) eine Bewegung ausführt. Es sollte also auch bei beliebigen ungleichförmigen und krummlinigen Bewegungen die Existenz einer solchen Bewegung ohne Betrachtung der Umgebung nicht konstatierbar sein.

Dies scheint zunächst unserer Erfahrung zu widersprechen, denn bei einer beschleunigten Bewegung treten eben, wie früher erwähnt, Trägheitskräfte auf, die das Vorhandensein dieser Bewegung auch ohne Relation zu andern Körpern feststellen lassen. EINSTEIN fand nun einen Ausweg aus dieser Schwierigkeit, indem er als erster die seit langem bekannte Tatsache der Proportionalität von träger und schwerer Masse auszuwerten verstand. Sei nämlich K ein sogenanntes Inertialsystem (oder Galileisches Bezugssystem), das ist ein Bezugssystem, für welches das NEWTONsche Trägheitsgesetz gilt (alle relativ zum Fixsternhimmel geradlinig gleichförmig bewegten Bezugssysteme sind Inertialsysteme), und K' ein Bezugssystem, das sich relativ zu K in der positiven Z-Richtung mit der konstanten Beschleunigung g bewege, dann werden die Vorgänge in K' allerdings anders verlaufen als in K, denn in bezug auf letzteres System verharrt ein sich selbst überlassener Körper in seinem Zustande der Ruhe oder der geradlinig gleichförmigen Bewegung; in bezug auf K' hingegen bewegen sich solche Körper in der Richtung der negativen Z-Achse mit der Beschleunigung g. Aus diesem Verhalten frei losgelassener Körper in K' muß man aber nicht zwingend rückschließen, daß K' gegenüber dem Inertialsystem eine beschleunigte Bewegung ausführe, denn wenn in K ein entsprechend starkes Gravitationsfeld in der Richtung der negativen Z-Achse herrschte, so würden auch in bezug auf K frei fallende Körper das gleiche Verhalten zeigen. Diese Äquivalenz zwischen dem System K' einerseits und dem mit einem homogenen Schwerkraftfeld versehenen System K andererseits wird für die rein mechanischen Vorgänge gewährleistet durch die Erfahrungstatsache, der Proportionalität von träger und schwerer Masse. Denn es fallen die Körper in K' infolge ihrer *trägen* und im Gravitationsfelde von K infolge ihrer *schweren* Masse; zwischen beiden Systemen ließe sich dann durch Pendelmessungen, Fallversuche und dergleichen unterscheiden, wenn es Körper gäbe, für die das Verhältnis zwischen träger und schwerer Masse von dem entsprechenden Verhältnis bei andern Körpern verschieden wäre. Dieses ist aber nicht der Fall wie EÖTVÖS ([10]) durch sehr exakte Messungen zeigen konnte. Träge und schwere Massen sind für alle bekannten Substanzen einander völlig proportional (bzw. bei geeigneter Wahl der Einheiten einander gleich); man kann also durch mechanische Experimente tatsächlich nicht zwischen K' und dem im homogenen Gravitationsfelde befindlichen K

unterscheiden, also durch solche Experimente das Vorhandensein einer absoluten Bewegung nicht feststellen.

§ 10. *Die Äquivalenzhypothese.* Es lag nun für EINSTEIN die Versuchung sehr nahe, die Annahme zu machen, daß die eben erwähnte Äquivalenz nicht nur bezüglich der mechanischen sondern bezüglich aller physikalischen Erscheinungen gelte. Auch das spezielle Relativitätsprinzip hatte in der alten Physik nur für die mechanischen Vorgänge gegolten; seine Ausdehnung auf das gesamte Gebiet der Physik war durch den negativen Ausfall des MICHELSON-Versuches und der andern analogen Eyperimente notwendig geworden. Im Fall der erwähnten Äquivalenz zwischen beschleunigtem System und Gravitationsfeld lag nun zunächst kein zwingender Grund zu einer solchen Ausdehnung vor; wohl aber war ein starker gedanklicher Grund dafür vorhanden. Denn nur wenn die Äquivalenz für alle physikalischen Vorgänge galt, konnte man durch keinerlei physikalische Versuche ein beschleunigtes System von einem im Gravitationsfelde ruhenden unterscheiden und eine solche Unterscheidung mußte in der Tat unmöglich sein, damit nicht der Begriff des absoluten Raumes, gegen den die spezielle Relativitätstheorie erfolgreich angekämpft hatte, nun doch wieder zu Ehren kommen sollte. Dieser Grund trieb also EINSTEIN dazu, die Äquivalenzhypothese aufzustellen: Ein Bezugssystem K', das gegenüber einem Inertialsystem eine geradlinig gleichförmig beschleunigte Translation ausführt, ist bezüglich aller physikalischen Vorgänge äquivalent einem Inertialsystem K, das sich in einem homogenen entsprechend starken Gravitationsfeld befindet.

Es ist nun leicht einzusehen, daß als Folge dieser Hypothese die Betrachtungen der allgemeinen Relativitätstheorie gleichzeitig zu einer Theorie der Gravitation führen mußten. Die Äquivalenzhypothese selbst lieferte zunächst die Möglichkeit zur Erforschung jener Gesetze, nach denen sich die physikalischen Vorgänge in homogenen Gravitationsfeldern abspielen; man braucht ja nur durch entsprechende Transformationen die Gesetze für gleichförmig beschleunigte Bezugssysteme aufzustellen. EINSTEIN gelangte auf diesem Wege zu der Erkenntnis, daß Lichtstrahlen im Schwerefelde eine Krümmung erleiden müssen, denn Lichtstrahlen, die quer zur Beschleunigungsrichtung durch das Bezugssystem K' laufen, werden natürlich relativ zu diesem System eine parabolische Krümmung erleiden; dasselbe geschieht folglich auch mit Lichtstrahlen, die senkrecht zur Kraftrichtung durch ein homogenes Gravitationsfeld laufen. Die Bahnkurve eines Lichtstrahls würde also der eines mit der Geschwindigkeit c fliegenden Geschosses entsprechen. Näheres darüber in § 17.

§ 11. *Die Krümmung der Welt.* Die Äquivalenzhypothese war die erste Stufe zur Verallgemeinerung der Relativitätstheorie. Sie machte die gleichförmig geradlinig bewegten Bezugssysteme den in homogenen Gravitationsfeldern ruhenden Bezugssystemen gleichberechtigt. Nun ist aber das Programm der allgemeinen Relativitätstheorie ein viel umfassenderes: alle beliebig gegeneinander bewegten Bezugssysteme sollen zur Beschreibung der Naturvorgänge einander gleichberechtigt sein. Wir werden an dem einfachsten Beispiel einer nicht geradlinigen Bewegung die Schwierigkeiten andeuten, auf die hier EINSTEIN stoßen mußte und deren Überwindung den bedeutsamsten Schritt in der Entwicklung der allgemeinen Theorie bildete. Es handelt sich um das Problem der Relativität der Rotationsbewegung. Das Auftreten von Zentrifugal- und Corioliskräften bei einer rotierenden Bewegung war für NEWTON der Kardinalbeweis dafür, daß es hier einen Sinn habe, von einer absoluten Bewegung zu sprechen. Obwohl also die direkten astronomischen Beobachtungen nur lehren, daß eine *Relativ*drehung von Erde und Fixsternhimmel gegeneinander vorhanden sei, hat es nach der NEWTONschen Theorie allein einen Sinn zu behaupten, die Erde drehe sich und der Fixsternhimmel ruhe, weil eben an der Erdoberfläche Zentrifugal- und Corioliskräfte auftreten, was sich an der Abplattung der Erde, an der FOUCAULTschen Drehung der Pendelebene, an der Rechtsabweichung der Geschoßbahnen usw. zeigt. Nun hatte schon lange vor EINSTEIN ERNST MACH [25] in seiner Kritik der NEWTONschen Mechanik darauf hingewiesen, daß NEWTON hier zu weitgehende Behauptungen aufstelle. Wir können, sagt MACH, aus unserer Erfahrung doch nur mit Sicherheit behaupten, daß Relativdrehungen gegen den Fixsternhimmel Zentrifugalkräfte wecken. Was geschehen würde, wenn zum Beispiel die Erde allein auf der Welt vorhanden wäre und gegen den leeren Raum rotierte, können wir nicht erfahrungsgemäß sagen, da wir ja zum Zweck eines solchen Experiments nicht die Fixsterne aus der Welt schaffen können. Ja es wäre sogar eher anzunehmen, daß dann keine Zentrifugalkräfte auftreten würden, denn eine Drehung gegenüber dem leeren Nichts ist sinnlos; es ist darum auch nicht zu erwarten, daß eine solche Drehung merkbare Wirkungen hervorrufen würde.

Eine wirklich allgemeine Relativitätstheorie wird also so beschaffen sein müssen, daß nach ihr Trägheitskräfte nur bei Relativbewegungen auftreten, so daß man zum Beispiel die Erde auch als ruhend betrachten kann und daß man die Zentrifugal- und Corioliskräfte als Gravitationswirkung der in der Ferne umlaufenden Gestirne ansehen kann. (Es müßten beispielsweise nach dieser Auffassung Corioliskräfte in ähnlicher Weise zustande kommen wie die magnetischen Kräfte durch Rotation elektrischer Ladungen erzeugt werden.) Man gelangt so zu einem neuen Äquivalenzprinzip, demzufolge ein rotierendes System äquivalent ist einem ruhenden, das sich im Gravitationsfeld der in weiter Ferne umlaufenden Fixsternmassen befindet.

Wir erwähnen diese Äquivalenz darum, weil sie gestattet, durch sinngemäße Anwendung der Resultate der speziellen Relativitätstheorie auf das rotierende System eine Aussage über die Maßverhältnisse (Metrik) eines Gravitationsfeldes zu machen. Zwar bezieht sich die spezielle Relativitätstheorie ausdrücklich nur auf geradlinig gleichförmig gegen einander bewegte Bezugssysteme; man kann aber unendlich kleine Weltgebiete eines beliebig bewegten Bezugsystems immer als gleichförmig geradlinig bewegt betrachten (so wie man ja auch stets ein unendlich kleines Flächenstück einer stetig gekrümmten Fläche als eben ansehen kann). Wir denken uns zwei gegeneinander rotierende Bezugssysteme realisiert durch zwei konzentrische Scheiben, von denen die eine S relativ zum Fixsternhimmel ruhe, die andere S' hingegen rotiere*). Die Mittelpunkte der beiden konzentrischen Scheiben führen gegeneinander keine Translationsbewegung aus; es werden darum Maßstäbe und Uhren, die sich im Mittelpunkt von S' befinden, mit jenen in S übereinstimmen. Hingegen bewegen sich alle auf S' exzentrisch, gelegenen Punkte relativ zu S und zwar wird die Bewegung eines unendlich kleinen Raumgebiets von S' innerhalb eines kurzen Zeitintervalls eine gleichförmige translatorische

sein. Unter Benützung der Resultate der speziellen Relativitätstheorie kann man daraus schließen, daß der Gang von Uhren in S' verlangsamt ist gegenüber dem Gange von Uhren in S (und infolgedessen auch gegenüber der im Mittelpunkt von S' befindlichen Uhr) — und zwar um so mehr je weiter entfernt sie vom Zentrum sind. Ferner folgt, daß Maßstäbe, die in S' tangential angelegt sind (also in der Bewegungsrichtung liegen), gegenüber Maßstäben in S verkürzt sind, während Maßstäbe, die radial (also normal

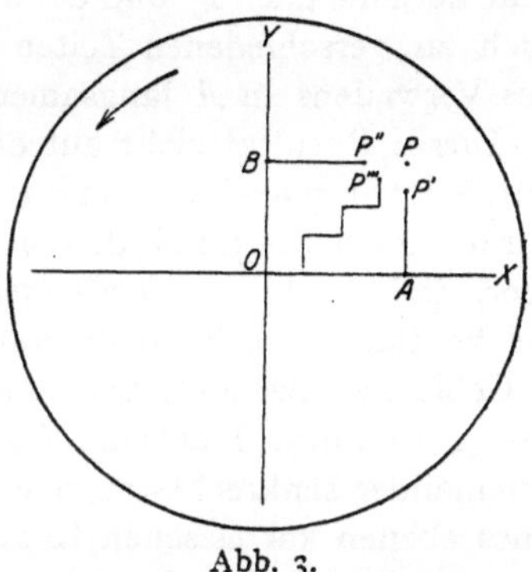

Abb. 3.

zur Bewegungsrichtung) liegen, unverkürzt bleiben. Diese Umstände haben zur Folge, daß die gewöhnliche Art der Charakterisierung von Punktereignissen mit Hilfe von Uhrenangaben und kartesischen Koordinaten nicht mehr zu eindeutigen Ergebnissen führt, wie aus dem nachstehenden einfachen Beispiel hervorgeht: Es werde auf der rotierenden Scheibe S' ein rechtwinkliges Koordinatensystem XY gezeichnet, dessen Ursprung mit dem Scheibenmittelpunkt zusammenfällt (Fig. 3) und es sei die Aufgabe gestellt, den Punkt P mit den Koordinaten x und y zu finden. Das kann man nun zunächst so machen, daß man einen Einheitsmaßstab längs der X-Achse x-mal aufträgt, dadurch gelangt man in den Punkt A; dort errichtet man eine Senkrechte, längs derer man den Einheitsmaßstab y-mal aufträgt. Bei dieser letzteren Operation ist aber der Maßstab gemäß dem oben Gesagten verkürzt; man gelangt also nicht in jenen Punkt P, der auf der ruhenden Scheibe die Koor-

---

*) Wir können natürlich nicht behaupten, daß S und S^{r} einander äquivalente Bezugssysteme sind.

dinaten x und y hätte, sondern in einen näher an A gelegenen Punkt P'. Würde man nun in den Punkt P gelangen wollen, indem man mit dem Auftragen eines Einheitsmaßstabes längs der Y-Achse beginnt, so würde man aus dem gleichen Grunde in einen Punkt P'' gelangen, der näher zur Y-Achse liegt. Wenn man ferner einen dritten Weg, z. B. den in der Figur gezeichneten Treppenweg, ginge, so würde man noch in einen andern Punkt P''' kommen usw. Zu dieser Mehrdeutigkeit der Ortsbestimmung auf der rotierenden Scheibe kommt nun noch eine Mehrdeutigkeit in der Zeitbestimmung. Denken wir uns zwei in O befindliche Menschen wollen sich nach einer bestimmten Frist in dem Punkte mit den Koordinaten x und y treffen. Der eine reise sofort nach A ab und verweile dort den größten Teil der verabredeten Frist; der andere hingegen bleibe zunächst in O und begebe sich schließlich über B nach dem Treffpunkt. Da wird es sich nun nicht nur ereignen, daß die beiden sich örtlich verfehlen, indem der eine nach P' und der andere nach P'' kommt, sie werden vielmehr auch zu verschiedenen Zeiten einlangen, da die Uhr des einen während des Verweilens in A langsamer ging als die in O befindliche des andern.

Dieses Resultat sieht auf den ersten Anblick sehr sonderbar aus und würde wohl manchen andern Forscher davon abgeschreckt haben, eine Verallgemeinerung auf diesem Wege fortzusetzen. Einstein erkannte aber, daß die hier auftretenden Paradoxien keine anderen sind als die, welche immer vorkommen müssen, wenn man kartesische Koordinaten in Gebieten anwendet, wo sie keine Verwendung finden dürfen, also z. B. auf gekrümmten Flächen. Wollte man auf der Erdoberfläche irgend zwei aufeinander senkrechtstehende horizontale Gerade als die X- und Y-Achse eines ebenen kartesischen Koordinatensystems verwenden, so würde man zwar zu einer praktisch eindeutigen Ortsbestimmung gelangen, solange man sich auf Koordinatenwerte beschränkt, die sehr klein sind gegenüber dem Erddurchmesser. (Das hängt damit zusammen, daß, wie oben erwähnt, ein unendlich kleines Gebiet einer krummen Fläche immer als eben betrachtet werden kann.) Würde man aber mit Hilfe dieses Koordinatensystems etwa einen Punkt mit den Koordinaten $x = 5000$ km und $y = 5000$ km bestimmen wollen, so käme man, ähnlich wie in dem obigen Beispiel, zu ganz verschiedenen Orten, je nach dem Wege, auf dem man sich dem gesuchten Punkte nähert. Ein Versagen der Ortsbestimmung mittels kartesischer Koordinaten wird also immer in gekrümmten Mannigfaltigkeiten (krummen Flächen, Räumen oder mehrdimensionalen Gebilden) eintreten. Man bezeichnet in der Geometrie derartige Mannigfaltigkeiten auch als *nichteuklidisch*, weil in ihnen die Gesetze der euklidischen Geometrie nicht mehr gelten. Es ist beispielsweise auf einer Kugelfläche die Winkelsumme eines (sphärischen) Dreiecks größer als 180°; das Verhältnis zwischen dem Umfang und dem (längs der Kugelfläche gemessenen) Durchmesser eines Kreises ist kleiner als π usw. Aus den in Fig. 3 dargestellten Verhältnissen muß man also den Schluß ziehen, daß die Raum-

Zeit-Gesamtheit auf der rotierenden Scheibe eine nichteuklidische sei (nicht nur der Raum allein, da ja nicht bloß die Ortsbestimmmung, sondern auch die Zeitbestimmung versagt). Da nun aber gemäß dem obenerwähnten zweiten Äquivalenzprinzip die rotierende Scheibe äquivalent ist einer ruhenden, die sich im Gravitationsfeld der fernen umlaufenden Fixsternmassen befindet, so ist weiter zu schließen, daß dieses Gravitationsfeld eine Krümmung der »Welt«, also Abweichungen von den euklidischen Maßverhältnissen hervorbringe.

Was nun hier, dem Zwecke einer elementaren Darstellung entsprechend, bloß für ein spezielles Gravitationsfeld gezeigt wurde, gilt, wie die mathematische Analyse lehrt, ganz allgemein: jedes Gravitationsfeld bewirkt eine Krümmung der Raum-Zeit-Gesamtheit. Die besondere Art und die Größe der Krümmung ist natürlich von der Art des Gravitationsfeldes abhängig. Insbesondere wird bei Abwesenheit von Schwerkräften, also in unendlicher Entfernung von allen anziehenden Massen der Raum euklidisch sein; es gilt dort die spezielle Relativitätstheorie, welche nun in der allgemeinen die Rolle einer Näherungstheorie für den Grenzfall verschwindender Gravitationsfelder übernimmt. Die »Welt« selbst ist auch in der speziellen Relativitätstheorie nicht als »euklidisch« zu bezeichnen, weil das Quadrat des Zeitdifferentials mit negativem Vorzeichen in den Ausdruck für das Linienelement (Gl. 4a, § 6) eingeht*). Man bezeichnet derartige nichtgekrümmte, aber doch nicht euklidische Mannigfaltigkeiten als »pseudoeuklidisch«. Die Welt ist also in großer Entfernung von gravitierenden Massen mit großer Annäherung pseudoeuklidisch; in der Umgebung schwerer Massen hingegen nichteuklidisch (gekrümmt). Die Krümmung ist aber in den uns zugänglichen Schwerkraftfeldern eine außerordentlich schwache, so daß durch Ausmessung geometrischer Gebilde die Abweichungen von der euklidischen Geometrie nicht wahrgenommen werden können.

§ 12. *Die Feldgleichungen.* Mathematisch drücken sich diese Verhältnisse folgendermaßen aus. Wie oben erwähnt wurde, versagt auf einer gekrümmten Fläche die Ortsbestimmung mittelst ebener kartesischer Koordinaten. Um daher auf krummen Flächen zu einer eindeutigen Ortsbestimmung zu gelangen, geht man so vor, daß man die Fläche mit zwei Scharen irgendwelcher Kurven so überzieht, daß durch jeden Punkt der Fläche eine Kurve der einen und eine Kurve der andern Schar hindurch geht. Diese Kurven, in eindeutiger und stetiger Weise numeriert, dienen dann als Koordinatenlinien. Man bezeichnet sie als GAUSSSche krummlinige Koordinaten (Beispiel: Geographische Länge und Breite auf der Kugelfläche). In dreidimensionalen gekrümmten Mannigfaltigkeiten (R_3) werden drei Scharen von Flächen als GAUSSSche Koordinaten verwendet, in vierdimensionalen Mannigfaltigkeiten (R_4) vier Scharen

---

*) Sie ist nur euklidisch bezüglich der Minkowskischen Variabeln $x_1, x_2, x_3, x_4 = ict$.

von Hyperflächen usw. Diese GAUSSschen Koordinaten werden nun in der allgemeinen Relativitätstheorie zur Beschreibung der Naturvorgänge verwendet. In ihnen drückt sich das Abstandsquadrat zweier unendlich benachbarter Weltpunkte nicht mehr durch die Quadratsumme der Koordinatendifferentiale aus, sondern durch eine quadratische Form dieser Differentiale, deren Koeffizienten Funktionen der Koordinaten sind. Während z. B. in der Ebene bei Anwendung kartesischer Koordinaten $ds^2 = dx^2 + dy^2$ ist, gilt auf der Kugel bei Verwendung sphärischer Polarkoordinaten

$$ds^2 = r^2 \sin^2 \vartheta \, d\varphi^2 + r^2 d\vartheta^2.$$

Im R_4 gilt dann allgemein

$$(4\,\mathrm{b}) \qquad ds^2 = \sum_{i=1}^{4} \sum_{k=1}^{4} g_{ik} \, dx_i \, ds_k,$$

wobei die Größen g_{ik} Funktionen der Koordinaten sind. Sie sind hinsichtlich ihrer Transformationseigenschaften die kovarianten Komponenten eines Tensors zweiten Ranges. Wenn nun die betreffende Mannigfaltigkeit euklidisch oder pseudoeuklidisch ist, dann läßt sich eine Koordinatentransformation

$$(13) \qquad x'_i = x'_i \, (x_1, \; x_2, \; x_3, \; x_4); \; i = 1, \; 2, \; 3, \; 4$$

angeben, derart, daß in den neuen Koordinaten x'_i das Linienelement wieder die Form (4) bzw. (4a) erhält. Das Schema der g_{ik} ist im pseudoeuklidischen Falle gegeben durch

$$(14) \qquad \begin{array}{cccc} 1 & 0 & 0 & 0 \\ 0 & 1 & 0 & 0 \\ 0 & 0 & 1 & 0 \\ 0 & 0 & 0 & -c^2. \end{array}$$

Im andern Falle gibt es keine solche Transformation. Ein gewisser aus den Größen g_{ik} und deren ersten und zweiten Ableitungen gebildeter Differentialausdruck (RIEMANNscher Krümmungstensor) hat die Eigenschaft, daß er im ersten Falle (wenn also die betreffende Mannigfaltigkeit nicht gekrümmt ist) verschwindet, im andern Falle von Null verschieden ist. Indem nun EINSTEIN einen durch eine bestimmte mathematische Operation (»Verjüngung«, vgl. EINSTEIN)[8]) aus dem RIEMANNschen Krümmungstensor abgeleiteten Ausdruck gleich dem »Energietensor der Materie« setzte, gelangte er zu den »Feldgleichungen der Gravitation«. Energie und (träge) Masse sind ja nach den Ausführungen von § 8 identisch; auf Grund des Äquivalenzprinzips muß natürlich der Energie auch eine schwere Masse zukommen. Der in den Feldgleichungen auftretende Tensor der Materie spielt daher die Rolle der Massendichte und die Feldgleichungen selbst stellen die Rechenvorschriften dar, nach denen die Krümmung der Welt bei einer gegebenen Verteilung gravitierender Materie (Energie) bestimmt werden kann. Sie entspricht der Poissonschen Gleichung

$$(15) \qquad \Delta\varphi = 4\pi\varrho$$

der Newtonschen Gravitationstheorie. Während dort das Feld durch eine einzige skalare Funktion, das Newtonsche Potential, charakterisiert wurde, sind es nun die 10 Tensorkomponenten g_{ik}, die das Feld bestimmen. Diese Größen werden darum von Einstein als die »Gravitationspotentiale« der allgemeinen Theorie bezeichnet. Sie charakterisieren allerdings in erster Linie die Krümmungverhältnisse der Welt; sie bestimmen die *Metrik* des Feldes. Zu einer physikalischen Bedeutung gelangen sie erst durch Hinzunahme von Gesetzen, welche angeben, wie sich materielle Körper in einem durch bestimmte Werte der g_{ik} charakterisierten Felde bewegen. In der Newtonschen Theorie waren dies die Bewegungsgleichungen, die im wesentlichen mit dem in § 7 angegebenen Impulssatz (Gl. 6) identisch sind. Diesem Newtonschen Impulssatz stehen nun in der allgemeinen Relativitätstheorie entsprechende Gesetze gegenüber, nämlich die Energie-Impuls-Sätze, welche die oben genannte Aufgabe erfüllen. Sie werden von besonderer Einfachheit für den Fall der Bewegung eines einzelnen Massenpunktes in einem Gravitationsfelde. Da besagen sie nämlich, daß die Weltlinie eines nur der Gravitationskraft unterliegenden Massenpunktes eine geodätische Linie der betreffenden, durch das Feld gekrümmten Raum-Zeit-Mannigfaltigkeit sei. Dieses Gesetz stellt eine entsprechende Verallgemeinerung des Newtonschen Trägheitsgesetzes dar. Denn bei Abwesenheit von Gravitationskräften ist ja die Welt pseudoeuklidisch; die geodätischen Weltlinien sind dann Gerade. Gerade Weltlinien repräsentieren aber gleichförmig geradlinige Bewegungen bzw. Ruhe. Man erhält darum als Spezialfall des angegebenen Gesetzes den Satz, daß ein Körper, auf den keine Kräfte wirken, in seinem Zustand der Ruhe oder der geradlinig gleichförmigen Bewegung verharrt. (Newtonsches Trägheitsgesetz).

§ 13. *Das allgemeine Relativitätsprinzip.* Sowohl die Feldgleichungen als auch die Energie-Impuls-Sätze (und natürlich das in ihnen enthaltene Gesetz der geodätischen Linie) wurden von Einstein in allgemein kovarianter Form aufgestellt, d. h. diese Gesetze gehen in Gleichungen von genau derselben Gestalt über, wenn man in ihnen vermöge einer beliebigen Punkttransformation (Gl. 13) neue unabhängige Variable einführt. Auch die elektrodynamischen Grundgleichungen, die in der speziellen Relativitätstheorie bloß Lorentz-Transformationen gegenüber kovariant waren, lassen sich in eine allgemein kovariante Form bringen. Dabei gehen in die Differentialoperatoren dieser Gleichungen (rot, div usw.) auch die Größen g_{ik} und ihre Ableitungen ein, d. h. die elektromagnetischen Vorgänge werden durch das Vorhandensein von Gravitationsfeldern beein-

flußt — allerdings in so geringem Maße, daß z. B. das Erdfeld keine be-
obachtbaren Wirkungen erzeugt.

Auf diese Weise wurde die Gültigkeit der Naturgesetze immer mehr
und mehr von der Wahl des Bezugssystems unabhängig gemacht. Die
MAXWELL-LORENTZschen Gleichungen hatten nur für Koordinatensysteme,
die relativ zum Äther ruhen, gegolten. In der speziellen Relativitätstheorie wurden sie auf eine Form gebracht, die in allen relativ zueinander
gleichförmig geradlinig bewegten (Inertial-) Systemen Gültigkeit hat,
und wurden damit auf eine Stufe mit den mechanischen Gleichungen
gestellt. In der allgemeinen Relativitätstheorie erhalten sie nun allgemein
kovariante Gestalt; d. h. sie gelten nicht bloß in beliebig gegeneinander
bewegten Bezugssystemen, sondern überhaupt in allen beliebigen krummlinigen Koordinatensystemen, die nur die Forderung der eindeutigen
und stetigen Zuordnung erfüllen (GAUSSsche Koordinatensysteme). So
gehorchen nun die Naturgesetze einem Relativitätsprinzip von größter
Allgemeinheit: *Alle beliebigen Gaussschen Koordinatensysteme sind zur
Beschreibung der Naturerscheinungen gleichberechtigt.*

§ 14. *Die Möglichkeit einer endlichen geschlossenen Welt.* Sobald
man sich zu der Erkenntnis durchgerungen hat, daß der dreidimensionale
Raum eine Krümmung besitzen kann, muß man auch mit der Möglichkeit rechnen, daß der Weltraum ein geschlossener, endlicher Raum sei.
(Unter »Welt« wollen wir in den Ausführungen dieses Paragraphen nicht
die MINKOWSKISche Raum-Zeitgesamtheit verstehen, sondern die Welt
des Alltagssprachgebrauchs.) Es ist selbstverständlich eine Denknot-
wendigkeit, anzunehmen, daß die Welt unbegrenzt sei, daraus folgt aber
nicht unbedingt, daß sie unendlich sei. Die geschlossenen Flächen
(Kugeln, Ellipsoide, Ringflächen usw.) sind Beispiele für zweidimen-
sionale krumme Mannigfaltigkeiten, die zwar unbegrenzt aber doch endlich sind. In entsprechender Weise (allerdings nur abstrakt und nicht
anschaulich vorstellbar) können auch krumme Räume, etwa nach Art
einer Kugelfläche in sich geschlossen sein, also keine Begrenzung haben
und doch endlich sein. A priori muß nun die Möglichkeit zugegeben
werden, daß auch unser Weltraum geschlossen und endlich sei. EINSTEIN[9])
konnte zeigen, daß zwar nicht für seine ursprünglichen Feldgleichungen,
wohl aber für eine etwas modifizierte Form der Feldgleichungen, Lösungen
für die g_{ik} angegeben werden können, die bezüglich der Metrik der Welt
folgende Eigenschaften haben: Der Weltraum ist im großen und ganzen
sphärisch und geschlossen (so etwa wie die Erdoberfläche im großen
und ganzen ein Ellipsoid ist). Bloß in der näheren Umgebung der Gestirne ist, entsprechend den starken Gravitationsfeldern, eine etwas größere
Krümmung vorhanden (so wie auf der Erdoberfläche neben der Gesamt-
krümmung noch Unebenheiten stärkerer Krümmung vorkommen). Als
geschlossener Raum ist der Weltraum natürlich endlich — sein Umfang
würde nach Schätzungen von DE SITTER etwa von der Größenordnung

100 Millionen Lichtjahre sein. Das bedeutet folgendes: Würde man von unserem Sonnensystem aus immer in einer Richtung fortlaufen, so könnte man natürlich in alle Ewigkeit laufen, ohne an ein Ende zu gelangen; man würde aber nach Durchlaufung einer Strecke von 10^8 Lichtjahren immer wieder an den Ausgangspunkt zurückkommen.

Für die Hypothese einer endlichen Welt sprechen nach EINSTEIN zwei Gründe, ein kosmologischer und ein relativtheoretischer. Der kosmologische Grund liegt in dem Umstande, daß die Vorstellung eines unendlichen Weltraumes schon in der NEWTONSCHEN Theorie gewisse Schwierigkeiten bereitet. Denn man kann entweder annehmen, daß der Weltraum bis in die Unendlichkeit mit Sternen erfüllt sei oder daß die Gesamtheit der Gestirne auf einen endlichen Bereich beschränkt sei. Im ersteren Falle würde das Gravitationspotential in sehr großer Entfernung unendliche Werte annehmen, was mit der Tatsache in Widerspruch steht, daß die beobachteten Sterngeschwindigkeiten verhältnismäßig gering sind. Gegen den zweiten Fall sprechen statistische Überlegungen. Es könnte nämlich ein solcher Zustand nicht auf die Dauer bestehen; das Sternsystem müßte sich vielmehr wie ein in den leeren Weltraum gebrachtes Gas expandieren und die einzelnen Sterne würden sich im Laufe von Äonen in die Unendlichkeit zerstreuen. — Der relativistische Grund ist folgender: Obwohl die Feldgleichungen der Gravitation in ihrer ersten Fassung das Relativitätsprinzip erfüllen, haftet ihnen noch ein kleiner Mangel an, der dem Geist einer wirklich relativistischen Theorie widerspricht. Es würde nämlich nach ihnen die Masse irgend eines Körpers durch die Anwesenheit der übrigen Massen des Weltalls zwar *beeinflußt* aber nicht *bedingt* sein. Das bedeutet folgendes: Wenn man einen Körper in unendliche Entfernung von allen andern Massen der Welt brächte, so würde gemäß den Feldgleichungen seine Masse zwar verringert werden aber nicht ganz verschwinden. Nun hat aber, wie in den Überlegungen von § 9 angedeutet wurde, eine Beschleunigung eines allein auf der Welt befindlichen Körpers keinen Sinn, folglich dürfen auch keine Trägheitswirkungen auftreten. Also muß die Masse eines Körpers erst durch die Anwesenheit der übrigen Körper des Weltalls verursacht sein und darum ist zu erwarten, daß ein in unendliche Entfernung von allen andern materiellen Substanzen gebrachter Körper überhaupt keine Masse (Trägheit) besitzt — was aber, wie gesagt, mit der ersten Fassung der Feldgleichungen unverträglich ist. Die erwähnte Modifikation der Feldgleichungen (zweite Fassung der Feldgleichungen) läßt nun die Möglichkeit zu, daß der Weltraum ein geschlossener, endlicher sei und überall in durchschnittlich gleicher Dichte mit Sternen erfüllt sei. Dadurch wird nun die erwähnte Schwierigkeit zwar nicht eigentlich behoben, wohl aber umgangen, indem dann nämlich ein Körper überhaupt nicht in unendliche Entfernung von allen andern Körpern gebracht werden kann und darum die Frage nach dem Verhalten seiner Masse im Unendlichen gegenstandslos wird.

Zu einer empirischen Entscheidung des Problems der Endlichkeit oder Unendlichkeit des Weltraums reichen unsere astronomisch-statistischen Kenntnisse noch nicht aus.

§ 15. *Die Weylsche Theorie.* Die geometrischen Ideen, auf denen die allgemeine Relativitätstheorie aufgebaut ist, wurde zuerst von B. RIEMANN[37]) entwickelt, man bezeichnet darum die Geometrie gekrümmter mehrdimensionaler Mannigfaltigkeiten als RIEMANNsche Geometrie. Eine weitere Verallgemeinerung der Geometrie über die RIEMANNsche hinaus wurde nun von H. WEYL[44]) vorgeschlagen, der darauf basierend eine sehr interessante Theorie der Elektrodynamik aufstellte, über die ein paar Andeutungen gemacht werden mögen. Die RIEMANNsche Geometrie läßt sich unter anderem dadurch charakterisieren, daß in ihr die Richtungsübertragung vom Wege abhängig ist. Was dies zu bedeuten hat, sei an folgendem Beispiel klargelegt: Man denke sich am Nordpol der Erde einen horizontal liegenden Pfeil so aufgestellt, daß seine Spitze in der Richtung des Nullmeridians gegen Greenwich weise. Wenn man den Pfeil nun stets in horizontaler Lage in der Richtung dieses Meridians verschiebt, so ist das vom Standpunkt zweidimensionaler auf der Kugelfläche lebender Wesen eine Parallelverschiebung, obwohl sich vom dreidimensionalen Raum aus betrachtet der Pfeil, der Krümmung der Erdoberfläche folgend, dreht. Innerhalb der Fläche ist es aber jedenfalls eine Parallelverschiebung und ist, vom zweidimensionalen Standpunkt aus, so gut wie irgendeine exakte Parallelverschiebung, die wir im dreidimensionalen Raum vornehmen können und die vom Standpunkt einer höheren Dimension aus vielleicht auch mit einer Drehung verbunden ist, falls unser Raum eine Krümmung besitzt. Führen wir nun eine solche Parallelverschiebung des Pfeiles einmal in seiner eigenen Richtung, also längs des Meridians von Greenwich und einmal senkrecht zu seiner Richtung, also längs des Meridians 90° östl. L. bis zum Südpol durch, so gelangt der Pfeil durch diese zwei Arten des Transportes in Stellungen, die gerade um 180° gegeneinander verdreht sind. Würde man eine Parallelverschiebung längs eines dritten Weges bis zum Südpol vornehmen, so gelangte er in eine zwischen diesen beiden Extremen liegende Stellung. Also ist die Richtungsübertragung vom Wege abhängig und dieser Umstand ist ein Kriterium für die Krümmung einer Fläche bzw. eines Raumes. In einem euklidischen Raum oder in einer Ebene ist die Richtungsübertragung durch Parallelverschiebung vom Wege unabhängig. Nun sind als mathematische Fiktionen auch mehrdimensionale Mannigfaltigkeiten denkbar, in denen nicht nur die *Richtungs*übertragung sondern auch die *Strecken*übertragung vom Wege abhängig wird, so daß außer der »Richtungskrümmung« (die der gewöhnlichen Flächenkrümmung entspricht) noch eine »Streckenkrümmung« vorhanden wäre. Dies würde also in unserem zweidimensionalen Beispiel bedeuten, daß zwei ursprünglich gleichlange Pfeile, die auf verschiedenen Wegen vom Nordpol zum

Südpol transportiert werden, nicht mehr gleiche Länge hätten. In der analytischen Darstellung läßt sich das nun so ausdrücken, daß die Metrik der betreffenden Mannigfaltigkeiten nicht allein durch die zehn Größen g_{ik} sondern noch durch weitere vier Größen φ_i; $(i = 1, 2, 3, 4)$ gegeben wäre. Weyl hatte nun die kühne Idee, diese Größen φ_i mit den vier Komponenten des elektrodynamischen Viererpotentials (vgl. § 8) zu identifizieren. Es wären dann sowohl die Gravitationserscheinungen als auch die elektrischen Erscheinungen mit der Weltmetrik in Zusammenhang gebracht; jene durch die g_{ik}, diese durch die φ_i. Der Gedanke hat zwar etwas außerordentlich Bestechendes für sich — leider müssen aber gegen diese geniale Verknüpfung von Physik und Geometrie schwerwiegende Bedenken geltend gemacht werden. Vor allem ist zu erwähnen, daß für die Identifizierung des Viererpotentials mit den Größen φ_i nur ein formaler Grund vorlag: es stehen gerade vier physikalische Größen den vier neuen metrischen gegenüber, also liegt die Versuchung nahe, sie in Verbindung zu bringen, nachdem schon die übrigen metrischen Größen mit der Gravitation verknüpft waren. Das ist aber natürlich kein physikalisch zwingender Grund — während ja die Verknüpfung der g_{ik} mit der Gravitation sich bei Einstein logisch aus der physikalischen Tatsache der Proportionalität träger und schwerer Masse ergeben hatte. Nun gibt es außerdem physikalische Gründe, welche direkt gegen die Weylsche Annahme sprechen. Insbesondere würde man aus ihr zu der Folgerung gelangen, daß die Spektrallinien von Atomen, die sich in Gegenden verschiedenen elektrostatischen Potentials befinden, ihre Frequenz mit der Zeit exponentiell ändern müßten, was keineswegs der Fall ist. Weyl[43] hat versucht dieser Konsequenz durch eine Modifikation seiner Theorie zu entgehen; diese abgeschwächte Theorie ist aber nicht so einleuchtend wie die ursprüngliche.

B. Astronomische und physikalische Folgerungen.

§ 16. *Die Perihelbewegung des Merkur*. Die Feldgleichungen und das Gesetz der geodädischen Linie liefern entsprechend der Poissonschen Gleichung und den Newtonschen Bewegungsgleichungen eine vollständige Dynamik des Massenpunktes im Gravitationsfelde; sie haben darum an Stelle dieser Gleichungen als Grundlage für eine neue Himmelsmechanik zu dienen. Nun sind die in unserem Sonnensystem vorkommenden Gravitationsfelder im Sinne der Weltmetrik sehr schwach, d. h. die von ihnen bewirkte Weltkrümmung ist eine sehr geringe; es werden daher bei Verwendung geeigneter Koordinaten die Abweichungen der g_{ik} von den entsprechenden Werten der speziellen Relativitätstheorie (14), § 12, nur sehr kleine Größen sein, deren Quadrate und Produkte man in erster Näherung vernachlässigen kann. Einstein[8] konnte zeigen, daß die durch die Feldgleichungen und das Gesetz der geodätischen Linie gegebene Punktmechanik des Gravitationsfeldes in erster Näherung vollständig in die NEWTONsche Theorie übergeht, so daß man die letztere einfach als Näherungstheorie der EINSTEINschen betrachten kann. Nun ist es ja selbstverständlich, daß jede brauchbare Theorie der Gravitation näherungsweise mit der NEWTONschen übereinstimmen muß, da diese mit unseren Beobachtungen fast in allen Punkten vollkommen in Einklang steht. Immerhin spricht es aber zugunsten der neuen Gravitationstheorie, daß jene Feldgleichungen, die vom formal mathematischen Standpunkt aus allein als kovariante Gesetze der Gravitation in Betracht kommen, gleichzeitig auch die physikalische Forderung der näherungsweisen Übereinstimmung mit der NEWTONschen Theorie erfüllen. Bei exakter Berechnung können Abweichungen zwischen der EINSTEINschen und der NEWTONschen Theorie nur erwartet werden bei starken Gravitationsfeldern oder rasch bewegten Körpern. Es ist darum kein Wunder, daß gerade beim innersten Planeten, Merkur, sich in der Tat ein Unterschied zwischen den nach NEWTON und nach EINTEIN berechneten Bahnbewegungen ergibt. Und zwar liefert die EINSTEINsche Theorie eine Ellipse mit Perihelbewegung (Drehung der großen Achse in der Bahnebene) im Betrage von

$$\varDelta \pi = 42{,}89''$$

pro Jahrhundert.

Die tatsächlich ausgeführte Perihelbewegung setzt sich nun aus der angegebenen relativistischen und aus einer von den Störungen durch die übrigen Planeten herrührenden Perihelbewegung zusammen. Nun bestand in der Tat zwischen der beobachteten und der aus der NEWTONschen Theorie (mit Berücksichtigung der Störungen) berechneten Perihelbewegung eine Diskrepanz, deren Betrag nach S. NEWCOMB [33]

$$\varDelta \pi = 41{,}24'' \pm 2{,}c9''$$

pro Jahrhundert ist.

Allerdings scheint, wie in einer neueren Untersuchung von GROSSMANN [11] ausgeführt wurde, der angegebene NEWCOMBsche Wert durch einen Rechenfehler entstellt zu sein und es dürfte eine Revision der Berechnungen der Bahnelemente der vier inneren Planeten notwendig sein, um den wahren Wert der Perihelbewegung des Merkur festzustellen. Immerhin würde auch nach den von GROSSMANN gegebenen Daten der nach EINSTEIN berechnete Wert besser mit den Beobachtungen übereinstimmen als der NEWTONsche.

§ 17. *Die Krümmung der Lichtstrahlen im Gravitationsfelde.* Wie in § 9 erwähnt, folgt schon aus dem Äquivalenzprinzip, daß ein Lichtstrahl im Gravitationsfeld so verlaufen muß, wie ein mit Lichtgeschwindigkeit dahinfliegender materieller Körper, daß er also im Gravitationsfelde *fallen* muß. Die durch die Feldgleichungen und das Gesetz der geodätischen Linie gegebene vollständige Theorie des Gravitationsfeldes bestätigt nun dieses Resultat im wesentlichen, wobei aber noch folgender Umstand bei der Berechnung des theoretischen Wertes dieser Lichtstrahlkrümmung in Betracht gezogen werden muß: Für sehr rasch bewegte Körper weicht die EINSTEINsche Theorie bezüglich der Fallbewegung im Gravitationsfelde von der NEWTONschen schon beträchtlich ab, derart, daß sich für die Ablenkung eines das Gravitationsfeld der Sonne durchlaufenden Lichtstrahls nach der Relativitätstheorie ein doppelt so großer Wert ergibt als bei Zugrundelegung der Fallgesetze nach der NEWTONschen Theorie. Der auf Grund der Feldgleichungen berechnete Wert für die Ablenkung eines Lichtstrahls, der knapp am Sonnenrande vorbeiläuft, beträgt 1,75".

Die Vorstellung des *Fallens* der Lichtstrahlen im Gravitationsfelde entspricht der herkömmlichen Auffassung vom Wesen der Schwerkraft, wenn man mit der Relativitätstheorie die Annahme macht, daß der Energie des Lichtstrahls eine schwere Masse zukomme. Sobald man aber das Wesen des Gravitationsfeldes in seiner Einwirkung auf die Weltmetrik erblickt, kann man das Auftreten der Lichtstrahlenkrümmung direkt als einen Beweis für die Krümmung des Raumes ansehen. Denn die Bahnen der Lichtstrahlen sind, so wie die Fallkurven materieller Körper, geodätische Linien*). Diese sind nur im Falle verschwindender Gravitationsfelder Gerade; in der Umgebung starker gravitierender Massen hingegen sind sie merklich gekrümmt. Da wir nun kein anderes Mittel haben, um Geradlinigkeit auf große Distanzen festzustellen, als die Lichtstrahlen selbst, würde man ihre Krümmung nie wahrnehmen, wenn die Gestirne ihre gegenseitige Lage nicht änderten. Sooft aber die Sonne bei ihrer jährlichen scheinbaren Bewegung in die Nähe der Visionsrichtung zwischen Erde und einem Stern der Ekliptik rückt, ändert sich das Gravitationsfeld, das der betreffende Lichtstrahl durchläuft, und infolgedessen wird dann der betreffende Sternort gegenüber seiner normalen Position verschoben erscheinen müssen. Zur Nachprüfung des Gesetzes der Lichtstrahlkrümmung hat man also eine Aufnahme des Sternhimmels in der unmittelbaren Umgebung der Sonne zu machen (was natürlich nur während einer Sonnenfinsternis geschehen kann) und sie mit Aufnahmen zu vergleichen, die von derselben Stelle des Himmels zu einer andern Jahreszeit gemacht wurden. Von den beiden zur Beobachtung der Sonnenfinsternis vom 29. Mai 1919 ausgesendeten Expeditionen fand die eine im Mittel für die auf den Sonnenrand reduzierte Strahlenablenkung den Wert 1,98" ± 0,12", die andere 1,61 ± 0,32". Sie stehen also innerhalb der Fehlergrenzen mit dem EINSTEINschen Resultat in gutem Einklang (DYSON, EDDINGTON und DAVIDSON [4]).

§ 18. *Die Rotverschiebung der Spektrallinien.* Die letzte der drei bisher bekannte Folgerungen der allgemeinen Relativitätstheorie, die eine experimente Prüfung zulassen, ist die Abhängigkeit der Spektralfrequenzen

---

*) Sie sind die sogenannten geodätischen Nullinien, für die $ds^2 = 0$ ist. Aus der Gestalt (4 a), § 6, des Linienelements erkennt man ohne weiteres, daß im Falle der speziellen Relativitätstheorie $ds^2 = 0$ die Gleichung der Lichtfortpflanzung darstellen muß.

vom Gravitationspotential. Sowohl das Äquivalenzprinzip allein als auch die vollständige Theorie ergeben übereinstimmend, daß der Ablauf sonst gleichbeschaffener periodischer Vorgänge an Orten niedrigen Gravitationspotentials langsamer erfolgen muß, als an Orten hohen Potentials. So muß beispielsweise der Gang richtiggehender Uhren vom Gravitationspotential in der angegebenen Weise abhängig sein *). Der Effəkt ist weitaus zu klein, um durch Vergleichung von Uhren im irdischen Schwerkraftfelde nachgewiesen werden zu können. Man kann aber gleichbeschaffene periodische Vorgänge auf der Erde und der Sonne miteinander vergleichen, indem man entsprechende Spektrallinien gleicher Elemente im terrestrischen und im Sonnenspektrum mißt. Die Theorie ergibt, daß die Sonnenlinien gegenüber den entsprechenden terrestrischen im Spektralgebiete $\lambda = 3883$ Å um 0,008 Å nach Rot hin verschoben sein müßten. Die Nachprüfung dieses Effektes bietet darum große Schwierigkeiten, weil der angegebene Betrag von der gleichen Größenordnung ist, wie die verschiedenen störenden Effekte, die im Sonnenspektrum auftreten, wie z. B. Druckverschiebung, Doppler-Effekte durch auf- oder absteigende Gasmassen usw. Man ist deshalb noch zu keinem entscheidenden Resultat gelangt. Während SCHWARZSCHILD [4°), EVERSHED und ROYDS [11]) Linienverschiebungen fanden, die kleiner als die von der Theorie geforderten waren, und ST. JOHN [17]) überhaupt keinen Effekt fand, gelangten GREBE und BACHEM [13]) sowie PÉROT [35]) zu Resultaten, die die Theorie zu bestätigen scheinen. Es ist gegenwärtig am Mount Wilson unter Leitung von ST. JOHN eine mit großen Mitteln durchgeführte umfassende Untersuchung im Gange, von der die Klärung dieser für die Theorie außerordentlich wichtigen Frage zu erhoffen ist.

Die Relativitätstheorie ist mehr als irgend eine andere physikalische Theorie Gegenstand der öffentlichen Erörterung geworden und hat ihrem Schöpfer viele Ehrungen, aber auch viele Angriffe eingetragen. Alles menschliche Wissen ist Stückwerk und wir können nicht ahnen, wie die zukünftige Forschung das Gebäude der Physik noch umgestalten wird. Zwei große, unsterbliche Leistungen hat aber EINSTEIN bei der Aufstellung seiner Theorie vollbracht: Das Durchbrechen des herkömmlichen Raum-Zeit-Begriffs in der speziellen und die Verknüpfung von Weltmetrik und Gravitation in der allgemeinen Relativitätstheorie. Er hat damit eine Erweiterung unserer Vorstellungsmöglichkeiten geschaffen, die unabhängig von der Frage nach der Richtigkeit der Theorie von unvergänglichem Werte ist.

---

*) Richtig laufende Uhren sind solche, die für die Lichtgeschwindigkeit den Wert c ergeben, wenn man sie zusammen mit einem Einheitsmaßstab zur Lichtgeschwindigkeitsmessung verwendet. — Man kann das oben angegebene Gesetz auch so deuten, daß die Lichtgeschwindigkeit vom Gravitationspotential abhängig wird. Dies hängt wieder mit der Lichtstrahlkrümmung zusammen.

Literatur.

1. ABRAHAM, M., Theorie der Elektrizität II, Leipzig 1914, S. 188.
2. ASTON, F. W., Isotopes, London 1922.
3. DE SITTER, Phys. Zschr. 1903, Bd. 14, S. 29, 1267.
4. DYSON, F. W., EDDINGTON A. S., u. DAVIDSOHN, C., Phil. Trans. Roy. Soc. A 220, p. 291.
5. EINSTEIN, A., Ann. d. Phys. 1905, Bd. 17, S. 891.
6. — Ann. d. Phys. 1905, Bd. 18, S. 639.
7. — Die spezielle und allgemeine Relativitätstheorie, Braunschweig 1921.
8. — Ann. d. Phys. 1916, Bd. 49, S. 769.
9. — Berl. Ber. 1917, S. 142.
10. EÖTVÖS, R., Math. u. Naturw. Ber. aus Ungarn, 1890, Bd. 8, S. 65. Vgl. auch D. PEKAR, Naturwissenschaften 1919, Bd. 7, S. 327.
11. EVERSHED, J., u. ROYDS, Kodaic. Obs. Bull. 39.
12. GLITSCHER, K., Ann. d. Phys. 1917, Bd. 52, S. 608.
13. GREBE, L., u. Bachem, A., Verh. D. Phys. Ges. 1919, Bd. 21, S. 454; Zschr. f. Phys. 1920, Bd. 1, S. 51, Bd. 2, S. 415; 1922 Bd. 4, S. 105.
14. GROSSMANN, E., Zschr. f. Phys. 1921, Bd. 5, S. 280.
15. GUYE, Ch. E., u. LAVANCHY, Ch., Arch. de Genève 1916, Bd. 41, p. 286, 353, 441.
16. HASENÖHRL, F., Wiener Ber. 1904, Bd. 113, S. 1039; Ann. d. Phys. 1904, Bd. 15, S. 344.
17. JOHN, Ch. E. St., Astrophys. Journ. 1917, Bd. 46, S. 249.
18. LARMOR, J. J., Aether and Matter, Cambridge 1900, p. 167—177.
19. LAUB, J., Jahrb. f. Rad. u. Elektr. 1910, Bd. 7, S. 405.
20. v. LAUE, M., Das Relativitätsprinzip, Braunschweig 1921.
21. LENZ, W., Naturw. 1920, Bd. 8, S. 181, 393.
22. LORENTZ, H. A., Versuch einer Theorie der elektrischen und magnetischen Erscheinungen in bewegten Körpern, Leiden 1895.
23. — Arch. Néerl. 1892, Bd. 25, p. 363.
24. — Amst. Proc. 1904, Bd. 6, p. 809.
25. MACH, E., Die Mechanik in ihrer Entwicklung historisch und kritisch dargestellt, 8. Aufl., Leipzig 1921.
26. MAJORANA, Q., Phil. Mag. 1919, Bd. 37, S. 190.
27. MICHELSON, A., u. Morley, E. W., Phil. Mag. 1887, 5. Jg., Bd. 24, S. 449. — Sill. Journ. 1887, Bd. 34, S. 333.
28. MINKOWSKI, H., Gött. Nachr. 1908, S. 53.
29. — Phys. Zschr. 1909, Bd. 10, S. 104.
30. MORLEY, E. W., u. MILLER, D. C., Phil. Mag. 1904, Bd. 8, S. 753 u. 1905, Bd. 9, S. 680.
31. v. MOSENGEIL, K., Ann. d. Phys. 1907, Bd. 22, S. 867.
32. NEUMANN, G., 1914, Bd. 45, S. 529.
33. NEWCOMB, S., Wash. Astron. Pap. 1898, Vol. 6, p. 108.
34. PAULI, W., Enzyklop. d. math. Wiss. S. 19, Leipzig 1921.
35. PÉROT, A., Compt. rend. 1920, S. 171, 229.
36. POINCARÉ, H., Compt. rend. 1905, T. 140, p. 1504; Rend. Pal. 1906, T. 21, p. 129.
37. RIEMANN, B., Ges. Werke, S. 254.
38. RITZ, W., Ges. Werke, S. 209, 260, 317.
39. SCHAEFER, CL., Ann. d. Phys. 1916, S. 49, 934.
40. SCHWARZSCHILD, K., Berl. Ber. 1914, S. 120.
41. SMEKAL, A., Naturw. 1920, Bd. 8, S. 206.
42. SOMMERFELD, A., Atombau und Spektrallinien, Braunschweig 1922, Kap. 8.
43. WEYL, H., Raum, Zeit, Materie, Berlin 1921.
44. — Berl. Ber. 1918, S. 465.

III. Statistische Mechanik.

Von **Paul Hertz**-Göttingen.

1. Begriff und Geschichte der statistischen Mechanik. Die statistische Mechanik entspringt dem Bedürfnis, Aussagen zu machen über das Verhalten zusammengesetzter Körper, wenn nicht alle einzelnen Bestimmungsstücke der zusammensetzenden Teile gegeben sind. Wie kommt es, daß solche Aussagen überhaupt möglich sind?

Die naturwissenschaftliche Betrachtung setzt da ein, wo die Erkenntnis fruchtbar gemacht wird, daß auf gleiche Erscheinungskomplexe A stets gleiche Erscheinungskomplexe B folgen, daß es also Gesetze von der Form $A \rightarrow B$ gibt. Dabei werden unter A und B »Aspekte« ponderabler Körper von solchen Dimensionen zu verstehen sein, daß sie etwa dem unbewaffneten oder nur schwach bewaffneten Auge sichtbar sind. Gerade diese Tatsache aber, daß gleichen Aspekten A gleiche B folgen, führt zu einer Vertiefung des Begriffes Aspekt. Zunächst wird man sagen:| Dann liegt derselbe Aspekt vor, wenn das Aussehen des Körpers dasselbe ist. Aber das Aussehen wird nicht immer allein maßgebend sein. Wir können eine Menge von Körpern von gleichem Aussehen A mit anderen in Berührung bringen. Gehen nun aus sehr vielen verschiedenen Operationen (einer Klasse) Zustände von einem Aussehen hervor (an irgend einer Stelle muß die Wahrnehmung entscheiden), das zwar abhängig von der Operation, aber unabhängig davon ist, welche Körper der Ausgangsmenge man wählt, so wird man annehmen dürfen, daß das für alle Operationen (der betreffenden Klasse) gelten werde, und wird in diesem Falle das Aussehen A für den Aspekt im physikalischen Sinne relativ zu einer Klasse von Operationen charakteristisch ansehen. Genügt aber eine Menge von Körpern, die das Aussehen A besitzen, diesem Kriterium nicht, so wird man in physikalischem Sinne das betreffende Aussehen A für den Aspekt nicht als charakteristisch ansehen. Der Satz also, daß auf gleiche Aspekte hin gleiche folgen, hat einen viel komplexeren Sinn als in der kurzen Formulierung zum Ausdruck kommt, und in Aussagen über die Folgen von Aspekten ist in Wirklichkeit eine ganze Reihe von Sachverhalten zusammengefaßt, die sich schließlich auf Wahrnehmungen beziehen.

Nun hat aber die weitere Entwicklung der Wissenschaft gezeigt, daß *ein und derselbe* Aspekt zu verschiedenen molekulartheoretischen Zuständen gehören kann. Die ausnahmslose Gültigkeit der Gesetze vom Typus $A \rightarrow B$ wird also nur Schein sein; den gesetzmäßigen Zusammenhang, den wir für

die Aspekte gefunden zu haben glaubten, übertragen wir jedoch auf die
Molekularzustände, für die wir ihm ausnahmslose Gültigkeit zuschreiben;
aus den molekulartheoretischen Gesetzen aber leiten wir. nun wieder rückwärts die die Aspekte beherrschenden Gesetze ab und werden erst das
zu beweisen haben, wovon wir ausgegangen waren, daß nämlich ein Aspekt
A einen bestimmten anderen Aspekt *B* zur Folge hat, zwar nicht wie
wir jetzt erkennnen mit absoluter Sicherheit, aber doch mit einer Wahrscheinlichkeit, die für menschliche Verhältnisse an Gewißheit grenzt.

Daß dem so ist, ist nun höchst bemerkenswert; es brauchte nämlich
durchaus nicht so zu sein, daß wir überall, wo wir in einem abgeschlossenen
System einen bestimmten Aspekt *A* finden, nach einer bestimmten Zeit
immer genau denselben Aspekt *B* eintreten sehen. Zur Erklärung dieses
Sachverhaltes wird man sich einerseits auf den Satz von JACOB BERNOULLI
stützen müssen, demzufolge bei einer großen Anzahl von Versuchen die
relative Abweichung eines Mittelwertes von dem theoretisch zu erwartenden mit einer der Gewißheit sehr nahe kommenden Wahrscheinlichkeit
außerordentlich gering ist. Die empirischen Gründe dafür aber, daß gleiche
Aspekte gleiche Aspekte zur Folge haben, finden wir einerseits in der
großen Zahl der Moleküle, andererseits in der Organisation des Menschen,
in der Schwelle seiner Organe und in der Begrenztheit seiner Lebensdauer
bzw. der Begrenztheit der menschlichen Geschichte.

Man hat sich also die Frage vorzulegen, welche mikroskopischen Zustände zu ein und demselben makroskopischen Zustand gehören. In dieser
Hinsicht wird man sich ganz einfacher schon in der alltäglichen Erfahrung
festzustellender Zusammenhänge erinnern, die in dem Talbotschen Gesetz
ihre wissenschaftliche Formulierung gefunden haben. Die Wirkung einer
rasch veränderlichen intensiven Größe auf das Wahrnehmungsvermögen
hängt von ihrem *zeitlichen Mittelwert* ab. Wir werden also auch geneigt
sein anzunehmen, daß der Aspekt eines ponderablen Körpers von den Mittelwerten gewisser molekularer Größen abhängt. Insofern wir nun Aspekt
nur als Erscheinung für das Wahrnehmungsvermögen definierten, wäre das
keine neue Annahme, sondern nur eine Folge aus dem Talbotschen Gesetz.
Wir erwähnten aber schon eine tiefere Auffassung des Begriffes Aspekt.
Soll in diesem Sinne der Aspekt von dem zeitlichen Mittelwert gewisser
molekularer Größen abhängen, so ist erforderlich, daß durch das Zusammenwirken von Körpern, in denen die Mittelwerte gewisser molekularer Größen
gegebene Werte haben, wieder Zustände entstehen, für die die Mittelwerte
jener Größe sich aus den vorher vorhandenen Mittelwerten berechnen
lassen. Ob dieser Zusammenhang abgeleitet werden kann, muß die fertige
Theorie erkennen lassen; zunächst wird man es jedenfalls einmal mit der
Annahme versuchen, daß in dieser Weise der Aspekt durch Mittelwerte
molekularer Größen definiert ist.

Von hier aus läßt sich denn auch eine Betrachtungsweise verstehen,
die wir im *ersten* Sinne als *statistische Mechanik* bezeichnen können. Wir
verzichten auf eine Statistik über die einzelnen Werte für die molekularen

Größen, setzen aber voraus, daß die phänomenologischen Werte für gewisse Größen von den molekularen Mittelwerten abhängen, und beschränken uns zunächst auf die Ermittlung dieser Abhängigkeit. Dadurch gelangen wir auch zu Beziehungen zwischen den Werten für phänomenologische Größen. Hierher gehören die Anfänge der kinetischen Gastheorie, die ersten von WATERSTON (1845), JOULE (1848), KRÖNIG (1856), CLAUSIUS (1857) erhaltenen Ergebnisse: Der Druck des Gases z. B. sowie seine Energie hängen von dem Mittelwert der Energie der Moleküle ab, daher ergibt sich ein Zusammenhang zwischen den phänomenologischen Größen Druck und Energie.

Dieser Zusammenhang zwischen dem Druck und dem zeitlichen Mittelwert der Energie der Moleküle ist streng richtig, einerlei auf welche Weise ihre Geschwindigkeiten der Häufigkeit nach sich um ihren Mittelwert gruppieren. Es ist aber einleuchtend, daß wir nicht für alle Fragen der Molekularphysik die Kenntnis dieser Verteilung selbst entbehren können. Daß es überhaupt eine solche ein für allemal festliegende Verteilung geben muß, kann man schon aus der oben (S. 61) erkannten Gesetzmäßigkeit in der Abfolge der Aspekte entnehmen. Wenn nämlich diese durch die Mittelwerte der molekularen Größen bestimmt sind, wenn aber andererseits der Mittelwert einer molekularen Größe nicht eindeutig die Verteilung bestimmte, wäre gar nicht einzusehen, wieso auch nur mit einer gewissen Wahrscheinlichkeit gleiche Aspekte auf gleiche Aspekte folgen müßten. In der Tat werden wir die Verteilung der molekularen Größen um ihre Mittelwerte gerade dann kennen müssen, wenn wir Gesetze für die Folge von Aspekten aufstellen, z. B. den Temperaturgleichgewichtssatz ableiten wollen. Man darf sich also nicht damit begnügen, die Werte für die phänomenologischen Größen als Mittelwerte molekularer Werte zu deuten, die nach bestimmten Häufigkeitsgesetzen verteilt sind, sondern man wird auch die Gesetze dieser Verteilung selbst suchen müssen, d. h. eine Statistik für die Moleküle aufstellen; und das ist der eigentliche Sinn des Begriffs *statistische Mechanik*, von dem sich freilich noch ein engerer abgrenzen läßt.

Wir sahen, daß für das Zustandekommen der Aspekte die zeitliche Verteilung molekularer Werte maßgebend ist. Wie ist diese nun zu finden? Nehmen wir einmal an, irgendein Aspekt hinge von der zeitlichen Verteilung ab, mit der ein materieller bewegter Punkt p die verschiedenen Stellen des Raumes einnimmt. Wir wollen weiter annehmen, p beschriebe unter dem Einfluß eines zeitlich unveränderlichen Kraftfeldes eine ganz unregelmäßige nicht zu übersehende Bahn. Dabei werde schließlich ein vollständiges Raumstück so durchwandert, daß die Bahn jedem Punkt sehr nahe gekommen ist, und dann wieder nahezu dieselbe Reihe durchläuft. Wir wollen zunächst annehmen, daß das in einer Zeit T geschehe, die klein gegen die Zeiten ist, die bei physikalischen Messungen in Betracht kommen *).

---

*) Von dieser Annahme, die sich als nicht zutreffend erweisen wird, werden wir uns später befreien müssen.

Den Bruchteil der Zeit innerhalb der Zeit T, in dem p sich in einem bestimmten Gebiet befindet, werden wir die *zeitliche Wahrscheinlichkeit* für diesen Aufenthalt nennen, und nun zu fragen haben, welche zeitliche Wahrscheinlichkeit dem Aufenthalt in verschiedenen Teilen zukommt, und ob wir nicht von vornherein Raumstücke angeben können, in denen sich p gleich oft befindet. Sei nun A irgendein Stück des Raumes. Wir können dazu ein Raumstück B finden von der Art, daß', wenn sich zu irgend einer Zeit t der materielle Punkt p in einem Punkte P von A befindet, er zur Zeit $t + \tau$ zu einem zugehörigen Punkte P' von B gelangt sein wird. Es ist dann sofort klar, daß p ebenso oft B in A wie in B anwesend sein muß. Ein solcher Raum B ist aber sehr leicht zu finden, denn um zu wissen, wo der Punkt p sich zur Zeit $t + \tau$ befindet, wenn er zur Zeit t in P war, brauche ich nur zu fragen, wo er von jetzt ab nach Verlauf der Zeit τ sein würde, falls er jetzt in P anwesend wäre. *Dieser Schluß ist deshalb erlaubt, weil die weitere Geschichte des Punktes nur durch den Anfangszustand unabhängig von der Vorgeschichte und der absoluten Zeit bestimmt ist,* was eine wesentliche Voraussetzung der statistischen Mechanik ist. Wir werden also dazu geführt, eine Menge von Punkten p, die jetzt *gleichzeitig* ein Gebiet erfüllen und ihr weiteres Schicksal die Zeit τ hindurch zu verfolgen, und finden dann in dem von ihnen bedeckten Gebiet das gesuchte Raumstück B. Somit sehen wir, daß die statistische Mechanik Grund hat*), Gesamtheiten von Punkten zu betrachten, die sich unabhängig voneinander bewegen, oder allgemeiner *Gesamtheiten unabhängiger Systeme.* Sie wird es mit Vorteil tun, weil sie so in übersichtlicher Weise Gesetze über die zeitliche Wahrscheinlichkeit ableiten kann. Zwar wird es sich im allgemeinen nicht nur um zeitliche Wahrscheinlichkeiten für die Annahme eines Ortes handeln, sondern des molekularen Zustandes überhaupt, zu dessen Charakterisierung auch die Kenntnis der Geschwindigkeiten gehört. In diesem Sinne hat auch schon L. Boltzmann [4]) Gesamtheiten unabhängiger Systeme betrachtet. In einer seiner Arbeiten ist zwar nicht gerade von Systemmengen die Rede, aber was auf dasselbe hinauskommt, von einer Menge von Werten für die Variabeln. Bei früherer Gelegenheit [2]) untersucht er ausdrücklich die Verteilung von Zuständen über Gesamtheiten unabhängiger Systeme und wendet die Ergebnisse seiner Betrachtungen auf mehratomige Moleküle eines Gases an (während wir in der statistischen Mechanik vorzugsweise die Häufigkeiten zu untersuchen haben, mit der die molekularen Zustände über Gesamtheiten materieller Körper verteilt sind). Zwar sind diese nicht unbeeinflußt voneinander; indes ist das Verfahren berechtigt, da gezeigt wird, daß Zusammenstöße die statistische Verteilung nicht ändern. Es wird nur gefragt, wie die Verteilung der Zustände angenommen werden muß, damit sie sich bei der unbeeinflußten Bewegung nicht ändert. Diese Verteilung stimmt aber offenbar wieder überein mit der zeitlichen Häufigkeitsverteilung.

---

*) Auch noch andere Gründe, wie später klar werden wird.

Mit Gesamtheiten unabhängiger Systeme beschäftigte sich auch J. Cl. Maxwell in einer großen Arbeit [36]. Aber der Zusammenhang zwischen den Eigenschaften jener Gesamtheiten und denen der realen Körper wird nicht in einwandfreier Weise dargelegt [*]. In dieser Arbeit wird auch die Benutzung solcher Gesamtheiten als *statistische* Methode bezeichnet. Allgemeine Verbreitung aber fand der Name statistische Mechanik in dieser engeren Bedeutung besonders durch das Werk von J. W. Gibbs. So anregend dieses Buch auch gewirkt hat, besonders durch Ausbildung des formalen Kalküls, und noch zu wirken vermag, die Beziehung, die die unabhängigen Gesamtheiten zu den Zuständen des realen Körpers besitzen, kommt in ihm ebenso wenig wie in der Maxwellschen Arbeit klar zum Ausdruck, worauf besonders die Kritik von Zermelo [49] aufmerksam gemacht hat. Im übrigen scheint es weder gerechtfertigt, den Namen statistische Mechanik der Theorie unabhängiger Gesamtheiten vorzubehalten, noch überhaupt, wie ebenfalls bei Gibbs, diese Theorie in den Vordergrund der Betrachtung zu stellen. Zur ersten Einführung in den Gegenstand eignet sich jedenfalls besser eine Theorie über die zeitliche Häufigkeit der verschiedenen Systemzustände, die *Theorie der Zeitgesamtheit*, zu deren Darstellung wir uns jetzt wenden.

2. Die Theorie der Zeitgesamtheit. Als erstes Motiv zur Ausbildung der Theorie der Zeitgesamtheit erkannten wir die Notwendigkeit, gemäß dem Talbotschen Gesetz den Aspekt durch den Mittelwert von molekularen intensiven Größen z. B. von Kräften zu bestimmen. Damit überhaupt von einem zeitlichen Mittelwert die Rede sein kann, muß angenommen werden, daß immer wieder dieselben oder nahezu dieselben Zustände des Systems durchlaufen werden, daß dem System eine Art Periodizität zukommt. Man kann sich aber Gedanken darüber machen, wieso für die Wahrnehmung gerade der Mittelwert einer intensiven Größe von Wichtigkeit ist. ·Offenbar sind in den Organen Apparate vorhanden, die den wechselnden Reizen folgen und von ihnen eine Kurve aufnehmen, die ausgeglichener ist als die Reizkurve. Aber es ist einleuchtend, dass durch physische Apparate nie ein *vollständiger* Ausgleich zustande kommt. Der letzte Ausgleich muß sich also auf dem Wege vom Physischen zum Psychischen vollziehen.

In diesem Sinne werden wir nun auch den Druck eines Gases gleich dem zeitlichen Mittelwert des momentanen Druckes aller Moleküle gegen den Stempel setzen können, oder auch gleich der Zahl der Moleküle, multipliziert mit dem zeitlichen Mittelwert des vom Einzelmolekül ausgeübten Druckes, wobei wir uns etwa vorstellen mögen, dass dieser Druck meistens Null ist und nur gelegentlich sehr kurze Zeit größere Werte annimmt.

---

[*] Die Schlüsse auf S. 726 haben nicht die mindeste Beweiskraft; während vorher die betrachteten Systeme als unabhängig vorausgesetzt werden, wird später angenommen, sie müßten im stationären Zustand alle gleich warm sein, was bei völliger Isoliertheit nicht zutrifft.

Es fragt sich nun, ob wir auf diese Weise allgemein die Notwendigkeit erkannt haben, um die Zuordnung zwischen Aspekten und molekulartheoretischen Zuständen herzustellen, erstens die zeitliche Wahrscheinlichkeit der verschiedenen molekulartheoretischen Zustände zu betrachten, zweitens insbesondere den zeitlichen Mittelwert gewisser molekularer Größen zu bilden. Offenbar sind zu diesem Zwecke noch weitere Überlegungen nötig. Denn in der messenden Physik wird gewöhnlich der Zustand durch *extensive* Größen festgelegt, d. h. die zu messenden intensiven Größen wirken meist bei unseren Meßanordnungen nicht unmittelbar auf das Wahrnehmungsvermögen, sondern erst nach einer Umsetzung in extensive Größen. Suchen wir nun auch für solche Vorgänge die Rolle, die der Mittelwert spielt, zu verstehen. Es entspricht der tieferen Bedeutung, die wir uns von dem Begriff des Aspektes bildeten, daß für ihn nicht allein maßgebend ist, wie der Körper jetzt allein ist, sondern wie er auf andere wirkt. Wir wollen uns das an Beispielen klar machen, und zunächst den Fall betrachten, daß zwei Gase auf ihren Druck hin zu vergleichen sind, deren jedes in einem durch einen Stempel verschlossenen Gefäß enthalten ist. Der Vergleich ist dadurch möglich, daß wir die die beiden Stempel belastenden Gewichte beiseite schieben und die Stempel unmittelbar aufeinander wirken lassen. Es ist Gleichgewicht vorhanden, wenn keine Verschiebung des Verbindungsstückes eintritt; in diesem Falle sagt man, daß die Gasdrucke gleich sind. Aber darum ist nicht in jedem Augenblick der Momentandruck auf das Verbindungsstück Null oder sind die Kräfte von beiden Seiten gleich, sondern nur der zeitliche Mittelwert des Gesamtdruckes ist Null und die zeitlichen Mittelwerte der Kräfte von beiden Seiten sind gleich. Wir sehen, warum für die Frage des mechanischen Gleichgewichts der zeitliche Mittelwert der Kraft eine Rolle spielt: Die durch eine zeitlich wechselnde Kraft in längeren Zeiträumen hervorgerufene Verschiebung ist sehr klein oder äußerst groß, je nachdem der zeitliche Mittelwert Null oder von Null verschieden ist. Darauf beruht die Bedeutung des zeitlichen Mittelwertes für das mechanische Gleichgewicht.

Ein anderer Fall liegt vor, wenn entschieden werden soll, ob ein *Energieaustausch* möglich ist. Man wird wieder die vorher getrennten Systeme eine zeitlang zur Vereinigung bringen. Das bedeutet aber, daß sie als ein Totalsystem behandelt werden können. Im Augenblick der Trennung wird dann zwischen den beiden Teilen des Systems eine bestimmte Energieverteilung bestehen, die nach der Trennung erhalten bleibt. Aber welches diese Verteilung ist, kann mit Sicherheit nicht entschieden werden, solange über den Augenblick der Trennung keine Voraussetzung gemacht wird. Da nach der Natur des Problems eine solche auch nicht gemacht werden soll, so bleibt nichts anderes übrig, als jeder Energieaufteilung eine besondere Wahrscheinlichkeit zuzuschreiben. Wir wollen der Einfachheit halber annehmen — diese Beschränkung ist nicht wesentlich — daß die Trennung mit gleicher Wahrscheinlichkeit für jeden Augenblick innerhalb einer Zeitstrecke D zu erwarten sei. Die Zeitstrecke D

kann sich entweder dem Zeitpunkt der Berührung anschließen oder von
einem späteren Zeitpunkt aus erstrecken. Dann werden wir jeder Energieaufteilung als zeitliche Wahrscheinlichkeit, den Bruchteil von Zeit innerhalb
der Zeit D zuschreiben, in dem die gesamte Energie des Totalsystems
gerade die vorgegebene Energieaufteilung aufweist. Diese zeitliche Wahrscheinlichkeit ist von der Länge der Zeitstrecke D unabhängig, wenn, was
zunächst angenommen werde, diese sehr groß ist gegen diejenige Zeit T,
in der nahezu alle Systemzustände durchwandert sind und nach deren
Ablauf nahezu dieselben Zustände wieder durchlaufen werden. Freilich
wäre auch eine solche Feststellung unbrauchbar, wenn sich nicht herausstellen würde, daß *eine* Energieaufteilung so erdrückend wahrscheinlich ist,
daß wir praktisch mit ihr allein zu rechnen haben. Das ist aber in der
Tat der Fall. Auf Grund dieses Ergebnisses kann nun weiter gefragt
werden, welche Energieverteilung vor der Berührung bestehen muß, damit
nach der Trennung die Energieverteilung dieselbe wie vor der Berührung
ist, d. h. welches die Bedingung für das Temperaturgleichgewicht ist [25]). Man
sieht, daß diese Frage sich beantworten läßt, wenn man die zeitliche Wahrscheinlichkeit für die verschiedenen Energieverteilungen der Totalenergie
auf die Teilsysteme angeben kann, und das ist wieder möglich, wenn man
in einem gegebenen System, hier das Totalsystem, jedem Zustand eine
Wahrscheinlichkeit zuordnen kann. Wir haben also Grund, uns mit der
Frage nach der zeitlichen Wahrscheinlichkeit von Systemzuständen zu beschäftigen; außerdem zeigt noch eine genaue Untersuchung, daß die Bedingung für das Temperaturgleichgewicht die Gleichheit gewisser auf die
Teilsysteme bezüglichen zeitlichen Mittelwerte fordert.

Was berechtigt uns aber zu der Annahme, daß die Wahrscheinlichkeit,
mit der wir im Augenblick der Trennung eine bestimmte Energieverteilung
erwarten dürfen, gleich deren zeitlichen Wahrscheinlichkeit ist. Offenbar
handelt es sich hier um eine Folgerung aus einem ganz allgemeinen Prinzip:
Die Wahrscheinlichkeit, mit der ich darauf rechnen kann, ein verschiedene
Zustände durchlaufendes System in einem gewissen Zustande anzutreffen,
ist gleich der zeitlichen Wahrscheinlichkeit des betreffenden Zustandes,
d. h. der relativen Verweilzeit für diesen Zustand. Dieses Prinzip läßt
sich offenbar wiederum auf das folgende zurückführen: Wenn ein Ereignis
(hier die Trennung) in einem Zeitraum von einer gewissen Größe hinein-
fällt (hier die Zeit D), so ist es mit gleicher Wahrscheinlichkeit für jeden
von gleichen Zeitteilen zu erwarten, in die wir den Gesamtzeitraum ein-
teilen können. In diesem Axiom wird man nun einen grundlegenden Satz
der Wahrscheinlichkeitsrechnung erblicken. Freilich führte seine exakte
Formulierung zu Antinomien, wie sie immer auftreten, sobald wir irgendeinen Grundsatz der Wahrscheinlichkeitsrechnung genau zu formulieren
wünschen, worauf wir indes hier nicht eingehen können. Indes haben
wir noch einen andern Punkt zur Sprache zu bringen. In der Formulierung, daß die Wahrscheinlichkeit, einen Zustand anzutreffen, gleich der
zeitlichen Wahrscheinlichkeit ist, kommt das Wort Wahrscheinlichkeit zwei-

mal vor. Das zweite Mal, so erklären wir, bedeutet es relative Verweilzeit. Es muß also das erste Mal etwas anderes bedeuten; es kann nur das bedeuten, was man überhaupt unter Wahrscheinlichkeit versteht. Wir müssen uns also das Experiment der Trennung sehr oft angestellt denken; die Wahrscheinlichkeit, bei der Trennung eine bestimmte Energieverteilung vorzufinden, ist dann gegeben durch die relative Anzahl derjenigen Fälle, in denen wir gerade den betreffenden Zustand finden. Das heißt aber nichts anderes, als daß wir uns eine Gesamtheit unabhängiger Systeme denken sollen, oder wie wir auch sagen wollen, eine *virtuelle Gesamtheit.* *Die Theorie der Zeitgesamtheit findet sich also wieder auf die Theorie der virtuellen Gesamtheit angewiesen.*

Aber in der vorigen Betrachtung ist noch ein Punkt richtig zu stellen. Es kann nämlich durchaus nicht angenommen werden, daß die Zeit D groß gegen die Zeit T ist, im Gegenteil, die Zeit T wird ungeheuer groß gegen alle für menschliche Beobachtung zur Verfügung stehende Zeiträume sein. Die Wahrscheinlichkeitsfunktion für die verschiedenen Energieaufteilungen wird daher abhängen von der Wahrscheinlichkeit, mit der zu Anfang der Zeit D die verschiedenen Zustände vorkommen, von der Verteilung der Zustände in der virtuellen Gesamtheit, die den Anfangszuständen entsprehen. Es kommt also noch darauf an, welche Wahrscheinlichkeiten für die verschiedenen Zustände unseres Totalsystems zu Anfang der Zeit D bestehen, oder anders ausgedrückt, wie seine virtuelle Gesamtheit beschaffen ist.

Wir wollen annehmen, daß für diese eine Wahrscheinlichkeitsverteilung besteht, die ganz der Zeitgesamtheit innerhalb der Zeit T entspricht. Denken wir uns nun die sämtlichen überhaupt möglichen Zustände innerhalb eines Zyklus von der Länge T (gleichgültig zu welcher *absoluten* Zeit sie angenommen werden) den Zeitpunkten einer ein für allemal festen Zeitstrecke von der Länge T zugeordnet, so können wir sagen, unsere Annahme bedeutet: Die Zeitstrecke D fällt mit gleicher Wahrscheinlichkeit an jede Stelle innerhalb dieser festen außerordentlich viel größeren Zeitstrecke von der Länge T. Wenn nun gar nicht bekannt ist, an welche Stelle von T die Zeitstrecke von D fällt, wohl aber bekannt ist, daß das Ereignis (die Trennung) in einen vorgeschriebenen Zeitpunkt von D fällt, so ist die Wahrscheinlichkeit, gleichzeitig mit diesem Ereignis einen gewissen Zustand zu treffen, so groß wie die zeitliche Wahrscheinlichkeit überhaupt des betreffenden Zustandes innerhalb der Zeit T. Das gilt, wenn vorausgesetzt wird, daß das Ereignis an irgendeine Zeitstelle von D fällt. Folglich allgemein, wenn überhaupt keine Voraussetzung gemacht wird über den Zeitpunkt innerhalb von D, in den das Ereignis fällt. Unter unseren Annahmen können wir also zeigen, daß die Wahrscheinlichkeit, einen gewissen Zustand im Augenblick der Trennung anzutreffen, gleich der zeitlichen Wahrscheinlichkeit für diesen Zustand innerhalb von T ist.

Wie es scheint, beruhen diese Betrachtungen auf dem Prinzip, daß die virtuelle Gesamtheit der zu erwartenden Zustände das Abbild der Zeitgesamtheit ist. Dieses Prinzip selbst wird durch einfache Erfahrungen nahe

gelegt und wird von uns, ohne daß wir noch eine einzelne besondere Erfahrung anstellten, ohne weiteres als richtig angesehen. Ist irgendwo eine
Menge von 36 000 Roulettes aufgestellt, in deren jedem eine Kugel mit
gleicher Geschwindigkeit die 36 Felder durchläuft, so werden wir erwarten,
daß man in ungefähr 1000 von diesen Spielen, die Kugel auf der Null
treffen wird. Indes haben wir es in unserem Falle doch mit einem etwas
andern Problem zu tun. Das Totalsystem wird ja nicht zu einer beliebigen
Zeit, sondern kurz nach der Berührung betrachtet. Wir kommen darauf
noch zurück (S. 79).

Wir müssen aber hier noch eine andere Bemerkung einfügen, die für
später wichtig wird. Wenn man eine Gesamtheit unabhängiger Systeme
bildet, die der Zeitgesamtheit entspricht, in unserem Falle also 36 000
Roulettespiele aufstellt, so daß auf jedem Felde die Kugel sich in gleich
vielen dieser Spiele befindet, und das weitere Schicksal der Gesamtheit verfolgt, so wird man finden, daß im Laufe der Zeit sich die Zustandsver-
teilung nicht ändert. Es werden also z. B. in jedem Augenblick 1000
Roulettespiele die Nullstellung besitzen; in jedem Augenblick verlieren
einige Roulettespiele die Nullstellung und ebenso viel andere erhalten sie
neu. Man nennt eine Gesamtheit unabhängiger Systeme, deren Verteilung
sich nicht ändert, eine *stationäre* oder eine im *statistischen Gleichgewicht*
befindliche.

Durch diese ganz unbestimmt gehaltenen Betrachtungen wird nun klar
geworden sein, welchen Grund wir haben, in der statistischen Mechanik zeitliche Wahrscheinlichkeiten zu betrachten. Wenn wir aber unsere Aufmerksamkeit zeitlichen Mittelwerten zuwenden, so hat das noch einen besonderen
Grund. Es wird sich nämlich herausstellen, daß die Forderung des Temperaturgleichgewichts gleichbedeutend ist mit der Forderung der Gleichheit
gewisser zeitlicher Mittelwerte. Im übrigen haben wir jetzt gesehen, daß
die Theorie der Zeitgesamtheit nur in enger Verbindung mit der Theorie
der virtuellen Gesamtheit anzuwenden ist.

Nun soll aber doch für den Bereich des Phänomenologischen der Tem-
peratursatz kein Wahrscheinlichkeitssatz sein. Es muß also einen Satz
geben, demzufolge sich die Wahrscheinlichkeit dafür, daß sich die Energie
auf die beiden Teile des Totalsystems so verteilt, wie es dem Temperatur-
satz entspricht, praktisch von der Gewißheit kaum unterscheidet. Zeichnen
wir also eine Kurve, deren Abszisse die Energie des einen Teils und deren
Ordinate die differentielle Wahrscheinlichkeit für die Annahme einer Energie
bedeutet (d. h. die Wahrscheinlichkeit dafür, daß der Wert in ein sehr
kleines Intervall fällt, dividiert durch die Größe des Intervalles), so muß
die Kurve überall in der Nähe der Abszissenachse verlaufen und sich nur
an einer Stelle sehr steil erheben, um sofort wieder gegen die Abszissenachse zu sinken. Man wird den Wunsch haben, diese Tatsache allgemein
zu beweisen, und wird dann dazu geführt, folgenden rein mathematischen
Satz zu vermuten: Man denke sich zwei ganz beliebige Körper K', K''.
Aus diesen soll eine unendliche Reihe von Totalsystemen K^n konstruiert

werden, wo K^n aus K'^n und K''^n zusammengesetzt ist, und K'^n aus n aneinandergesetzten Körpern K', K''^n aus n aneinandergesetzten Körpern K'' besteht. Nun kann für jedes Totalsystem K^n die Energieverteilungskurve aufgenommen werden, die zur Anschauung bringt, welche Wahrscheinlichkeit jede Verteilung der K^n zukommenden Energie auf die Systeme K'^n, K''^n besitzt. Wir vermuten, es werde sich zeigen lassen, daß mit wachsendem Index n die Verteilungskurven immer steiler werden [28]. Es darf wohl angenommen werden, daß sich diese Vermutung jetzt mit den von R. v. Mises [38]) entwickelten Hilfsmitteln wird beweisen lassen.

Benutzt man nun diese Eigenschaft der Verteilungskurve, so findet man als Bedingung für das Wärmegleichgewicht die Gleichheit zweier Ausdrücke, für die man außerdem nachweisen kann, daß sie gleich dem zeitlichen Mittelwert der auf den Freiheitsgrad entfallenden Energie sind.

Energie pro Freiheitsgrad wird man also als Temperatur bezeichnen oder ihr proportional setzen, und zweckmäßigerweise würde man auch in der statistischen Mechanik die Einheit der Temperatur so wählen, daß die Maßzahl der Temperatur die auf den Freiheitsgrad entfallende Anzahl Erg ergäbe. Solche Einheiten werden praktisch nicht benutzt; vielmehr gehen die praktischen Einheiten durch Multiplikation mit der halben Boltzmann-Planckschen Konstante k hervor, bzw. die praktischen Maßzahlen durch Division der oben definierten Maßzahlen durch die halbe Boltzmann-Plancksche Konstante k. Diese ist aber der 50. Teil der Temperaturdifferenz zwischen siedendem und frierendem Wasser, in den oben definierten natürlichen Einheiten gemessen. Durch diese Wahl des Maßsystems erreicht man, daß die Temperaturdifferenz zwischen frierendem und siedendem Wasser $= 100°$ ist. Man sieht, daß die Boltzmann-Plancksche Konstante keine universelle allen Körpern gemeinsame Eigenschaft zum Ausdruck bringt, sondern im Gegenteil eine ganz singuläre Eigenschaft des Wassers. —

Dieses ist nun der wesentliche Gedankeninhalt der Theorie der Zeitgesamtheit, unabhängig von der mathematischen Darstellung. Wenden wir uns dieser zu und zugleich der näheren Ausführung der oben mitgeteilten Gedankengänge.

Der großen Allgemeinheit der in der statistischen Mechanik zu behandelnden Fälle entspricht es, wenn wir bei der mathematischen Formulierung unserer Begriffe und Lehrsätze zur Methode der generalisierten Koordinaten unsere Zuflucht nehmen. Unter generalisierten Koordinaten versteht man bekanntlich Größen, die Funktionen der Cartesischen sind, so daß sich rückwärts aus jenen diese berechnen lassen. Sie sind da vorteilhaft, wo die Cartesischen Koordinaten Zwangsbedingungen unterworfen sind, insbesondere auch da, wo Bewegungen starrer Körper zu beschreiben sind. Offenbar sind die Änderungsgeschwindigkeiten der generalisierten Koordinaten, die sogenannten generalisierten Geschwindigkeiten lineare Funktionen der wirklichen und umgekehrt. Die Energie ε wird also eine Funktion der generalisierten Koordinaten $q_1 \ldots q_n$ und der generalisierten Geschwindigkeiten $\dot{q}_1$ und $\dot{q}_n$ sein. Da man aber die Differen-

tialquotienten $\dfrac{\partial \varepsilon}{\partial \dot{q}_i}$, die man *Impulse* nennt und mit p_i bezeichnet, als lineare
Funktionen der $\dot{q}$ ausdrücken kann, und daher umgekehrt die $\dot{q}$ als Funk-
tionen der p, so läßt sich auch die Energie als Funktion der q und p
darstellen. Den Inbegriff der den Zustand des Systems charakterisierenden
Werte q und p nennt man die *Phase* des Systems. Man denkt sich nun
den Zustand des Systems in einem n-dimensionalen *Phasenraum* durch
einen Punkt charakterisiert, dessen Koordinaten gleich den ihm zugehörigen
Werten q und p sind.

Die Änderungen der Phase werden aus den Hamiltonschen Gleichungen
erhalten:

$$(1) \qquad \begin{aligned} \frac{d q_i}{d t} &= \frac{\partial \varepsilon}{\partial p_i} \\[2mm] \frac{d p_i}{d t} &= -\frac{\partial \varepsilon}{\partial q_i}. \end{aligned}$$

Aus den Hamiltonschen Gleichungen folgt dann:

$$(2) \qquad \sum \frac{\partial \dot{q}_i}{\partial q_i} + \frac{\partial \dot{p}_i}{\partial p_i} = 0.$$

Das ist aber genau die in der Hydrodynamik als Kontinuitätsgleichung
bekannte, für die Bewegung inkompressibler Flüssigkeiten geltende Gleichung. Die Analogie mit der Hydrodynamik gestattet nun eine anschauliche Interpretation von (2). Man denkt sich nämlich eine unendliche
Menge von Systemen und sie vertretender Phasenpunkte. Die Gesamtheit
dieser Punkte wird sich dann so verhalten wie eine inkompressible Flüssigkeit, d. h. ein Volumen des Phasenraumes wird stets in ein gleich großes
übergehen. Dieser Satz ist unter dem Namen des LIOUVILLEschen bekannt.

Zunächst scheint es, als könnten wir diesen Satz nicht verwenden. Denn
das Einzelsystem hat stets dieselbe Energie und der Phasenpunkt ist daher
auf eine Fläche im Phasenraume gebannt, auf eine sogenannte *Energiefläche*. Wir haben ferner den zeitlichen Mittelwert gewisser Funktionen
der Phasen zu suchen. Diese werden nun im allgemeinen von der besonderen gewählten Bahn abhängig sein. Wenn dagegen die Bahn die
ganze Energiefläche überall dicht bedeckt, so ist unter gewissen Voraussetzungen anzunehmen, daß der Mittelwert einer Phasenfunktion unabhängig
von der Bahn ist. Den Mathematikern sind nun Kurven, die Flächen ganz
bedecken, wohl bekannt. Das erste Beispiel einer solchen Kurve hat
G. PEANO [1]) gegeben, indem er sie mit Hilfe einer analytischen Vorschrift
konstruierte; D. HILBERT [2]) hat dann eine solche Kurve durch ein geome-
trisches Verfahren gewonnen. Noch leichter ist es, Kurven zu konstruieren,
die jedem Punkte eines Gebietes beliebig nahe kommen. Man denke sich
etwa »eine geodätische Linie auf dem Torus mit einer irrationalen Win-
dungszahl. Sie durchsetzt den Meridionalkreis in unendlich vielen Punkten,
die überall dicht über die Peripherie verteilt sind« [3]). Bei BOLTZMANN [4])

findet sich auch ein mechanisches Beispiel, das in der neuesten Atomphysik wieder in den Vordergrund des Interesses gerückt ist: Ein Punkt bewegt sich um einen andern, von dem er nach einem von dem Newtonschen Gesetz etwas abweichenden Zentralgesetz angezogen wird. Er wird dann eine angenäherte Ellipse beschreiben, deren große Achse aber selbst rotiert, so daß der Punkt im Laufe der Zeit jedem Punkt innerhalb eines Kreisringes beliebig nahe kommt. Ähnlich könnte nun auch der Phasenpunkt durch *jeden Punkt* der Energiefläche hindurchgehen oder doch jedem Punkt beliebig nahe kommen. Die oben betrachtete drehende Ellipse gibt nur zur Erläuterung für diesen Fall ein Beispiel einer Phasenkurve, die eine mehr als eindimensionale Mannigfaltigkeit füllt, aber kein Beispiel dafür, daß die Energiefläche ganz ausgefüllt wird. Denn obwohl in jenem Falle der materielle Punkt jeder Kombination von Lagenkoordinaten innerhalb eines Kreisringes beliebig nahe kommt, so kommen doch nicht alle Kombinationen von Lagen und Geschwindigkeiten vor, da nach dem Flächen- und Energiesatz an einem gegebenen Orte nur zwei Geschwindigkeitsrichtungen möglich sind. Es fragt sich demnach, ob es überhaupt Bewegungen gibt, bei denen die ganze Energiefläche durchwandert wird. Seit P. und T. Ehrenfest [13] unterscheidet man nun zwischen *ergodischen Systemen*, deren Phasenbahn wirklich genau durch jeden Punkt der Energiefläche hindurchgeht; und *quasiergodischen* Systemen, deren Phasenpunkt jedem Punkt der Energiefläche beliebig nahe kommt. Von A. Rosenthal [46] und Plancherel [42] ist aber nachgewiesen worden, daß es ergodische mechanische Systeme überhaupt nicht gibt. Andererseits ist bis jetzt auch noch nicht bewiesen worden, daß alle Gase quasi-ergodische Systeme seien, ja nicht einmal ein Beispiel eines quasi-ergodischen Systems scheint bekannt zu sein. Wir wollen aber für das Folgende die Anahme machen, daß die materiellen Körper quasi-ergodische Systeme sind. Diese Annahme bezeichnet man als *Quasiergodenhypothese*. Vielleicht reichte für den Aufbau der statistischen Mechanik eine weniger weitgehende Hypothese aus. Insbesondere wäre sie vielleicht zu ersetzen durch eine Annahme, nach der durch die Phasenkurve Mannigfaltigkeiten von niedrigeren Dimensionen erfüllt werden. Aber dann wird noch eine neue Annahme über virtuelle Gesamtheiten erforderlich. Wir verfahren daher am einfachsten, wenn wir unseren Betrachtungen die Quasiergodenhypothese zugrunde legen. Jedenfalls müßte aber der Phasenpunkt eines quasi-ergodischen Systems immer wieder in die Nähe des Ausgangspunktes kommen. Diese Eigenschaft wenigstens läßt sich für alle mechanischen Systeme, deren Koordinaten und Impulse endliche Grenzen nicht überschreiten, beweisen. H. Poincaré [45] und C. Carathéodory [16] haben einen Satz bewiesen, der so ausgesprochen werden kann: Es besteht eine unendlich kleine Wahrscheinlichkeit dafür, daß der Phasenpunkt eines Systems nicht die Eigenschaft besitzt, daß die von ihm ausgehende Bahn im Laufe der Zeit ihrem Ursprung beliebig nahe kommt. (Man wird eine »unendlich kleine Wahrscheinlichkeit« nicht der Unmöglichkeit gleichsetzen. Es ist nicht unmöglich, einen auf das Innere des Kreises beschränkten Punkt in seinem

Mittelpunkt anzutreffen, aber unendlich unwahrscheinlich; allgemein schreibt man dem Aufenthalt eines in einem Gebiet zu erwartenden Punktes in einer Menge von Punkten eine Wahrscheinlichkeit zu, die proportional dem *Lebesgueschen Maß* der betreffenden Punktmenge ist.

Der Poincaré-Carathéodorysche Satz ist aber keine ausreichende Grundlage für den Aufbau der statistischen Mechanik, sondern wir müssen von der Quasiergodenhypothese oder einer ähnlichen Hypothese Gebrauch machen. Aber es ist damit nicht gesagt, daß deren Geltung hinreichend dafür wäre, daß eine relative Verweilzeit existiert. Wir haben vielmehr noch besondere Ausnahmen hinzuzufügen: Zunächst sieht man, daß jedem Gebiet der Energiefläche eine Verweilzeit τ in bezug auf eine Bahn und auf einen Zeitraum T zukommt, d. h. die Summe aller Zeitstrecken innerhalb T, die der Phasenpunkt des Systems sich im Gebiet aufhält. Man muß nun annehmen, daß der Quotient $\dfrac{\tau}{T}$ für große T gegen einen von der Wahl der Bahn unabhängigen Grenzwert konvergiert, die *relative Verweilzeit*; und ferner, daß diese dividiert durch die Größe des Gebiets für eine Menge sich auf einen Punkt zusammenziehender Gebiete gegen einen dem Punkt zukommenden Zahlwert konvergiert, die *differentielle relative Verweilzeit*, die Funktion nur des Phasenpunktes ist*). Das Auffinden einer solchen Funktion gelingt nun ganz leicht mit Hilfe des oben erwähnten Liouvilleschen Satzes, nach dem ineinander übergehende Gebiete von der Dimension des Phasenraums volumengleich sind. Man braucht nur zwei benachbarte Energieflächen zu betrachten und findet die relative Verweilzeit als Funktion der Phase proportional mit $\dfrac{1}{\nabla \varepsilon}$, wobei ε die Energie und ∇ den Gradienten im Phasenraum bedeutet. Um die Proportionalitätskonstante bequem ausdrücken zu können, bedient man sich einer von Gibbs häufig benutzten Funktion. Ist ε^* die Energie des Systems, so sei $V(\varepsilon^*)$ das von der Energiefläche $\varepsilon = \varepsilon^*$ umschlossene Volumen und es werde

$$(3) \qquad \omega = \frac{dV}{d\varepsilon^*}$$

eingeführt. Die differentielle relative Verweilzeit wird dann durch

$$(4) \qquad \omega = \frac{1}{\omega}\frac{1}{|\nabla \varepsilon|}$$

gegeben sein. Natürlich entspricht dieser relativen Verweilzeit auch eine virtuelle Gesamtheit, in der jedem Flächenelement der Energiefläche eine bestimmte Anzahl von Systemen zugehören, nämlich von solchen, deren Phasen durch einen Punkt im Flächenelement vertreten sind. Diese Gesamtheit ist offenbar stationär oder im statistischen Gleichgewicht befindlich und heißt nach Gibbs *mikrokanonisch*.

---

*) Entsprechende Sätze sind in einem schematisch vereinfachten Fall bewiesen von H. Weyl [48].

Nun ist es leicht, die Mittelwerte beliebiger Phasenfunktionen auf Grund dieses Gesetzes von der relativen Verweilzeit zu berechnen, d. h. die sogenannten mikrokanonischen Mittelwerte anzugeben. Da die kinetische Energie ε_p des Systems durch die Summe $\varepsilon_p = \dfrac{1}{2} \sum p_i \dfrac{\partial \varepsilon}{\partial p_i}$ dargestellt werden kann, so nennt man $\dfrac{1}{2} p_i \dfrac{\partial \varepsilon}{\partial p_i}$ den auf den i^{ten} Freiheitsgrad entfallenden Anteil der kinetischen Energie. *Es zeigt sich, daß auf alle Freiheitsgrade gleich viel kinetische Energie entfällt*[1] [8] [17] [21] [31]. Der Wert dieses Betrages ist $= \dfrac{1}{2} \dfrac{V}{\omega}$. Es ist $\dfrac{V}{\omega}$ aber, wie nicht schwer zu zeigen, gerade die Größe, deren Gleichheit notwendige und hinreichende Bedingung dafür ist, daß zwei Systeme zur Berührung gebracht werden können, ohne daß ein Energieaustausch stattfindet. Die notwendige und hinreichende Bedingung für das Temperaturgleichgewicht ist daher Gleichheit der auf die Freiheitsgrade entfallenden Anteile an kinetischer Energie, und von einer Konstanten abgesehen, wird man diese Anteile als Temperatur ansehen. Wir werden also setzen

$$(5) \qquad \vartheta = \frac{1}{k} \frac{V}{\omega},$$

wo ϑ die Temperatur in praktischen Endresten bedeutet und k wieder die Boltzmann-Plancksche Konstante. Im Anschluß an diese Überlegung sind nun aber noch einige Betrachtungen erforderlich für den Fall, daß verschieden warme Körper zur Berührung gebracht werden.

Zwei solche Körper werden bei der Berührung ihre Temperatur ausgleichen. Bei einer zweiten Berührung wird nun keineswegs der alte Zustand wieder hergestellt, vielmehr ist der auf Grund der ersten Berührung erfolgte Vorgang nicht wieder rückgängig zu machen, er ist *irreversibel*.

Die Tatsache, daß derartige Vorgänge irreversibel sind, deutet schon von selbst auf das Vorhandensein einer stets in demselben Sinne wachsenden Funktion hin. Eine solche ist in der Thermodynamik als Entropie bekannt. Auch die statistische Mechanik führt zur Aufstellung einer Funktion von ganz ähnlichen Eigenschaften. Wir wollen uns vorstellen, der Mechanismus des Systems werde durch äußere Eingriffe verändert. Damit das geschehen kann, müssen gewisse Teile des Systems verschoben werden, die zwar prinzipiell beweglich sind, und die auch Kräfte von den Systemteilen erfahren, aber deshalb in Ruhe sind, bzw. um Mittellagen schwanken, weil andere Kräfte von außen auf sie wirken. Diese äußeren Kräfte werden nicht zum System gerechnet. Fügt man ihnen noch sehr kleine äußere Kräfte zu, so verschieben sich die beweglichen Teile, wobei Energie auf das System übertragen wird. So können wir z. B. den Stempel eines Gases niederdrücken und auf diese Weise der Umgebung mechanisch Energie entziehen. Insofern dabei nur diejenige Energie in unserem abgeschlossenen System (also z. B. im Gase) auftritt, die außen als mechanische Energie verloren wird (insofern also durch die Wände des Stempels keine Wärme hindurchtritt), nennen wir solche Vorgänge *adiabatisch*.

Betrachten wir nun die Änderung der Funktion V bei einem adiabatischen Prozeß. Durch einen solchen wird einerseits die Energie des Systems verändert, andererseits wird aber dem neuen Mechanismus eine andere Funktion $V(\varepsilon^*)$ zugehören. Diese beiden Gründe für die Änderung der Größe V heben sich gerade auf; daher ändert sich V bei adiabatischen Prozessen nicht, d. h. ist eine *adiabatische* Invariante [18] [26]), oder auch V ändert sich nicht bei Prozessen, für die $d\varepsilon + dA = 0$ gilt, unter $d\varepsilon$ die Energievermehrung des Systems und unter dA die von ihm geleistete mechanische Arbeit verstanden.

Zu den adiabatischen Prozessen können aber auch noch *isopyknische* treten; das sind solche, bei denen der Mechanismus des Systems erhalten bleibt, also dem Außenraum keine mechanische Energie verloren geht, das System aber Energiezufuhr auf Kosten des Wärmegehaltes der Außenwelt erfährt. Nennen wir die zugeführte Wärme dQ, so gilt für diesen Fall nach (3) und (5)

$$(6) \qquad dQ = d\varepsilon = \frac{dV}{V} \cdot \frac{V}{\omega} = \frac{dV}{V} \cdot k\vartheta,$$

also

$$(7) \qquad \frac{dQ}{\vartheta} = dS,$$

wenn

$$(8) \qquad S = k\,ln\,V$$

gesetzt wird.

Diese Gleichungen müssen nun auch für beliebige aus isopyknischen und adiabatischen zusammengesetzte*) Prozesse gelten, weil, wie wir fanden, für die adiabatischen Prozesse V eine Invariante ist. Es ist also allgemein

$$(9)\text{**}) \qquad dS = \frac{d\varepsilon + dA}{\vartheta}.$$

Wir sehen also, daß $ln\,V$ der in der phänomenologischen Thermodynamik bekannten Entropie proportional ist. Aber auch eine andere wesentliche von der Thermodynamik vorausgesetzte Eigenschaft der Entropie läßt sich hier ableiten. Es läßt sich zeigen, daß, wenn zwei verschieden warme Körper zur Berührung gebracht werden, nach der Berührung die Summe der für beide gebildeten Funktion $ln\,V$ größer ist als vor der Berührung. Um das abzuleiten, beachtet man, daß bei der Berührung die Energieverteilung sich ändern kann, und beweist: Die Wahrscheinlichkeit dafür, daß ε_1, ε_2 die Energien der Teilsysteme sind, ist mit hinreichender Genauigkeit proportional $V(\varepsilon_1)\,V(\varepsilon_2)$ [27]). Wir sind also zu einer Begründung

---

*) Siehe z. B. A. EINSTEIN [14]).

**) Der allgemeine Fall ist behandelt von L. BOLTZMANN [5]); J. W. GIBBS [18]); P. HERTZ [23]); L. S. ORNSTEIN [40]).

des Irreversibilitätsprinzips vom Standpunkt der statistischen Mechanik aus gelangt. Aber wir sehen zugleich, daß wir durch diese Betrachtungen noch nicht imstande sind, den Entropiebegriff im Boltzmannschen Sinne zu verstehen. Während nach BOLTZMANN ein *abgeschlossenes* System, falls es sich nicht im Gleichgewicht befindet, im Laufe der Zeit seine Entropie verändert, und zwar so, daß sie wächst, haben wir hier die Entropie als eine ein für allemal feste Funktion der Energie angesehen, die zwar noch von äußeren den Mechanismus bestimmenden Parametern abhängen kann, deren Wert sich aber in einem äußerer Beeinflussung entzogenen System nicht verändert. Änderungen der Entropie in diesem Sinne des Wortes können also, wenn solche Parameter nicht geändert werden, nur dadurch eintreten, daß früher getrennte Systeme zeitweise vereinigt sind. Welche Voraussetzungen noch der hier gegebenen Betrachtung zugrunde liegen wird im folgenden Paragraphen ausgeführt. Andererseits kann die Boltzmannsche Auffassung des Irreversibilitätsprinzips erst im 4. Paragraphen zur Sprache kommen.

Jene Betrachtungen vorwegnehmend, können wir aber schon hier sagen, daß man eine große Schwierigkeit in einem scheinbaren Widerspruch zwischen der Thermodynamik und der Mechanik gesehen hat. Da aber die Thermodynamik eben durch die statistische Mechanik auf Mechanik zurückgeführt werden soll, so scheint ein innerer Widerspruch der Mechanik vorzuliegen. Nach der Boltzmannschen statistischen Mechanik muß es für ein abgeschlossenes in endlichen Grenzen eingeschlossenes System eine Funktion geben, die beständig wächst. Nach der Mechanik kehrt das System wieder nahezu in seinen Anfangszustand zurück. Stellt man daher die negative Entropie, die mit H bezeichnet wird, als Funktion der Zeit in Kurvenform dar, so sollte man meinen, daß eine Horizontale die Kurve ebensooft in aufsteigenden wie absteigenden Stücken schneidet. Aber BOLTZMANN[9]) und P. und T. EHRENFEST[12]) haben darauf hingewiesen, daß die H-Kurve in einer gegebenen Höhe überwiegend viel *Maxima* besitzt. Richten wir daher unseren Blick auf eine gegebene Höhe, so finden wir: Es gibt überwiegend viel Stellen, an denen die Kurve mit wachsenden Abszissenwerten sinkt, d. h. im nächsten Augenblick ist die Entropie wahrscheinlich größer. Aber umgekehrt gilt ebensowohl, daß wahrscheinlich im vorhergehenden Augenblick die Entropie größer war. Es besteht also kein Widerspruch zwischen dem Prinzip der Irreversibilität und den Gesetzen der Mechanik. P. und T. EHRENFEST haben die Betrachtung auch von dem Gebiet des Physikalischen in das rein Mathematische erhoben, indem sie gezeigt haben, daß bei einer Reihe von gewissen an zwei Urnen dauernd vorzunehmenden Operationen nach den Gesetzen der Wahrscheinlichkeitsrechnung von selbst eine Kurve der angegebenen Form entsteht. Aber diese Überlegungen lösen noch nicht alle Schwierigkeiten. Wir verstehen, daß man im nächsten Augenblick wahrscheinlich eine größere Entropie zu erwarten hat. Wir können aber nicht verstehen, weshalb man die Feststellung machen kann, daß es mehr Vorgänge gibt, bei denen die Entropie wächst, als solche, bei denen sie abnimmt.

Das wird uns klar werden, wenn wir *Änderungen des Mechanismus* in Betracht ziehen. In der Tat, wenn uns ein aus zwei Systemen zusammengesetztes Totalsystem vorgelegt ist, so sind drei Fälle möglich: Entweder (A) die beiden Systeme waren schon sehr lange vereinigt*), oder (B) erst seit kurzer Zeit und sie bildeten im Augenblick der Vereinigung ein normales System, oder (C) erst seit kurzer Zeit, und sie bildeten im Augenblick der Vereinigung ein abnormes System. Finden wir nun in dem Gesamtsystem einen abnormen Zustand, also etwa daß beide Teile verschieden warm sind, so ist nach dem Bayesschen Prinzip anzunehmen, der Fall (C) liege vor [47]. *Wenn* wir aber schon wissen, daß der Fall (C) vorliegt, so ist weiter anzunehmen, daß dem gegebenen Zustand ein abnormerer vorausgegangen ist, insofern überhaupt von einem vorausgegangenen Zustand die Rede sein kann und wir das System nicht gerade im Augenblick seiner Bildung angetroffen haben.

Aber auch diese Betrachtungen klären unsere Frage noch nicht vollständig. Man wird nämlich fragen müssen, ob wir, indem wir die Möglichkeit von Zusammensetzungen zugelassen haben, nicht ein außermechanisches Prinzip angenommen haben [47]. Wenn das der Fall wäre, so wäre das Irreversibilitätsprinzip nicht rein mechanisch deduziert, was als die befriedigendste Lösung gelten könnte. Sind aber die Zusammensetzungen durch rein mechanische Prozesse bestimmt und ist zudem die Welt als ein endliches System anzusehen**), so ist nicht recht zu sehen, wie man für die Teilsysteme ein Überwiegen der normalen Prozesse, d. h. der Prozesse mit wachsender Entropie wird behaupten können, wenn davon für das Totalsystem nicht die Rede sein kann. Ist freilich die Welt unendlich, so fällt diese Schwierigkeit weg, die aufzuklären wir aber trotzdem unter allen Umständen Veranlassung haben, weil es sich hier nicht um einen Widerspruch zwischen Theorie und Erfahrung, sondern um einen scheinbaren Widerspruch der Theorie mit sich selbst handelt.

Man wird eine Klärung dieser Frage erwarten können, wenn man sich überlegt, ob in einem endlichen Systeme solche Mechanismuszusammensetzungen und Trennungen auf mechanische Weise werden vorkommen können. Das ist nun in der Tat möglich: Neben einer festen Scheibe rotiere sehr langsam mit gleichförmiger Geschwindigkeit eine bewegliche. Die feste Scheibe trage Platten P und P_1, die bewegliche Platten P_2, so daß die P_2 den P_1 gegenübertreten und sie berühren können, nicht aber die P_2 den P. Wenn P_1 und P_2 sich berühren, so entsteht ein einheitlicher Körper Q, dessen Formen im übrigen von der Zeit abhängig sind, die seit der ersten Berührung verstrichen ist. Die Platten an der festen Scheibe P sollen nun sehr viele derjenigen Formen besitzen, die für die Q möglich sind. P und Q zusammen nennen wir R. Ferner mögen die Scheiben selbst wärmeisolierend gedacht sein, und nur die Platten P, P_1, P_2 mögen Wärmeenergie aufnehmen können. Wenn nun die bewegliche Scheibe sich äußerst lange gedreht hat, so muß auch eine Zeit vorkommen, zu der in den P_1 und P_2 sehr verschiedene Temperaturen vorhanden sind. Einen solchen Zustand des Totalsystems nennen wir einen abnormen, wohingegen wir von einem Normalzustand sprechen, wenn alle P_1 und P_2 nahezu gleich warm sind. Wir wollen nun einen Zeitraum betrachten, in dem sehr oft der Zustand des Totalsystems von einem Normalzustand in

---

    *) Länger als die normalerweise zum Ausgleich erforderliche Zeit.

    **) Nach EINSTEIN ist das Volumen der Welt endlich. Aber da sie von Strahlung erfüllt ist, so werden zur Definition ihrer Zustände unendlich viel Koordinaten erfordert. Ob sich für eine endliche, von materiellen Körpern und Strahlung erfüllte Welt der Poincaré-Carathéodorysche Wiederkehrsatz aufrecht erhalten läßt, ist, soweit mir bekannt, noch nicht untersucht.

einen abnormen Zustand übergeht und umgekehrt. Übrigens können wir diesen ganzen Mechanismus auch leicht durch eine Anordnung von Urnen ersetzen, bei der ähnlich wie in dem von P. u. T. EHRENFEST angegebenen Beispiel das Herüberlegen von Kugeln durch Ziehen von Losen entschieden wird.

Wir setzen jetzt einen Beschauer voraus, der zwar über die ganze Anordnung genau unterrichtet ist, aber die Platten P_1, P_2 selbst nicht einzeln, sondern außer P nur die Platten Q als Ganzes sehen kann, ohne im einzelnen Fall von der Art ihrer Zusammensetzung etwas zu wissen. Findet er jetzt eine Platte R, in der eine starke Temperaturungleichung vorhanden ist, so wird er unter allen Umständen für den nächsten Augenblick einen Ausgleich, d. h. einen Übergang zu einem normaleren Zustand erwarten müssen.

Er weiß auch, wenn er in der *Zukunft* eine Platte R in einem abnormen Zustand finden wird, so wird wahrscheinlich ein normalerer Zustand folgen. Die Frage ist aber: Kann er wissen, daß, wenn er in der nächsten Zukunft ein R in einem abnormen Zustand finden wird, diesem Zustand ein noch abnormerer vorausgegangen ist. Nur wenn er das erwarten darf, ist er berechtigt, für die nächste Zukunft das Irreversibilitätsprinzip auszusprechen.

Nun ist das in der Tat möglich, wenn er Kenntnis davon hat, daß das Totalsystem sich jetzt in einem abnormen Zustand befindet. Wenn nämlich dann später ein R in einem abnormen Zustand vorliegt, so werden zwei Fälle möglich sein:

I. R ist ein P oder R ist ein Q und die zusammensetzenden P_1, P_2 waren bei der Berührung gleich warm.

II. R ist ein Q und die zusammensetzenden P_1, P_2 waren bei der Berührung verschieden warm. Nach dem Bayesschen Prinzip ist die zweite Hypothese die bei weitem wahrscheinlichere und daher darf auch geschlossen werden, daß jedem in der Zukunft zu beobachtenden abnormen Zustand ein noch abnormerer vorausgehen wird.

Aber dieser Schluß beruht durchaus auf dem Wissen, daß jetzt ein abnormer Zustand des Totalsystems vorliegt. Verfügt der Beschauer nicht über ein solches Wissen, so ist auch für den Fall, daß sich R in einem abnormen Zustand befinden wird, die Hypothese II wegen ihrer außerordentlich geringen *apriorischen* Wahrscheinlichkeit die unwahrscheinlichere und man darf erwarten, daß jedem abnormen Zustand ein normalerer vorausgegangen ist. Der Beobachter kann also Voraussagen über das Überwiegen der normalen Prozesse nur in der nächsten Zukunft auf Grund eines tatsächlichen Wissens von dem gegenwärtigen Zustand des Totalsystems machen.

Aber nun verstehen wir noch immer nicht die Auszeichnung der Zeitrichtung. Denn dieselben Schlüsse werden sich nach rückwärts machen lassen. Weiß der Beobachter nur, daß gerade jetzt ein abnormer Zustand des Totalsystems vorliegt, so müßte er schließen, daß jedem willkürlich bezeichneten R in der Vorgeschichte wahrscheinlich ein normalerer Zustand vorausgegangen sei; er müßte das schließen durch ganz dieselben Überlegungen, wie die eben angestellten, wobei nur die positive mit der negativen Zeitrichtung vertauscht wird.

Dieser Schluß kann nur vermieden werden, wenn der Beobachter noch besonders weiß, daß von der Gegenwart zurückgerechnet längere Zeit hindurch kein abnormer Übergang vorgekommen ist.

Wenden wir das auf den Fall einer endlichen Welt an, so werden wir sagen müssen: Die Prinzipien der Thermodynamik lassen sich nicht rein deduktiv aus der Mechanik ableiten, es muß ein tatsächliches Wissen über den Zustand der Welt jetzt und in der letzten Vergangenheit hinzukommen.

Betrachten wir die Welt als unendlich, so wird man ebenfalls, wenn überhaupt bekannt ist, daß jetzt ungleiche Temperaturen in der Welt vorkommen, für die Zukunft ein Überwiegen von normalen Prozessen voraussagen können, während über die Vergangenheit aus der Kenntnis des Gegenwärtigen ein Überwiegen der normalen Prozesse nicht geschlossen werden kann. Wir haben also den bemerkenswerten Fall, daß scheinbar allgemeine Naturgesetze erst durch ontologische Bestimmungen ihre besondere Form erhalten.

3. Die virtuelle Gesamtheit. Wir haben schon der Bedeutung gedacht, die die virtuelle Gesamtheit in den Arbeiten von BOLTZMANN, MAXWELL und GIBBS besitzt. Es war einleuchtend, daß wir mit ihrer Hilfe Sätze zusammenfassen können über die Aufeinanderfolge von Phasen, die das *eine* reale System im Laufe der Zeit wirklich annimmt. Dabei sind aber eigentlich alle Phasen in gleicher Weise in Betracht zu ziehen. Weniger leicht scheint es dagegen, zu begreifen, daß es vorteilhaft sein kann, eine Gesamtheit von *ausgewählten* Systemen zu betrachten, von der Art, daß nur die Phasenpunkte einer sehr großen Anzahl von Systemen — im Grenzfall unendlich vieler — aber doch nicht *aller* in ein bestimmtes Gebiet fallen; eine Gesamtheit also, in der eine bestimmte Verteilung besteht. Es läßt sich freilich wohl noch verstehen, daß wir mit Hilfe dieser Konstruktion Sätze über das Verhalten realer Körper ableiten können (z. B. kann man so am bequemsten den Liouvilleschen Satz ableiten). Daß aber die Verteilung in der virtuellen Gesamtheit zur Definition von Größen führen könnte, die wie Entropie, Temperatur usw. doch nur für den realen Körper eine Bedeutung haben, scheint sinnwidrig. Denn wie können die Eigenschaften eines realen Körpers von den Zuständen abhängen, die er nicht hat, sondern haben *könnte* und gar von der Wahrscheinlichkeit, mit der er sie haben könnte. Und doch scheint in der Gibbschen Theorie die Behauptung eines solchen Zusammenhanges zu liegen. Insbesondere betrachtet GIBBS eine virtuelle Gesamtheit von Systemen, die so verteilt ist, daß auf das Volumenelement $d\tau$ des Phasenraumes die Menge $P d\tau$ entfällt, wo P durch die Formel

$$(\mathrm{10}) \qquad P = A e^{-\frac{\varepsilon}{\Theta}}$$

gegeben ist, unter ε die Energie verstanden und unter A und Θ Konstanten. Diese Menge nennt GIBBS *kanonisch*. Wie man sieht, haben die zu einer kanonischen Gesamtheit gehörigen Systeme nicht alle dieselbe Energie. Aus diesem Grunde scheint es besonders schwierig, einen Zusammenhang zwischen der kanonischen Gesamtheit und den Eigenschaften des realen Körpers zu erkennen. Dennoch ist dies auf verschiedene Weise möglich.

Am einfachsten ist es in dieser Hinsicht, die kanonische Gesamtheit als ein *rein mathematisches Hilfsmittel* aufzufassen, gewisse physikalisch wichtige Begriffe zu definieren. Vor allem kommt es auf die Temperatur an. Die Definition der Temperatur durch eine aus dem Mechanismus abgeleitete Funktion und deren Bedeutung als mittlere kinetische Energie pro Freiheitsgrad wurde im vorigen Paragraphen erörtert.

Zu einer andern Definition führt nun aber gerade die Theorie der kanonischen Gesamtheit. Sei ε^* der wirkliche Energiewert des Systems, so suche man eine kanonische Gesamtheit $P = A e^{-\frac{\varepsilon}{\Theta}}$ zu finden, derart, daß der kanonische Mittelwert in dieser Gesamtheit gleich ε^* ist. Es ist leicht zu sehen, daß der kanonische Mittelwert durch Θ allein bestimmt ist; es wird also auch der zum Werte ε^* als kanonischem Mittelwert führende Wert der Größe Θ eine Funktion $\Theta(\varepsilon^*)$ von ε sein. Nun kann gezeigt werden, daß diese Funktion gerade durch die Gleichung

$$(11) \qquad \Theta(\varepsilon^*) = \frac{V(\varepsilon^*)}{\omega(\varepsilon^*)}$$

gegeben ist; daß sie also die Eigenschaft der Temperatur besitzt, erledigt sich durch den Hinweis auf die Theorie der Zeitgesamtheit. Außerdem folgt es aber auch unmittelbar aus der Definition durch die kanonische Gesamtheit [22]).

Noch eine andere wichtige Bedeutung besitzt die kanonische Gesamtheit. Um diese zu finden, knüpfen wir an die Betrachtungen der Einleitung an. Ein bestimmter Zustand an dem konkreten vor uns liegenden Dinge ist durch bestimmte Eigenschaften charakterisiert. Es liegt aber im Wesen der Wissenschaft, daß sie Aussagen macht, nicht über die Eigenschaften eines einzelnen sinnlich gegebenen, sondern über die Eigenschaften eines begrifflich zu erfassenden Dinges. Um ein Ding begrifflich festzulegen, gibt es zwei Wege: Erstens charakterisiere ich es durch bestimmte Eigenschaften, die augenblicklich an ihm zu finden sein sollen, zweitens charakterisiere ich es durch seine *Geschichte*. Die zweite Charakterisierung ist schon deshalb sachgemäß, weil Eigenschaften im weiteren, physikalisch allein wertvollen Sinn nicht etwas augenblicklich zu Erfassendes sind, sondern sich nur durch das weitere Verhalten des Körpers enthüllen. Vom phänomenologischen Standpunkt aus können auch durch diese beiden Arten von Definitionen für einen Zustand keine Widersprüche eintreten. Denn auf gleiche Operationen, ausgeführt an Körpern mit gleichen Aspekten, ergeben sich an diesen gleiche Aspekte. Anders vom molekulartheoretischen Standpunkt aus.

Um den Zustand eines Körpers durch die Art seiner Entstehung zu definieren, denken wir uns ihn hervorgebracht, indem wir von einer Menge von Körpern mit vorgeschriebenen Energien ausgehen und in einer bestimmt vorgeschriebenen Weise gewisse dieser Körper zur Berührung bringen und wieder trennen. Dieser Geschichte entspricht nun vom phänomenologischen Standpunkt nur *ein einziger* Zustand. Vom molekulartheoretischen Standpunkt werden wir aber ihr eine Gesamtheit von Zuständen zuordnen können, und es zeigt sich [22]), daß diese Gesamtheit angenähert als eine kanonische angesehen werden kann, die so beschaffen ist, daß der Koeffizient Θ in der Formel

$$(12) \qquad P = A e^{-\frac{\varepsilon}{\Theta}}$$

gleich der mit der Boltzmann-Planckschen Konstante multiplizierten Temperatur für den wahrscheinlichsten Systemzustand ist.

Ein besonderer Fall liegt vor, wenn wir zwei verschieden warme Körper der Ausgangsmenge zur Berührung bringen. Wir erwähnten schon, daß dieses Problem nicht ohne die Theorie der virtuellen Gesamtheit behandelt

.werden könnte (S. 68). Man hat sich also eine Gesamtheit von Systempaaren zu einer Gesamtheit von Totalsystemen vereinigt zu denken. Diese ist freilich nicht kanonisch, schon deshalb nicht, weil die einzelnen Systeme gleiche Energie besitzen. Aber wir haben bei unseren früheren Überlegungen die Häufigkeit der verschiedenen Zustände dieser zum Totalsystem gehörigen virtuellen Gesamtheit aus der Theorie der mikrokanonischen Gesamtheit bestimmt. Insofern die mikrokanonische Gesamtheit angenähert als kanonische angesprochen werden kann, läge hier keine Ausnahme von dem Satz vor, daß die virtuelle Gesamtheit für die durch unsere Operationen hervorgebrachten Systeme als kanonisch angesehen werden kann. Indes ist noch ein anderes Bedenken zur Sprache zu bringen.

Unsere Gesamtheit ist im ersten Augenblick nach der Berührung weit entfernt davon, mikrokanonisch zu sein; ihre Phasenpunkte erfüllen gar nicht die ganze Energiefläche, sondern bedecken auf ihr Gebiete von einer niedrigeren Dimensionenzahl. Andererseits mußten wir, um die Theorie im vorigen § durchzuführen, von der Annahme Gebrauch machen, daß die Gesamtheit wenigstens bald nach der Berührung mikrokanonisch wird. Es muß also, wenn unsere Annahme berechtigt sein soll, eine nicht mikrokanonische Gesamtheit in eine mikrokanonische übergehen.

Nun kann man aber jeden mechanischen Vorgang auch im umgekehrten Sinne ablaufen lassen. Es müßte also auch einen Übergang von der mikrokanonischen zur nicht mikrokanonischen Gesamtheit geben. Aber die mikrokanonische Gesamtheit sollte doch stationär sein.

Diese Schwierigkeiten lassen sich überwinden, wenn man Betrachtungen von GIBBS zu Hilfe nimmt, die sich auf beliebige virtuelle Gesamtheiten beziehen, nicht nur auf die aus unseren Systempaaren zusammengesetzten. Er hat versucht, es plausibel zu machen, daß eine virtuelle Gesamtheit von einem beliebigen Zustand in einen Zustand zwar nicht eines genauen statistischen Gleichgewichts, aber eines scheinbaren übergeht. Es ist nämlich zu berücksichtigen, daß eine Gesamtheit, die bei einer gewissen Einteilung als stationär, etwa mikrokanonisch erscheint, feineren Einteilungen gegenüber nicht mehr diesen Charakter besitzt. GIBBS hat das an dem Beispiel der Flüssigkeitsbewegung erläutert: Eine Flüssigkeit bestehe aus zwei räumlich deutlich getrennten Flüssigkeiten, die verschieden gefärbt sind, etwa rot und weiß. Nach einer gewissen Zeit sind die rot gefärbten Teilchen scheinbar kontinuierlich über den ganzen Raum verteilt, aber doch immer nur scheinbar. Dieser Zustand ist scheinbar stationär, d. h. die gleichförmige Verteilung der roten Flüssigkeitsteile über den ganzen Raum bleibt, wenn sie hergestellt ist, erhalten. Wir können also sagen, daß der instationäre in einen scheinbar stationären Zustand übergeht. Das entsprechende Verhalten soll nun nach GIBBS auch für virtuelle Gesamtheiten gelten.

In der Tat läßt sich auch für diese ein Ausdruck finden, der eine Analogie zur Entropie zeigt. Um einen solchen zu erhalten, denken wir uns eine bestimmte Einteilung, und auf Grund dieser Einteilung eine grobe Phasendichte $\mathfrak{P}$ ermittelt, indem wir jedem Punkt des Phasenraumes als

Dichte die Anzahl der Systeme in der betreffenden Zelle dividiert durch die Größe $\varDelta\tau$ der Zelle zuordnen. Diese Funktion $\mathfrak{P}$ ist also in der ganzen Zelle konstant. Nun nennen wir $-\varSigma\mathfrak{P}\ln\mathfrak{P}\,\varDelta\tau = -\int\mathfrak{P}\ln\mathfrak{P}\,d\tau$ die *grobe Entropie*. Sie hängt natürlich auch von der Einteilung ab. Man wird jetzt die grobe Entropie zu verschiedenen Zeiten und bei verschiedenen Einteilungen mit der zur Zeit $t = 0$ vorhandenen groben Entropie zu vergleichen wünschen. In dieser Hinsicht sind von GIBBS [19]) Behauptungen aufgestellt worden, die sich etwa folgendermaßen präzisieren lassen:

1. Wird die *Zeit t* festgehalten, so kann man durch hinreichende Verfeinerung der Einteilung die grobe Entropie zur Zeit t beliebig nahe an die zur Zeit $t = 0$ bei derselben Einteilung vorhandene Entropie heranbringen.

2. Wird die *Einteilung* festgehalten, so kann man die Zeit t so wählen, daß zur Zeit t die Entropie größer als zur Zeit 0 ist.

3. Nach der groben Dichte $\mathfrak{P}$ beurteilt, strebt der Zustand des Systems einem stationären Gleichgewichtszustande zu.

GIBBS hat einen Beweis für seine Sätze zu geben versucht, in dem aber P. und T. EHRENFEST [11]) eine Lücke aufgezeigt haben. Unter gewissen freilich sehr einschränkenden Voraussetzungen haben KROÒ [33]) und HASENÖHRL [20]) einen Beweis für die Richtigkeit der Gibbsschen Behauptungen erbracht.

Die Gibbsschen Sätze würde man, wenn sie allgemein bewiesen wären, auf den Fall des Temperaturgleichgewichts anwenden können. Man hätte also eine Gesamtheit von Totalsystemen zu betrachten, die aus Systempaaren zusammengesetzt sind, wobei für die Einzelsysteme mikrokanonische virtuelle Gesamtheiten anzunehmen wären. Wir wollen nun annehmen, daß auch in diesem Falle, in dem im allgemeinen freilich die von KROÒ und HASENÖHRL zugrunde gelegten Voraussetzungen nicht erfüllt sind, die Behauptungen von GIBBS doch zu Recht beständen. Nach sehr langer Zeit muß dann die Gesamtheit der aus Systempaaren zusammengesetzten Totalsysteme praktisch im statistischen Gleichgewicht sein. Es wird daher gerechtfertigt sein, die Wahrscheinlichkeit für jede Energieverteilung nach ihrer Trennung gemäß den für die mikrokanonische Gesamtheit geltenden Regeln zu bestimmen. Es erklärt sich also, daß man mit großer Wahrscheinlichkeit durch längere Berührung verschieden warmer Körper zwei gleichwarme Körper erhält, d. h. es erklärt sich, wieso die Berührung ungleich warmer Körper ein irreversibler Prozeß ist. Aber die Gesamtheit, die wir bei dieser Betrachtung benutzen, wird doch, solange wir sie auch verfolgen, von einer *genau* mikrokanonischen verschieden sein. In dieser Gleichsetzung einer nur angenähert mit einer genau mikrokanonischen Gesamtheit liegt der Kern des Irreversibilitätsprinzips, soweit es sich um Temperaturausgleiche handelt.

4. Theorie der Raumgesamtheit. Die Probleme der Raumgesamtheit sind diejenigen der statistischen Mechanik, die am frühesten behandelt wurden. Von BOLTZMANN und MAXWELL wurde untersucht, mit welcher Häufigkeit zu ein und derselben Zeit die verschiedenen mög-lichen Phasen über die Moleküle eines ein- oder mehratomigen Gases verteilt sind. Sehen wir es aber als wesentlich für die statistische Mechanik an, daß sie von speziellen Annahmen über die Struktur der auf ihre Statistik hin zu untersuchenden Körper absieht, so werden wir nicht bei diesem Problem stehen bleiben können, vielmehr eine Gesamtheit sehr vieler gleich beschaffener aber *beliebiger* Systeme betrachten, die sehr *lose gekoppelt* sind. Lose gekoppelt nennen wir aber Systeme, wenn die Ener-gie des Gesamtsystems aus Summanden besteht, deren jeder nur von den Koordinaten eines Systems abhängt und außerdem noch einen von Null verschiedenen Summanden enthält, der von den Koordinaten aller Systeme abhängt, aber numerisch klein gegen die andern Summanden ist. Würde der letztgenannte Summand ganz fehlen, so würde gar keine Koppelung vorhanden sein. Nach den Hamiltonschen kanonischen Gleichungen müßte sich dann jedes System so bewegen, wie es sich auch bewegen würde, wenn die andern nicht vorhanden wären; insbesondere könnte auch kein Energieaustausch zwischen den Systemen stattfinden. Wenn andererseits der betreffende Summand nicht klein gegen die andern wäre, so würde die Energie sich nicht nahezu additiv aus den einzelnen Energien der Partialsysteme zusammensetzen, die Koppelung wäre nicht lose.

Den Zustand jedes Partialsystems denken wir uns nun durch die Partialphase charakterisiert, d. h. den Inbegriff der Koordinaten des betreffenden Partialsystems. Wir können geometrisch die Phase eines jeden Systems durch einen Punkt im Partialphasenraum charakterisieren und können natürlich für alle Systeme zusammen denselben Phasenraum — den μ-Raum in der Bezeichnungsweise von P. und T. EHRENFEST — annehmen. Um die Phase des Totalsystems zu kennen, muß man für jedes Partialsystem die Phase kennen oder, wie wir hier auch sagen wollen, muß man die *Konstellation* kennen. Wir wollen nun den Partialraum in sehr viele kleine Zellen zerlegen. Wenn wir von jedem Partial-system angeben können, in welcher Zelle sich sein Phasenpunkt befindet, oder umgekehrt von jeder Zelle *welche* Partialsysteme Phasenpunkte in ihm haben, so sagen wir, wir kennen die *Komplexion* des Totalsystems. Wenn wir dagegen für jede Zelle nur angeben können, *wie viel* Systeme in ihm Phasenpunkte besitzen, so sagen wir, wir kennen den *Zustand* des Systems. Offenbar gehören zu *einer* Komplexion unendlich viel Kon-stellationen und zu *einem* Zustand viele Komplexionen.

Analytisch wird der Zustand durch das Wertsystem $f_1 \ldots f_z$ gegeben, wo z die Zahl der Zellen ist und f_i die gesamte Zahl der Phasenpunkte in der i^{ten} Zelle, dividiert durch die gesamte Zahl der Systeme und die Größe der Zelle. f_i mit der Zellengröße multipliziert, ist also die Wahr-scheinlichkeit dafür, bei beliebiger Wahl eines Partialsystems gerade ein solches zu treffen, dessen Phase sich in der Zelle befindet. Indem man die Zahl der Zellen sehr groß und die Zahl der Systeme noch viel größer annimmt, kann man den Inbegriff der Zahlen $f_1 \ldots f_z$ durch eine kontinuierliche Funktion f der Partialphasen, durch eine *Verteilungsfunktion* ersetzen.

Die Hauptfrage in der Theorie der Raumgesamtheit bezieht sich nun auf die Ermittlung des Zustandes, der zu einem Totalsystem von gegebener Energie gehört, oder auf die Auffindung der Verteilungsfunktion. Nun sind bei gegebener Energie viele Zustände möglich. Von praktischem Interesse ist jedoch nur der, den man mit der größten Wahrscheinlichkeit erwarten darf, wenn man ein beliebiges System herausgreift.

Nach den Betrachtungen des vorigen Paragraphen wird aber derjenige Zustand der wahrscheinlichste sein, der in der Zeitgesamtheit des Systems am *häufigsten* vorkommt.

Angenommen, es gäbe einen stationären Zustand und das System ginge stets von selbst in ihn über. Es ist dann ohne weiteres klar, daß diesem Zustand auch die größte Wahrscheinlichkeit (die Wahrscheinlichkeit 1) zukommt. Ja, wenn bekannt ist, daß das System eine gewisse Zeitlang von andern unbeeinflußt bestanden hat, so würden wir es in diesem Zustand nicht nur mit größter Wahrscheinlichkeit (Wahrscheinlichkeit 1) sondern mit Gewißheit erwarten dürfen.

Aber nach dem Poincaré-Carathéodoryschen Satz ist es unendlich unwahrscheinlich, daß ein instationärer Zustand in einen stationären übergeht; im allgemeinen wird das System in einen nur scheinbar stationären Zustand übergehen, sehr lange in ihm verharren, aber schließlich nach sehr langer Zeit wieder davon abweichen. Man wird dann anzunehmen haben, daß diesem scheinbar stationären Zustand, eben weil das System so lange in ihm verweilt, die größte zeitliche Wahrscheinlichkeit zukommt.

Es ergeben sich also zwei Methoden, den wahrscheinlichsten Zustand zu bestimmen.

1. Man sucht den *stationären Zustand.*

2. Man bestimmt den in der Zeitgesamtheit *häufigsten Zustand* auf Grund einer Annahme über die Häufigkeit der verschiedenen Komplexionen.

Im übrigen liefert die erste Methode mehr als die zweite, insofern als mit ihrer Hilfe angegeben werden könnte, wie lange Zeit nach einem abnormen Zustand vergeht, bis der normale erreicht ist.

Sehen wir nun, zu welchem Ergebnisse diese beiden Methoden führen.

1. Um den stationären Zustand zu bestimmen, hat man davon auszugehen, daß aus der Kenntnis der Verteilungsfunktion im gegenwärtigen Augenblick diese Funktion für den nächsten Augenblick ermittelt werden kann; zwar nicht mit vollständiger Gewißheit (weil ja doch durch Angabe der Komplexion die Phasen nicht *genau* bekannt sind), aber doch mit großer Wahrscheinlichkeit, d. h. aus der Funktion f kann die Funk-

tion $\dfrac{df}{dt}$ gewonnen werden. Um f zu finden, hat man ein gewisses Integral, in dessen Integranden f vorkommt, über den ganzen Phasenraum zu erstrecken. Unser Problem, das die Lösung der Gleichung $\dfrac{df}{dt} = 0$ verlangt, führt also auf eine Integralgleichung.

Allgemein ist das Problem, den stationären Zustand zu bestimmen, noch nicht gelöst worden. Dagegen in dem besonderen Fall der kinetischen Gastheorie durch Maxwell[35]), Boltzmann[8]) und Lorentz[34]). Die von diesen Forschern gegebenen Beweise sind von D. Hilbert[32]) unter Benutzung der modernen Integralgleichungstheorie vervollständigt worden. Es hat sich ergeben, daß im stationären Zustand die Verteilungsfunktion durch

$$(13) \qquad\qquad f = a\,e^{-\frac{\varepsilon}{k\vartheta}}$$

dargestellt wird, wo a eine Konstante, k die Boltzmann-Plancksche Konstante, ϑ die Temperatur und ε die den einzelnen Phasen entsprechende Energie ist.

2. Unter gewissen Voraussetzungen finden wir nach der zweiten Methode eine allgemeine Lösung unseres Problems. Ist die Verteilungsfunktion gegeben, so kommt, wie wir sahen, jeder Phasenzelle des Partialphasenraums eine bestimmte Wahrscheinlichkeit zu, d. h. beim beliebigen Herausgreifen eines Systems aus der Raumgesamtheit besteht eine bestimmte aus der Verteilungsfunktion zu ermittelnde Wahrscheinlichkeit dafür, gerade ein System zu treffen, dessen Phasen in die betreffende Zelle hineinfallen. Aber Boltzmann schreibt auch der *Verteilungsfunktion selbst* oder, was dasselbe heißt, dem Zustande eine Wahrscheinlichkeit zu. Wir sagten bereits, daß *ein* Zustand mehrere Komplexionen umfaßt. Von Boltzmann wurde nun die Annahme gemacht, daß alle Komplexionen gleich wahrscheinlich, daß also die Wahrscheinlichkeit eines Zustandes der ihr entsprechenden Komplexionenzahl proportional ist. Unter dieser Voraussetzung ergibt sich dann als wahrscheinlichster Zustand wieder der Maxwellsche, d. h. derjenige der durch die Formel

$$(14) \qquad\qquad f = a\,e^{-\frac{\varepsilon}{k\vartheta}}$$

gegeben ist. Im Falle der Gastheorie wird aber, wie wir sahen, durch eben diese Formel die Verteilungsfunktion für den stationären Zustand gegeben.

Was bedeutet aber Wahrscheinlichkeit eines Zustandes? Nach den obigen Betrachtungen die relative Verweilzeit, die dem betreffenden Zustand innerhalb der Zeitgesamtheit des Totalphasensystems zukommt. Die Boltzmannsche Annahme, daß die Wahrscheinlichkeit proportional der Komplexionenzahl ist, ist daher gerechtfertigt, wenn es sich zeigen läßt, daß die einzelnen Komplexionen gleiche relative Verweilzeit besitzen.

Vom Verfasser [24]) ist auf Grund der Quasiergodenhypothese ein allerdings nicht ganz strenger Beweis dafür gegeben, daß man wirklich zu richtigen Ergebnissen gelangt, wenn man den einzelnen Komplexionen gleiche zeitliche Wahrscheinlichkeit zuschreibt.

Obwohl das Problem, den stationären Zustand zu ermitteln, bisher nur für besondere Fälle behandelt worden ist, wird man doch auf Grund der für diese gefundenen Übereinstimmung der Formeln (13) und (14) keine Bedenken tragen, anzunehmen, daß auch allgemein der wahrscheinlichste Zustand als stationärer Endzustand angesehen werden kann.

Die beiden eben besprochenen Problemstellungen sind nun von BOLTZMANN in eigentümlicher Weise in Beziehung gesetzt worden. Zunächst hatte er nur angeben können, daß die Maxwellsche Funktion eine stationäre Lösung seiner Integralgleichung gibt, keineswegs aber, daß sie die einzige ist. Das blieb noch zu beweisen übrig. Außerdem wünschte er zu zeigen, daß der stationäre Zustand sich auch wirklich von selbst einstellt. Es ist klar, daß ein solcher Satz ausgesprochen werden kann, wenn es gelingt, eine Funktion zu finden, die sich stets im selben Sinne verändert. Wir werden also schon wieder an die Entropiefunktion erinnert. Eine Funktion von der geforderten Eigenschaft erhält man nun, wenn man jedem Zustand die Wahrscheinlichkeit W zuordnet, die ihm innerhalb der mikrokanonischen Gesamtheit zukommt. Auf Grund der Annahme von der Gleichwahrscheinlichkeit der Komplexionen gelangt man mit Hilfe der Kombinatorik für den Logarithmus dieser Wahrscheinlichkeit zu der Formel

$$(15) \qquad \ln W = -H + \text{const.}$$

$$(16) \qquad H = \int f \ln f \, d\tau,$$

wobei über den ganzen Phasenraum zu integrieren ist. Es ist aber zu bemerken, daß für die Zwecke, um deretwillen die Funktion H zunächst eingeführt wird, ihre Bedeutung als Wahrscheinlichkeit gleichgültig ist und also die Gleichwahrscheinlichkeit der Phasenzellen nicht vorausgesetzt zu werden braucht.

Man kann nun erstens sehr leicht zeigen, daß H den kleinsten möglichen Wert hat, wenn f die Maxwellschen Funktion ist. Dieses Ergebnis haben wir bereits erwähnt: Der Maxwellsche Zustand ist der wahrscheinlichste. Zweitens findet man, daß der Wert der Funktion H immer abnehmen muß. H muß also einem Minimum zustreben, d. h. im Laufe der Zeit muß sich der Maxwellsche Zustand von selbst einstellen.

Genau so gut also wie eine Menge von Körpern das Bestreben zu einem Ausgleich zeigt und der Grad, bis zu dem dieser Ausgleich vollzogen ist, durch eine Funktion, nämlich die Entropie angegeben wird, so kommt auch einem abgeschlossenen System ein Streben nach einem Normalzustand zu und die Annäherung an diesen wird durch die Funktion $-H$ gegeben, die BOLTZMANN auch als Entropie bezeichnet. Es darf aber nicht über-

sehen werden, daß die Boltzmannsche Entropie zunächst eine ganz andere
Bedeutung als die in der Thermodynamik betrachtete Funktion besitzt.
Durch die Boltzmannsche Betrachtungsweise nämlich wird auch Nicht-
gleichgewichtszuständen eines abgeschlossenen Systems eine Entropie zugeordnet, die vom Zustand aber nicht von der Energie abhängt, während
umgekehrt die Thermodynamik die Entropie für ein System abgeschlos-
sener Körper definiert, deren jeder im Gleichgewicht ist, also gerade als
Funktion der Energien nicht aber der einzelnen Systemzustände.

Nun hat aber BOLTZMANN auch zeigen können, daß man den gewöhnlichen Wert für die Entropie S eines idealen Gases als Funktion von Volumen und Energie durch die Formel

$$(17) \qquad S = k \ln W$$

erhält, wenn man in den Formeln (15) und (16)

$$\ln W = - H + \text{const.} = - \int f \ln f \, d\tau + \text{const.}$$

für f die Maxwellsche Funktion ansetzt. Sollen wir also sagen, daß die
Entropie eines Gases proportional dem Lagarithmus der Wahrscheinlichkeit ist?

Die folgenden Überlegungen beziehen sich auf beliebige Systeme,
nicht etwa nur auf ideale Gase. Allerdings ist H, von einer Konstanten
abgesehen, dem negativen Logarithmus einer Wahrscheinlichkeit, d. h.
e^{-H} einer Wahrscheinlichkeit proportional, nämlich dafür, daß bei *gegebener* Energie ein Zustand angenommen wird, oder auch e^{-H} ist
proportional der Komplexionenzahl, die zu dem Zustand gehört. Die
in der Thermodynamik betrachtete Entropie ist jedoch Funktion der
Energie und etwa noch des Volumens, das wir uns aber jetzt konstant
denken wollen. Nun kann man einem System eine Energie nur zusprechen oder absprechen, aber nach der Wahrscheinlichkeit zu fragen,
mit der es eine Energie besitzen könnte, wäre sinnlos. Indes können
wir sehr wohl von der Wahrscheinlichkeit dafür sprechen, daß in einem
aus mehreren Systemen zusammengesetzten Totalsystem von fest gegebener Energie diese in einer bestimmten Weise über die Teilsysteme
verteilt ist.

Diese Wahrscheinlichkeit setzt sich multiplikativ aus Faktoren zusammen, deren jeder sich nur auf *ein* System bezieht, und von der Energie
abhängt, die das betreffende Teilsystem besitzen soll [29]). Die einzelnen
Faktoren nennen wir thermodynamische Wahrscheinlichkeiten [43]). Offenbar sind die thermodynamischen Wahrscheinlichkeiten proportional
der Zahl der Komplexionen, die das Teilsystem bei der betreffenden
Energie besitzt. Da nun der Maxwellsche Zustand der überwiegend
häufigste ist, so kann man sich auf die Zählung der ihnen zugehörigen
Komplexionenzahl beschränken, findet also nach dem oben bemerkten
die thermodynamische Wahrscheinlichkeit proportional e^{-H}. Der

Logarithmus der *thermodynamischen* Wahrscheinlichkeit wird also abgesehen von einer Konstante in der Tat erhalten, wenn man in dem Ausdruck $-H = -\int \ln f \cdot f\, d\tau$ für f die Maxwellsche Funktion einsetzt und ist daher proportional der Entropie.

Hieraus können wir wieder den Irreversibilitätssatz ableiten. Wir stellen uns wieder vor, daß die Energie von einem System zum andern schwankt, daß aber dabei *eine* Energieaufteilung erdrückend wahrscheinlich ist. Nach der Berührung wird also die Wahrscheinlichkeit der Energieaufteilung größer geworden sein. Nun ist $\Sigma \ln W$ der Logarithmus der Wahrscheinlichkeit für die Energieaufteilung, obwohl $\ln W$ keineswegs der Logarithmus der Wahrscheinlichkeit für die Annahme der Energie durch ein isoliertes Einzelsystem ist.

Die Funktion $k \ln W$ hat also zwei Eigenschaften:

1. Summiert über eine Systemmenge ergibt sie die Wahrscheinlichkeit für eine Energieaufteilung, also eine Funktion, die nach der Berührung nicht abnimmt.

2. Sie genügt der aus der Thermodynamik bekannten Beziehung

$$d k \ln W = \frac{d\varepsilon + dA}{\vartheta}.$$

Die zweite Eigenschaft kann man für den Fall des idealen Gases sehr einfach durch direkte Ausrechnung und Vergleich mit dem in der Thermodynamik Gefundenen bestätigen.

Aber auch im allgemeinen Fall besitzt der Logarithmus der thermodynamischen Wahrscheinlichkeit diese beiden Eigenschaften. Das folgt aus den auf S. 74 angedeuteten Betrachtungen. (Gl. 8 und 9), wenn nur noch berücksichtigt wird, daß $\ln V$ und $\ln W$ sich nicht wesentlich unterscheiden.

Die Gleichung

$$(18) \qquad S = k \ln W$$

oder

$$(19) \qquad \int \frac{d\varepsilon + dA}{\vartheta} = k \ln W$$

das sogenannte BOLTZMANNsche Prinzip gilt also allgemein. Von PLANCK ist dieses Prinzip sogar auf die Strahlungstheorie angewandt worden. Er erhielt eine Formel für die Energieverteilung im Spektrum einer reinen Temperaturstrahlung, in die die Konstante k eingeht. Indem er diese Formel mit den Messungen verglich, gelangte er zu einer empirischen Bestimmung der Größe k, woraus sich dann wieder eine Bestimmung des Wasserstoffatoms und damit des elektrischen Elementarquantums ergab [44].

Das durch die Gleichung (19) ausgesprochene Boltzmannsche Prinzip hat durch A. EINSTEIN [15] und L. S. ORNSTEIN [40] eine Erweiterung erfahren *). Man denke sich s sogenannte phänomenologische Koordinaten $r_1 \ldots r_s$, die der Beobachtung zugänglich sind, und von denen angenommen wird, daß sie von den generalisierten Koordinaten abhängen und in einer gegen deren Anzahl kleiner Anzahl vorhanden sind. Solche phänomenologischen Koordinaten sind z. B. die Dichten jedes Volumenelementes bzw. die Abweichungen von ihren normalen Mittelwerten. Der phänomenologische Zustand ist dann, wollen wir sagen, charakterisiert durch den Inbegriff der phänomenologischen Koordinaten. Natürlich ist der Begriff des phänomenologischen Zustandes nur relativ und hängt von der Wahl der zugrunde gelegten phänomenologischen Koordinaten ab. Für die folgenden Betrachtungen ist es ganz belangslos, wenn diese etwa so gewählt sein sollten, daß sie den sichtbaren Zustand nicht vollständig charakterisieren. Wenn man sich nun auf den Vergleich von phänomenologischen Zuständen derselben Energie bei Konstanthaltung auch des Mechanismus beschränkt, so wird man den einzelnen Zuständen Wahrscheinlichkeiten zuordnen können. Um diese zu berechnen, hat man dasjenige Stück der Energiefläche des Totalsystems aufzusuchen, dessen Phasenpunkte zu einem Spielraum in dem betreffenden phänomenologischen Zustand gehören, über dieses Stück den reziproken Energiegradienten zu integrieren und durch die Größe des Spielraums zu dividieren **). Die so erhaltene Größe Ω ist die Wahrscheinlichkeit des betreffenden Zustandes.

Die Betrachtung dieser Größe ist aber auch nützlich, wenn Zustände verglichen werden sollen, die nicht dieselbe Energie haben. Außer den phänomenologischen Koordinaten nämlich, kann noch die Energie als variabel gedacht werden, und noch gewisse äußere Parameter, von denen der Mechanismus des Systems abhängt. Werden solche Zustände verglichen, so sind die Größen Ω nicht mehr den Wahrscheinlichkeiten proportional; wir können sie aber wieder als *thermodynamische Wahrscheinlichkeiten* bezeichnen und wieder gilt: Haben wir ein zusammengesetztes System und wird nach der Wahrscheinlichkeit dafür gefragt, daß bei Konstanthaltung der Parameter die zusammensetzenden Systeme gewisse Energien und phänomenologische Koordinaten besitzen, so gewinnt man, abgesehen von einer Konstanten, die Wahrscheinlichkeit dieses Zustandes durch Multiplikation der einzelnen den Zuständen der Einzelsysteme zugehörigen thermodynamischen Wahrscheinlichkeiten.

Unter den phänomenologischen Zuständen $\lambda_1 \ldots \lambda_s$ wird es einen geben, für den die thermodynamische Wahrscheinlichkeit am größten ist,

*) Wir besprechen diese Untersuchungen, obwohl sie vom systematischen Standpunkt in den der Zeitgesamtheit gewidmeten Abschnitt hineingehören, doch am besten an dieser Stelle; denn sie behandeln den Zusammenhang zwischen der Entropie und der Wahrscheinlichkeit verschiedener bei derselben Energie möglicher Zustände, den Boltzmann zunächst aufdeckte, indem er den Zusammenhang zwischen der Entropie und der Wahrscheinlichkeit der *Verteilungsfunktion* nachwies.

**) Einstein bemerkt, daß diese Division nicht erforderlich ist [16]).

der also für alle Zustände der gleichen Energie und Parameter am wahrscheinlichsten ist und als Gleichgewichtszustand angesehen werden kann. Wir bezeichnen die zugehörige thermodynamische Wahrscheinlichkeit mit Ω_0.

Jetzt betrachten wir drei Fälle:

1. Vergleich zweier Gleichgewichtszustände Z'_0, Z''_0 eines nicht in wärmeisolierte Teilsysteme zerfallenden Systems bei verschiedenen Energien und äußeren Parametern. Es ist

$$(20) \qquad k\,(\ln \Omega''_0 - \ln \Omega'_0) = \int_{Z'}^{Z''} \frac{d\varepsilon + dA}{\vartheta}\,,$$

wo Ω'_0 und Ω''_0 die Werte der zu Z'_0 und Z''_0 gehörigen thermodynamischen Wahrscheinlichkeiten bedeuten, und das Integral über eine reversible Folge von Gleichgewichtszuständen zu erstrecken ist, wo ferner k die Boltzmann-Plancksche Konstante, $d\varepsilon$ die in jedem Augenblick eintretende Energievermehrung des Systems bedeutet, dA die von dem System geleistete mechanische Arbeit und ϑ die Temperatur. Da die Systeme keine wärmeisolierten Teilsysteme enthalten sollen, so ist in jedem Augenblick die Temperatur im ganzen System dieselbe. Wie man sieht, spielt $k \ln \Omega_0$ die Rolle der gewöhnlichen Entropie, der sie in der Tat gleich ist.

2. Vergleich zweier Zustände Z' und Z'' eines abgeschlossenen Systems bei konstanter Energie und Parametern, die nicht Gleichgewichtszustände zu sein brauchen. Man hat sich die Nichtgleichgewichtszustände in Gleichgewichtszustände durch Hinzufügung von Scheidewänden, auf die Kräfte wirken, verwandelt zu denken und hat, gegebenenfalls durch deren Verschiebung einen reversiblen Übergang von Z' zu Z'' herzustellen. Sind Ω' und Ω'' die zugehörigen thermodynamischen Wahrscheinlichkeiten, so ist

$$(21) \qquad k\,(\ln \Omega'' - \ln \Omega') = \int_{Z'}^{Z'} \sum \frac{dA + d\varepsilon}{\vartheta}\,,$$

wobei die Summe über die Systeme zu erstrecken ist, in die das Gesamtsystem durch Einführung der Scheidewände zerlegt ist.

3. Vergleich zweier beliebiger Zustände Z' und Z''. Durch Kombination von 1. und 2. ergibt sich:

$$(22) \qquad k\,(\ln \Omega'' - \ln \Omega') = \int_{Z'}^{Z''} \sum \frac{dA + d\varepsilon}{\vartheta}\,.$$

Diese Sätze sind von Ornstein aus der Theorie der mikrokanonischen Gesamtheit abgeleitet worden. Aber vorher ist das Prinzip von Einstein ausgesprochen und die zweite Beziehung benutzt, um das Verhältnis der thermodynamischen Wahrscheinlichkeiten für zwei Dichteverteilungen in einem abgeschlossenen Gas zu bestimmen, das gleich dem Verhältnis ihrer Wahrscheinlichkeiten überhaupt ist. Für diesen Fall ergibt sich, wenn man etwa als einen Zustand den Normalzustand wählt,

$$(23) \qquad \Omega = \Omega_o \, e^{\frac{A}{k\,\vartheta}},$$

wo $-A$ die Arbeit bedeutet, die erforderlich ist, um das System von dem Normalzustand in den nichtnormalen Zustand überzuführen. . Gestützt auf diese Gleichung hat EINSTEIN eine Theorie der Opaleszenz geben können.

Die Formel (20) entspricht ganz der Boltzmannschen Formel (19). Andererseits weist die Gleichung (21) eine gewisse Analogie zu dem BOLTZMANNschen Satz auf, daß für ein abgeschlossenes System die negative H-Funktion in ihrer Abhängigkeit von der Verteilungsfunktion die Rolle der Entropie spielt. Während aber von BOLTZMANN diese Beziehung nur durch das Wachsen der Funktion $-H$ gerechtfertigt wird, wird in der Theorie von EINSTEIN und ORNSTEIN ein reversibler Übergang von einem Zustande zum andern betrachtet, und es zeigt sich, daß die Differenz der Logarithmen der Wahrscheinlichkeiten in der Tat gleich dem über diese Zustandsfolge zu erstreckenden Integral

$$\int \frac{d\varepsilon + dA}{k\,\vartheta}$$

ist.

Literatur.

Von Gesamtdarstellungen seien genannt:

GIBBS, J. W., Elementary principles in statistical mechanics, New-York, London 1902 (deutsch von E. Zermelo, Leipzig 1905).

EHRENFEST, P. und T., Math. Enzykl. Bd. 4, S. 32; französisch von E. BOREL, Encyclopédie des Sciences mathématiques Paris, Leipzig 1915, IV. I. 1, mit einem Anhang von E. BOREL.

HERTZ, P., Repertorium der Physik von Weber und Gans Bd. 1², S. 436—600.

1. BOLTZMANN, L., Werke I, S. 70 (1868).
2. — Werke I, S. 243.
3. — Werke I, S. 269.
4. — Werke I, S. 272 f. (1871).
5. — Werke I, S. 304.
6. — Werke I, S. 319 f.; Gastheorie Bd. 1, S. 32.
7. — Werke III, S. 576; Gastheorie Bd. 2, S. 253.
8. — Gastheorie Bd. 1, § 3 ff.
9. — Gastheorie Bd. 1, S. 43 f.; Bd. 2, S. 88.
10. CARATHÉODORY, Sitzungsber. d. Berl. Akad. d. Wiss. 1919, S. 580.
11. EHRENFEST, P. u. T., Wiener Ber. 115 (1906), S. 89.
12. — Phys. Zschr. Bd. 8 (1907), S. 311.
13. — Enzykl. d. math. Wiss. 4. Bd., 4. Teilbd., S. 32.
14. EINSTEIN, A., Ann. d. Phys. Bd. 11 (1903), S. 180.
15. — Ann. d. Phys. Bd. 33 (1910), S. 1275.
16. — a. a. O. S. 1278.

17. GIBBS, J. W., l. c. S. 119 (Deutsche Ausgabe S. 120, Gl. 377).
18. — a. a. O. Gl. 418.
19. — l. c. Kap. 12.
20. HASENÖHRL, Wien. Ber. 120 (1911) S. 923.
21. HERTZ, P., Ann. d. Phys. Bd. 33 (1910), S. 240.
22. — K. Akad. van Wetenschapen Amsterdam 1911, S. 824.
23. — Gött. Nachr. 1912, S. 566.
24. — Gött. Nachr. 1913, S. 177; Math. Ann. Bd. 74 (1913), S. 153.
25. — WEBER-GANS, Rep. d. Phys. I^2, S. 504.
26. — WEBER-GANS, Rep. d. Phys. I^2, S. 535.
27. — WEBER-GANS, Rep. d. Phys. I^2, S. 538.
28. — WEBER-GANS, Rep. d. Phys. I^2, S. 540.
29. HERZFELD, K. F., Wien. Ber. 122 (1913) S. 1553.
30. HILBERT, D., Math. Ann. Bd. 38 (1891), S. 459.
31. — Repert. d. Phys. Bd. I^2, S. 96.
32. — Grundzüge einer allgem. Theorie d. linearen Integralgleichungen. Leipzig 1912,
    Kap. XXII.
33. KROO, J., Ann. d. Phys. Bd. 34 (1911), S. 907.
34. LORENTZ, H. A., Ges. Abhandlungen Bd. 1, S. 71.
35. MAXWELL, J. CL., Werke Bd. 2, S. 45.
36. — Werke II, S. 713 (1879).
37. — Werke II, S. 726.
38. MISES, R. v., Math. Zeitschr. Bd. 4 (1919), S. 1.
39. ORNSTEIN, L. S., Proc. K. Akad. van Wetenschapen te Amsterdam 28. März 1912,
    S. 840.
40. — a. a. O. S. 845 Anm.
41. PEANO, G., Math. Ann. Bd. 36 (1890), S. 157.
42. PLANCHEREL, Ann. d. Phys. Bd. 42 (1913), S. 1061.
43. PLANCK, M., Vorles. üb. d. Theorie d. Wärmestrahlung 4. Aufl., Leipzig 1921, S. 122.
44. — a. a. O. S. 184.
45. POINCARÉ, H., Acta math. T. XIII, (1890), p. 67—72; Méthodes nouvelles de la
    mechanique céleste T. III (1899), p. 140—157.
46. ROSENTHAL, A., Ann. d. Phys. Bd. 42 (1913), S. 796.
47. VAN DER WAALS JR., J. D., Phys. Zschr. Bd. 12 (1911), S. 547.
48. WEYL, H., Enseignement Math. Bd. 16 (1914) S. 455.
49. ZERMELO, E., Jahresberichte d. deutsch. Mathematikervereinigung Bd. 15 (1906)
    S. 232.

IV. Neuere Untersuchungen über kritische Zustände rasch umlaufender Wellen.

Von **R. Grammel**-Stuttgart.

Mit 15 Abbildungen.

1. Einleitung. Der schwedische Ingenieur G. DE LAVAL hat um das Jahr 1883 die fruchtbare Entdeckung gemacht, daß eine mit einer Laufradscheibe besetzte Welle, wenn sie rascher und rascher angetrieben wird, nicht (wie man bis dahin befürchtet hatte) in immer stärkeres Schleudern kommt, sondern sich nach Überschreitung eines allerdings gefährlichen »kritischen« Zustandes wieder beruhigt und schließlich eine große Stabilität gegenüber allen Stößen erreicht. Die hierdurch angeregten experimentellen und theoretischen Untersuchungen von S. DUNKERLEY, A. FÖPPL, A. STODOLA und vielen anderen haben der technischen Mechanik seit 1894 ein neues Gebiet hinzugefügt, welches in der folgenden Erkenntnis gipfelt: *Eine ursprünglich gerade, irgendwie festgelagerte Welle, die mit Laufradscheiben irgendwie besetzt ist, hat bestimmte kritische Drehzahlen, bei welchen die elementare Biegungstheorie den Wellenausschlag nicht mehr in endlichen Grenzen einzuschließen vermag, sobald die Scheibenschwerpunkte nicht sämtlich mit der Wellenachse genau zusammenfallen. Die Erfahrung zeigt, daß die Welle bei diesen kritischen Drehzahlen zu schleudern beginnt. Die kritischen Drehzahlen dürfen berechnet werden als diejenigen, mit denen die Welle in ausgebogenem Zustande stationär um die Ruhelage ihrer Achse umlaufen könnte, wenn die Scheibenschwerpunkte genau auf der Wellenachse lägen.*

Die in dem letzten Satze ausgesprochene *Rechenregel* ist so gedeutet worden, als sei der kritische Zustand einfach schlechtweg eine Resonanzerscheinung zwischen der Drehfrequenz (Drehschnelle) der Welle und einer Frequenz ihrer transversalen, nämlich zirkularpolarisierten Eigenschwingungen. Aber diese Deutung ist nur so lange richtig, als die Trägheitsmomente der Scheiben vernachlässigbar sind; nur dann decken sich dem Zahlenwerte nach die Frequenzen der Eigenschwingungen mit den kritischen Drehschnellen. Denn in Wirklichkeit wird aus einer *zirkularpolarisierten Eigenschwingung* der Welle erst durch das Hinzutreten einer ebenso raschen Eigendrehung der Scheiben um die Welle ein *stationärer Umlauf*; beide

Bewegungen sind also dynamisch verschieden. Es darf aus der genannten Rechenregel auch nicht der Schluß gezogen werden, daß eine Welle, *deren Scheibenschwerpunkte genau auf der Scheibenachse liegen*, bei der berechneten kritischen Drehzahl überhaupt ausschlagen *müßte*. Vielmehr ist festzustellen: die solchermaßen idealisierte Welle besitzt bei der üblichen Art des Antriebs, der nur eine Drehung der Welle um ihre Achse, nicht aber einen Umlauf der Welle um die Ruhelage ihrer Achse erzwingt, überhaupt keinen kritischen Zustand. Sie kann allerdings jederzeit zu Eigenschwingungen erregt werden, allein diese kommen schon durch den geringsten Widerstand des umgebenden Mittels auch dann zum Erlöschen, wenn die Welle dabei in sich mit der »kritischen« Drehzahl umläuft. Im Gegensatz hierzu ist aber ein kritischer Zustand gerade dadurch gekennzeichnet, daß die Welle mehr oder weniger hemmungslos auszuschleudern anfängt; und dies tritt tatsächlich nur dann ein, wenn die Scheibenschwerpunkte eben *nicht* genau auf der Achse sitzen.

Die nunmehr vor jedem Mißverständnis geschützte Rechenregel für die Ermittlung der kritischen Drehzahlen hat wegen ihrer großen Wichtigkeit im Dampfturbinenbau für Wellen mit veränderlicher Dicke und mit umständlicher Besetzung zu einer ganzen Reihe von *Näherungsverfahren* geführt, die zum Teil außerordentlich rasch arbeiten und von starker Konvergenz sind. Zunächst sollen im folgenden diese Verfahren einheitlich zusammengefaßt und erweitert dargestellt werden.

Dann soll berichtet werden über die in neuerer Zeit gefundene Tatsache, daß manche Wellen auch noch bei ganz bestimmten anderen Drehzahlen unruhig laufen, welche die angeführte Rechenregel nicht unmittelbar liefert. Diese Störungen mögen als *kritische Zustände zweiter Art* bezeichnet sein.

Schließlich wird noch die praktisch bedeutungsvolle Frage nach dem Grade der *Gefährlichkeit* der einzelnen kritischen Zustände erster und zweiter Art gestreift werden.

2. Die Ansätze für eine beliebig besetzte Welle. Es sei eine Welle mit überall kreisförmigem Querschnitt vorgelegt. Die Welle stehe entweder lotrecht oder es werde von dem erst später (Nr. 11) zu berücksichtigenden Einfluß der Schwere abgesehen. Die Wellenachse trage in den n Punkten x_i $(i = 1, 2, \ldots n)$ die Schwerpunkte von n senkrecht auf sie aufgekeilten rotationssymmetrischen Scheiben. Die Scheibenmassen seien mit m_i, die Scheibenträgheitsmomente in bezug auf die Wellenachse mit A_i, in Bezug auf eine Querachse durch den Schwerpunkt mit B_i bezeichnet. Eine auf der Wellenachse lotrechte Einheitskraft im Punkte x_k möge, für sich allein wirkend, in irgendeinem Punkte x_i eine Durchbiegung α_{ik} und eine Neigung α'_{ik} der Wellenachse (gerechnet gegen die Verbindungsgerade der Lagermitten) erzeugen; desgleichen möge ein Einheitsmoment im Punkte x_k, dessen Achse senkrecht zur Wellenachse steht, im Punkte x_i eine Durchbiegung β_{ik} und eine Neigung β'_{ik}

der Wellenachse hervorrufen. Für die so definierten Einflußzahlen α und β gilt

$$(\mathrm{I}) \quad \begin{cases} \alpha_{ik} = \alpha_{ki} & \alpha'_{ik} = \alpha'_{ki} & \beta_{ik} = \beta_{ki} & \beta'_{ik} = \beta'_{ki} \\[2mm] \alpha'_{ik} = \dfrac{\partial\, \alpha_{ik}}{\partial\, x_i} & \beta_{ik} = \alpha'_{ik} & \beta'_{ik} = \dfrac{\partial\, \beta_{ik}}{\partial\, x_i} = \dfrac{\partial^2\, \alpha_{ik}}{\partial\, x_i^2}. \end{cases}$$

Man darf daher weiterhin α'_{ik} statt β_{ik} und α''_{ik} statt β'_{ik} schreiben und die Striche als Zeichen der partiellen Ableitung ansehen.

Die Welle samt den Scheiben soll zu einer Drehschnelle ω um ihre Achse angetrieben sein. Gefragt ist nach denjenigen Drehschnellen λ, mit welchen dann die zu einer ebenen Kurve gebogene Wellenachse um die Verbindungsgerade der Lagermitten stationär umlaufen kann. Sind mit y_i und φ_i die (nach den Rechenregeln über kleine Größen zu behandelnde) Durchbiegung und Neigung der Wellenachse im Punkte x_i bezeichnet, so hat man auszudrücken, daß y_i und φ_i durch Überlagerung der Wirkungen aller Fliehkräfte

$$F_k = m_k y_k \lambda^2$$

und aller Kreiselmomente

$$K_k = (A_k \omega - B_k \lambda)\, \lambda\, \varphi_k$$

entstanden sind. Dies gibt die $2n$ Gleichungen

$$(2) \qquad y_i = \sum^{k} \alpha_{ik} F_k - \sum^{k} \alpha'_{ik} K_k$$

$$(i = \mathrm{I},\ 2,\ \ldots\ n)$$

$$(3) \qquad \varphi_i = \sum^{k} \alpha'_{ik} F_k - \sum^{k} \alpha''_{ik} K_k.$$

Setzt man einschränkend voraus, daß für alle Scheiben der Quotient der Trägheitsmomente

$$(4) \qquad \frac{A_k}{B_k} = q$$

eine und dieselbe Zahl sei (— für unendlich dünne Scheiben ist $q = 2$ —), so kann man mit der Abkürzung

$$(5) \qquad (q\,\omega - \lambda)\,\lambda = \mu^2$$

die Gleichungen (2) und (3) explizit anschreiben in der Form

$$(6) \qquad y_i = \lambda^2 \sum^{k} \alpha_{ik} m_k y_k - \mu^2 \sum^{k} \alpha'_{ik} B_k \varphi_k$$

$$(i = \mathrm{I},\ 2\ \ldots\ n)$$

$$(7) \qquad \varphi_i = \lambda^2 \sum^{k} \alpha'_{ik} m_k y_k - \mu^2 \sum^{k} \alpha''_{ik} B_k \varphi_k.$$

Wünscht man die Wellenmasse zu berücksichtigen, so wird man die Welle in hinreichend kleine Längsabschnitte zerlegen und die Masse jedes Abschnittes entweder der zugehörigen Scheibenmasse zufügen oder in seinem Schwerpunkt verdichtet denken. Die Kreiselwirkung dieser Wellenmassen darf in den praktisch vorkommenden Fällen meist unbedenklich vernachlässigt werden. Natürlich würde man für stetige Massenverteilung den Ansätzen (6) und (7) in leicht ersichtlicher Weise die Gestalt von Integralgleichungen zu geben haben; wir schreiben diese nicht an, da bei den folgenden Näherungsverfahren die Besetzung der Welle meist sowieso in Einzelmassen aufgelöst wird.

Wenn die in den x_i und φ_i homogenen linearen Gleichungen (6) und (7) mit nicht verschwindenden Werten der y_i und $.\varphi_i$ nebeneinander bestehen sollen, so muß die Determinante $\varDelta$ ihrer Beiwerte gleich Null sein. Die Determinantengleichung $\varDelta(\lambda, \omega) = 0$ ist in λ vom Grade $4n$, und ihre Wurzeln beantworten die gestellte Frage.

Die *kritischen* Drehzahlen insbesondere erhält man nach der eingangs formulierten Rechenregel, indem man $\lambda = \omega$ setzt und die positiven unter den $2n$ Wurzeln ω_{gi}^2 der Gleichung $\varDelta(\omega, \omega) = 0$ aufsucht. Über die Anzahl dieser positiven Wurzeln, also der reellen kritischen Drehzahlen, weiß man bis jetzt nur, daß es für $n = 1$ immer eine und nur eine, für sehr große n, also sehr dichte Besetzung der Welle dagegen wahrscheinlich weniger als n gibt, und zwar um so weniger, je größer die Trägheitsmomente B_i der Scheiben sind: bei ganz kurzen Wellen mit großen Scheiben können die Kreiselmomente das Entstehen von kritischen Zuständen völlig verhindern (vgl. Nr. 6.

Durch die Versuche von A. STODOLA *) ist erwiesen worden, daß außer diesen kritischen Zuständen, die im Sinne der Kreiseltheorie einer *gleichläufigen* Präzession der Scheiben entsprechen, unter Umständen weitere kritische Zustände sich ausbilden, die in *gegenläufiger* Präzession $\lambda = -\omega$ bestehen. Die zugehörigen kritischen Drehzahlen ω_{gn} sind durch die positiven unter den $2n$ Wurzeln ω_{gn}^2 der Gleichung $\varDelta(-\omega, \omega) = 0$ gegeben. Man weiß bis jetzt nur, daß für $n = 1$ stets zwei, für große n möglicherweise bis zu $2n$ solcher kritischen Drehzahlen vorhanden sind. Die Bedingung für das Zustandekommen der kritischen Zustände des Gegenlaufes ist noch nicht hinreichend geklärt; glücklicherweise sind diese erfahrungsgemäß weit weniger gefährlich als diejenigen des Gleichlaufes.

Endlich gibt aber die allgemeine Gleichung $\varDelta(\lambda, \omega) = 0$ auch noch Antwort auf die beiden praktisch wichtigen Fragen: Bei welcher (zu verbietenden) Betriebsgeschwindigkeit ω kann die Welle eine von außen immer neu erregte zirkularpolarisierte Schwingung mit der Frequenz λ vollziehen? Und welche (ebenfalls zu verbietende) Erregungsfrequenz λ für zikularpolarisierte Schwingungen besitzt die Welle bei der Betriebsgeschwindigkeit ω?

Unter den verschiedenen Lösungen der Determinantengleichung $\varDelta = 0$ ist immer von größtem Belang diejenige, die der geringsten Anzahl von Knotenpunkten der schwingenden Wellenachse entspricht; sie heiße die *Lösung erster Ordnung*. Sobald nur diese oder vielleicht nur noch die der Knotenzahl nach nächstfolgenden Lösungen zweiter und dritter Ord-

---

*) A. STODOLA, Z. f. d. ges. Turbinenwesen Bd. 15, S. 269, 1918.

nung verlangt sind, würde es bei Wellen mit vielen Massen m_i zumeist einen großen Umweg bedeuten, wenn man nach Ermittelung der $\frac{3}{2}n(n+1)$ Einflußzahlen α die Determinante $\varDelta$ aufstellen wollte. Statt dessen empfehlen sich die folgenden Näherungsverfahren, bei denen bis auf weiteres Wellen vorausgesetzt werden, welche an einem oder an beiden Enden und sonst nirgends gelagert sind.

3. Erstes Näherungsverfahren für die Lösung erster Ordnung. Ein erstes Verfahren zur Gewinnung der Lösung erster Ordnung besteht darin, daß man eine Biegungskurve nach guter Schätzung annimmt und daraus für eine willkürlich in der Nähe der Wellenmitte gewählte Stelle x_h die Strecken

$$a_h = \sum^{k} \alpha_{hk} m_k y_k$$

$$b_h = \sum^{k} \alpha'_{hk} B_k \varphi_k$$

berechnet und in die dann noch aufzulösende h^{te} Gleichung (6)

$$(8) \qquad y_h = a_h \lambda^2 - b_h \mu^2$$

einführt.

Das ganze Verfahren ist auch bei sehr umständlicher Wellenbesetzung verhältnismäßig einfach, wenn man nach dem Vorschlage von A. STODOLA *) graphisch vorgeht und zu den n »Belastungen« $m_k y_k$ einerseits und zu den n eingeprägten Momenten $B_k \varphi_k$ andererseits so, wie es MOHR gelehrt hat, die elastischen Linien entwirft und dann mit deren Ordinaten a_h und b_h an der gewählten Stelle x_h die Gleichung (8) bildet.

Zur Nachprüfung der Genauigkeit der Lösung zeichnet man mit den gefundenen Werten λ^2 und μ^2 die Kurve mit den Ordinaten

$$y_i^* = a_i \lambda^2 - b_i \mu^2. \qquad (i = 1, 2, \ldots n)$$

Diese soll dann nicht nur an der Stelle $h = i$ mit der ursprünglichen Kurve y_i übereinstimmen, sondern allenthalben. Andernfalls kann sie als neue Annahme für eine zweite Näherung verwendet werden, aus der in gleicher Weise eine dritte folgt, usw.

Handelt es sich nur um die Aufsuchung der *kritischen* Zahlen ω_{gl} oder ω_{gn} selbst, so kann man wegen $\lambda^2 = \omega^2$ und $\mu^2 = (-1 \pm q)\omega^2$ die beiden elastischen Linien a_i und b_i vereinigt in der Kurve

$$c_i = a_i + (1 \mp q) b_i$$

zeichnen und hat für die erfragten kritischen Zahlen einfach

$$\omega^2 = \frac{y_h}{c_h},$$

woraus dann wieder, falls erforderlich, weitere Näherungen hergeleitet werden mögen.

---

*) A. STODOLA, Dampf- und Gasturbinen, 5. Aufl., S. 381. Berlin: Julius Springer 1922.

Obwohl die Konvergenz des Verfahrens *einwandsfrei* bisher nicht nachgewiesen worden ist, so wird sie doch um so weniger zu bezweifeln sein, als die Erfahrung zeigt, daß auch bei recht schlechter Wahl der ursprünglichen Kurve fast stets schon die erste Näherung praktisch ausreicht. Das Verfahren ist nämlich von einer auffallenden, noch nicht ganz geklärten Unempfindlichkeit gegen Fehler in der Ausgangskurve. Dies mag einerseits daran liegen, daß die Kreiselwirkung in der Regel nur von sekundärem Einfluß auf die kritischen Zahlen ist, wonach also zunächst die Fehler in den Neigungsverhältnissen der Ausgangskurve nur schwach wirken. Andererseits weiß man seit den Untersuchungen von S. DUNKERLEY, daß die niedrigste kritische Drehzahl nur wenig von der *Verteilung* der Scheiben abhängt, die ihrerseits wesentlich die *Gestalt* der Biegungslinie bestimmt; daher wird eine falsche Annahme über die Biegungslinie auch nur ebenso wie eine andere Massenverteilung wirken, also von verhältnismäßig geringem Einfluß auf das Ergebnis sein. So ist es nicht erstaunlich, daß man oft schon mit der allerrohesten Annahme, nämlich, daß alle y_i gleich groß sind, die kritische Zahl ausreichend gut trifft, wenn man für x_h die Stelle des Maximums der Kurve y_i^* wählt.

Es ist vorgeschlagen worden, schon die erste Näherung dadurch zu verbessern, daß man die in der Wahl von x_h steckende Willkür ausschaltet. Hierzu bieten sich gewisse Mittelwertsbildungen an, aus denen sich dann die folgenden Näherungsverfahren weiter entwickeln lassen.

4. Zweites Näherungsverfahren für die Lösung erster Ordnung. Eine erste Art von Mittelwertsbildung besteht darin, daß man die n Gleichungen (6) addiert und dabei mit Beachtung von (1) die Abkürzungen

$$(9) \qquad \begin{cases} \alpha_k = \sum^i \alpha_{ik} = \sum^i \alpha_{ki} \\ \alpha'_k = \sum^i \alpha'_{ik} = \sum^i \alpha'_{ki} \end{cases}$$

einführt; so erhält man

$$(10) \qquad \sum y_k = \lambda^2 \sum m_k y_k \alpha_k - \mu^2 \sum B_k \varphi_k \alpha'_k.$$

Hierin bedeutet α_k bzw. α'_k die Durchbiegung, welche im Punkte x_k entsteht, wenn sämtliche Punkte x_i mit Einheitskräften bzw. mit Einheitsmomenten besetzt sind. Die Größen α_k und α'_k lassen sich für jede Welle von vornherein verhältnismäßig leicht ermitteln, und dann beruht die Lösung der in Gleichung (10) zusammengefaßten Aufgaben wiederum darauf, daß man eine Näherungskurve y_k vorbehaltlich nachträglicher Verbesserung auswählt.

Handelt es sich wieder nur um die Frage nach der *kritischen* Zahl erster Ordnung, so kann man für die allererste Näherung sämtliche y_k gleich groß nehmen und hat dann mit $\lambda = \omega_{g l}$ statt (10)

$$(11) \qquad \frac{1}{\omega_{g l}^2} \simeq \sum m_k \frac{\alpha_k}{n}.$$

Diese Formel ist etwa von derselben Genauigkeit wie die bekannte Faust-formel von Dunkerley

$$(12) \qquad \frac{1}{\omega_{gl}^2} = \sum \frac{1}{\omega_k^2},$$

worin ω_k diejenige kritische Zahl ist, die der Welle vermöge der einzigen Masse m_k in x_k zukäme. Insofern der Quotient a_k/n wenigstens ungefähr die Durchbiegung angibt, welche die Einheitskraft in x_k für sich allein bei x_k hervorbrächte, so gehen die rechten Seiten von (11) und (12) sogar Glied für Glied ineinander über, womit den vielen Deutungsversuchen für die Dunkerleysche Formel ein weiterer hinzugefügt ist.

Die durch (10) ausgedrückte Mittelwertsbildung, die sich für den Fall vernachlässigbarer Kreiselwirkung auch äußerlich als solche in der Form

$$\frac{1}{\lambda^2} = \frac{\sum m_k y_k a_k}{\sum y_k}$$

darstellt, leidet ohne Zweifel daran, daß allen Durchbiegungen y_k bei der Ausmittelung dasselbe »Gewicht« beigelegt worden ist. Diesen Nachteil suchen die beiden folgenden Verfahren zu vermeiden.

5. Drittes Näherungsverfahren für die Lösung erster Ordnung.

Man multipliziert die einzelnen Gleichungen (6) je mit den Scheibenge-wichten $m_i g$ und addiert sie wiederum. Die alsdann rechts auftretenden Teilsummen

$$(13) \qquad \begin{cases} \eta_k = \sum^i a_{ik} m_i g = \sum^i a_{ki} m_i g \\ \psi_k = \sum^i a'_{ik} m_i g = \sum^i a'_{ki} m_i g \end{cases}$$

bedeuten die statische Durchbiegung und Neigung der wagerecht gedachten Wellenachse infolge der Gewichte, und so erhält man

$$(14) \qquad g \sum m_k y_k = \lambda^2 \sum m_k y_k \eta_k - \mu^2 \sum B_k \varphi_k \psi_k.$$

Die Anwendung dieser Formel wird erheblich erleichtert dadurch, daß die Kurve (η_k, ψ_k) der statischen Durchbiegung bei raschlaufenden Wellen in der Regel sowieso sehr sorgfältig bestimmt werden muß.

Die erste Näherung gleicher y_k führt hier für die kritische Zahl erster Ordnung mit $\lambda = \omega_1$ auf die Beziehung

$$(15) \qquad \frac{g}{\omega_1^2} \sim \frac{\sum m_k \eta_k}{\sum m_k},$$

wofür man auch schreiben kann

$$\frac{g}{\omega_1^2} \sim \frac{A}{G},$$

unter A die doppelte zur Erzeugung der statischen Durchbiegungen η_i er-forderliche Formänderungsarbeit und unter G das Gesamtgewicht verstanden. Wenn E den Elastizitätsmodul, J das axiale Flächenträgheitsmoment des

Wellenquerschnittes und $\mathfrak{M}$ das Biegungsmoment bezeichnen, so ist die doppelte Formänderungsarbeit

$$A = \int_0^l \frac{\mathfrak{M}^2}{EJ}\, dx.$$

Führt man nach dem Vorschlage von A. STODOLA *) die zugehörige Momentenfläche der Scheibenlasten mit den Ordinaten u und dem Polabstand H in eine Fläche mit den Ordinaten

$$z = \frac{u^2}{J}$$

über und planimetriert deren Flächeninhalt

$$Z = \int_0^l z\, dx,$$

so wird die Formänderungsarbeit

$$A = \frac{Z H^2}{E}$$

und mithin

$$(16) \qquad \omega_1^2 = \frac{E G g}{Z H^2},$$

ein Ergebnis, das sich bei ziemlicher Genauigkeit durch große Einfachheit auszeichnet.

Eine bessere Näherung wird von der Kurve der statischen Durchbiegungen als Ausgangskurve geliefert: man gewinnt mit $y_k \equiv \eta_k$ und $\varphi_k \equiv \psi_k$ die schon außerordentlich genaue Formel **)

$$(17) \qquad g \sum m_k \eta_k = \lambda^2 \sum m_k \eta_k^2 - \mu^2 \sum B_k \psi_k^2.$$

6. Viertes Näherungsverfahren für die Lösung erster Ordnung. Es liegt nahe, die Mittelwertsbildung noch weiter zu verfeinern, indem man die Gleichungen (6) der Reihe nach mit $m_i y_i$ multipliziert und addiert und dann dasselbe an den Gleichungen (7) mit den Faktoren $B_i \varphi_i$ vornimmt. So kommt

$$(18) \qquad \sum m_k y_k^2 = \lambda^2 \sum m_k y_k \bar{\eta}_k - \mu^2 \sum B_k \varphi_k \overline{\psi}_k$$

$$(19) \qquad \sum B_k \varphi_k^2 = \lambda^2 \sum B_k \varphi_k . \overline{\psi}_k - \mu^2 \sum B_k \varphi_k \bar{\chi}_k,$$

und zwar bedeuten die Summen

$$\bar{\eta}_k = \sum^i \alpha_{ik} m_i y_i = \sum^i \alpha_{ki} m_i y_i$$

$$\overline{\psi}_k = \sum^i \alpha'_{ik} m_i y_i = \sum^i \alpha'_{ki} m_i y_i$$

---

*) A. STODOLA, Dampf- und Gasturbinen, 5. Aufl., S. 394.

**) Ohne die Kreiselglieder auf anderem Wege gewonnen von G. KULL, Z. d. V. D. I. 1918, Bd. 62, S. 249. Die hier angegebene Deutung der Kullschen Formel verdanke ich Herrn E. BRAUN.

die Biegung und Neigung der Achse im Punkte x_k infolge der Gesamt-
belastung der Welle durch alle »reduzierten« Fliehkräfte $m_i y_i$, wogegen
die Summe

$$\bar{\chi}_k = \sum^i \alpha''_{ik} B_i \varphi_i = \sum^i \alpha''_{ki} B_i \varphi_i$$

die Neigung der Achse an der Stelle x_k infolge der Gesamtheit der »reduzierten« Kreiselkräfte $B_i \varphi_i$ ausdrückt. Es empfiehlt sich, in (18) und (19)
die weiteren Abkürzungen

$$(20) \qquad \begin{cases} U = \sum m_k y_k^2 \\ V = \sum B_k \varphi_k^2 \end{cases}$$

$$(21) \qquad \begin{cases} A = \sum m_k y_k \bar{r}_{|k} \\ B = \sum B_k \varphi_k \bar{\chi}_k \\ C = \sum B_k \varphi_k \bar{\psi}_k \end{cases}$$

einzuführen, von denen A und B die doppelten Formänderungsarbeiten der
genannten reduzierten Fliehkräfte und Kreiselmomente vorstellen. Nennt
man $\mathfrak{M}$ und $\mathfrak{N}$ die Biegungsmomente, die zu den Belastungen $\Sigma m_i y_i$ und
zu den eingeprägten Momenten $\Sigma B_i \varphi_i$ gehören, so ist

$$A = \int_0^l \frac{\mathfrak{M}^2}{EJ} dx \qquad\qquad B = \int_0^l \frac{\mathfrak{N}^2}{EJ} dx$$

oder aus den Momentenflächen mit den Ordinaten u bzw. u' und dem
Polabstand H vermöge

$$z = \frac{u^2}{J} \qquad\qquad z' = \frac{u'^2}{J}$$

$$Z = \int_0^l z\, dx \qquad\qquad Z' = \int_0^l z'\, dx$$

einfach wieder

$$(22) \qquad A = \frac{Z H^2}{E} \qquad\qquad B = \frac{Z' H^2}{E}.$$

Nunmehr kommt statt (18) und (19)

$$(23) \qquad U = \lambda^2 A - \mu^2 C$$

$$(24) \qquad V = \lambda^2 C - \mu^2 B.$$

Jede dieser beiden Beziehungen stellt (zufolge der Bedeutung von μ) bei
gegebenem ω eine quadratische Bestimmungsgleichung für λ dar. Somit
muß die Proportion gelten

$$(25) \qquad \frac{U}{V} = \frac{A}{C} = \frac{C}{B}.$$

Aus ihr fließt einerseits

$$(26) \qquad \frac{U}{V} = \sqrt{\frac{A}{B}};$$

andererseits erscheint, wenn man den aus (25) zu entnehmenden Wert $C = \sqrt{AB}$ in die Gleichung (23) einsetzt und noch (5) berücksichtigt und sich der Abkürzungen

$$(27) \qquad Q = \sqrt{\frac{B}{A}}$$

$$(28) \qquad \omega_0^2 = \frac{U}{A}$$

bedient,

$$(29) \qquad (1 + Q)\,\lambda^2 - q\,Q\,\omega\,\lambda - \omega_0^2 = 0.$$

Hierin ist, wie sich mit $Q = 0$ ergibt, ω_0 die kritische Zahl erster Ordnung ohne Kreiselwirkung, und Q ist ein unmittelbares Maß für den Einfluß der Trägheit der Scheiben um ihre Querachsen.

Insbesondere folgen die kritischen Zahlen des Gleichlaufs und des Gegenlaufs mit $\lambda = \pm\,\omega$

$$(30) \qquad \begin{cases} \omega_{gl} = \dfrac{\omega_0}{\sqrt{1 - (q - 1)\,Q}} \;(> \omega_0) \\[2.5ex] \omega_{gn} = \dfrac{\omega_0}{\sqrt{1 + (q + 1)\,Q}} \;(< \omega_0). \end{cases}$$

Wenn

$$(31) \qquad (q - 1)\,Q \gtreqless 1$$

ist, was für kurze Wellen mit großen Scheiben leicht zutreffen kann, so ist also bereits die kritische Zahl erster Ordnung ω_{gl} unendlich groß oder imaginär geworden, womit die eingangs (S. 95) ausgesprochene Vermutung allgemein erwiesen ist: *Wellen mit hinreichend vielen Scheiben von hinreichend großem Trägheitsmoment besitzen keinen kritischen Zustand des Gleichlaufes.* *)

Schließlich zeigt die Auflösung von Gleichung (29) nach λ: *Von den beiden zirkularpolarisierten Schwingungen, deren eine Welle fähig ist, verläuft die schnellere gleichsinnig mit der Eigendrehung der Welle, die langsamere gegensinnig mit ihr.* **)

Übrigens sind die Formeln (29) und (30) unter Zugrundelegung einer einigermaßen gut gewählten Ausgangskurve hervorragend geeignet für die zahlenmäßige Ermittlung ***) von λ bzw. ω_{gl} und ω_{gn}. Sie dürften in dieser Hinsicht namentlich dann den anderen Näherungsverfahren überlegen sein, wenn es sich um die Berücksichtigung der Kreiselwirkung handelt.

---

*) Für den Sonderfall einer überall gleich starken, gleichmäßig dicht mit Scheiben besetzten Welle ist der Satz angegeben worden von R. GRAMMEL, Z. d. V. D. I. 1920, Bd. 64, S. 911. Damit erledigt sich ein das Gegenteil behauptender Satz von R. v. MISES, Encyklopädie d. math. Wiss. Bd. 4,1^{II} H. 2, S. 301.

**) Für den Sonderfall einer überall gleich starken, gleichmäßig dicht mit Scheiben bezetzten Welle ist der Satz angegeben worden von A. STODOLA, Z. f. d. g. Turbinenw. 1918, Bd. 15, S. 266.

***) Der durch (28) ausgedrückte Sonderfall geht zurück auf DELAPORTE, Revue de Mécanique 1903, Bd. 12, S. 517.

Die streng richtige Gleichung (26) bildet hierbei ein außerordentlich empfindliches Kriterium für die Genauigkeit der getroffenen Wahl: die Erfahrung zeigt, daß der Fehler des Endergebnisses in der Regel ganz erheblich kleiner bleibt als der Fehler, den die Gleichung (26) dabei aufweist.

7. Vergleichung der vier Näherungsverfahren. Der Kürze halber mögen die im vorstehenden aufgezählten Verfahren als y-Methode, Σy-Methode, $\Sigma m y$-Methode und $\Sigma m y^2$-Methode bezeichnet werden. Es ist für die Beurteilung ihres Wertes wichtig, sie daraufhin zu vergleichen, wie rasch und wie genau sie zum Ziele führen. Dies soll an Hand von zwei Beispielen geschehen, für welche man die strengen Lösungen von vornherein kennt.

Das erste Beispiel (Abb. 1) betrifft eine senkrechte Welle von der Länge l, die an ihrem frei herausragenden Ende eine unbeschränkt dünne Scheibe von der Masse m und dem Trägheitshalbmesser k (in bezug auf einen Scheibendurchmesser) trägt. Die strenge Lösung für die eine vorhandene kritische Zahl des Gleichlaufes ist dargestellt durch

$$(32) \qquad \omega_{gl} = p\,\omega_0;$$

Abb. 1.   hierbei bedeutet

$$(33) \qquad \omega_0 = \sqrt{\frac{3\,E\,J}{m\,l^3}}$$

die kritische Zahl ohne Rücksicht auf die Kreiselwirkung, deren Einfluß erst durch den Faktor p ausgedrückt wird. Und zwar findet man*)

$$(34) \qquad \frac{1}{p^2} = \frac{1}{2}\Big[1 - 3\,\varkappa^2 + \sqrt{(1 - 3\,\varkappa^2)^2 + 3\,\varkappa^2}\,\Big],$$

wenn noch

$$(35) \qquad k = \varkappa\,l$$

Abb. 2.   gesetzt ist.

Für die Näherungsrechnung werde eine Gerade als Biegungskurve gewählt (Abb. 2). Die Durchbiegungen, die eine Einheitskraft bzw. ein eingeprägtes Einheitsmoment am freien Ende hervorbringen, sind

$$\frac{l^3}{3\,E\,J} \quad \text{bzw.} \quad \frac{l^2}{2\,E\,J}.$$

Bei den (in diesem Falle identischen) drei ersten Methoden ist die reduzierte Fliehkraft bzw. das reduzierte Kreiselmoment

$$m\,y \quad \text{bzw.} \quad m\,\varkappa^2\,l\,y,$$

---

*) A. Stodola, Dampf- und Gasturbinen, 5. Aufl., S. 365. Berlin: Julius Springer 1922.

und sonach kommt statt (34) die Näherung

$$(36) \qquad \frac{1}{p'^2} = 1 - \frac{3}{2}\varkappa^2.$$

Bei der $\Sigma m y^2$-Methode hat man für die in Nr. **6** genannten Biegungsmomente

$$\mathfrak{M} = m y (l - x)$$
$$\mathfrak{N} = m \varkappa^2 l y$$

und mithin statt (34) die Näherung

$$(37) \qquad \frac{1}{p''^2} = 1 - \varkappa^2 \sqrt{3}.$$

Die folgende Tafel (ergänzt durch Abb. 3) zeigt für einige Werte $\varkappa$ den Grad der Genauigkeit der Beizahlen p' und p'' gegenüber ihrem Sollwert p.

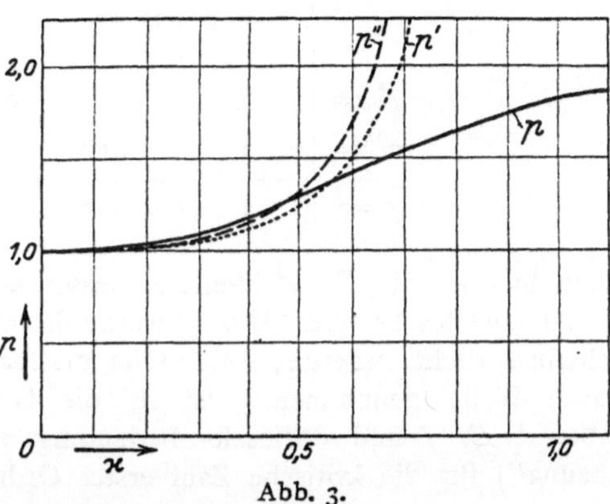
Abb. 3.

	$\varkappa = 0$	$\varkappa = \dfrac{1}{4}$	$\varkappa = \dfrac{1}{2}$
$p' =$	1	1,051	1,265
$p'' =$	1	1,053	1,328
$p =$	1	1,074	1,318

Man sieht, daß die Näherungen zwar nur für $\varkappa < \dfrac{1}{2}$ brauchbar sind, daß aber namentlich die $\Sigma m y^2$-Methode auch für den Fall einer einzigen Scheibe schon vorzügliche Dienste leistet, weil sie mit erheblich weniger Rechenarbeit als die strenge Theorie von einer recht rohen Annahme aus zu einem Ergebnis von bemerkenswerter Genauigkeit hinführt.

Für den weniger gefährlichen Fall des Gegenlaufs gibt die strenge Theorie *zwei* kritische Zahlen; sie gehen ebenso aus (32) hervor, wenn

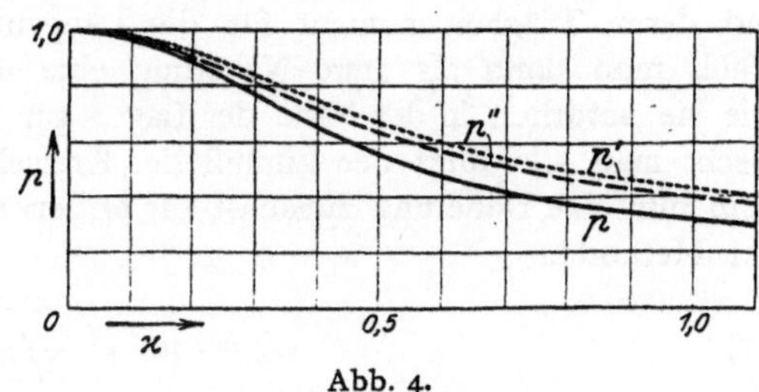
Abb. 4.

man in (34) die Größe $\varkappa^2$ durch $-3\varkappa^2$ ersetzt und der Quadratwurzel dabei beide Vorzeichen beilegt. Die Näherungsmethoden liefern (mit derselben Vertauschung von $\varkappa^2$ gegen $-3\varkappa^2$) in (36) und (37) nur *eine* kritische Zahl, nämlich diejenige, die der kleineren der beiden Zahlen (32) entspricht.

Die folgende Tafel (samt Abb. 4) zeigt, daß die Näherungsfaktoren p' und p'' zwar jetzt weniger genau werden als beim Gleichlauf, aber für alle $\varkappa$ leidlich gut brauchbar bleiben.

	$\varkappa = 0$	$\varkappa = \dfrac{1}{4}$	$\varkappa = \dfrac{1}{2}$	$\varkappa = 1$
$p' =$	1	0,883	0,686	0,427
$p'' =$	1	0,868	0,659	0,401
$p =$	1	0,826	0,569	0,320

Auch hier ist die $\Sigma m y^2$-Methode besser als die drei anderen.

Als zweites Beispiel (Abb. 5) werde die mit unbeschränkt vielen gleichen Scheiben dicht besetzte, beiderseits drehbar gelagerte und überall gleich starke Welle genommen. Ist M die Gesamtmasse der Scheiben und haben l, E, J und $\varkappa$ dieselbe Bedeutung wie bisher, so lautet die strenge Lösung*) für die kritische Zahl erster Ordnung im Gleichlauf

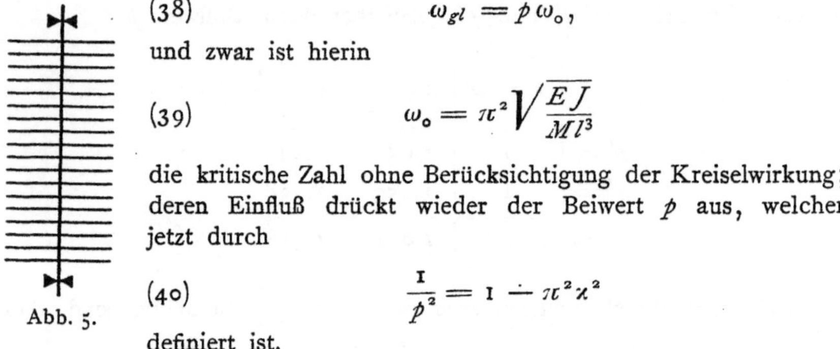

$$(38) \qquad \omega_{gl} = p\,\omega_0,$$

und zwar ist hierin

$$(39) \qquad \omega_0 = \pi^2 \sqrt{\dfrac{E J}{M l^3}}$$

die kritische Zahl ohne Berücksichtigung der Kreiselwirkung; deren Einfluß drückt wieder der Beiwert p aus, welcher jetzt durch

$$(40) \qquad \dfrac{1}{p^2} = 1 - \pi^2 \varkappa^2$$

Abb. 5.

definiert ist.

In den Näherungsformeln sind die Summen nun ohne Schwierigkeit durch Integrale zu ersetzen derart, daß m und B die Scheibenmasse und deren Trägheitsmoment für die Längeneinheit der Welle vorstellen. Wählt man dann als erste Näherung eine überall gleiche Durchbiegung (wie sie natürlich in der Nähe der Lager gar nicht möglich wäre), so verwischt man allerdings den Einfluß der Kreiselwirkung von vornherein und kann nur eine Näherung zunächst für ω_0 erwarten. Man findet nach allen vier Methoden

$$(41) \qquad \omega_0' = \pi'^2 \sqrt{\dfrac{E J}{M l^3}},$$

wobei an Stelle des Vorfaktors $\pi^2 = 9{,}8696$ eine Näherung getreten ist, nämlich

---

*) A. Stodola, Die Dampfturbinen, 4. Aufl., S. 298. Berlin: Julius Springer 1910.

$$\text{nach der } \quad y\text{-Methode:} \quad \pi'^2 = \sqrt{\frac{384}{5}} = 8{,}76$$

$$\left.\begin{array}{l}\text{nach der } \quad \Sigma y\text{-Methode:} \\ \text{nach der } \Sigma m y\text{-Methode:} \\ \text{nach der } \Sigma m y^2\text{-Methode:}\end{array}\right\} \quad \pi'^2 = \sqrt{120} = 10{,}95\,.$$

Wesentlich genauere Werte erhält man, wenn man in zweiter Näherung von einem flachen gleichschenkligen Dreieck (Abb. 6) als Biegungslinie ausgeht. Jetzt erscheinen im Gleichlauf (38) an Stelle von (39) und (40) die Näherungen

$$(42) \qquad \omega'_0 = \pi_1^2 \sqrt{\frac{EJ}{Ml^3}}$$

und

$$(43) \qquad \frac{1}{p'^2} = 1 - \pi_2^2 \varkappa^2$$

mit den folgenden Beiwerten π_1^2 und π_2^2 anstatt π^2:

$$\text{nach der } \quad y\text{-Methode:} \quad \pi_1^2 = \sqrt{120} = 10{,}95 \qquad \pi_2^2 = 10$$

$$\left.\begin{array}{l}\text{nach der } \quad \Sigma y\text{-Methode:} \\ \text{nach der } \Sigma m y\text{-Methode:}\end{array}\right\} \quad \pi_1^2 = \sqrt{\frac{5760}{61}} = 9{,}72 \qquad \pi_2^2 = \frac{600}{61} = 9{,}84$$

$$\text{nach der } \Sigma m y^2\text{-Methode:} \quad \pi_1^2 = \pi_2^2 = \sqrt{\frac{1680}{17}} = 9{,}94\,.$$

Auch hier ist die Rechnung nach der $\Sigma m y^2$-Methode weit einfacher und die erzielte Genauigkeit insofern größer als bei den drei übrigen Methoden, weil der Vorfaktor π_1^2 natürlich wichtiger ist als der Beiwert π_2^2, der lediglich auf die Genauigkeit des meist doch nur sekundären Einflusses der Kreiselmomente einwirkt. Nur für ganz kurze Wellen mit großen Scheiben, nämlich wenn $\pi \varkappa$ gegen 1 geht, also ω_{gl} in das Unendliche rückt, sind die Näherungen allesamt nicht mehr gut zu gebrauchen: sie geben dann die sehr hoch liegende kritische Zahl erster Ordnung unter Umständen recht unzuverlässig an. Aber für so hohe kritische Zahlen ist die genaue Kenntnis ihres numerischen Wertes praktisch kaum mehr erforderlich.

Daß im übrigen die $\Sigma m y$-Methode unter sonst gleichen Verhältnissen der Σy-Methode bei *ungleichförmiger* Besetzung der Welle überlegen sein muß, ist, obwohl dies in den gewählten Beispielen noch nicht zum Ausdruck kommen kann, unzweifelhaft.

Abb. 6.

8. Näherungsverfahren für die kritischen Zahlen höherer Ordnung.

In allen Fällen, in denen die Betriebsgeschwindigkeit einer umlaufenden Welle über die kritische Zahl erster Ordnung hinaufgesetzt werden soll, ist auch die Kenntnis einiger kritischen Zahlen höherer Ordnung, mindestens derjenigen der zweiten Ordnung, erwünscht. Während die strenge Rechnung bei n Massen die Auflösung einer Determinantengleichung vom

Grade $2n$ in ω_{gl}^2 bzw. ω_{gn}^2 erfordert (vgl. Nr. 2), so möge jetzt ein Näherungsverfahren *) angegeben werden, bei welchem die Ermittlung der kritischen Zahlen bis zur r^{ten} Ordnung durch die Auflösung einer Determinantengleichung von nur r^{tem} Grade geschieht. Ein solches Verfahren wird bei hinreichender Genauigkeit natürlich gerade in dem praktisch wichtigen Falle, daß n eine große, r aber eine kleine ganze Zahl ist, der strengen Rechnung weit vorzuziehen sein.

Beschränkt man sich auf Wellen, die nur an den beiden Enden gelagert sind, so besitzt die bei der kritischen Zahl r^{ter} Ordnung schwingende Achse außerhalb der Lager allemal $r-1$ Knotenpunkte, durch welche sie in r Abschnitte geteilt wird, denen im stationären Umlauf — von einem sich mitdrehenden Beobachter besehen — Ausbiegungen abwechselnd nach der einen und anderen Seite zugehören. Bei dem Versuche, die bisherigen Näherungsmethoden unter Zugrundelegung einer derartig wechselnden Ausgangskurve auf die kritischen Zahlen höherer Ordnung auszudehnen, stößt man auf dieselben Konvergenzschwierigkeiten, die schon von dem Picardschen Verfahren für die Lösung von linearen Differentialgleichungen vermittels schrittweise fortführender Näherung bekannt sind, sobald die Lösung nicht zu dem niedrigsten Eigenwerte gehört. Diese Schwierigkeiten scheinen zu verschwinden, wenn man den zu behandelnden kritischen Zustand der r^{ten} Ordnung umdeutet als das Ergebnis der Übereinanderlagerung von

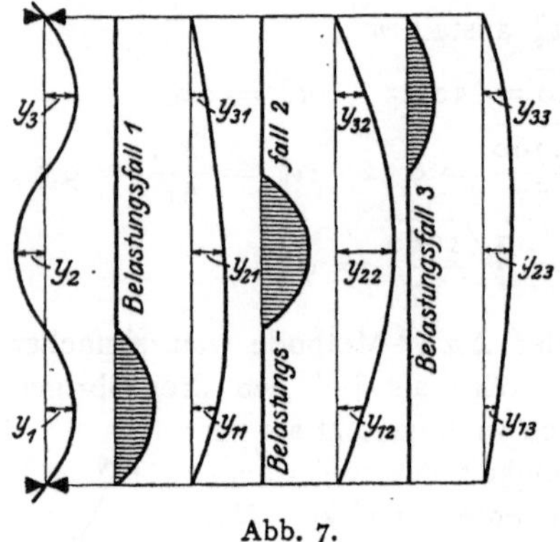

Abb. 7.

r kritischen Zuständen erster Ordnung. Das geschieht in folgender Weise.

Man wählt nach bestem Ermessen eine Biegungslinie mit $r-1$ Knotenpunkten, wie sie dem stationären kritischen Zustande r^{ter} Ordnung zukommen mag (oder statt ihrer eine entsprechende vereinfachte Kurve, falls die dann zu erreichende Genauigkeit als genügend erscheint). Die $r-1$ Knotenpunkte teilen die Wellenachse in r Felder von abwechslungsweise positiver und negativer Ordinate. Die ungefähr mittlere Abszisse in jedem Felde heiße der Reihe nach x_1, x_2, ... x_r, die zugehörigen Ordinaten seien y_1, y_2, ... y_r (vgl. die Abb. 7, welche für $r = 3$ entworfen ist).

Wäre die Durchbiegung im ersten Felde für sich allein vorhanden, so entspräche dieser Ausgangskurve 1 ein Belastungsfall 1, welcher aus den zugehörigen Fliehkräften und Kreiselmomenten bestünde. Rechnet man dabei wieder mit den reduzierten Fliehkräften $m_i y_i$ und mit den reduzierten Kreiselmomenten $B_i \varphi_i$ bzw. $-3 B_i \varphi_i$ (je nachdem ob es sich um Gleichlauf oder Gegenlauf handeln soll), so erzeugte der Belastungsfall 1 eine nach

---

*) A. STODOLA, Dampf- und Gasturbinen, 5. Aufl., S. 386. Berlin: Julius Springer 1922.

Nr. 3 analytisch oder graphisch zu ermittelnde Biegungslinie 1, deren Ordinaten in den Punkten x_1, x_2, ... x_r der Reihe nach mit y_{11}, y_{21}, ... y_{r1} bezeichnet sein sollen. Der Quotient $\omega_1^2 = y_1/y_{11}$ ergäbe die kritische Zahl erster Ordnung in einer ersten Näherung, die allerdings wegen der schlechten Übereinstimmung zwischen der Ausgangskurve 1 und der Biegungslinie 1 ziemlich ungenau sein könnte.

Würde man jetzt die Ordinaten der Ausgangskurve 1 in einem beliebigen, aber konstanten Verhältnis vergrößern oder verkleinern, so vergrößerten oder verkleinerten sich auch die Ordinaten der Biegungslinie 1 im gleichen Verhältnisse. Infolgedessen darf man mit r Beiwerten β_{11}, β_{21}, ... β_{r1} setzen

$$y_{i1} = \beta_{i1} y_1 . \qquad (i = 1, 2, \ldots r)$$

Diese Beiwerte hängen von der Gestalt und Lagerungsart der Welle ab, sowie auch von der Form der Ausgangskurve 1 und von der Besetzung des ersten Feldes der Welle; sie dürfen weiterhin als bekannt angesehen werden, da sie in jedem Falle unschwer zu finden sind.

In derselben Weise wird zu dem Belastungsfalle 2, der nur die (negative) Durchbiegung der Welle im zweiten Felde berücksichtigt, eine Biegungslinie 2 entworfen, welche bei den Abszissen x_1, x_2, ... x_r die Ordinaten y_{12}, y_{22}, ... y_{r2} besitzt, wobei dann wieder mit neuen Beiwerten

$$y_{i2} = \beta_{i2} y_2 \qquad (i = 1, 2, \ldots r)$$

gesetzt werden darf. In gleicher Weise von Feld zu Feld fortfahrend erhält man allgemein die Biegungslinie k mit den Ordinaten

$$(44) \qquad y_{ik} = \beta_{ik} y_k . \qquad (i, k = 1, 2, \ldots r)$$

Das Hinzutreten der Belastungsfälle 2, 3 ... r ändert die kritische Zahl ω_1 ab, die dem Belastungsfalle 1 entsprochen hätte. Ihr neuer Wert ω muß der Gleichung genügen

$$y_1 = \omega^2 \sum^k y_{1k} ;$$

er muß aber ebenso gut auch jede andere der r Gleichungen

$$y_i = \omega^2 \sum^k y_{ik}$$

erfüllen, die man explizit zu schreiben hat

$$(45) \qquad y_i = \omega^2 \sum^k \beta_{ik} y_k . \qquad (i = 1, 2, \ldots r)$$

Diese r Gleichungen ziehen das Verschwinden der Determinante ihrer Beiwerte nach sich:

$$(46) \qquad \begin{vmatrix} \beta_{11} - \dfrac{1}{\omega^2} & \beta_{12} & \cdots & \beta_{1r} \\[2mm] \beta_{21} & \beta_{22} - \dfrac{1}{\omega^2} & \cdots & \beta_{2r} \\[2mm] \vdots & \vdots & & \vdots \\[2mm] \beta_{r1} & \beta_{r2} & \cdots & \beta_{rr} - \dfrac{1}{\omega^2} \end{vmatrix} = 0.$$

Über die Bedeutung der r Wurzeln ω^2 der Determinantengleichung entscheidet die Verhältniskette

$$(47) \qquad y_1 : y_2 : y_3 \cdots : y_r,$$

welche aus dem System (45) für jede dieser Wurzeln zu berechnen ist. Hierbei zeigt sich, daß nur eine einzige der r Wurzeln ω^2 für diese Kette eine Zahlenreihe mit abwechselnden Vorzeichen liefert. Ist diese Wurzel ω_r^2 überdies positiv, so ist sie zugleich die *größte* positive Wurzel, und ω_r stellt dann die gesuchte Näherung der kritischen Zahl r^{ter} Ordnung vor. (Daß nicht notwendig eine reelle kritische Zahl r^{ter} Ordnung vorhanden zu sein braucht, ist bereits in dem in Nr. 6 ausgesprochenen Satze enthalten.)

Es zeigt sich weiter, daß zu den übrigen Wurzeln ω_1^2, ω_2^2, $\ldots \omega_{r-1}^2$ der Gleichung (46) Verhältnisketten (47) gehören, welche als Näherungen für die stationäre Wellenbiegung bei den kritischen Zahlen erster, zweiter, $\ldots (r-1)^{\text{ter}}$ Ordnung angesehen werden können. Daher geben die Werte ω_1, ω_2, $\ldots \omega_{r-1}$, soweit reell, mehr oder weniger brauchbare Näherungen für die kritischen Zahlen erster, zweiter, $\ldots (r-1)^{\text{ter}}$ Ordnung.

Ordnet man die Wurzeln ω_i^2 ihrer Größe nach, und schreitet man in der Zahlenreihe von Null nach positiv Unendlich und dann von negativ Unendlich nach Null zurück, so stellen die ω_i^2 in der Folge, in der man ihnen dabei begegnet, die Reihe der Quadrate der (reellen oder imaginären) kritischen Zahlen erster, zweiter, r^{ter} Ordnung genähert dar, so daß also durch das Vorhandensein einer kritischen Zahl irgendwelcher Ordnung die Existenz auch aller kritischen Zahlen niedrigerer Ordnung verbürgt ist.

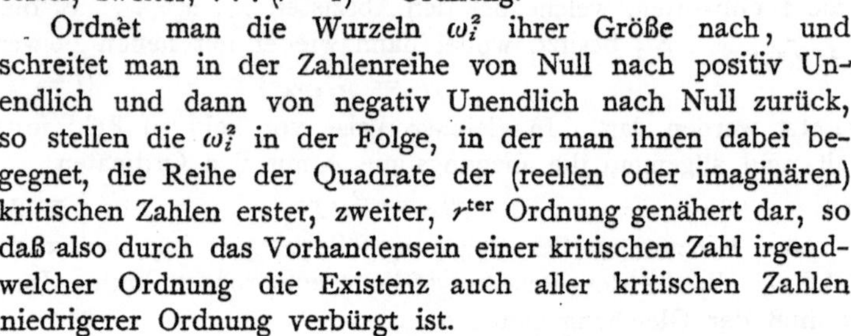

Abb. 8.

Die Verbesserung der erhaltenen ersten Näherungen geschieht, wenn nötig, in der schon früher (Nr. 3) geschilderten Weise. Weiterhin wären auch hier an Stelle der willkürlichen Wahl »mittlerer« Abszissen x_1, x_2, $\ldots x_r$ systematische Mittelwertsbildungen erwünscht; dahin zielende Methoden lassen sich in der Tat entwickeln.*)

Das Verfahren möge schließlich noch auf das Beispiel der gleichmäßig dicht besetzten, beiderseits frei gelagerten und überall gleich starken Welle für $r = 3$ angewandt werden. Wählt man als Ausgangskurve in erster und bequemster Näherung einen treppenförmigen Linienzug (Abb. 8) mit den Stufenhöhen y_1, y_2, y_3 und den gleichen Stufenbreiten $l/3$, so verzichtet man im voraus auf die Berücksichtigung der Kreiselwirkung und findet mit der in (39) eingeführten Abkürzung ω_0 (kritischen Zahl erster Ordnung) die folgenden β_{ik}-Werte

$$\beta_{11} = \beta_{33} = \frac{61}{31\,104}\,\frac{\pi^4}{\omega_0^2}, \qquad \beta_{22} = \frac{205}{31\,104}\,\frac{\pi^4}{\omega_0^2},$$

---

*) Es ist beabsichtigt, dies an anderer Stelle zu zeigen.

$$\beta_{12} = \beta_{21} = \beta_{23} = \beta_{32} = \frac{25}{7776}\frac{\pi^4}{\omega_o^2}, \qquad \beta_{13} = \beta_{31} = \frac{11}{7776}\frac{\pi^4}{\omega_o^2}.$$

Die hiermit gebildete Determinantengleichung (46) liefert für die Unbekannte

$$u^2 = \pi^4 \frac{\omega^2}{\omega_o^2}$$

die drei Wurzeln

$$u_1^2 = \frac{31104}{305} \qquad u_2^2 = \frac{31104}{17} \qquad u_3^2 = \frac{31104}{5},$$

und diese erzeugen der Reihe nach die Verhältnisketten

$$u_1) \quad y_1 : y_2 : y_3 = 1 : 2 : 1$$
$$u_2) \quad y_1 : y_2 : y_3 = 1 : 0 : -1$$
$$u_3) \quad y_1 : y_2 : y_3 = 1 : -1 : 1,$$

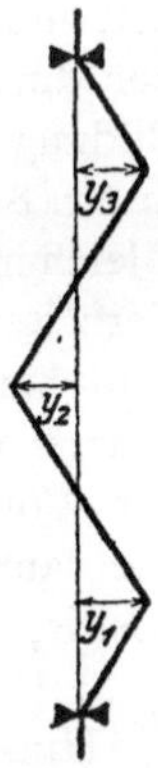

entsprechend je einem kritischen Zustande erster, zweiter und dritter Ordnung. Die kritischen Zahlen

$$\omega = \frac{u\,\omega_o}{\pi^2}$$

ergeben sich hiernach zu

$$\omega_1 = p_1'\,\omega_o \qquad \omega_2 = p_2'\,\omega_o \qquad \omega_3 = p_3'\,\omega_o$$

mit den Vorfaktoren

$$p_1' = 1{,}023 \qquad p_2' = 4{,}334 \qquad p_3' = 7{,}991,$$

welche man mit ihren Sollwerten

$$p_1 = 1 \qquad p_2 = 4 \qquad p_3 = 9$$

Abb. 9.

zu vergleichen hat. Man mag aus diesem Vergleiche schließen, daß die Methode gegen Fehler in der Ausgangskurve um so empfindlicher wird, je höher die Ordnung der zu berechnenden kritischen Zahl ist.

Eine Ausgangskurve, welche aus drei gleichschenkligen Dreiecken von gleicher Basis aufgebaut ist (Abb. 9), erzeugt, falls man von der Kreiselwirkung absichtlich absieht, den Vorfaktor

$$p_3'' = 9{,}989.$$

Die richtige sinusförmige Kurve (die natürlich den Sollwert p_3 selbst liefern würde) liegt ungefähr in der Mitte zwischen den beiden benützten Ausgangskurven, und so stellt denn auch das arithmetische Mittel

$$\frac{1}{2}(p_3' + p_3'') = 8{,}990$$

den Sollwert p_3 fast vollkommen genau dar.

9. Näherungsverfahren für vielfach gelagerte Wellen. Die kritische Zahl erster Ordnung ω_1 einer Welle mit $r + 1$ Lagern ist eng verwandt mit der kritischen Zahl r^{ter} Ordnung ω_r der nur an ihren beiden

Enden gelagerten Welle. Sie geht in diese über, wenn die $r - 1$ Zwischenlager (welche keine Einspannung der Welle darstellen dürfen) zufällig in den $r - 1$ Knotenpunkten der nur endseitig gelagerten Welle sitzen. Ist dies nicht der Fall, so läßt sich doch wenigstens das soeben geschilderte Näherungsverfahren für ω_r auf die Ermittlung von ω_1 übertragen.

Die Knotenpunkte der Ausgangskurve sind jetzt nicht mehr willkürlich zu wählen, sondern durch die Lager vorgeschrieben. Jedes der r Felder gibt einen Belastungsfall, aus dem dann die zugehörige Biegungslinie folgt. Die Bestimmung der Beiwerte β_{ik} ist nun freilich umständlicher geworden, weil die Biegungslinie jedes Belastungsfalles nicht bloß durch die beiden Endlager, sondern auch durch die $r - 1$ Zwischenlager hindurchgehen muß; mit jedem Zwischenlager aber kommt ein neuer Grad statischer Unbestimmtheit hinzu. Für die Lösung sind die Methoden aus der statischen Theorie der durchlaufenden Träger beizuziehen*). Die weitere Rechnung bis zur Bildung und Auswertung der Determinantengleichung (46) ist dieselbe wie in Nr. **8**. Lediglich die Frage nach der Bedeutung der r Wurzeln ω^2 dieser Gleichung ist neu zu stellen. Die Entscheidung ruht auch hier bei den Verhältnisketten (47), die von den einzelnen Wurzeln ω^2 erzeugt werden. Und hier zeigt sich nun, daß (im Gegensatz zu Nr. **8**) die *kleinste* positive Wurzel ω_1^2, falls eine solche vorhanden ist, zu einer Kette mit abwechselnden Vorzeichen führt und mithin die kritische Zahl erster Ordnung gibt. Die dann der Größe nach folgenden Wurzeln ω_2^2, ω_3^2, ... ω_r^2 sind, soweit positiv, die Näherungen der Quadrate der kritischen Zahlen zweiter, dritter, ... r^{ter} Ordnung.

Hinsichtlich der Genauigkeit ist die hier gewonnene kritische Zahl erster Ordnung mindestens gleichwertig der kritischen Zahl r^{ter} Ordnung für die nur endseitig aufliegende Welle, da die Unsicherheit über die Lage der Knotenpunkte bei nicht einfachen Massenverteilungen jetzt weggefallen ist. Die kritischen Zahlen höherer Ordnung sind in der Regel weniger genau.

Es versteht sich von selbst, daß die kritischen Zahlen der $r + 1$ fach gelagerten Welle verschieden sein können von den kritischen Eigenzahlen der einzelnen Felder, wenn man sich diese der Reihe nach von den übrigen Feldern abgetrennt denkt. Die Fliehkräfte der übrigen Felder fördern das Eintreten eines kritischen Zustandes in jenem Felde; die dem Felde nicht angehörenden Auflagerreaktionen wirken dagegen hemmend, so daß ein Ausgleich zwar möglich ist, aber nur unter besonderen Bedingungen eintritt. Beispielsweise hat eine gleichmäßig dicht besetzte und überall gleich starke Welle mit drei Lagern, deren mittleres die Welle halbiert, eine kritische Zahl erster Ordnung, die natürlich denen der beiden Wellenhälften für sich gleich ist. Ist hingegen dieselbe Welle durch das mittlere Lager

---

*) Ein bequemes graphisches Verfahren hat W. v. Borowicz in seiner Münchener Dissertation, Beitrag zur Berechnung der kritischen Geschwindigkeiten von zwei- und mehrfach gelagerten Wellen, angegeben. Dort ist auch die über das Endlager überhängende Welle mit ähnlicher Methode behandelt.

in zwei verschieden große Abschnitte geteilt, so liegt ihre kritische Zahl erster Ordnung zwischen den kritischen Eigenzahlen erster Ordnung der beiden Abschnitte. Bei der $r + 1$ fach gelagerten und dadurch in r gleichlange Abschnitte eingeteilten, gleichmäßig dicht besetzten und überall gleich starken Welle stimmt überhaupt die kritische Zahl von bzw. der Ordnung

$$1 \qquad r + 1 \qquad 2r_0 + 1 \qquad \ldots (n-1)r + 1$$

überein mit der kritischen Eigenzahl jedes Abschnittes von bzw. der Ordnung

$$1 \qquad 2 \qquad 3 \qquad \ldots \qquad n,$$

so daß man zwischen je zwei aufeinander folgenden kritischen Eigenzahlen der Abschnitte noch $r - 1$ kritische Zahlen der ganzen Welle aufzusuchen hat, welche mit den Eigenzahlen noch nicht gegeben sind. Beispielsweise verhalten sich die kritischen Zahlen dieser Welle bei *drei* Lagern unter Vernachlässigung der Kreiselwirkungen wie

$$1 : 3,2 : 4 : 6,7 : 9 : 11,6. : 16 : 17,6 : 25 \ldots,$$

dagegen die Eigenzahlen der beiden Abschnitte wie

$$1 : 4 : 9 : 16 : 25 \ldots$$

Bei Wellen mit anderer Besetzung und ungleichen Abschnitten liegen die Verhältnisse im allgemeinen viel verwickelter; doch geben die Bemerkungen über die gleichmäßig besetzte Welle wenigstens einen Hinweis über die Bereiche, in welchen man nach kritischen Zahlen zu suchen hat.

Man beachtet übrigens hier eine Analogie mit dem Problem der Knickkung, nämlich hinsichtlich des Zusammenhanges der Knicklasten der ganzen Welle mit den Eigenknicklasten der einzelnen Abschnitte. Dieser Zusammenhang führt zu einer weitgehenden Übertragbarkeit der für die Bestimmung der Knicklasten entwickelten Methoden auf die Berechnung der kritischen Zahlen und umgekehrt. Es besteht aber bei umlaufenden Wellen, die zugleich auf axialen Druck beansprucht werden, auch eine unmittelbare Abhängigkeit der kritischen Zahlen von den Knicklasten insofern*), als die kritische Zahl erster Ordnung in demselben Maße gegen Null geht, wie der Axialdruck sich der ersten Knicklast nähert. Die Erniedrigung der kritischen Zahlen bei axialem Druck und ebenso ihre Erhöhung bei axialem Zug an der Welle läßt sich mit den geschilderten Näherungsverfahren in jedem Falle auch zahlenmäßig ohne weitere Schwierigkeit ermitteln: in die Beiwerte β_{ik} geht nun eben auch die Axialkraft in leicht ersichtlicher Weise ein.

10. Unrunde Wellen. Es soll jetzt die Voraussetzung aufgehoben werden, daß die Welle allenthalben kreisförmigen Querschnitt habe. Wechselt der Querschnitt längs der Wellenachse beliebig, so ist über den Zustand der umlaufenden Welle theoretisch so gut wie nichts bekannt. Wenn dagegen, wie im Falle von symmetrisch angebrachten Längsnuten, die Haupt-

---

* MELAN, Z. d. österr. Ing.- u. Arch.-Ver. 1917, H. 44 und 45.

trägheitsachsen aller Querschnitte in zwei (notwendig zueinander senkrechten) Ebenen durch die gerade Wellenachse liegen, so gibt die in Nr. 1 aufgestellte Rechenregel ohne weiteres zwei nach den aufgezählten Methoden berechenbare Reihen kritischer Zahlen statt der bisherigen einen Reihe, nämlich je eine für die stationären Auslenkungen in jeder der beiden Ebenen. Fallen zufällig zwei kritische Zahlen gleicher Ordnung aus den beiden Reihen zusammen, so kann die stationäre Auslenkung in jeder beliebigen Ebene durch die gerade Wellenachse erfolgen[*]). Weitere Ergebnisse vermag jene Rechenregel indessen hier nicht zu liefern.

Untersucht man jedoch die Stabilität der Bewegung, so gewinnt man zunächst für die am Orte der stärksten Ausbiegung mit einer einzigen Scheibe besetzte Welle von vernachlässigbarer Masse das folgende Ergebnis[**]): *Unterhalb* der kritischen Zahl ω_k kann sich die Welle stabil stationär drehen, wenn der Scheibenschwerpunkt S, von dessen Exzentrizität e jetzt nicht mehr abgesehen werden darf, auf der konvexen Seite der gebogenen Achse umläuft (Abb. 10); oberhalb der kritischen Zahl tritt ein praktisch sehr enger Labilitätsbereich von $|\omega_k|$ bis $|\omega_k| + s$ ein, wo s eine kleine positive Zahl ist, die mit e ebenso gegen Null geht, wie der Ausdruck

$$\frac{\omega_k}{2} \sqrt[3]{\frac{4\,e^2}{k^2}},$$

worin k den Trägheitshalbmesser der Scheibe in bezug auf die Drehachse mißt; *oberhalb* $|\omega_k| + s$ endlich kann sich die Welle stabil stationär drehen, wenn der Scheibenschwerpunkt S auf der konkaven Seite der gebogenen Achse umläuft (Abb. 11). Hierin drückt sich der vom Überschreiten jedes Resonanzgebietes bekannte Phasensprung um $180°$ aus.

Abb. 10 u. 11.

Ist dieselbe Welle unrund, und sind ω_k' und ω_k'' ihre beiden (nun im allgemeinen etwas verschiedenen) kritischen Zahlen, so widersprechen sich offensichtlich in dem Bereich zwischen ω_k' und ω_k'', soweit er nicht von vornherein schon labil sein muß, die Bedingungen für die Stabilität — der Schwerpunkt müßte zugleich auf der konvexen und auf der konkaven Seite der gebogenen Welle umlaufen können —, und mithin ist an die Stelle der kritischen Zahlen ω_k' und ω_k'' jetzt im allgemeinen mit einem ganzen kritischen Bereiche zu rechnen, welcher (mit Vernachlässigung von s) von jenen Zahlen begrenzt ist.

Dieses Ergebnis läßt sich auch unmittelbar nach der Methode der kleinen Schwingungen herleiten[***]) und dann ohne Schwierigkeit auf Wellen mit gleichmäßig dichter Besetzung erweitern[†]). Insoweit man annehmen

---

[*]) R. v. Mises, Monatsh. f. Math. u. Phys. 1911, Bd. 22, S. 37.

[**]) A. Stodola, Schweizer Bauz. 1916, Bd. 68, S. 209. Zu anderen Ergebnissen ist R. v. Mises, a. a. O., S. 52, gelangt.

[***]) L. Prandtl, Dinglers polyt. Journ. 1918, Bd. 333, S. 182.

[†]) A. Stodola, Dampf- und Gasturbinen, 5. Aufl., S. 932.

darf, daß es für beliebige Lagerung und Besetzung auch noch gültig bleibt, kann man den Satz aussprechen: *Bei unrunden Wellen mit zwei Reihen kritischer Zahlen ist der Umlauf innerhalb aller Bereiche, die von je zwei Zahlen gleicher Ordnung begrenzt sind, labil.*

Bei höheren Ordnungszahlen können benachbarte kritische Bereiche ineinander übergreifen, und so kann es vorkommen, daß die Welle oberhalb einer bestimmten kritischen Zahl überhaupt nicht mehr zur Ruhe zu bringen ist.

11. Kritische Zustände zweiter Art. Es soll sich weiterhin um eine Welle von vernachlässigbarer Masse handeln, die nur am Orte x_0 der stärksten dynamischen Ausbiegung mit einer Scheibe besetzt sei. Liegt die Welle nunmehr *wagerecht*, so möge auch der Ort der stärksten statischen Durchbiegung der ruhenden Welle mit x_0 zusammenfallen. In der als Zeichenebene (Abb. 12) gewählten Normalebene der Wellenachse im Punkte x_0 bedeute S den Scheibenschwerpunkt, W den Durchstoßungspunkt der gebogenen Wellenachse, O den Durchstoßungspunkt der Verbindungsgeraden der Lagermitten und schließlich O_1 denjenigen der statischen Biegungslinie der Achse der ruhenden Welle. Die Exzentrizität WS der Scheibe sei wieder mit e, ihr Trägheitshalbmesser um eine zur Zeichenebene senkrechte Achse durch den Schwerpunkt mit k bezeichnet. Die elastische Gegenkraft der Welle, in der Richtung WO wirkend, sei

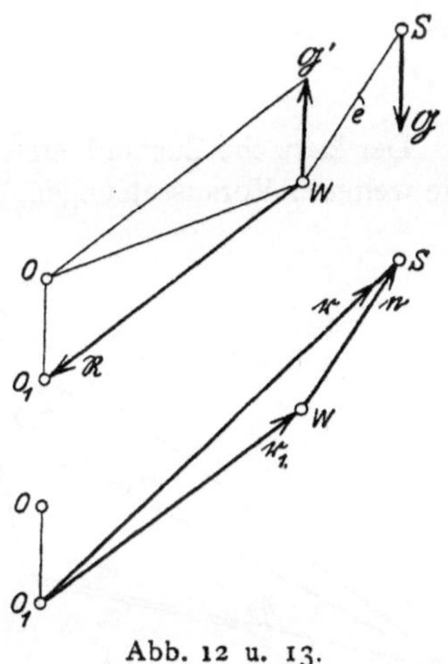

Abb. 12 u. 13.

in solchem Maßstabe aufgetragen, daß ihr Vektor die Länge WO hat. Dann ist die Strecke OO_1 ebenso lang, wie der Vektor $\mathfrak{G}$ des Scheibengewichtes. Mithin kann man den Vektor WO in die Vektoren $\mathfrak{G}'$ (antiparallel zu $\mathfrak{G}$) und $\mathfrak{R}$ (in Richtung WO_1) zerspalten. Man führt ferner (Abb. 13) die Vektoren

$$O_1 S = \mathfrak{r} \qquad O_1 W = \mathfrak{r}_1 \qquad WS = \mathfrak{e}$$

ein. Dann ist, da $\mathfrak{R}$ im selben Zusammenhange mit $\mathfrak{r}_1$ steht wie der Vektor der elastischen Gegenkraft mit dem Streckenvektor OW,

$$\mathfrak{R} = -\, m\, \omega_k^2\, \mathfrak{r}_1 ,$$

unter m die Scheibenmasse und unter ω_k die kritische Zahl erster Art verstanden. Nennt man noch $\mathfrak{v}$ den Vektor der Drehschnelle der Scheibe um ihren Schwerpunkt und $\mathfrak{m}$ das durch die Scheibenmasse geteilte Moment des Antriebes und Widerstandes, so lauten mit $\mathfrak{g} = \mathfrak{G}/m$ die Bewegungsgleichungen der Scheibe

$$(48) \qquad\qquad \ddot{\mathfrak{r}} = -\, \omega_k^2\, \mathfrak{r}_1 ,$$

$$(49) \qquad k^2\dot{\mathfrak{o}} = \mathfrak{m} - [\mathfrak{e}\,\mathfrak{g}] - \omega_k^2[\mathfrak{r}_\mathrm{I}\,\mathfrak{e}].$$

Macht man jetzt die Voraussetzung, daß die Drehung $\mathfrak{o}$ der Scheibe sowie die Umlaufsgeschwindigkeit des Fahrstrahls $\mathfrak{r}_\mathrm{I}$ um O_I denselben Mittelwert $\mathfrak{o}_0$ vom Betrage ω_0 besitzen, so schließt man den kritischen Zustand erster Art von der weiteren Betrachtung aus und transformiert dann die Gleichungen (48) und (49) zweckmäßig auf ein mit der Drehschnelle $\mathfrak{o}_0$ um O_I umlaufendes System, indem man die Flieh- und Coriolisbeschleunigung zufügt (letztere mit Hilfe eines Einheitsvektors $\mathfrak{e}$, der auf $\mathfrak{r}_\mathrm{I}$ im Sinne einer mit $\mathfrak{o}_0$ gleichstimmigen Drehung um 90° senkrecht steht) und dann noch die Relativgeschwindigkeit $\mathfrak{u} = \dot{\mathfrak{o}} - \mathfrak{o}_0$ sowie überall den Fahrstrahl $\mathfrak{r} = \mathfrak{r}_\mathrm{I} + \mathfrak{e}$ einführt:

$$(50) \qquad \ddot{\mathfrak{r}} = \omega_k^2\,\mathfrak{e} + (\omega_0^2 - \omega_k^2)\,\mathfrak{r} - 2\,\omega_0\,\dot{\mathfrak{r}}\,\mathfrak{e}$$

$$(51) \qquad k^2\dot{\mathfrak{u}} = \mathfrak{m} - [\mathfrak{e}\,\mathfrak{g}] - \omega_k^2[\mathfrak{r}\,\mathfrak{e}].$$

Der kritische Zustand erster Art wird auch ferner ausgeschlossen durch die weiteren Voraussetzungen, daß die Vektoren $\mathfrak{r}$ und $\mathfrak{e}$ nur kleine Schwankungen um ihre (für den Fall weggedachter Schwere) stationären Lagen $\mathfrak{r}_0$ und $\mathfrak{e}_0$ (Abb. 14) ausüben. Dies besagt erstens, daß mit einem stets klein bleibenden Vektor $\mathfrak{r}'$ gesetzt werden dürfe

$$(52) \qquad \mathfrak{r} = \mathfrak{r}_0 + \mathfrak{r}',$$

wobei überdies als Ausdruck des Gleichgewichtes zwischen Fliehkraft und elastischer Gegenkraft

$$(53) \qquad \mathfrak{r}_0 = \frac{\omega_k^2}{\omega_k^2 - \omega_0^2}\,\mathfrak{e}_0$$

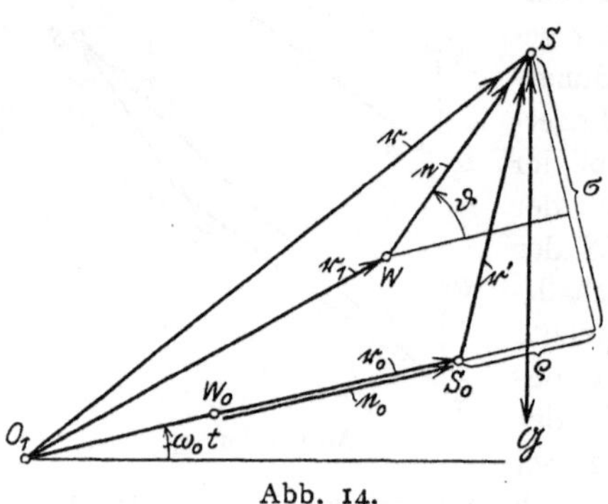

Abb. 14.

gelten muß; zweitens, daß der spitze Winkel ϑ zwischen den Vektoren $\mathfrak{e}_0$ und $\mathfrak{e}$, dessen zeitliche Ableitung die Relativgeschwindigkeit u war, ebenfalls stets klein von erster Ordnung bleibe.

Zerlegt man nunmehr die Schwerpunktsbeschleunigung $\ddot{\mathfrak{r}}$ in ihre radiale und tangentiale Komponente bezüglich der Fahrstrahlrichtung $\mathfrak{r}_0$ und nennt ϱ, σ die zugehörigen Komponenten von $\mathfrak{r}'$, so gehen die Gleichungen (50) und (51) unter Vernachlässigung von kleinen Größen höherer Ordnung über in

$$(54) \qquad \ddot{\varrho} = (\omega_0^2 - \omega_k^2)\,\varrho + 2\,\omega_0\,\sigma$$

$$(55) \qquad \ddot{\sigma} = (\omega_0^2 - \omega_k^2)\,\sigma - 2\,\omega_0\,\dot{\varrho} + \omega_k^2\,e\,\vartheta$$

$$(56) \qquad k^2\ddot{\vartheta} = m - e\,g\,\cos(\omega_0\,t + \vartheta) - \omega_k^2\,e\,\sigma + \omega_k^2\,r_0\,e\,\vartheta.$$

Diese Gleichungen sind nach der Methode der kleinen Schwingungen in den drei folgenden Fällen von praktischer Bedeutung integrabel:

a) Es sei $m = 0$, d. h. das Antriebs- und Widerstandsmoment heben sich genau auf. Man kann dann zeigen [*], daß es für kleine Werte von

$$\varepsilon = \frac{c}{k}$$

gestattet ist, cos $(\omega_0 t + \vartheta)$ angenähert durch cos $\omega_0 t$ zu ersetzen, ohne daß sich dies im Ergebnis früher als in den Gliedern vierter Potenz von ε geltend macht. Da die Gleichung (56) hiernach ein von den abhängigen Veränderlichen freies Glied $eg \cos \omega_0 t$ besitzt, so werden unbeschränkt große Lösungen des simultanen Systems (54), (55), (56) für die Nullwerte der zugehörigen Frequenzdeterminante eintreten, nämlich für diejenigen Werte von

$$\varsigma = \frac{\omega_0}{\omega_k},$$

die der Gleichung gehorchen

$$4\,\varsigma^4 - (5 - 2\,\varepsilon^2)\,\varsigma^2 + (1 + \varepsilon^2) = 0.$$

Diese besitzt eine infolge der gemachten Voraussetzungen unbrauchbare Wurzel in der Nähe von 1 und außerdem noch eine Wurzel, deren Entwicklung nach steigenden Potenzen von ε^2 beginnt mit

$$\varsigma = \frac{1}{2}\,(1 + \varepsilon^2).$$

Hieraus ist der Schluß zu ziehen [**]: *Die wagerechte Welle hat eine kritische Zahl zweiter Art*

$$(58) \qquad \omega_g = \frac{\omega_k}{2}(1 + \varepsilon^2),$$

welche ganz schwach auch von der Exzentrizität der Scheibe abhängt.

b) Es werde vom Eigengewicht der Scheibe jetzt wieder abgesehen, dafür sei aber *das Antriebs- oder das Widerstandsmoment periodisch* [***], etwa als Fourierreihe mit der Grundfrequenz α gegeben. Dies führt wegen (56) auf eine Fourierreihe mit derselben Grundfrequenz auch für

$$(59) \qquad \vartheta = \Sigma A_n \sin n\alpha t.$$

Die noch übrig bleibenden Gleichungen (54) und (55) verlieren endliche

---

[*] A. STODOLA, Z. d. V. D. I. 1919, Bd. 63, S. 870.

[**] A. STODOLA, Schweizer Bauz. 1916, Bd. 68, S. 210; ebenda 1917, Bd. 69, S. 93; ebenda 1917, Bd. 70, S. 229; Dinglers polyt. Journ. 1918, Bd. 333, S. 1, 17, 117, 135; Z. d. V. D. I. 1919, Bd. 63, S. 867, 870.

GÜMBEL, Dinglers polyt. Journ. 1917, Bd. 332, S. 235, 251; ebenda 1918, Bd. 333, S. 71; Z. d. V. D. I. 1919, Bd. 63, S. 869.

O. FÖPPL, Z. f. d. ges. Turbinenwesen 1918, Bd. 15, S. 157, 168; Z. d. V. D. I. 1919, Bd. 63, S. 866.

H. LORENZ, Z. d. V. D. I. 1919, Bd. 63, S. 240, 888.

Vgl. auch A. STODOLA, Dampf- und Gasturbinen, 5. Aufl., S. 929.

[***] O. FÖPPL, Z. d. V. D. I. 1919, Bd. 63, S. 866; A. STODOLA, ebenda 867; H. LORENZ, ebenda S. 888.

Lösungen, wenn die zu den einzelnen ganzen Zahlen n gehörigen Frequenz-determinanten verschwinden. Dies findet statt, wenn

$$(60) \qquad n\alpha = \overset{+}{-}\,(\omega_0 \overset{+}{-} \omega_k)$$

ist. Kommen auf jede Umdrehung der Welle ν Grundperioden, wo ν irgendeine ganze oder gebrochene positive Zahl sein kann, so folgen hieraus mit $\alpha = \nu\,\omega_0$ *zwei Reihen kritischer Zahlen zweiter Art*

$$(61) \qquad \omega_a = \frac{\omega_k}{n\nu \overset{+}{-} 1}, \qquad\qquad (n = 1,\ 2,\ \ldots)$$

welche ebenso wie diejenigen erster Art von der Exzentrizität unabhängig sind.

c) Sieht man von vornherein auch e als kleine Größe an, so hat man folgerichtig die beiden letzten Glieder der Gleichung (56) zu streichen und verzichtet damit bewußt auf die Ermittlung von Gliedern der Größenordnung ε^2. Das so vereinfachte System (54), (55), (56) kann dazu verwendet werden, den *Einfluß eines unrunden Wellenquerschnittes**) zu untersuchen. Es möge der Vektor $\mathfrak{r}_0$ die eine Hauptträgheitsrichtung des Wellenquerschnitts angeben — die Einschränkung, daß der stationäre Vektor $\mathfrak{e}_0$ der Exzentrizität ebenfalls in dieser Richtung liegen soll, erweist sich als unwesentlich —; ferner sei $\mathfrak{m} = \mathrm{o}$, also näherungsweise $\vartheta = A\cos\omega_0 t$. Außerdem hat man ω_k in (54) durch ω_k' und in (55) durch ω_k'' zu ersetzen, unter ω_k' und ω_k'' die schon in Nr. 10 behandelten kritischen Zahlen erster Art der Welle verstanden. Das Verschwinden der hiernach folgenden Frequenzdeterminante

$$\left(2\,\omega_0^2 - \omega_k'^{\,2}\right)\left(2\,\omega_0^2 - \omega_k''^{\,2}\right) - 4\,\omega_0^4$$

liefert als *kritische Zahl zweiter Art*

$$(62) \qquad \omega_u = \frac{\omega_k'\,\omega_k''}{\sqrt{2\,\left(\omega_k'^{\,2} + \omega_k''^{\,2}\right)}},$$

wonach $1/\omega_u^2$ *dem harmonischen Mittel aus* $1/\omega_k'^{\,2}$ *und* $1/\omega_k''^{\,2}$ *gleichkommt.*

Es ist sehr wahrscheinlich, daß die gefundenen kritischen Zahlen zweiter kritischen Zahlen ω_k erster Art zu solchen zweiter Art nach Maßgabe von Art auch bei beliebig besetzten Wellen vorhanden sind**); ob aber *alle* Formeln ähnlicher Gestalt wie (58), (61) und (62) Veranlassung geben, darüber ist bis jetzt nichts bekannt.

12. Die Ausschlagsgeschwindigkeiten in den kritischen Zuständen. *Das Verhalten der Welle beim kritischen Zustand erster Art ist wesentlich von demjenigen der zweiten Art verschieden.* Um dies einzusehen, denke man sich eine am Orte der stärksten Ausbiegung wieder mit einer Scheibe besetzte Welle bei der kritischen Zahl *erster Art* ω_k umlaufen, aber zunächst durch eine Führung am Ausschlagen verhindert. Ent-

---

*) L. Prandtl, Dinglers polyt. Journ. 1918, Bd. 333, S. 182.
**) Vgl. A. Stodola, Dinglers polyt. Journ. 1818, Bd. 333, S. 18.

fernt man die Führung plötzlich und sorgt (durch ein auf die Welle ausgeübtes Drehmoment von geeigneter Größe) dafür, daß die Drehschnelle ω_k der Scheibe weiterhin dauernd unverändert bleibt, so berechnet sich das zeitliche Anwachsen des Ausschlages wie folgt.

Ist $\mathfrak{o}_k$ der unveränderliche Vektor der kritischen Drehschnelle, so ist, da der Vektor $\mathfrak{e}$ sich voraussetzungsgemäß gleichförmig drehen soll,

$$\dot{\mathfrak{e}} = [\mathfrak{o}_k\,\mathfrak{e}]$$

und also

$$(63) \qquad \ddot{\mathfrak{e}} = [\mathfrak{o}_k[\mathfrak{o}_k\,\mathfrak{e}]] = -\,\omega_k^2\,\mathfrak{e}.$$

Führt man hiernach den Fahrstrahl $\mathfrak{r}_1$ des Wellendurchstoßungspunktes W vermöge $\mathfrak{r} = \mathfrak{r}_1 + \mathfrak{e}$ auch in die linke Seite der Gleichung (48) ein, so wird aus dieser

$$(64) \qquad \ddot{\mathfrak{r}}_1 = \omega_k^2(\mathfrak{e} - \mathfrak{r}_1).$$

Die erfragte Bewegung des Punktes W ist dargestellt in demjenigen Integral von (64), welches zur Zeit $t = 0$ den Bedingungen $\mathfrak{r}_1 = 0$ und $\dot{\mathfrak{r}}_1 = 0$ genügt. Es lautet mit dem Anfangswert $\mathfrak{e}_a$, den der Vektor $\mathfrak{e}$ im Augenblick $t = 0$ des Loslassens hatte,

$$(65) \qquad \mathfrak{r}_1 = [\mathfrak{e}\,\mathfrak{o}_k]\,\frac{t}{2} - [\mathfrak{e}_a\,\mathfrak{o}_k]\,\frac{\sin \omega_k\,t}{2\,\omega_k}.$$

Abgesehen von dem periodisch schwankenden zweiten Gliede, welches nie über die Amplitude $\dfrac{1}{2}\,e$ hinauskommt, nimmt mithin der Fahrstrahl $\mathfrak{r}_1$ proportional mit der Zeit zu nach dem Gesetze*)

$$(66) \qquad r_1 = \frac{1}{2}\,e\,\omega_k t,$$

also bei jedem Umlauf um die Strecke πe. Dies besagt für praktische Fälle, daß die Welle im kritischen Zustande schon nach wenigen Umläufen, also schon nach Bruchteilen einer Sekunde der äußersten Gefahr ausgesetzt ist, wenn die Führung losgelassen wird.

Das zur Unterhaltung der Drehung im kritischen Zustande erforderliche Moment $\mathfrak{M} = m\,\mathfrak{m}$ folgt mit $\dot{\mathfrak{o}} = 0$ aus der Gleichung (49) und ist

$$\mathfrak{M} = [\mathfrak{e}\,\mathfrak{G}] + m\,\omega_k^2[\mathfrak{r}_1\,\mathfrak{e}]$$

oder gemäß (65)

$$(67) \qquad \mathfrak{M} = [\mathfrak{e}\,\mathfrak{G}] + m\,e^2\,\omega_k^2\,\mathfrak{o}_k\left(\frac{t}{2} - \frac{\sin 2\omega_k t}{4\,\omega_k}\right);$$

sein Betrag wächst, wenn man von den periodischen Gliedern absieht, nach dem Gesetz

$$(68) \qquad M = \frac{1}{2}\,m\,e^2\,\omega_k^3\,t$$

mit der Zeit über alle Grenzen. Hieraus darf man den Schluß ziehen:

---

*) O. Föppl, Z. f. d. ges. Turbinenwesen 1916, Bd. 13, S. 77; H. Lorenz, Z. d. V. D. I. 1919, Bd. 63, S. 888.

Wenn eine Welle durch ein gleichförmig anwachsendes Moment aus der Ruhe angetrieben wird, so nimmt auch die Drehschnelle ω im Mittel zunächst gleichförmig zu; bei der Annäherung an die kritische Zahl ω_k wächst sie langsamer, weil nun ein Teil der Antriebsenergie zur Ausbiegung verbraucht wird und nur der Rest zur weiteren Beschleunigung der Drehung dient; unmittelbar nach dem Überschreiten der kritischen Zahl fließt die Ausbiegungsenergie wieder in die Drehung zurück und die Drehschnelle wächst jetzt rascher, als es dem Antriebsmoment entspräche; erst hinreichend weit über der kritischen Zahl folgt die Drehbeschleunigung wieder dem Antriebsmoment.

Kurz gesagt: die Welle setzt der Annäherung ihrer Drehschnelle an die kritische Zahl einen in ihrer Elastizität begründeten Widerstand entgegen. Dieser ist nützlich, wenn die Betriebszahl unter der kritischen bleiben soll. Er ist hingegen unerwünscht, sobald diese überschritten werden muß; denn er hält dann die Drehzahl unnötig lange in der Nähe des gefährlichen Bereiches fest (Abb. 15).

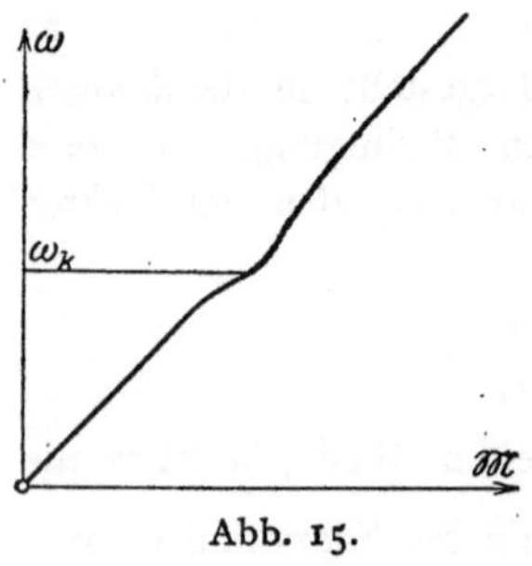
Abb. 15.

Weiter möge es sich um einen kritischen Zustand *zweiter* Art handeln und zwar zunächst um einen solchen, der durch *ungleichförmigen Antrieb* hervorgerufen ist (Fall b von Nr. 11). Zufolge (59) ist die um die mittlere Betriebsgeschwindigkeit ω_a schwankende Drehschnelle

$$\omega = \omega_a + \dot{\vartheta} = \omega_a + \sum A_n\, n\, \alpha \cos n\,\alpha\, t$$

und mithin, wenn $\bar{\mathfrak{e}}$ den um 90° im Sinne ω_a gedrehten Vektor $\mathfrak{e}$ bezeichnet,

$$(69) \qquad \ddot{\mathfrak{e}} = [\dot{\mathfrak{o}}\,\mathfrak{e}] + [\mathfrak{o}[\mathfrak{o}\,\mathfrak{e}]] = -\,\bar{\mathfrak{e}} \sum A_n\, n^2\, \alpha^2 \sin n\,\alpha\, t - \mathfrak{e}\Big(\omega_a + \sum A_n\, n\, \alpha \cos n\,\alpha\, t\Big)^2.$$

Führt man aber wieder $\mathfrak{r} = \mathfrak{r}_1 + \mathfrak{e}$ in (48) ein, so kommt

$$(70) \qquad \ddot{\mathfrak{r}}_1 + \omega_k^2\, \mathfrak{r}_1 = -\,\ddot{\mathfrak{e}}.$$

Die Integrale dieser Gleichung sind sämtlich rein periodisch mit Ausnahme derjenigen Partikulärlösungen, welche den Bestandteilen von der Periode ω_k in $\ddot{\mathfrak{e}}$ entsprechen. Ist ein solcher Teil mit dem Betrage

$$(71) \qquad a_n \begin{Bmatrix} \cos \\ \sin \end{Bmatrix} \omega_k t$$

vorhanden, so gehört ihm eine Partikulärlösung $\mathfrak{r}_1$ zu, deren Betrag nach dem Gesetze

$$(72) \qquad r_1 = \frac{a_n\, t}{2\, \omega_k}$$

unbegrenzt anwächst.

Nimmt man aber an, daß die mittlere Betriebsgeschwindigkeit

$$\omega_a = \omega_k \pm n\, \alpha$$

sei, d. h. nach (61), daß ein kritischer Zustand zweiter Art eingetreten ist, und behandelt man die Fourierkoeffizienten A_n als kleine Zahlen, d. h. sieht man die Ungleichförmigkeit des Antriebs nur als gering an, so liefert die Projektion von $-\ddot{\mathfrak{c}}$ auf die Richtung $\mathfrak{c}_a$, wie eine kurze Rechnung zeigt, je ein Glied von der Form (71) mit

$$(73) \qquad a_n = \frac{1}{2}\, c\, A_n\, \omega_k^2 .$$

Die Grundschwingung $a = \nu\,\omega_a$ ist praktisch wohl meist der wesentlichste Teil der Fourierreihe (59). Setzt man den durch die Grundschwingung erzeugten Ungleichförmigkeitsgrad des Antriebs

$$\delta = \frac{2\,A_1\,a}{\omega_a} = 2\,A_1\,\nu$$

ein, so erhält man für die gefährlichste der vorliegenden kritischen Zahlen zweiter Art $\omega_a = \dfrac{\omega_k}{\nu \pm 1}$ als stetig anwachsenden Teil des Ausschlags nach (72) und (73) den Wert*)

$$(74) \qquad r_1 = \frac{\delta}{8\,\nu}\, c\, \omega_k\, t .$$

Die Geschwindigkeit, mit der die Welle sich jetzt ausbiegt, ist gegenüber derjenigen beim kritischen Zustand erster Art nach (66) verkleinert im Verhältnis $\delta : 4\,\nu$, und dieses Verhältnis ist in praktischen Fällen zumeist ein fast verschwindender Bruch.

Noch viel langsamer schlägt die Welle aus, wenn sie im kritischen Zustand zweiter Art der *Gewichsstörung* (Fall a von Nr. 11) läuft. Verzichtet man auf völlige Strenge in der Rechnung und begnügt sich mit einer hinreichend sicheren Abschätzung, so liefert eine ähnliche Überlegung**) wie vorhin an Stelle von (74)

$$(75) \qquad r_1 = \frac{g\,\varepsilon^2}{\omega_k}\, t .$$

Hierin ist nun das Verhältnis ε von Exzentrizität und Trägheitshalbmesser der Scheibe praktisch immer so ungemein klein, daß ein bemerkbarer Ausschlag erst nach außerordentlich vielen Umläufen eingetreten wäre. In der Regel ist es ausgeschlossen, die Betriebsgeschwindigkeit der Welle überhaupt so lange auf der kritischen Zahl festzuhalten, bis der Ausschlag (75) beobachtbar geworden ist. Und so kommt es, daß die kritische Zahl der Gewichtsstörung praktisch fast gar nie in die Erscheinung tritt.

Ähnliches gilt auch noch, wenn unrunder Wellenquerschnitt diese kritische Zahl beeinflußt (Fall c von Nr. 1).

Es bleibt künftigen Untersuchungen vorbehalten, festzustellen, inwieweit sich alle diese Ergebnisse auf Wellen mit mehrfacher Besetzung übertragen lassen.

---

*) A. STODOLA, Z. d. V. D. I. 1919, Bd. 63, S. 867.
**) A. STODOLA, ebenda S. 867.

V. Der Nernstsche Wärmesatz.

Von A. Eucken-Breslau.

Mit 2 Abbildungen.

A. Vorbereitendes.

Das eigentliche Ziel der chemischen Wärmelehre besteht in einer Berechnung des Verlaufs chemischer Reaktionen, zu der lediglich physikalische Konstanten erforderlich sind. Betrachtet man das Problem in seiner vollen Allgemeinheit, fragt man nämlich nach sämtlichen Größen, die für den Verlauf einer chemischen Reaktion wesentlich sind, insbesondere nach der Geschwindigkeit, mit der sich ein chemischer Umsatz vollzieht, so müssen wir gestehen, von dem Endziel noch ziemlich weit entfernt zu sein. Günstiger liegen die Verhältnisse, wenn man sich darauf beschränkt, *durch eine Berechnung zu ermitteln, in welcher Richtung unter gegebenen äußeren Bedingungen* (Temperatur, Druck, Konzentration usw.) *eine chemische Reaktion verläuft,* d. h. wann bei irgendeinem chemischen Vorgang, etwa dem DEACON-Prozeß:

$$(1) \qquad 4\,HCl + O_2 \rightleftarrows 2\,H_2O + 2\,Cl_2$$

ein Umsatz von links nach rechts und wann von rechts nach links erfolgt. Durch Variieren der äußeren Bedingungen kann man prinzipiell stets erreichen, daß sich die Richtung des chemischen Umsatzes umkehrt, d. h. die Richtung einer chemischen Reaktion ist niemals an sich gegeben, sondern durch eine Anzahl äußerer Bedingungen bestimmt.

Beherrscht man die fraglichen Zusammenhänge, so kann man daher auch die Frage beantworten: Unter welchen äußeren Bedingungen findet überhaupt kein Umsatz statt oder, wie man sich auszudrücken pflegt: *Wann befindet sich das* (im obigen Beispiel aus den Stoffen HCl, O_2, H_2O und Cl_2 bestehende) *chemische System im Gleichgewichtszustande? Die Aufgabe, aus physikalischen Daten die Bedingungen für eine bestimmte Richtung des chemischen Umsatzes oder für das Gleichgewicht eines chemischen Systems zu berechnen, läßt sich mit Hilfe der beiden klassischen Hauptsätze der Wärmelehre und des Nernstschen Wärmesatzes eindeutig lösen.*

Um der theoretischen Berechnung eine Angriffsmöglichkeit zu bieten, gilt es zunächst festzustellen, ob irgendeine physikalisch exakt definierbare Größe mit der Richtung, in der eine chemische Reaktion verläuft, in Zusammenhang gebracht werden kann. Man sprach, ehe eine endgültige Beantwortung dieser Frage gelang, einfach von der »Affinität« gewisser Substanzen zueinander, dem Bestreben derselben, miteinander chemisch zu reagieren, und man pflegte zu sagen, daß ein chemischer Umsatz, etwa bei der Reaktion (1), von links nach rechts dann stattfindet, wenn die Substanzen HCl und O_2 eine größere Affinität zueinander besitzen, als die Substanzen H_2O und Cl_2. Indessen bringt ein derartig vager Begriff kaum einen Gewinn, da er sich mit anderen physikalischen Größen nicht in Beziehung setzen läßt. Es bedeutete daher einen entscheidenden Fortschritt, als VAN 'T HOFF an Stelle der Affinität den thermodynamisch klaren Begriff der *»maximalen Arbeit«* einführte, der zunächst kurz erläutert werden möge.

Fast jeder chemische Umsatz ist bekanntlich mit einer Energieänderung verbunden. Die Menge dieser chemischen, *»inneren «* *Energie*, die beim Umsatz einer bestimmten Substanzmenge, etwa eines Mols, verfügbar wird, sei mit U' bezeichnet; sie ist, wie die Erfahrung lehrt, bei einer bestimmten Temperatur für jede Reaktion konstant. Indessen kann dieser Betrag an innerer Energie je nach den Versuchsbedingungen sich in verschiedener Weise in andere Energieformen, sei es mechanische oder elektrische Energie (hochwertige Energien), sei es in Wärme (geringwertige Energie) umsetzen. Es bereitet keinerlei Schwierigkeiten, eine chemische Reaktion so zu leiten, daß nur Wärme entsteht (Beispiel: Verbrennung). Doch bedarf es in der Regel ziemlich komplizierter Vorrichtungen, um eine möglichst große Menge hochwertiger Energieformen zu gewinnen. Es hat sich herausgestellt, daß bei einer bestimmten chemischen Reaktion unter allen Umständen ein gewisses Maximum dieser hochwertigen Energieformen (mechanische oder elektrische Energie) nicht überschritten werden kann. Dieses bezeichnet man als *maximale Arbeit*; der Rest der inneren (chemischen) Energie kann nur in Wärme umgesetzt werden.

Die innere Energie läßt sich somit prinzipiell stets in zwei Teile zerlegen, einen, der unter geeigneten Bedingungen in jede beliebige Energieform zu verwandeln ist, über den man somit frei verfügen und der nach HELMHOLTZ als *»freie Energie«* (F) bezeichnet wird, einen andern, der nur in Gestalt von Wärme vom System abgegeben werden kann, und der *»gebundene Energie«* (Q) genannt zu werden pflegt. Es gilt daher:

$$(2) \qquad U' = Q + F.$$

Die Bedingung dafür, die gesamte freie Energie eines Vorgangs tatsächlich in Gestalt von mechanischer oder sonstiger hochwertiger Energie zu gewinnen, besteht darin, daß derselbe *umkehrbar* (reversibel) verläuft, d. h. der Vorgang muß so geleitet werden, daß er in jedem Stadium ohne weiteres zu unterbrechen und durch Aufwendung derselben hochwertigen Energie, die man bis dahin gewonnen hat, wieder rückgängig zu machen ist. In einigen Fällen gelingt es wirklich, einen chemischen Prozeß wenigstens annähernd umkehrbar zu leiten; ein Beispiel bieten gewisse galvanische Elemente, die bei vorsichtiger Stromentnahme einen Betrag an elektrischer Energie liefern, der fast genau der freien Energie der stromliefernden Reaktion des Elementes entspricht. Falls man einen Prozeß somit reversibel leitet und die freie Energie tatsächlich restlos in Arbeit (A) verwandelt wird, so daß man die maximale Arbeit (A_m) des Prozesses gewinnt, gilt:

$$-F = A = A_m$$

(Abnahme der freien Energie = geleistete Arbeit);

anstatt (2) erhält man dann*):

$$(2\,a) \qquad U' = -A_m + Q \quad \text{oder} \quad A_m + U' = Q.$$

Gerade an dem Beispiel eines derartigen galvanischen Elementes überzeugt man sich ohne Mühe von dem *engen Zusammenhang zwischen der Richtung, in der der chemische Umsatz erfolgt und der freiwerdenden maximalen Arbeit*: Betrachten wir als einfachsten Fall ein galvanisches Element, dessen Elektroden aus zwei verschiedenen Modifikationen eines Metalls, etwa aus grauem und weißem Zinn, bestehen: Bei höherer Temperatur (oberhalb 18° C) verwandelt sich graues Zinn freiwillig in weißes, indem ersteres als positives Ion in Lösung geht und letzteres sich niederschlägt; der Strom fließt daher (außen) vom weißen zum grauen Zinn, d. h. das weiße Zinn erscheint elektrisch positiv gegen das graue. Unterhalb 18° kehrt sich die Richtung des chemischen Umsatzes und gleichzeitig das Vorzeichen des galvanischen Elementes um, bei 18° verschwindet sowohl der chemische Umsatz als auch die elektrische Potentialdifferenz der beiden Modifikationen gegeneinander. Aus dem Spannungsunterschied E und der Strommenge e (Stromstärke $\times$ Zeit) ergibt sich unmittelbar die maximale Arbeit $(A_m = Ee)$. Kehrt die chemische Reaktion ihr Vorzeichen um, so geschieht das gleiche bei der maximalen Arbeit; gelangt die chemische Reaktion zum Stillstand (chemisches Gleichgewicht), so vermag der Prozeß keine Arbeit mehr zu leisten, d. h. A_m verschwindet.

Ein weiteres Beispiel bieten die Vorgänge in einem Verbrennungsmotor: Die explosible Gasmischung vermag Arbeit zu leisten; allerdings liefert ein gewöhnlicher Motor bei weitem nicht die maximale Arbeit, da die

---

*) Diese Gleichung enthält bereits den zweiten Hauptsatz der Wärmelehre in sich; sie verlangt nämlich, daß A_m bei gegebenen äußeren Bedingungen für jeden Prozeß (z. B. jede chemische Reaktion) einen ganz bestimmten Wert besitzt. Auch wenn man den Prozeß auf verschiedenen umkehrbaren Wegen leiten kann, muß A_m stets den gleichen Wert behalten. Es ergibt sich dies aus folgendem: Stellt man sich vor, A_m habe auf zwei Wegen verschiedene Werte (A_{m1} und A_{m2}), so könnte man durch Hinverwandlung auf dem einen Wege und Rückverwandlung auf dem andern die Änderung der inneren Energie völlig rückgängig machen, würde aber gleichzeitig den Energiebetrag $A_{m1} - A_{m2}$ als Arbeit od. dgl. aus Wärme gewinnen. Dies widerspricht aber der Unmöglichkeit eines sog. perpetuum mobile zweiter Art, die eine der wichtigsten empirischen Grundlagen des zweiten Hauptsatzes bildet.

chemische Reaktion nicht auf reversiblem Wege geleitet wird. Nach der Verbrennung, während der sich ein chemisches Gleichgewicht einstellt, vermag man aus der Gasmischung keine Arbeit mehr zu gewinnen.

Es zeigt sich also, daß die (maximale) Arbeit eine Größe darstellt, deren Kenntnis unmittelbar zur Lösung der oben gestellten Aufgabe führt: Nur wenn ein chemischer Prozeß Arbeit zu leisten vermag, geht er freiwillig vor sich. *Man kann somit in der Tat ohne weiteres sagen, in welcher Richtung etwa die Reaktion (1) verläuft, falls sich angeben läßt, bei welcher Umwandlung (nach rechts oder nach links) die maximale Arbeit ein positives Vorzeichen besitzt. Wird bei einem chemischen Umsatz keine Arbeit geleistet, so befindet sich das chemische System im Gleichgewichtszustande.*

Es handelt sich somit darum, einen Weg zu finden, das Vorzeichen und womöglich sogar die Größe der maximalen Arbeit einer chemischen Reaktion zu ermitteln.

Zunächst wird man daran denken, die maximale Arbeit möglichst unmittelbar experimentell zu bestimmen. Dies ist in einigen Fällen durchführbar, am einfachsten und unmittelbarsten gelingt es dann, wenn sich die betreffende chemische Reaktion als stromliefernder Prozeß eines galvanischen Elements verwenden läßt. Ein einfaches Beispiel hierfür bietet neben der Umwandlung der Zinnmodifikationen die Vereinigung von Jod und Silber zu Jodsilber: Man bedeckt eine Platinelektrode mit festem Jod und eine Silberelektrode mit festem Silberjodid und verbindet beide durch eine Jodkaliumlösung. Die Platinelektrode lädt sich dann positiv, die Silberelektrode negativ auf, und zwar beträgt der Spannungsunterschied nach Ausschaltung einiger kleinerer Korrekturen 0,680 Volt bei Zimmertemperatur. Arbeitet das Element, so bilden sich am positiven Pol Jodionen, am negativen Silberionen, beide vereinigen sich zu Jodsilber, welches ausfällt. Da man die Umwandlung in diesem Fall durch sehr geringe Stromentnahme nahezu reversibel leiten kann, entspricht die Spannung 0,680 Volt in der Tat der maximalen Arbeit. Läßt man im Laufe der Zeit insgesamt ein Mol Silberjodid (234,8 g) entstehen, so beträgt die maximale Arbeit (pro Mol) im elektrischen Maß $0,680 \times 96\,500$ Wattsekunden, da mit einem Grammatom Silber bzw. Jod sich eine Elektrizitätsmenge von 96 500 Coulombs verbindet. Häufig zieht man es vor, die maximale Arbeit im kalorischen Maßsystem auszudrücken, man erhält dann, da eine Wattsekunde 0,2387 kleinen Kalorien (*cal*) entspricht, $0,680 \times 96\,500 \times 0,2387$ $= 0,680 \times 23\,046 = 15\,655$ cal für die maximale Arbeit der Jodsilberbildung.

Indessen ist man in weitaus den meisten Fällen nicht in der Lage, unmittelbar experimentell zur Kenntnis der maximalen Arbeit einer chemischen Reaktion zu gelangen, und man wird daher auf den Weg einer theoretischen Berechnung gewiesen, bei der man mit anderen, leichter zugänglichen physikalischen Größen auskommt. Die erste Grundlage für diese Berechnung bietet die Beziehung (2a), nach der sich A_m ohne weiteres angeben läßt, wenn die innere Energie U' sowie die gebundene Energie Q bekannt sind. Die Bestimmung der ersteren Größe macht in der Regel keine Schwierigkeiten, man läßt die Reaktion einfach in einem geeigneten Gefäß (z. B. einer kalorimetrischen Bombe) so verlaufen, daß überhaupt keine Arbeit geleistet wird. Dann erscheint die gesamte innere Energie als Wärme. Einer bestimmten Abnahme der inneren Energie entspricht also unter dieser Bedingung eine bestimmte Wärmeentwicklung, die man als *Wärmetönung* (U) bezeichnet; es ist daher

$$(3) \qquad U = - U_i'.$$

Schwieriger ist die Bestimmung der gebundenen Energie. Hier hilft zunächst der zweite Hauptsatz der Wärmelehre weiter, nach dem zufolge einer berühmten Formel aus Wärme, also auch aus der gebundenen Energie, noch ein gewisser Bruchteil in Arbeit verwandelt werden kann, wenn man die Wärme von einem heißen Körper (von der absoluten Temperatur $T + dT$) auf einen kälteren (absolute Temperatur T) überströmen läßt. Dann gilt nämlich für die kleine Menge dA der maximal aus der überströmenden Wärmemenge Q zu gewinnenden Arbeit:

$$(4) \qquad dA = \frac{Q\,dT}{T} \quad \text{oder} \quad Q = T\frac{dA}{dT},$$

eine Formel, die für die Theorie sämtlicher Wärmekraftmaschinen grundlegend ist. Es läßt sich nun zeigen, daß, wenn Q die gebundene Energie einer Reaktion darstellt, die Größe A in Gleichung (4) mit der maximalen Arbeit der Reaktion identisch ist. Man gelangt auf diese Weise von (2a) unter Berücksichtigung von (3) zu der Beziehung:

$$(5) \qquad A_m - U = T\frac{dA_m}{dT}.$$

Hier tritt außer der maximalen Arbeit nur noch die Wärmetönung und die absolute Temperatur auf; so daß es zunächst vielleicht scheint, als ob man erstere Größe aus den beiden letzteren ohne weiteres berechnen könnte. Indessen ist der fragliche Zusammenhang nicht eindeutig; bei genauerer Prüfung besagt die Gleichung (5) lediglich, daß ein großer Temperaturkoeffizient von A_m einer großen Differenz $A_m - U$ entspricht, über den Absolutwert von A_m läßt sich indessen keine bestimmte Angabe machen. Man erkennt dies wohl am deutlichsten, wenn man sich den Temperaturverlauf der Größe A_m und U graphisch dargestellt denkt (beide zeigen eine mehr oder weniger starke Temperaturabhängigkeit). Nehmen wir an, daß die U-Kurve gegeben sei, so gehören zu ihr infolge Gleichung (5) unendlich viele A_m-Kurven (vgl. Abb. 1), deren jede lediglich an jedem Punkte die Bedingung (5) zu erfüllen braucht; es muß also stets der Differentialquotient $\dfrac{dA_m}{dT}$ d. h. die Neigung der A_m-Kurven gleich dem Verhältnis $\dfrac{A_m - U}{T}$ sein.

Der gleiche Befund läßt sich auch in etwas mehr mathematischer Form ausdrücken: Eine Differentialgleichung, wie sie die Beziehung (5) darstellt, hat stets unendlich viele Lösungen, was in der Regel durch das Auftreten einer oder mehrerer Integrationskonstanten zum Ausdruck gelangt. Um Gleichung (5) zu integrieren, schreibt man zweckmäßig:

$$\frac{T\frac{dA_m}{dT} - A_m}{T^2} = -\frac{U}{T^2}.$$

Der links stehende Ausdruck stellt nichts anderes als den Differentialquotienten des Quotienten $\frac{A_m}{T}$ dar, daher gilt:

$$d\frac{A_m}{T} = -\frac{U}{T^2}\,dT,$$

woraus durch Integration folgt:

$$\frac{A_m}{T} = -\int\frac{U}{T^2}\,dT + Const.$$

oder:

$$(6) \qquad A_m = -T\int\frac{U}{T^2}\,dT + Const.\,T.$$

Die Vielheit der auf Abb. 1 dargestellten zu einer bestimmten U-Kurve gehörenden A_m-Kurven, gelangt hier durch das Auftreten der unbestimmten Integrationskonstanten »*Const.*« zum Ausdruck.

Dennoch unterliegt es keinem Zweifel, daß in Wirklichkeit, in der Natur, eine ganz bestimmte eindeutige Lösung vorhanden ist. Da die *beiden klassischen Hauptsätze nicht weiter führen als bis zu Gleichung* (6), begnügte man sich lange Zeit hindurch damit, die *Integrationskonstanten von Fall zu Fall rein empirisch zu bestimmen.* Man kann auf diese Weise mittels (6) A_m für jede beliebige Temperatur berechnen, wenn die Temperaturabhängigkeit von U bekannt ist und A_m bei einer bestimmten Temperatur als gegeben

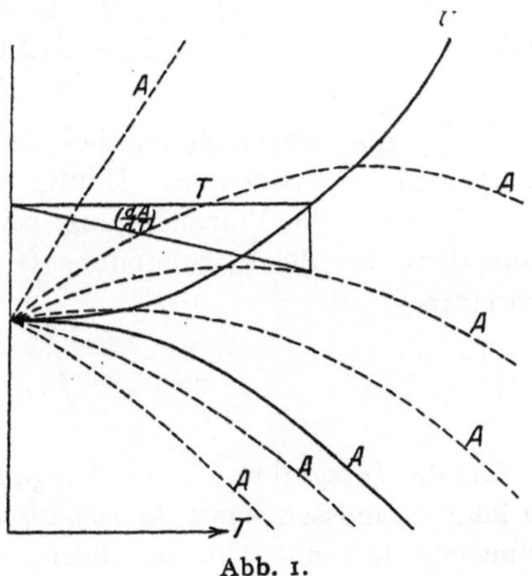

Abb. 1.

angesehen wird. *Um* aber hiervon unabhängig zu sein und *zu einer allgemeinen Lösung des Problems zu gelangen, bedurfte es eines neuen grundlegenden Prinzips, dessen Auffindung Nernst im Jahre* 1906 *gelang* [22]).

Bevor hierauf näher eingegangen wird, möge noch in Kürze erläutert werden, wie der für das gesamte Problem bedeutungsvolle Temperaturverlauf der Wärmetönung U empirisch festgelegt werden kann. Man kann zunächst versuchen die Wärmetönung nach einer ähnlichen Methode, wie der bei Zimmertemperatur gebräuchlichen, bei verschiedenen Temperaturen unmittelbar zu messen; indessen verlangt dieses Verfahren umfangreiche experimentelle Hilfsmittel, wenn man einigermaßen genaue Resultate zu haben wünscht. Besondere Schwierigkeiten würden sich bei tiefer Temperatur einstellen, da hier ja die meisten Reaktionen außerordentlich träge verlaufen. So ist es denn günstiger, auf einem indirekten Wege vorzugehen. Man bedient sich hierbei eines Satzes von KIRCHHOFF, der zeigte, daß auf Grund des ersten Hauptsatzes (Energieprinzips) der Temperaturkoeffizient der Wärmetönung stets gleich sein muß der Summe der Molekularwärmen C_1 (spezifische Wärme $\times$ Molekulargewicht) der Ausgangssubstanzen vermindert um die Summe der Molekularwärmen C_2 der Endprodukte der betreffenden chemischen Reaktion, d. h. es gilt:

$$(7) \qquad \frac{dU}{dT} = \Sigma C_1 - \Sigma C_2 .$$

Dabei ist jede Molekularwärme mit dem gleichen Faktor zu versehen, wie das Symbol der betreffenden Substanz in der chemischen Reaktionsgleichung; z. B. würde für den Temperaturkoeffizienten der Deacon-Reaktion (1) gelten: $\frac{dU}{dT} = 4\,C_{HCl} + C_{O_2} - 2\,C_{H_2O} - 2\,C_{Cl_2}$. Durch Integration erhält man aus (7) für ein beliebiges Temperaturintervall:

$$(7\,a) \qquad U_1 = U_2 + \int\limits_{T_2}^{T_1} (\Sigma C_1 - \Sigma C_2)\, dT,$$

wenn U_1 die Wärmetönung bei der Temperatur T_1, U_2 die bei der Temperatur T_2 bedeuten. Häufig setzt man $T_2 = 0$, dann bedeutet also $U_2 = U_0$ die Wärmetönung beim absoluten Nullpunkt, und man kann dann für die Wärmetönung U bei einer beliebigen Temperatur T schreiben:

$$(7\,b) \qquad U = U_0 + \int\limits_{0}^{T} (\Sigma C_1 - \Sigma C_2)\, dT.$$

Um das Integral und damit den ganzen Verlauf der U-Kurve berechnen zu können, müssen somit die spezifischen Wärmen sämtlicher Reaktionsteilnehmer bekannt sein. Im allgemeinen ändern sich dieselben gleichfalls mit der Temperatur; *man kann daher die U-Kurve mit Sicherheit nur innerhalb desjenigen Temperaturintervalls festlegen, in dem Messungen über die spezifischen Wärmen vorliegen.* Da es im folgenden besonders auf den Verlauf der U-Kurve bei sehr tiefen Temperaturen ankommt, ist die

Messung der spezifischen Wärmen in diesem Temperaturgebiet von besonderer Bedeutung.

Führt man den Ausdruck (7 b) in (6) ein, so folgt

$$A_m = - T \int \frac{U_0 + \int_0^T (\Sigma C_1 - \Sigma C_2)\, dT}{T^2} + Const.\ T$$

und nach Ausführung der Integration des ersten Gliedes unter dem unbestimmten Integral:

$$(8) \qquad A_m = U_0 - T \int \frac{dT}{T^2} \int_0^T (\Sigma C_1 - \Sigma C_2)\, dT + Const.\ T.$$

B. Reaktionen, an denen nur feste oder flüssige Stoffe teilnehmen.

a) *Empirische und thermodynamische Grundlagen.* Bei der Inangriffnahme eines jeden Problems ist es von Bedeutung, sich einen Ausgangspunkt zu wählen, bei dem zunächst möglichst geringe Komplikationen vorliegen. Die Geschichte der wissenschaftlichen Forschung zeigt, daß die Lösung des eigentlichen Problems zuweilen gar nicht allzu schwierig ist, wenn erst einmal der geeignete Ausgangspunkt gefunden wurde. Die schöpferische, intuitive Leistung des Forschenden liegt daher häufig gerade in dem Aufspüren des richtigen Ausgangspunktes.

Zahlreiche physikalische und chemische Gesetze nehmen nun bei verdünnten Gasen eine besonders einfache Gestalt an. Bei dem vorliegenden Problem, die nach der älteren Thermodynamik bei der Berechnung der maximalen Arbeit übrigbleibende Unbestimmtheit zu beseitigen, glaubte man daher gleichfalls lange Zeit hindurch am besten von Reaktionen auszugehen, an denen lediglich verdünnte Gase beteiligt sind. NERNST erkannte indessen, daß dies unzweckmäßig sei, und daß in diesem Falle eine wesentliche Vereinfachung erreicht wird, wenn man zunächst die Beteiligung von Gasen oder Lösungen ausschließt, wenn man sich also auf Reaktionen beschränkt, bei denen ein chemischer Umsatz nur zwischen kondensierten (festen oder flüssigen) Stoffen stattfindet. Daß beim tatsächlichen Zustandekommen des chemischen Umsatzes Gase und Lösungen häufig als *Überträger* eine gewisse Rolle spielen können, ist für das Folgende *nebensächlich*; es kommt nur darauf an, daß *sämtliche Ausgangssubstanzen und Endprodukte der Reaktion fest oder flüssig* sind. Einfache Beispiele für kondensierte Reaktionen stellen die bereits erwähnte Umwandlung zweier allotroper Modifikationen eines Elementes und die Vereinigung von Silber und Jod zu Jodsilber dar.

NERNST hatte beobachtet, daß bei zahlreichen Reaktionen derartiger kondensierter Systeme *die maximale Arbeit und die Wärmetönung* ihrem

Betrage nach bereits bei Zimmertemperatur nicht weit voneinander entfernt sind; er gelangte von hier aus zu der Vermutung, daß beide Größen einander *bei sinkender Temperatur immer näher kommen und bereits oberhalb des absoluten Nullpunktes noch bei endlichen Temperaturen praktisch* so vollstänig *zusammenfallen*, daß auch die Neigung beider Kurven, die durch die Differentialquotienten $\dfrac{dA_m}{dT}$ und $\dfrac{dU}{dT}$ ausgedrückt wird, einander gleich wird. E[s] stellt daher die *Bedingung:*

$$(9) \quad \frac{dA_m}{dT} = \frac{dU}{dT} \quad \text{(in unmittelbarer Nähe des absoluten Nullpunktes)}$$

die *ursprüngliche Forderung des Nernstschen Wärmesatzes* für kondensierte Systeme dar.

Falls man ein Unendlichwerden des Differentialquotienten $\dfrac{dA_m}{dT}$ von vornherein ausschließt, muß nach Gl. (5) im absoluten Nullpunkt $A_m = U$ werden.

Betrachtet man nun einen Punkt der A_m- und U-Kurve *unmittelbar oberhalb* des absoluten Nullpunktes, so muß auf Grund der NERNSTschen Annahme auch in diesem Gebiet $A_m = U$ bleiben; es folgt dann aber aus (5), daß $\dfrac{dA_m}{dT}$ verschwindet; aus der Forderung (9) ergibt sich weiterhin, daß auch $\dfrac{dU}{dT}$ hier gleich Null sein muß, d. h. an Stelle der Bedingung (9) ist zu schreiben:

$$(9\,a) \quad \frac{dA_m}{dT} = \frac{dU}{dT} = 0 \quad \text{(in unmittelbarer Nähe des absoluten Nullpunktes)}.$$

Auf diese Weise ist die entscheidende Auswahl aus der Mannigfaltigkeit der A_m-Kurven der Abb. 1 getroffen, denn nur *eine* von ihnen erfüllt die Bedingung, daß ihre Neigung im absoluten Nullpunkt verschwindet. (Die richtige A_m-Kurve ist stärker ausgezogen.) Auch die bisher unbestimmte Integrationskonstante der Gl. (6) ist nunmehr festgelegt: Wählt man eine sehr niedrige, aber noch endliche Temperatur, so kann man die Temperaturabhängigkeit von U ganz vernachlässigen, und das Integral in (6) läßt sich ohne weiteres ausführen. Man erhält so für die Nachbarschaft des absoluten Nullpunktes:

$$A_m = U + Const. \ T.$$

Da nach dem oben Gesagten A_m in diesem Gebiet gleich U ($= U_0$) sein sein muß, folgt

$$Const. = 0,$$

wenn man, wie es das Natürliche ist, mit der Zählung von A_m und U beim absoluten Nullpunkt beginnt.

Bei höheren Temperaturen ist die Temperaturveränderlichkeit von U zu berücksichtigen; man findet dann zufolge (8)*):

$$(8\,\mathrm{a}) \qquad A_m = U_0 - T \int_0^T \frac{d\,T}{T^2} \int_0^T (\Sigma C_1 - \Sigma C_2)\, d\,T$$

als *allgemeine Lösung des Problems für kondensierte Systeme*. Das oben gesteckte Ziel, die Berechnung einer für die Richtung des Verlaufs jeder chemischen Reaktion charakteristischen Größe, nämlich der maximalen Arbeit A_m, aus rein physikalischen Versuchsdaten, ist hiermit prinzipiell erreicht, falls sich die NERNSTsche Grundannahme bestätigt. Denn die auf der rechten Seite von Gl. (8a) auftretenden Größen sind in der Tat, wenn auch zum Teil indirekt, einer experimentellen Messung zugänglich (z. B. wird U_0 mittels (7b) aus der Wärmetönung bei Zimmertemperatur U und den spezifischen Wärmen errechnet).

Es galt nun auf Grund von experimentellem Material zu prüfen, ob die durch Gl. (8a) ausgedrückte NERNSTsche Lösung des Problems den Tatsachen gerecht wird.

Zunächst möge hervorgehoben werden, daß mit der NERNSTschen Annahme keineswegs jeder beliebige Verlauf der U-Kurve vereinbar ist, da ja für $T = 0$ die Neigung derselben $\left(\dfrac{d\,U}{d\,T}\right)$ verschwinden muß. Ein Maß für die Größe $\dfrac{d\,U}{d\,T}$ ist nun nach (7) die Differenz der Molekularwärmen. *Eine wichtige Grundlage des Nernstschen Satzes war somit gesichert, als die Messungen zu dem seiner Zeit überraschenden Ergebnis führten, daß die Molekularwärmen sämtlicher festen und (glasartig erstarrten) flüssigen Körper bei sinkender Temperatur dem Werte Null zustreben.* Übrigens brauchte die spezifische Wärme der Reaktionsteilnehmer nicht einmal einzeln gleich Null zu sein, um der NERNSTschen Annahme ($\dfrac{d\,U}{d\,T} = 0$ beim absoluten Nullpunkt) zu entsprechen. Nach (7) genügt ein Verschwinden der *Differenz* $\Sigma C_1 - \Sigma C_2$ beim absoluten Nullpunkt. Dieses wäre z. B. der Fall, wenn die mittleren Atomwärmen $\left(\dfrac{\text{Spez. Wärme} \times \text{Molgewicht}}{\text{Atomzahl der Molekel}}\right)$ sämtlicher Körper einen bestimmten konstanten Wert annähmen; dann würde nämlich, da die Atomzahl der entstehenden, stets gleich der der verschwindenden Körper ist, in der Tat $\Sigma C_1 = \Sigma C_2$ werden.

Das Gesetz, dem die spezifische Wärme bei den tiefsten Temperaturen folgt, hat nach einer Theorie DEBYES die einfache Gestalt:

---

*) An Stelle des unbestimmten Integrals in Gl. (8) tritt jetzt ein bestimmtes Integral mit den Grenzen 0 und T auf. Voraussetzung für die Zulässigkeit dieser Schreibweise ist, daß der Ausdruck nach Ausführung der Integration für $T = 0$ verschwindet, damit in diesem Punkte $A_m = U_0$ wird. Tatsächlich ist der Temperaturverlauf der spezifischen Wärmen kondensierter Stoffe ein derartiger, daß diese Bedingung stets erfüllt ist.

$$(10) \qquad C = a\,T^3,$$

wobei a eine Konstante bedeutet. Die U-Kurve wird daher in der Nähe des absoluten Nullpunktes zufolge (7b) dargestellt durch die Beziehung:

$$U = U_0 + \frac{1}{4}(\Sigma a_1 - \Sigma a_2)\,T^4.$$

Indessen reicht dieser auch experimentell sichergestellte Temperaturverlauf der spezifischen Wärme zu einer vollständigen Begründung des NERNSTschen Wärmesatzes noch nicht aus, da ja zunächst zu jeder U-Kurve noch unendlich viele A_m-Kurven gehören können, sondern es bleibt noch zu zeigen, daß auch $\dfrac{dA_m}{dT}$ bei Annäherung an den absoluten Nullpunkt verschwindet. Man erbringt diesen Nachweis am besten auf folgendem Wege: Man bestimmt experimentell den Absolutwert von U und A_m bei einer beliebigen (höheren) Temperatur, ferner ermittelt man den Temperaturverlauf von U durch Messung der spezifischen Wärmen bis zu möglichst tiefen Temperaturen herab, so daß sich die Größe U_0, der gemeinschaftliche Wert von U und A_m beim absoluten Nullpunkt, mit einiger Sicherheit angeben läßt. Dann kann man ohne weiteres durch Anwendung der Formel (8a) den Verlauf der A_m-Kurve berechnen und braucht nur zu prüfen, ob der bei höherer

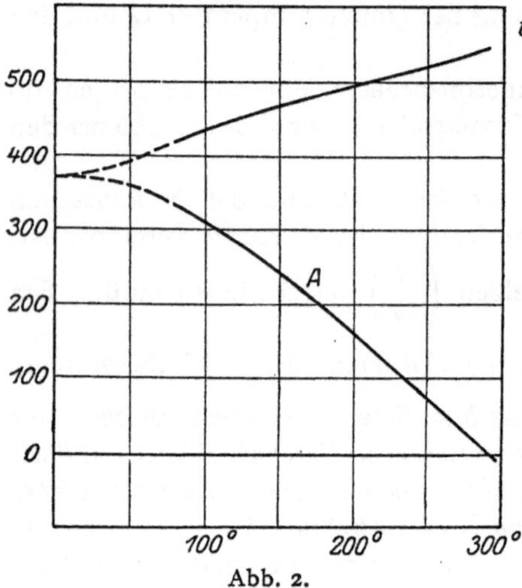

Abb. 2.

Temperatur beobachtete A_m-Wert richtig auf dieser Kurve liegt, die ja entsprechend der NERNSTschen Grundannahme beim absoluten Nullpunkt mit der Neigung $\dfrac{dA_m}{dT} = 0$ beginnt.

Das Ergebnis derartiger Prüfungen besteht darin, daß in sämtlichen bisher untersuchten Fällen der beobachtete A_m-Wert stets in befriedigender Nähe der berechneten Kurve liegt. Größere Abweichungen, die zunächst in vereinzelten Fällen auftraten, konnten bei genauerer Prüfung ausnahmslos auf falsche Bestimmungen der experimentellen Daten (Wärmetönung, spezifische Wärmen oder A_m) zurückgeführt werden.

Als *Beispiele* seien an dieser Stelle nur die beiden bereits oben erwähnten Reaktionen, die *Umwandlung der Zinnmodifikationen* und die Jodsilberbildung angeführt. Über erstere verdankt man BROENSTEDT[5]) eine sorgfältige Untersuchung, deren Ergebnis auf Abb. 2 wiedergegeben ist. Die Wärmetönung U konnte bei etwa 40° C direkt kalorimetrisch bestimmt werden, da kaltes graues Zinn, auf diese Temperatur erwärmt, sich rasch in die weiße Modifikation umwandelt. Die spezifischen Wärmen beider Modifikationen wurden allerdings nur bis $T = 80°$ hinab verfolgt, doch bedingt ihre Extrapolation bis in unmittelbare Nähe des absoluten Nullpunktes und daher auch die Festlegung der U-Kurve keine erhebliche Unsicherheit mehr, da dieselben bereits bei $T = 80°$ horizontal zu werden beginnt. Von der A_m-Kurve ist bekannt der Umwandlungspunkt ($T = 281°$), d. h. derjenige Punkt, bei dem A_m verschwindet. Die nach der NERNSTschen Theorie von BROENSTEDT unter Verwendung des DEBYESCHEN Temperaturverlaufs der spezifischen Wärmen berechnete A_m-Kurve schneidet die T-Achse in der Tat genau bei $T = 281°$.

Über die Jodsilberbildung liegt eine Reihe von Untersuchungen vor [3] [14] [15]. [18] [33]), die sich in erster Linie durch die Methoden zur Bestimmung von U bei Zimmertemperatur unterscheiden. Legt man der Berechnung den gegenwärtig wahrscheinlichsten Mittelwert $U = 15150$ cal zugrunde, so erhält man mittels der teils bis 20° abs. hinab gemessenen spezifischen Wärmen zunächst für U_0 den Wert 15210 cal und ferner nach (8a) bei Zimmertemperatur ($T = 291$) $A_m = 15585$, während sich aus der elektromotorischen Kraft des Jodsilberelements (vgl. oben S. 123) $A_m = 15655$ berechnet. Eine gewisse Unsicherheit haftet noch der spezifischen Wärme des Jodes an, da diese Substanz bei sehr tiefen Temperaturen eine langsame allotrope Umwandlung erleidet, deren Wärmeentwicklung die Messung der spezifischen Wärme stört. Es ist anzunehmen, daß die Berücksichtigung dieser Umwandlung die noch bestehende kleine Differenz zwischen dem beobachteten und berechneten A_m-Wert zum Verschwinden bringen würde.

Wie man erkennt, hat man gerade bei der Jodsilberbildung einen der typischen Fälle vor sich, bei denen bereits bei Zimmertemperatur A_m und U einander sehr nahe gleich sind und die NERNST auf sein Theorem hinleiteten. —

Eine mehr oder weniger vollständige systematische Prüfung des NERNSTschen Theorems wurde außerdem bisher noch an folgenden kondensierten Reaktionen durchgeführt

Die allotrope Umwandlung der Schwefelmodifikationen *(1), (7)*.

Die Kristallwasseraufnahme des Kupfersulfats [30]).

»   »   » Ferrozyankaliums [28]).

Die Hydratisierung des Kalziumoxyds [7]).

Die Reaktion des Clark-Elements:

$$Zn + Hg_2SO_4 + 7H_2O = 2Hg + ZnSO_4 \cdot 7H_2O \quad [21]\ [25])$$

Die Reaktionen:

$$Pb + J_2 = PbJ_2 \quad [3])$$
$$Pb + 2AgCl = PbCl_2 + 2Ag \quad [3]\ [16])$$
$$Pb + 2AgJ = PbJ_2 + 2Ag \quad [33])$$

$$Hg + AgCl = HgCl + Ag \text{ }^{3)}\text{ }^{6)}$$
$$Pb + 2\,HgCl = PbCl_2 + 2\,Hg \text{ }^{3)}\text{ }^{6)}\text{ }^{16)}$$
$$2\,Hg + CdCl_2 \cdot 2\tfrac{1}{2}\,H_2O = Cd + Hg_2Cl_2 + 2\tfrac{1}{2}\,H_2O \text{ }^{29)}$$
$$Hg + CdSO_4 \cdot \tfrac{8}{3}\,H_2O = Cd + HgSO_4 + \tfrac{8}{3}\,H_2O \text{ }^{29)}$$

b) *Theoretische Deutungen und Folgerungen.* Der erste Hauptsatz kann bekanntlich mittels des Energiebegriffs (Prinzip von der Energiekonstanz), der zweite Hauptsatz mittels des Entropiegriffs (Prinzip von der Zunahme der Entropie) sehr einfach formuliert werden, auch lassen sich beide Prinzipien unmittelbar auf das negative Ergebnis einiger grundlegender, tausendfach ausgeführter Versuche zurückführen (erster Hauptsatz: Perpetuum mobile erster Art; zweiter Hauptsatz: Perpetuum mobile zweiter Art). Es liegt daher die Frage nahe, ob sich der Nernstsche Wärmesatz in ähnlicher Weise formulieren und mit grundlegenden Erfahrungstatsachen in Zusammenhang bringen läßt.

Da die Grundthese des Nernstschen Satzes (Gl. (9a)), sich auf die unmittelbare Nachbarschaft des absoluten Nullpunktes bezieht, leuchtet es ein, daß eine einfache allgemeine Formulierung des neu hinzukommenden Prinzips nur eine Aussage über das Verhalten der Materie in der Nähe des absoluten Nullpunktes enthalten kann.

Wir betrachten wiederum ein einfaches kondensiertes chemisches System, bei dem ein reversibler Umsatz der Stoffe prinzipiell möglich ist, etwa das oben erwähnte aus den beiden Zinnmodifikationen aufgebaute galvanische Element. Wir stellen uns die Aufgabe, die Temperatur desselben möglichst weit, wenn angängig bis zum absoluten Nullpunkt, zu erniedrigen, wobei wir von äußerer Abkühlung (durch Kältemaschinen, verflüssigte Gase usw.) absehen. Eine Temperaturerniedrigung ist bei höherer Temperatur stets möglich durch die »gebundene Energie«: Man läßt das System, sei es unter Gewinnung, sei es unter Aufwendung äußerer Arbeit, sich auf reversiblem Wege so verändern, daß die gebundene Energie poitiv ist, daß also das System der Umgebung Wärme entziehen würde, wenn es mit dieser in Wärmeaustausch stände. Wir setzen indessen voraus, daß dasselbe nach außen durch wärmeundurchlässige Wände vollkommen abgeschlossen sei, dann bewirkt die gebundene Energie lediglich eine Abkühlung des Systems (etwa um ΔT), deren Größe von der spezifischen Wärme bzw. der Wärmekapazität C desselben abhängt. Es gilt also einfach

$$-C\Delta T = Q \quad \text{oder} \quad -\Delta T = \frac{Q}{C} = \frac{T\dfrac{dA_m}{dT}}{C}.$$

Nun wird C, wie die Erfahrung lehrt, bei Annäherung an den absoluten Nullpunkt unendlich klein, behielte daher $\dfrac{dA_m}{dT}$ einen endlichen Wert, so müßte sich das System um so leichter abkühlen lassen, je tiefer die bereits erreichte Temperatur ist; der absolute Nullpunkt wäre daher bequem erreichbar. Stellt man aber den Satz auf, daß die Größe $\frac{dA_m}{dT}$ in gleicher Weise wie C bzw. $\frac{dU}{dT}$ bei Annäherung an den absoluten Nullpunkt verschwindet*), so wird die Abkühlung $- \varDelta T$ proportional der absoluten Temperatur T, sie nimmt daher bei Annäherung an den absoluten Nullpunkt immer mehr ab, d. h. *der absolute Nullpunkt selbst kann nicht erreicht werden.* Die NERNSTsche Forderung, daß $\frac{dA_m}{dT}$ in der Nähe des absoluten Nullpunktes verschwindet, ist also gleichbedeutend mit einer Unerreichbarkeit des absoluten Nullpunktes, man hat daher den NERNSTschen Satz mit Recht als das *Prinzip von der Unerreichbarkeit des absoluten Nullpunktes* bezeichnet. Es sei allerdings nochmals hervorgehoben, daß diese Bezeichnung die empirisch sichergestellte Tatsache in sich schließt, daß die spezifischen Wärmen bei Annäherung an den absoluten Nullpunkt tatsächlich verschwinden. Denn falls die spezifischen Wärmen endliche Werte behielten, wäre der absolute Nullpunkt auch ohne ein Verschwinden von $\frac{dA_m}{dT}$ unerreichbar.

Die voranstehende Darstellung der Überlegungen über die Unerreichbarkeit des absoluten Nullpunktes schließt sich an diejenigen von H. A. LORENTZ [20], EINSTEIN [10] und VAN DE SANDE BAKHUYZEN (*1*) an. NERNST [23] selbst glaubte mittels eines gedanklichen beim absoluten Nullpunkt und in dessen unmittelbarer Nähe ausgeführten Kreisprozesses beweisen zu können, daß bereits aus dem zweiten Hauptsatz und dem empirisch festgestellten Verschwinden der spezifischen Wärmen auch das Verschwinden von $\frac{dA_m}{dT}$ und damit die Unerreichbarkeit des absoluten Nullpunktes folge. Indessen lassen sich gegen die prinzipielle Möglichkeit, beim absoluten Nullpunkt in der von NERNST vorgeschlagenen Art einen Kreisprozeß durchzuführen, sowie gegen die Anwendbarkeit des zweiten Hauptsatzes in der unmittelbaren Nachbarschaft des absoluten Nullpunktes schwerwiegende Bedenken erheben (z. B. (*9*) S. 217 ff.). Es muß daher,

---

*) Setzt man in Gleichung (8a) nach (10)

$$\Sigma C_1 - \Sigma C_2 = C' = a' T^3,$$

so erhält man:

$$A_m = U_0 - T \int_0^T \frac{dT}{T^2} \int_0^T a\, T^3\, dT = U_0 - T \int_0^T \frac{a'}{4}\, T^2\, dT = U_0 - \frac{a'}{12}\, T^4,$$

sowie

$$\frac{dA_m}{dT} = \frac{a'}{3}\, T^3,$$

d. h. $\frac{dA_m}{dT}$ besitzt in der Tat die gleiche Temperaturabhängigkeit, wie C.

wenigstens solange man den rein thermodynamischen Standpunkt bei-
behält, daran festgehalten werden, daß das Verschwinden von $\dfrac{dA_m}{dT}$ beim
absoluten Nullpunkt bzw. die Unerreichbarkeit des absoluten Nullpunktes
ein selbständiges Prinzip darstellt und nicht aus dem zweiten Hauptsatz
sowie einer unbegrenzten Abnahme der spezifischen Wärme bei tiefen
Temperaturen folgt. (Vgl. u. a. auch [11]).)

Von *kinetischem Standpunkt* aus erscheint indessen ein enger Zusammenhang zwischen dem Verschwinden von $\dfrac{dU}{dT}$ bzw. der spezifischen
Wärmen und von $\dfrac{dA_m}{dT}$ einleuchtend. Ein Verschwinden der spezifischen
Wärme besagt, daß der Gehalt eines Körpers an thermischer Energie
konstant, von der Temperatur unabhängig wird. Ob die thermische Energie
gleich Null wird oder einem endlichen Wert, einer sogenannte Nullpunktsenergie zustrebt, bleibe vorläufig dahingestellt. Letzteres ist bei den heutigen, gut bewährten Vorstellungen über den Bau der Atome das weitaus
Wahrscheinlichere. Jedenfalls ergibt sich in beiden Fällen, daß der thermische Bewegungszustand der Atome des Körpers bei tiefen Temperaturen innerhalb eines gewissen Temperaturintervalls oberhalb des absoluten Nullpunktes praktisch der gleiche ist, hieraus folgt weiterhin, daß
sämtliche Eigenschaften des Körpers, die an sich von diesem Bewegungs-
zustande, also von der Temperatur, irgendwie abhängig sind, bei tiefen
Temperaturen unveränderlich werden müssen. Temperaturunterschiede
vermag der Körper in keiner Weise mehr anzuzeigen; er hat für sich bereits den Zustand des absoluten Nullpunktes erreicht, während die wahre,
gasthermometrisch zu messende Temperatur noch endliche Werte anzeigt.

So wird man denn zu der Auffassung geführt, daß innerhalb eines
gewissen Temperaturintervalls oberhalb des absoluten Nullpunktes
sämtliche physikalischen und chemischen Eigenschaften von der Temperatur unabhängig werden müssen. Die Erfahrung hat diesen Satz bisher
in vollem Umfange bestätigt, es ließ sich z. B. zeigen, daß das Volumen
und die elastischen Konstanten bei tiefen Temperaturen einem konstanten
Grenzwert zustreben, namentlich ließ sich auch bei einigen relativ einfach
zu messenden elektrischen und magnetischen Größen ein Unabhängigwerden von der Temperatur nachweisen. So ordnet sich denn auch das
Konstantwerden der freien Energie bzw. der maximalen Arbeit einem
allgemeineren Gedanken ohne weiteres unter, und man könnte daher
daran denken, den Nernstschen *Wärmesatz* einfach als einen *Spezialfall
eines noch allgemeineren Prinzips* hinzustellen, *nach dem sämtliche festen
Körper bereits bei endlichen Temperaturen in jeder Hinsicht den Zustand
des absoluten Nullpunktes annehmen.*

Um die Tatsache, daß die freie Energie beim absoluten Nullpnnkt
gerade *gleich* der inneren Energie wird, vom kinetischen Standpunkt

aus zu deuten, was thermodynamisch nach Gl. (5), falls $\dfrac{dA_m}{dT}$ nicht unendlich wird, selbstverständlich ist, muß man zunächst die Frage beantworten, welcher Art eigentlich die innere Energie der festen Körper ist. Die einfachste Vorstellung ist die, daß sie in einer gegenseitigen potentiellen Energie der Atome besteht. In einigen einfachen Fällen, z. B. bei einfachen binären Salzen vom Typ des $NaCl$ gelang es sogar, den Gesamtgehalt des festen Körpers an dieser potentiellen Energie quantitativ rein elektrostatisch zu berechnen, indem man die Atome als abwechselnd positiv und negativ ionisiert ansah (Na positiv, Cl negativ) und annahm, daß die Kohäsionskraft des festen Körpers allein durch die hierdurch bedingte elektrostatische Anziehung der Atome bedingt sei [1]). Bei hohen Temperaturen kann man diese molekulare potentielle Energie nun nicht restlos in makroskopische mechanische oder eine gleichwertige Energie umsetzen, denn die Umwandlung wird durch die Wärmebewegung der Atome oder Moleküle teilweise gestört (infolge von Zusammenstößen der Atome). Ein Teil der potentiellen Molekularenergie wird hierbei in Wärmeenergie umgewandelt, die wir oben als gebundene Energie bezeichneten. Sobald bei sehr tiefen Temperaturen die Wärmebewegung erlischt, findet keine derartige Störung bei der Umwandlung der inneren Energie in mechanische Energie mehr statt, d. h. die gebundene Energie verschwindet, innere und freie Energie werden einander gleich.

Etwas schwieriger verständlich ist vielleicht das Gleichwerden beider Energien, wenn man das Vorhandensein einer thermischen Nullpunktsenergie annimmt. Indessen ist zu beachten, daß die Nullpunktswärmebewegung nicht ohne weiteres mit der gewöhnlichen (klassischen) Wärmebewegung zu vergleichen ist. Der charakteristische Unterschied zwischen beiden besteht in folgendem:

Bei der *normalen (klassischen) Wärmebewegung* existiert eine gewisse Geschwindigkeitsverteilung zwischen den einzelnen Atomen bzw. Molekeln, d. h. es kommen gleichzeitig schwach und stark bewegte Teilchen vor, ein Teil der thermischen Erscheinungen, insbesondere die Temperatur selbst, wird nur bedingt durch die *mittlere* kinetische Energie der Teilchen, eine Reihe von Erscheinungen hängt indessen gerade von den wenigen sehr raschen Teilchen ab. Ein typisches Beispiel für letztere Gruppe von Erscheinungen bietet der Verdampfungsvorgang: Aus der Attraktionssphäre der Atome oder Molekeln eines festen oder flüssigen Körpers vermögen sich nur diejenigen Teilchen zu entfernen, d. h. zu verdampfen, die durch irgendeinen Zufall gerade eine abnorm hohe Geschwindigkeit erhalten haben. Auch die Störungen bei der Umwandlung der inneren Energie in mechanische makroskopische Energie sind in erster Linie auf wenige relativ stark bewegte Teilchen zurückzuführen.

Dagegen ist die *Nullpunktswärmebewegung* einfach als ein Teil der inneren Energie aufzufassen, denn nach den neueren Vorstellungen*) besteht die innere Energie keineswegs allein aus potentieller, sondernauch aus kinetischer Energie, die beide eng miteinander gekoppelt sind, d. h. stets in einem konstanten Verhältnis stehen. Daher besitzen bei der Nullpunktsbewegung sämtliche Teilchen genau die gleiche kinetische Energie, so daß also hier keine abnorm stark bewegten Teilchen vorhanden sind. Auf diese Weise wird es verständlich, daß die Nullpunktsbewegung keine Störung der fraglichen Energieumwandlung bewirken kann, daß also trotz einer Nullpunktswärmebewegung ein Gleichwerden von innerer und freier Energie bei tiefen Temperaturen möglich ist.

Es bleibt noch übrig kurz darauf hinzuweisen, wie man sich heute das Erlöschen der Wärmebewegung der Körper (abgesehen von der Nullpunktsbewegung) bereits bei endlichen Temperaturen zu erklären pflegt. (Näheres vgl. (3), (4), (6), (9), (12).) Man nahm früher an, daß ein Atom, während es schwingt, eine beliebige Energie aufnehmen könnte, daß daher jeder Schwingungszustand realisierbar sei. Eine der wichtigsten Grundlagen der heutigen Atomphysik besteht indessen in der Erkenntnis, daß nur eine beschränkte Anzahl von Schwingungszuständen eines Atoms physikalisch möglich sei, daß daher die Schwingungsenergie der Atome gleichfalls nur eine beschränkte Anzahl von Werten annehmen kann. Um von einem Zustand zu dem andern zu gelangen, muß das Atom daher einen endlichen Energiebetrag, ein »Energiequantum«, auf einmal aufnehmen. Die Größe dieser Energiequanten (ε_0) ist übrigens nicht universell, sondern hängt bei einem Gebilde, das eine bestimmte Eigenfrequenz (ν_0) besitzt, einem sogenannten »Oszillator«, von dieser ab, und zwar gilt:

$$(11) \qquad \varepsilon_0 = h\nu_0 ;$$

wenn h eine universelle Konstante, das Plancksche elementare Wirkungsquantum darstellt (im absoluten Maßsystem hat h den Wert $6{,}55 \cdot 10^{-27}$). Insgesamt kann also ein einzelnes Atom an Schwingungsenergie stets nur einen Energiebetrag von

$$\varepsilon = nh\nu_0$$

enthalten, wenn n eine ganze Zahl darstellt.

Das, worauf es nun ankommt, ist der Zusammenhang zwischen innerer Energie und Temperatur. Solange man annehmen kann, daß die Energie beliebig teilbar sei, was bei der rein kinetischen Energie eines einatomigen Gases zutreffend ist, kann man die Temperatur eines Körpers direkt durch seine mittlere kinetische Energie der Moleküle definieren. Der Möglichkeit einer derartigen Definition liegt ein sehr allgemeines,

---

*) Bei den einfachsten Atommodellen nach Rutherford-Bohr, die man z. Z. für wahrscheinlich hält, besteht die innere, bei chemischen Prozessen zur Verfügung stehende Energie immer aus einem gewissen Anteil an kinetischer Energie, die zu der gegenseitigen potentiellen (elektrischen) Energie der Bestandteile des Atoms (Kern und Elektronen) in einem bestimmten Verhältnis steht.

grundlegendes von MAXWELL und BOLTZMANN herrührendes Gesetz zugrunde, nach dem im thermischen Gleichgewichtszustande, also bei gleicher Temperatur, sämtliche einatomigen Gase die *gleiche* mittlere kinetische Molekularenergie besitzen (sogenanntes *Energieverteilungsgesetz*).

Es fragt sich nun, ob sich dieses Gesetz aufrecht erhalten läßt, falls die Energie nicht mehr kontinuierlich, sondern nur quantenhaft teilbar ist, wie es bei schwingenden Atomen offenbar der Fall ist. Eine einfache Überlegung lehrt, daß dies nicht mehr möglich ist. Sieht man von einer eventuell vorhandenen Nullpunktsbewegung ab, die für das Folgende prinzipiell unwesentlich ist, und denkt man sich einen festen Körper von sehr tiefer Temperatur allmählich dadurch erwärmt, daß man mit ihm ein einatomiges Gas von etwas höherer Temperatur in Berührung bringt, können wir folgende Überlegung anstellen: Im Gase existieren sämtliche Geschwindigkeiten und Energien in mehr oder minder großer Anzahl (die sehr großen Geschwindigkeiten sind, wie erwähnt, relativ selten). Auf den festen Körper einzuwirken vermögen nun die energieärmsten Gasmoleküle überhaupt nicht, erst bei denjenigen Molekülen, die gerade eine Energie besitzen, die dem ersten Energiequantum ε_0 des festen Körpers gleichkommt, findet eine Energieabgabe und die Einstellung eines Gleichgewichts statt. Im Durchschnitt wird der gleiche Bruchteil der Atome im festen Körper das Energiequantum ε_0 annehmen, der im Gase eine Energie zwischen ε_0 und $2\varepsilon_0$ besitzt. Zwei Energiequanten nimmt nur derjenige Bruchteil auf, dem im Gase eine Energie zwischen $2\varepsilon_0$ und $3\varepsilon_0$ zukommt usw. Man erkennt, daß auf diese Weise der feste Körper infolge der Quanten stets *weniger* Energie aufnimmt als das Gas und als dem Energieverteilungsgesetz entspricht. Am auffallendsten wird diese Erscheinung bei sehr tiefen Temperaturen: Die Zahl derjenigen Gasmolekeln, die eine dem Energiequantum ε_0 gleiche Energie besitzen, ist nur noch äußerst gering, daher nehmen überhaupt nur noch vereinzelte Atome des festen Körpers ein Energiequantum auf. Besonders groß ist das Energiequantum beim Diamanten; es beträgt $^2/_3$ der mittleren Energie eines einatomigen Gasmoleküls bei $1330°$ abs. Bei tiefen Temperaturen nimmt der Diamant daher nur äußerst wenig Energie auf, d. h. seine Atomwärme ist in diesem Gebiet auffallend klein*). Bei $330°$ abs., also etwas oberhalb der Zimmertemperatur, nehmen erst 18 von 1000 Diamantatomen ein Energiequantum auf, während 982 in Ruhe verharren. Bei $660°$ besitzen noch 862 einen Energiebetrag Null, 118 ein Quantum, 18 zwei Quanten usw.

Die rechnerische Durchführung der voranstehenden Überlegungen führt zu der zuerst (1900) von PLANCK in etwas anderer Gestalt für die schwarze Hohlraumstrahlung (vgl. (*9*)) gefundenen und später von EIN-

---

*) NERNST vermochte experimentell zu zeigen (Ann. d. Phys. 1911, **36**, 395), daß die Atomwärme des Diamanten bereits bei 60° abs. so klein ist, daß sie sich einer selbst mit den neueren Hilfsmitteln ausgeführten Messung entzieht.

STEIN[9]) auf die Atomwärmen (C_v) fester Körper übertragenen Formel*):

$$(12) \qquad C_v = 3R\left(\frac{\dfrac{\varepsilon_0}{kT}}{e^{\frac{\varepsilon_0}{kT}} - 1}\right)^2 e^{\frac{\varepsilon_0}{kT}} = 3R\left(\frac{\dfrac{h\nu_0}{kT}}{e^{\frac{h\nu_0}{kT}} - 1}\right)^2 e^{\frac{h\nu_0}{kT}}.$$

(R universelle Gaskonstante pro Mol, k pro Molekül, e Basis des natürlichen Logarithmensystems.)

Das Verschwinden der Atomwärmen der festen Körper bei sehr tiefen Temperaturen, aus dem dann unmittelbar das Konstantwerden der U-Kurven und weiterhin, wenigstens auf Grund kinetischer Überlegungen, das Unabhängigwerden sämtlicher thermischer Eigenschaften, also auch der freien Energie von der Temperatur folgt, ist somit als eine einfache Folge der quantenhaften Energieunterteilung im festen Körper anzusehen. Auch das NERNSTsche Theorem ist hiermit auf die gleiche Grundtatsache, die gegenwärtig ja den Ausgangspunkt der gesamten Atomphysik bildet, zurückgeführt. Vom klassisch-kinetischen Standpunkt, der am klarsten in dem Energieverteilungsgesetz seinen Ausdruck findet, ist das NERNSTsche Theorem kaum verständlich. Da dasselbe zu einer Zeit ausgesprochen wurde, als die Quantentheorie sich noch in den Anfängen ihrer Entwicklung befand, ist es begreiflich, daß es in Fachkreisen zunächst eine gewisse Ablehnung fand. Heutzutage ist es indessen als eine Folgerung aus den grundlegenden Quantengesetzen der Materie anzusehen, die zwar thermodynamisch nicht zwingend, aber vom kinetischen Standpunkt aus vollkommen überzeugend ist.

C. Reaktionen, an denen Gase teilnehmen.

a) *Empirische und thermodynamische Grundlagen.* Es wurde im vorangehenden angenommen, daß die an der Reaktion beteiligten festen oder flüssigen Stoffe nicht miteinander mischbar seien; daher brauchte bei den Berechnungen, namentlich bei den Formeln, für die maximale Arbeit das gegenseitige Mischungsverhältnis, oder die Konzentrationen der reagierenden Substanzen nicht berücksichtigt zu werden. Anders liegen die Verhältnisse, sobald an der Reaktion die Gasphase teilnimmt, d. h. sobald mindestens einer der reagierenden Stoffe nur als Gas, nicht aber zugleich als fester oder flüssiger einheitlicher Bodenkörper vorkommt. Dann hängt nämlich die maximale Arbeit der Reaktion in hohem Maße von

---

*) Die hier angedeutete Theorie der Atomwärmen fester Körper entspricht nur annähernd den Tatsachen. Eine exaktere, insbesondere von DEBYE (Ann. d. Phys. 1912, **39,** 789) durchgeführte Theorie berücksichtigt, daß in Wirklichkeit nicht sämtliche Atome mit der gleichen scharfen Eigenfrequenz schwingen, sondern daß die Eigenfrequenz der Atome infolge ihrer gegenseitigen Beeinflussung eine ausgesprochene Unschärfe erhält. Mit Hilfe einiger vereinfachender Annahmen gelangt man dann zu dem für die tiefsten Temperaturen gültigen bereits oben erwähnten T^3-Gesetz der Atomwärmen.

den Konzentrationen, bzw. den Partialdrucken ab, in denen diese Substanzen in der Gasphase vorhanden sind.

Fassen wir zunächst der Einfachheit wegen ein *homogenes gasförmiges System* ins Auge, bei dem also überhaupt keine Bodenkörper vorhanden sind, etwa eine feuchte Knallgasmischung von Atmosphärendruck. Das System besitzt einen ziemlich beträchtlichen Vorrat an freier Energie und vermag daher Arbeit zu leisten. Leiten wir die Reaktion etwa durch einen Funken ein, so vereinigen sich die Gase weitgehend zu Wasser, und es stellt sich ein chemisches Gleichgewicht ein, das thermodynamisch dadurch gekenntzeichnet ist, daß nunmehr kein Vorrat an freier Energie mehr vorhanden ist. Trotzdem findet man bei näherem Zusehen, daß der Sauerstoff und Wasserstoff sich nicht vollständig vereinigt haben, sondern daß noch ein Rest unverbrannt geblieben ist. Dieser Rest ist bei Zimmertemperatur allerdings äußerst geringfügig; der Partialdruck des Wasserstoffs beträgt dann nämlich $3,4 \cdot 10^{-29}$ Atm., der des Sauerstoffs $1,7 \cdot 10^{-29}$ Atm., wenn man einen Überschuß eines der beiden Gase vermeidet und den Partialdruck des Wasserdampfes dem Sättigungsdruck des Wassers ($0,0191$ Atm. bei $17°$ C) gleichmacht. So unbedeutend die übrigbleibende Knallgasmenge erscheinen mag, ihr Vorhandensein ist doch von prinzipieller Bedeutung. Denn anstatt das Knallgas, wie soeben angenommen wurde, sich zu Wasser vereinigen zu lassen, kann man ja prinzipiell das Gleichgewicht und damit den Wert Null der freien Energie auch dadurch erreichen, daß man das Knallgas außerordentlich weitgehend verdünnt (expandieren läßt), während man den Partialdruck des Wasserdampfes (etwa durch Verdampfenlassen einer gewissen Menge flüssigen Wassers) konstant hält. Man findet hierdurch in der Tat die obige Behauptung bestätigt, daß die freie Energie einer Gasmischung von den Konzentrationen bzw. den Partialdrucken der reagierenden Gase abhängt.

Auf Grund dieser Überlegung kann man die freie Energie bzw. die maximale Arbeit einer Reaktion sogar quantitativ berechnen, wenn man die Ausgangs- und die Gleichgewichtspartialdrucke sämtlicher reagierender Gase, auch die der Reaktionsprodukte kennt*): Man braucht nur zu ermitteln, welche Arbeit insgesamt bei der Expansion der Gase geleistet wird. Dabei ist darauf zu achten, daß die Expansion *umkehrbar* geleitet wird, denn nur dann ist die geleistete Arbeit gleich der maximalen Arbeit bzw. der Abnahme der freien Energie. Auf diese Weise gelangt man etwa für eine Reaktion vom Typ der Wasserdampfbildung $2\,A_2 + B_2 = 2\,A_2B$ mühelos zu der grundlegenden Formel**):

---

*) Wegen Einzelheiten der Berechnung sei auf die neueren Lehrbücher der physikalischen Chemie und Thermodynamik verwiesen (vgl. z. B. *(3)*, *(4)*, *(5)*, *(6)*, *(11)*, *(12)*.

**) Streng genommen stellt der folgende Ausdruck nicht die Abnahme der freien Energie dar, sondern die des sog. thermodynamischen Potentials, das um den Betrag pv kleiner ist als die Abnahme der freie Energie, wenn p den Druck, v die Volumänderung des Systems bedeutet. Wie sich zeigen läßt, ist es zweckmäßig, sich bei Prozessen, die

$$(13) \qquad A_m = RT \left\{ \ln \frac{p_A^2 p_B}{p_{A_2B}^2} - \ln \frac{p_A'^2 p_B'}{p_{A_2B}'^2} \right\}.$$

Hierbei bedeutet R die universelle Gaskonstante, ln den natürlichen Logarithmus, die Größen p_A, p_B usw. stellen die Anfangsdrucke der Ausgangssubstanzen bzw. Enddrucke der Reaktionsprodukte, p_A', p_B' usw. die Gleichgewichtsdrucke dar. Nun können die Gleichgewichtspartialdrucke gewissen Variationen unterworfen werden (man kann einmal das eine Gas, dann das andere im Überschuß nehmen), die maximale Arbeit darf indessen nicht von diesen Variationen, sondern bei einer bestimmten Temperatur nur von den Anfangspartialdrucken der Ausgangssubstanzen bzw. Endpartialdrucken der Reaktionsprodukte, im übrigen nur von konstanten Größen abhängig sein. Wäre dies nicht der Fall, so könnte man nämlich durch Hin- und Rückverwandlung einer bestimmten Gasmenge über *verschiedene* Gleichgewichtszustände, aber bei denselben Ausgangspartialdrucken beginnend und endend, insgesamt Arbeit dauernd in Wärme umwandeln, was dem zweiten Hauptsatz widerspricht. So wird man dann dazu geführt, den Ausdruck $\dfrac{p_A'^2 p_B'}{p_{A_2B}'}$ einer konstanten (K_p) gleichzusetzen, d. h. man gelangt zu dem Grundgesetz der chemischen Statik, dem GULDBERG-WAAGEschen *Massenwirkungsgesetz* (VAN 'T HOFF 1877).

Drückt man die Gaskonstante im kalorischen Maß aus ($R = 1{,}986$ cal), und ersetzt den natürlichen durch den gewöhnlichen dekadischen Logarithmus, so folgt:

$$(13\,\mathrm{a}) \qquad A_m = 4{,}571\, T \left\{ \log \frac{p_A^2 p_B}{p_{A_2B}^2} - \log K_p \right\} \text{ cal.}$$

Ist somit der Ausdruck $\dfrac{p_A^2 p_B}{p_{A_2B}^2}$ größer als K_p, so ist A_m positiv, d. h. die Reaktion geht im Sinne einer Bildung der Verbindung A_2B vor sich, ist er kleiner als K_p, so dissoziiert ein Teil der Verbindung A_2B in seine Bestandteile A_2 und B_2. Für den Chemiker ist daher die Kenntnis der Konstanten K_p von größter Bedeutung, da sie ihm die Grenze zeigt, bis zu welcher die Vereinigung bzw. die Dissoziation vor sich geht. An Stelle der Größe A_m rückt hier daher die Konstante K_p in den Vordergrund des Interesses, und es entsteht somit die Aufgabe, K_p aus anderen thermischen Daten zu berechnen, ähnlich, wie es oben bei A_m geschah. Differenziert

---

bei konstantem Druck verlaufen (und diese sind weitaus die häufigeren) des thermodynamischen Potentials statt der freien Energie zu bedienen; z. B. besteht die Gleichgewichtsbedingung in diesem Fall nicht in einem Verschwinden der freien Energie, sondern des thermodynamischen Potentials. Im folgenden möge die Bezeichnung »maximale Arbeit« gemeinschaftlich sowohl auf die Abnahme der freien Energie als auch auf die des thermodynamischen Potentials angewandt werden. Es verursacht dies prinzipiell kein Bedenken, wenn man Prozesse, die bei konstantem Volumen und solche, die bei konstantem Druck verlaufen, auseinanderhält. Übrigens ist der zahlenmäßige Unterschied zwischen freier Energie und thermodynamischem Potential bei chemischen Reaktionen in der Regel recht geringfügig.

man die Gleichung (13a) nach T und setzt den für $\dfrac{dA_m}{dT}$ erhaltenen Ausdruck sowie A_m selbst in Gl. (5) ein, so gelangt man zu der zuerst in allgemeiner Form von van 't Hoff abgeleiteten Gleichung*):

$$(14) \qquad \frac{d \log K_p}{d T} = \frac{U}{4{,}571\, T^2}.$$

Auch hier liefert somit die ältere Thermodynamik nur eine Differentialgleichung, bei deren Integration:

$$(14a) \qquad \log K_p = \frac{1}{4{,}571} \int \frac{U}{T^2}\, dT + Const.$$

wiederum eine zunächst unbestimmte Konstante auftritt. Letztere kann empirisch von Fall zu Fall ermittelt werden, indem man K_p bei *einer* Temperatur experimentell bestimmt; der übrige Verlauf der Temperaturkurve von K_p ist dann durch (14a) festgelegt.

Indessen gelingt es nunmehr, wie Nernst zeigte, zu allgemeinen Angaben über die hier auftretende Integrationskonstante zu gelangen, indem man sich auf die für kondensierte Systeme gewonnenen Ergebnisse stützt. Man betrachte das chemische System bei so tiefen Temperaturen, daß sämtliche Komponenten sich teilweise zu flüssigen oder festen Bodenkörpern kondensieren; im Gasraum befinden sich somit sämtliche Substanzen als gesättigte Dämpfe. Um eine Vereinigung der Komponenten zu bewirken, stehen nun prinzipiell zwei Wege offen: Einmal kann man die Bodenkörper unmittelbar miteinander reagieren lassen, das andere Mal verdampft man zunächst die Ausgangssubstanzen, läßt sie im Gasraum sich vereinigen und kondensiert dann das gebildete Reaktionsprodukt. Der zweite Hauptsatz verlangt nun, daß auf beiden Wegen insgesamt die gleiche Arbeit geleistet werde (andernfalls ergäbe sich die Möglichkeit, ein Perpetuum mobile zweiter Art zu konstruieren). Da bei der Verdampfung die maximale Arbeit gleich Null ist**) (Kondensat und Dampf sind ja im Gleichgewicht), muß die bei der direkten Umsetzung der kondensierten Stoffe geleistete Arbeit (A_{m1}) einfach gleich der im gasförmigen System sein (A_{m2}). Man hat daher die rechten Seiten der Gleichungen (8a) und (13a) einander gleichzusetzen und gelangt so zunächst zu einem thermodynamischen Zusammenhang zwischen der Gleichgewichtskonstanten K_p einerseits und der Wärmetönung im konden-

---

*) In ihr bedeutet *U die Wärmetönung bei konstantem Druck* gemessen; bei den Reaktionen im kondensierten System konnte der wenn auch prinzipiell vorhandene Unterschied zwischen der Wärmetönung bei konstantem Druck und der bei konstantem Volumen vernachlässigt werden.

**) Es liegt hier ein Fall vor, der bei konstantem Druck verläuft. Daher ist die maximale Arbeit dem thermodynamischen Potential, d. h. der tatsächlich reversibel geleisteten Arbeit minus pv gleichzusetzen. Da die geleistete Arbeit hier bekanntlich gleich pv ist, erkennt man ohne weiteres, daß das thermodynamische Potential beim Verdampfungsvorgang verschwindet.

sierten System, den spezifischen Wärmen und den Sättigungsdrucken p_s der kondensierten Stoffe. Für jeden der letzteren gilt nun eine auf dem zweiten Hauptsatz beruhende Differentialformel:

$$(15) \qquad \frac{d \log p_s}{dT} = \frac{\Lambda}{4{,}571\, T^2},$$

in der die Verdampfungswärme Λ auftritt, und die, wie man erkennt, der Gleichung (14) nahe verwandt ist. Auch sie hilft uns indessen nur weiter, wenn man durch eine Integration den Differentialquotienten beseitigt, wozu man zunächst Λ als eine Funktion der Temperatur T darstellen muß.

Nun ist analog zu (7) zu setzen:

$$(7\,c) \qquad \frac{d\Lambda}{dT} = C_{pg} - C_k$$

eine Gleichung, in der C_{pg} die Molekularwärme des Gases bei konstantem Druck und C_k die der Flüssigkeit bedeuten. Zwar gilt diese Beziehung nur dann exakt, wenn der Dampf sehr wenig dicht ist, indessen läßt sich dies stets erreichen, indem man das System hinreichend stark abkühlt. Die Verdampfungswärme selbst ist daher analog zu (7 b) durch den Ausdruck

$$\Lambda = \Lambda_0 + \int\limits_0^T (C_{pg} - C_k)\, dT$$

darstellbar, der in (15) einzusetzen ist. Es ist nun zweckmäßig, die Molekularwärme des Gases in einen konstanten und einen temperaturabhängigen Teil zu zerlegen (C_{p0} und C'). Führt man jetzt die Integration von Gl. (15) aus, so tritt wiederum eine zunächst unbestimmte Integrationskonstante auf; d. h. man erhält:

$$(16)\ \log p_s = -\frac{\Lambda_0}{4{,}571\, T} + \frac{C_{p0}}{1{,}986} \log T + \frac{1}{4{,}571} \int\limits_0^T \frac{dT}{T^2} \int\limits_0^T (C' - C_k)\, dT + i.$$

Da indessen die Erfahrung lehrt, daß bei jeder Temperatur ein ganz bestimmter Dampfdruck herrscht, muß diese Unbestimmtheit beseitigt werden, und es muß der Integrationskonstanten ein fester Zahlenwert (i) beigelegt werden, der natürlich von Substanz zu Substanz verschieden ist und vorläufig empirisch, eben nach Gl. (16), ermittelt werden kann, falls bei einer bestimmten Temperatur der Dampfdruck, ferner die Verdampfungswärme und die spezifischen Wärmen des Kondensats und des Dampfes bekannt sind. Die für einige Substanzen auf diesem Wege erhaltenen i-Werte sind in nachstehender Tabelle wiedergegeben, die gleichzeitig anzeigt, welcher Wert für C_{p0} angenommen wurde:

Tabelle 1.
Chemische Konstanten verschiedener Körper*).

Substanz	$C_{p\,0}$	i (empirisch)	i berechnet nach Gl. (18a)
Hg	4,96	$+1,83$	$+1,86$
Cd	4,96	$+1,52$	$+1,49$
Zn	4,96	$+1,15$	$+1,18$
CO_2	6,96	$+0,80$	—
Ar	4,96	$+0,75$	$+0,81$
O_2	6,96	$+0,70$	—
CO	6,96	$-0,04$	—
N_2	6,96	$-0,05$	—
H_2	4,96	$-1,11$	$-1,14$
H_2O	7,95	$-2,00$	—

Ersetzt man nunmehr in der aus der Vereinigung von (8a) und (13a) hervorgehenden Beziehung für K_p die Sättigungsdrucke p_s der einzelnen Substanzen durch Gl. (16), so ergeben sich einige Vereinfachungen: die Molekularwärmen der kondensierten Stoffe fallen heraus, die Wärmetönung U_0 im kondensierten System ergibt, vereinigt mit den Verdampfungswärmen A_0 der verschiedenen Stoffe, die Wärmetönung im gasförmigen System. Als Endergebnis erhält man die Formel:

$$(17)\quad \log K_p = -\frac{U_0}{4,571\,T} + \frac{1}{1,986}\,\Sigma C_{p\,0}\log T + \frac{1}{4,571}\int_0^T\frac{dT}{T^2}\int_0^T\Sigma C'\,dT + \Sigma i,$$

in der Σi eine Abkürzung für den Ausdruck $2\,i_A + i_B - 2\,i_{A_2B}$ darstellt, wenn man speziell die chemische Reaktion $2\,A_2 + B_2 = 2\,A_2B$ betrachtet. Es ist bemerkenswert, daß in Gl. (17) lediglich Daten vorkommen, die sich auf die Gase beziehen und die daher auch bei beliebig hoher Temperatur, selbst wenn die Substanzen im kondensierten Zustand nicht mehr existenzfähig sind, gültig bleibt.

Wie man feststellen kann, ist Gl. (17) mit Gl. (14a) identisch, nur ist in ersterer die Integration unter Berücksichtigung von (7b) soweit als möglich ausgeführt. Ferner kommt in ihr keine unbestimmte Integrationskonstante mehr vor, sondern die Gleichgewichtskonstante K_p ist nunmehr *eindeutig* berechenbar.

Besonderes Interesse beansprucht der an Stelle der zunächst unbestimmten Integrationskonstanten der Gleichung (14a) tretende Ausdruck Σi, der sich aus den Integrationskonstanten der Dampfdruckformel zusammensetzt. Es ist dies eine unmittelbare Folge der Gl.(8a) und damit

*) Großenteils nach A. LANGEN, Zschr. f. Elektroch. 1919, Bd. 25. S. 25, ferner HEIDHAUSEN, Zschr. f. Elektroch. 1920, Bd. 25. S. 69 ($Zn\,Cd$); A. EUCKEN, Zschr. f. phys. Ch. 1922, Bd. 100. S. 159 (Co_2); VAN DE SANDE BAKHUYZEN (1) (H_2).

der NERNSTschen Grundannahme. Würde in Gl. (8a) die Integrationskonstante nicht gleich Null, so würde sich die Integrationskonstante der
VAN 'T HOFFschen Gleichung (14a) nicht in der angegebenen einfachen.
Weise eindeutig aus den Integrationskonstanten der Dampfdruckformeln
berechnen lassen. Übrigens bezeichnete NERNST diese Größen als »chemische Konstanten«, da sie für die Berechnung der Gleichgewichtskonstanten K_p bedeutungsvoll sind, doch läßt ihr ursprüngliches Auftreten in
der Dampfdruckformel eher einen rein physikalischen Charakter erwarten.

Die »chemischen Konstanten« müssen nun für sämtliche verschiedenen
festen Modifikationen ein und derselben chemischen Substanz (z. B. graues
und weißes Zinn) den gleichen Wert besitzen; es ergibt sich dieser Satz
unmittelbar aus der Forderung, daß die durch die i-Werte eindeutig bestimmte Gleichgewichtskonstante K_p bei hohen Temperaturen davon unabhängig sein muß, welche Modifikation der kondensierten Stoffe man
sich bei tiefen Temperaturen gerade vorliegend denkt, um A_m für das
kondensierte System zu ermitteln. Diese Unabhängigkeit ergibt sich
nur, wenn sämtliche Modifikationen desselben Stoffes die gleiche chemische Konstante i besitzen.

Nur bei relativ wenigen homogenen Gasreaktionen konnte das in Formel (17) enthaltene Endergebnis der Berechnung einer hinreichend genauen.
Prüfung unterworfen werden; in den meisten Fällen fehlt es noch an
einer genügend genauen Kenntnis der experimentellen Daten, namentlich
der chemischen Konstanten. Als Beispiel sei das Knallgasgleichwicht,
oder, was dasselbe besagt, die Dissoziation des Wasserdampfes in seine
Elemente angeführt. Die in der zweiten Spalte der nachstehenden Tabelle
angegebenen Gleichgewichtskonstanten K_p sind daher nur aus experimentell bestimmten Größen, der Wärmetönung ($U = 115090$ cal), den
spezifischen Wärmen der Gase und den in Tabelle 1 angegebenen, aus der
Dampfdruckformel ermittelten Werten der chemischen Konstanten berechnet

Tabelle 2.
Dissoziation des Wasserdampfes.

T	$\log K_p$ (nach (17) berechnet)	$100\,\alpha$ berechnet	$100\,\alpha$ beobachtet	Untersuchungsmethode
292	$-82{,}15$	$0{,}52 \cdot 10^{-25}$	$0{,}47 \cdot 10^{-25}$	Elektromotorische Kraft der Knallgaskette.
1397	$-12{,}70$	$7{,}4 \cdot 10^{-3}$	$7{,}8 \cdot 10^{-3}$	Durchströmungsmethode.
1705	$-9{,}35$	$9{,}6 \cdot 10^{-2}$	$10{,}2 \cdot 10^{-2}$	Methode der halbdurchlässigen Wand (Messung des H_2-Par-
2155	$-6{,}42$	$0{,}92$	$1{,}18$	tialdrucks).
2684	$-3{,}79$	$6{,}46$	$6{,}2$	Bestimmung der Maximaltempe- ratur bzw. des Maximaldrucks
3092	$-2{,}51$	$16{,}6$	13	der Knallgasexplosionen (Ex- plosionsmethode).

worden. In der Spalte 3 und 4 der Tabelle 2 sind die aus diesen Werten bei 1 Atm. Druck sich ergebenden Dissoziationsgrade α des Wasserdampfes ($\alpha = \sqrt[3]{2 K_p}$) den nach verschiedenen Methoden direkt oder indirekt experimentell gefundenen gegenübergestellt. Trotzdem sich die Beobachtungen über ein sehr erhebliches Temperaturintervall erstrecken, ist die Übereinstimmung überall befriedigend. Auch die sonstigen vollständig nach Gleichung (17) berechenbaren (übrigens nicht sehr zahlreichen) Beispiele weisen nirgends Abweichungen der Berechnungen von den Beobachtungen auf, die größer sind als die wahrscheinlichen Fehlergrenzen der zugrunde gelegten Beobachtungsdaten es erwarten lassen.

Auf *heterogene Reaktionen*, an denen außer der Gasphase auch kondensierte Stoffe teilnehmen, möge an dieser Stelle nicht näher eingegangen werden, da sie nichts wesentlich Neues bieten. Man kann ohne Mühe zeigen, daß für sie Gleichung (17) im Prinzip erhalten bleibt, falls man die Gleichgewichtspartialdrucke (in K_p) und die chemischen Konstanten nur derjenigen Stoffe einsetzt, die allein in der Gasphase vorkommen. Da bei derartigen Reaktionen die Anforderungen an die Genauigkeit der zur Berechnung von K_p erforderlichen Daten ziemlich groß sind, ist die Anzahl der hinreichend genau untersuchten Beispiele ebenso wie bei den homogenen Reaktionen nur gering. Ein Widerspruch gegen das NERNSTsche Theorem konnte in keinem Falle festgestellt werden.

b) *Der Zusammenhang der chemischen Konstanten mit andern physikalischen Größen.* Nachdem auf Grund der NERNSTschen Überlegungen die fundamentale Bedeutung der Integrationskonstanten der i der Dampfdruckformel auch für chemische Prozesse offenbar geworden war, entstand der Wunsch, dieselbe nicht nur empirisch zu ermitteln, sondern auch einen theoretisch zu begründenden Zusammenhang derselben mit andern physikalischen Größen zu finden.

Um dieses Ziel zu erreichen, hat die Forschung eine Reihe verschiedener Wege eingeschlagen, die stark voneinander abweichen und zum Teil sogar von völlig verschiedenen Voraussetzungen ausgehen. Sämtliche Berechnungen führen trotzdem merkwürdigerweise zu annähernd dem gleichen Endergebnis, aber es leuchtet ein, daß, selbst wenn dieses von der Erfahrung bestätigt wird, ein Rückschluß auf die Zulässigkeit oder Unzulässigkeit der zugrunde liegenden Voraussetzungen nicht ohne weiteres möglich ist. Bei dieser Sachlage ist es verständlich, daß die Ansichten der Forscher über die eigentliche Natur der chemischen Konstanten auch heute noch durchaus geteilt sind.

Das Endziel der Berechnungen für *einatomige* Substanzen möge vorangestellt werden; es lautet:

$$(18) \qquad i = \ln\left(\frac{2\,\pi\,m\,k}{h^2}\right)^{\frac{3}{2}} k = \ln\frac{(2\,\pi)^{\frac{3}{2}} k^{\frac{5}{2}}}{N_L^{\frac{3}{2}}\, h^3} + \frac{3}{2}\ln M,$$

wenn m die Masse eines Atoms, h das Plancksche elementare Wirkungsquantum, $k = \dfrac{R}{N_L}$ die Boltzmannsche Konstante (Gaskonstante pro
einzelne Molekel), N_L die Loschmidtsche Zahl (Zahl der Molekeln eines
Mols), M das Molekulargewicht bzw. Atomgewicht bedeuten. Einzelne Auto-
ren gelangen zu etwas anderen Zahlenfaktoren, z. B. zu $\dfrac{(4\,\pi)^{\frac{3}{2}}}{e}$ (Nernst)
anstatt $(2\,\pi)^{\frac{3}{2}}$, doch darf der letztere als der am besten gesicherte gelten.
Mißt man den Dampfdruck in (16) bzw. die Partialdrucke in K_p in Atmo-
sphären, ersetzt man ferner den natürlichen durch den dekadischen Logarithmus und führt die bekannten Zahlenwerte für die universellen Konstanten π, k, N_L und h ein, so erhält man:

$$(18\,a) \qquad\qquad i = -\,1{,}587 + 1{,}5\,\log M.$$

Eine Zeitlang, als das zu einer Prüfung dieser Gleichung geeignete
Beobachtungsmaterial noch gering war, schienen experimenteller Befund
und Theorie recht befriedigend untereinander überein zu stimmen, wie ein
Vergleich zwischen den Spalten 3 und 4 der Tabelle 1 lehrt. Neuerdings
sind jedoch einige Fälle bekannt geworden (Natrium, Kalium), deren
empirischer, aus der Dampfdruckkurve ermittelter i-Wert erheblich von
dem nach (18a) berechneten abweicht (0,846 gegen 0,46, 1,02 gegen
0,80) [19]). Auch die beobachtete chemische Konstante des einatomigen
Jods fügte sich noch nicht der bisherigen Theorie ein [2])*). Immerhin scheinen
die Möglichkeiten, diese Abweichungen auf einen bisher übersehenen, sekundären Einfluß zurückzuführen, noch nicht erschöpft zu sein. Z. B. wäre
es nicht undenkbar, daß das Natrium und Kalium in demjenigen Temperaturintervall, in dem die Dampfdruckkurve genauer festgelegt wurde,
teilweise zu Molekeln assoziiert ist, während i bisher nach der für einatomige Stoffe geltenden Dampfdruckformel ermittelt wurde**).

Im wesentlichen geht die Verschiedenheit der Ansichten über die Natur
der chemischen Konstanten i auf die Frage zurück: *Ist die chemische
Konstante eine eigentümliche Eigenschaft des gasförmigen oder des kondensierten Zustandes?* Eine völlig sichere Antwort hierauf ist deshalb unmöglich, weil bei den thermodynamischen Berechnungen niemals Absolutwerte, sondern stets nur Differenzen irgendwelcher thermischer Größen auftreten, z. B. stellt die Wärmetönung ein Maß für die Differenz der inneren

---

*) Nach W. Schottky (Phys. Ztschr. 1921, Bd. 22, S. 1; 1922, Bd. 23, S. 9) hängt
i auch bei einatomigen Körpern im Allgemeinen außer von M noch von einem individuellen Faktor, dem »*dynamischen Quantengewicht*« ab, das mit der weiter unten
(S. 158) besprochenen Symmetriezahl verwandt ist. Häufig (wenn es für Dampf und
Kondensat gleich groß ist) hebt es sich allerdings wieder heraus. Beim Na und K
würde es für das Gas größer sein als für das Kondensat.

**) Z. B. spricht das Auftreten eines Bandenspektrums in reinem K-Dampf für das
Vorhandensein von Molekeln, da Bandenspektren nach unseren heutigen Kenntnissen
nur von Molekeln, nicht von Atomen ausgesandt werden.

Energie vor und nach der Reaktion, die maximale Arbeit ein Maß für die Änderung der freien Energie dar und in gleicher Weise ist die Integrationskonstante i der Dampfdruckformel zunächst weiter nichts als eine Differenz einer für den kondensierten und einer für den gasförmigen Zustand charakteristischen Größe. Es läßt sich daher, solange man sich auf den Verdampfungsvorgang beschränkt, nicht willkürfrei entscheiden, ob eine von diesen beiden Größen gleich Null gesetzt werden kann, ob z. B. i nur dem Gase zuzuschreiben ist oder (ganz oder teilweise) dem festen Zustande. Nimmt man dagegen den NERNSTschen Wärmesatz in seiner Anwendung auf chemische Vorgänge hinzu, so kann das Auftreten der Größe i in dem allgemeinen integrierten Ausdruck für K_p bei homogenen Gasreaktionen zwanglos nur durch eine Zuordnung von i zu dem *Gase* erklärt werden, da hier an dem Gleichgewicht kein fester Körper teilnimmt. Überzeugender noch ist die oben erwähnte, hiermit in unmittelbarem Zusammenhang stehende Tatsache, daß i in den Dampfdruckformeln allotroper fester Modifikationen die gleiche Größe besitzt. Da denselben zweifellos eine verschiedene Konstitution zukommt, der Dampf aber stets der gleiche bleibt, leuchtet es ein, daß i nicht dem festen Zustand zugeschrieben werden kann, sondern *als eine charakteristische Konstante des Gases aufzufassen* ist. Daher beruhen denn auch die ersten Ableitungen [26] [34] der Formel (18) auf Betrachtungen, die sich lediglich auf den Gaszustand beziehen.

Von den Gegnern dieser Auffassung wird folgendes geltend gemacht: In der Formel (18) tritt die für die Quantentheorie charakteristische Konstante h auf, was nur durch eine quantenhafte Energieverteilung erklärt werden kann. Nach den bisherigen Erfahrungen ist eine solche aber nur bei Schwingungen oder Rotationen, nicht aber bei einer geradlinig fortscheitenden Bewegung der Molekeln zu erwarten. Da aber die gesamte Wärmeenergie eines einatomigen Gases nur aus der Energie einer geradlinig fortschreitenden Bewegung besteht, lehnt eine Anzahl von Autoren die »Quantelung« des Gases ab und führt das Auftreten der Konstanten h auf einen Einfluß des Kondensates zurück, bei dem sicher eine quantenhafte Verteilung der Energie angenommen werden muß.

Man kann sich, um zu Gleichung (18) zu gelangen, entweder einer vorwiegend thermodynamischen oder einer kinetisch-statistischen Betrachtungsweise bedienen.

Zunächst möge der thermodynamische, von NERNST beschrittene Weg (7), [24] kurz angedeutet werden, bei dem das Auftreten von h in (18) auf das Gas zurückgeführt wird.

Gleichung (17) unterscheidet sich in charakteristischer Weise von der mit dieser nahe verwandten Gleichung (8a) einmal durch das Nichtverschwinden der Integrationskonstanten, ferner durch das Glied $\dfrac{\varSigma C_{po}}{1,986}\log T$, das das Vorhandensein eines endlichen Grenzwertes der spezifischen Wärme der Gase bei tiefen Temperaturen anzeigt. Es liegt nun nahe, den Versuch zu machen, beide Erscheinungen unmittelbar miteinander in Beziehung zu setzen. Dies gelingt, wenn man mit Nernst die Annahme macht, daß bei den allertiefsten Temperaturen für den Übergang gasförmig-fest gleichfalls der neue Wärmesatz gilt, allerdings handelt es sich hierbei nicht um einen Übergang während des Gleichgewichts, sondern man hat sich vorzustellen, daß der Dampf sich durch Abkühlung zunächst sehr stark übersättigen ließe und dann erst kondensiert würde. Die analoge Erscheinung ist ja bei dem Übergang flüssig-fest in vielen Fällen tatsächlich realisierbar: Das Gleichgewicht flüssig-fest, bei dem die maximale Arbeit der Umwandlung verschwindet, stellt sich, wenigstens bei endlichen Drucken, nur bei höherer Temperatur ein; bei tiefen Temperaturen hat A_m stets endliche Werte und wird beim absoluten Nullpunkt schließlich gleich der Umwandlungswärme U. Kennt man U und deren Temperaturverlauf, so kann man mittels des Nernstschen Wärmesatzes die A_m-Kurve und damit den Schmelzpunkt, den Schnittpunkt der A_m-Kurve mit der T-Achse berechnen, ebenso wie oben der Umwandlungspunkt der beiden Zinnmodifikationen ermittelt wurde. Genau die gleiche Überlegung stellt Nernst für das unterkühlte Gas an; ist auf diese Weise die A_m-Kurve für die Umwandlung gasförmig-fest ermittelt, so gelangt man durch die Bedingung $A_m = 0$ zu den Punkten, in denen Gleichgewicht herrscht (Dampfdruckkurve). Um nun den Wärmesatz auf den unterkühlten Dampf anwenden zu können, bedarf es der Annahme, daß seine spezifische Wärme, ähnlich wie bei den festen Körpern, bei tiefer Temperatur gegen Null konvergiert. Es muß daher in ihm eine quantenhafte Verteilung der Wärmeenergie angenommen werden. Um dies irgendwie zum Ausdruck zu bringen, bedient man sich am einfachsten der von Planck und Einstein herrührenden, ursprünglich nur für schwingende Gebilde mit einer bestimmten Eigenfrequenz gültigen Formel (12) für die spezifische Wärme. Selbstverständlich ist die Berechtigung, gerade diese Formel auf einen unterkühlten Dampf anzuwenden, sehr zweifelhaft, indessen wird das Endresultat höchstwahrscheinlich durch die Wahl einer anderen, zutreffenderen Funktion wenigstens nicht wesentlich geändert*).

Es fragt sich nun, welcher Wert für die Eigenfrequenz ν_0 der Molekeln des unterkühlten Gases einzusetzen ist. Verfolgt man den Weg einer einzelnen Molekel, so bewegt sich dieselbe keineswegs dauernd geradlinig vorwärts, sondern beschreibt eine Zickzackbahn, die zwar unregelmäßig ist, doch wird sich die Länge der einzelnen Zacken um einen Mittelwert, die sogenannte *mittlere freie Weglänge l*, gruppieren. Das Durchlaufen einer

---

*) Die Betrachtungen sind bereits von Nernst etwas schematisiert und in der folgenden Wiedergabe noch weiter vereinfacht worden, da es an dieser Stelle nur darauf ankommt, den Gang der Überlegungen ungefähr anzudeuten.

einzelnen Zacke, ein Hin- und Hergang erfordert nun die Zeit $\frac{2\,l}{\bar{\mathfrak{v}}}$, wenn $\bar{\mathfrak{v}}$ die mittlere Geschwindigkeit bedeutet; in *einer* Sekunde läuft daher die Molekel im Durchschnitt $\frac{\bar{\mathfrak{v}}}{2\,l}$-mal hin und her. Es ist daher zu setzen:

$$\nu_0 = \frac{\bar{\mathfrak{v}}}{2\,l}\,.$$

Nimmt man nun eine quantenhafte Verteilung der Energie an, so gilt in diesem Falle für das kleinste Energiequantum einerseits*):

$$\varepsilon_0 = \frac{h\nu_0}{2} = \frac{h\bar{\mathfrak{v}}}{4\,l}\,,$$

andererseits:

$$\varepsilon_0 = \frac{1}{2}\,m\,\bar{\mathfrak{v}}^2\,,$$

oder nach Elimination von ν_0 und $\bar{\mathfrak{v}}$**):

$$(19) \qquad\qquad \varepsilon_0 = \frac{h^2}{8\,m\,l^2}\,.$$

Nun kann man für jede Molekel ein diesem als »Spielraum« zur Verfügung stehendes Volumen definieren durch $v_l = l^3$. Weiterhin kann man das Gesamtvolumen V mit v_l in Beziehung setzen. Am einfachsten ist die Annahme:

$$V = N_L v_l\,,$$

d. h. man stellt sich vor, die Spielräume der einzelnen Molekeln setzten sich additiv zum Gesamtvolumen zusammen. Indessen stellt diese Hypothese sicherlich nur eine grobe Annäherung dar; wie die kinetische Gastheorie lehrt, sind ja die mittleren freien Weglängen der Molekeln, wenigstens bei hohen Temperaturen, erheblich größer als die mittleren Abstände derselben; immerhin wäre es denkbar, daß, wie NERNST es annimmt, beide Größen bei einem stark unterkühlten Dampf bei tiefer Temperatur einander immer näher kommen. In dem Ausdruck (12) für die spezifische Wärme des Gases hat man nunmehr den Wert von (19) einzuführen und erhält so***):

---

*) Der Faktor $\frac{1}{2}$ rührt daher, daß die hin- und herfliegenden Gasmolekeln nur kinetische Energie besitzen, während bei einer Sinusschwingung, für die Gl. (11) gilt, stets der gleiche Betrag an potentieller Energie mit der kinetischen verbunden ist; im letzteren Falle muß daher das Energiequantum doppelt so groß sein als im ersteren.

**) Der in Wirklichkeit vorhandene Unterschied zwischen dem Quadrat der mittleren Geschwindigkeit $(\bar{\mathfrak{v}})^2$ und dem mittleren Geschwindigkeitsquadrat $\bar{\mathfrak{v}^2}$ wird hierbei vernachlässigt.

***) Aus dem gleichen Grunde, wie oben, tritt auch hier der Faktor $\frac{1}{2}$ zu der ursprünglich für Oszillatoren geltenden Formel (12) hinzu.

$$C_{\text{gas}} = \frac{3}{2}\,R\left(\frac{\dfrac{h^2}{8\,m\,v_l^{\frac{2}{3}}\,k\,T}}{e^{\frac{h^2}{8\,m\,v_l^{2/3}\,k\,T}} - 1}\right)^2 e^{\frac{h^2}{8\,m\,v_l^{2/3}\,k\,T}}.$$

Dieser Ausdruck ist nunmehr in die unmittelbar aus (8a) hervorgehende
Gleichung

$$A_m = A_0 - T\int_0^T\frac{dT}{T^2}\int_0^T C_{\text{gas}}\,dT + T\int_0^T\frac{dT}{T^2}\int C_k\,dT$$

einzuführen, um zu der maximalen Umwandlungsarbeit: unterkühlter
Dampf-Kondensat zu gelangen (an Stelle von U_0 in (8a) ist hier A_0, die
Verdampfungswärme beim absoluten Nullpunkt, eingesetzt). Die Aus-
rechnung des ersten Integrals liefert dann zunächst:

$$-\frac{3}{2}\,R\,T\ln\left(e^{\frac{h^2}{8\,m\,v_l^{2/3}\,k\,T}} - 1\right) + \frac{3}{2}\,N_L\,\frac{h^2}{8\,m\,v_l^{2/3}}.$$

Wenn man sich von vornherein auf höhere Temperaturen beschränkt,
kann man das zweite Glied dieses Ausdrucks gegenüber dem ersten
vernachlässigen, und dieses vereinfacht sich zu:

$$-\frac{3}{2}\,R\,T\ln\frac{h^2}{8\,m\,v_l^{\frac{2}{3}}\,k\,T} = -R\,T\ln\frac{h^3}{(8\,m)^{\frac{3}{2}}\,k^{\frac{3}{2}}} + R\,T\ln v_l + \frac{3}{2}\,R\,T\ln T.$$

Nun setzten wir $v_l = \dfrac{V}{N_L}$; ferner ist $V = \dfrac{R\,T}{p} = \dfrac{N_L\,k\,T}{p}$, somit $v_l = \dfrac{k\,T}{p}$.
Es folgt schließlich (mit ausschließlicher Gültigkeit für höhere Tempera-
turen):

$$A_m = A_0 - \frac{5}{2}\,R\,T\ln T + R\,T\ln\frac{h^3}{(8\,m)^{\frac{3}{2}}\,k^{\frac{5}{2}}} + R\,T\ln p + T\int_0^T\frac{dT}{T^2}\int_0^T C_k\,dT.$$

Für das Verdampfungsgleichgewicht ($p = p_s$) gilt $A_m = 0$, daher ist:

$$\ln p_s = -\frac{A_0}{R\,T} + \frac{5}{2}\ln T - \frac{1}{R}\int_0^T\frac{dT}{T^2}\int_0^T C_k\,dT + \ln\frac{(8\,m)^{\frac{3}{2}}\,k^{\frac{5}{2}}}{h^3},$$

oder

$$\log_{10} p_s = -\frac{A_0}{4{,}571\,T} + \frac{5}{2}\log_{10} T - \frac{1}{4{,}571}\int_0^T\frac{dT}{T^2}\int_0^T C_k\,dT + \log_{10}\frac{(8\,m)^{\frac{3}{2}}\,k^{\frac{5}{2}}}{h^3}$$

eine Gleichung, die unter Berücksichtigung von (18) mit (16) identisch
wird, wenn man in letzterer für C_{p_0} den für einatomige Gase bei höheren
Temperaturen gültigen Wert $\dfrac{5}{2}\,R$ einsetzt (C' ist bei diesen gleich null)

und von dem kleinen Unterschied der Zahlenfaktoren des konstanten
Gliedes (8 statt 2π) absieht.

Falls man somit das Operieren mit einem unterkühlten Dampf in der
geschilderten Art für zulässig hält und auf die Umwandlung unterkühlter
Dampf-Flüssigkeit den NERNSTschen Wärmesatz wie auf kondensierte
Systeme anwendet, *stellt die Integrationskonstante i einfach eine Wirkung
des Absinkens der Molekularwärme des Dampfes bei den tiefsten Temperaturen auf den Wert Null dar, die auch bei hohen Temperaturen noch
indirekt bemerkbar bleibt.*

Es wäre selbstverständlich von größtem Interesse, diesen Abfall der
Molekularwärmen unterkühlter Dämpfe direkt experimentell nachweisen
zu können, doch besteht hierzu vorläufig kaum irgendwelche Aussicht, da
Dämpfe bei konstantem Volumen bisher nicht oder nur sehr wenig unter
ihre Sättigungstemperatur unterkühlt werden konnten.

Bei gesättigten Dämpfen, deren Dichte mit sinkender Temperatur
stark abnimmt, ist kein derartiger Effekt in meßbarem Umfange zu erwarten, da sich derselbe mit wachsendem Volumen stark vermindert
(je größer das Volumen, desto kleiner wird nach Formel (19) das Energiequantum ε_0, desto eher kann man mit einer kontinuierlichen Energieverteilung rechnen, für die die klassischen Gesetze, z. B. $C_p = \dfrac{5}{2} R$ usw.
gelten). —

Die erste vollständige *kinetisch-statistische Ableitung der Dampfdruckformel* (18) *für einatomige Substanzen*, die den Absolutwert der Integrationskonstanten i richtig liefert, verdankt man O. STERN [32]). Sie ist später
von TETRODE [34]) noch etwas erweitert und verallgemeinert worden und
von LENZ und HERZFELD [17]) vereinfacht und vervollkommnet worden.
Während nämlich STERN sich bei der Berechnung noch eines speziellen
Modells des festen Körpers bedient, ist ein solches bei der LENZ-HERZ-
FELDschen Betrachtungsweise entbehrlich. Bei allen diesen Ableitungen
wird das Wirkungsquantum h durch den festen Körper, nicht durch den
Dampf, in die Rechnung eingeführt.

Die LENZ-HERZFELDsche Ableitung bedient sich des Begriffes des
Phasenvolumens Φ, das von andern Autoren auch als »Zustandsintegral«
bezeichnet wird*). Dasselbe wird durch den Ausdruck

$$\Phi = \Sigma\, dV\, d\omega_1\, e^{-\frac{E}{kT}}$$

definiert, in dem dV ein Element des gewöhnlichen, räumlichen Vo-
lumens, $d\omega = d\xi\, d\eta\, d\zeta$ ein Element des Impulsraumes ($\xi,\ \eta,\ \zeta$ Im-
pulskomponenten, $\dfrac{\xi}{m},\ \dfrac{\eta}{m},\ \dfrac{\zeta}{m}$ Geschwindigkeiten), E die Energie eines

---

*) Näheres über das Phasenvolumen Φ in dem Artikel » *Über statistische Mechanik* «.
Mit der freien Energie ist das Phasenvolumen durch die einfache Formel: $F =
- RT \ln \Phi$ verknüpft.

Teilchens in dem Element $d\,\omega\,d\,V$ bedeuten. Teilt man nun $E = E_k + E_p$ in einen kinetischen und potentiellen Anteil, so zerfällt das Phasenvolumen in zwei Faktoren

$$J = \Sigma\,d\omega\,e^{-\frac{E_k}{k\,T}} \quad \text{und} \quad \overline{V} = \Sigma\,d\,V\,e^{-\frac{E_p}{k\,T}},$$

deren erster, der mittlere »Impulsraum, nur von der kinetischen, deren zweiter nur von der potentiellen Energie abhängt.

Es gilt nun der für die statistische Mechanik fundamentale *Satz, daß die Teilchenzahlen n_1 und n_2 in verschiedenen Gebieten des Phasenraumes sich verhalten wie die Phasenvolumina:*

$$\frac{n_1}{n_2} = \frac{\Phi_1}{\Phi_2} = \frac{J_1 \cdot \overline{V}_1}{J_2 \cdot \overline{V}_2}.$$

Die Größe von J läßt sich allgemein angeben, falls die kinetische Energie nicht quantenhaft, sondern kontinuierlich verteilt ist, wie es bei Gasen zunächst vorausgesetzt wird. Dann gilt für Teilchen mit drei Freiheitsgraden (einatomige Molekeln):

$$J = \int_{-\infty}^{+\infty} d\xi\,e^{-\frac{\xi^2}{2\,m\,k\,T}} \int_{-\infty}^{+\infty} d\eta\,e^{-\frac{\eta^2}{2\,m\,k\,T}} \int_{-\infty}^{+\infty} d\zeta\,e^{-\frac{\zeta^2}{2\,m\,k\,T}} = \sqrt{(2\,\pi\,m\,k\,T)^3}.$$

Im festen Aggregatzustand schreibt man nun, wenigstens bei den tiefsten Temperaturen, bei denen die spezifische Wärme verschwunden ist, einfach dem gesamten Phasenvolumen eine bestimmte konstante Größe zu, und zwar für ein Teilchen mit drei Freiheitsgraden h^3, für n Teilchen daher $n\,h^3$.

Für den gasförmigen Zustand ist ferner

$$\overline{V} = \int d\,V\,e^{-\frac{\Lambda_0}{R\,T}} = V_g\,e^{-\frac{\Lambda_0}{R\,T}},$$

wenn V_g das gesamte Dampfvolumen, Λ_0 die Verdampfungswärme pro Mol beim absoluten Nullpunkt darstellt. Für das Verdampfungsgleichgewicht erhält man daher einfach:

$$\frac{n_{\text{gas}}}{n_{\text{fest}}} = \frac{\sqrt{(2\,\pi\,m\,k\,T)^3}\,V_g\,e^{-\frac{\Lambda_0}{R\,T}}}{n_{\text{fest}}\,h^3}.$$

Mittels kleinerer Umformungen und unter Berücksichtigung des Gasgesetzes folgt unmittelbar die Gleichung:

$$p = \frac{\sqrt{(2\,\pi\,m\,k)^3}}{h^3}\,k\,T^{\frac{5}{2}}\,e^{-\frac{\Lambda_0}{R\,T}},$$

die bis auf das bei sehr tiefen Temperaturen verschwindende Glied

$$\int_0^T \frac{d\,T}{T^2} \int_0^T C_k\,d\,T$$

in die thermodynamische Dampfdruckformel (16) übergeht und gleichzeitig den richtigen Wert (Gleichung (18)) für die chemische Konstante liefert.

So einleuchtend hier die Verknüpfung der Konstanten h mit dem festen Aggregatzustand erscheint, als zwingend kann sie nicht bezeichnet werden. Denn es kommt ja letzten Endes auf das Verhältnis $\dfrac{\Phi_{\text{gas}}}{\Phi_{\text{fest}}}$ an, und ebenso wie man den Faktor $e-\frac{\lambda_0}{RT}$ entweder mit dem negativen Exponenten willkürlich zum Zähler oder mit positiven Vorzeichen zum Nenner rechnen kann, je nachdem man den Nullpunkt für die Energie festlegt, kann man auch zweifelhaft sein, ob man nicht den Faktor h^3 von vornherein dem Zähler zuzurechnen hat. Dies tut z. B. PLANCK (9). Soweit sich dessen Berechnungsart mit der LENZ-HERZFELDschen vergleichen läßt, kann man folgendes sagen: PLANCK mißt das gesamte Phasenvolumen des Gases nicht wie LENZ und HERZFELD in absoluten Einheiten, sondern in Einheiten der *»Phasenzellen« von der Größe h^3*; nimmt man das Vorhandensein solcher Phasenzellen bei dem Gase an, so bekommt man für dessen Phasenvolumen in der Tat unmittelbar $\dfrac{J_{\text{gas}} V_{\text{gas}}}{h^3}$. Indessen stößt diese Auffassung, worauf EHRENFEST und TRKAL [8]) hinwiesen, bei ihrer späteren Durchführung auf eine gewisse Schwierigkeit, die nicht ganz einfach zu beseitigen ist, falls man zur richtigen Endformel gelangen will.

Weitere statistische Ableitungen der chemischen Konstanten, die mit der PLANCKschen das gemeinsam haben, daß zunächst der Absolutwert der Entropie bzw. freien Energie des Gases ohne Rücksicht auf ein Kondensat oder dergleichen berechnet wird, gaben außer SACKUR und TETRODE in neuerer Zeit SCHERRER [27]) und BRODY [4]), worauf hier nicht näher eingegangen werden möge. Daß es bei einer physikalischen Größe wie den thermischen Zustandsgrößen, bedenklich ist, a priori ohne Definition des Nullwertes mit einem Absolutwert zu rechnen, wurde namentlich von EHRENFEST und TRKAL [2]) betont und ist bereits oben hervorgehoben worden.

Die Berechnung der chemischen Konstanten *zwei- und mehratomiger Gase* läßt sich prinzipiell in analoger Weise nach den gleichen Methoden durchführen wie bei einatomigen Substanzen. Das übereinstimmende Ergebnis sämtlicher Überlegungen besteht darin, daß die *chemische Konstante in diesem Falle eine Funktion der Hauptträgheitsmomente der Molekel wird*. Man erkennt hieraus erheblich deutlicher als bei den einatomigen Gasen, daß es natürlicher ist, die chemische Konstante dem Gase und nicht dem festen Aggregatzustand ganz oder teilweise (z. B. hinsichtlich der Größe h) zuzuschreiben. Denn wenn man trotzdem, etwa wie STERN [31]), die Berechnung für zwei- bzw. dreiatomige Gase in analoger Weise wie für einatomige durchführen will, bedarf es der Annahme, daß die Molekeln auch im festen Zustand als solche vorhanden sind und als Ganzes um ihren Mittelpunkt Kreisschwingungen oder Rotationen ausführen; dies steht aber mit unseren sonstigen Kenntnissen über die Konstitution zahlreicher fester Körper, namentlich der einfachen Salze vom $NaCl$-Typ, durchaus nicht im Einklang.

Am einfachsten gelangt man auf dem oben S. 147 ff. für einatomige Körper angedeuteten Wege auch zu den Formeln für die chemische Konstante zwei- und mehratomiger Gase. Die Berechnung ist in diesem Falle sogar wesentlich zuverlässiger als oben. Als Voraussetzung bedarf es nur der Annahme, daß die zwei- und mehratomigen Gase bei tiefen Temperaturen sämtlich thermisch einatomig werden, d. h., daß ihre Molekularwärme bei konstantem Druck bei tieferen Temperaturen auf den Wert $\frac{5}{2}R$ herabsinkt. Dies konnte, wenigstens in einem Falle, nämlich beim Wasserstoff, experimentell sicher nachgewiesen werden[12]), und es besteht hiernach wohl keinerlei Zweifel, daß die übrigen Gase sich ebenso verhalten werden. Nur über die genauere Art, wie sich die Molekularwärme bei tiefen Temperaturen dem Grenzwert $\frac{5}{2}R$ nähert, besteht eine gewisse, wenn auch nicht schwer ins Gewicht fallende Unsicherheit. *Man kann daher den Dampfdruck sämtlicher Substanzen bei sehr tiefen Temperaturen einfach nach der für einatomige Körper geltenden Formel* (16) mit dem C_{p_0}-Wert $\frac{5}{2}R$ und dem durch (18) gegebenen i-Wert *berechnen.*

Bei höheren Temperaturen erhält die Molekularwärme noch einen Beitrag, der von der Rotation der Molekeln herrührt und den man daher als Rotationswärme (C_r) bezeichnet; derselbe beträgt bei zweiatomigen Gasen maximal R (= 1,986 cal), bei drei- und mehratomigen Gasen maximal $\frac{3}{2}R$. Sobald dieser Maximalwert der Rotationswärme erreicht ist, bleibt die Molekularwärme des Gases im allgemeinen wieder innerhalb eines gewissen Temperaturgebietes konstant. *Das von dem Anstieg der Rotationswärme herrührende Glied* der Gleichung (16)

$$\int_0^T \frac{dT}{T^2} \int_0^T C' = \int_0^T \frac{dT}{T^2} \int_0^T C_r\, dT$$

nimmt in diesem Falle gleichfalls einen konstanten Wert an, um den die nach (18) zu berechnende chemische Konstante bei zwei- und mehratomigen Gasen zu vermehren ist.

Um den durch eine quantenhafte Energieverteilung bedingten Anstieg der Rotationswärme angeben zu können, fragt es sich nun zunächst, welche Größe hier an Stelle der Eigenfrequenz ν_0 des Oszillators zu setzen ist, falls man an der Grundformel:

$$(20) \qquad \varepsilon_0 = \frac{h\nu_0}{2}$$

der Quantenlehre auch für die Energiequanten der Rotation festhält. Eine bekannte mechanische Gleichung liefert für die Energie der Rotation[)]

$$(21) \qquad \varepsilon_0 = \frac{J}{2}\,\omega^2 = \frac{J}{2}\,(2\pi\nu_0)^2,$$

wenn ω die Winkelgeschwindigkeit, J das Trägheitsmoment der Molekel bedeuten. Setzt man in (20) und (21) ν_0 einander gleich, so erhält man unmittelbar:

$$\varepsilon_0 = \frac{h^2}{8\pi^2 J} = \frac{\beta' k}{J}.$$

Das Energiequantum ist hier also umgekehrt proportional dem Trägheitsmoment J der Molekel. Verwendet man für den Anstieg der Rotationswärme wiederum die PLANCK-EINSTEINsche Funktion, was nach den Beobachtungen am Wasserstoff sicherlich nur eine grobe Annäherung darstellt, trotzdem aber das Endergebnis nicht wesentlich entstellen kann, so erhält man:

$$C_r = R\left(\frac{\dfrac{\beta'}{JT}}{e^{\frac{\beta'}{JT}}-1}\right)^2 e^{\frac{\beta'}{JT}}$$

für zweiatomige Molekeln, während bei drei- und mehratomigen noch der

Faktor $\dfrac{3}{2}$ hinzutritt.

Setzt man diesen Wert in den Ausdruck

$$\frac{1}{4{,}571}\int_0^T \frac{dT}{T^2}\int_0^T C'\,dT$$

der Formel (16) ein, so folgt zunächst

$$-\log\left(e^{\frac{\beta'}{JT}}-1\right)+\frac{\beta'}{JT} \quad \text{bzw.} \quad \frac{3}{2}\log\left(e^{\frac{\beta'}{JT}}-1\right)+\frac{\beta'}{JT}\cdot$$

Bei sehr hohen Temperaturen, sobald C_r seinen Grenzwert annähernd erreicht hat, vereinfacht sich dieser Ausdruck zu:

$$\log\frac{\beta'}{JT} \quad \text{bzw.} \quad \frac{3}{2}\log\frac{\beta'}{JT}\cdot$$

Es läßt sich nun zeigen, daß der prinzipiell gleiche Ausdruck für das

Integral $\displaystyle\int_0^T \frac{dT}{T^2}\int_0^T C_r\,dT$ als Grenzwert bei hohen Temperaturen auch bei

einer anderen Wahl der Temperaturfunktion als der PLANCK-EINSTEINschen sich ergibt; dieselbe muß nur den Forderungen genügen, allein von dem Argument JT abzuhängen, bei tiefen Temperaturen mindestens proportional T anzusteigen und bei hohen Temperaturen konstant zu werden. Allerdings tritt dann an Stelle von β' ein etwas anderer Faktor (im folgenden mit β'' bezeichnet), über dessen Größe vorläufig noch nichts Bestimmtes ausgesagt werden kann. Führt man daher den als allgemein gültig, von der speziellen Wahl der Temperaturfunktion von C_r als unabhängig anzusehenden Ausdruck $\log \dfrac{\beta''}{JT}$ an Stelle des die Größe C' enthaltenden Integrals in Gleichung (16) ein, so folgt unter Berücksichtigung der Zahl der Freiheitsgrade und von Gleichung (18a) allgemein:

Für zweiatomige Gase:

$$(22) \qquad i = -\,1{,}587 + \frac{3}{2}\log M - \log \beta'' + \log J.$$

Für drei- und mehratomige Gase:

$$(22\,a) \qquad i = -\,1{,}587 + \frac{3}{2}\log M - \frac{3}{2}\log \beta'' + \frac{3}{2}\log J.$$

Oder speziell mit dem Wert:

$$\beta'' = \beta' = \frac{h^2}{8\,\pi^2 k} = \frac{(6{,}55\cdot 10^{-27})^2}{8\cdot 3{,}14^2\cdot 1{,}37\cdot 10^{-16}} = 0{,}396\cdot 10^{-38}.$$

Für zweiatomige Gase:

$$(23) \qquad i = 36{,}815 + \frac{3}{2}\log M + \log J$$

Für drei- und mehratomige Gase:

$$(23\,a) \qquad i = 56{,}05 + \frac{3}{2}\log M + \frac{3}{2}\log J.$$

In der letzteren Formel stellt J einen Mittelwert, das geometrische Mittel aus den drei Hauptträgheitsmomenten dar. Man kann sich nämlich das Glied $\frac{3}{2}\log J$ in drei Teile $\frac{1}{2}\log J_1$, $\frac{1}{2}\log J_2$, $\frac{1}{2}\log J_3$ zerlegt denken, die vereinigt $\frac{3}{2}\log \sqrt[3]{J_1 J_2 J_3}$ ergeben.

Es möge hier bereits bemerkt werden, daß die neueren statistischen Berechnungen bei zweiatomigen Gasen ebenfalls zu (22) bzw. (23) führen, bei drei- und mehratomigen Gasen erhält man indessen ein etwas, wenn auch nur unwesentlich abweichendes Ergebnis, in dem zu β' der Faktor $\sqrt[3]{\pi}$ hinzutritt (an Stelle der Zahl 56,05 folgt dann 56,30).

Um die durch die Verwendung speziell der Einsteinschen Funktion bedingte Unsicherheit zu vermeiden, erscheint es vorteilhaft, sich wenigstens vorläufig auf die Gleichungen (22) bzw. (22a) zu beschränken und den Faktor β'' empirisch zu bestimmen, indem man (22) für einen Fall auswertet, bei dem sowohl i aus der Dampfdruckkurve als auch das Trägheitsmoment J nach irgendeiner sonstigen Methode sicher bestimmbar ist. Gegenwärtig ist das Kohlenoxyd die einzige Substanz, bei der diese Bedingung erfüllt ist; mit den hier gefundenen Werten ($J = 14{,}7 \cdot 10^{-40}$, $i = -0{,}04$) erhält man: $\log \beta'' = -38{,}22$, der von dem oben verwandten

$$\log \beta' = \log \frac{h^2}{8\,\pi^2 k} = -38{,}406$$

nicht weit entfernt ist.

Eine einigermaßen vollständige Prüfung der Gleichungen (22) und (22a) an der Erfahrung ist zurzeit nicht durchführbar, da außer dem CO keine Substanz vorliegt, bei der sowohl i als auch J hinreichend sicher bekannt sind. Soweit man gegenwärtig wenigstens einen Überblick gewinnen kann, scheint sich (22) in der Mehrzahl der Fälle zu bewähren; nur beim Sauerstoff besitzt die experimentell gefundene chemische Konstante einen Wert von etwa 0,7, dem nach Gleichung (22) ein recht unwahrscheinliches Trägheitsmoment entsprechen würde, das mehr als viermal so groß als das des CO ist. Bei der Kohlensäure, bei der die Verhältnisse zunächst ähnlich zu liegen schienen, kann die Unstimmigkeit dadurch beseitigt werden, daß man die Molekel als völlig gestreckt, also als thermisch zweiatomig ansieht [13]).

Von den kinetisch-statistischen Untersuchungen über die Berechnung der chemischen Konstanten mehratomiger Substanzen möge an dieser Stelle nur auf die bemerkenswerte, bereits oben erwähnte Arbeit von EHRENFEST und TRKAL kurz eingegangen werden, die das Problem durch eine sehr allgemeine Berechnung des homogenen Dissoziationsgleichgewichtes einer Gasmischung zu lösen versuchen. Die Trägheitsmomente treten in die Rechnung durch den Term für die kinetische Energie ein:

$$E_k = \frac{p_1^2}{2M} + \frac{p_2^2}{2M} + \frac{p_3^2}{2M} + \frac{p_4^2}{2J_1} + \frac{p_5^2}{2J_2} + \frac{p_6^2}{2J_3} -$$

(p_1, p_2 ... Impulsmomente der fortschreitenden und rotierenden Bewegung), woraus man erkennt, daß jedem rotatorischen Freiheitsgrad in der chemischen Konstanten ein Glied $-\frac{1}{2}\log J$ entsprechen muß, wenn man für die drei Freiheitsgrade der fortschreitenden Bewegung $\frac{3}{2}\log M$ findet.

In sehr eigentümlicher Weise (letzten Endes axiomatisch) wird die *Konstante h* eingeführt: EHRENFEST und TRKAL unterscheiden bei den Molekeln *voll erregte Freiheitsgrade* (fortschreitende Bewegung, Rotation) und *unerregte Freiheitsgrade* (Schwingungen der Atome gegeneinander)*). Das Phasenvolumen der vollerregten Freiheitsgrade wird nach der klassischen Mechanik berechnet, das Phasenvolumen eines jeden unerregten

---

*) Man könnte hier selbstverständlich noch eine beliebig große Menge von *Freiheitsgraden* einbegreifen, die sich auf *das Innere des Atoms* beziehen, doch würden dieselben bei der weiteren Berechnung sich wieder herausheben.

Freiheitsgrades wird nicht etwa vernachlässigt, sondern gleich h gesetzt. Beträgt nun die Atomzahl einer Molekel Z, so erhält man bei symmetrischer Schreibweise für die Zahl der unerregten Freiheitsgrade bzw. deren Phasenvolumen (in Klammern)

bei einatomigen Molekeln: $3Z - 3$ (h^{3Z-3})
» zwei- »   » $3Z - 5$ bzw. (h^{3Z-5})
» drei- und mehratomigen Molekeln: $3Z - 6$ (h^{Z3-6}).

Betrachtet man nun die Molekeln der Substanzen A, B und AB mit den Atomzahlen Z_A, Z_B und Z_{AB} und bildet für eine Reaktion etwa vom Typ $A + B = AB$ den Ausdruck für das Massenwirkungsgesetz $\dfrac{n_A n_B}{n_{AB}}$ in einer analogen Weise wie oben bei der Berechnung des Verdampfungsgleichgewichts für das Verhältnis $\dfrac{n_{\text{gas}}}{n_{\text{fest}}}$ durch Einsetzen der entsprechenden Phasenvolumina, so heben sich die Faktoren $h^{3Z_A + 3Z_B}$ (im Zähler) und $h^{3Z_{AB}}$ (im Nenner) heraus, da ja die Atomzahl bei der Reaktion konstant bleibt $(Z_A + Z_B = Z_{AB})$. Es bleiben also für das Phasenvolumen und damit den Logarithmus der chemischen Konstanten in Übereinstimmung mit den obigen Ergebnissen von den unerregten Freiheitsgraden folgende Faktoren übrig:

Bei einatomigen Molekeln h^{-3}, bei zweiatomigen h^{-5}, bei drei- und mehratomigen h^{-6}, was mit den sonstigen Ergebnissen übereinstimmt[*]).

In einem Punkt zeigt das Ergebnis Ehrenfests und Trkals[**]) einen prinzipiellen Unterschied gegenüber dem anderer Autoren: die Ausdrücke (23) und (23a) sind noch um den Logarithmus einer Konstanten σ, der sogenannten *Symmetriezahl der Molekel* zu vermindern. Diese Größe σ trägt dem Umstande Rechnung, daß man bei symmetrischen Molekeln, z. B. N_2, noch eine Vertauschung der Atome vornehmen kann, ohne die physikalisch feststellbare Lage der Molekel zu ändern, während bei unsymmetrischen Molekeln, z. B. CO, eine solche Vertauschung nicht möglich ist. Nach Ehrenfest und Trkal würde das Phasenvolumen bei symmetrischen Molekeln nach der normalen Berechnungsart (bei zweiatomigen um den Faktor 2) zu groß ausfallen. Um das richtige Phasenvolumen auch in diesem Falle zu erhalten, wäre daher eine Division durch die Symmetriezahl σ bzw. eine Substraktion ihres Logarithmus vorzunehmen.

Bei mehratomigen Molekeln nimmt σ unter Umständen erhebliche Werte an, z. B. erhält man für CH_4 den Wert 12, da man die Wasserstoffatome zwölfmal gegenseitig austauschen kann. Eine sichere experimentelle Entscheidung, ob die Einführung der Symmetriezahl berechtigt ist oder

---

[*]) Für zweiatomige Gase folgt zunächst (thermisch einatomiger Zustand) aus Gl. (18) der Faktor h^{-3}, ferner, falls $\beta' = \dfrac{h^2}{8\pi^2 k}$ gesetzt wird, h^{-2}, insgesamt somit h^{-5}.

[**]) Vgl. auch die Fußnote S. 146.

nicht, steht noch aus; die bisher vorliegenden Ergebnisse scheinen eher gegen als für eine solche zu sprechen, z. B. besitzen die Gase CO und N_2 tatsächlich annähernd die gleiche chemische Konstante, was nicht der Fall sein dürfte, wenn dieselben, wie es wahrscheinlich ist, annähernd gleiche Trägheitsmomente besitzen. —

Insgesamt, wenn man alle bisher ausgeführten Rechnungen über die chemische Konstante überblickt, kann man sich dem Eindruck nicht entziehen, daß gerade die Mannigfaltigkeit und Verschiedenheit sämtlicher Methoden und Voraussetzungen, wenn sie auch schließlich zu einem gemeinsamen Ergebnis führen, auf eine gewisse Unsicherheit der theoretischen Grundlagen hindeuten, deren restlose Beseitigung unbedingt anzustreben ist. Die gleiche Unsicherheit haftet übrigens letzten Endes auch noch der gesamten Quantentheorie hinsichtlich ihrer tieferen Begründung an; denn wenn auch auf diesem Gebiete bereits eine bewundernswerte Arbeit geleistet wurde, so ist die Mehrzahl der bisherigen zum Teil voneinander erheblich abweichenden Grundannahmen und Ansätze der verschiedenen Autoren vorwiegend formaler Natur und kann daher schwerlich als etwas Definitives angesehen werden.

D. Vereinfachungen der Formeln zum praktischen Gebrauch.

Während die Wärmetönung U einer Reaktion bei Zimmertemperatur in der Regel als bekannt vorausgesetzt werden kann, fehlen für zahlreiche Substanzen noch die Molekularwärmen sowie die chemischen Konstanten, so daß man gerade in solchen Fällen, in denen man das chemische Gleichgewicht voraus berechnen möchte, häufig die vollständigen Gleichungen nicht anwenden kann. Man muß in derartigen Fällen zwar auf eine exakte Antwort verzichten, durch Anbringung von einigen Vereinfachungen konnte Nernst indessen die Grundgleichung (17) zu einer Näherungsformel umgestalten, die im allgemeinen wenigstens die richtige Größenordnung für die Gleichgewichtskonstante K_p liefert und daher einen Überblick über die Stabilitätsverhältnisse der einzelnen bei der Reaktion auftretenden Substanzen zuläßt.

Die Vereinfachungen bestehen in folgendem:

a) Man benutzt an Stelle von U_0 unmittelbar die bei Zimmertemperatur gemessene Wärmetönung U.

b) Anstatt der wahren Molekularwärme wird gesetzt: für jede Gasmolekel der Wert 3,5, für sämtliche festen und flüssigen Substanzen der Wert Null. Das Glied

$$\frac{1}{4,57}\int_0^T \frac{dT}{T^2}\int_0^T \Sigma C' dT$$

fällt daher fort und das in T logarithmische Glied lautet:

$$\Delta n \frac{3,5}{R} \log T = \Delta n\, 1{,}75 \log T,$$

wobei der Ausdruck Δn die Differenz: Zahl der verschwindenden minus Zahl der entstehenden Gasmolekeln bedeutet.

c) Um die unter a) und b) angeführten Vereinfachungen nach Möglichkeit zu kompensieren, sind nicht die wahren, aus der Dampfdruckformel stammenden Werte für die chemische Konstante i zu verwenden, sondern abgeänderte, »konventionelle« Werte i', die empirisch aus Gasgleichgewichten ermittelt worden sind (vgl. Tabelle 3). Bei Substanzen, deren

Tabelle 3.

» Konventionelle « chemische Konstanten i'.

H_2	1,6	HCl	3,0	CS_2	3,1
CH_4	2,5	HJ	3,4	NH_3	3,3
N_2	2,6	NO	3,5	H_2O	3,6
O_2	2,8	N_2O	3,3	CCl_4	3,1
CO	3,5	H_2S	3,0	$CHCl_3$	3,2
Cl_2	3,1	SO_2	3,3	C_6H_6	3,0
J_2	3,9	CO_2	3,2		

i'-Werte noch unbekannt sind, setzt man in allererster Annäherung $i' = 3$. Nach CEDERBERG (2) leistet die Beziehung:

$$i' = 1{,}7 \log \pi_0$$

(π_0 kritischer Druck) gute Dienste.

Man erhält nunmehr an Stelle von Gleichung (17):

$$(24) \qquad \log K_p = -\frac{U}{4{,}571\,T} + \Delta n \, 1{,}75 \log T + \Sigma i'.$$

Der oben angegebene Wert 3,5 für die Molekeln gasförmiger Substanzen ist innerhalb gewisser Grenzen willkürlich, an dem historischen Wert 3,5 kann indessen um so eher festgehalten werden, als es zweifelhaft ist, ob eine andere Wahl zu einer Verbesserung der Formel führen würde. Zu beachten ist auf alle Fälle, daß jede Änderung von Gleichung (24) auch eine solche der empirisch ermittelten konventionellen chemischen Konstanten i' bedingt.

Es ist einleuchtend, daß die Näherungsformel (24) um so leistungsfähiger sein wird, je weniger die Ausdrücke

$$\frac{\Sigma C_{p_0}}{R} \log T \quad \text{und} \quad \int \frac{dT}{T^2} \int \Sigma C_p' \, dT,$$

die die stärksten Vereinfachungen erlitten haben, ins Gewicht fallen. Dies wird cet. par. um so mehr der Fall sein, je geringer der Unterschied der verschwindenden und entstehenden Molzahlen (Gasmolekeln) ist. Es ergibt sich daher, daß Formel (24) verhältnismäßig exakte Werte liefern muß bei Reaktionen, bei denen die Molzahl konstant bleibt, bei denen also das zweite Glied verschwindet ($\Delta n = 0$). Ist $\Delta n = \pm 1$, so bleibt Gleichung (24) im allgemeinen noch recht brauchbar, doch ist sie, je nach den Anforderungen, die man an die Genauigkeit der Ergebnisse stellt, mit einer gewissen Vorsicht anzuwenden, sobald Δn größer als $+ 1$ oder kleiner als $- 1$ ist.

Tabelle 4.

Gleichgewichtskonstanten K_p einiger ohne Änderung der Molzahl verlaufender Reaktionen.

Reaktion	U	$\Sigma n i'$	300°		1000°		2000° (abs.)	
			$\log K_p$ beob.*)	$\log K_p$ ber.	$\log K_p$ beob.	$\log K_p$ ber.	$\log K_p$ beob.	$\log K_p$ ber.
$H_2 + J_2 = 2HJ$	2760	$- 0,7$	$- 2,88$	$- 2,7$	$- 1,34$	$- 1,3$	$-$	$- 1,0$
$CO + H_2O = H_2 + CO_2$	10420	$+ 2,3$	$-$	$- 5,3$	$- 0,17$	$+ 0,03$	$-$	$+ 1,165$
$H_2 + Br_2 = 2HBr$	24200	$- 1,6$	$- 18,55$	$- 19,25$	ca. $- 6,5$	$- 6,9$	$-$	$- 4,25$
$2NO = N_2 + O_2$	43200	$+ 1,6$	$-$	ca. $- 30,0$	$-$	$- 7,85$	ca. $- 3,6$	$- 3,12$
$H_2 + Cl_2 = 2HCl$	44000	$- 1,3$	$- 33,2$	$- 33,38$	$- 10,43$	$- 10,93$	$- 5,77$ (bei 1829°)	$- 6,11$ (bei 1829°)

Für eine Anzahl von Reaktionen, bei denen $\Delta n = 0$, ist in Tabelle 4 der nach (24) berechnete K_p-Wert dem beobachteten gegenübergestellt. Es zeigt sich in der Tat, daß die Leistungen der Formel (24) trotz ihrer großen Einfachheit vollkommen befriedigend sind. Weitere Reaktionen, bei denen auch Δn von Null verschieden ist, sind in den größeren zusammenfassenden Darstellungen des Nernstschen Wärmesatzes, insbesondere (4), (10) besprochen. Da, wie erwähnt, die konventionellen chemischen Konstanten i' der Tabelle 3 im allgemeinen empirisch aus einzelnen Gasgleichgewichten bestimmt wurden (z. B. wurde der i'-Wert des NH_3 aus dem Gleichgewicht der Bildungsreaktion $3H_2 + N_2 = 2NH_3$ ermittelt), können diese Gleichgewichte selbstverständlich zur Beurteilung der Frage nach der Brauchbarkeit von (24) bei unbekannten Gleichgewichten nicht herangezogen werden.

*) Aus der E.M.K. des betr. galvanischen Elements.

Literatur.

a) Monographien und Lehrbücher,

die eine zusammenfassende Darstellung des Nernstschen Wärmesatzes enthalten.

(1) Van de Sande Bakhuyzen, Het Warmte-Theorema van Nernst, Frankfurt 1921.
(2) Cederberg, J., Die thermodynamische Berechnung chemischer Affinitäten, Berlin 1916.
(3) Eucken, A., Grundriß der physikalischen Chemie, Leipzig 1922.
(4) Jellinek, K., Physikalische Chemie der Gasreaktionen, Leipzig 1913.
(5) Lewis, W. C. Mc., A. System of Physical Chemistry, 3 Bände, 2. Aufl. (Neudruck), London 1921.
(6) Nernst, W., Theoretische Chemie, 8.—10. Aufl., Stuttgart 1921.

(7) Nernst, W., Die theoretischen und experimentellen Grundlagen des neuen Wärmesatzes, Halle 1918.

(8) Planck, M., Vorlesungen über Thermodynamik, 6. Aufl., Berlin und Leipzig 1921.

(9) — Vorlesungen über die Theorie der Wärmestrahlung, 4. Aufl., Leipzig 1921.

(10) Pollitzer, F., Die Berechnung chemischer Affinitäten nach dem Nernstschen Wärmetheorem, Stuttgart 1912.

(11) Sackur, O., Lehrbuch der Thermochemie und Thermodynamik, Berlin 1912.

(12) Schaefer, Cl., Einführung in die theoretische Physik, Bd. 2, I, Berlin 1921.

b) Abhandlungen.

1. Born, M. und Landé, A., Verh. d. d. phys. Ges. 1918, Bd. 20, S. 210; Born, M., ebenda 1919, Bd. 21, S. 533. Kurze gemeinverständliche Darstellung; Born, M., Der Aufbau der Materie. Berlin 1922.

2. Braune, H., Verh. d. d. phys. Ges. 1922, Bd. 3, S. 11.

3. — und Koref, F., Zschr. f. anorg. Chem. 1914, Bd. 87, S. 175.

4. Brody, E., Zschr. f. Phys. 1921, Bd. 6, S. 79.

5. Broenstedt, J. N., Zschr. f. phys. Chem. 1914, Bd. 88, S. 479.

6. — Zschr. f. Elektroch. 1913, Bd. 19, S. 754.

7. Drägert, W., Diss. Berlin 1914.

8. Ehrenfest und Trkal, Ann. d. Phys. 1921, Bd. 65, S. 609.

9. Einstein, A., Ann. d. Phys. 1907, Bd. 22, S. 184.

10. — Deuxième Solvay Congres 1913, Rapports p. 295.

11. — Verh. d. d. phys. Ges. 1914, Bd. 16, S. 820.

12. Eucken, A., Berl. Akad. Ber. 1912, S. 141.

13. — Zschr. f. phys. Chem. 1922, Bd. 100, S. 159.

14. Fischer, U., Zschr. f. anorg. Chemie 1912, Bd. 78, S. 41.

15. Gerth, O., Zschr. f. Elektroch. 1921, Bd. 27, S. 287.

16. Günther, P., Zschr. f. Elektroch. 1917, Bd. 23, S. 197.

17. Herzfeld, K. F., Phys. Zschr. 1921, Bd. 22, S. 186.

18. Jones und Hartmann, Journ. Amer. Chem. Soc. 1915, Vol. 37, p. 752.

19. Ladenburg, R., und Minkowski, R., Zschr. f. Phys. 1921, Bd. 8, S. 137.

20. Lorentz, H. A., Chem. Weekbl. 1913, Bd. 10, S. 621.

21. Mees, Diss. Utrecht 1916.

22. Nernst, W., Gött. Akad. Ber. 1906, S. 1.

23. — Berl. Akad. Ber. 1912, S. 134.

24. — Verh. d. d. phys. Ges. 1916, Bd. 18, S. 83.

25. Pollitzer, F., Zschr. f. Elektroch. 1911, Bd. 17, S. 10; 1913, Bd. 19, S. 513.

26. Sackur, O., Nernst-Festschrift 1912, S. 405; Ann. d. Phys. 1913, Bd. 40, S. 67.

27. Scherrer, P., Gött. Akad. Ber. 1916, S. 154.

28. Schottky, H., Zschr. f. phys. Chem. 1908, Bd. 64, S. 415.

29. Seibert, Hullet und Taylor, Journ. Amer. Chem. Soc. 1917, Bd. 39, S. 38.

30. Siggel, A., Zschr. f. Elektroch. 1913, Bd. 19, S. 340.

31. Stern, O., Ann. d. Phys. 1914, Bd. 44, S. 520.

32. — Phys. Zschr. 1913, Bd. 14, S. 629; ferner Zschr. f. Elektroch. 1919, Bd. 25, S. 66.

33. Taylor, H. J., Journ. Amer. Chem. Soc. 1916, Bd. 38, S. 2295.

34. Tetrode, H., Ann. d. Phys. 1912, Bd. 38, S. 434; Bd. 39, S. 255.

35. — Amst. Proc. 1915, Bd. 17, S. 1167.

VI. Wärmestrahlung.

Von **F. Henning**-Lichterfelde.

Die deutsche physikalische Literatur der letzten Jahre weist auf allen Gebieten ein starkes Anschwellen der theoretischen Untersuchungen gegenüber den rein experimentellen Arbeiten auf. Wenn diese Erscheinung auch nicht allein durch die wachsenden geldlichen Schwierigkeiten, die sich der Ausführung von Versuchen entgegenstellen, sondern zum großen Teil durch eine bemerkenswerte Häufung theoretisch begabter Physiker bedingt ist, so führt sie doch zweifellos die Gefahr herauf, daß dem Experiment als der eigentlichen Grundlage aller naturwissenschaftlichen Forschung eine Stellung zweiter Linie zugewiesen wird.

Auf dem Gebiet der Wärmestrahlung wurde gegen diese Auffassung ein energischer Vorstoß durch NERNST [17]) unternommen, indem er in Gemeinschaft mit WULFF eine umfangreiche und sehr sorgfältige Untersuchung darüber anstellte, ob die berühmte PLANCKsche Strahlungsformel, die als Ausgangspunkt der Quantentheorie eine so umfassende Bedeutung besitzt, wirklich in befriedigender Übereinstimmung mit den vorliegenden Strahlungsmessungen steht. Die Autoren kamen zu dem Schluß, daß unter der Annahme 1. strenger Gültigkeit des WIENschen Verschiebungsgesetzes, demzufolge die Strahlungsintensität ϱ bei der Wellenlänge λ als Funktion von Wellenlänge λ und Temperatur T dargestellt wird durch $\varrho = \lambda^{-5} \cdot \varphi\left(\dfrac{c}{\lambda T}\right)$, 2. strenger Gültigkeit des WIENschen Strahlungsgesetzes $\varrho = C \lambda^{-5} e^{-\frac{c}{\lambda T}}$ oberhalb $x = \dfrac{c}{\lambda T} > 18$, 3. der Konstanten $c = 1{,}43$ cm $\cdot$ Grad die bis zum Jahre 1919 vorliegenden Strahlungsmessungen am schwarzen Körper im Bereich des gesamten Spektrums besser durch die Gleichung $\varrho = C \cdot \lambda^{-5} [e^x - 1]^{-1} \cdot (1 + \alpha)$ als durch die PLANCKsche Beziehung $\varrho = C \cdot \lambda^{-5} [e^x - 1]^{-1}$ wiedergegeben werden. Hierbei bezeichnet α eine empirische Größe, die bei $x = 0$ und $x = \infty$ verschwindet und bei $x = 2{,}5$ ihren Maximalwert, nämlich $0{,}072$ besitzt. Um mehr als $7°/_0$ unterscheiden sich hiernach also im Maximum die Beobachtungen von der PLANCKschen Gleichung.

11*

Veranlaßt durch diese kritische Untersuchung hat Rubens [27]) in Gemeinschaft mit Michel die Isochromaten der Wellenlängen $\lambda = 4$, 5, 7, 9, 12, 16 μ sowie 23,3 μ (Reststrahlen von Flußspat) und 51,8 μ (Reststrahlen von Steinsalz) zwischen der Temperatur der flüssigen Luft und $t = 1560°$ C beobachtet und nachgewiesen, daß für jede Isochromate das Produkt des Radiometerausschlages mit dem Faktor $e^x - 1$ in aller Fällen auf weniger als $\pm 1°/_0$ konstant ist, während unter Annahme der Nernst-Wulffschen Korrektion dieses Produkt bei vier der untersuchten Isochromaten systematische Unterschiede bis zu $6°/_0$ hätte zeigen müssen.

Es folgt hieraus also, daß ein Teil der älteren Messungen mit nicht unbeträchtlichen Fehlern behaftet ist und daß die Verfeinerung der Arbeitsmethoden auf dem Gebiet der Wärmestrahlung zu einer besseren Annäherung der Beobachtungen an die Plancksche Gleichung geführt hat, als aus den früheren Versuchen geschlossen werden konnte. Immerhin bleiben noch mehrere Messungsreihen der letzten Jahre, die nach andern Methoden durchgeführt wurden, und besonders solche, die sich auf große Werte von x beziehen, unwidersprochen, so daß immer noch mit dem Bestehen gewisser Unterschiede zwischen der Erfahrung und der Planckschen Gleichung gerechnet werden muß, wenngleich diese ohne Frage nicht die Größe erreichen, die Nernst und Wulff anzunehmen genötigt waren.

In Zusammenhang hiermit ist eine theoretische Arbeit von Kretschmann [11]) von Interesse, der zu folgendem Ergebnis kommt: Befindet sich in einem stationären natürlichen Strahlungsfeld ein Körper mit Planckschen Oszillatoren, die nach der klassischen Elektrodynamik stetig emittieren und absorbieren, so sendet jeder Oszillator von der Strahlung seiner eigenen Frequenz mehr aus als er aus dem Felde empfängt. Der Überschuß wird der Strahlungsenergie des Feldes, soweit sie anderen Frequenzen angehört, entnommen. Ein Körper, der mittels derartiger Oszillatoren absorbiert und emittiert, kann nur annähernd »reiner Temperaturstrahler« sein. Es wird berechnet, daß die Abweichung vom Planckschen Gesetz am größten ist, falls $x = \dfrac{c}{\lambda T}$ zwischen 2,2 und 2,3 liegt, und daß sie auch im gleichen Sinne stattfindet wie Nernst und Wulff angeben. Auf die Größe der Abweichung, die übrigens auch nach dieser Theorie bei sehr kurzen und sehr langen Wellen verschwindet, kann nicht geschlossen werden.

Die Frage nach dem Zahlenwert der Konstante c in der Planckschen Gleichung und der Konstante σ des Stefan-Boltzmannschen Strahlungsgesetzes der Gesamtstrahlung $G = \sigma T^4$ ist noch nicht zu einer endgültigen Lösung gelangt.

W. W. Coblentz [1]) hat seine Versuche über die Gesamtstrahlung des schwarzen Körpers, die er im Jahre 1916 anstellte und die sich auf 600 Einzelmessungen unter Benutzung verschiedener Strahler und Empfänger bezogen, einer Neuberechnung unterworfen, wobei insbesondere die bisher vernachlässigte kleine Korrektion wegen der Absorption der Strahlung in der wasserfreien Atmosphäre berücksichtigt wurde. Als Schlußergebnis gilt nach COBLENTZ für die Konstante der Gesamtstrahlung nunmehr der Wert $\sigma = 5{,}722 \pm 0{,}012$ Watt . cm^{-2} . Grad^{-4}. Danach wird der Anschein einer außerordentlich hohen Maßgenauigkeit erweckt. Es muß aber erwähnt werden, daß die 20 Werte für σ, aus denen die genannte Zahl als Mittel folgt, zwischen 5,889 und 5,566 liegen und daß man den Tatsachen besser gerecht wird, wenn man das Ergebnis durch $\sigma = 5{,}72 \pm 0{,}10$ Watt . cm^{-2} . Grad^{-4} darstellt.

In derselben Mitteilung wird erwähnt, daß der Autor eine an seinen Messungen über die Strahlungskonstante c vom Jahre 1916 vorgenommenen Korrektion wieder aufgibt und daß er als Ergebnis jener Messungen den Wert $c = 1{,}4353$ cm . Grad ansieht. Er hält indessen »wegen der Unsicherheit der Temperaturskala und in Rücksicht auf die Verschiedenartigkeit der verwendeten Beobachtungsmethoden« das Mittel aus den Messungen der Physikalisch-Technischen Reichsanstalt und des Bureau of Standards, nämlich den Wert $c = 1{,}4325$ für den wahrscheinlichsten.

Über die Konstante σ ist zu bemerken, daß die als sehr zuverlässig geltenden Beobachtungen von VALENTINER 5,58, dagegen die nach einer andern Methode mit ganz besonderer Umsicht ausgeführten Messungen von GERLACH 5,85 ergaben. Der COBLENTZsche Wert hält zwischen beiden die Mitte. Da die Spanne zwischen den verschiedenen Ergebnissen aber die vermeintlichen Meßfehler der drei Beobachter erheblich überschreitet, ist eine neue entscheidende Untersuchung auf diesem Gebiet dringend erforderlich. Sie ist von der Physikalisch-Technischen Reichsanstalt [22]) in Angriff genommen.

Die Genauigkeit, mit der die Strahlungskonstante c bekannt ist, entspricht ebenfalls keineswegs der COBLENTZschen Schreibweise $c = 1{,}4325$. Die Physikalisch-Technische Reichsanstalt hat auf Grund der sehr umfangreichen Messungen WARBURGS [29]) und seiner Mitarbeiter, insbesondere von C. MÜLLER, den Wert $c = 1{,}43$ angenommen, der aus den zunächst gleichwertigen Zahlen 1,425, 1,430 und 1,440 gemittelt wurde. Bei den Beobachtungen kam ein Quarzprisma zur Verwendung, dessen Dispersion nicht genügend bekannt war und bis zur Durchführung einer speziellen Untersuchung seines Brechungsvermögens vorläufig sowohl nach der von CARVALLO als auch nach der von PASCHEN ermittelten Dispersionskurve berechnet wurde. Die so gewonnenen Zahlen für c unterscheiden sich bis 0,8%. Außerdem treten bei Annahme der PASCHENschen Kurve Unterschiede in c von fast 1% auf, je nachdem die Temperatur des auf 1400° geheizten schwarzen Körpers nach dem STEFAN BOLTZMANNschen Gesetz oder nach dem WIENschen Verschiebungsgesetz bestimmt wurde. Die Untersuchung über die Dispersion des von WARBURG und MÜLLER verwendeten Quarzprismas [28]) ist nahezu abgeschlossen. Man darf gespannt sein, welchen Wert von c die anschließende Neuberechnung der Strahlungsmessungen liefern wird.

Bei der noch unzureichenden Genauigkeit in der experimentellen Bestimmung der Strahlungskonstanten σ und c hat man mehrfach die Zuflucht zur Theorie genommen in der Hoffnung zuverlässigere Werte zu gewinnen, während umgekehrt ein Stützen der Theorie durch experimentelle Werte der natürliche Zustand wäre. Es handelt sich hier um die beiden aus der Planckschen Theorie folgenden Beziehungen

$$\sigma = 40{,}802\,\frac{v \cdot k}{c^3} \quad \text{und} \quad c = \frac{v\,h}{k}\,;$$

bei denen v die Lichtgeschwindigkeit ($2{,}999 \cdot 10^{10}$ cm/sek), k die Boltzmannsche Konstante ($1{,}371 \cdot 10^{-16}$ erg/grad) und h das Plancksche elementare Wirkungsquantum bedeutet. In einer umfassenden kritischen Studie über diese wichtige Konstante kommt R. Ladenburg ([12]) zu dem Ergebnis, daß der wahrscheinlichste Wert von h durch $6{,}54 \cdot 10^{-27}$ erg $\cdot$ sek gegeben ist. Damit folgt aus den genannten Gleichungen $\sigma = 5{,}730 \cdot 10^{-12}$ Watt $\cdot$ cm$^{-2} \cdot$ grad^{-4} und $c = 1{,}431$ cm $\cdot$ grad.

Zur Bestimmung der Strahlungskonstanten c muß, falls man sich der Methode der Isochromaten bedient, das Intensitätsverhältnis eines schwarzen Körpers bei zwei Temperaturen gemessen werden, von denen die eine im allgemeinen diejenige des Goldschmelzpunktes $t = 1063°$ C ist, während die andere einige hundert Grad darüber liegt. Die Messung dieser zweiten Temperatur wird meist, wie bereits erwähnt, auf strahlungstheoretischem Wege vorgenommen, da die Gasthermometrie in diesem Bereich noch nicht zu befriedigenden Ergebnissen geführt hat. Für alle qualitativen Strahlungsmessungen ist die Schmelztemperatur des Palladiums ein wichtiger Fixpunkt. Er wurde auf gasthermometrischem Wege von Holborn und Valentiner zu 1575, von Day und Sosman zu 1549° ermittelt. Es ist von hohem Interesse, dies Ergebnis mit den Zahlen zu vergleichen, die man nach dem Wienschen Strahlungsgesetz aus dem Helligkeitsverhältnis eines schwarzen Körpers bei der Temperatur des schmelzenden Goldes und des schmelzenden Palladiums gewinnt. Hoffmann und Meissner [4] fanden bei ganz besonders sorgfältiger Versuchsanordnung den Schmelzpunkt des Palladiums zu $1557°$, wenn sie $c = 1{,}430$ setzten. E. P. Hyde und W. C. Forsythe [6] haben dasselbe Problem in etwas anderer Weise durchgeführt und gelangten bei Annahme von $c = 1{,}435$ zu dem Palladiumschmelzpunkt $t = 1555{,}3°$. Die mit $c = 1{,}430$ durchgeführte Rechnung würde in ausgezeichneter Übereinstimmung mit Hoffmann und Meissner $t = 1558°$ ergeben. Bei dieser Gelegenheit mag daran erinnert werden, daß in der Temperaturskala der Physikalisch-Technischen Reichsanstalt [21] die Schmelztemperatur des Palladiums zu $t = 1557$ angesetzt ist.

Die Strahlung nicht schwarzer Körper gilt für weite Bereiche der Wellenlängen und Temperaturen noch immer als ein unbekanntes Gebiet. Für

Metalle steht indessen fest, daß bei langen Wellen oberhalb etwa $5\,\mu$ das Emissionsvermögen gemäß der DRUDEschen Beziehung proportional $\sqrt{\gamma/\lambda}$ verläuft, wenn mit γ der spezifische elektrische Widerstand des Metalles bezeichnet wird. Für den Bereich sichtbarer Wellenlängen scheint dagegen das Emissionsvermögen der Metalle nicht wie die Wurzel aus dem elektrischen Widerstand mit der Temperatur zu wachsen, sondern im Glühzustand noch den gleichen Wert zu haben wie bei Zimmertemperatur. Gewisse Ausnahmen von diesem Ergebnis sind immer wieder für WOLFRAM beobachtet worden. Neuerdings wird von WORTHING [31]) sogar das Gold, das man bisher in dieser Beziehung als normales Metall ansah, zu den Ausnahmen gerechnet. Er behauptet, daß das Emissionsvermögen des Goldes im roten Licht deutlich einen positiven Temperaturkoeffizienten besitzt und erst im Blau als unabhängig von der Temperatur anzusehen ist. Jedenfalls ist soviel sicher, daß infolge der Schwierigkeit dieser Beobachtungen der Übergang aus dem Gültigkeitsbereich des DRUDEschen Gesetzes in das Gebiet konstanten Emissionsvermögens noch nicht mit aller wünschenswerten Schärfe bekannt ist. Noch weniger aber wissen wir von dem Temperaturkoeffizienten des Emmissionsvermögens im ultravioletten Licht.

Bezüglich des sichtbaren Lichtes muß hier noch auf eine Meßmethode hingewiesen werden, die wohl geeignet ist, die Strahlungseigenschaften nicht schwarzer Körper zu bestimmen, die aber in Deutschland bisher nur geringe Beachtung gefunden zu haben scheint. Sie ist von den Amerikanern HYDE, CADY und MIDDLEKAUFF [5]) erprobt worden und beruht darauf, daß sich die Farbe eines Strahlers mit zunehmender Temperatur von Rot über Gelb in Weiß verändert und daß jede Farbe auch durch einen schwarzen Körper bestimmter Temperatur hergestellt werden kann, die dann die Farbtemperatur des betreffenden Strahlers heißt. Diese läßt sich mit überraschender Schärfe ermitteln, denn das normale menschliche Auge ist gegen die Farbänderung eines Strahlers, die infolge einer gegebenen Temperaturänderung $\varDelta T$ stattfindet, mindestens ebenso empfindlich wie gegen die sie begleitende Intensitätsänderung. Die Farbtemperatur erlaubt durch *eine* Zahl die Energieverteilung im sichtbaren Gebiet einer Lichtquelle wesentlich zu kennzeichnen. Darum hat sie für die Beleuchtungstechnik nicht unerhebliche Bedeutung.

Kleine Differenzen in der spektralen Zusammensetzung der Farbe kann aber das Auge nicht wahrnehmen. Besitzt ein Körper x für unser Auge die gleiche Farbe wie ein glühender schwarzer Körper, so ist darum, außer wenn x grau strahlt, nicht zu erwarten, daß beide Strahler völlig übereinstimmende Energieverteilung im sichtbaren Gebiet des Spektrums besitzen. HYDE und FORSYTHE [7]) haben darauf hingewiesen, daß bei einer Wolframlampe und einem schwarzen Körper, deren Farben so abgeglichen waren, daß bei beiden die Strahlungsintensität sowohl im Rot als auch im Blau übereinstimmte, im Grün Energiedifferenzen bis zu

8% zu beobachten sind. Beim Vergleich von Tantallampen mit dem schwarzen Körper liegen ähnliche Verhältnisse vor.

Die Farbtemperatur T^* der Azetylenflamme geben HYDE, FORSYTHE und CADY[8]) bei zwei verschiedenen Brennern zu $T^* = 2434$ und $T^* = 2360°$ abs. an. Für eine zylindrische Azetylenflamme fand COBLENTZ ebenfalls $T^* = 2360°$. Eine Spektraluntersuchung der Flamme lehrte aber, daß im Gebiet des blauen Lichtes ihre Energie viel schneller mit abnehmender Wellenlänge abnimmt als bei einem schwarzen Körper von $T = 2360°$.

Die Methode der Farbenvergleichung ist vor einigen Jahren auch in England eingehend studiert worden, wie eine umfangreiche Arbeit von PATERSON und DUDDING[18]) beweist, die erst jetzt in Deutschland näher bekannt geworden ist. Die genannten Autoren haben die Farbtemperatur T^* von Kohlefaden- und Wolframfadenglühlampen als Funktion der verbrauchten Watt W bestimmt und die einfache Beziehung $\log W = a + b \log T^*$, bei der a und b Konstante bedeuten, empirisch ermittelt. Die so geeichten Lampen können nun bei weiteren Messungen als Vergleichsstrahler dienen. So wurde festgestellt, daß sich die Farbtemperatur des schmelzenden Platins durch Vergleich mit der Kohlefadenlampe zu $t^* = 1750°$ C und durch Vergleich mit der Wolframfadenlampe zu $t^* = 1773°$ C ergibt. Der Unterschied dieser Zahlen ist zum Teil durch Versuchsfehler bedingt, rührt aber zweifellos zum Teil auch daher, daß im sichtbaren Gebiet des Spektrums die Platinstrahlung nicht vollständig mit der Strahlung einer der beiden Glühlampen in Übereinstimmung gebracht werden kann.

Von hoher wissenschaftlicher Bedeutung — und das ist eine Erkenntnis, die bereits bei den ersten Messungen dieser Art von den amerikanischen Forschern gewonnen wurde — ist, daß die Farbtemperatur eines metallischen Strahlers viel näher mit seiner wahren Temperatur übereinstimmt als dies bei der sogenannten schwarzen Temperatur der Fall ist. Definiert man der Einfachheit halber die Farbtemperatur T^* als diejenige Temperatur eines schwarzen Körpers, bei der dieser für die Wellenlängen λ_1 und λ_2 das gleiche Intensitätsverhältnis besitzt wie der zu untersuchende Strahler, so folgen aus dem WIENschen Strahlungsgesetz als Beziehungen zwischen der Farbtemperatur T^*, der wahren Temperatur T und der schwarzen Temperatur S_1 (letztere bei der Wellenlänge λ_1) die Gleichungen

$$\frac{1}{T} - \frac{1}{T^*} = \frac{\lambda_1 \lambda_2}{c} \cdot \frac{\ln A_1 - \ln A_2}{\lambda_2 - \lambda_1} \quad \text{und} \quad \frac{1}{T} - \frac{1}{S_1} = \frac{\lambda_1}{c} \cdot \ln A_1 .$$

Hierbei bedeutet c die bereits oben genannte Strahlungskonstante des schwarzen Körpers und A_1 bzw. A_2 das Emissionsvermögen des Strahlers bei der Wellenlänge λ_1 bzw. λ_2. Man ersieht hieraus, daß nur bei Gültigkeit der Beziehung $\ln A = -a_0 + \dfrac{a}{\lambda}$ die Farbtemperatur T^* von der Wellenlänge unabhängig ist. In diesem Falle ergiebt sich

$$\frac{1}{T} - \frac{1}{T^*} = \frac{a}{c} \quad \text{und} \quad \frac{1}{T} - \frac{1}{S_1} = \frac{a}{c} - \frac{a_0}{c}\lambda_1.$$

Bei einer Reihe von Metallen ist jene Beziehung zwischen dem Absorptionsvermögen und der Wellenlänge im sichtbaren Spektralbereich mit befriedigender Näherung erfüllt. a_0 und a sind dabei positiv, und zwar ist $a_0 > \dfrac{2 \cdot a}{\lambda}$. Dann folgt in der Tat, daß T^* der wahren Temperatur näher liegt als die schwarze Temperatur S; ferner ersieht man, daß $T^* > T$ ist, während bekanntlich S stets kleiner als T sein muß.

Im allgemeinen dient zur Farbvergleichung zweier Lichtquellen ein Photometerkopf mit LUMMER-BRODHUNschem Würfel. Der Abstand der Lampen vom Photometer und die Temperatur der Vergleichslampe wird so lange geändert, bis alle Teile des Photometer-Gesichtsfeldes sowohl gleich hell als auch gleich gefärbt erscheinen. PRIEST [19] hat sich statt dessen eines andern historisch interessanten Instrumentes bedient, nämlich des von HELMHOLTZ konstruierten und fast in Vergessenheit geratenen Leukoskops. In diesem Farbmesser wird das Licht einer beleuchteten weißen Fläche nach Passieren eines Nikols und eines Spaltes von einigen Millimetern Breite durch einen doppelbrechenden Kalkspat in einen ordentlichen und einen außerordentlichen Strahl zerlegt, deren Polarisationsrichtungen senkrecht zueinander stehen. Der Beobachter nimmt zwei Spaltbilder wahr, und zwar erscheinen diese, da die Strahlen vor dem Okular durch einen rechtsdrehenden Quarzkristall und einen zweiten Nikol treten, in verschiedener Farbe. Bei einer bestimmten Stellung des zweiten Nikols sieht das Auge die beiden Spaltbilder (nahezu) in gleicher Farbe. Diese Stellung hängt bei gegebenem Instrument von der Farbe der Lichtquelle ab. Hat ein Beobachter sein Instrument einmal mit einem schwarzen Körper geeicht, derart, daß er jeder Nikolstellung eine Temperatur zuordnen kann, so ist er in der Lage, die Farbtemperatur jedes Strahles anzugeben, ohne sich einer Vergleichslichtquelle bedienen zu müssen. Nach PRIEST ist auf diese Weise eine Meßgenauigkeit von 5 bis 10° im Gebiet der technisch wichtigen Temperaturen zu erreichen.

Derselbe Autor [20] gibt auch eine interessante Methode an, nach der die Eichung des Leukoskops für Temperaturen bis 7000° vorgenommen werden kann, also für ein Gebiet, bis zu dem schwarze Körper entweder überhaupt nicht oder nur unter großen Schwierigkeiten geheizt werden können. Sie beruht, ähnlich wie das Leukoskop selbst, auf der Eigenschaft des Quarzes, die Polarisationsebene für Licht verschiedener Wellenlänge verschieden stark zu drehen. Durch ein System von zwei Nikolschen Prismen, zwischen denen eine Quarzplatte von 5 mm Dicke, senkrecht

zur optischen Achse geschnitten, angeordnet ist, erscheint das von einer
weißen Fläche ausgehende Licht mit sehr verschiedener spektraler Energieverteilung, die von der gegenseitigen Stellung der beiden Nikols abhängt.
Es ist möglich, jede dieser Energieverteilungen in genügendem Maße
mit der Energieverteilung eines schwarzen Körpers bestimmter Temperatur in Übereinstimmung zu bringen, falls der Wellenlängenbereich sich
auf das sichtbare Gebiet beschränkt.

Nicht unerwähnt bleiben darf hier, daß die erste ausführliche Beschreibung des Leukoskops von König [10]) gegeben wurde und daß diese
Mitteilung bereits eine Tabelle enthält, in der verschiedenen Lichtquellen
die ihnen zugehörigen Einstellungen des Okularnikols zugeordnet werden.
Es fehlt hier nur die Eichung des Instrumentes mit dem schwarzen Körper,
um die Farbtemperatur angeben zu können.

Die Farbe eines Strahlers spielt eine wichtige Rolle in der Astrophysik,
denn die Farbe eines Fixsterns ist das einzige Mittel, um einen Rückschluß auf seine Temperatur ziehen zu können, zumal man Grund zu der
Annahme hat, daß die Strahlung der Fixsterne den Gesetzen der schwarzen
Strahlung gehorcht. Es handelt sich hierbei um Objekte, deren Temperatur
im allgemeinen sehr viel höher liegt als diejenige irdischer Lichtquellen.
Will man die Farben beider miteinander vergleichen, so muß man dem
Fixstern blaue oder dem Licht des irdischen Vergleichstrahlers rote Strahlen
entziehen. J. Wilsing [30]) hat in einer sehr wichtigen Veröffentlichung
die Temperatur zahlreicher Fixsterne dadurch bestimmt, daß er ein Bild
des Sterns durch einen Keil aus Jenaer Rotglas F 4512 betrachtete und
dessen optisch wirksame Dicke so einstellte, daß die Farbe des Sternlichtes
mit der Farbe eines Kohlefadens, von dem ein nahezu punktförmiges
Stück ausgeblendet wurde, in Übereinstimmung stand. Gleichzeitig
wurde die Stromstärke der Vergleichslampe derart reguliert, daß beide
Lichtquellen die nämliche Helligkeit besaßen. Die Theorie dieser Methode
wird dadurch sehr vereinfacht, daß die Durchlässigkeit D des Rotglases
bei der Dicke d durch den Ausdruck $\ln D = - d\,(\beta_0 + \beta_1/\lambda)$ darstellbar
ist, wobei die Konstanten $\beta_0 = - 8{,}672$ und $\beta_1 = + 5{,}740$ zu setzen
sind, falls d in mm ausgedrückt wird. Eine einfache Überlegung lehrt,
daß zwischen der Temperatur T des Sterns und der von der Wellenlänge
unabhängigen Temperatur S des grau strahlenden Kohlefadens die Be-
ziehung $\dfrac{1}{T} = \dfrac{1}{S} - \dfrac{d \cdot \beta_1}{c}$ besteht. Da die schwarze Temperatur S stets
ohne Schwierigkeit zu ermitteln ist, so leuchtet hiernach die Möglichkeit
einer guten Bestimmung der Sterntemperatur T ein.

Das Reflexionsvermögen einiger nichtmetallischer Körper hat Reinkober [23]) in Abhängigkeit von der Temperatur untersucht. Aus Am-
moniumchlorid, -bromid, -fluorid und -nitrat stellte er durch Pressen
der pulverisierten Materialien bei einem Druck von 2000 Atm. Spiegel
her, deren Reflexionsvermögen bei Zimmertemperatur und bei $- 190°$

bestimmt wurde. Es zeigte sich bei allen untersuchten Ammoniumverbindungen, am stärksten aber beim Chlorid, daß das Reflexionsvermögen an den Stellen selektiver Reflexion beträchtlich, zum Teil um 100%, mit der Abkühlung steigt und daß diese Stellen infolgedessen bei der tiefen Temperatur besonders scharf hervortreten. Ferner ließ sich mit Sicherheit feststellen, daß bei der Abkühlung die Wellenlängen der Absorptionsmaxima nach kurzen Wellen verschoben werden.

Später hat REINKOBER [24]) statt des ultraroten Reflexionsspektrums das schärfer beobachtbare Absorptionsspektrum der Ammoniumverbindungen untersucht, indem er die Körper teils durch Sublimieren, teils durch Absetzen aus einer Lösung auf Flußspatplatten niederschlug und im durchfallenden Licht betrachtete.

Zu ähnlichen Ergebnissen ist GRANTHAM [3]) bezüglich der Durchlässigkeit von roten, gelben und blauen Gläsern gelangt, die er zwischen 0,6 und 4,0 μ bei 80°, 307° und 440° prüfte. Es zeigte sich, daß die Absorption in der Gegend einer Absorptionsbande bei Temperaturerhöhung abnimmt, daß die Bande breiter wird, indem sie sich an der langwelligen Kante stärker als an der kurzwelligen Kante nach langen Wellen verschiebt.

Im vergangenen Jahre hat RUBENS seine klassischen Arbeiten über das ultrarote Spektrum um einige weitere Untersuchungen vermehrt. Nach der von ihm früher angegebenen Quarzlinsenmethode sonderte er [25]) aus der Strahlung des Auerbrenners und der Quecksilberlampe den langwelligen Teil der Wärmestrahlung aus und zerlegte ihn dann spektral durch Beugungsgitter aus Kupferdrähten von 0,2 bis 1,0 mm Dicke. Die Energiekurven wiesen zahlreiche Minima auf, die von der Absorption der Strahlung durch den Wasserdampf der Zimmerluft herrühren und zum Teil bereits bei früheren Versuchen festgestellt wurden. Es ließen sich 19 derartige Absorptionsmaxima von $\lambda = 22,9$ bis $132,2\ \mu$ nachweisen.

Ferner hat RUBENS [26]) in Gemeinschaft mit LIEBISCH in Fortsetzung älterer Messungen die optischen Eigenschaften einiger Kristalle untersucht. Es wurde ihr Reflexionsvermögen für Reststrahlen von $Ca\,Fl_2$ ($22\,\mu$) bis KJ ($94\,\mu$) sowie für ganz lange Wellen (bis $310\,\mu$), die nach der schon genannten Quarzlinsenmethode aus der Strahlung der Quecksilberlampe ausgesondert waren, untersucht und die Formel

$$R_\infty = \left(\frac{\sqrt{D}-1}{\sqrt{D}+1}\right)^2,$$

in der R_∞ das Reflexionsvermögen für ∞ lange Wellen und D die Dielektrizitätskonstante bedeutet, geprüft. Es zeigte sich, daß bei WURTZIT der für die längsten optischen Wellen berechnete Wert von D mit der für HERTZsche Wellen beobachteten Dielektrizitätskonstante befriedigend übereinstimmte. Das gleiche gilt auch von RUTIL, einem durch seine besonders hohe Dielektrizitätskonstante $D = 170$ bemerkenswertem Material. Bei Zirkon blieb der auf optischem Wege ermittelte Wert von D um etwa 20% hinter dem direkt elektrisch gemessenen zurück. Es ist noch nicht festgestellt, ob der Grund hierfür etwa darin liegt, daß das Zirkon noch jenseits 310 μ eine Stelle anomaler Dispersion besitzt.

Wie Rubens sehr erfolgreich in der Ausdehnung des langwelligen optischen Spektrums war, so ist es kürzlich Millikan und Sawyer [15] gelungen, ein erhebliches Stück über die bisherige Grenze des ultravioletten Spektrums (Schumannstrahlen, bis etwa $\lambda = 0,1\ \mu$) vorzudringen. Sie ließen in einem Vakuum von weniger als $10^{-4}\ mm\,Hg$ zwischen Elektroden aus Kohle, Zink, Eisen, Silber oder Nickel unter Anlegung einer Potentialdifferenz von 150 000 Volt und mehr eine Entladung übergehen, deren Licht mittels eines Konkavgitters und einer photographischen Einrichtung innerhalb desselben Vakuums spektral analysiert wurde. Es konnten auf diese Weise Wellenlängen bis herab zu 0,02 μ gemessen werden.

Elizabeth R. Laird [13] bediente sich derselben Anordnung, um die Durchlässigkeit dünner Schichten im äußersten Ultraviolett festzustellen. Flußspat erwies sich bereits von etwa 0,14 μ ab als völlig undurchlässig. Celloloid-Filme von 0,02 mg/cm² zeigten bis herab zu 0,09 μ keine erhebliche Absorption und waren selbst bei 0,06 μ noch schwach durchlässig.

Über die Wärmestrahlung der Gase haben die experimentellen Untersuchungen noch zu keinem klaren Ergebnis geführt. Es scheint nur so viel festzustehen, daß eine Reihe von Gasen wie Wasserstoff, Helium, Neon, Argon, Stickstoff, Sauerstoff, durch Temperatursteigerung allein bisher nicht zum Leuchten gebracht werden konnten, daß aber zweifellos auf rein thermischem Wege ein Linienspektrum bei den Dämpfen der meisten Alkalien, der alkalischen Erden, bei Thallium und andern Elementen einwandfrei nachgewiesen ist. Auf diesem Gebiet wurden die wertvollsten Beobachtungen durch King ausgeführt, der in einem Röhrenofen seine sogenannten Ofenspektra erzeugte. Erst neuerdings hat er (9) auf diese Weise bei 2000, 2250 und 2600° das Wärmespektrum des Skandiums entstehen lassen und dabei festgestellt, daß bei diesem Element gewisse Gruppen von Linien im Ofenspektrum höhere Intensität besitzen als im Bogenspektrum. Da gerade diese im Spektrum der Sonnenflecke deutlicher auftreten als in der Photosphäre, so schließt er, daß sie verhältnismäßig tiefer Temperatur zuzuordnen sind.

Einen Beitrag zur Klärung dieser Fragen hat der Inder Megh Nad Saha [14] gegeben, der bereits vor zwei Jahren durch seine Arbeit über die Ionisation in der Sonnenchromosphäre in sehr bemerkenswerter Weise hervorgetreten ist. Bei dieser Untersuchung erwies sich der Eggertsche [2] Gedanke, die Abtrennung eines Elektrons aus einem Atom, d. h. die Ionisierung, als einen chemischen Prozeß aufzufassen, derart, daß sich bei gegebener Temperatur und gegebenem Druck das Gleichgewicht zwischen den Elektronen, den ionisierten und den neutralen Atomen aus dem Ionisierungspotential berechnen läßt, als sehr fruchtbar. Auf Grund dieser Vorstellung ist es wohl verständlich, daß ohne äußere elektrische Einflüsse, allein durch genügend hohe Temperatur, das Elektron nicht sofort völlig abgespalten, d. h. von dem Kern praktisch unendlich weit entfernt wird, sondern nach und nach gewisse Quantenbahnen von immer größeren Radien durchschreitet. Fällt es von solcher Bahn in seine normale Bahn zurück, so entsteht eine Spektrallinie. Über die statistische Verteilung der Elektronen auf die verschiedenen möglichen Bahnen lassen sich bisher keine bindenden Aussagen machen. Nach der SAHASCHEN Auffassung ist die günstigste Bedingung für die Erreichung einer bestimmten Quantenbahn und somit für die Emission einer bestimmten Linie bei einer eindeutig definierbaren Temperatur gegeben, die erheblich unterhalb der Temperatur praktisch vollständiger Ionisation gelegen ist. Die Elemente Stickstoff, Sauerstoff, Argon, Neon gleichen Wasserstoff und Helium darin, daß sie hohe Werte des Ionisationspotentials besitzen. Ihre Spektren beginnen wahrscheinlich erst bei Temperaturen oberhalb 5000° abs. in die Erscheinung zu treten und die Maximalhelligkeit dieser Spektren ist erst bei mindestens 12000° zu erwarten. Die Alkalimetalle, besonders Kalium, Rubidium und Cäsium kommen deutlicher im Flammenspektrum als im Bogenspektrum zur Geltung, weil bei der Temperatur des Bogens die Ionisation dieser Elemente schon zu weit vorgeschritten ist. Magnesiumlinien sind in der Flamme schwach, im Bogen erscheinen sie deutlich. Zink, Kadmium, Quecksilber, Eisen, Titan halten bezüglich ihrer spektralen Eigenschaften die Mitte zwischen den alkalischen Erden und den permanenten Gasen. Für Kalzium, Strontium und Barium wird als Temperatur praktisch vollständiger Ionisation 8000° abs, als Temperatur maximaler Luminiszenz 4000° abs. und als Temperatur beginnender Luminiszenz 1500° ab berechnet.

Literatur.

1. COBLENTZ, W. W., Scient. Papers of the Bureau of Standards 1920. Vol. 15, S. 529—535.
2. EGGERT, J., Phys. Zschr. 1919, Bd. 20, S. 570—574.
3. GRANDHAM, G. E., Phys. Rev. 1920, Bd. 16, S. 565—574.
4. HOFFMANN, F. und MEISSNER, W., Ann. d. Phys. 1919, Bd. 60, S. 201—232.
5. HYDE, E. P., CADY, F. E. und MIDDLEKAUFF, G. W., Ill. Engen. Soc. New York 1909, Vol. 4.
6. — und FORSYTHE, W. E., Astrophys. Journ. 1920, Bd. 51, S. 244—251.
7. — — — Phys. Rev. 1920, Bd. 15, S. 540.
8. — — — und CADY, F. E., Phys. Rev. 1919, Bd. 14, S. 379—388.
9. KING, ARTHUR S., Astrophys. Journ. 1921, Bd. 54, S. 28—44.
10. KÖNIG, A., Wied. Ann. 1882, Bd. 17, S. 990—1008.
11. KRETSCHMANN, E., Ann. d. Phys. 1921, Bd. 65, S. 310—334.
12. LADENBURG, R., Jahrb. d. Radioakt. u. Elektr. 1920, Bd. 7, S. 93—145, 273—276.

13. LAIRD, ELIZABETH R., Phys. Rev. 1922, Bd. 15, S. 543—544.
14. MEGH NAD SAHA, Phil. Mag. 1921, Bd. 41, S. 267—278.
15. MILLIKAN, R. A. und SAWYER, Astrophys. Journ. 1920, Bd. 52, S. 47—64.
16. MÜLLER, C., Zschr. f. Instrkde. 1922, Bd. 42, S. 68.
17. NERNST, W. und WULFF, TH., Verh. d. D. Phys. Ges. 1919, Bd. 21, S. 294—337.
18. PATERSON, C. C. und DUDDING, B. P., Collected Researches National Physical Lab. 1915, Vol. 12, S. 53—79.
19. PRIEST, J. G., Journ. Opt. Soc. Amer. 1920, Vol. 4, S. 448—495.
20. — Journ. Opt. Soc. Amer. 1921, Vol. 5, S. 178—183.
21. Reichsanstalt, P.-T., Ann. d. Phys. 1915, Bd. 48, S. 1034.
22. Reichsanstalt, P.-T., Zschr. f. Instrkde. 1921, Bd. 42, S. 68.
23. REINKOBER, O., Zschr. f. Phys. 1920, Bd. 3, S. 318—328.
24. — Zschr. f. Phys. 1921, Bd. 5, S. 192—197.
25. RUBENS, H., Berl. Ber. 1921, S. 8—27.
26. — und LIEBISCH, Berl. Ber. 1921, S. 211—220.
27. — und MICHEL, G., Berl. Ber. 1921, S. 590—610.
28. SCHÖNROCK, Zschr. f. Instrkde. 1922, Bd. 42, S. 75.
29. WARBURG, E. und MÜLLER, C., Ann. d. Phys. 1915, Bd. 48, S. 410—432.
30. WILSING, J., Publik. d. astrophys. Observat. Potsdam 1920, Bd. 24, drittes Stück.
31. WORTHING, A. G., Franklin Inst. 1921, Bd. 192, S. 112.

VII. Kontaktpotential.

Von **Alfred Coehn**-Göttingen.

Das Problem der Berührungselektrizität hat zum Ziel, die bei der Berührung zweier Stoffe auftretende elektrische Aufladung mit irgendwelchen physikalischen oder chemischen Eigenschaften dieser Stoffe zu verknüpfen derart, daß aus der Kenntnis dieser Eigenschaften sich eine Vorhersage geben läßt

1. über das Vorzeichen,
2. über die Größe der Aufladung.

I. 1. *Elektrolyt | Elektrolyt.*

a) Das Problem darf als gelöst gelten für den Fall der Berührung zweier verschieden verdünnter Lösungen desselben Elektrolyten und verdünnter Lösungen verschiedener Elektrolyte: Das entstehende Kontaktpotential ist der Messung zugänglich und die von Nernst(*) aus der Anwendung der allgemeinen Gesetze der Diffusion auf die Diffusion von Elektrolyten gewonnene Vorstellung über sein Zustandekommen läßt Sinn und Größe der entstehenden Potentialdifferenz vorhersagen.

b) Darüber hinaus hat sich gezeigt, daß auch die elektromotorischen Kräfte an der Berührungsstelle verschieden temperierter Stellen von Elektrolyten, also elektrolytische Thermoketten im Einklang mit den von Nernst gegebenen Formeln gemessen werden, »so daß hier von einer vollständigen Lösung des Problems der Thermokraft gesprochen werden darf, wovon wir bei den Metallen bekanntlich noch weit entfernt sind«[35]).

c) Auf der gleichen Grundlage ergiebt sich die Potentialdifferenz an der Berührungsstelle zweier verdünnter Lösungen in zwei nicht mischbaren Lösungsmitteln bei Vorhandensein eines Unterschiedes der Verteilungskoeffizienten des positiven und negativen Ions. Der Fall — ausgedehnt auf größere Elektrolytkonzentrationen — hat eingehende experimentelle Behandlung erfahren im Hinblick auf seine physiologische Bedeutung[3]), indem die Potentialsprünge an pflanzlichen und tierischen Membranen hier ihre Deutung finden. Von besonderem Interesse haben sich dabei die Einflüsse erwiesen, welche bei Anwesenheit organischer »kapillaraktiver« Stoffe hervortreten.

---

*) Vgl. das zusammenfassende Referat von W. Nernst Über Berührungselektrizität. Beilage zu Ann. d. Phys. 1896, Heft 8.

Das hier erzielte Ergebnis legt es nahe, die Theorie auf den allgemeinen Fall der Elektrizitätserregung bei der Berührung zweier homogener *fester* Stoffe zu übertragen. Der Durchführung aber steht die Schwierigkeit entgegen, daß man über die Natur der in jedem Fall in Betracht zu ziehenden Ionen nichts aussagen kann.

2. *Metall | Elektrolyt.*

Für das Zustandekommen der Potentialdifferenz Metall | Elektrolyt gewann NERNST eine anschauliche Vorstellung durch die Einführung des Begriffes der elektrolytischen Lösungstension. Allerdings kennt man die Natur der Kräfte, welche zum Teil mit so ungeheurer Intensität die Metallionen in die Lösung hineinziehen auch heute noch nicht; über ihren inneren Zusammenhang mit anderen Eigenschaften der Metalle oder Lösungsmittel ist nichts bekannt. Hingewiesen sei aber auf den Versuch von F. KRÜGER[28]), die Kräfte, welche die elektrolytische Lösungstension der Metalle bedingen, ebenso wie die elektrolytische Dissoziation zurückzuführen auf die hohe Dichte der Wärmestrahlung in den Medien mit hoher Dielektrizitätskonstante.

Die Messung eines Einzelpotentials Metall | Elektrolyt schien ermöglicht in galvanischen Elementen, deren Gegenelektrode die Potentialdifferenz Null gegen die Lösung aufweist. Das sollte der Fall sein bei Quecksilber, das bis zum Maximum der Oberflächenspannung polarisiert ist. An diesem Punkte wäre nach der osmotischen Theorie die elektrolytische Lösungstension kompensiert durch den ihr infolge der Polarisation von der einen oder der anderen Richtung her gleich gewordenen osmotischen Druck der Quecksilberionen. Diesseits und jenseits vom Maximum sollte die Elektrokapillarkurve, die den Zusammenhang zwischen polarisierender Kraft und Oberflächenspannung wiedergibt, auf Grund der Theorie von LIPPMANN-HELMHOLTZ-NERNST sich als Parabel darstellen[29]). Die in den verschiedenen Elektrolyten gefundenen Elektrokapillarkurven hatten aber erhebliche Abweichungen von der Parabelgestalt gezeigt, nicht nur in steilerem Abfall des ansteigenden Astes, sondern — was für den hier zur Erörterung stehenden Zweck besonders bedenklich erschien — in einer Verschiebung des Maximums der Kurven. Die Abweichungen von der Parabelgestalt sind um so größer, je geringer die Löslichkeit bzw. je stärker die Komplexbildung der Quecksilbersalze ist. Das leicht lösliche, nicht zur Komplexbildung neigende Merkuronitrat ergab mit großer Genauigkeit die von der Theorie geforderte Parabelgestalt. Die Abweichungen fanden ihre Deutung in der Erkenntnis, daß die Änderung der Oberflächenspannung durch die Adsorption von in der Lösung vorhandenen »kapillaraktiven« Stoffen sich geltend macht, hier speziell durch die Adsorption von Quecksilbersalz auf der Quecksilberoberfläche.

Die bei der Elektrokapillarkurve gefundenen Abweichungen zeigten sich entsprechend bei der zweiten Methode, die zur Herstellung einer

Elektrode vom Potential Null gegenüber einer Lösung zur Verfügung steht, der Tropfelektrode: das Tropfelektrodenpotential stimmt stets mit dem Potential überein, das beim Maximum der — normal, d. h. als Parabel oder auch anomal gestalteten — Elektrokapillarkurve herrscht. Diese Übereinstimmung steht im Einklang mit der Theorie von LIPP-MANN-HELMHOLTZ-NERNST, nach der das Tropfelektrodenpotential dadurch bedingt ist, daß sich an der tropfenden Elektrode dann keine Konzentrationsänderung mehr einstellt, wenn die Konzentrationsverminderung infolge der Kondensation des Salzes auf der Elektrode kompensiert wird durch die Konzentrationsvermehrung bei der Doppelschichtenbildung jenseits des absoluten Nullpunktes; dieselbe Bedingung liefert aber die Theorie für das Eintreten des Maximums der Oberflächenspannung, das nämlich dann vorhanden ist, wenn bei Änderung der Oberfläche keine Konzentrationsänderung an der Elektrode auftritt, wenn also bei der Dehnung die Konzentrationsverminderung infolge der Kondensation wiederum gerade kompensiert wird durch die Konzentrationsvermehrung infolge der Doppelschichtenausbildung.

Jedenfalls erscheinen die Bedenken gegen die Benutzung der beiden auf der Elektrokapillarität beruhenden Methoden zur Messung von Einzelpotentialen behoben: In kapillarinaktiven, sich normal verhaltenden Lösungen, d. h. in solchen, in welchen die Elektrokapillarkurve sich als Parabel darstellt, kann man sowohl mit Hilfe des Maximums der Oberflächenspannung wie auch mit Hilfe der Tropfelektrode Einzelpotentialsprünge bestimmen. Es ergibt sich dabei der absolute Nullpunkt des Potentials bei dem bereits früher festgelegten Werte von 0,57 Volt gegen die Zehntelnormal-Kalomelelektrode.

3. *Metall | Metall.*

Auf die Versuche, die thermoelektrischen Erscheinungen bzw. den Peltiereffekt als Äußerungen eines Kontaktpotentials zwischen zwei Metallen aufzufassen, soll an dieser Stelle nicht eingegangen werden. Das Urteil von F. KRÜGER in seiner die »wärmeelektrischen Erscheinungen« zusammenfassenden Übersicht bleibt trotz der Förderung, die das Gebiet durch die Elektronentheorie erfahren hat, bestehen: »Es ist bisher nicht gelungen, die thermoelektrische Kraft mit anderen Eigenschaften der betreffenden Metalle in Beziehung zu setzen bzw. sie daraus zu berechnen«.

Die von VOLTA angenommene kontaktelektromotorische Kraft zwischen zwei Metallen hat sich mit fortschreitender Entfernung der den Oberflächen anhaftenden Wasserhaut bis nahe zum Verschwinden bringen lassen. Und zwar stimmten darin die VOLTAsche Kondensatormethode, wie sie z. B. DE BROGLIE[6]) anwandte, überein mit den Ionisationsmethoden, deren sich GREINACHER[22]), SHAW[42]) u. a. bedienten. Gegen diese Versuche ist einerseits zu bemerken, daß die Herabsetzung des Voltaeffektes zu anderer Größenordnung nicht notwendig auf der Fortschaffung der

Wasserhaut beruhen muß. Denn die beiden Metallflächen können mit nahe gleichartigen Überzügen von dem zur Trocknung verwendeten Phosphorpentoxyd bedeckt und dadurch elektromotorisch nahezu gleich geworden sein; oder es kann dabei das unedlere der beiden Metalle oxydiert und dadurch sein Potential gegen die Umgebung dem des edleren genähert worden sein. Andererseits ist anzunehmen, daß beim völligen Verschwinden der Wasserhaut eine Potentialdifferenz der beiden Metalle bestehen bleibt, die dem Unterschied der Größen P der Gleichung für den photoelektrischen Effekt $\frac{m}{2} v^2 = h\nu - P$ entspricht, d. h. der Austrittsarbeit der Elektronen, sozusagen der Kontaktdifferenz der Metalle gegen das Vakuum[45]).

Versuche, unter weitgehendem Ausschluß der erwähnten Fehlerquellen, die im Hochvakuum noch hinterbleibende Potentialdifferenz zweier Metalle zu messen, hat kürzlich E. Perucca[38]) mitgeteilt. Gemessen wurde nach der Kondensatormethode von Lord Kelvin-Pellat zwischen einer immer frisch hergestellten Fläche reinen Quecksilbers und einem zweiten durch Sublimation in den Apparat gebrachten Metall. Als Potentialdifferenz Zink | Quecksilber wurde 0,17 Volt gefunden, wobei das Quecksilber sich negativ lud. Durch Spuren von Sauerstoff, auch wenn er weitgehend getrocknet war, stieg die Potentialdifferenz auf den vierfachen Wert. Der Voltaeffekt existiert also auch im Vakuum bei weitgehender Abwesenheit von Gashäuten. Wasserdampf zeigt sich für das Ansteigen der Potentialdifferenz von viel geringerem Einfluß als Sauerstoff, auch wenn er getrocknet ist.

II. 1. *Festes Dielektrikum | festes Dielektrikum.*

Handelt es sich um die Aufladung bei der Berührung zweier Nichtleiter, so treffen die Versuche zur Gewinnung und Prüfung einer Vorstellung vom Zustandekommen dieser Aufladung auf die Schwierigkeit, reproduzierbare zahlenmäßige Ergebnisse zu erhalten. Sogar der Sinn der Aufladung erweist sich in einzelnen Fällen als schwankend und schwer kontrollierbaren Einflüssen unterworfen. In einigen neueren Arbeiten werden die Bemühungen fortgesetzt, den Zusammenhang zwischen aufgewendeter Reibungsarbeit und dabei erzeugter Aufladung zahlenmäßig festzulegen. Es ist nicht zu vermuten, daß auf diesem Wege die Erkenntnis des Mechanismus wesentlich gefördert wird, wenn entsprechend der Vorstellung von Helmholtz[24]) der Zweck der Reibung lediglich die Vermehrung der Zahl der Berührungsstellen ist. Owen[36]) findet mit einer Anordnung, die die aufgewendete Reibungsarbeit bequem zu messen erlaubt, daß bei derselben Reibungsarbeit, wenn sie einen bestimmten Grenzwert überschritten hat, die Aufladung recht genau proportional der geriebenen Oberfläche ist und daß sie bei Steigerung der Reibungsarbeit einen konstant bleibenden Maximalwert erreicht. Benutzt wurden dabei Ebonit, Schiefer und Glas gegeneinander, aber auch Kupfer gegen

diese Nichtleiter. Die Arbeit wurde von W. M. JONES [27]) auf weitere Nichtmetalle und Metalle ausgedehnt mit dem gleichen Ergebnis. Aus der
Tatsache aber, die auch von OWEN hervorgehoben wurde, daß bei den
geprüften Substanzen bloße Berührung ohne Reibung keine merkliche
Aufladung hervorbrachte, glaubt er schließen zu dürfen, daß das Zustandekommen von Reibungselektrizität und Berührungselektrizität nicht
auf gleiche Weise zu deuten sei. Zu einer Annäherung an das oben ge-
kennzeichnete Ziel des Problems der Berührungselektrizität haben diese
und weitere in gleicher Richtung sich bewegende Versuche nichts beigetragen. Vor Inangriffnahme der quantitativen Seite des Problems,
d. h. vor dem Versuch einer Vorhersage über die *Größe* der Aufladung
bei Berührung zweier Stoffe, scheint es für die Gewinnung eines Ein-
blicks in den Mechanismus der Aufladung geboten, die qualitative Seite
in Angriff zu nehmen, das heißt, den *Sinn* der entstehenden Aufladung
mit anderen Eigenschaften eines Körperpaares zu verknüpfen. Das vorhandene und durch weitere Beobachtungen ergänzte Tatsachenmaterial
läßt nach A. COEHN [13]) als »Ladungsgesetz der Dielektrika« die Gesetzmäßigkeit erkennen: Stoffe von höherer Dielektrizitätskonstante laden
sich positiv bei der Berührung mit Stoffen von kleinerer Dielektrizitätskonstante. Der Satz hat, soweit es sich um Nichtleiter handelt, immer
wieder Bestätigung gefunden. Unsicherheiten im Vorzeichen, wie sie bei
Versuchen mit Nichtleitern beobachtet werden, müssen auf durch äußere
Einflüsse hervorgebrachte Oberflächenveränderungen zurückgeführt werden und daher fortfallen, wenn die Stoffe unter Ausschluß von Gasen
und Feuchtigkeit untersucht werden. Zugleich würde dabei die Frage
entschieden werden, ob auch bei Nichtleitern ähnlich wie beim Voltaeffekt zwischen Metallen die entstehende Potentialdifferenz unter solchen
Versuchsbedingungen zu anderer Größenordnung herabgesetzt würde.
Die Versuche [15]) ergaben, daß hier eine merkliche Herabsetzung der Aufladung wie beim Voltaeffekt *nicht* eintritt, daß vielmehr die Elektrizitätserregung bei der Berührung zweier Dielektrika auch in dem mit den
jetzigen Hilfsmitteln erreichbaren äußersten Vakuum — also bei weitgehendem Ausschluß von Gas und Feuchtigkeitsresten — in der sonst
gemessenen Größenordnung auftritt, und zwar hier immer mit bestimmtem,
dem Ladungsgesetz für Dielektrika entsprechenden Vorzeichen.

Für die Deutung des Zustandekommens der Aufladung zwischen
festen Nichtleitern ist aus diesem Ergebnis zu entnehmen, daß Gas- und
Flüssigkeitshäute an der Oberfläche hier im Gegensatze zum Voltaeffekt
an dem Mechanismus der Aufladung keinen wesentlichen Anteil haben,
weder als Lösungsmittel für Ionen aus den festen Stoffen, noch als Quelle
von Ionen, die in den festen Stoffen mit verschiedenen Teilungskoeffizienten
löslich wären. Auf eine dritte Möglichkeit weist NERNST [34]), bei der den
sich berührenden Stoffen *beide* Rollen—als Ionenbildner und als Lösungsmittel — zugeschrieben werden, indem die Dielektrika selbst als gegen-

seitig ineinander lösliche Elektrolyte aufgefaßt werden, von denen jedes Ion einen spezifischen Teilungskoeffizienten in den beiden Stoffen hat, was zur Ausbildung einer Potentialdifferenz führen muß. NERNST betont aber zugleich die Schwierigkeit, daß wir hier über die Natur der Ionen noch gar nichts wissen. Wie sollte man sich auch wohl die Bildung von Ionen bei der Aufladung durch Berühren von Diamant mit Paraffin vorzustellen haben?

Von ganz anderer Grundlage aus — und zwar im Einklange mit der mehrfach ausgesprochenen Ansicht von der Verschiedenheit der hier in Betracht gezogenen und der galvanischen Erscheinungen — deutet LENARD [31]) das Ladungsgesetz für Dielektrika. Er nimmt an, daß infolge der — als elektrischer Natur anzusehenden — molekularen Kräfte in der Oberfläche der Flüssigkeiten und der bei ihrer Erstarrung entstehenden festen Körper sich eine *solche* Verteilung der Ladung ausbildet, daß die negative Ladung nach außen gerichtet ist. Bei höherer Dielektrizitätskonstante des Stoffes wird diese negative Ladung von der darunter befindlichen positiven weniger (infolge kleinerer Feldstärke) festgehalten als bei kleinerer Dielektrizitätskonstante. LENARD führt aus, wie unter diesen Umständen durch Berührung und Trennung der beiden Stoffe die dem Ladungsgesetz entsprechende Verteilung der Elektrizitäten zustande kommt. Auf die Theorie von LENARD wird an späterer Stelle näher einzugehen sein.

2. *Flüssiges Dielektrikum | flüssiges Dielektrikum.*

Die Potentialdifferenz an der Grenze zweier flüssiger Nichtleiter ist wohl in allen untersuchten Fällen, indem es hier nicht möglich ist, die Mitwirkung von Feuchtigkeitsspuren und Ionen auszuschließen, in erster Linie auf diese zurückzuführen, sei es, indem man eine Verteilung der Ionen zwischen den beiden Phasen annimmt, sei es, daß es sich um einen »Adsorptionspotentialsprung« handelt, bei dem es nur auf die Verteilung der Ionen in der *einen* der beiden Phasen ankommt. Der Fall wird also der Behandlung zugänglich als Grenzfall des anderen, oben unter 1c aufgeführten, bei dem in einer oder in beiden sich berührenden flüssigen Phasen definierte Ionenkonzentrationen herrschen.

3. *Festes Dielektrikum | leitende oder nichtleitende Flüssigkeit.*

Für die Messung der Potentialdifferenz fester Nichtmetalle gegen leitende oder nichtleitende Flüssigkeiten hat man in erster Linie die Methoden herangezogen, welche eine Verschiebung der beiden Teile der an der Berührungsstelle vorhandenen Doppelschicht entweder durch eine äußere elektromotorische Kraft herbeiführen oder aber eine solche Bewegung mechanisch erzeugen und die dabei entstehende elektromotorische Kraft messen. Man spricht im ersten Falle von Elektrophorese oder elektrokinetischen Vorgängen, im zweiten Falle von Strömungsströmen.

Nun kann man aber außerdem in einer Reihe von Fällen zeigen, daß feste Nichtleiter wie Glas eine ganz bestimmte Potentialdifferenz gegen eine Lösung besitzen, deren Höhe wie beim Metall von der Konzentration bestimmter Ionen in der Lösung abhängt. So hat HABER[23]) nachweisen können, daß eine Glasfläche, nachdem sie durch eine Art Quellungsvorgang Wasser in die Oberfläche aufgenommen hat, sich wie eine Elektrode von bestimmtem Wasserstoffdruck verhält, der konstant bleibt, auch wenn die weitere Umgebung eine Flüssigkeit mit anderer Wasserstoffionenkonzentration, also Säure oder Alkali enthält. Ist Π der konstant bleibende Druck des Wasserstoffs im Glase, so ist die Potentialdifferenz an einer solchen Grenzfläche

$$\varepsilon = R\,T\ln\frac{\Pi}{p},$$

wo p den osmotischen Druck der Wasserstoffionen in der Lösung bedeutet. Wenn man also ein Kölbchen aus dünnem Glase, das eine beliebige Lösung mit eingesenkter zum Elektrometer führender Ableitung enthält, in eine andere Lösung eintaucht, deren Wasserstoffionenkonzentration variiert wird und die mit einer geerdeten Normalelektrode verbunden ist, so ändert sich mit der Wasserstoffionenkonzentration im äußeren Gefäß die gemessene Potentialdifferenz genau so, wie wenn das Glas eine mit Wasserstoff von konstantem Druck beladene Platinelektrode wäre.

Andererseits rührt bei den elektrokinetischen Vorgängen die Bewegung der Flüssigkeit gegen das Glas von der Potentialdifferenz des ruhenden gegen den bewegten Teil der Doppelschicht an der Grenzfläche her. Die durch die beiden Methoden zur Beobachtung gelangenden Potentialdifferenzen sind jedoch nicht als identisch anzusehen. Daß eine äußere elektromotorische Kraft hier bei den elektrokinetischen Vorgängen überhaupt wirksam angreifen und die Teile der Doppelschicht gegeneinander verschieben kann, läßt schon darauf schließen, daß der in die Flüssigkeit entfallende Teil der Doppelschicht eine gewisse Ausdehnung hat und daß infolge der Molekularbewegung geladene Teile vorübergehend der Anziehung der entgegengesetzt geladenen entzogen werden und daher der Kraft des äußeren Feldes folgen können. Die Flüssigkeit an der Wand der Kapillare wird danach an den über die mittlere Ausdehnung der Doppelschicht hinausragenden Ladungen in der einen Stromrichtung geführt; in der gleichen Flüssigkeit suspendierte Teilchen der Wandsubstanz in der anderen, und zwar an den bei der Molekularbewegung der Flüssigkeitsladungen vorübergehend freigelegten, an der Oberfläche der Teilchen haftenden Ladungen.

Die bei den elektrokinetischen Vorgängen wirksame Potentialdifferenz, die wir mit FREUNDLICH im Unterschied zu ε, der bei den galvanischen Vorgängen wirksamen, mit ζ bezeichnen wollen, ist berechenbar aus der elektrokinetisch übergeführten Flüssigkeitsmenge v bei Kenntnis des Durchmessers r der Überführungskapillare, der von außen zwischen den um die Länge l entfernten Elektroden wirkenden Potentialdifferenz E, der inneren Reibung der Flüssigkeit η und ihrer Dielektrizitätskonstante D:

$$v = \frac{r^2 \zeta E D}{4 \eta l}.$$

Oder wenn man die Flüssigkeit nicht ausfließen, sondern emporsteigen läßt bis zu der für eine bestimmte äußere elektromotorische Kraft maximalen Höhe, d. h. bis zu dem stationären Zustande, bei dem die in der Zeiteinheit an der Wandschicht elektrokinetisch emporgeführte Flüssigkeitsmenge gleich geworden ist der im inneren Teil vom hydrostatischen Druck herabgeführten Menge. Der hydrostatische Druck ist dann gegeben durch

$$P = \frac{2 \zeta E D}{\pi r^2}.$$

Helmholtz hatte bereits diese Gleichungen abgeleitet, jedoch ohne Berücksichtigung der Dielektrizitätskonstante. Die Einsetzung dieser Größe für die Flüssigkeit wird aber notwendig, wenn man annimmt, daß es sich wie bei der hydrostatischen Bewegung einer Flüssigkeit längs einer Wand so auch bei der elektrokinetischen nicht um äußere sondern um innere Reibung handelt; daß demgemäß der hier wirksame Potentialsprung nicht zwischen Wandsubstanz und Flüssigkeit liegt, sondern zwischen festhaftender und beweglicher Flüssigkeitsschicht — also völlig im Innern der Flüssigkeit. Daß eine Theorie der elektrokinetischen Erscheinungen auch auf Grund der ersten Annahme — mit Einführung der äußeren Reibung, der Gleitung — möglich ist, hatte Lamb[30]) gezeigt, und v. Smoluchowski[43]) hat darauf hingewiesen, daß eine Entscheidung aus dem ihm bekannten experimentellen Material nicht zu entnehmen sei.

Daß *nicht* der von Haber und Klemensiewicz gemessene Potentialsprung Wand | Flüssigkeit der für die elektrokinetischen Vorgänge maßgebende ist, darauf hat Coehn[11]) hingewiesen. Als Beweis für die Lage des hier wirksamen Potentialsprunges *innerhalb* der Flüssigkeit teilt er eine Versuchsreihe mit, die zeigt, daß bei verschiedenen Flüssigkeiten wie Azeton, Wasser und Propyalkohol die Zeit des elektrokinetischen Anstiegs bis zur Maximalhöhe direkt proportional ist der *inneren Reibung* der Flüssigkeiten. Wenn man nun nicht gerade die Annahme machen will, daß eine etwaige äußere Reibung so verschiedener Flüssigkeiten an Glas immer genau derselbe Bruchteil der inneren Reibung ist, so bleibt nur der Schluß, daß äußere Reibung bei der elektrokinetischen Überführung nicht in Betracht kommt und daß die Bewegung auch hier längs eine festhaftenden Flüssigkeitsschicht erfolgt.

Da die Versuche zumeist mit Wasser und verdünnten Elektrolytlösungen ausgeführt wurden, hier aber die Dielektrizitätskonstante praktisch dieselbe ist, so machte sich deren Einführung nur in der *Berechnung* des Wertes von ζ, des für die elektrokinetischen Vorgänge maßgebenden Potentialsprungs, geltend. Sie mußte aber auch in den *Versuchen* hervortreten, wenn Flüssigkeiten verschiedener Dielektrizitätskonstanten benutzt wurden. Das geschah in größerem Umfange bei den Versuchen von COEHN und RAYDT [17]. Die maximale Steighöhe, bis zu der Flüssigkeiten von der gleichen äußeren elektromotorischen Kraft in derselben Kapillare emporgeführt werden, zeigte sich dabei so genau durch die Dielektrizitätskonstanten bestimmt, daß die Methode zur Messung dieser Größe dienen kann. Bei dieser Auffassung der Versuche ergibt sich, worauf v. SMOLUCHOWSKI [44] hinweist, der Potentialsprung für die verschiedenen Flüssigkeiten nahezu gleich. Es muß aber betont werden, daß hier eine der Erklärung bedürftige Lücke besteht. Denn die Natur der Wand ist durchaus nicht gleichgültig. Wie COEHN und RAYDT zeigen, ergibt erst die Differenz der Dielektrizitätskonstanten von Flüssigkeit und festem Stoff die vergleichbaren maximalen Steighöhen. Vor allem aber bleibt zu erklären, daß der *Ladungssinn*, mit dem die Flüssigkeit der äußeren elektromotorischen Kraft folgt, bei *nichtleitenden* Flüssigkeiten eindeutig bestimmt ist durch das Ladungsgesetz für Dielektrika: Die Flüssigkeit wandert als positiv geladen, wenn ihre Dielektrizitätskonstante größer, als negativ geladen, wenn sie kleiner ist als die der Kapillarensubstanz. Das Ladungsgesetz bezieht sich aber nicht eigentlich auf das hier doch allein wirksam sein sollende ζ, sondern auf die Potentialdifferenz ε zwischen fester und flüssiger Phase. FREUNDLICH [20] sieht die Deutung für den experimentellen Befund, daß das Ladungsgesetz auch für ζ zutrifft, darin, daß, wenn der Potentialsprung innerhalb der Flüssigkeitsschicht an der Wand in einfacher Form verläuft, ζ und ε symbat sind. Und dies sei hier besonders wahrscheinlich, da es sich bei den verhältnismäßig großen Unterschieden in den Dielektrizitätskonstanten der verschiedenen Flüssigkeiten auch um verhältnismäßig große Unterschiede in den ε handele.

Den Versuch eines direkten Vergleichs des bei den elektrokinetischen Vorgängen wirksamen Potentialsprunges ζ und der Potentialdifferenz ε an der Grenze derselben festen und flüssigen Phase hat G. BORELIUS [4] unternommen. Er erhielt für die Potentialdifferenz ε von Paraffin gegen Wasser, dem er Elektrolyte in steigender Konzentration zufügte, nach einer elektrostatischen Methode relative Werte, die er mit denen verglich, die POWIS [39] aus der elektrokinetischen Bewegung von Öltröpfchen in Wasser und Elektrolytlösungen erhalten hatte. Das Ergebnis sprach im Einklang mit den vorstehenden Ausführungen gegen die Identität von ζ und ε. Bei verdünnten Lösungen war die Änderung beider Größen mit der Konzentration wieder symbat. Dies trat hervor, als zum Vergleich mit BORELIUS' eigenen Messungen der Grenzkraft ε die Werte herangezogen wurden, welche sich aus den Versuchen von COEHN und FRANKEN [14] ergaben, die mit Paraffin überzogene Metallkugeln in Wasser und Elektrolytlösungen in regelmäßiger, häufiger Wiederholung eingetaucht und ihre

Aufladung nach dem Herausheben gemessen hatten, wobei sich für jede Konzentration ein gut reproduzierbarer, bei weiterem Eintauchen konstant bleibender Endwert der Aufladung einstellte.

Ebenso haben HABER und KLEMENSIEWICZ in den oben geschilderten Versuchen für den Potentialsprung ε Glas | Lösung gefunden, daß er beim Übergang von einer $^1/_{2000}$ normalen Alkalilösung zu einer gleich konzentrierten Säurelösung um 0,43 Volt abnahm; während CAMERON und OETTINGER[8]) bei elektrokinetischen Versuchen — es wurde in diesem Falle das inverse Phänomen, die elektromotorische Kraft von Strömungsströmen gemessen — nur eine Abnahme von 0,015 Volt fanden.

Besonders zwingend für die Nichtübereinstimmung von ε und ζ erscheint der Beweis, den FREUNDLICH und RONA[21]) erbracht haben. Sie maßen einerseits die elektromotorische Kraft von Strömungsströmen in Glaskapillaren, andererseits nach der Methode von HABER und KLEMENSIEWICZ die an der Grenzfläche von Glas und Flüssigkeit sich einstellende Potentialdifferenz und verglichen dann die Wirkung von Zusätzen zur Lösung in beiden Fällen. Es war bekannt und wurde wiedergefunden, daß das an reinem Wasser gemessene Strömungspotential und somit der für die elektrokinetischen Vorgänge maßgebende Potentialsprung ζ durch Kationen, insbesondere Wasserstoffionen, schon in geringer Konzentration stark erniedrigt wird, daß zweiwertige Kationen dabei von höherer Wirksamkeit sind und dreiwertige die Änderung leicht bis zur Umkehr des Vorzeichens führen. Von erheblichem Einfluß auf ζ erwiesen sich außerdem stark kapillaraktive Stoffe wie Kristallviolett. Bei den Versuchen nach HABER und KLEMENSIEWICZ war von solchem Einfluß nichts zu bemerken. Wie es der von HABER gegebenen oben dargelegten Vorstellung entspricht, nach der die Glaswand als Elektrode von konstantem Wasserstoffdruck wirkt, ist die hier zur Messung gelangende Grenzflächenspannung ε nur abhängig von der Wasserstoffionenkonzentration der Lösung. Wird diese konstant gehalten, so erweist sich weder der Zusatz anderer, selbst mehrwertiger, Kationen noch auch der kapillaraktiver Stoffe wie Kristallviolett von Einfluß.

4. *Metall | Dielektrikum.*

Von der Aufladung Metall | Nichtleiter ist für das Studium reibungselektrischer Erscheinungen besonders häufig der Fall Quecksilber | Glas untersucht worden ohne daß auch nur über das Vorzeichen Sicherheit erreicht worden wäre. Den Grund dieses Schwankens hat neuerdings E. PERUCCA[37]) zum Gegenstand eingehender Untersuchung gemacht mit dem Ergebnis, daß eine reine, frisch hergestellte Quecksilberfläche sich durch Berührung mit Glas stets positiv lädt, daß sie aber diese Fähigkeit in einer Zeit, die zwischen wenigen Minuten und mehreren Stunden schwankt, verliert, um dann bei Berührung mit Glas Erregbarkeit in entgegengesetztem Sinne anzunehmen. Die Versuche zeigen, daß mit dem Quecksilber gleichzeitig zwei verschiedene Änderungen vor sich gehen, deren jede einem einfachen Exponentialgesetz gehorcht. Die eine wird auf die Wirkung der in der Luft vorhandenen Spuren von Stickstoffoxyden zurückgeführt, als Ursache der anderen wird der Sauerstoff vermutet.

Die Aufladung anderer Metalle gegen feste Nichtleiter ist in neueren Arbeiten wieder aufgenommen worden unter dem Gesichtspunkte, ob Berührungselektrizität identisch ist mit Reibungselektrizität bzw. ob eine Beziehung besteht zwischen der bei dem Zusammenbringen aufgewendeten mechanischen Energie und der Aufladung. H. F. RICHARDS[41] hat in verschiedenen Versuchsanordnungen Metall und Nichtleiter unter Vermeidung von Reibung in einem kurzen Stoß zusammengeführt, z. B. in der Form, daß eine Ebonitkugel mit bestimmter variierter Energie senkrecht emporgeschleudert wurde gegen eine Platte aus Messing oder Zink, die mit dem Elektrometer verbunden war. Die Aufladung erwies sich unabhängig von der Geschwindigkeit, mit der die Kugel auftraf; es besteht keine direkte Abhängigkeit von der beim Stoß aufgewendeten mechanischen Energie. Die ganze elektrische Energie wird offenbar erzeugt durch die mechanische Arbeit beim Trennen der Oberflächen. Der Ladungssinn bei diesem Stoßverfahren war in der überwiegenden Zahl für das Metall — Messing oder Zink — positiv, während beim Reiben derselben Stoffe das Metall etwa ebenso häufig negativ wurde. Der Referent glaubt, daß hier bei der bloßen Berührung Spuren von Oxyd wirksam sind, die sich gegen den Nichtleiter negativ laden; bei der Reibung werden sie abgerieben und die unedlen reinen Metalle laden sich gegen den Nichtleiter negativ.

Eindeutig bezüglich des Vorzeichens erwiesen sich im Gegensatz zum Verhalten des reinen Quecksilbers verschiedene Amalgame. Es ist ja bekannt, daß man, um bei reibungselektrischen Versuchen ganz sicher über das Vorzeichen zu sein, bestimmte Amalgame als »Reibzeug« verwendet. Eine sehr ausführliche Untersuchung der Aufladung von Quecksilber und Amalgamen gegen Dielektrika führte aber doch CHRISTIANSEN[9] zu dem Schluß, daß die Auffindung von Gesetzmäßigkeiten ziemlich hoffnungslos sei, die Elektrisierung hänge hier »von Umständen ab, die es fast unmöglich erscheinen lassen, das Resultat vorauszusehen«.

Es liegt nahe, die Versuche dieser Gruppe dahin zu deuten, daß das für die Elektrizitätserregung Wirksame die Vorgänge innerhalb einer den Substanzen anhaftenden Feuchtigkeitsschicht sind. Dann sollten die Metalle sich auch hier nach der Spannungsreihe dem Vorzeichen nach diesseits und jenseits vom Wasserstoffpotential anordnen; die unedlen, d. h. die mit höherer Lösungstension als Wasserstoff sollten also negativ werden, die edlen, mit kleinerer Lösungstension als Wasserstoff, positiv.

Das Zustandekommen der positiven Aufladung dieser letzteren stellt man sich ja so vor, daß unter Mitwirkung des Sauerstoffs der Luft das Metall eine minimale Menge von Ionen in Lösung sendet, daß aber der osmotische Druck dieser geringen Menge die sehr kleine Lösungstension der edlen Metalle bereits überwiegt und daß daher Ionen am Metall sich abscheiden und es positiv aufladen.

Man gelangt somit zu der Frage, ob bei weitgehendem Ausschluß von Feuchtigkeit und Sauerstoff eine Aufladung zwischen Dielektrikum und Metall — insbesondere edlem Metall — überhaupt zustande kommt, ob gegebenenfalls ihr Sinn oder auch nur ihre Größenordnung dadurch geändert ist, und daran anschließend zu der Frage, wie das Zustandekommen einer solchen Aufladung zu deuten wäre. Es wurden also von COEHN und LOTZ[15]) im äußersten mit den jetzigen Hilfsmitteln erreichbarem Hochvakuum Metalle und Glas zur Berührung gebracht und die Aufladungen nach der Trennung gemessen. Es zeigte sich, daß in allen Fällen beträchtliche Aufladung eintrat und daß im Gegensatz zu den Versuchen an der Atmosphäre die Ergebnisse vollkommen reproduzierbar waren; für ein bestimmtes Metall ergab sich stets derselbe Ladungssinn. Aber auch hier erwies sich der elektrochemische Charakter des Metalls als das Ausschlaggebende: unedle Metalle luden sich wie gegen verdünnte Lösungen negativ, edle positiv. Entsprechend verhielten sich die Amalgame. Reines Quecksilber lädt sich gegen Glas stets positiv, schon der Zusatz von 0,001°/₀ Natrium kehrt den Ladungssinn um. Die dazu erforderliche Menge steigt mit Abnahme der Lösungstension des zugesetzten unedlen Metalles; Zusatz edler Metalle läßt die positive Aufladung des Quecksilbers ungeändert.

Für die Deutung des Zustandekommens der gefundenen Aufladungen dürfte die Heranziehung von Feuchtigkeit und Sauerstoff durch die Versuchsbedingungen ausgeschlossen sein. Die Röhren, gegen deren innere Wand Metalle bewegt wurden, die bei Rotglut im Hochvakuum entgast bzw. eindestilliert waren, bestanden aus dem hochschmelzenden sogenannten Felsenglas, welches während des Evakuierens selbst auf Rotglut gehalten werden konnte. Die gefundene negative Aufladung der unedlen Metalle bzw. ihrer Amalgame gegen das Glas erfährt aber eine einfache Deutung durch die Annahme, daß das Dielektrikum selbst das Lösungsmittel für die Metallionen bildet. Dagegen dürfte es schwierig sein, die *positive* Aufladung edler Metalle bzw. ihrer Amalgame gegen Glas unter den gleichen Versuchsbedingungen einfach als Analogon zur Aufladung dieser Metalle gegen wässerige Lösungen aufzufassen. Denn wenn es schon schwer zu verstehen ist, wie bei Mitwirkung von Sauerstoff Ionen des edlen Metalls sich im festen Dielektrikum so weit lösen sollen, daß ihr osmotischer Druck zu ihrer Abscheidung und zur positiven Aufladung des Metalls führt — so ist das bei dem weitgehenden Ausschluß des Sauerstoffs unter den hier herrschenden Versuchsbedingungen gar nicht mehr zu verstehen. COEHN und LOTZ deuten ihre Ergebnisse durch die folgende Annahme. *Alle* Metalle geben infolge ihrer hohen Elektronenkonzentration Elektronen an das sie berührende Dielektrikum ab und laden sich deshalb selbst *positiv*. Dieser Wirkung überlagert sich eine zweite, welche darauf beruht, daß die Metalle eine Lösungstension besitzen, der zufolge sie positive Ionen in das Lösungsmittel entsenden, also selbst *negativ* geladen zurückbleiben. Die Aufladung, die wir beobachten, ist der aus diesen beiden gegeneinander gerichteten Wirkungen resultierende Effekt. Es laden sich also Metalle von hoher Lösungstension negativ gegen Glas, weil bei ihnen die Ionenabgabe die Elektronenabgabe überwiegt. Metalle, bei welchen Ionenabgabe und Elektronenabgabe beinahe gleich sind, zeigen nur geringe Aufladung. So erklärt es sich, daß Kupfer nur schwache positive Aufladung zeigt, Silber dagegen, bei dem die Wirkung der Lösungstension ganz zurücktritt, sehr starke.

Als zweite Methode zur Messung der Aufladung Metall | Nichtleiter wäre bei flüssigen Nichtleitern die Heranziehung elektrokinetischer Vorgänge denkbar. In der Tat hat bereits QUINCKE beobachtet, daß Metallpulver und Metallflitter, die in Flüssigkeiten suspendiert waren, im Stromgefälle wanderten. Und zwar fand er, daß die untersuchten edlen oder unedlen Metalle im Wasser sämtlich mit negativer Ladung, also zur Anode wandern, in Terpentinöl in umgekehrter Richtung.

HEYDWEILLER [26]) nahm diese Untersuchung wieder auf, indem er versuchte, das Ladungsgesetz für Dielektrika auf diesen Fall anzuwenden. Er untersuchte die Wanderungsrichtung von Metallteilchen in Flüssigkeiten von verschiedener Dielektrizitätskonstante. Er fand, daß z. B. Gold in Azeton [D. K. 21] zur Anode, in Chloroform [D. K. 5] zur Kathode wanderte und suchte nun das Gemisch beider auf, in dem Gold keine Aufladung zeigte. Er meinte, so eine Aussage über die Dielektrizitätskonstante von Metallen machen zu können. Gegen die Methode ist [10]) — abgesehen von dem prinzipiellen Einwande — zu sagen, daß die Metallteilchen in der Flüssigkeit Mittelleiter mit anodischem und kathodischem Ende bilden, daß dort jedenfalls Veränderungen, Oxydation, spurenweise Gasabscheidung usw. eintreten und man also nicht weiß, was eigentlich im Stromgefälle sich bewegt.

Jedenfalls aber würde man auch für die Metalle anzunehmen haben, daß bei den elektrokinetischen Bewegungen kein Gleiten der Flüssigkeit an der Metalloberfläche sondern daß dabei innere Reibung der Flüssigkeit stattfindet. Man würde also aus der Geschwindigkeit der Bewegung nach der früher, S. 182, angegebenen Formel nicht das von der elektrolytischen Lösungstension abhängige Grenzpotential ε zwischen Metall und Flüssigkeit, sondern den Potentialsprung ζ zwischen haftender und bewegter Flüssigkeitsschicht finden. Verlaufen aber, wie in den früher besprochenen Fällen ε und ζ symbat, so müßte man die unedlen Metalle in Wasser negativ, die edlen positiv geladen finden. Nun zeigen sich aber gerade die edlen Metalle ausgesprochen negativ. FREUNDLICH [19]), der auch auf das Schwerverständliche dieses Befundes hinweist, meint, daß zur Erklärung ein entsprechender Verlauf des Potentialabfalles innerhalb der festhaftenden Flüssigkeitsschicht angenommen werden könnte. Möglich ist auch, daß hier Gasbeladungen oder chemische Veränderungen an den Metalloberflächen eine Rolle spielen.

In kolloidaler Verteilung ist die Wanderung von Metallen häufig untersucht worden. Auch hier zeigen die edlen Metalle sich stets negativ geladen und sind auch nicht umzuladen, also unabhängig davon ob die Lösung sauer, neutral oder alkalisch ist. Unedle Metalle dagegen wie Wismut, Blei, Eisen, bei denen man für den Fall, daß es sich wirklich um reine metallische Oberflächen handelt, negative Ladung erwarten sollte, zeigen nach BURTON[7]) positive Aufladung. Hier ist es allerdings höchst wahrscheinlich, daß die Oberflächen nicht rein metallisch, sondern oxydiert sind, womit sich das Verhalten erklären würde, denn die Oxyde und Hydroxyde zeigen sich zumeist positiv geladen [48]).

III. 1. *Gas | feste Stoffe.*

Versuche, Elektrizitätserregung bei der Reibung von Gasen an festen Körpern nachzuweisen — etwa in der Form, daß man komprimierte Gase gegen Metall ausströmen ließ — haben zu keinem positiven Ergebnis geführt.

2. *Gas | nichtmetallische Flüssigkeiten.*

Ebensowenig ließ sich eine Elektrizitätserregung feststellen bei der Reibung von Gasen an Flüssigkeiten etwa bei dem schnellen Durchfahren von Wasserstrahlen durch die Luft.

Nun ist aber seit sehr langer Zeit — bereits aus Versuchen von LAVOISIER und LAPLACE bekannt, daß Gase, die bei chemischen Reaktionen sich entwickeln, z. B. Wasserstoff bei der Auflösung von Metallen, nach ihrem Austritt aus den Lösungen Ladungen aufweisen.

Die Frage, ob man es hier mit Elektrizitätserregung durch Berührung und Trennung der beiden Phasen, also mit einer Berührungselektrizität Gas | Flüssigkeit zu tun habe, ist in eingehender Untersuchung von LENARD erörtert worden auf der Grundlage, die sich ihm bei seinen Untersuchungen über den Wasserfalleffekt ergeben hatte. Für die Deutung dieses Effektes, der am Wasser und der umgebenden Luft entgegengesetzten Ladungssinn erkennen läßt, hatte LENARD die Frage in bejahendem Sinne beantwortet, also die Existenz einer Doppelschicht zwischen Flüssigkeit und Gas angenommen. Er lehrte in der Folge die Elektrizitätserregung, die beim Durchperlen von Gasblasen durch Flüssigkeiten festgestellt wurde, als Analogon des Wasserfalleffektes verstehen. Dabei wurde für alle Gase gegenüber reinen elektrolytfreien Flüssigkeiten *dasselbe* Vorzeichen gefunden, und zwar dem Ladungsgesetz für Dielektrika entsprechend: die reine Flüssigkeit als der Stoff von höherer Dielektrizitätskonstante wird positiv, die »Gasladung« negativ. Elektrolytzusatz setzt die Aufladung herab und bewirkt von bestimmter Konzentration ab Umkehr des Ladungssinnes. Der Zusamenhang zwischen Aufladung und Konzentration, insbesondere die »Umkehrkonzentration« wurde für eine größere Anzahl von Lösungen von COEHN und MOZER[16]) bestimmt.

Für die Deutung des gesamten Tatsachenmaterials hat LENARD[32] die ursprüngliche Annahme geändert. Die Doppelschicht sitzt nicht an der Grenze beider Phasen, so daß die eine Belegung an der Flüssigkeit, die andere am Gas haftet, sondern beide Teile der Doppelschicht liegen in der Flüssigkeit. Das wäre also übereinstimmend mit dem oben Dargelegten für feste Körper und Flüssigkeiten. Auch hier wäre das Wirksame nicht der Potentialsprung ε zwischen den beiden Phasen, sondern es verläuft die wirksame Potentialdifferenz ζ zwischen der äußersten, an das Gas grenzenden Flüssigkeitsschicht und dem Inneren der Flüssigkeit. Man kann, worauf NERNST[34] hinweist, die Entstehung dieser Potentialdifferenz wieder durch die Verteilung der in Betracht kommenden Ionen mit ihren spezifischen Verteilungskoeffizienten in zwei verschiedenen Lösungsmitteln erklären, indem man die Oberflächenschicht der Flüssigkeit und das Innere als verschiedene Lösungsmittel auffaßt. Ohne speziellere Vorstellungen von der Oberflächenbeschaffenheit von Flüssigkeiten dürfte es aber nicht möglich sein, im Sinne der an den Eingang gestellten Forderung, eine Vorhersage auch nur über das Vorzeichen der Ladung zu machen; zu verstehen, warum in allen Fällen beim Sprudeln von Gasen durch reine elektrolytfreie Flüssigkeiten die »Gasladung« negativ ist und warum in allen Fällen bei Zufügung von Elektrolyten — von Wasserstoffionen ebenso wie von Hydroxylionen — der Ladungssinn sich umkehrt. Dazu geeignete spezielle Vorstellungen entwickelt LENARD[32] in seinen Arbeiten über »Probleme komplexer Moleküle« bzw. »Über Wasserfallelektrizität und über die Oberflächenbeschaffenheit der Flüssigkeiten«(*).

Die Bildung der Doppelschicht an der Oberfläche nicht assoziierter Flüssigkeiten kommt nach LENARD so zustande, daß die von der Oberfläche nach innen zu wirkenden Molekularkräfte das einzelne Molekül derart drehen und richten, daß seine positiven Teile (die ja vornehmlich mit Masse behaftet sind) dem Inneren der Flüssigkeit genähert werden, während seine negativen Teile mehr nach außen liegen. Eine derartige Verzerrung der Moleküle muß, bei der elektrischen Natur der Atomkräfte, ein elektrisches Feld — die Bildung einer elektrischen Doppelschicht — an der Oberfläche hervorrufen. Bei *assoziierten* Flüssigkeiten, z. B. Wasser, besteht außer dieser Verzerrung der Einzelmoleküle noch eine stärkere Anziehung der größeren, mehr komplexen Moleküle nach dem Inneren der Flüssigkeit hin, gegenüber den kleinen, weniger komplexen Molekülen, die sich daher mehr an der Oberfläche der Flüssigkeit befinden und von denen jedes Einzelmolekül jener ersten elektrischen Verschiebung in Richtung der Oberflächennormalen unterworfen ist. Daraus folgt, daß sich an freien Flüssigkeitsoberflächen stets negative Ladungen zeigen

---

*) Zu der hier gegebenen Darstellung von LENARDS Anschauungen vgl. die Dissertation von HANS NEUMANN: Elektrostatische Erscheinungen an elektrolytisch entwickelten Gasblasen. Göttingen 1922.

müssen, wie es die Versuche ergeben. Unterhalb der negativen Schicht befinden sich die positiven Ladungen, deren Abstand von der Oberfläche gleich dem Radius der Wirkungssphäre der Molekularkräfte ist. Da nun Flüssigkeiten mit starkem Assoziationsvermögen zugleich solche von hoher Dielektrizitätskonstante sind, und diese ein Maß für die dielektrische Verschiebung innerhalb eines Stoffes ist, so ist bei Stoffen höherer Dielektrizitätskonstante diese dielektrische Verschiebung größer und damit die Doppelschicht stärker ausgebildet als bei Stoffen mit niederer Dielektrizitätskonstante. Es findet also zwischen der äußeren negativen Ladung und der darunter liegenden positiven — wegen der verminderten elektrischen Feldstärke — keine so starke Anziehung statt wie dies bei Flüssigkeiten niederer Dielektrizitätskonstante der Fall ist. Bei der Berührung und nachfolgenden Trennung zweier Dielektrika *verschiedener* Dielektrizitätskonstanten wird also das Dielektrikum mit der höheren Dielektrizitätskonstante negative Ladungen an das mit der niederen Dielektrizitätskonstante abgeben, wodurch sich das Ladungsgesetz für Dielektrika erklärt. Innerhalb der Doppelschicht muß ein Übergang von Elektronen zwischen benachbarten Molekülen angenommen werden, da sonst die Abtrennung ganzer Moleküle keine wahre Elektrizität erzeugen könnte. Das Wesentliche für das Zustandekommen einer wahren Ladung von Gasen oder festen Körpern gegen Flüssigkeiten — beim Durchperlen bzw. Eintauchen und Wiederherausheben z. B. von Paraffin (vgl. S. 183) — ist nach LENARD das Abreißen kleinster negativer Flüssigkeitsteilchen aus der Oberfläche infolge tangentialer mechanischer Beschleunigungen beim Trennungsvorgang.

Sind nun in der Flüssigkeit elektrolytische Ionen vorhanden, so wird das elektrische Feld der Doppelschicht eine räumliche Trennung der Ionen bewirken, indem die positiven Ionen von dem äußeren, negativen Teil der Doppelschicht angezogen werden, während die negativen Ionen weiter im Innern der Flüssigkeit, unterhalb der Schicht der positiv geladenen Moleküle, sich aufhalten werden. Bei Elektrolyten haben wir also vier räumlich getrennte Schichten elektrischer Ladungen. Zu oberst, dicht an der Oberfläche der Flüssigkeit befinden sich die kleinen, schwach komplexen, negativen, Lösungsmittelmoleküle, darunter die positiven Ionen des Elektrolyten, assoziiert mit Lösungsmittelmolekülen. Darunter folgt die Schicht der größeren, stark komplexen, positiven »Lösungsmoleküle« (undissoziierter Elektrolyt + Lösungsmittelmoleküle), und dann endlich die negativen Ionen des Elektrolyten, assoziiert mit Lösungsmittelmolekülen. Aus dem Umstand, daß die positiven Ionen durch das Feld der Doppelschicht stärker nach außen gezogen werden als die negativen Ionen, jedoch wegen ihrer größeren Komplexität — gegenüber den weniger komplexen negativen Flüssigkeitsträgern — nicht bis an die Oberfläche reichen, ergibt sich ohne weiteres die Tatsache, daß beim Durchperlen von Gasen durch Elektrolyte die negative Ladung

des Gases, die ja nach LENARD aus kleinsten abgerissenen Flüssigkeits-
partikeln besteht, schon bei geringen Elektrolytzusätzen stark abnehmen
muß, weil die vorhandenen positiven Ionen die äußerste negative Flächenladung zum Teil kompensieren. Das Vorhandensein einer Umkehrkonzentration, bei der das Gas ungeladen ist, ergibt sich damit von selbst. Es sind
bei dieser in der zweiten Schicht doppelt soviel positive einwertige Ionen
vorhanden wie negative Moleküle in der ersten; denn dann kommt auf jeden
abgerissenen Tropfen aus der ersten Schicht mit *einer* negativen Ladung
ein größerer, der *ein* negatives Quant und *zwei* positive Ionen enthält.

Das durch die Molekularkräfte entstandene elektrische Feld der Doppelschicht wirkt also auf die Ionen und veranlaßt deren Trennung, und zwar
nicht nur hinsichtlich ihrer *Ladung* sondern auch nach ihrer *Größe*. Es
werden daher z. B. die positiven Wasserstoffionen wegen ihres geringen
Durchmessers, der ja in der großen Wanderungsgeschwindigkeit zum
Ausdruck kommt, näher an die Oberfläche gelangen können als die größeren
Natriumionen. Bei derselben Äquivalentkonzentration werden also die
Wasserstoffionen in den äußerst kleinen abgerissenen Tröpfchen,
welche die Ladung des durchgeperlten Gases bedingen, sich in größerer
Zahl vorfinden als die Natriumionen. Die negative Ladung des Gases
wird also durch die Gegenwart von H-Ionen stärker herabgesetzt werden als
durch Na-Ionen, oder m. a. W.: die Umkehrkonzentration muß bei Säuren
bei geringeren Konzentrationen liegen als bei Alkalien und Salzen; eine
Tatsache, die von MOZER gefunden wurde.

Die *Überschreitung* des Umkehrpunktes, also das Auftreten positiver
Gasladung, ergibt sich folgendermaßen: das elektrische Feld der Doppelschicht besteht nur *zum Teil* aus wahren elektrischen Ladungen (nämlich
nur insofern als ein Übergang von Elektronen zwischen einzelnen Molekülen
stattgefunden hat), der größte Teil des Feldes ist auf die dielektrischen Verschiebungen der Moleküle zurückzuführen. Daher ist es verständlich, daß
mehr positive Ionen an der Oberfläche sich aufhalten können, als der Zahl
der wahren negativen Ladungen an der Oberfläche entspricht. Auf die Größe
der »Ladung des Gases« haben diese verzerrten, dielektrisch polarisierten
Moleküle natürlich keinen Einfluß, da sie als Ganze elektrisch neutral sind.

Auch über die *Größe* der abgerissenen Elektrizitätsträger lassen sich
auf Grund dieser Betrachtungen Angaben machen. Bei assoziierten
Flüssigkeiten (elektrolytarmen Dielektrika, z. B. Wasser) haben die *negativen* Elektrizitätsträger je nach der Zahl der angelagerten neutralen Moleküle sehr verschiedene Größe; eine obere Grenze dafür muß der Radius der
Wirkungssphäre bilden, den LENARD zu $150 \cdot 10^{-8}$ cm annimmt. Sind die
Träger an Größe gleich diesem, so sind sie elektrisch neutral, da sie dann
beide Schichten der Doppelschicht umfassen. Da das Abreißen von Flüssigkeitsteilchen (beim Durchperlen von Gasen usw.) hauptsächlich an der
Oberfläche erfolgt, kann es demnach ursprüngliche *positive* Träger bei
reinen dielektrischen Flüssigkeiten nicht geben.

Bei *Elektrolyten* dagegen besitzen die *negativen* Träger viel geringeren
Durchmesser; die kleinsten haben dieselbe Größe wie beim reinen Dielektrikum; die obere Grenze besteht aber hier schon im Abstand der zweiten,
der Kationenschicht von der Oberfläche (von LENARD aus Messungen
von ASELMANN über die Trägergröße auf $80 \cdot 10^{-8}$ cm berechnet). Bei
Elektrolyten ist also der Durchmesser der negativen Träger kleiner als
deren durchschnittliche Größe beim reinen Dielektrikum.

Für die Größe der *positiven* Träger bei Elektrolyten wird die untere
Grenze sein der Abstand der zweiten Schicht von der Oberfläche
($80 \cdot 10^{-8}$ cm); die obere der Abstand der vierten Schicht (der Anionen)
von der Oberfläche (von LENARD auf $180 \cdot 10^{-8}$ cm berechnet). Für die
Struktur der Schichten an Elektrolytoberflächen ergibt sich demnach
folgendes Bild:

$$180 \cdot 10^{-8} \text{ cm} \left\{ 150 \cdot 10^{-8} \text{ cm} \left\{ 80 \cdot 10^{-8} \text{ cm} \left\{ \begin{array}{l} \text{1. Schicht} \quad - \ - \ - \ - \ - \\ \text{2. Schicht} \quad + \ + \ + \ + \ + \\ \text{3. Schicht} \quad + \ + \ + \ + \ + \\ \text{4. Schicht} \quad - \ - \ - \ - \ - \end{array} \right. \right. \right.$$

Die (vierte) Schicht der Anionen liegt schon außerhalb des Radius
der Wirkungssphäre.

Da nun die Ladung des durchgeperlten Gases aus abgerissenen Flüssigkeitsteilchen besteht, wird sie durch die Heftigkeit des Abreißens beeinflußt werden. Durch höheren Druck beim Durchperlen werden die an
der Oberfläche befindlichen negativen Teilchen beim Abreißen gegenüber
den tiefer liegenden positiven mehr bevorzugt, daher muß die Ladung
des Gases stärker negativ und die Umkehrkonzentration infolgedessen
höher werden, was mit dem Experiment übereinstimmt. Deshalb aber
kann auch der Versuch, den LENARD unternimmt, die Feldstärke des von
den wahren Ladungen herrührenden Feldes aus der von MOZER gemessenen
Umkehrkonzentration für Chlornatriumlösungen zu berechnen, nur zur
ersten Orientierung dienen. Ergeben sich doch für die Ladungsdichte
der negativen Ladungen aus Versuchen bei verschiedenen Gasdrucken
Werte zwischen 10^{-11} und 10^{-14} Coulomb/qcm.

Hängt aber die Umkehrkonzentration von der mit dem Druck ansteigenden Heftigkeit des Abreißens zusammen, so könnte man in Ergänzung der LENARDschen Vorstellung als »wahre Umkehrkonzentration«
diejenige bezeichnen, welche unter Vermeidung jeglichen Abreißeffektes,
d. h. bei der Untersuchung des Ladungssinnes der Gasblasen *innerhalb*
der Flüssigkeit, etwa mit Hilfe der elektrokinetischen Fortführung von
Gasblasen, die Ladung Null ergibt.

Als besonders geeignet zur Ermittlung dieser »wahren Umkehrkonzentration« erweist sich eine Anordnung von TAGGART [46]). In eine horizontal angeordnete, mit Leitfähigkeitswasser gefüllte Glasröhre wird eine
kleine Gasblase gebracht, und die Röhre dann in schnelle Rotation um
ihre Längsachse versetzt, damit die Gasblase zentripetal in die Achse

der Röhre geht. Dann wird die Wanderung der Gasblase in einem in der Flüssigkeit hergestellten elektrischen Felde nach Sinn und Größe bestimmt. Die Gasblasen erweisen sich wie beim Durchperlen negativ. Ihre Ladung nimmt bei Zusatz von Elektrolyt zum Wasser ab, wie aus der Abnahme ihrer Wanderungsgeschwindigkeit zu schließen ist, bis sie Null wird und bei noch höherer Konzentration, in positive Ladung übergeht. Die aus den TAGGARTschen Messungen von H. NEUMANN[35] berechnete Umkehrkonzentration liegt, wie zu erwarten, viel tiefer als die durch den Abreißprozeß beeinflußte Umkehrkonzentration nach MOZER; für $Al(NO_3)_3$ z. B. bei $1 \cdot 10^{-5}$ normal gegenüber $2 \cdot 10^{-2}$ normal nach MOZER.

Eine Berechnung des Eigenfeldes der Doppelschicht auf dem von LENARD eingeschlagenen Wege, aber unter Zugrundelegung der »wahren Umkehrkonzentration« würde jedoch auch noch nicht zu eindeutigen Resultaten führen; denn die »wahre Umkehrkonzentration« muß ja von der Größe der vorhandenen Ionen abhängig sein, indem größere Kationen, die nach LENARD weniger weit in die Oberfläche gezogen werden, zum Teil schon in solcher Tiefe sich aufhalten, daß sie sich nicht mehr in den den Wanderungssinn von Stoffen bestimmenden Schichten der Doppelschicht befinden: Anwesenheit größerer Kationen (bei Alkalien und Salzen) ergibt höhere Umkehrkonzentration als die kleinerer (bei Säuren). Einen gleichen Einfluß wie die Größe der Ionen auf die Höhe der »wahren Umkehrkonzentration« muß auch ihre verschieden starke *Absorbierbarkeit* von der äußersten Flüssigkeitsschicht ausüben—analog den bei der Ausflockung von Kolloiden beobachteten Abweichungen von der Wertigkeitsregel.

Es erscheint daher geboten, zunächst die Doppelschicht reiner Dielektrika zu untersuchen. Die Bestimmung der Ladungsdichte der wahren Ladungen in der Doppelschicht ist möglich durch Bestimmung der Wanderungsgeschwindigkeit von suspendierten Teilchen im elektrischen Felde. Das ist bei Kolloiden mehrfach[47] ausgeführt worden. Die Größe der Potentialdifferenz in der Doppelschicht liegt danach zwischen 0,03 und 0,07 Volt.

Dieselbe Methode wurde auf Gasblasen von TAGGART mit Benutzung seiner oben beschriebenen Anordnung angewendet. Die Größe der Potentialdifferenz ergibt sich aus diesen Versuchen zu 0,055 Volt.

In anderer Weise verfuhr v. PUTNOKY[40] zu gleichem Zweck, indem er kleine Luftblasen in Wasser aufperlen ließ und deren Geschwindigkeitszunahme bzw. -abnahme in einem gleich- oder entgegengesetzt gerichteten elektrischen Felde innerhalb der Flüssigkeit maß. Die aus diesen Messungen sich berechnende Potentialdifferenz beträgt 0,06 ± 0,019 Volt.

Die Übereinstimmung zwischen den nach drei verschiedenen Methoden bestimmten Potentialdifferenzen ist, wie man sieht, recht gut.

Aus den Werten 0,055 bzw. 0,07 Volt berechnet H. NEUMANN unter Zugrundelegung der von LENARD zu $150 \cdot 10^{-8}$ cm angegebenen Dicke der Doppelschicht (Radius der Wirkungssphäre) die Feldstärke in der Doppelschicht zu 36700 bzw. 46600 Volt/cm und die Ladungsdichte zu

$2,77 \cdot 10^{-7}$ bzw. $3,44 \cdot 10^{-7}$ Coulomb/qcm d. h. zu $1,67 \cdot 10^{12}$ bzw. $2,13 \cdot 10^{12}$ Elektronen pro qcm.

3. *Gas | Quecksilber und flüssige Amalgame.*

Ein der Wasserfallelektrizität analoger Effekt bei fallendem Quecksilber — entgegengesetzte Aufladung zwischen Quecksilber und der Umgebung — wurde bereits von LENARD in seiner ersten Arbeit über den Wasserfalleffekt nachgewiesen. Die Untersuchung der Aufladung von Quecksilber, das auf Hindernisse fiel und dabei zerstäubte, wurde insbesondere von A. BECKER[2]) weitergeführt. Als auffallendsten Unterschied gegenüber den analogen Versuchen mit nichtmetallischen Flüssigkeiten fand er, daß das Vorzeichen der Ladung von der Natur der Gase abhängig sei. Man würde daraus schließen müssen, entweder daß im Sinne des oben Ausgeführten nicht der Potentialabfall ζ in der Flüssigkeit, sondern die Grenzkraft ε den Effekt bedingt, d. h. daß die Doppelschicht nicht *ganz* in der Flüssigkeit liegt, sondern nur zur Hälfte, zur anderen Hälfte in der Gasphase. Oder aber — wenn man die bei nichtmetallischen Flüssigkeiten so gut gestützte Anschauung von der Lage der Doppelschicht in der Flüssigkeitsoberfläche beibehalten will — könnte man mit LENARD annehmen, daß »lose Bindungen von Atomen des Gases mit Atomen des Quecksilbers stattfinden, und daß die so gebildeten komplexen Moleküle Anteil haben an den elektrisch geladenen Schichten, welche hier innerhalb des Metalls sich ausbilden und um deren Zerreißung es sich beim Effekt handelt.« Jedenfalls bedarf es der Feststellung, ob das Ergebnis von A. BECKER über die von ihm gewählten Versuchsbedingungen hinaus allgemein für die Aufladung von Quecksilber gegenüber Gasen Gültigkeit beanspruchen darf.

Die Aufladung von Gasen gegen Quecksilber ist dann von verschiedenen Forschern auch in der Form des Sprudeleffekts untersucht worden. Die Ergebnisse zeigen keine Übereinstimmung; die Vorzeichen werden von verschiedenen Autoren verschieden angegeben. Von GERTRUD ARONHEIM[1]) konnten die von COEHN[12]) beschriebenen elektrischen Erscheinungen beim Zerfall des Ammoniumamalgams auf den Sprudeleffekt zurückgeführt werden. Andererseits glaubt DE BROGLIE[5]) aus seinen Versuchen schließen zu dürfen, daß der ganze Sprudeleffekt beim Quecksilber nur von Spuren anwesender Feuchtigkeit herrühre: wenn Gase und Quecksilber ausreichend getrocknet seien, zeige sich überhaupt keine Aufladung beim Sprudeln.

Nun bietet aber gerade für diesen Fall die sichere Festlegung der Tatsachen ein besonderes Interesse. Denn sie würden zum Ausgang dienen können für die Gewinnung einer Vorstellung von der Oberflächenbeschaffenheit flüssiger Metalle.

Aus solcher Erwägung heraus hat sich E. DUHME[18]) der Aufgabe unterzogen, die den eigentlichen Sprudeleffekt störenden Begleiterscheinungen zu untersuchen. Nach ihrer dadurch ermöglichten Beseitigung ergab sich:

a) Alle Gase (Wasserstoff, Sauerstoff, Stickstoff, Kohlensäure) verhalten sich qualitativ und auch der Größenordnung nach gleich.

b) Reinstes Quecksilber lädt sich beim Durchsprudeln dieser Gase stark negativ; das »Gas« (d. h. die unsichtbar feinen aus der äußersten Oberfläche abgerissenen Quecksilberteilchen) entsprechend positiv.

c) Der Effekt ist von höchster Empfindlichkeit gegen Verunreinigungen des Quecksilbers. Zusatz von $9 \cdot 10^{-8}\%$ eines unedlen Metalls setzt die Ladung nahe bis zu Null herab, 1 bis $2 \cdot 10^{-7}\%$ ergaben bereits Umkehrung des Ladungssinnes. Damit erklären sich die einander widersprechenden Resultate früherer Autoren, auch die von A. BECKER, der selbst angibt, daß sein Quecksilber Verunreinigungen in wechselnder Menge bis zu $2 \cdot 10^{-3}\%$ enthielt.

Das übereinstimmende Verhalten der verschiedenen Gase, das Fehlen einer spezifischen Wirkung, deutet also wie bei den nichtmetallischen Flüssigkeiten darauf, daß ein Kontaktpotential Gas | flüssiges Metall nicht vorhanden ist bzw. hier nicht zutage tritt. Die Funktion des durchperlenden Gases ist vielmehr auch hier nur das Mitreißen des einen Teils der durch die Wirkung der Molekularkräfte an der Oberfläche *jeder* Flüssigkeit bestehenden Doppelschicht, nämlich des zu äußerst liegenden, eben durch die Molekularkräfte weniger in das Innere gezogenen.

Trotzdem aber ist die einfache Übertragung der Vorstellung von LENARD auf flüssige Metalle nicht angängig: Es bedarf der Erklärung, weshalb vom reinen Quecksilber nicht wie von den reinen nichtmetallischen Flüssigkeiten die positive sondern gerade die negative Ladung festgehalten und die positive als »Gasladung« fortgeführt wird.

Für die Deutung des Mechanismus des Sprudeleffektes bei Quecksilber und den Amalgamen ist weiter von Bedeutung die von E. DUHME gefundene Tatsache, daß der elektrochemische Charakter der Metalle sich auch hier geltend macht. Unedle Metalle wie Natrium, Cadmium, Zink kehren bei Zusatz zum reinen Quecksilber das Vorzeichen der Ladung um, edle Metalle wie Zinn, Kupfer, Silber, Gold tun es nicht.

Es liegt nahe, zur Erklärung an die Mitwirkung einer Feuchtigkeitshaut zu denken, der gegenüber die Lösungstension der Metalle in Wirksamkeit tritt. Dabei aber müßten die edlen Metalle positiv, die unedlen negativ geladen zurückbleiben. Der Versuch ergibt das Umgekehrte: Während beim reinen Quecksilber und den Amalgamen edler Metalle der nach außen gerichtete, mit dem durchperlenden Gase fortgeführte Teil der Doppelschicht die positive Ladung trägt, ist er bei den Amalgamen der unedlen Metalle Träger der negativen Ladung. Man darf annehmen, daß die Deutung der am Sprudeleffekt bei Quecksilber und den Amalgamen gefundenen Tatsachen zu einem näheren Einblick in die Oberflächenbeschaffenheit metallischer Körper führen wird.

Literatur.

1. ARONHEIM, G., Zschr. f. physikal. Chem. 1920, Bd. 97, S. 96.
2. BECKER, A., Jahrb. d. Radioakt. 1912, Bd. 9, S. 52.
3. BEUTNER, Die Entstehung elektrischer Ströme in lebenden Geweben. Stuttgart 1920.
4. BORELIUS, G., Ann. d. Phys. 1916, Bd. 50, S. 447.
5. BROGLIE, M. DE, Compt. rend. 1907, Bd. 145, S. 172.
6. — Compt. rend. 1911, Bd. 152, S. 696.
7. BURTON, Phil. Mag. 1906, Bd. 11, S. 440.
8. CAMERON und OETTINGER, Phil. Mag. 1909, Bd. 18, S. 586.
9. CHRISTIANSEN, Ann. d. Phys. 1894, Bd. 53, S. 401.
10. COEHN, A., Ann. d. Phys. 1898, Bd. 66, S. 1191.
11. — Zschr. f. Elektrochem. 1910, Bd. 16, S. 568.
12. — Gött. Nachr. 1906, S. 100 u. 106; Zeitschr. f. Elektrochem. 1906, Bd. 12, S. 609.
13. — Ann. d. Phys. 1898, Bd. 64, S. 217.
14. — und FRANKEN, J., Ann. d. Phys. 1915, Bd. 48, S. 1005.
15. — und LOTZ, A., Zschr. f. Phys. 1921, Bd. 5, S. 242.
16. — und MOZER, H., Ann. d. Phys. 1913, Bd. 43, S. 1048.
17. — und RAYDT, U., Ann. d. Phys. 1909, Bd. 30, S. 777.
18. DUHME, E., Über das Auftreten elektrischer Ladungen beim Durchperlen von Gasen durch Quecksilber. Dissertation Göttingen 1922.
19. FREUNDLICH, H., Kapillarchemie, 2. Aufl., 1922, S. 348.
20. — Kapillarchemie, 2. Aufl., 1922, S. 373.
21. — und RONA, P., Sitzungsber. d. Berl. Akad. 1920, Bd. 20, S. 397.
22. GREINACHER, H., Ann. d. Phys. 1905, Bd. 16, S. 723.
23. HABER, F. und KLEMENSIEWICZ, Z., Zschr. f. physikal. Chemie 1909, Bd. 67, S. 385.
24. HELMHOLTZ, H. v., Wissenschaftl. Abdlgn. Bd. 1, S. 860.
25. HEVESY, Kolloid Zschr. 1913, Bd. 21, S. 129.
26. HEYDWEILLER, Ann. d. Phys. 1898, Bd. 66, S. 535.
27. JONES, W. MORRIS, Phil. Mag. 1915, Bd. 29, S. 261.
28. KRÜGER, F., Zschr. f. Elektrochem. 1911, Bd. 17, S. 453.
29. — Zschr. f. Elektrochem. 1913, Bd. 19, S. 617.
30. LAMB, H., Phil. Mag. 1888, Bd. 25. S. 52.
31. LENARD, P., Ann. d. Phys. 1915, Bd. 47, S. 463.
32. — Sitzungsber. d. Heidelberger Akad. 1914, Abhdlgn. Nr. 27, 28, 29; Ann. d. Phys. 1915, Bd. 47, S. 463.
33. NERNST, W., Über Berührungselektrizität, Beilage zu Ann. d. Phys. 1896, Heft 8.
34. — Theoret. Chemie, 10. Aufl., 1921, S. 863.
35. NEUMANN, H., Elektrostatische Erscheinungen an elektrolytisch entwickelten Gasblasen. Dissertation Göttingen 1922.
36. OWEN, MORRIS, Phil. Mag. 1909, Bd. 17, S. 457.
37. PERUCCA, E., Atti Acad. Torino 1920, Bd. 55, S. 339. Nuov. Cim. 1921, Bd. 21 S. 275; Bd. 22, 1921, S. 55.
38. — Nuov. Cim. 1921, Bd. 23, S. 3.
39. POWIS, F., Zschr. f. physikal. Chemie 1915, Bd. 89, S. 91.
40. PUTNOKY, L. v., Zschr. f. Elektrochem. 1913, Bd. 19, S. 920.
41. RICHARDS, H. F., Phys. Rev. 1920, Bd. 16, S. 290.
42. SHAW, A. N., Phil. Mag. 1913, Bd. 25, S. 241.
43. SMOLUCHOWSKI, M. v., in Grätz, Handb. d. Elektrizität 1914, Bd. 2, S. 387.
44. — Handb. d. Elektrizität 1914, Bd. 2, S. 403.
45. SOMMERFELD, Atombau und Spektrallinien, 3. Aufl., S. 47.
46. TAGGART, Phil. Mag. 1914, Bd. 27, S. 297.
47. WHITNEY, W. R. und BLAKE, J. C., Am. Chem. Soc. 1904, Bd. 26, S. 1399.
48. ZSIGMONDY, R., Kolloidchemie, 3. Aufl., 1920, S. 59. Über elektrische Teilchenladung auch Zschr. f. physikal. Chemie 1922, Bd. 101, S. 292.

VIII. Chemische Kinetik.

(Reaktionsgeschwindigkeiten.)

Von **Max Bodenstein**-Hannover.

Die Geschwindigkeit einer chemischen Reaktion ist definiert durch die in der Zeiteinheit stattfindende Änderung der Konzentration, sei dies die Abnahme der bei der Umsetzung verschwindenden Stoffe, sei es die damit identische oder richtiger stöchiometrisch gekoppelte Zunahme der entstehenden Stoffe. Das Studium dieser Geschwindigkeit führt unmittelbar zur Feststellung eines Zusammenhanges zwischen ihr und der Konzentration der reagierenden Stoffe. Diesen Zusammenhang haben ausgesprochenerweise zuerst GULDBERG und WAAGE [9] formuliert, indem sie das die chemischen Gleichgewichte beherrschende Massenwirkungsgesetz ableiteten aus Betrachtungen über die Geschwindigkeit der zum Gleichgewicht führenden Reaktionen. Vorher schon gab es einige Experimentalarbeiten — die erste von WILHELMY [27] —, welche in einzelnen Fällen im Versuch ihn festgestellt hatten, und etwas später hat VAN 'T HOFF [26] zum ersten Male in einer größeren Reihe von Experimentalarbeiten und theoretischen Betrachtungen versucht, das ganze Gebiet einigermaßen systematisch darzustellen.

Das Ergebnis dieser Forschungen ist das Folgende: wenn zwei Molekelarten miteinander reagieren — $A + B = AB$ —, so ist die Voraussetzung einer Umsetzung natürlich das Zusammentreffen einer Molekel A mit einer solchen B, und der Häufigkeit dieser Zusammenstöße wird die Häufigkeit der Umsetzung zwischen den beiden Molekelarten proportional sein. Die erstere aber ist proportional dem Produkt der beiden Konzentrationen und damit wird die Geschwindigkeit:

$$-\frac{dC}{dt} = k \cdot C_A \cdot C_B \quad \text{oder} \quad -\frac{d[A]}{dt} = -\frac{d[B]}{dt} = k[A] \cdot [B].$$

Die Abnahme der Konzentration des Ausgangsstoffes (A oder B, die ja einander äquivalent sind) ist proportional der Konzentration von A und der von B; oder in einer anderen viel gebrauchten Schreibweise:

$$+\frac{dx}{dt} = k \cdot (a - x) \cdot (b - x),$$

wo a und b die Anfangskonzentrationen der beiden Stoffe A und B, x die Konzentration des entstehenden Stoffes bedeutet.

Für die Zeiteinheit sei bemerkt, daß im allgemeinen die Minute be-
nützt wird, erst in neueren theoretischen Arbeiten die Sekunde; die Konzentrationen werden natürlich in Molen oder Äquivalenten in der Volum-
einheit gemessen — meist im Liter, auch hier erst in den genannten Arbeiten im Kubikzentimeter — oder in willkürlichen Einheiten, die ihr
proportional sind, in Millimetern Quecksilber bei Gasen, in Kubikzenti-
metern einer Titrierflüssigkeit bei Lösungen, in Einheiten irgendeiner
physikalischen Eigenschaft, die als Maß gebraucht wird, kurz, in allen
möglichen Werten, bei deren Verwendung insbesondere bei späterer
Vergleichung verschiedener Arbeiten viel Vorsicht am Platze ist.

Eine ganz flüchtige Überschlagsrechnung, welche die aus der kinetischen Theorie insbesondere der Gase bekannte Zahl der Zusammenstöße in der Sekunde mit der Zahl der umgesetzten Molekeln vergleicht,
führt zu der Erkenntnis, daß längst nicht alle Zusammenstöße erfolgreich
sind, vielmehr nur ein meist äußerst kleiner, mit der Temperatur stark
zunehmender Bruchteil, bei denen daher die zusammenstoßenden Molekeln
gegenüber ihren mittleren Zuständen irgendwie bevorzugt sein müssen.
Worin diese Bevorzugung besteht, davon soll später die Rede sein. Hier
möchte ich auf diese notwendige Folge der beobachteten Geschwindigkeiten nur deshalb hinweisen, weil sie es verständlich macht, daß auch
dann allmähliche Umsetzungen möglich sind, wenn nur *eine* Molekel an
der Umsetzung beteiligt ist, wenn also gar keine Zusammenstöße nötig
sind. Denn es werden auch hier je Zeiteinheit nur einige bevorzugte
Molekeln in den Zustand gelangen, der zur Umsetzung führt, ihre Zahl
wird der Gesamtzahl der Molekeln proportional sein, es wird also die Geschwindigkeit der Konzentrationsänderung der Konzentration direkt
proportional sein:

$$- dC/dt = k \cdot C \quad \text{oder} \quad dx/dt = k \cdot (a - x).$$

Diese Reaktionsgleichung ist außerordentlich häufig beobachtet worden,
und doch sind Reaktionen, an denen nur eine Molekel beteiligt ist, recht
selten — von den später zu erwähnenden radioaktiven Prozessen abgesehen. Die beobachtete Gleichung kommt dann dadurch zustande,
daß in einer Reaktion $A + B = AB$ der Stoff B in so großem Überschuß
vorhanden ist, daß seine Konzentration sich praktisch nicht ändert
und nur die Konzentrationsabnahme von A das allmähliche Abklingen
der Reaktionsgeschwindigkeit bedingt.

Natürlich können auch mehr als zwei Molekeln an einer Reaktion
beteiligt sein — etwa

$$2H_2 + O_2 = 2H_2O; \quad 3Cl_2 + 6NaOH = NaClO_3 + 5NaCl + 3H_2O.$$

Es wäre dann zur Umsetzung gleichzeitiges Zusammentreffen von drei
und mehr Molekeln nötig, die Geschwindigkeit wäre

$$- dC/dt = k \cdot C^n.$$

So erhalten wir Reaktionen, die nach VAN 'T HOFF als monomolekulare, bimolekulare, trimolekulare usw. bezeichnet werden, oder nach der
Form der mathematischen Gleichung als solche erster, zweiter ......
Ordnung. Bereits VAN 'T HOFF wies darauf hin, daß die Reaktionen
dritter Ordnung schon sehr selten seien, die höherer kaum mehr vorkommen, weil die Wahrscheinlichkeit gleichzeitigen Zusammentreffens
zahlreicher Molekeln natürlich sehr gering ist. In neuerer Zeit erklärt
TRAUTZ[23]) sogar das Auftreten trimolekularer Reaktionen aus dem gleichen
Grunde für unmöglich, doch ließ sich selbst bei einer äußerst geschwinden
Reaktion der dritten Ordnung $(2NO + O_2 = 2NO_2)$ zeigen[4]),
daß die Zahl der Zusammenstöße dreier Molekeln immer noch viel größer
ist als die Zahl der umgesetzten, und daß sogar gewisse Besonderheiten
der Reaktion gerade aus der Wahrscheinlichkeit der Dreierstöße erklärbar sind.

Immerhin: die Häufigkeit von Zusammenstößen dreier Molekeln
ist schon mäßig groß und die von noch mehreren sehr gering; wenn also
Umsetzungen wie die erwähnte

$$3\,Cl_2 + 6\,NaOH = NaClO_3 + 5\,NaCl + 3\,H_2O$$

trotzdem unter Umständen äußerst geschwind verlaufen, so müssen sie
auf einem andern Wege erfolgen, als Summe einer Reihe von Folgereaktionen, deren jede schneller verläuft als die Brutto-Umsetzung erfolgen kann. So sind in der Tat die weitaus meisten Umsetzungen nicht
einheitlich, und die oben abgeleiteten einfachen Schemata beschreiben nur
einen sehr bescheidenen Teil der gemessenen Reaktionsgeschwindigkeiten.

Wir kennen, nach einer von OSTWALD[20]) gegebenen Einteilung Reaktionen mit Gegenreaktion, solche mit Nebenreaktionen und solche mit
Folgereaktionen. Die ersteren führen zu Gleichgewichten, wir schreiben
sie etwa $A + B \gtrless C$. Ihre Geschwindigkeit ergibt sich daraus, daß
jede der beiden inversen Reaktionen nach ihrem Schema verläuft und
daß das, was wir beobachten, dann die algebraische Summe der beiden
Teilvorgänge ist:

$$\text{I.} \quad -\frac{d[A]}{dt} = -\frac{d[B]}{dt} = +\frac{d[C]}{dt} = k_1[A] \cdot [B].$$

$$\text{II.} \quad -\frac{d[C]}{dt} = +\frac{d[A]}{dt} = +\frac{d[B]}{dt} = k_2[C].$$

$$\text{I—II.} \quad -\frac{d[A]}{dt} = -\frac{d[B]}{dt} = +\frac{d[C]}{dt} = k_1[A] \cdot [B] - k_2[C].$$

Im Gleichgewicht werden die beiden Geschwindigkeiten I und II
einander gleich, in Summa ist daher keine Umsetzung mehr zu beobachten,
und die obige Geschwindigkeitsgleichung führt zu dem GULDBERG-WAAGE-
schen Massenwirkungsgesetz für das Gleichgewicht:

$$k_1[A] \cdot [B] - k_2[C] = 0, \qquad \frac{[A] \cdot [B]}{[C]} = \frac{k_2}{k_1} = K.$$

Reaktionen mit Neben- und Folgereaktionen lassen sich ähnlich behandeln, doch ist die mathematische Entwirrung der Beobachtungen besonders bei den Folgereaktionen sehr viel schwieriger. Hier tritt, wie auch schon bei den umkehrbaren Reaktionen, bei der ungeheuren Verschiedenheit der chemischen Reaktionsgeschwindigkeiten sehr häufig der Fall ein, daß die Geschwindigkeit der einen gegenüber der andern sehr groß ist; so wird von allen stattfindenden Umsetzungen die eine allein meßbar langsam sein, die andern praktisch unendlich schnell oder praktisch unendlich langsam. Das gibt für die Umsetzungen mit Nebenreaktionen die Vereinfachung, daß die Nebenreaktion vernachlässigt werden kann, daß die Umsetzung einheitlich verläuft; für die umkehrbaren Vorgänge in analoger Weise, daß die Gegenreaktion nicht beachtet zu werden braucht.

Auch bei den Folgereaktionen können ähnliche Vereinfachungen auftreten, doch sind sie je kaum so weitgehend; und völlig neue Reaktionsbilder entstehen hier, wenn, wie das sehr häufig der Fall ist, eine vorgelagerte sehr schnell verlaufende Reaktion zu einem Gleichgewicht führt. Ein Beispiel mag das erläutern: die Verseifung von Äthylazetat mit Natronlauge zu essigsaurem Natron und Alkohol schreiben wir:

$$CH_3COOC_2H_5 + NaOH = CH_3COONa + C_2H_5OH.$$

Sie verläuft in Wirklichkeit in zwei Stufen

I. $NaOH = Na^{\cdot} + OH'$.

II. $CH_3COOC_2H_5 + OH' = CH_3COO' + C_2H_5OH$.

Das ändert am Reaktionsverlauf gar nichts; an Stelle des Ätznatrons $NaOH$, mit dem wir rechneten, tritt das Hydroxylion OH', dessen Konzentration mit der des $NaOH$ praktisch identisch ist, weil die Reaktion I, die Jonenspaltung des $NaOH$ praktisch vollkommen ist.

Ganz anders, wenn Ammoniak als verseifendes Agens gebraucht wird. Der Vorgang II, der langsam verläuft, bleibt derselbe; aber statt I haben wir hier: $NH_3 + H_2O \rightleftharpoons NH_4 + OH'$, und die Konzentration von OH' ist mit der von NH_3 nun nicht mehr identisch oder ihr auch nur proportional, vielmehr durch die Gleichgewichtsbedingung

$$\frac{[NH_4^{\cdot}] \cdot [OH']}{[NH_3]} = K$$

mit ihr verknüpft; aus der einfachen Gleichung der zweiten Ordnung, welche die Verseifung mit Natronlauge beschreibt,

$$\frac{dx}{dt} = k \cdot [NaOH] \cdot [CH_3COOC_2H_5],$$

ist eine viel kompliziertere geworden:

$$\frac{dx}{dt} = k \cdot K \cdot \frac{[NH_3]}{[NH_4^{\cdot}]} \cdot [CH_3COOC_2H_5].$$

Solche Kombinationen meßbar langsamer Umsetzungen mit Gleichgewichten, die sich meist praktisch momentan einstellen, sind weitaus die meisten chemischen Vorgänge, und es ist eine wesentliche Aufgabe der chemischen Kinetik gewesen, und es ist noch heute, aus der Abhängigkeit der Reaktionsgeschwindigkeit von der Konzentration der reagierenden Stoffe, von der der entstehenden und von der gewisser Zusätze zu ermitteln, welches die einzelnen schnellen und langsamen Stufen der Gesamtumsetzung sind, welches der »Mechanismus der Reaktion« ist.

Hierin ist ganz außerordentlich viel Arbeit geleistet worden; von älteren Arbeiten seien hier insbesondere die von HEINRICH GOLDSCHMIDT und seinen Schülern [8]) gebrachten Aufklärungen einer ganzen Reihe von Umsetzungen der organischen Chemie genannt, von jüngeren eine Untersuchung von ABEL [1]) über die äußerst komplizierte Reaktion zwischen Jod und Wasserstoffsuperoxyd.

Die bisherigen Ausführungen gelten für Umsetzungen, die sich in homogenen Systemen abspielen, in Gasen, in verdünnten Lösungen, selten in — unverdünnten — Gemischen von reinen Flüssigkeiten und kaum je in homogenen festen Stoffen. Aber daneben gibt es natürlich auch zahlreiche Vorgänge, an denen neben Gasen oder gelösten Stoffen sich Flüssigkeiten oder feste Stoffe beteiligen und auch diese heterogenen Systeme sind natürlich vom Standpunkt der chemischen Kinetik studiert worden. Hier besteht die Gesamtreaktion naturgemäß wieder aus mehreren Stufen, die am anschaulichsten wohl an einem Beispiel dargelegt werden können, etwa an dem der Auflösung von fester Magnesia in verdünnter Salzsäure zu Chlormagnesium [19]). Hier treten Magnesiamolekeln durch die Grenzschicht fest/flüssig und umgeben den festen Körper mit einer gesättigten Lösung von Magnesia, die wegen der Schwerlöslichkeit der letzteren freilich sehr verdünnt ist. Aus dieser den festen Körper umgebenden Schicht gesättigter Lösung diffundiert die Magnesia in die Außenlösung; in die Schicht hinein wieder diffundiert von außen die Salzsäure und irgendwo neutralisieren sich diese beiden Stoffe: eine Fülle von Folgevorgängen, von deren relativer Geschwindigkeit es abhängen wird, welcher für die Gesamtgeschwindigkeit maßgebend ist. Im vorliegenden Falle ist es die Diffusion der Salzsäure, weil der chemische Vorgang ebenso wie der Übertritt durch die Grenzschicht sehr schnell und die Diffusion der Magnesia aus ihrer sehr armen Lösung heraus sehr langsam ist. Bei anderen Beispielen liegen die Verhältnisse anders; allgemein allerdings vollzieht sich der Durchtritt durch die Grenzfläche sehr schnell, die unmittelbar einander anliegenden Schichten der beiden Medien stehen immer im Verteilungsgleichgewicht, was in der zitierten Arbeit von NERNST zum ersten Male klar ausgesprochen wurde; aber nicht immer ist die Geschwindigkeit der chemischen Reaktion groß, die der Diffusion klein; sehr häufig ist das Gegenteil der Fall — und so ergeben sich auch hier, bei den »heterogenen Reaktionen« sehr verschiedene Möglichkeiten, die zu entwirren durch Beobachtungen der Geschwindigkeit in ihrer Abhängigkeit von den Konzentrationen (und von der Tem-

peratur, wovon später noch die Rede sein soll) fast in allen untersuchten
Fällen möglich gewesen ist.

Heterogene wie homogene Reaktion zeigen nun sehr häufig eine Erscheinung, die als Katalyse bezeichnet wird, und die darin besteht, daß
die Reaktion beschleunigt wird durch fremde Stoffe, durch solche, die
in ihr nicht verbraucht werden, und die oft in winzigen Mengen ganz ungeheure Wirkungen ausüben. Als Beispiel solcher Vorgänge seien nur
einige wenige genannt: Die Spaltung von Rohrzucker in Dextrose und
Lävulose ($C_{12}H_{22}O_{11} + H_2O = 2C_6H_{12}O_6$, Katalysator Wasserstoffion),
die erste Reaktion, deren Geschwindigkeit gemessen wurde von WILHELMY
1850[27]) und der analog durch Wasserstoffion eine unendliche Fülle von
Umsetzungen organischer Stoffe beschleunigt werden, die mit Wasser-
aufnahme und mit Wasserabgabe verbunden sind. Diesen Vorgängen
am nächsten steht eine besondere Klasse von katalytischen Prozessen,
die, für die Ernährung wie für die Zerstörung des tierischen und pflanzlichen Körpers wichtig, durch Stoffe katalysiert werden, die wir als Enzyme
oder Fermente bezeichnen, und die, wie beispielsweise das Pepsin des
Magensaftes oder das Trypsin des Darmes, meist vom Körper dort produ-
ziert werden, wo sie nötig sind. Sind diese fermentativen Vorgänge für
die Existenz der Tiere und Pflanzenwelt unumgänglich nötig, so haben wir
andererseits auch für die chemische Technik eine Reihe von katalytischen
Vorgängen, ohne welche diese nicht mehr denkbar wäre: die Bildung der
Schwefelsäure in der Bleikammer aus Schwefeldioxyd, Wasser und Luft
wird durch Stickoxyde katalysiert, die des Schwefeltrioxyds aus Dioxyd
und Luft, die Verbrennung des Ammoniaks zu Stickoxyden und viele
andere Vorgänge durch Platin, die Bildung des Ammoniaks aus seinen
Elementen durch Eisen. Ja, die Katalysierbarkeit der Gasreaktionen
geht so weit, daß weitaus die meisten durch das Material ziemlich beliebiger
Gefäßwände katalysiert werden, und daß daher nur eine recht bescheidene
Anzahl überhaupt hat frei von dieser Störung untersucht werden können.
So ließen sich die Beispiele von Katalysen beliebig vermehren, doch mögen
die angeführten genügen, nachdem noch auf zwei große Gruppen hingewiesen ist. Deren eine ergibt sich aus Beobachtungen insbesondere von
BAKER[3]) und DIXON[6]), wonach in äußerst intensiv getrockneten
Gasen viele Umsetzungen ausbleiben, das heißt sich äußerst langsam
vollziehen, die bei Anwesenheit winziger Feuchtigkeitsspuren schnell
verlaufen; die andere bezeichnen wir als Mediumwirkung. Hier sind es
nicht kleine Mengen zugesetzter Stoffe, welche die Geschwindigkeit ändern,
sondern die erheblichen Mengen der verschiedenen Lösungsmittel, in
welchen gewisse Umsetzungen sich abspielen, und die deren Geschwindigkeiten in weiten Grenzen schwanken lassen.

Auf diese katalytischen Prozesse näher einzugehen fehlt der Raum;
sie sind ein sehr interessantes und vielseitiges Kapitel der chemischen
Kinetik und in ihrer unendlichen Mannigfaltigkeit noch voll ungelöster

Probleme. Bei manchen ist es gelungen sie zu deuten durch den Nachweis, daß der Katalysator eine Zwischenreaktion hervorruft, etwa nach diesem Schema: Vorgang $A + B = AB$ verläuft langsam; der Katalysator K dagegen reagiert schnell nach $A + K = AK$ und die Verbindung AK wieder reagiert schnell nach $AK + B = AB + K$: der Katalysator ist wieder zurückgebildet und zu neuer Wirkung bereit. In anderen Fällen ließ sich zeigen, daß der Katalysator die Konzentration des reagierenden Stoffes vermehrt, insbesondere dort, wo ein Gas an einem festen Katalysator dadurch zu schneller Umsetzung gelangt, daß es an seiner Oberfläche verdichtet (adsorbiert) wird, aber auch wahrscheinlich in Fällen, wie dem der Hydrolyse des Rohrzuckers, wo das wirklich wirkende Agens wahrscheinlich nicht das Wasser, sondern das Ion $H_2O \cdot H^{\cdot}$ ist.

Alle solche Erkenntnisse sind natürlich gewonnen worden durch Messungen der Reaktionsgeschwindigkeit in ihrer Abhängigkeit von den Konzentrationen der reagierenden Stoffe, des Katalysators, von Zusätzen, die in bekannter Weise diesen oder jene beeinflussen, und von einigen weiteren Faktoren, von denen die Temperatur der wichtigste ist.

Deren Einfluß auf die Reaktionsgeschwindigkeit ist im allgemeinen ein sehr großer, und für die verschiedensten chemischen Umsetzungen ein sehr ähnlicher. Er ist zuerst von van 't Hoff [26] dahin formuliert worden, daß die Geschwindigkeit aller chemischen Reaktionen in der Gegend der Zimmertemperatur auf das Doppelte bis Dreifache steigt, wenn die Temperatur um $10°$ zunimmt. Diese Reaktionsgeschwindigkeit-Temperatur-Regel, die »R.-G.-T.-Regel« ist allerdings nicht streng, weder in der Form noch im Absolutwert des Temperaturquotienten, für den inzwischen als Grenzwerte statt 2 und 3, $1 \cdot 4$ und $6 \cdot 9$ beobachtet worden sind [10]), ganz abgesehen davon, daß mit fallender Temperatur diese Quotienten größer, mit steigender wesentlich geringer werden, was ja als eine natürliche Erweiterung der Regel angesehen werden kann.

Ich muß auf diesen Temperatureinfluß nachher noch einmal ausführlich zurückkommen. Hier sei nur noch erwähnt, daß einige wenige Reaktionen gefunden werden, deren Geschwindigkeit mit der Temperatur sich nicht oder gar schwach antibath ändert (fallend mit steigender Temperatur)*) und daß es eine große Gruppe von Vorgängen gibt, die in ihrer Geschwindigkeit völlig unabhängig sind von der Temperatur. Das sind die mit den Erscheinungen der Radioaktivität verbundenen Zerfallsreaktionen der schwersten Elemente, des Urans, Thors, Radiums, Mesothoriums usw. Sie verlaufen alle ganz streng nach dem Gesetz der ersten Ordnung, je Zeiteinheit zerfällt ein bestimmter Bruchteil des Elements, ganz gleichgültig, ob dies in freiem Zustande oder in einer Verbindung, gleichgültig, ob es fest, flüssig oder gasförmig vorliegt, gleichgültig, ob die

---

*) $2 NO + Cl_2$ Trautz, Z. anorg. Chem. Bd. 88, S. 285 (1914).

$2 NO + Br_2$ Trautz u. Dalal, Z. anorg. Chem. Bd. 102, S. 149 (1918).

$2 NO + O_2$ Bodenstein, Z. f. Elektroch. Bd. 24, S. 183 (1918).

Temperatur dem absoluten Nullpunkt naheliegt oder hellste Weißglut ist. Das scheidet diese Vorgänge vollkommen von unseren sonstigen chemischen Vorgängen. Diese vollziehen sich innerhalb der Molekel oder zwischen mehreren Molekeln, jene innerhalb des Atoms, und so bilden die Erscheinungen der Radioaktivität ein Kapitel unserer Wissenschaft für sich, das in all seinen vielseitigen und fundamental wichtigen Gebieten mit der chemischen Kinetik nur sehr lose zusammenhängt.

Die im vorstehenden geschilderten Forschungsergebnisse können wir als das Wissensgebiet der »klassischen« chemischen Kinetik bezeichnen, klassisch, obwohl noch mancher ihrer Begründer unter den Lebenden weilt, und obwohl noch heute unendlich viel Arbeit in ihm zu leisten ist und ständig geleistet wird. Ihr Inhalt ist im wesentlichen die mathematische Beschreibung der Beobachtungen über den Zusammenhang zwischen Geschwindigkeit und Konzentration und die Entwicklung der Folgerungen, welche sich aus ihnen für den »Mechanismus« der Umsetzungen ergeben. Die Geschwindigkeitskonstante k zeigt dabei einen von Fall zu Fall in den denkbar weitesten Grenzen schwankenden Wert, aber der gefundene Wert wird als Naturkonstante gebucht, ohne daß die Frage aufgeworfen würde, warum er in einem Fall diese, im andern jene Größe besitzt.

Und doch ist klar, daß die Forschung auch in dieser »klassischen« Zeit an der Frage gar nicht vorbeigehen konnte, warum diese Konstante so verschiedene Werte aufweist, warum beispielsweise die Vereinigung von Fluor mit Wasserstoff schon bei den niedrigsten Temperaturen mit unmeßbar großer Geschwindigkeit sich vollzieht, die mit ähnlicher Energieentwicklung verbundene Wasserbildung aus Wasserstoff und Sauerstoff selbst bei 500° noch unmeßbar langsam ist, während die mit dem Freiwerden winziger Energiemengen verbundene Umlagerung von optischen Isomeren wieder oft so schnell erfolgt, daß diese einzeln gar nicht darstellbar sind.

So sind die ersten Versuche einer Deutung des Absolutwertes der chemischen Reaktionsgeschwindigkeit schon 1889 von Arrhenius[2]) vorgenommen, ähnliche Betrachtungen sind dann von H. Goldschmidt[7]), Krüger[12]) u. a. angestellt worden, bis dann seit etwa 1910 in sehr zahlreichen Arbeiten Trautz[24]), später Marcellin[17]), Perrin[21]), William Mc. C. Lewis[16]), Langmuir[13]), Herzfeld[11]), Polanyi[22]) u. a. sich ausgiebig mit diesem Problem beschäftigt haben und noch beschäftigen.

Den Ausgang bildet der Einfluß der Temperatur auf die Reaktionsgeschwindigkeit, und zwar zunächst bei Gasreaktionen, weil nur diese einfach genug sind. Damit eine Molekel mit einer zweiten reagieren kann, muß sie einen gegenüber dem Durchschnitt der übrigen ausgezeichneten Zustand besitzen, muß ihre Energie, sei es die Flugenergie der fortschreitenden Bewegung, sei es die innere der Schwingungen der Atome innerhalb der Molekel, einen unteren Betrag übersteigen. Bevorzugte Molekeln und gewöhnliche stehen in einem statistischen Gleichgewicht miteinander, genau so wie etwa zwei chemisch verschiedene Molekelarten. Für solches Gleichgewicht gilt das Massenwirkungsgesetz $\dfrac{C_{aktiv}}{C_{inaktiv}} = K$ und für die Verschiebung dieses Gleichgewichts mit der Temperatur liefert die Thermodynamik die Beziehung — in der minder wichtige Glieder vernachlässigt sind — $\ln K = -\dfrac{q}{RT} + \text{Konst.}$ oder $K = \dfrac{Ca}{Ci} = $ dem aktiven Bruchteil der Molekeln $= e^{-q/RT}$, wo q die Wärmemenge ist, welche ein Mol der inaktiven Molekeln zum Übergang in die aktiven braucht, die »Aktivierungswärme« (Trautz) oder die »kritische Energie« (Marcellin).

Wenn nun jeder*) Zusammenstoß zweier aktiver Molekeln zur Umsetzung führt, so wird die Geschwindigkeit der letzteren $k = z.e^{-q/RT}$ worin z die aus der kinetischen Theorie zu ermittelnde Zahl der Zusammenstöße der Gesamtmolekeln in der Sekunde für die Konzentrationen eins bedeutet. Diese ist für mäßige Temperaturintervalle nur ganz unerheblich mit der Temperatur veränderlich und so stellt obige Gleichung oder die mit ihr identische

$$\ln k = -\frac{q}{RT} + \ln z$$

die Temperaturabhängigkeit der Geschwindigkeit dar. Das ist nun mit der Erfahrung in bester Übereinstimmung, insbesondere wenn man die hier der Übersichtlichkeit halber vernachlässigten Korrekturglieder berücksichtigt. Aber wir haben kein Mittel, die für den Wert von k fundamentale Größe q auf irgendeinem unabhängigen Wege zu ermitteln. Nur die Bestimmung der Temperaturabhängigkeit der Geschwindigkeit führt zu ihr, und so muß sich der Vergleich mit der Erfahrung darauf beschränken, festzustellen, daß aus dem gemessenen $\ln k$ und seiner Veränderung mit der Temperatur Werte für z sich ableiten, die mit den berechneten für alle bimolekularen Reaktionen nicht allzu verschiedenen innerhalb der recht mäßigen Versuchsgenauigkeit übereinstimmen; eine wirkliche Voraussage von Reaktionsgeschwindigkeiten ist nicht möglich.

Wir wären in der Lage, die Größe q auf unabhängigem Wege zu ermitteln, wenn wir die »aktiven« Molekeln definieren könnten als irgendwelche Stoffe, die wir anderweit kennen; wenn es z. B. die Atome wären, in welche die reagierenden Molekeln zunächst zerfallen müßten, wenn also beispielsweise die Reaktion $H_2 + J_2 = 2HJ$ sich in diesen Stufen vollzöge: $H_2 = 2H$, $J_2 = 2J$, $H + J = HJ$, $H + J = HJ$. Dann wäre

*) Wahrscheinlich kommt nicht jeder solcher Zusammenstoß in Frage, sondern nur ein Bruchteil, bei dem die Molekeln beim Zusammenstoß einander solche Bezirke zuwenden, an denen der Austausch der Bindungen mit dem Partner stattfinden kann. Dieser Bruchteil wird von eins nicht wesentlich abweichen und temperaturunabhängig sein.

die Aktivierungswärme die Summe der Bildungswärmen der Wasserstoff-
molekel und der Jodmolekel aus ihren Atomen, die in diesem und in einigen
ähnlichen Fällen bekannt sind. Diese Möglichkeit ist mehrfach diskutiert
worden, aber sie trifft nicht zu; die Aktivierungswärmen sind erheblich
kleiner als diese Bildungswärmen, und so ist das Ergebnis der sehr reich-
lichen dieser Frage gewidmeten Arbeit bis heute im wesentlichen doch
nur dies: von allen Zusammenstößen ist der Bruchteil $e^{-q/RT}$ erfolgreich,
nur diejenigen Molekeln setzen sich um, deren Energieeinhalt den mittleren
um den Betrag q (für ein Mol gerechnet) übersteigt, einen Betrag, den
wir aus der Temperaturabhängigkeit der beobachteten Reaktionsgeschwindigkeit, aber vorläufig nur aus dieser ableiten können.

Nun ist es natürlich durchaus möglich, daß dieser Betrag in gewissen
Fällen sehr klein, ja, daß er Null ist, daß also alle Molekeln »aktiv« sind.
Das ist äußerst wahrscheinlich dann, wenn zwei freie Atome miteinander reagieren, etwa $J + J = J_2$, oder $Br + Br = Br_2$ und wahrscheinlich auch dann, wenn ein Atom mit einer Molekel reagiert unter
der Voraussetzung, daß der gesamte Vorgang mit positiver Wärmetönung
verbunden ist — z. B.

$$H + HBr = H_2 + Br \quad \text{oder} \quad H + Br_2 = HBr + Br$$

(Herzfeld). Gewisse Indizien sprechen dafür, daß in diesen beiden
Fällen wirklich jeder Zusammenstoß erfolgreich ist, und daß demgemäß
die Geschwindigkeit temperaturunabhängig ist, abgesehen von der geringen Zunahme der Häufigkeit der Zusammenstöße mit der Temperatur.

Auch die Geschwindigkeit monomolekularer Reaktionen zeigt der
Temperatur gegenüber genau die gleiche Empfindlichkeit wie die der
bimolekularen — allerdings hat sich von Gasreaktionen erst eine einzige
mit der nötigen Genauigkeit frei von der Beeinflussung durch die Gefäßwände untersuchen lassen, der Zerfall des Stickstoffpentoxyds [5])

$$N_2O_5 = N_2O_3 + O_2 .$$

Doch giebt es zahlreiche Reaktionen der Art in Lösungen und eine gewisse
Beweiskraft wohnt natürlich auch den an ihnen gemachten Beobachtungen
inne. Hier haben wir daher diese Sachlage: Von allen Molekeln kommt
pro Zeiteinheit ein gewisser Bruchteil in die Bedingungen, die sie zur Umsetzung führen, und dieser Bruchteil nimmt auch hier mit steigender
Temperatur stark zu, ist auch hier gegeben durch $e^{-q/RT}$, ist auch hier
durch den um q höheren Energieeinhalt vom Durchschnitt unterschieden.
War dieser Energieeinhalt bei den bimolekularen Prozessen wahrscheinlich in der Flugenergie zu suchen — und daneben vielleicht in der Energie
der Bewegungen der Atome innerhalb der Molekel — so wird er hier nur
aus der letzteren bestehen können: in allen Fällen, wo diese einen gewissen
Minimalwert erreicht hat, wo die Bewegung eine gewisse Amplitude überschreitet, findet der Zerfall in Atome oder eine Umgruppierung der Atome
in der Molekel oder zu neuen Molekeln statt.

Einen sehr breiten Raum in den Besprechungen dieser Beziehungen nimmt nun die Frage ein, woher die Molekeln des mittleren Energieinhalts diese Zusatzenergie, ihre »Aktivierungswärme« erhalten, und es ist mehrfach als Energiequelle die Strahlung herangezogen: Strahlung, die, der jeweiligen Temperatur entsprechend, den Reaktionsraum erfüllt, müßte von den Molekeln absorbiert werden, um sie zu aktivieren. Diese Absorption müßte dann auch eine unabhängige Bestimmung der Aktivierungswärme liefern: Der Temperatur, bei der die Reaktion sich abspielt, entspricht eine Strahlung, deren weit bevorzugter Teil innerhalb eines mäßigen Bezirks von Wellenlängen liegt, der durch das WIENsche Verschiebungsgesetz gegeben ist. So könnte man aus der Reaktionstemperatur das Gebiet kräftiger Absorption oder umgekehrt aus diesem die Temperatur lebhafter Reaktion berechnen, und insbesondere TRAUTZ[25]) hat hier in zahlreichen Fällen Übereinstimmung mit der Erfahrung zu finden geglaubt. Aber alle hier in Frage kommenden Größen sind doch höchst mangelhaft definiert: die Temperatur lebhafter Reaktion können wir in weiteren Grenzen verändern durch Änderung der Konzentrationen oder auch nur der Beobachtungsmittel, ja, sie hängt in letzter Instanz ja doch nur von unserem Zeitmaßstab ab, für den wir, unserer durchaus zufälligen Begabung entsprechend, Minuten und Stunden zu wählen pflegen, statt Milliontel Sekunden oder Jahrtausende. Andererseits ist auch das Wellenlängengebiet der Absorption sehr schwankend, jeder Stoff fast hat deren mehrere weit auseinander liegende, und es ist ganz willkürlich, dies oder jenes dem Vergleich zugrunde zu legen. Zudem ergeben sich bei dem genannten Vergleich mindestens ebenso viele Fälle mit wie ohne Übereinstimmung. Schließlich reicht die Intensität der schwarzen Strahlung, die maximal möglich ist, in vielen Fällen nicht hin, um die nötige Energie zu liefern, und wenn sie vermehrt wird — durch Einführung von Licht entsprechender Wellenlänge, so bleibt die verlangte Erhöhung der Reaktionsgeschwindigkeit aus — kurz, der Gedanke, die »Aktivierungswärme« der Strahlung zu entnehmen, erscheint verfehlt[14]).

Als eine zweite Quelle dieser Energie liegt es nahe, die Zusammenstöße mit Nachbarmolekeln und Gefäßwänden zu betrachten; doch sind auch hiergegen Bedenken geltend gemacht worden[15]), insbesondere für monomolekulare Reaktionen, bei denen die Energieübertragung durch Stöße natürlich durch zugesetzte indifferente Gase stark erleichtert wird, während diese auf die Reaktionsgeschwindigkeit keinen Einfluß haben. Aber diese Bedenken scheinen mir unberechtigt. Sicherlich bedeutet ein Verschwinden der energiereichen Molekeln durch eine mit Energieverbrauch verbundene Reaktion einen starken Energieverlust, und sie müßten daher zu einer Abkühlung und zu einem Mangel an »aktiven« Molekeln, zu einer geringeren Reaktionsgeschwindigkeit führen. Das tut sie natürlich auch wirklich, wenn nicht die verlorene Energie von außen durch Stöße der Molekeln an die Gefäßwände nachgeliefert wird, durch die

Stöße, die zur Konstanthaltung der Temperatur nötig sind, der Temperatur, für welche eben unsere Beobachtungen gelten sollen, für welche eben k den gemessenen Wert hat. Und bei dieser Temperatur stellt sich durch das Spiel der Molekeln automatisch die Verteilung der Flugenergie und inneren Energien der Molekeln stets so ein, daß der Bruchteil $e^{-q/RT}$ den zur Reaktion nötigen bevorzugten Wert besitzt. Erst wenn wir die Verdünnung so weit treiben würden, daß eben das normale Spiel der Molekeln aufhört, wenn wir in das Gebiet der »ganz idealen Gase« nach NERNST[18]) gelangen, dann werden natürlich solche Störungen auftreten. Aber dann hat für diese vereinzelten Molekeln der Begriff der Temperatur als der mittleren kinetischen Energie sehr zahlreicher Molekeln seine Bedeutung verloren und nur für isotherme Gebilde haben diese ganzen Betrachtungen der Reaktionsgeschwindigkeit einen Sinn.

So glaube ich, daß man hier eine Schwierigkeit konstruiert hat, die nicht real ist, und daß in der durch den MAXWELLschen Satz gegebenen Energieverteilung die Quelle der »Aktivierungswärme« ohne jede Schwierigkeit gefunden werden kann.

Die im vorstehenden geschilderten theoretischen Arbeiten über die Reaktionsgeschwindigkeiten sind natürlich weit davon entfernt, das Problem auch nur andeutungsweise zu lösen. Freilich enthalten sie noch mancherlei Einzelheiten, die hier übergangen werden mußten; aber die Grundfrage, welches denn die aktive Form der Molekeln ist, warum diese sich beim Fluor so leicht, beim Stickstoff so sehr schwer bildet, die ist noch nicht einmal angeschnitten, geschweige denn beantwortet. Hier müssen wir noch alles von der Zukunft erwarten, und es ist zweifellos, daß auch hier PLANCKS Quantentheorie die Führung wird übernehmen müssen, daß BOHRS Atommodelle den Rahmen werden abgeben müssen für die Formen und für die Bildungsbedingungen der aktiven Molekeln. Hier darf die chemische Kinetik starke Hilfe erwarten von der Photochemie, und zwar der Photochemie im weitesten Sinne. In ihr können wir die »aktiven Molekeln« dosieren, können sie in beliebigen Mengen erzeugen durch Absorption des Lichts, der verschiedenen Strahlen der radioaktiven Umwandlungen, durch Stoß von Elektronen genau feststellbarer Geschwindigkeit, hier kennen wir bis zu einem gewissen Grade die energiereichen Formen der Atome und Molekeln, hier können wir verfolgen, wie sie ihren Energieüberschuß abgeben in Form von Strahlung, wie sie ihn übertragen auf andere Molekeln, denen sie größere Flugenergie erteilen oder die sie auch wieder zur Strahlung anregen *).

Das ganze Gebiet dieser Erscheinungen wird mit dem der Reaktionsgeschwindigkeiten zu vereinigen sein, und so dürfen wir erwarten, allmählich auch für diese eine befriedigende Theorie zu gewinnen, für die wir heute doch noch nicht mehr als die ersten Ansätze besitzen.

---

*) Hierzu insbesondere die ausgezeichneten Arbeiten von J. FRANCK und Schülern in den Bänden der Zschr. f. Physik 1920 bis heute.

Literatur.

1. ABEL, Z. physik. Chem. Bd. 96, S. 1 (1920).
2. ARRHENIUS, Z. physik. Chem. Bd. 4, S. 226 (1889).
3. BAKER, J.. Chem. Soc. London Bd. 65, S. 611 (1894) u. spätere Abhandlungen.
4. BODENSTEIN, Z. f. physik. Chem. Bd. 100, S. 118 (1922).
5. DANIELS und JOHNSTON, J. Am. Chem. Soc. Bd. 43, S. 53 (1921). Die von TRAUTZ und BHANDANAKER, Z. anorg. Chem. Bd. 106, S. 95 (1919) gemessene Zersetzung des PH_3 im freien Gasraum hat infolge außerordentlicher experimenteller Schwierigkeiten nur sehr wenig übereinstimmende Ergebnisse geliefert.
6. DIXON, J. Chem. Soc. London Bd. 49, S. 94 (1886).
7. GOLDSCHMIDT, H., Physik Zschr. Bd. 10, S. 206 (1909).
8. GOLDSCHMIDT, Heinrich und MERTZ, Ber. d. D. chem. Ges. Bd. 30, S. 670 (1897) u. viele spätere Abhandlungen.
9. GULDBERG und WAAGE, 1867; deutsch von Abegg in Ostwalds Klassiker der exakten Wissenschaften Nr. 104.
10. HALBAN, v., Z. physik. Chem. Bd. 47, S. 171 (1909).
11. HERZFELD, Ann. d. Phys. Bd. 59, S. 635 (1919). Enzyklopädie der mathemat. Wissenschaften, Band V. 1. 987, Leipzig 1921 und weitere Abhandlungen.
12. KRÜGER, Gött. Nachr. Bd. 1908, S. 318.
13. LANGMUIR, J. Am. Chem. Soc. Bd. 42, S. 2190 (1920).
14. — l. c.
15. — l. c. POLANYI, Z. f. Phys. Bd. 1, S. 337 (1920).
16. LEWIS, W. Mc. C., J. chem. Soc. London, Bd. 111, S. 389, 457, 1086 (1917), Bd. 113, S. 471 (1918) u. weitere Abhandlungen.
17. MARCELLIN, Ann. de Phys. Bd. 3, S. 120 (1915).
18. NERNST, Theoretische Chemie 8.—10. Aufl., S. 220, Stuttgart 1920.
19. — und BRUNNER, Z. physik. Chem. Bd. 47, S. 52 und 56 (1904).
20. OSTWALD, Lehrb. d. allg. Chemie, 2. Aufl., Bd. 2, 2, S. 244, Leipzig 1896—1902.
21. PERRIN, Ann. de Phys. Bd. 11, S. 5 (1919).
22. POLANYI, Z. f. Elektrochem. Bd. 26, S. 49 (1920) und weitere Abhandlungen.
23. TRAUTZ, Z. anorg. Chem. Bd. 96, S. 1 (1916); Z. f. Elektroch. Bd. 22, S. 104 (1916).
24. — in zahlreichen Abhandlungen in Z. f. physik. Chem., f. Elektrochem., f. anorg. Chem.; Ber. Heidelberger Akad.; insbesondere Z. anorg. Chem. Bd. 96, S. 1 (1916), Bd. 102, S. 81 (1918), Bd. 106, S. 149 (1919).
25. — Z. anorg. Chemie Bd. 104, S. 168 (1918).
26. VAN 'T HOFF, »Etudes de dynamique chimique«, Amsterdam 1884. Zweite Auflage von COHEN »Studien zur chemischen Dynamik«, Amsterdam u. Leipzig 1896.
27. WILHELMY, Pogg. Ann. Bd. 81, S. 413, 499 (1850); OSTWALDS Klassiker d. e. W. Nr. 29.

IX. Photochemie.

Von **Max Bodenstein**-Hannover.

Die Photochemie behandelt im weitesten Sinne die gesamten Beziehungen zwischen strahlender Energie und chemischer Energie, also einmal die Vorgänge, bei denen die erstere zu gunsten chemischer Vorgänge verbraucht wird, andererseits die, bei denen infolge chemischer Umsetzungen Strahlung entsteht. Beide Gebiete sind sehr weit, wenn wir die Wellenlängen der Strahlung beliebig nehmen, aber schon merklich eingeschränkt, wenn wir alle ausschließen, die länger sind als die des sichtbaren Lichts — und diese Einschränkung ist durchaus gebräuchlich. Ich möchte aber das hier darzustellende Gebiet noch enger begrenzen. Die Fälle, bei denen sichtbare oder gar ultraviolette Strahlung als unmittelbare Folge chemischer Reaktionen — nicht als Folge der durch sie hervorgerufenen hohen Temperaturen — entsteht, sind nicht allzu zahlreich, und ihre systematische Durchforschung ist über einzelne Ansätze noch nicht hinausgekommen. Es ist zwar unzweifelhaft, daß beispielsweise aus den Arbeiten von LENARD [24]) und seiner Schule über die Phosphoreszenz oder etwa den jüngsten Untersuchungen von HABER und ZISCH [21]) über das Leuchten, das bei einzelnen energischen chemischen Umsetzungen schon bei sehr niedrigen Temperaturen auftritt, ganz wesentliche Vermehrung unserer Erkenntnis für alle in das Gesamtgebiet der Photochemie gehörigen Fragen zu erhoffen ist, aber für eine zusammenfassende Darstellung im Rahmen dieses Berichtes sind diese Dinge doch wohl noch nicht reif.

So will ich mich beschränken auf eine Schilderung dessen, was wir in der Frage der durch das Licht veranlaßten chemischen Reaktionen heute als Besitz unserer Wissenschaft ansehen dürfen. Hier ist das im Schrifttum gesammelte Material überwältigend groß, kaum eine Klasse von chemischen Reaktionen gibt es, bei der nicht wenigstens in einzelnen Fällen eine Beeinflussung durch Licht beobachtet worden wäre. Aber die meisten dieser Reaktionen sind nicht studiert worden, um an ihnen die Gesetze photochemischer Vorgänge zu entwickeln, sondern um sie als präparative Verfahren zur Herstellung neuer Stoffe zu verwenden, oder aus anderen besonderen Gründen, und erst in neuerer Zeit hat sich eine intensivere systematische Bearbeitung des Gebiets entwickelt, die zu einer befriedigenden theoretischen Behandlung desselben die Grundlagen zu liefern beginnt.

Der älteste photochemische Prozeß ist älter als das Menschengeschlecht: das Wachstum der Pflanzen. Kohlensäure und Wasser liefern dabei im Sonnenlicht Sauerstoff und die Substanz der Pflanze, die wir, den Tatsachen im groben entsprechend, als ein Kohlehydrat, als Stärke bezeichnen wollen

$$n\,CO_2 + n\,H_2O = (CH_2O)_n + n\,O_2.$$

Im Laboratorium ist ausführlicher zuerst die photochemische Vereinigung von Chlor und Wasserstoff zu Chlorwasserstoff untersucht worden,

$$Cl_2 + H_2 = 2\,HCl,$$

die 1843 von DRAPER als chemisches Maß für die Lichtintensität verwendet wurde, dann von BUNSEN und ROSCOE 1850—1855 insbesondere mit Rücksicht auf diese Verwendung eingehend studiert wurde und seitdem immer und immer wieder bis heute Gegenstand zahlreicher Arbeiten gewesen ist.

Diese beiden Vorgänge sind Repräsentanten zweier Klassen photochemischer Prozesse. Das Pflanzenwachstum schafft aus dem energetisch geringwertigen System Kohlensäure und Wasser ein hochwertiges: Stärke oder ihre von selbst sich bildenden Umwandlungsprodukte Holz und Kohle bilden ja bei ihrer Verbrennung durch Sauerstoff unsere typische Energiequelle. Das Pflanzenwachstum ist also ein »arbeitspeichernder photochemischer Vorgang«. Im Gegensatz dazu verläuft die Vereinigung von Chlor mit Wasserstoff auch im Dunkeln von selbst; das Licht beschleunigt nur den Vorgang, der sich auch ohne ihn freiwillig, im Sinne der chemischen Kräfte vollzieht, gerade so, wie uns das bei den rein chemischen Umsetzungen an den Katalysatoren geläufig ist; so werden diese Lichtreaktionen als »katalytische« bezeichnet. Die Zahl der bekannten katalytischen Lichtreaktionen ist ganz außerordentlich groß, von etwas eingehender untersuchten mögen die folgenden genannt werden: Chlorierung von Benzol und Homologen [29]) von Kohlenoxyd [31]), Bromierung von Toluol und Homologen [7]), Oxydation von Chinin durch Sauerstoff [48]) oder durch Chromsäure [28]), Zersetzung von Ozon [36]), von Wasserstoffsuperoxyd [40]), Hydrolyse der Platinchlorwasserstoffsäuren [6]), Oxydation von Jodwasserstoff in wässeriger Lösung [33]), Photolyse des Uranylformiats [41]) und der fast einzige technische photochemische Prozeß: die Zersetzung der Silbersalze in der Photographie. Arbeitspeichernde Lichtreaktionen sind nicht so häufig. Außer dem Pflanzenwachstum bewirkt sichtbares Licht die Umwandlung von Anthrazen in Dianthrazen [30]), den analogen Vorgang beim Methylanthrazen [53]), die Zerlegung des Jodwasserstoffs in seine Elemente [1]) und noch einige Vorgänge, bei denen nicht mit Sicherheit zu sagen ist, ob sie den arbeitspeichernden zuzurechnen sind. Bei anderen ist kurzwelligere Strahlung erforderlich, so zur Zerlegung von

Bromwasserstoff[43]), von Chlorwasserstoff[13]), von Kohlensäure[12]) von
Wasserdampf[11]), zur Bildung von Ozon aus Sauerstoff[37]) und einigen
anderen. Diese beiden Gruppen photochemischer Prozesse erscheinen
daher als grundsätzliche Gegensätze. Aber der Unterschied ist in Wahrheit doch nicht so bedeutend. Auch bei den katalytischen Lichtreaktionen
wird Energie der Strahlung absorbiert; nur Licht, das absorbiert wird,
kann irgend welche chemischen Wirkungen haben (GROTTHUS 1818).
Das geht schon daraus hervor, daß tatsächlich photochemische Umsetzungen
im sichtbaren Licht nur dann eintreten, wenn der fragliche Stoff gefärbt
ist, also im sichtbaren Gebiet ein Gebiet deutlicher Absorption besitzt;
das gelbgrüne Chlor absorbiert und reagiert besonders im Blau und Violett
(und im Ultraviolett), was schon von BUNSEN und ROSCOE festgestellt
wurde; die uns farblos erscheinenden Stoffe brauchen zur Umsetzung
ultraviolette Strahlen, jeweils solcher Bezirke, in denen sie lebhaft absorbieren. Dabei ist nun nicht unbedingt nötig, daß die Absorption in
dem Stoff statthat, der reagieren soll; es kann auch als Absorbens eine
beigemischte Substanz fungieren, die — auf irgendeinem Wege, über
den später noch zu sprechen ist — die Energie der von ihr absorbierten
Strahlung auf den reagierenden Stoff überträgt und ihn dadurch »sen-
sibilisiert«. Diese sensibilisierten Vorgänge sind sehr häufig: das Pflanzenwachstum beruht darauf, daß das grüne Chlorophyll gelbe und rote Strahlung absorbiert und dadurch die dem sichtbaren Licht gegenüber völlig
durchlässige Kohlensäure zur Umsetzung befähigt; Chlor vermag im sichtbaren Licht das Ozon zur Zersetzung[50]), Sauerstoff zur Vereinigung mit
Wasserstoff[51]) und mit Kohlenoxyd[9]) anzuregen, und in der »orthochroma-
tischen« photographischen Platte benutzen wir verschiedene Farbstoffe,
um das an sich nur den blauen und violetten Strahlen gegenüber empfind-
liche Bromsilber auch für grünes, gelbes und rotes Licht zu »sensi-
bilisieren«.

In arbeitspeichernden wie in katalytischen Prozessen wird daher
zunächst Lichtenergie absorbiert und in chemische verwandelt, in chemische,
die in irgendeiner energiereicheren, reaktiveren Form des Ausgangsstoffes ihren Ausdruck findet. Diese Form wandelt sich dann um in einem
Vorgang, der mit dem Licht nichts mehr zu tun hat, in einer freiwilligen,
rein chemischen »Dunkelreaktion«. Das Produkt dieses Vorgangs kann
nun in seinem Energieinhalt höher stehen als der Ausgangsstoff; dann
haben wir insgesamt einen Energiehub, einen arbeitspeichernden Vorgang, oder niedriger: der gesamte Vorgang ist ein freiwilliger, quasi kata-
lytisch beförderter, mit einem Energiefall verbundener. Folgende einfache
Skizzen geben ein Bild der Energieniveaus:

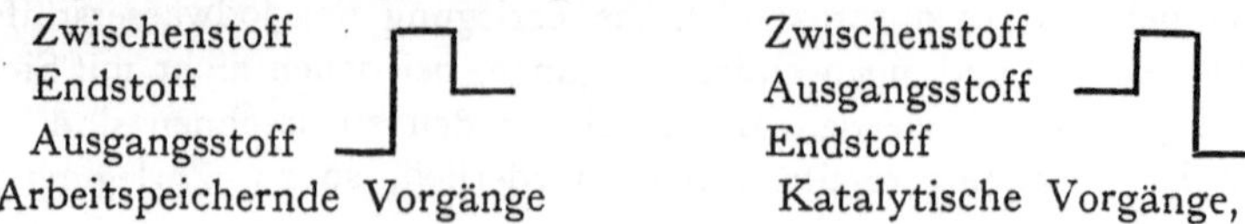

wobei natürlich die Größen der Energieunterschiede jede beliebigen Werte haben können, nicht die hier zufällig gewählten.

Daß tatsächlich diese grundsätzliche Übereinstimmung der beiden Arten der Lichtreaktionen besteht, geht am anschaulichsten aus einer Untersuchung von WARBURG [44]) über die Zersetzung von Ammoniakgas hervor. Diese wurde vorgenommen bei Zimmertemperatur einmal an reinem Ammoniak, das andere Mal an einem Gemisch von 50% NH_3 mit 50% $(N_2 + 3H_2)$. Im ersten Falle nähert sich durch die Zersetzung das System seinem Gleichgewicht — das bei 1. 2% $(N_2 + 3H_2)$ liegt —, die Reaktion ist also eine freiwillig verlaufende, durch Licht »katalysierte«; im zweiten Falle entfernt es sich von ihm, wir haben daher einen arbeitspeichernden Vorgang. In beiden Fällen aber ergab sich genau die gleiche Ausbeute an zersetztem Ammoniak für die aufgewandte Energie. Der ursprüngliche Vorgang, der die Energie verbraucht, hebt also die Ausgangsstoffe auf ein stark erhöhtes Energieniveau, und ob sie von dem absinken auf eins, das höher oder tiefer liegt als das des Ausgangsstoffes, das ist eine völlig sekundäre Frage, die mit dem ursprünglichen Energieaufwand gar nichts mehr zu tun hat.

Wie groß ist nun dieser Energieaufwand? Wieviel Energie muß aus der Strahlung absorbiert werden, um eine gegebene Menge der verschiedenen Stoffe zur Reaktion zu bringen? Die Frage ist lange unbeantwortet gewesen, ja, gar nicht präzis gestellt worden, und erst seit sie beantwortet wurde und seit man die photochemischen Vorgänge dahin prüfte, wie sie sich dieser Frage gegenüber verhalten, beginnt das bis dahin höchst unübersichtliche Chaos sich zu lichten.

Einer bis zu einem gewissen Grade analogen Frage stand die Elektrochemie vor hundert Jahren gegenüber, als FARADAY in sorglichen Experimentalarbeiten feststellte, daß zur Abscheidung eines Grammäquivalents irgendeines chemischen Stoffes ein und dieselbe Elektrizitätsmenge nötig ist, die wir heute als ein Faraday = 96 500 Coulombs bezeichnen. Was das FARADAYsche Gesetz miteinander verknüpft, ist eine Elektrizitätsmenge und eine Stoffmenge, die von Element zu Element in derselben Weise variiert, wie das Atomgewicht, mit dem die Elemente untereinander sich vereinigen. Die Elektrizität wurde so quasi als ein nicht stoffliches Element in die Reihe der übrigen eingeführt, und so gut die Materie atomistisch konstruiert ist, so gut müßte es danach auch die Elektrizität sein — eine Vorstellung, die ja nichts Schwieriges besitzt, und die sich heute in all ihren Konsequenzen glänzend bewährt hat.

Auch eine Beziehung zwischen absorbierter Lichtenergie und umgesetzter Stoffmenge konnte erst gefunden werden, nachdem in der Quantentheorie eine Art atomistischer Struktur auch der Energie ihren Ausdruck gefunden hatte. EINSTEIN [16]) hat sie abgeleitet, freilich unter Voraussetzung eines idealen photochemischen Vorganges, über dessen Realisierbarkeit wir heute noch nichts sagen können, und dahin formuliert, daß eine

Molekel nur dann zu photochemischer Umsetzung angeregt werden kann, wenn sie ein Quantum strahlender Energie absorbiert hat. Dies »Einsteinsche Äquivalentgesetz« schien zunächst mit der Beobachtung gar nicht übereinzustimmen. Bald nach seiner Aufstellung zeigte Winther[54], daß unter den von ihm aus der Literatur zusammengestellten Reaktionen, bei denen wenigstens eine hinreichende Schätzung des Verhältnisses von absorbierter Energie zu umgesetzter Substanz möglich war — exakte Messungen lagen damals kaum vor — vier ungefähr dem Gesetz entsprachen, vier dagegen außerordentlich viel größere Umsätze gaben als sie sollten. Aber sehr bald danach konnte ich an einem wesentlich umfangreicheren Material zeigen[2]), daß diese Abweichungen vom Einsteinschen Gesetz — zu denen auch solche im umgekehrten Sinne sich gesellten — immer aus der Art der späteren Umsetzungen der ursprünglichen lichtaffizierten Molekel erklärbar sind, und in den darauf folgenden Jahren hat Warburg[45]) und ebenso die Schule von Nernst[35 14 32]) eine Reihe ausgezeichneter Experimentalarbeiten ausgeführt, die eine ganz wesentliche Stütze für die Brauchbarkeit des Gesetzes geworden sind, so daß es heute nicht mehr ernstlich abgelehnt werden kann.

Das Einsteinsche Gesetz ist also die quantitative Grundlage der Photochemie, und ich will mit einiger Ausführlichkeit darzulegen versuchen, was es aussagt, was das Experiment dazu ergeben hat und wie die oben schon erwähnten zahlreichen Abweichungen verständlich sind.

Das Gesetz postuliert, daß eine Molekel, um photochemisch zu reagieren, ein Quantum Energie aus der Strahlung absorbieren muß. Dies Quantum hat die Größe $h\nu$, wo h die Plancksche Konstante $6{,}57 \cdot 10^{-27}$ Erg · Sekunde und ν die Schwingungszahl des betreffenden Lichts bedeutet, für Rot von $800\,\mu\mu$ Wellenlänge $375 \cdot 10^{12}$, für Violett $400\,\mu\mu$ $750 \cdot 10^{12}$, für Ultraviolett $200\,\mu\mu$ $1500 \cdot 10^{12}$. Es ist klar, daß diese notwendige Bedingung nicht auch eine hinreichende ist; in unendlich vielen Fällen wird Licht absorbiert und ohne jede chemische Wirkung in Wärme umgewandelt, und zwar Licht jeder beliebigen Wellenlänge — das beispielsweise die schwarze alles absorbierende Kohle völlig unverändert läßt. Das ist zweifellos am leichtesten verständlich durch die Annahme, daß in diesen Fällen ein Energiequantum nicht ausreicht, um den Stoff zu mehr als zu lebhafter Wärmebewegung zu erregen, daß der Stoff zu stabil ist, um lichtempfindlich zu sein. Auf eine andere in gewissen Fällen angebrachte Deutung will ich unten zurückkommen.

Wenn nun eine Molekel durch die Aufnahme des Lichtquants auf das erhöhte Energieniveau gehoben ist, von dem S. 212 die Rede war, so wird es vollkommen von der Art der nunmehr möglichen Dunkelreaktionen abhängen, was geschieht, sowohl hinsichtlich des Einsteinschen Gesetzes, wie hinsichtlich der Beziehungen zwischen Umsatz einerseits, Konzentration der Reaktionsteilnehmer, der von Zusätzen, Temperatur und dergleichen andererseits. Ist die weitere Umwandlung des energiereichen

Zwischenstoffs eine einheitliche und einfache, so muß das EINSTEINsche Gesetz gelten; kann der Zwischenstoff sich entweder in das Endprodukt oder aber rückwärts in den Ausgangsstoff verwandeln, so wird die Ausbeute hinter der vom Äquivalentgesetz geforderten zurückbeiben — beide Fälle sind durchaus einleuchtend und naheliegend. Es hat sich nun aber weiter gezeigt, daß es viele Reaktionen gibt, bei denen die Ausbeute wesentlich höher ist als nach dem Gesetz zu erwarten wäre — und diese Fälle haben sich in dem Sinne deuten lassen, daß sich an die Umsetzung der lichterzeugten Molekel des Zwischenstoffes mit ihrem Partner eine unter Umständen sehr lange Reihe von Folgereaktionen anschließt, die eine große Zahl der Molekeln des Endprodukts erzeugen und damit die Ausbeute weit über die erwartete verstärken.

Reaktionen dieser Art habe ich in der S. 214 erwähnten Arbeit als *sekundäre Lichtreaktionen* bezeichnet, die der ersten Art als *primäre*, und ich möchte diese Bezeichnungen beibehalten. Nachdem über diese beiden Ausdrücke verfügt ist, kann ungezwungen die erste Wirkung des Lichts, die den Ausgangsstoff auf das erhöhte Energieniveau hebt, und die von anderer Seite als primärer Vorgang bezeichnet worden ist, als *der ursprüngliche Vorgang*, die sich ihm anschließenden Prozesse, an der gleichen Stelle sekundäre genannt, als *Folgereaktionen* bezeichnet werden.

In den älteren Arbeiten über photochemische Probleme, ja, auch in den meisten neueren noch, ist das Hauptgewicht gelegt worden auf die Beziehung zwischen der durch eine möglichst konstante Lichtquelle in der Zeiteinheit umgesetzte Substanzmenge und der Konzentration der Reaktionsteilnehmer. Man hat die »Reaktionsgeschwindigkeit« gemessen und die »Ordnung der Reaktion« bestimmt, genau wie bei Dunkelreaktionen. Dabei hat man gelegentlich Erwägungen darüber angestellt, wie eine starke Lichtabsorption diese Reaktionsordnung beeinflußt[20]), aber die Absorption gemessen hat man nicht. Diese — für den Chemiker mit seinen einfachen Apparaten meist nicht durchführbare — Aufgabe ist eigentlich erst seit 1910 öfter ausgeführt worden, und da auch nur in einzelnen Arbeiten. So ist es an viel mehr Reaktionen möglich, die Beziehung zwischen Umsatz und Konzentration zu diskutieren, als die zwischen Umsatz und absorbierter Energie. Doch läßt sich auch aus jener sehr viel schließen, und mutatis mutandis sind auch hier die Methoden anzuwenden, welche in der chemischen Kinetik zur Erkenntnis des »Mechanismus« der Reaktionen geführt haben. So wenig diese früher ausschließlich benutzten Methoden allein ein klares Bild der photochemischen Prozesse liefern konnten, so wenig kann es die neuerdings gelegentlich allein ausgeführte Messung und Diskussion der energetischen Beziehungen. Erst die Kombination beider erlaubt, alles zu erfassen, was uns der Versuch liefern kann, und so will ich versuchen, ein Bild der primären und sekundären Vorgänge von beiden Gesichtspunkten aus zu entwerfen.

Sehr einfach liegen da natürlich die Verhältnisse bei den primären Prozessen. Wenn die lichtaffizierte Molekel auf dem Wege über den energiereichen Zwischenstoff je eine Molekel des Endstoffes liefert, so muß die Ausbeute bedingt sein ausschließlich von der absorbierten Energie. Für jedes $h\nu$ derselben muß eine Molekel umgesetzt werden, unabhängig von der Konzentration des Ausgangsstoffes und etwaiger Beimengungen und unabhängig von der Temperatur — ja auch sicherlich unabhängig vom Aggregatzustande, was leider noch nie geprüft worden ist. Die Ausbeute kann dabei allerdings hinter dieser Forderung zurückbleiben, einmal wenn der Zwischenstoff den Ausgangsstoff zurückbilden kann, statt in den Endstoff überzugehen, und wenn, ich möchte sagen, neben der photochemischen Absorption eine thermische möglich ist — eine Unterscheidung, die, von Bunsen und Roscoe bei ihrer Chlorknallgasuntersuchung eingeführt, inzwischen stark in Mißkredit gekommen ist, die aber, wie ich gleich zeigen will, in gewissem Sinne doch berechtigt ist.

Um das alles darzulegen, ist es gut, zunächst der Frage nach der Natur des energiereichen Zwischenstoffes etwas näher zu treten. Wir wissen nicht mit Sicherheit, was dieser ist, und vielleicht wird sich die Frage gar nicht allgemein gleichmäßig beantworten lassen. Aber für einige einfach zusammengesetzte Stoffe ist die Wahrscheinlichkeit recht groß, daß der Zwischenstoff aus den Atomen des Ausgangsstoffes besteht. Beim Bromwasserstoffzerfall z. B. würde dann der ursprüngliche Vorgang bestehen in

$$HBr = H + Br.$$

H und Br sind äußerst reaktive Gebilde; folgende Folgereaktionen sind denkbar:

<table>
<tr><td>1. $H + Br = HBr$</td><td>5. $H + Br_2 = HBr + Br$</td></tr>
<tr><td>2. $H + H = H_2$</td><td>6. $Br + HBr = Br_2 + H$</td></tr>
<tr><td>3. $Br + Br = Br_2$</td><td>7. $H_2 + Br = HBr + H.$</td></tr>
<tr><td>4. $H + HBr = H_2 + Br$</td><td></td></tr>
</table>

Von diesen sind 1, 2, 3 äußerst selten, weil die Konzentrationen der Atome sehr klein, die Wahrscheinlichkeit der Zusammenstöße mit ihnen also äußerst gering ist. 5 und 6 kommen nicht in Betracht, weil sie stark endotherme Vorgänge sind, deren geringe bei Zimmertemperatur von Null nicht verschiedene Reaktionsgeschwindigkeit aus der im Dunkeln gemessenen Bildung von Bromwasserstoff bekannt ist. 4 und 5 sind möglich; wenn man sich aber auf das Anfangsstadium der Umsetzung beschränkt, wo noch ganz wenig Br_2 gebildet ist, so tritt 5 gegen 4 völlig zurück. Bleibt also nur der Vorgang 4 mit dem Zusatz, daß für das Br mangels jeder anderen Möglichkeit zu reagieren, trotz der seltenen Zusammenstöße nur der Weg 3 übrig bleibt. Dann sind also die Vorgänge:

$$
\begin{aligned}
HBr + 1\,h\nu &= H + Br \\
H + HBr\ \ &= H_2 + Br \\
\underline{Br + Br\ \ \ \ \ &= Br_2\ \ \ \ \ \ \ } \\
2\,HBr + 1\,h\nu &= H_2 + Br_2.
\end{aligned}
$$

Für ein Quantum Energie zerfallen also, infolge der Folgereaktionen, 2 Molekeln Bromwasserstoff.

In der Tat fand WARBURG für die »Photolyse« des Bromwasserstoffs bei $\lambda = 207\ \mu\mu$ 2·10, bei $\lambda = 253\ \mu\mu$ 2·00 Molekeln für 1 $h\nu$ und bei dem vollkommen analogen Zerfall des Jodwasserstoffs bei den Wellenlängen 207, 255 und 282 $\mu\mu$ 1·98, 2·08, 2·10 Molekeln, innerhalb der Fehlergrenzen völlig identisch mit der verlangten Zahl 2.

Nun kann man aber in voller Übereinstimmung mit unseren sonst so vorzüglich bewährten Vorstellungen über die Energieaufnahme und Abgabe seitens der Atome und Molekeln [5][38]) auch eine andere Annahme über das Wesen des energiereichen Zwischenstoffs machen, die natürlich auch mehrfach vorgeschlagen wurde [39]). Die Aufnahme eines Energiequantums hebt ein kreisendes Elektron der Molekel auf die gegenüber der in der unerregten Molekel nächst höhere Bahn. In der kann es eine bescheidene Zeitlang (bis 10^{-8} Sekunden) verbleiben. Dann fällt es auf die ursprüngliche zurück und gibt die Energie ab in Form von Strahlung. Aber inzwischen kann diese energiereiche Molekel auch mit einer andern zusammenstoßen und mit ihr reagieren. Wenn daher der Index B diesen energiereicheren BOHRschen Zustand bedeutet, so wären die Vorgänge im Beispiel des Bromwasserstoffs:

$$HBr + h\nu = HBr_B$$
$$HBr_B + HBr = H_2 + Br_2.$$

Der Erfolg wäre der gleiche wie oben, wo die Atome der Zwischenstoff waren.

Diese Annahme eines höheren BOHRschen Zustandes im energiereichen Zwischenstoff kann aber eine Beziehung nicht erklären, zu der die Annahme der Atome führt, und die sich in den Untersuchungen von WARBURG mit aller Schärfe ergeben hat, wenn sie damit natürlich auch noch nicht allgemein gültig ist. Wir kennen die Energie Q, welche die Spaltung in Atome braucht für Bromwasserstoff und Jodwasserstoff, und wir können sie für einige andere Fälle ($C_2 = 2O$; $NH_3 = N + 3H$) mit erheblicher Sicherheit schätzen oder in gewisse Grenzen verweisen. Diese beträgt für Bromwasserstoff 77 100 cal, für Jodwasserstoff 60 000 cal für ein Mol $= 6{,}07 \cdot 10^{23}$ Molekeln. Die Strahlung der Wellenlängen 207, 253 und 282 $\mu\mu$ enthält nun in $6{,}07 \cdot 10^{23}$ Quanten 137 300, 112 300, 100 800 cal, also Beträge, die jene bei weitem übersteigen und daher zur Zersetzung ausreichen. Bei größeren Wellenlängen werden die Quanten weiter kleiner und jenseit 370 $\mu\mu$ müßte die Spaltung des Bromwasserstoffs, jenseit 474 $\mu\mu$ die des Jodwasserstoffs nicht mehr stattfinden. Das kann nach den wenigstens für Jodwasserstoff bekannten Tatsachen ganz wohl der Fall sein, der in sichtbarem violetten und blauen Licht noch zerfällt, in rotem nicht mehr, und es wäre wohl lohnend, zu beobachten, wo die Grenze ist, und vor allem, wie sie sich vollzieht. Denn die naheliegende Folgerung des Gesetzes, daß, solange $6 \cdot 10^{23} h\nu > Q$, Photolyse statthat, im Moment wo es kleiner wird, nicht mehr, ist zweifellos nicht erfüllt. Jenseit der Grenze nimmt die Ausbeute ab, aber sie geht durchaus nicht plötzlich auf Null, wie das Warburg an der Ozonisierung des Sauerstoffs und am Zerfall des Ammoniaks gezeigt hat.

Darin braucht man freilich keinen Widerspruch zu sehen. Man hat ihn vermieden durch die oben geschilderte Vorstellung, daß eine mit einem Quantum Energie beladene Molekel diese bewahren kann bis zu einem Zusammenstoß mit einer zweiten und dann mit dieser zusammen sich umsetzen, was viel weniger Arbeit braucht, da der ungeheure Energieberg, der in Gestalt der freien Atome zu überwinden ist, dann wegfällt. Man kann ihn aber auch vermeiden, wenn man beachtet, daß ja die zum Zerfall in Atome nötige Energie durch die uns geläufigen thermochemischen Werte nur wiedergegeben wird, wenn als Ausgangsstoff die Molekeln mittleren Energieinhaltes gelten. Damit kann man hier im Gebiet molekularer Einzelprozesse nicht mehr rechnen, und wenn die Quanten für die den Mittelwert des Energieinhalts besitzenden Molekeln nicht mehr ausreichen, so werden sie doch noch für die energiereicheren genügen und die Ausbeute muß wohl schnell aber doch nicht plötzlich abklingen *).

Nach alle diesem sprechen jedenfalls einige recht gewichtige Gründe für die Vorstellung, daß in diesen und ähnlichen Fällen tatsächlich die Atome die energiereichen Zwischenstoffe sind. Freilich gibt es auch einige Bedenken und allgemein werden wir sicherlich nicht den Atomen diese Rolle zuschreiben dürfen, insbesondere nicht bei komplizierter zusammengesetzten Stoffen.

So können wir also trotz mancher zweifellos bestehenden Gründe durchaus noch nicht mit Sicherheit sagen, daß auch nur in den von Warburg untersuchten einfachen Fällen die Atome das Material der energiereichen Zwischenstoffe sind. Aber das folgt jedenfalls mit aller Sicherheit aus diesen Arbeiten: In den Fällen, wo die Folgereaktionen, denen diese Zwischenstoffe unterliegen, übersichtlich und einfach sind, ist die vom Einsteinschen Gesetz gefolgerte Äquivalenz-Beziehung zwischen absorbierter Energie und Endprodukt erfüllt. Hier muß daher auch die zwischen Energie und erzeugtem Zwischenstoff erfüllt sein, und es ist deswegen die Wahrscheinlichkeit groß für das Vorhandensein dieser letzteren Beziehung auch in den Fällen, wo infolge komplizierter Folgereaktionen die Menge des endgültigen Produkts mit der absorbierten Energie in keinem einfachen Zusammenhang steht.

Eine besondere, auf den ersten Blick eigenartige Folgerung des Einsteinschen Gesetzes haben die Warburgschen Messungen am Bromwasserstoff und Jodwasserstoff überdies noch mit aller Schärfe ergeben,

---

*) Jenseit dieser Grenze hätten wir also das oben Seite 7 erwähnte Nebeneinander von thermischer Absorption (seitens der minder energiereichen Molekeln) und photochemischer Absorption (seitens der energiereicheren).

daß nämlich die gleiche Energie in Form langwelligen Lichts eine größere Wirkung hat als in Form des kurzwelligeren. Wir sind durchaus gewohnt, das letztere als das chemisch wirksamere zu betrachten — mit Recht, weil seine Quanten größer und daher stärkerer Wirkung fähig sind. Aber eben weil sie größer sind, so gehen auf 1 cal Strahlung weniger kurzwellige Quanten als langwellige, und im Gebiet, wo jedem Quant eine umgesetzte Molekel zugeordnet ist, muß daher 1 cal langwelliger Strahlung mehr leisten. Daher brauchten in den obigen Versuchen 2 Mol Jodwasserstoff bzw. Bromwasserstoff bei 207 $\mu\mu$ 137300, bei 253 $\mu\mu$ 112300 und (nur HJ) bei 282 $\mu\mu$ 100800 cal Energie zur Zersetzung.

Klarer als durch diese Beobachtungen kann gar nicht die Tatsache zum Ausdruck gelangen, daß in der Photochemie mit der umzusetzenden Molekel des *Stoffes* die quantierte *Energie* verknüpft ist, daß weder an die Stelle der ersteren eine *Zersetzungsenergie* treten kann, noch an Stelle der Letzteren eine Größe, die der Elektrizitätsmenge des FARADAYschen Gesetzes analog auch hier eine *Kapazitätsgröße* der strahlenden Energie darstellte *).

Die in diesen Arbeiten von WARBURG ausgeführten experimentellen Bestimmungen des Verhältnisses von absorbierter Energie und umgesetzter Stoffmenge sind die ausführlichsten, die an primären Reaktionen vorgenommen wurden; voraus ging eine von WEIGERT an der Umwandlung von Anthrazen in Dianthrazen [47]; gleichzeitig und danach sind dann einige angestellt worden von WARBURG selbst [42], von WEIGERT [48], von Frl. PUSCH [35], von NODDACK [32], von EGGERT und NODDACK [14].

Immerhin ist die Zahl dieser Arbeiten bescheiden, aber für viele Untersuchungen läßt sich aus den in ihnen mitgeteilten Daten über die Lichtquelle, den wirksamen Spektralbereich, das Absorptionsspektrum usw. die Größenordnung der Zahl der auf ein $h\nu$ umgesetzten Molekeln schätzen, und so konnte ich 1913 an 10 Beispielen zeigen, daß hier die Größenordnung 1 immer dann auftritt, wenn auch die übrigen Bedingungen

---

*) Deswegen sollte man die photochemische Ausbeute nicht mehr in der Form ausdrücken, daß man die verbrauchte Lichtenergie vergleicht mit der Wärmetönung, welche auftreten würde, wenn das entstandene Produkt sich in den Ausgangsstoff zurück verwandeln würde. Diese Zahl hat allenfalls Sinn bei einem technischen photochemischen Prozeß, wie ihn ja das Pflanzenwachstum und die Verbrennung der Kohle als seine freilich durch viele Zwischenstadien getrennte Umkehrung darstellen. Aber bei den übrigen und zumal bei der heute allein möglichen wissenschaftlichen Behandlung derselben ist sie unangebracht und nur noch ein Überbleibsel aus der Zeit vor EINSTEINS Gesetz. Die ausgezeichneten Darlegungen von WARBURG z. B. in der Zeitschr. f. Elektrochem. Bd. 26, S. 54 (1920) würden außerordentlich viel übersichtlicher sein, wenn zur Ableitung des Begriffs des Güteverhältnisses der Umweg über die Wärmetönung vermieden worden wäre. Und bei den Reaktionen, die mit positiver Wärmeentwicklung im Sinne der photochemischen Reaktion verlaufen, würde ein solcher Vergleich gar zu einem negativen Güteverhältnis führen (von den im Text besprochenen Vorgängen z. B. bei der Oxydation von Chinin durch Chromsäure oder bei der Zersetzung des Ozons durch beigemischtes Chlor, die wie jene arbeitspeichernden Vorgänge WARBURGS primäre Prozesse sind).

primärer Reaktionen erfüllt sind, daß die umgesetzte Menge ausschließlich proportional ist der absorbierten Energie, unabhängig von der Konzentration der Reaktionsteilnehmer, unabhängig von etwaigen Beimengungen, unabhängig von der Temperatur. Die Zahl der so verwertbaren
Untersuchungen hat sich inzwischen — abgesehen von der eben genannten
von Warburg und der Nernstschule — noch um einige wenige vermehrt.
Ich will vor allem auf eine noch kurz eingehen, weil sie ein sehr klares Beispiel ist für die Möglichkeit, wie trotz der Gültigkeit des Einsteinschen
Gesetzes für den ursprünglichen Vorgang die Ausbeute an endgültigem
Produkt wesentlich zu klein ausfallen kann.

Die Oxydation des Chinins durch Chromsäure, die von Luther und
Forbes[28]) eingehender untersucht wurde, verläuft bei hinreichenden
Chromsäurekonzentrationen vollkommen als primäre Reaktion; nur das
von Chinin absorbierte Licht bestimmt den Umsatz, im Verhältnis von
einem $h\nu$ zu einer Molekel. Sinkt aber die Chromsäurekonzentration,
so wird die Ausnutzung kleiner und die Ausbeuten lassen sich nun in ausgezeichneter Übereinstimmung mit der Erfahrung berechnen, wenn man
annimmt, daß die lichtaffizierten Chininmolekeln, also die Molekeln des
energiereichen Zwischenstoffs sich verteilen in solche, die gemäß der
Häufigkeit der Zusammenstöße mit den Chromsäuremolekeln oxydiert
werden, und in solche, die, sei es für sich durch Strahlung, sei es durch
Zusammenstöße mit den Molekeln des Lösungswassers, ihre Energie verlieren und in gewöhnliches Chinin sich zurückverwandeln.

Neuerdings hat Noddack[31]) einen analogen Fall studiert in der Einwirkung von Chlor auf Trichlorbrommethan: in reinem Trichlorbrommethan
gelöstes Chlor wird nach dem Einsteinschen Gesetz verbraucht; in dem
Maße als der Akzeptor mit dem indifferenten Tetrachlorkohlenstoff verdünnt wird, sinkt die Ausbeute; die auf den nächsthöheren Bohrschen
Zustand gehobenen Chlormolekeln verlieren ihre Energie zum Teil durch
den Zusammenstoß mit den Molekeln des indifferenten Lösungsmittels,
und aus diesen Versuchen konnte Noddack die Lebensdauer des Zustandes erhöhter Energie zu 10^{-9} Sekunden berechnen, in guter Übereinstimmung mit anderweit gewonnenen Werten.

So ordnen sich die primären Prozesse durchaus dem Einsteinschen
Gesetz unter: Tritt eine zu große Ausbeute am Endprodukt auf, die nur
in ganz bescheidenem Maße möglich ist, so ist sie stöchiometrisch in ein-
fachster Weise durch die Umwandlung des Zwischenstoffs gegeben;
wird die Ausbeute an Endprodukt kleiner als sie sollte, so ist sie zurückzuführen auf eine Verteilung des Zwischenstoffs in einen Anteil, der zum
Endprodukt wird, und einen, der den Ausgangsstoff regeneriert. Aber
um alle diese praktisch sehr häufig vorkommenden Abweichungen zu
deuten und der Deutung in jedem Falle Gewicht zu verleihen, muß man
neben der Messung von umgesetzter Stoffmenge und Absorption auch
solche ausführen, bei denen die Umwandlungen des Zwischenstoffs nach

der Methode der chemischen Kinetik in ihre Abhängigkeit von der Konzentration studiert werden.

Ist das schon bei den primären Prozessen wichtig, so wird es bei den sekundären die Grundlage der Erkenntnis. Von diesen konnte ich in der mehrfach genannten Arbeit 1913 ein Dutzend analysieren; ihre Zahl ließe sich heute recht erheblich vermehren. Sie sind unendlich viel komplizierter als die primären, sie sind eben viel mehr rein chemische Vorgänge. Ich will nur *einen* zur Illustration des ganzen Gebietes etwas ausführlicher besprechen, die so sehr oft untersuchte Vereinigung von Chlor und Wasserstoff. Sie verläuft bei konstanter Belichtung eines Gemenges von Chlor, Wasserstoff, Chlorwasserstoff, einer winzigen Spur Feuchtigkeit und einer sehr geringen Menge Sauerstoff, die beide ohne extreme Hilfsmittel nicht auszuschließen sind, so, daß die Geschwindigkeit proportional ist der absorbierten Lichtmenge, multipliziert mit der Chlorkonzentration, unabhängig von der des Wasserstoffs, solange diese nicht gar zu klein wird, umgekehrt proportional der des Sauerstoffs, und unabhängig von der des Wasserdampfes, abnehmend wahrscheinlich nur, wenn diese unter einen ganz winzigen experimentell nicht mehr meßbaren Wert sinkt. Es ist also

$$\frac{d[HCl]}{dt} = k \cdot \frac{J_{\text{abs}} \cdot [Cl_2]}{[O_2]},$$

und dabei ist die Ausbeute enorm: auf 1 $h\nu$ werden, natürlich je nach den Bedingungen schwankend, bis etwa eine Million Molekeln umgesetzt[4].

Zu diesen Beobachtungen gelangt man nur durch die Annahme, daß das ursprüngliche Produkt, der energiereiche Zwischenstoff, eine lange Folge von Reaktionen veranlaßt. NERNST hat für diese eine höchst anschauliche Deutung vorgeschlagen, die wieder ausgeht von der Annahme der Chloratome als Zwischenstoff. Die Reihe ist:

1. $Cl_2 + h\nu = 2\,Cl$
2. $Cl + H_2 = HCl + H$
3. $H + Cl_2 = HCl + Cl$

und so fort, bis das H oder das Cl einmal an eine Sauerstoffmolekel gerät und von dieser endgültig gebunden wird. Die Reaktionen 2 und 3 sind energetisch durchaus möglich, höchstwahrscheinlich bei jedem Zusammenstoß der Partner eintretend. Zusammenstöße $H + Cl = HCl$ sind, wie oben beim Bromwasserstoff infolge der geringen Konzentration der Atome zu selten, um bemerkbar zu werden. Wie die Geschwindigkeitsgleichungen im einzelnen gestaltet sein werden, und wie die endgültige Bindung der Atome durch den Sauerstoff zustande kommt, hat NERNST nicht angegeben, aber GÖHRING[19] hat inzwischen gezeigt, daß die beobachtete Geschwindigkeitsgleichung für den Gesamtprozeß herauskommt, wenn man für die einzelnen die entsprechenden Gleichungen ansetzt und die Hemmung durch den Sauerstoff zurückführt auf eine Reaktion $H + O_2 = HO_2$, bei der natürlich das HO_2 wieder irgendwie weiter reagieren würde.

Gegen diese Deutung sind mehrfache Einwendungen möglich und
gemacht worden. Eine allerdings grundlegende scheint nach einer Untersuchung von v. WARTENBERG [45]) nicht mehr berechtigt. Die Dissoziationswärme des Chlors gilt nach älteren Messungen als etwa 100 000 cal; so
stark aber sind $6 \cdot 10^{23}$ Quanten sichtbaren Lichtes nicht, die Spaltung
des Chlors wäre daher erst im Ultraviolett möglich. v. WARTENBERG
aber gibt für die Dissoziationswärme des Chlors 70 000 cal; damit würde
Licht vom Ende des sichtbaren Spektrums gerade genügen. Immerhin
ist auch so noch unsicher, ob hier die Atome der Zwischenstoff sind, und allgemein werden sie es bei solchen Vorgängen genau so wenig sein wie bei
den primären. Ein anderer Einwand ist von STERN und VOLMER [39]) gemacht worden: die Vernachlässigung der Wirkung des Wasserdampfes;
bei ganz intensiver Trocknung geht die Vereinigung sehr viel langsamer [34]).
Dieser Einwand trifft einen wunden Punkt der ganzen chemischen Kinetik,
denn dies Ausbleiben gewisser Gasreaktionen bei intensivster Trocknung[*])
hat sich noch in keinem Falle deuten lassen. Aber die Beobachtungen
über diese Hemmungen durch Trocknung sind auch nicht unwidersprochen,
und es ist gar nicht unwahrscheinlich, daß es bei ihnen hier wie in anderen
Fällen gar nicht die Trocknung als solche ist, welche die Hemmung hervorruft, sondern irgendwelche anderen Störungen, die mit dem Trockenmittel
eingeführt werden.

Gleichgültig aber, wie diese Schwierigkeiten zu beheben sind: ich
wollte diese Diskussion über die Chlorknallgasvereinigung nur bringen,
um zu zeigen, daß es grundsätzlich gar keine Schwierigkeiten bietet, zu
verstehen, wie aus der ursprünglich *einen* Molekel des energiereichen
Zwischenstoffs eine ungeheure Zahl von denen des Endprodukts werden,
und daß dabei den Einflüssen der Konzentration der Reaktionsteilnehmer
und der von Verunreinigungen Tür und Tor geöffnet ist, wie andererseits
bei dem Charakter dieser Folgereaktionen als rein chemischer Dunkel-
vorgänge natürlich auch die Temperatur einen erheblichen Einfluß gewinnen
kann.

Selbstverständlich ist eine solche Reihe von Folgewirkungen nur möglich
bei den »katalytischen Lichtreaktionen«. Nur wenn vom Ausgangsstoff zum Endstoff ein Energiefall statthat, kann die geringe Energie,
die aus der Strahlung absorbiert wird, eine solche Fülle von Umsetzungen
auslösen.

Durch das Überwiegen der rein chemischen Folgereaktionen bei diesen
sekundären Prozessen verliert ihr Studium naturgemäß an Interesse
für die Grundlagen der Photochemie. Aber was es hier verliert, gewinnt
es für die Probleme der chemischen Kinetik. Ist es doch etwa beim Chlor-
knallgas, was Anfangs- und Endstoff anlangt, gleichgültig, ob wir den Vorgang im Licht oder im Dunkeln, bei mäßiger Erwärmung, durchführen,

---

[*]) Siehe den Bericht über chemische Kinetik, Seite 202.

und was wir in einem Fall an Kenntnissen gewinnen, kann im andern Falle nur nützlich sein. Und so ist, wie ich oben schon sagte*), aus den Forschungen der Photochemie zweifellos viel Hilfe für die chemische Kinetik zu erhoffen.

Ich könnte hiermit meinen Bericht schließen, denn was wir an einigermaßen gesichertem Besitz an allgemeiner Erkenntnis im Gebiet der Photochemie bezeichnen können, ist erschöpft. Doch möchte ich noch mit einigen Worten einen einzelnen Gegenstand berühren und endlich auf Zusammenhänge mit Nachbargebieten hinweisen.

Eine noch völlig ungeklärte Frage ist die der Sensibilisierung, der Tatsache, daß ein Stoff das Licht absorbiert und dadurch einen zweiten zur Umsetzung anregt. Naheliegend ist natürlich, die Erscheinung so zu deuten, wie man das z. B. bei der Wirkung des Chlorophylls versucht hat: Bildung einer Verbindung zwischen Chlorophyll und Kohlensäure, in der die Lichtabsorption des Chlorophylls erhalten bleibt und die Molekel der Verbindung dann die Umsetzung erfährt. Nicht allzu wahrscheinlich, nachdem HENRI [22]) nachgewiesen hat, daß in solchen organischen Verbindungen die Absorption nur an der Gruppe innerhalb der Molekel Umsetzung hervorruft, die für die Absorption maßgebend ist. Azetaldehyd absorbiert in der Gegend von 280 $\mu\mu$, dann kaum um 240 $\mu\mu$ und wieder stark bei 220 $\mu\mu$. Reaktion aber findet nur statt in dem ersten Gebiet. Durch Vergleich mit anderen Stoffen ließ sich zeigen, daß die Absorption um 280 $\mu\mu$ der Gruppe CHO entspricht, die sich umsetzen kann; die um 220 $\mu\mu$ dagegen der CH_3-Gruppe, für deren etwaige Umsetzungen auch diese recht großen Quanten noch nicht zur Anregung ausreichen. Eine Verbindung ist auch kaum denkbar in anderen Fällen der Sensibilisierung, wo einfachere Stoffe in Frage kommen, wie z. B. bei der von WEIGERT [50]) studierten Zersetzung des Ozons durch Licht, das von beigemischtem Chlor absorbiert wird. Hier liefert 1 $h\nu$ ganz glatt den Zerfall von einer Molekel Ozon, ganz gleichgültig, ob dessen Konzentration groß oder klein ist: die bis dahin völlig konstante Zersetzungsgeschwindigkeit wird ganz plötzlich Null in dem Augenblick, wo das Gas verbraucht ist. Eine vorherige Verbindung von Ozon mit Chlor ist undenkbar; will man als Lichtprodukt wieder Chloratome annehmen, so könnten die vielleicht reagieren nach $Cl + O_3 = ClO_3$ und dies sicherlich höchst instabile ClO_3 dann sich schnell weiter zersetzen. Aber eine derartige Deutung hängt vollkommen in der Luft. Vielleicht ist sie zu ersetzen durch die, daß die Chlormolekel im nächsthöheren BOHRschen Zustand ihre Energie überträgt auf das Ozon und das damit zur Zersetzung anregt, gerade so, wie nach einer ganz neuen Untersuchung aus dem Institut von FRANCK [10]) eine um ein Quant bereicherte Quecksilbermolekel dies Quant übertragen kann auf eine solche von Thallium, die sie dadurch zum Leuchten bringt. Aber dann

---

*) Siehe den Schluß des Berichts über chemische Kinetik.

bleibt die Schwierigkeit, warum die angeregte Chlormolekel nicht selbst die Energie unter Strahlung verliert, oder warum sie sie nicht den reichlich vorhandenen Schwestermolekeln als Flugenergie überträgt, sondern sie bis zu dem selten erfolgenden Zusammenstoß mit einer Ozonmolekel aufspart*), kurz, über all diese Möglichkeiten ist eine gründliche Diskussion noch nicht möglich, weil das experimentelle Material noch vollkommen fehlt**).

Die gleichen Vorgänge, die das Licht erregt, können auch durch anderweitige Energiezufuhr hervorgerufen werden und mit wenigen Worten möchte ich hierauf noch eingehen. Die Reagenzien sind insbesondere die α-Strahlen der radioaktiven Umwandlungen und der Stoß bewegter Elektronen. Erstere sind in großen Zügen bei vielen Reaktionen untersucht worden [25], ausführlicher im Falle der Ozonisierung des Sauerstoffs [26] und der Bildung von Wasser aus seinen Elementen [27], beides von LIND, sowie im Falle der Vereinigung des Chlorknallgases in meinem Laboratorium von TAYLOR [3]. Bei den ersten beiden Reaktionen — von denen die erste eine »arbeitspeichernde«, die zweite eine »katalytische« ist — liegen die Verhältnisse wie bei unseren primären Prozessen: auf ein Paar Ionen, d. h. auf jede Gasmolekel, die von den α-Strahlen zerschlagen wird, werden 2 Molekeln Ozon bzw. 4 Molekeln Wasser gebildet, was sich genau wie die Verdoppelung der Ausbeute bei Bromwasserstoff und Jodwasserstoff auf die zu erwartenden Folgereaktionen zurückführen läßt. Die Chlorwasserstoffbildung andererseits verläuft unter dem Einfluß der α-Strahlen völlig analog wie unter dem des Lichts, mit der gleichen langen Reihe von Folgereaktionen wie dort, als sekundärer Prozeß.

Die Untersuchung der Wirkung der Elektronenstöße ist sehr viel schwieriger. Allbekannt und technisch verwertet ist allerdings die Herstellung des Ozons im »Ozonrohr«. Aber wieviel Elektronen hier bewegt werden und mit welchen Geschwindigkeiten, das ist nur schätzungsweise zu ermitteln, zumal ja aus den gespaltenen Molekeln noch sekundär Elektronen abgespalten werden. Immerhin hat KRÜGER [23] auch in diesem Falle ein nahes Zusammenfallen der Zahl der gebildeten Ozonmolekeln mit der der zertrümmerten Sauerstoffmolekeln unter den verschiedensten Versuchsbedingungen errechnen können, während andererseits die Chlorknallgasvereinigung [17] auch hier offensichtlich viel höhere Ausbeuten ergab.

Ganz neuerdings ist nun die Umsetzung durch Elektronenstoß einer wesentlich verfeinerten Untersuchungsmethode unterworfen worden.

---

*) Es müßte geradezu der Übergang des Energiequants von einer auf eine andere Chlormolekel möglich sein und so lange ohne Energiezerstreuung stattfinden, bis einmal eine solche energiereiche Chlormolekel mit einer von Ozon zusammenstößt.

**) Eigenartige Beobachtungen über Sensibilisierung hat jüngst WINTHER mitgeteilt, Zeitschr. f. wiss. Photogr. Bd. 21, S. 45, 141, 168, 175 (1922) und durch Umwandlung der absorbierten Strahlung seitens des Sensibilisators gedeutet, also als Fluoreszenz, wobei aber die Wellenlänge des ausgestrahlten Lichts kürzer, und zwar sehr viel kürzer als die des aufgenommenen sein müßte.

Nachdem FRANCK und HERTZ [18]) zuerst am Quecksilberdampf gezeigt hatten, daß ein Atom zur Strahlung angeregt, das heißt in einen erhöhten BOHRschen Zustand versetzt werden kann durch ein bewegtes Elektron, sobald dessen Bewegungsenergie die Größe eines Energiequantums der betreffenden Wellenlänge besitzt, und nachdem im FRANCKschen Institut diese Beobachtung nach allen Richtungen hin ausgebaut war, hat jüngst BUCH ANDERSEN [3]) gezeigt, daß durch Elektronen ganz bestimmter Geschwindigkeit das Stickstoffatom angeregt werden kann zur Reaktion mit Wasserstoff, zur Ammoniakbildung. Die dabei nötige Energie entspricht einer Strahlung von sehr geringer Wellenlänge, vollkommen konform der Tatsache, daß Stickstoff oberhalb 200 $\mu\mu$ keine merkliche Absorption zeigt und daher auch hier nicht aktiviert werden kann.

So bilden diese Beobachtungen in den beiden Nachbargebieten sehr wertvolle Analoga zu den photochemischen Reaktionen und insbesondere diese Methode des, ich möchte sagen, spektral zerlegten Elektronenstoßes verspricht viel Aufklärungen, wenn sie auch leider infolge der Neigung der Elektronen, sich an die Molekeln vieler Gase anzulagern, nur einer beschränkten Anwendung fähig ist.

Als Gesamtergebnis der vorstehenden Erörterungen möchte ich das bezeichnen, daß das vorhandene Tatsachenmaterial den Beweis liefert, daß tatsächlich das EINSTEINsche Äquivalentgesetz die Grundlage der Photochemie darstellt. Für jedes Quantum der absorbierten Strahlung, das stark genug ist, wird eine Molekel des Ausgangsstoffs in den reaktiven Zustand gesetzt; von dem aus liefert sie dann die je nach der Art der Folgereaktionen verschiedene Menge des Endprodukts, in wesentlich rein chemischen Reaktionen, die den Gesetzen der chemischen Kinetik unterworfen sind.

Ich will nicht versäumen, zu betonen, daß dieser Standpunkt keineswegs von allen Photochemikern geteilt wird. WEIGERT [52]) läßt grundsätzlich das Äquivalentgesetz gelten, nimmt aber an, daß bei der Absorption nicht nur *eine* Molekel beteiligt sei, sondern jeweils ein gewisser mit zunehmender Häufung des Stoffes (durch Druck in Gasen oder durch den Übergang zur Flüssigkeit) wachsender Komplex von Molekeln, daß aus diesem Grunde die tatäschlich vorhandenen Abweichungen vom BEERschen Absorptionsgesetz*) zu erklären seien, und daß dieser Umstand notwendigerweise zu einer sagen wir verwaschenen Gültigkeit des EINSTEINschen Gesetzes führen muß, genau so, wie die Gesetze der idealen Gase von den realen Gasen auch nur annähernd erfüllt werden — »ideale und reale photochemische Prozesse«. Diesen Gedankengängen ist sicherlich eine Berechtigung nicht abzusprechen. Aber ich denke, man wird hier auch so verfahren wie gerade in der Entwicklung unserer Kenntnisse von den Gasgesetzen: man wird versuchen müssen, die Bedingungen

---

*) Nach dem die Absorption der Konzentration des absorbierenden Stoffes proportional ist.

idealer photochemischer Vorgänge im Versuch zu realisieren, ihre Gesetze möglichst weitgehend zu ermitteln, und dann dazu übergehen, zu sehen, wie sie unter minder günstigen Bedingungen zu modifizieren sind, und ich denke, ich befinde mich da in voller Übereinstimmung mit meinem verehrten Kollegen.

Andere Forscher lehnen EINSTEINS Gesetz ganz ab — ich will nicht darauf eingehen, zu einer irgend ausgiebigen Auseinandersetzung fehlt der Raum. Aber ich möchte dabei doch erinnern an das Schicksal des FARADAYschen Gesetzes, das bei der Elektrolyse in wässeriger Lösung immer ganz wohl bewährt, für die geschmolzenen Salze zunächst völlig versagte, so daß hier energisch für eine neben der elektrolytischen vorhandene metallische Leitfähigkeit plaidiert wurde, bis schließlich insbesondere durch RICHARD LORENZ mit aller Schärfe nachgewiesen wurde, daß alle Unstimmigkeiten nur zurückzuführen sind auf nachträgliche Reaktionen der gebildeten Elektrodenprodukte — auf die der erwarteten Reaktionslosigkeit nicht entsprechenden Folgereaktionen, ganz ähnlich wie wir das hier im allerdings experimentell sehr viel schwierigeren Gebiet der Photochemie tun können.

Literatur.

1. BODENSTEIN, Zschr. f. physik. Chem. 1897, Bd. 22, S. 23; 1907, Bd. 61, S. 447. — WARBURG, Sitz.-Ber. Preuß. Akad. d. W. 1918, S. 300.
2. — Zschr. f. physik. Chem. 1913, Bd. 85, S. 329.
3. — Zschr. f. Elektroch. 1916, Bd. 22, S. 54. — TAYLOR, Journ. Amer. Chem. Soc. 1915, Vol. 37, p. 24.
4. — und DUX, Zschr. f. physik. Chem. 1913, Bd. 85, S. 297.
5. BOHR, Phil. Mag. 1913, Bd. 26, 1, S. 476, 857; 1914, Bd. 27, S. 506.
6. BOLL und JOB, Compt. rend. 1912—1913, Bd. 154, S. 881, Bd. 155, S. 826, Bd. 156, S. 138, 691.
7. BRUNER und CZERNECKI, Bull. Acad. Cracov (A) 1910, p. 576.
8. BUCH ANDERSEN, Zschr. f. Physik 1922, Bd. 10, S. 54.
9. BÜTEFISCH, Dissertation Hannover 1921.
10. CARIO, Zschr. f. Physik 1922, Bd. 10, Heft 3.
11. COEHN und GROTE, Nernst-Festschrift Halle 1912, S. 136.
12. — und SIEPER, Zschr. f. physik. Chem. 1916, Bd. 91, S. 347.
13. — und WASSILJEWA, Ber. d. d. chem. Ges. 1909, Bd. 42, S. 3813.
14. EGGERT und NODDACK, Phys. Zschr. 1921, Bd. 22, S. 673.
15. — — — Silberabspaltung in der photographischen Platte, Phys. Zschr. 1921, Bd. 22, S. 673; vergl. allerdings dagegen WEIGERT, Sitz.-Ber. Preuß. Akad. d. W. 1921, S. 641.
16. EINSTEIN, Ann. d. Phys. 1912, Bd. 37, S. 832.
17. FASSBENDER, Zschr. f. physik. Chem. 1918, Bd. 62, S. 743.
18. FRANCK und HERTZ, Verh. D physik. Ges. 1914, Bd. 16, S. 457 und 512.
19. GÖHRING, Zschr. f. Elektroch. 1921, Bd. 27, S. 511.
20. GROS, Zschr. f. physik. Chem. 1901, Bd. 37, S. 151.
21. HABER und ZISCH, Zschr. f. Physik 1922, Bd. 9, S. 302.

22. Henri und Wurmser, Compt. rend. 1913, Bd. 156, S. 230.

23. Krüger, Nernst-Festschrift, Halle 1912, S. 240.

24. Lenards, Untersuchungen sind zusammengefaßt z. B. in P. Pringsheim, Fluoreszenz und Phosphoreszenz im Lichte der neueren Atomtheorie. Berlin, Julius Springer 1922.

25. Lind, Journ. Physic. Chem. 1912, Bd. 16, S. 564.

26. — Wiener Monatshefte 1913, Bd. 32, S. 295.

27. — Journ. Americ. Chem. Soc. 1919, Vol. 41, p. 531.

28. Luther und Forbes, Journ. Amer. Chem. Soc. 1909, Vol. 31, p. 770.

29. — und Goldberg, Zschr. f. physik. Chem. 1906, Bd. 54, S. 43.

30. — und Weigert, Zschr. f. physik. Chem. 1905, Bd. 51, S. 297, Bd. 53, S. 385, Weigert, Ber. d. d. chem. Ges. 1909, Bd. 42, S. 858.

31. Meyer Wildermann, Zschr. f. physik. Chem. 1903, Bd. 42, S. 257; Phil. Trans. Roy. Soc. Lond. 1902, Vol. 199A, p. 337. — Bütefisch. Dissertation Hannover 1921.

32. Noddack, Bromierung von Hexahydrobenzol, sowie Chlorierung von Trichlorbrommethan, Zschr. f. Elektroch. 1921, Bd. 27, S. 359.

33. Plotnikow, Zschr. f. physik. Chem. 1907, Bd. 58, S. 214. — Winther, Danske Vid. Selsk. Math. Fys. Medd. 1920, 2, S. 2.

34. Pringsheim, Wied. Ann. 1887, Bd. 32, S. 420. — Mellor und Russell, J. Chem. Soc. London 1902, Bd. 81, S. 1279.

35. Pusch, Bromierung von Hexahydrobenzol, Zschr. f. Elektroch. 1918, Bd. 24, S. 337.

36. Regener, Ann. d. Phys. 1906, Bd. 20, S. 1033. — v. Bahr, Ann. d. Phys. 1910, Bd. 33, S. 598. — Weigert, Zschr. f. physik. Chem. 1912, Bd. 80, S. 78.

37. — Ann. d. Phys. 1906, Bd. 20, S. 1033. — Warburg, Sitz.-Ber. Preuß. Akad. d. W. 1912, S. 216; 1914, S. 842.

38. Sommerfeld, Atombau und Spektrallinien, Braunschweig 1922.

39. Stern und Volmer, Zschr. f. wiss. Photogr. 1920, Bd. 19, S. 275.

40. Tian, Compt. rend. 1910, Bd. 151, S. 1040. — Henri und Wurmser, Compt. rend. 1913, Bd. 156, S. 1012, 1879. — Kornfeld, Zschr. wiss. Photogr. 1921, Bd. 21, S. 66 und andere.

41. Trümpler, Zschr. f. phys. Chem. 1915, Bd. 90, S. 449. — Hatt, ebenda 1918, Bd. 92, S. 523.

42. Warburg, Zschr. f. Elektroch. 1920, Bd. 26, S. 54.

43. — Sitz.-Ber. preuß. Akad. d. W. 1916, S. 314.

44. — Sitz.-Ber. preuß. Akad. d. W. 1911, S. 746.

45. — Sitz.-Ber. preuß. Akad. d. W. 1914, S. 872; 1915, S. 230; 1916, S. 324; 1918; S. 300, 1228; 1919, S. 960, zusammengefaßt Zschr. f. Elektrochem. 1920, Bd. 26, S. 54.

46. v. Wartenberg und Henglein, Ber. d. D. Chem. Ges. 1922, Bd. 55, S. 1003. Hierzu die ganz neue Arbeit von Henglein, Zschr. anorg. Chem. 1922, Bd. 123, S. 137, wonach die Zahl gar um 54000 cal beträgt. Vergl. auch Trantz und Stäckel, ebenda 1922, Bd. 112, S. 81.

47. Weigert, Ber. d. d. chem. Ges. 1909, Bd. 42, S. 858.

48. — Zschr. f. physik. Chem. 1914, Bd. 87, S. 87.

49. — Nernst-Festschrift, Halle 1912, S. 464.

50. — Zschr. f. Elektroch. 1908, Bd. 14, S. 591, Zschr. f. physik. Chem. 1912, Bd. 80, S. 103.

51. — Ann. d. Phys. 1907, Bd. 24, S. 243.

52. — Zschr. f. Elektroch. 1917, Bd. 23, S. 367; hierin übrigens eine vorzügliche knappe Darstellung der verschiedenen Theorien, mit denen man versucht hat, das Gebiet zu beschreiben.

53. — und Krüger, Zschr. f. physik. Chem. 1913, Bd. 85, S. 579; 1914, Bd. 86, S. 383.

54. Winther, Zschr. f. wiss. Photogr. 1912, Bd. 11, S. 92.

X. Die neuen Wandlungen der Theorie der elektrolytischen Dissoziation.

Von **Friedrich Auerbach**-Berlin.

Mit 1 Abbildung.

Die jüngere Generation der Naturwissenschaftler kann sich wohl nicht recht vorstellen, welches Aufsehen, ja man kann sagen, welche Aufregung Ende der achtziger Jahre des vorigen Jahrhunderts SVANTE ARRHENIUS durch die Aufstellung seiner Theorie der elektrolytischen Dissoziation hervorrief. Eine Kochsalzlösung sollte kaum noch Natriumchlorid enthalten, sondern zum größten Teile freies Natrium — das bisher nur als wasserzersetzendes Metall bekannt war — und freies Chlor — sonst ein grünliches, erstickendes Gas! Freilich sollten beide Stoffe in der Lösung elektrisch geladen sein, das Natrium positiv, das Chlor negativ; aber die elektrische Ladung betrachtete man damals nur als eine physikalische Eigenschaft, die wie Wärme oder Magnetismus den Körpern anhaften oder fehlen konnte, ohne ihre *chemischen* Eigenschaften zu verändern (während wir doch heute annehmen, daß die ganze Mannigfaltigkeit der chemischen Elemente überhaupt nur auf der Menge, der Art und der Verteilung der elektrischen Ladungen beruht, die sich in ihren Atomen zusammendrängen). Damals erschien also der ungeheure Wesensunterschied zwischen elektrisch geladenen »Ionen« und den gewöhnlichen freien Elementen als etwas völlig Neues. Und doch war die Existenz elektrisch geladener Spaltungsstücke der Elektrolyte in ihren Lösungen von den Physikern schon längst angenommen worden. Bereits die Theorie der elektrolytischen Leitung von GROTTHUS (1805) setzte dies voraus; denn wenn die Elektrolyse darin besteht, daß die Molekeln des Elektrolyten ihre positiven und negativen Hälften kettenartig austauschen, so müssen diese Hälften wenigstens kurze Zeit während der Elektrolyse frei vorhanden sein. Die energetische Betrachtung dieses Vorganges führte 50 Jahre später R. CLAUSIUS zum Beweise seiner Unvereinbarkeit mit den Erscheinungen bei der Elektrolyse und mit dem OHMschen Gesetz und zu dem zwingenden Schluß, daß in der Elektrolytlösung auch ohne Einwirkung eines Stromes wenigstens eine Anzahl »elektrischer Teilmolekeln« frei vorhanden sein muß, deren unregelmäßige Wärmebewegungen durch den Strom nur eine bevorzugte Richtung erhalten. Etwa gleichzeitig hatte W. HITTORF gelegentlich seiner klassischen Untersuchungen über die Wanderung der Ionen geschrieben: »Die Ionen eines Elektrolyten können nicht in fester Weise zu Gesamtmolekeln verbunden sein.« Durch das von F. KOHLRAUSCH gefundene Gesetz der unabhängigen Wanderung der Ionen (1879) war die Anschauung von GROTTHUS weiter ins Wanken gebracht worden, und in seiner Doktorarbeit (1884) hatte ARRHENIUS die mit der Konzentration veränderliche Leitfähigkeit der Elektrolyte damit erklärt, daß diese aus »aktiven«, leitenden, und »inaktiven«, nichtleitenden, Molekeln in wechselndem Verhältnis bestehen. Schließlich identifizierte ARRHENIUS (1887) die aktiven Molekeln mit den Ionen, so daß seine »Ionen-Theorie« durchaus nicht so revolutionär war, als sie den Chemikern damals erschien.

Denn auch ganz abgesehen von der elektrischen Leitfähigkeit mußte eine große Reihe von sonstigen Eigenschaften der wässerigen Lösungen von Salzen, Säuren und Basen, die bis dahin seltsamerweise als selbstverständlich hingenommen worden waren, für den unbefangenen Denker kräftige Stützen der neuen Anschauung bilden. Dazu gehört vor allem die außerordentliche Reaktionsfähigkeit der wässerigen Elektrolytlösungen (im Gegensatz z. B. zu den verhältnismäßig langsam verlaufenden Reaktionen zwischen organischen Nichtelektrolyten), worauf ein großer Teil der analytisch benutzten »Reaktionen« beruht; und diese Reaktionen zeigen gerade diejenigen Radikale und Elemente an, die auch bei der Stromleitung als Ionen nachgewiesen worden sind. Weiter wirkte überzeugend das für so viele Eigenschaften der Salzlösungen nachgewiesene additive Verhalten der Ionen, ferner die Erscheinungen der Thermoneutralität, der Neutralisationswärme und anderes mehr. Aber am durchschlagendsten war doch die Anpassung der Salze, Säuren und Basen an VAN 'T HOFFS Theorie der verdünnten Lösungen, von der sie ohne Zugrundelegung der elektrolytischen Dissoziation eine unerklärliche Ausnahme gebildet hatten. Denn während nach VAN 'T HOFF in allen verdünnten Lösungen die gelösten Stoffe genau derselben Zustandsgleichung gehorchen wie die Gase, $pv = RT$, wenn man unter p an Stelle des Gasdrucks den osmotischen Druck versteht, mußte bei den wässerigen Lösungen der Elektrolyte in der auf ein Mol des gelösten Stoffes bezogenen Gleichung die rechte Seite mit einem Faktor i vervielfacht werden, um Übereinstimmung zu erzielen. Von diesem »VAN 'T HOFFSchen Faktor i« zeigte nun ARRHENIUS, daß er lediglich ein Maß für die Vermehrung der Molekelzahl in der Lösung infolge der elektrolytischen Dissoziation bildet, also bei binären, in zwei Ionen zerfallenden Elektrolyten nahe 2 ist, bei ternären zwischen 2 und 3 liegt usw. Damit war aus der scheinbaren Ausnahme eine glänzende Bestätigung der Theorie der Lösungen und gleichzeitig der Dissoziationstheorie geworden.

Diesem kurzen historischen Rückblick, der zur richtigen Bewertung der neuesten Arbeiten auf diesem Gebiete nützlich erschien, müssen noch einige Worte über die Entwicklung der Anschauungen vom *Dissoziationsgrad* der Elektrolyte angefügt werden. CLAUSIUS hatte nur gewagt, einen sehr kleinen Bruchteil aller Molekeln des Elektrolyten als dissoziiert anzunehmen. Für

Arrhenius bestand in dieser Hinsicht kein beschränkendes Vorurteil mehr, und zwei Tatsachenreihen lieferten ihm zahlenmäßige Unterlagen für die Berechnung des Grades der elektrolytischen Dissoziation. Die eine war die Größe des van 't Hoffschen Faktors i, wie sie sich aus osmotischen Messungen, namentlich aus solchen des *Gefrierpunktes* und *Siedepunktes* der Elektrolytlösungen ergab und unmittelbar ein Maß für die Zahl der gelösten Molekeln, also bei bekannter Gesamtkonzentration auch ein Maß für die durch Dissoziation neu hinzugekommenen selbständigen Molekeln liefert. Denn bezeichnet man in üblicher Weise mit α das Verhältnis der elektrolytisch gespaltenen zu den gesamten Molekeln des Elektrolyten, von denen jede in n Ionen zerfällt, so wird i gleich der Summe der undissoziierten Molekeln und der Spaltstücke im Verhältnis zur Gesamtsumme der ungespalten gedachten Molekeln, also

$$i = (1 - \alpha) + n\alpha = 1 + (n - 1)\alpha$$

oder bei binären Elektrolyten:

$$i = 1 + \alpha .$$

Der andere Weg zur Bestimmung des Dissoziationsgrades ging von der *Leitfähigkeit* aus. Daß diese, auf die gleiche Menge des Elektrolyten (nicht der Lösung) bezogen, also z. B. als äquivalente oder als molekulare Leitfähigkeit μ ausgedrückt, mit steigender Verdünnung der Lösung zunimmt, hatte Arrhenius von vornherein mit einer Zunahme des »aktiven« Anteils der Molekeln des Elektrolyten erklärt. Kann man durch Extrapolation den Grenzwert μ_∞ bestimmen, dem die molekulare Leitfähigkeit bei »unendlicher Verdünnung« zustrebt, einem Zustand, für den dann die Dissoziation *sämtlicher* Elektrolytmolekeln angenommen wird, so liefert für jede beliebige Konzentration das Verhältnis μ/μ_∞ unmittelbar den für diese Konzentration anzunehmenden Dissoziationsgrad α. Freilich ist zu beachten (und wurde manchmal übersehen), daß für Elektrolyte, die mehr als zwei Ionen bilden, wie $MgCl_2$, die Gleichungen $i = 1 + (n - 1)\alpha$ und $\mu/\mu_\infty = \alpha$ nur unter der vereinfachenden Voraussetzung gelten, daß die ternären (oder quaternären oder noch verwickelteren) Elektrolytmolekeln entweder gar nicht oder gleich in sämtliche Ionen dissoziieren, daß also ein stufenweiser Zerfall ausgeschlossen wäre.

Zu diesen beiden Berechnungsarten des Dissoziationsgrades gesellten sich später noch mehrere andere Verfahren, von denen hier drei besonders erwähnt seien, weil sie auch in den neuen Theorien eine Rolle spielen. Messungen der *elektromotorischen Kraft* zwischen einem Metall und der Lösung eines seiner Salze oder zwischen einer mit einem Gase beladenen Platinelektrode und der Lösung eines das Gas als Anion oder Kation enthaltenden Elektrolyten liefern nach den von W. Nernst aufgestellten Formeln die Konzentration der entsprechenden Ionen und damit den Dissoziationsgrad des Elektrolyten. Ferner ist bei vielen Katalysen die *Reaktionsgeschwindigkeit* der Konzentration eines bestimmten Ions, am häufigsten des Wasserstoffions, proportional, was die Bestimmung des Dissoziationsgrades aus Reaktionsgeschwindigkeiten gestattet, und schließlich führt auch die Untersuchung von *Gleichgewichten*, bei denen Ionen beteiligt sind, z. B. die Messung von Löslichkeiten ionisierbarer Stoffe unter verschiedenen Bedingungen durch die Anwendung des Massenwirkungsgesetzes von GULDBERG und WAAGE zur Ermittlung von Ionenkonzentrationen und damit von Dissoziationsgraden. Die letztgenannten drei Gruppen von Verfahren haben das gemeinsam, daß sie die Konzentration der Ionen nicht aus deren osmotischer Wirksamkeit noch aus ihrem Leitvermögen, sondern aus ihrer »aktiven Masse« ableiten, mit der sie sich an elektrochemischen oder chemischen Gleichgewichten oder Reaktionen beteiligen, also eigentlich nicht die Konzentration, sondern die »Aktivität« der Ionen messen.

Bei der Berechnung der Dissoziationsgrade nach irgend einer dieser Methoden schieden sich nun die Elektrolyte in wässeriger Lösung von vorn herein in zwei große, natürlich durch Übergänge verbundene Gruppen:

a) die »*starken*« *Elektrolyte*, bei denen in verdünnter Lösung α nicht weit von 1 entfernt ist, mit steigender Konzentration nur langsam abnimmt und z. B. für ein-einwertige Elektrolyte selbst in 1-normaler Lösung noch um 0,7 herum liegt. Hierzu gehören die meisten Neutralsalze und die schon früher als »stark« bezeichneten Mineralsäuren und Basen wie HCl, HNO_3, H_2SO_4, $NaOH$, KOH usw.

b) die »*schwachen*« *Elektrolyte*, bei denen der Dissoziationsgrad mit der Konzentration sehr veränderlich, aber die Ionenbildung selbst in großer Verdünnung immer noch sehr unvollständig ist. Hierzu gehören die meisten organischen Säuren, Kohlensäure, Schwefelwasserstoff und andere »schwache« Säuren, ferner Ammoniak und viele organische Basen.

Es handelt sich danach bei der elektrolytischen Dissoziation um ein mit der Konzentration der Lösung veränderliches Gleichgewicht zwischen Ionen und undissoziierten Molekeln. Die naheliegende Annahme, daß dieses Gleichgewicht denselben Gesetzen wie andere Dissoziationsgleichgewichte zwischen unelektrischen Molekeln, namentlich also dem Massenwirkungsgesetz gehorche, wurde von W. OSTWALD, VAN 'T HOFF und REICHER, G. BREDIG u. a. geprüft und für die *schwachen* Elektrolyte in weitestem Umfange und mit großer Genauigkeit bestätigt gefunden. Überall ergab sich eine dem betreffenden Elektrolyten eigentümliche, von der Konzentration unabhängige Gleichgewichtskonstante, die *Dissoziationskonstante*, die nach dem Massenwirkungsgesetz mit der Konzentration c und dem Dissoziationsgrad α durch die Gleichung verknüpft ist: $\dfrac{\alpha^2}{1-\alpha} \cdot c = k$. Aber bei den starken Elektrolyten — den Neutralsalzen, starken Mineralsäuren, Alkalilaugen — versagte dieses »Verdünnungsgesetz«; der Ausdruck $\dfrac{\alpha^2}{1-\alpha} \cdot c$ erwies sich nicht als konstant, vielmehr nimmt er (in den meisten Fällen) mit wachsender Konzentration merklich zu. Dies ist die *Anomalie der starken Elektrolyte*, die nach langjährigen vergeblichen Versuchen zu ihrer

Deutung den Anstoß zu der neuesten Entwicklung der Dissoziationstheorie gegeben hat.

Anfänglich versuchte man, die Abweichungen bei den starken Elektrolyten auf unvollkommene Berechnung des Dissoziationsgrades zu schieben, zumal kleine Änderungen von α den Wert von k stark beeinflussen. Bei der Bestimmung von α aus Leitfähigkeitsmessungen muß stets die Unsicherheit des nur durch Extrapolation zu erhaltenden Grenzwertes μ_∞ in Kauf genommen werden, und andererseits stimmten die aus Gefrierpunktsmessungen berechneten α-Werte mit den aus der Leitfähigkeit ermittelten nicht immer innerhalb der Fehlergrenzen überein. Aber die Anomalie blieb auch mit der Vervollkommnung der Messung und Berechnung bestehen, und mehrere an Stelle der gewöhnlichen Massenwirkungsgleichung aufgestellte abgeänderte Beziehungen konnten zwar die Messungsergebnisse wiedergeben, aber keine befriedigende theoretische Bedeutung gewinnen. Dazu kam, daß die starken Elektrolyte in gemischten Lösungen eine Reihe von Wirkungen hervorrufen, die nicht durch die einfachen Gesetze der verdünnten Lösungen und der Massenwirkung zu erklären sind und häufig als *Neutralsalzwirkung* oder auch *Salzfehler* zusammengefaßt werden. Dazu gehören die aussalzende Wirkung auf Nichtelektrolyte, die Art der Löslichkeitsbeeinflussung schwerlöslicher Salze, die Steigerung des Dissoziationsgrades schwacher Säuren, die Beeinflussung der Indikatorenfärbung u. a. m. Auch die katalytische Wirkung der stärkeren Säuren zeigte bei näherer Prüfung verwickeltere Gesetze, als wenn allein die dem Dissoziationsgrad entsprechenden H-Ionen die Träger der Katalyse wären (Bredig und Mitarbeiter, Snethlage, H. Goldschmidt, S. F. Acree).

So vertiefte sich mehr und mehr die Überzeugung, daß die Konstitution der wässerigen Lösungen starker Elektrolyte durch die ursprüngliche Dissoziationstheorie noch nicht treffend wiedergegeben sei und nur ein neuer Gedanke die Lösung der Schwierigkeiten bringen könne.

Dieser *neue Gedanke* wurde nun in den letzten Jahren entwickelt, und zwar, wie gewöhnlich in solchen Fällen, von verschiedenen, z. T. unabhängig voneinander vorgehenden Forschern und in verschiedenen Formen. Der gemeinsame Grundgedanke aber ist der folgende:

Die *starken* Elektrolyte sind in ihren gut leitenden Lösungen stets *völlig in Ionen zerfallen.* Der »Dissoziationsgrad« ist also unabhängig von der Konzentration immer $= 1$. Die Abnahme der Leitfähigkeit, der osmotischen und chemischen Wirksamkeit mit steigender Konzentration erklärt sich nicht durch eine Verringerung ihrer Dissoziation und damit der Zahl der Ionen oder der selbständigen Molekeln, sondern durch die *gegenseitige elektrostatische Beeinflussung der Ionen,* die ihre freie Beweglichkeit einschränkt.

Der erste, der diesen Gedanken ausgesprochen und näher begründet hat, scheint W. Sutherland gewesen zu sein (1907). Er sieht den Grund für die mit wachsender Konzentration der Elektrolyte abnehmende molekulare Leitfähigkeit nicht in der Verringerung der Dissoziation — diese wird bei jeder Konzentration als vollständig angenommen —, sondern in einem besonderen Widerstand der Ionen in der Lösung, der außer auf die gewöhnliche Zähigkeit noch auf zwei Arten »scheinbarer Viskosität« zurückgeführt wird: die eine soll erzeugt werden durch die elektrischen Kräfte der Ionen aufeinander, die in der ruhenden Lösung eine gleichmäßige Verteilung der Ionen herbeiführen, deren Störung auf Widerstand stößt; die andere soll von der elektrischen Induktion des Lösungsmittels durch die Ionen herrühren. SUTHERLAND versucht diese beiden Wirkungen theoretisch zu berechnen und damit den Gang der molekularen Leitfähigkeit zu begründen, und es gelingt ihm, seine Formel über ein weites Gebiet, für wässerige und andere Lösungen, bei gewöhnlicher und hoher Temperatur, annähernd zu bestätigen. So kommt er zu dem Schluß, daß alle früheren Betrachtungen und Rechnungen über Elektrolytlösungen der Umformung bedürfen. Die scheinbare Gültigkeit des Massenwirkungsgesetzes bei schwachen Elektrolyten wird auf Polymerisation oder ähnliche, rein chemische Gleichgewichte zurückgeführt.

Zwei Jahre später kam N. BJERRUM zu einer ganz entsprechenden Hypothese; auf dem internationalen Kongreß für angewandte Chemie in London (1909) trug er »Eine neue Form der elektrolytischen Dissoziationstheorie« vor. Optische Messungen hatten ihn — ebenso wie A. HANTZSCH — zu der Überzeugung geführt, daß in gefärbten Salzlösungen die Farbe sich nur dann ändert, wenn eine Änderung chemischer Art, namentlich Komplexbildung, eintritt. Da nun bei solchen starken Elektrolyten, bei denen Komplexbildung nicht anzunehmen ist, die Farbe, auf die gleiche Menge des selektiv absorbierenden Stoffes bezogen, für alle Konzentrationen sich als gleich erwies, bei *schwachen* Elektrolyten aber von der Konzentration abhängig sich zeigte, so nahm auch BJERRUM für die starken Elektrolyte völlige Ionisation bei jeder Konzentration an, so daß ihre Lösung stets nur die Farbe des betreffenden Ions zeige.

Die scheinbare Erniedrigung des Dissoziationsgrades, wie sie sich in der Verringerung des elektrischen Leitvermögens zeigt, erklärt auch BJERRUM qualitativ wie SUTHERLAND: Die molekulare Leitfähigkeit sinkt, nicht weil die Zahl der Ionen abnimmt, sondern weil sich die Ionen langsamer bewegen infolge der Zunahme der elektrolytischen Reibung durch die Wirkung der positiven und negativen Ionen aufeinander und durch das mit der Konzentration veränderliche elektrische Feld um die Ionen, das um sie eine Wasserhülle von wachsender Dicke erzeugen wird. Eine quantitative Berechnung dieser Einflüsse in der Art, wie es SUTHERLAND versuchte, hielt BJERRUM allerdings in Ermangelung einer ausreichenden kinetischen Theorie der Flüssigkeiten noch für verfrüht. Aber die Erfahrung, daß der »Dissoziationsgrad« der starken Elektrolyte im großen ganzen nur durch elektrische Werte — die Valenz der Ionen und die Dielektrizitätskonstante des Lösungsmittels — und durch die Konzentration, also die Entfernung der Ionen voneinander, bestimmt ist, ohne daß man in erster Annäherung spezifische Einflüsse der Affinität einzusetzen braucht, erscheint ganz natürlich, wenn diese Größe α in Wahrheit nur ein Ausdruck für die Wirkung der elektrischen Kräfte der Ionen ist. Das Versagen des Massenwirkungsgesetzes für starke Elektrolyte ist nun keine Anomalie mehr, während man bei schwachen Elektrolyten — wegen der äußerst geringen Menge der Ionen — durch das Leitvermögen in der Tat eine wahre, vom Massenwirkungsgesetz beherrschte Dissoziation mißt. Die annähernde Übereinstimmung der aus Gefrierpunktserniedrigung und Leitfähigkeit berechneten »Dissoziationsgrade« wird allerdings durch die gemachten Annahmen zunächst noch nicht erklärt.

Wie BJERRUM diese Theorie später weiter ausgebaut hat, wird unten erörtert werden. Zunächst hat dann P. HERTZ (1912) eine kinetische Theorie entwickelt, die dem Einfluß der elektrostatischen Wirkung der Ionen auf ihre Beweglichkeit im elektrischen Felde Rechnung trägt. Eingehende Überlegungen und ausgedehnte Rechnungen führten ihn zu einer Gleichung für den Zusammenhang zwischen der molekularen Grenzleitfähigkeit bei unendlicher Verdünnung μ_∞ und der Leitfähigkeit μ bei der Konzentration c, die in abgekürzter Form lautet:

$$B(\mu_\infty - \mu) = \psi\left[A\sqrt[3]{c}\right].$$

Hierin ist $B = 1/\mu_\infty \cdot g$, g bedeutet eine Konstante, in der von individuellen Eigenschaften nur die Ionenmasse vorkommt, A eine universelle Konstante (die sich aber empirisch *nicht* als gleich für verschiedene Stoffe erwiesen hat) und ψ eine bestimmte, verwickelte Funktion. Mit Hilfe der Funktion ψ läßt sich eine »universelle Leitfähigkeitskurve« konstruieren, in die durch geeignete Wahl von B und A alle individuellen Kurven transformiert werden können. Im Übrigen stützt sich HERTZ nicht auf die Annahme völliger Dissoziation der Elektrolyte, sondern glaubt nur, von der Änderung des Dissoziationsgrades mit der Konzentration vorläufig absehen zu können.

Die Gleichung von HERTZ und das von ihm vorgeschlagene graphische Verfahren sind in mehreren Arbeiten von R. LORENZ (1920/21) in eine für ihre Anwendung handlichere Form gebracht und an der Erfahrung geprüft worden. Es darf aber vielleicht darauf hingewiesen werden, daß eine solche Prüfung recht schwierig ist. Bekanntlich hängt das molekulare Leitvermögen der meisten Salze, wenn man von den verdünntesten Lösungen absieht, nahezu linear von $\sqrt[3]{c}$ (der sogenannten linearen Konzentration) ab, in der Form:

$$\mu = \mu_\infty - a\sqrt[3]{c} \qquad \text{oder} \qquad \mu_\infty - \mu = a\sqrt[3]{c}.$$

Die Formel von HERTZ, in der die rechte Seite dieser Gleichung statt eines bloßen Proportionalitätsfaktors die Funktion ψ enthält, kann also, da der geradlinige Verlauf in mannigfacher Weise begründet werden könnte[*], maßgeblich nur an demjenigen Teile der Kurve von μ gegen $\sqrt[3]{c}$ geprüft

---

[*] Tatsächlich verläuft die theoretische HERTZ-Kurve auch in dem größeren Konzentrationen entsprechenden Teile nicht geradlinig, sondern sehr schwach wellenförmig.

werden, der von der geraden Linie abweicht. Hierfür kommen nur die Messungen an den verdünntesten Lösungen (mindestens 2000 l/mol) in Betracht, die mit ausreichender Genauigkeit nur dann sich ausführen lassen, wenn ganz besondere Vorsichtsmaßregeln getroffen werden, namentlich Wasser von ganz besonderer Reinheit, wie es etwa WASHBURN benutzt hat, verwendet wird. Eine sichere Bestätigung der kinetischen Theorie von HERTZ dürfte danach noch nicht erbracht sein, und es erscheint noch zweifelhaft, ob man berechtigt ist, mit LORENZ umgekehrt die Kurve von HERTZ dazu zu benutzen, um aus den beobachteten Leitfähigkeitswerten μ eines Salzes den Grenzwert μ_∞ zu extrapolieren.

Kehren wir aber zu der historischen Entwicklung zurück, so ist zunächst S. R. MILNER zu nennen, der als erster den *Einfluß der elektrischen Ladung der Ionen auf den osmotischen Druck der Salzlösungen* theoretisch untersuchte. Unter der Annahme anziehender und abstoßender Kräfte, die nach dem COULOMBschen Gesetz dem Produkt der Ladungen der Ionen und dem umgekehrten Quadrat ihrer Entfernung proportional sind, berechnete er das Virial einer Mischung völlig dissoziierter positiver und negativer Ionen, d. h. ihre potentielle Energie oder die Arbeit, welche die elektrischen Kräfte leisten würden, wenn sie die Ionen in unendliche Entfernung voneinander brächten. Bei der Anwendung auf Lösungen ergibt sich dann, daß der osmotische Druck der Lösung von dem für Gültigkeit der Gasgesetze zu erwartenden in einer berechenbaren Weise abweichen muß, und zwar wird die Größe des theoretischen interionischen Effektes lediglich aus bekannten Werten, *ohne jede willkürliche Konstante,* abgeleitet. Die entgegengesetzt geladenen Ionen sind im Durchschnitt einander etwas näher, die gleichnamigen etwas entfernter als bei rein zufälliger Verteilung. Diesen Effekt *muß* man in Rechnung stellen, ehe man aus dem osmotischen Druck oder den damit zusammenhängenden Eigenschaften einer Salzlösung auf den Dissoziationsgrad schließt; berücksichtigt man ihn aber, so bleibt für die Annahme unvollständiger Dissoziation kein Raum mehr; denn die Abhängigkeit des osmotischen Druckes, der Gefrierpunktserniedrigung usw. von der Konzentration ergibt sich unter der Annahme vollständiger Ionisation nach MILNERS Formeln für einen binären Elektrolyten in völligem Anschluß an die Versuchsergebnisse. Sowohl durch kinetische wie durch thermodynamische Betrachtungen gelangt MILNER zu dem gleichen Ausdruck für die Abweichung des osmotischen Druckes von dem nach den Gasgesetzen zu erwartenden, nämlich, wenn man mit p den osmotischen Druck, mit v das Volumen der Lösung für 1 Mol des gelösten Elektrolyten, mit R die Gaskonstante und mit T die absolute Temperatur bezeichnet, für binäre Elektrolyte

$$\frac{pv}{RT} = 2 - \frac{1}{3} h \cdot f(h) \,.$$

Darin bedeutet h das Verhältnis der potentiellen Energie zwischen zwei Ionen in ihrer von der Konzentration abhängigen mittleren Entfernung zu der wahrscheinlichsten kinetischen Energie eines Ions, $f(h)$ eine theoretisch bestimmte und zahlenmäßig annähernd ausgewertete Funktion dieser Größe. Da nun andererseits $\dfrac{pv}{RT}$ den VAN 'T HOFFSCHEN Faktor i bedeutet und dieser mit dem »Dissoziationsgrad« α für binäre Elektrolyte durch die Beziehung verbunden ist

$$i = 1 + \alpha\,,$$

so folgt

$$\alpha = 1 - \frac{1}{3}\,h \cdot f(h)\,.$$

Bei der Auswertung der interionischen Kräfte ist in dieser ersten Arbeit MILNERS jedes Paar Ionen berücksichtigt, das aus den gesamten Ionen der Lösung gebildet werden kann, und der Durchschnitt aus allen möglichen Verteilungen im System, jede mit ihrem Wahrscheinlichkeitsgrad, genommen. Die Ableitung trifft aber nur für geringe Konzentrationen zu, bei denen chemische Verbindung der Ionen unter einander zu vernachlässigen ist. Die zahlenmäßige Ausrechnung liefert MILNER für 1-1-wertige Salze von der Konzentration c (mol/l) folgende Werte für h und $f(h)$, denen hier noch der daraus berechnete »Dissoziationsgrad« α zugefügt wurde:

c	h	$\dfrac{1}{3}\,h \cdot f(h)$	α
0,0001	0,0559	0,0056	0,9944
0,001	0,120	0,0175	0,9825
0,002	0,152	0,0245	0,9755
0,005	0,206	0,038	0,962
0,01	0,259	0,053	0,947
0,02	0,327	0,074	0,926
0,05	0,443	0,115	0,885
0,1	0,559	0,162	0,838
0,2	0,704	0,224	0,776

Es ergibt sich also für alle Salze des gleichen Typus bei bestimmter Konzentration und Temperatur der gleiche α-Wert, und die spezifischen Besonderheiten der einzelnen Salze werden vorläufig nicht erklärt. Die Werte zeigen aber, namentlich in dem Konzentrationsbereich 0,01 bis 0,1-normal für KCl und $NaCl$ sehr gute Übereinstimmung mit den beobachteten Gefrierpunkten, beinahe so gute bei den Nitraten der Alkalimetalle und einigen anderen Salzen, während der Gang der Gefrierpunkte mit der Konzentration von dem nach dem Massenwirkungsgesetz geforderten stark abweicht.

Das Versagen des Massenwirkungsgesetzes für die Ionendissoziation bildet, wie MILNER in einer späteren Arbeit (1918) betonte, ein unüberwindliches Hindernis für jede Theorie der Dissoziation, welche die Verringerung der *molekularen Leitfähigkeit* bei zunehmender Konzentration lediglich der Verringerung der Zahl der freien Ionen und nicht einer Wirkung der interionischen Kräfte auf ihre Beweglichkeit zuschreibt. Denn Abweichung vom Massenwirkungsgesetz bedeutet, daß entweder die Ionen oder die undissoziierten Molekeln nicht genau den Gasgesetzen gehorchen; dann könnte aber der osmotisch gefundene Dissoziationsgrad nicht mit dem aus der Leitfähigkeit berechneten übereinstimmen, was tatsächlich wenigstens annähernd der Fall ist. Diese Übereinstimmung zwingt zu ähnlichen Annahmen für die Erklärung des Ganges der molekularen Leitfähigkeit, wie für die der osmotischen Werte. Der Ausdruck »völlig dissoziiert« ist übrigens nach MILNER nicht ganz treffend, denn Ionen, auf die elektrische Kräfte aus ihrer nächsten Umgebung wirken, sind nicht ganz frei. Nur wenn sie genügende kinetische Energie besitzen, um aus ihrer anziehenden Nachbarschaft zu entweichen, werden sie theoretisch frei. Daraus folgt eine Erniedrigung der mittleren Beweglichkeit eines gegebenen Ions während seiner Wanderung durch die stromdurchflossene Lösung, die der Erniedrigung seines Beitrags zum osmotischen Druck entspricht. Jedoch werden die Eigentümlichkeiten der Leitfähigkeit nach MILNER besser erklärt, wenn man nicht, wie er es anfangs getan hatte, die Wirkung aller Ionen der Lösung auf jedes einzelne, sondern stets nur die Wirkung eines Paares zweier Ionen aufeinander, die wegen ihrer augenblicklichen Nachbarschaft in einem näheren Verhältnis zueinander stehen, in Rechnung stellt. Diese Vereinfachung ist nach MILNER auch theoretisch begründet, weil man das zwischen den Ionen befindliche *Wasser* nicht einfach als ein kontinuierliches Medium von bestimmter Dielektrizitätskonstante auffassen kann, sondern eher als eine Kette polarisierter Molekeln zwischen den beiden nächsten entgegengesetzten Ionen. Solche zeitweilig nächsten Ionenpaare sind nicht chemisch gebunden, sondern nehmen eine Mittelstellung zwischen freien und gebundenen Ionen ein. Sie wirken in einem bestimmten Bruchteil aller Fälle als frei. Von den elektrischen Kräften zwischen den Ionen unterscheiden sich die chemischen dadurch, daß sie zwar in einer äußerst dünnen Schale außerordentlich stark wirken, aber sehr schnell mit wachsender Entfernung abnehmen.

Aber schon bevor MILNER (in Sheffield) durch diese späteren Arbeiten seine Theorie des osmotischen Druckes der Salzlösungen auf die elektrische Leitfähigkeit auszudehnen versucht hatte, war INANENDRA CHANDRA GHOSH (in Kalkutta) zu ganz ähnlichen Schlußfolgerungen gelangt, die er in mehreren Abhandlungen zu einer umfassenden Theorie der verdünnten Elektrolytlösungen ausarbeitete.

Genau wie MILNER geht GHOSH von der Annahme aus, daß die Lösungen der starken Elektrolyte nur Ionen enthalten, chemische Gleichgewichte also keine Rolle spielen und die Kräfte zwischen den Ionen lediglich durch elektrostatische Anziehung und Abstoßung bedingt werden. Auf dieser Grundlage kann das Anwachsen der molekularen Leitfähigkeit mit der Verdünnung quantitativ gedeutet werden. Wie einst CLAUSIUS aus dem OHMschen Gesetz gefolgert hatte, daß in den Elektrolytlösungen freie Ionen stets vorhanden sein müssen, so schloß GHOSH, weil zur Über-

windung der elektrischen Anziehungskräfte zwischen den Ionen während
des Stromdurchganges keine Energie verbraucht werden darf, daß *nur
solche Ionen jeweils an der Stromleitung teilnehmen können, die genügend
große kinetische Energie besitzen, um das elektrische Kraftfeld der anderen
Ionen zu überwinden.* Gleich Milner berücksichtigt auch Ghosh für die
Leitfähigkeit nur die Wirkung der nächstgelegenen entgegengesetzt geladenen Ionen aufeinander, indem er annimmt, daß diese ein »gesättigtes
elektrisches Dublett« bilden.

    Bezeichnet man mit A die Arbeit, die erforderlich ist, um die Ionen
eines Mols aus ihren gegenseitigen Anziehungsbereichen zu entfernen, so
ist, wenn N die Avogadrosche Zahl (Zahl der Molekeln in einem Mol),
n die Zahl der aus einer Molekel gebildeten Ionen bedeutet, $\dfrac{A}{nN}$ die
Energie, die das einzelne Ion haben muß, um das Kraftfeld zu überwinden.
Aus der kinetischen Gastheorie berechnet dann Ghosh die Zahl der Ionen,
die diesen Mindestbetrag an kinetischer Energie besitzen, die Zahl der
»freien Ionen«, wie er sie nennt, in einem Mol des Salzes zu

$$nN \cdot e^{-\frac{A}{nRT}} \cdot$$

Da die Gesamtzahl der Ionen nN beträgt, so wird der Bruchteil der freien
Ionen — früher Dissoziationsgrad, jetzt besser »*Leitvermögenskoeffizient*«*)
genannt —

$$\alpha = \mu/\mu_\infty = e^{-\frac{A}{nRT}} \qquad \text{oder} \qquad ln\,\alpha = -\frac{A}{nRT} \cdot$$

    Für die Berechnung der Trennungsarbeit A wird die Anziehungskraft
zwischen zwei Ionen ihren beiden Ladungen (e = Ladung einer Valenz)
direkt, dem Quadrat ihres Abstandes (r) und der Dielektrizitätskonstante (ε)
des Lösungsmittels umgekehrt proportional gesetzt. Das ergibt für die
Trennungsarbeit eines Ionenpaares bei 1-1-wertigen Elektrolyten (wie
KCl) $\dfrac{e^2}{\varepsilon r}$, für die Trennung der Ionen eines ternären Salzes (wie $MgCl_2$)
$\dfrac{3e^2}{\varepsilon r}$ und für ein 2-2-wertiges Salz (wie $MgSO_4$) $\dfrac{4e^2}{\varepsilon r}$. Fraglich ist
nun der Wert, der für die *mittlere Entfernung r der entgegengesetzt geladenen Ionen* einzusetzen ist. Hier macht Ghosh eine recht kühne Annahme, die bei der weiteren Entwicklung der Theorie wohl abgeändert
werden dürfte. Er meint nämlich, daß die elektrischen Kräfte innerhalb
der Lösung im Gleichgewicht eine gewisse Ordnung der Ionen bewirken,
ohne diese natürlich jeder Bewegung zu berauben, und zwar soll die *mittlere*
Lage der Ionen ihrer Anordnung im Kristallgitter des festen Salzes entsprechen. Zur Begründung wird angeführt, daß ja auch die Kräfte im
Kristallgitter elektrischer Natur sind, daß zwischen dem festen und ge-

---

*) Die von Ghosh gebrauchte Bezeichnung »Aktivitätskoeffizient« wird besser für
eine andere, weiter unten behandelte Größe vorbehalten.

schmolzenen Zustand des Salzes in der elektrischen Leitfähigkeit keine Diskontinuität auftritt und demnach auch der Zustand der Lösung nicht weit von dem des Kristalls entfernt sein wird. Eine solche Hypothese gestattet nun, den mittleren Abstand r zwischen einem positiven und einem negativen Ion in der Salzlösung aus dem Gittertypus und dem Lösungsvolumen v für ein Mol ($= N$ Molekeln) des Salzes zu berechnen. Bei 1-1-wertigen Salzen ergibt sich unter der Annahme eines einfachen kubischen Raumgitters

$$r = \sqrt[3]{\frac{v}{2N}},$$

für ternäre Salze unter der Annahme des für Flußspat CaF_2 durch Röntgenanalyse gefundenen Krystallgitters

$$r = \frac{\sqrt{3}}{2}\sqrt[3]{\frac{v}{2N}}.$$

(Eine für Salze vom Typus des $MgSO_4$ etwas willkürlich vorgeschlagene Ionenanordnung, die sich bei der Prüfung an der Erfahrung nur sehr unvollkommen bewährte, hat GHOSH später anscheinend wieder fallen gelassen). Somit ergibt sich für ein Mol eines binären Salzes vom Typus KCl die Trennungsarbeit

$$A = \frac{N\sqrt[3]{2N}\cdot e^2}{\varepsilon\sqrt[3]{v}} \qquad \text{und} \qquad ln\,\alpha = -\frac{N\sqrt[3]{2N}\cdot e^2}{2RT\varepsilon\sqrt[3]{v}}$$

und für ein Mol eines ternären Salzes wie $MgCl_2$ oder Na_2SO_4

$$A = \frac{2\sqrt{3}\,N\sqrt[3]{2N}\cdot e^2}{\varepsilon\sqrt[3]{v}} \qquad \text{und} \qquad ln\,\alpha = -\frac{2N\sqrt[3]{2N}\cdot e^2}{\sqrt{3}\,RT\varepsilon\sqrt[3]{v}}.$$

Setzt man in diesen Formeln für die AVOGADROsche Zahl N, die Ladung eines einwertigen Ions e, die Gaskonstante R, die Dielektrizitätskonstante des Wassers ε die sichersten Zahlenwerte ein und ersetzt die natürlichen Logarithmen durch die dekadischen sowie die in cm^3/mol ausgedrückte Verdünnung v durch die Konzentration c in mol/l, so erhält man für 18°

bei 1-1-wertigen Salzen $\log \alpha = \log \mu/\mu_\infty = -0{,}163\sqrt[3]{c}$ und

bei 1-2-wertigen Salzen $\log \alpha = \log \mu/\mu_\infty = -0{,}376\sqrt[3]{c}$.

Diese Gleichungen gestatten also, den scheinbaren Dissoziationsgrad, richtiger Leitfähigkeitskoeffizienten einer Salzlösung in seiner Abhängigkeit von der Konzentration vorher zu berechnen. Die so berechneten Zahlenwerte des Koeffizienten für binäre, und zwar 1-1-wertige Salze (α_2) und für ternäre Salze (α_3) in wässeriger Lösung bei 18° sind in der folgenden Übersicht zusammengestellt:

v (l/mol)	2	5	10	20	50	100	200	500	1000	2000
c (mol/l)	0,5	0,2	0,1	0,05	0,02	0,01	0,005	0,002	0,001	0,0005
α_2 (Typ KCl)	0,743	0,803	0,840	0,871	0,903	0,922	0,938	0,954	0,963	0,971
α_3 (Typ $MgCl_2$)	0,503	0,603	0,669	0,727	0,791	0,830	0,862	0,897	0,917	0,934

Danach wären in einer halbnormalen KCl-Lösung etwa $^3/_4$ aller Ionen »frei«, d. h. genügend schnell bewegt, um sich an der Stromleitung zu beteiligen, in einer halbmolaren $MgCl_2$-Lösung etwa die Hälfte aller Ionen, während in 1000 mal verdünnteren Lösungen dieser Bruchteil 97,1 bzw. 93,4 °/₀ beträgt.

Da individuelle Eigenschaften des Elektrolyten in den Gleichungen nicht vorkommen, so ergibt sich allerdings für alle Salze vom gleichen Typus stets der gleiche »Dissoziationsgrad«. Aber in erster Annäherung trifft dies bekanntlich auch zu (wenn man von solchen Salzen, die in wässeriger Lösung zweifellos komplexer Natur sind, wie $CdCl_2$, $HgCl_2$, absieht), und die verhältnismäßig geringen Abweichungen der einzelnen Salze voneinander müssen durch zusätzliche Annahmen erklärt werden. GHOSH hat in einer späteren Mitteilung eine Andeutung gegeben, in welcher Art individuelle Verschiedenheiten sich geltend machen könnten, indem er darauf hinwies, daß z. B. bei NO_3'-Ionen die Ladung nicht mehr in der Mitte des Ions vereint gedacht werden darf; eine Korrektur für die dadurch bedingte Änderung des Abstandes r bringt die beobachteten und berechneten Werte in nahe Übereinstimmung.

Eine Prüfung der obigen Gleichungen für die *absoluten* Werte von α an der Erfahrung ist deshalb nicht ohne weiteres durchführbar, weil die aus Leitfähigkeitsmessungen berechneten α-Werte mit der Unsicherheit des Wertes für μ_∞ behaftet sind. Denn eine sichere Extrapolation des Leitvermögens für unendliche Verdünnung wäre eben nur an der Hand einer Theorie möglich. Dagegen läßt sich unter Ausschaltung des Grenzwertes der *Gang von α oder μ mit der Konzentration* genau mit dem nach der Theorie zu erwartenden vergleichen, indem zwei gemessene molekulare Leitfähigkeiten bei den Konzentrationen c_1 und c_2 der Gleichung gehorchen sollen:

$$\log \mu_1/\mu_2 = -0,163 \left(\sqrt[3]{c_1} - \sqrt[3]{c_2}\right) \text{ bzw. } -0,376 \left(\sqrt[3]{c_1} - \sqrt[3]{c_2}\right).$$

Diese Prüfung ergab für 1-1-wertige und 1-2-wertige Salze eine sehr befriedigende Übereinstimmung mit den besten Messungsergebnissen. Dabei muß man für 0,1 molare und stärkere Lösungen die unmittelbar gefundenen Leitfähigkeitswerte in bekannter Weise für die innere Reibung η der Salzlösung korrigieren, indem man α nicht μ/μ_∞, sondern $\mu\eta/\mu_\infty\eta_\infty$ gleichsetzt.

Der *Einfluß der Temperatur* auf den Leitfähigkeitskoeffizienten äußert sich nach den obigen Gleichungen erstens unmittelbar durch den Faktor T im Nenner, andererseits durch die mit steigender Temperatur abnehmende Dielektrizitätskonstante ε. Der letzte Einfluß überwiegt, und die dadurch bedingte Abnahme von μ/μ_∞ bei Temperaturerhöhung folgt aus der Formel in quantitativer Übereinstimmung mit den Beobachtungen von A. A. NOYES und Mitarbeitern bei 100°.

Zu diesen bemerkenswerten Erfolgen der Theorie bei wässerigen Salzlösungen gesellt sich ihre Anwendung auf nichtwässerige Lösungen, wobei in die Formeln lediglich ein anderer Wert für die Dielektrizitätskonstante ε

einzusetzen ist. WALDEN hatte früher durch ausgedehnte Messungsreihen gefunden, daß ein und derselbe Elektrolyt in verschiedenen Lösungsmitteln bei solchen Konzentrationen den gleichen Dissoziationsgrad aufweist, für welche $\varepsilon \cdot \sqrt[3]{v}$ konstant ist. Aus den Gleichungen von GHOSH folgt diese Regel ohne weiteres. Im übrigen zeigte die Durchrechnung der vorhandenen Leitfähigkeitsmessungen von Salzlösungen in etwa 30 verschiedenen Lösungsmitteln mit sehr verschiedenen Dielektrizitätskonstanten gute Übereinstimmung mit den aus der Konzentration nach obigen Formeln berechneten Werten. Allerdings muß GHOSH gerade für das in organischen Lösungsmitteln am meisten untersuchte Salz, das Tetraäthylammoniumjodid, eine Hilfshypothese heranziehen, um die Übereinstimmung zu erzielen. Das Leitvermögen dieses Salzes gehorcht nämlich nur in einzelnen Lösungsmitteln (Aldehyden) dem für binäre Salze berechneten Konzentrationsgang, während es in den meisten anderen sich wie ein ternäres Salz verhält, so daß Polymerisation und ternärer Zerfall angenommen werden muß; solange dies freilich nicht durch Molekulargewichtsbestimmungen bestätigt ist, wird man noch an andere Erklärungsmöglichkeiten denken.

Eine besondere Stellung unter den starken Elektrolyten nehmen die *starken Säuren und Basen* ein, bei denen aus der Leitfähigkeit nach dem älteren Verfahren ein wesentlich höherer Dissoziationsgrad sich berechnet als für Salze, ein Unterschied, der mit steigender Konzentration zunimmt. Um diese Eigentümlichkeit und gleichzeitig die bekanntlich abnorm hohe elektrolytische Beweglichkeit der Ionen $H^{\cdot}$ und OH' in wässerigen Lösungen zu erklären, greift GHOSH auf die schon mehrfach vorgeschlagene Hypothese zurück, nach der sich in wässerigen Lösungen diese beiden Ionen deshalb viel schneller als andere bewegen, weil sie Bestandteile der Molekeln des *Lösungsmittels* sind und daher gar nicht unverändert von einer Elektrode zur andern wandern, sondern unterwegs häufig durch Zusammenprall mit den Wassermolekeln von diesen aufgenommen werden, während gleichzeitig ein entsprechendes Ion an der entgegengesetzten Seite der Wassermolekel den Weg fortsetzt. Dadurch wird ein Teil des Weges für die Ionen erspart und im Durchschnitt eine größere Beweglichkeit vorgetäuscht. Diese, an die alte Theorie von GROTTHUS anknüpfende Vorstellung versucht GHOSH näher auszugestalten und gelangt zu einer Teilung der scheinbaren elektrolytischen Beweglichkeit des $H^{\cdot}$-Ions (und ebenso des OH'-Ions) in zwei Glieder, von denen das eine der wahren Beweglichkeit, das andere der Wegersparnis entspricht. Nur jener Teil wird von der Konzentration und dem damit wechselnden Leitfähigkeitskoeffizienten beeinflußt. Die Leitfähigkeit einer Säure, etwa HCl, setzt sich daher aus den Ionenbeweglichkeiten $l_{Cl'}$ und $l_{H^{\cdot}}$ und einem durch die Wegersparnis der $H^{\cdot}$-Ionen bedingten, von der Verdünnung unabhängigen Anteil C zusammen nach der Gleichung

$$\mu = \alpha\,(l_{H^{\cdot}} + l_{Cl'}) + C$$

mit dem Grenzwert

$$\mu_\infty = l_{H^{\cdot}} + l_{Cl'} + C,$$

zwei Gleichungen, die aus den beobachteten Leitfähigkeitswerten starker Säuren die Werte $l_{H^{\cdot}}$ und C zu berechnen gestatten. Bei der zahlenmäßigen Teilung der Gesamtbeweglichkeit des $H^{\cdot}$-Ions in jene beiden Glieder scheint Ghosh allerdings recht willkürlich vorgegangen zu sein. Wählt man andere Messungsergebnisse an starken Säuren, als die zwei von ihm herausgegriffenen, so erhält man, wie eine Nachrechnung zeigte, ganz andere Werte. Glücklicherweise ist aber die weitere Rechnung gegen die Art der Teilung der $H^{\cdot}$-Beweglichkeit in $l_{H^{\cdot}}$ und C sehr wenig empfindlich. Die zuverlässigsten Leitfähigkeitsmessungen an HCl bei 18° werden, wie der Berichterstatter durch Probieren ermittelte, nach den Formeln von Ghosh dann am besten wiedergegeben, wenn man den von Kohlrausch für die Beweglichkeit von $H^{\cdot}$ bei 18° geschätzten Wert 315 in $135\,(l_{H^{\cdot}}) + 180\,(C)$ teilt. Das Wesentliche ist dabei übrigens nicht die spezielle kinetische Vorstellung über die Art der Wanderung der $H^{\cdot}$- und OH'-Ionen, sondern nur die Annahme, daß sich deren elektrolytische Beweglichkeit aus einem von der Konzentration nach der allgemeinen Beziehung abhängigen und einem konstanten Anteil zusammensetzt. Mit dieser Hilfsannahme wird auch für die starken Säuren und Basen ein befriedigender Anschluß der Theorie von Ghosh an die Erfahrung gewonnen. Dieser wird noch dadurch bestätigt, daß auch die ganz unabhängig von Leitfähigkeitsmessungen, auf elektrometrischem Wege bestimmte $H^{\cdot}$-Konzentration von Salzsäure genau denselben Verlauf des scheinbaren Dissoziationsgrades ergibt, wie ihn die Theorie von Ghosh erfordert.

Wie fügen sich aber die *schwachen Säuren und Basen* in die Theorie ein? Bei ihnen ist das Massenwirkungsgesetz für die Abhängigkeit der Leitfähigkeit von der Konzentration so vielfach und mit so großer Genauigkeit bestätigt gefunden worden, daß an einem wahren, chemischen Dissoziationsgleichgewicht zwischen Ionen und undissoziierten Molekeln nicht zu zweifeln ist. Hier treffen sich nun die Anforderungen der neuen Theorie mit einer Auffassung, die namentlich von Hantzsch vertreten wird. Danach muß man bei den organischen — aber auch gewissen anorganischen — Säuren zwei isomere Formen unterscheiden, von denen die eine, *Pseudosäure* genannt, besonders in den Estern, die andere, *echte Säure*, besonders in den Salzen vorliegt, während in den Lösungen der Säure selbst beide Formen miteinander in einem von Lösungsmittel, Konzentration und Temperatur abhängigen Gleichgewicht stehen. Welche Konstitutionsformeln den beiden Isomeren zukommen, steht noch dahin.

Hantzsch nimmt für die echten Karbonsäuren die Konfiguration $R \cdot C\!{\genfrac{}{}{0pt}{}{O}{O}}\!\Big\}H$,

für die Pseudosäure $R \cdot C\!\genfrac{}{}{0pt}{}{\diagup O}{\diagdown OH}$ an. Nach Ghosh ist nun nur die echte Form als Elektrolyt, und zwar als »starker« Elektrolyt anzusehen, der in Lösung stets völlig in Ionen zerfallen ist; sie wird daher auch als »*polare*« Form von der nicht ionisierbaren Pseudosäure unterschieden. Somit besteht das Gleichgewicht zwischen den Ionen der echten und den Molekeln der

Pseudosäure. Bei den schwachen Säuren überwiegt in Lösung die Pseudoform bei weitem; daher ist auch in mäßig verdünnten Lösungen die Konzentration der Ionen der echten Säure sehr gering, und ihr Leitfähigkeitskoeffizient α kann ohne merklichen Fehler $= 1$ gesetzt werden. Bezeichnet man mit x den Bruchteil der Säure, der bei der Konzentration c in polarer Form vorhanden ist, so lautet die Massenwirkungsgleichung

$$\frac{x^2 \cdot c}{1 - x} = k,$$

genau wie es sich aus den bisherigen Vorstellungen und Leitfähigkeitsmessungen ergibt.

Die *schwachen Basen* sind meist wässerige Lösungen von Aminen; auf sie wie auch auf NH_3 läßt sich eine ähnliche Vorstellung übertragen. Möglicherweise besteht die Pseudobase in der anhydrischen Form RNH_2, während die hydratisierte echte Base völlig in Ionen zerfallen ist, so daß das Gleichgewicht besteht:

$$RNH_2 + H_2O = RNH_3^{\cdot} + OH',$$

was die Anwendung der obigen Massenwirkungsgleichung erfordert. Auch für Kohlensäure ist ein entsprechendes Dissoziationsgleichgewicht

$$CO_2 + H_2O = HCO_3' + H^{\cdot}$$

anzunehmen.

Bei *mittelstarken Säuren und Basen* kommen größere Ionenkonzentrationen vor, und daher kann der Bruchteil der »freien« Ionen des polaren Anteils, d. h. dessen α-Wert, nicht mehr gleich 1 gesetzt werden. Die Massenwirkungsgleichung nimmt jetzt die Form an:

$$\frac{(\alpha x)^2 \cdot c}{1 - x} = k.$$

Qualitativ ist durch diese abgeänderte Gleichung die Abweichung der mittelstarken Säuren vom gewöhnlichen Verdünnungsgesetz erklärt. Aber auch die quantitative Berechnung ist durchführbar, obwohl zunächst α, x und k unbekannt sind. Da nämlich in großer Verdünnung α ungefähr $= 1$ gesetzt werden kann, so gelingt es, durch Näherungsrechnung (und zwar in einer noch etwas einwandfreieren Weise als bei GHOSH) unter Zuhilfenahme der Gleichungen für $\log \alpha$ und der besonderen Annahme über die Beweglichkeit des $H^{\cdot}$-Ions, auch den Gang der Leitfähigkeit der mittelstarken Säuren verschiedener Stärke, von Ameisensäure bis Trichlorbuttersäure, nach der Theorie von GHOSH in überraschender Übereinstimmung mit den Messungen darzustellen.

Für die Erklärung der *Abweichungen im osmotischen Druck*, welche die starken Elektrolyte zeigen, geht GHOSH genau wie MILNER von dem Virial oder Selbstpotential der Salzlösung aus. Nach einem Theorem von CLAUSIUS kann man setzen: $pv = \dfrac{2}{3}$ kinetische Energie $- \dfrac{1}{3}$ Virial.

Herrschten keine inneren Kräfte zwischen den Ionen, wäre also das Virial $= 0$, so wäre für ein Mol des Elektrolyten, dessen Molekeln in je n Ionen zerfallen, $pv = nRT$; infolge des Virials A wird aber

$$pv = nRT - \frac{1}{3} A.$$

Der van 't Hoffsche Faktor i, der das Verhältnis des osmotischen Druckes des Elektrolyten zu demjenigen eines neutralen Stoffes gleicher Konzentration ausdrückt, entspricht pv/RT; also wird

$$i = n - \frac{1}{3} \frac{A}{RT}$$

und mit Rücksicht auf die früher abgeleitete Gleichung $ln\,\alpha = - \dfrac{A}{nRT}$ wird

$$i = n \left(1 + \frac{1}{3} ln\,\alpha\right).$$

Nach der älteren Dissoziationstheorie hatte sich eine andere Beziehung zwischen i und α ergeben, nämlich

$$i = 1 + (n - 1)\alpha.$$

Diese ältere Gleichung hatte sich zwar annähernd bestätigt, aber, wie schon mehrfach erwähnt, in vielen Fällen nicht genau, d. h. die aus Leitfähigkeits- und aus Gefrierpunktsmessungen berechneten α-Werte stimmten nicht genau miteinander überein. GHOSH zeigt nun, daß seine neue Gleichung, wenn man aus den besten vorliegenden Gefrierpunktsmessungen, wie sie von NOYES und FALK zusammengestellt sind, sowohl an binären wie ternären Salzen die Mittelwerte von i für die verschiedenen Verdünnungen einsetzt, für α aber die aus seiner Theorie berechneten Werte, die Übereinstimmung eine ausgezeichnete wird. Gleichzeitig wird eine von NOYES und FALK aus demselben Untersuchungsmaterial abgeleitete empirische Beziehung zwischen dem osmotischen Druck und der Konzentration 1-1-wertiger Salze:

$$i = 2 - b \sqrt[3]{c}$$

theoretisch erklärt, da ja nach den früheren Ableitungen $(- ln\,\alpha)$ der Kubikwurzel aus der Konzentration proportional ist.

Fügt man noch hinzu, daß GHOSH mit seiner Theorie auch die gegenseitige Beeinflussung mehrerer Elektrolyte in gemeinschaftlicher Lösung, namentlich die Erscheinung der sogenannten Isohydrie, ferner das Leitvermögen von Salzen in gemischten Lösungsmitteln wie Pyridin und Wasser, weiter die Löslichkeitsbeeinflussung schwerlöslicher Salze durch andere Salze abgeleitet hat, so muß man zugeben, daß es sich in der Tat um einen umfassenden Erklärungsversuch für die besonderen Eigenschaften der Elektrolytlösungen handelt, der aufbauend auf der Dissoziationstheorie von ARRHENIUS doch an entscheidenden Punkten neue Wege einschlägt. Ja auch auf die elektrische *Leitfähigkeit von Salzen im kristallisierten*

Zustande hat Ghosh die gleichen Überlegungen angewandt und für die Temperaturabhängigkeit des Leitvermögens der festen Salze eine Gleichung abgeleitet, welche die Messungen an Alkali-, Thallium- und Silberhaloiden ausgezeichnet wiedergibt. Der Leitfähigkeitskoeffizient α steigt dabei von ganz kleinen Werten an, um am Schmelzpunkte des Salzes den Wert 1 zu erreichen; von da an, im geschmolzenen Salze, ist die Temperaturabhängigkeit des Leitvermögens nur eine solche der Ionenbeweglichkeit.

Die Theorie von Ghosh ist von vielen Seiten und z. T. sehr scharf kritisiert worden (Partington, Chapman und George, Kallmann, Arrhenius, Kendall). Es kann nicht Aufgabe dieses Berichtes sein, in den Streit der Meinungen einzugreifen; doch soll wenigstens auf die hauptsächlichsten Streitfragen und die etwaigen Möglichkeiten zu ihrer Lösung kurz hingewiesen werden. So wird von den Gegnern betont, daß nach der kinetischen Theorie für die Zahl der Ionen von genügend großer Geschwindigkeit sich ein anderer, verwickelterer Ausdruck ergibt, als der von Ghosh berechnete; andererseits sei die Beschränkung der interionischen Kraftwirkung auf nur je ein Paar von Ionen unnatürlich, und bei Berücksichtigung der etwas entfernteren ungleichnamigen und gleichnamigen Ionen ergebe sich ein viel höherer Wert für die Trennungsarbeit. Die beiden Fehler sollen sich allerdings gegenseitig teilweise aufheben. Diese, schon von Milner eingehend erörterten Punkte werden sich wohl durch weitere theoretische Behandlung klären lassen und dürften nur die Zahlenfaktoren in den Gleichungen von Ghosh beeinflussen.

Besonderen Anstoß hat man an der Vorstellung von der Raumgitteranordnung der Ionen in der Lösung genommen. Vielleicht ist dabei nicht genügend beachtet worden erstens, daß Ghosh keineswegs von einem starren Gitter, sondern nur von *mittleren* Lagen der sich bewegenden Ionen spricht, und zweitens, daß die ganze Vorstellung nur eingeführt ist, um ein Maß für den mittleren Abstand r zweier entgegengesetzter Ionen zwecks Berechnung der Kraftwirkung zu finden; für 1-1-wertige und ternäre Salze haben sich die so berechneten r-Werte nach Ghosh bewährt. Seine Folgerungen würden also unerschüttert bleiben, wenn man auf Grund ganz anderer Vorstellungen zu ähnlichen Werten für die mittleren Abstände der wirksamen Ionen gelangte.

Daß die Folgerung identischer Leitfähigkeitskoeffizienten für alle Salze vom gleichen Typus nur eine Annäherung darstellt und bei der weiteren Entwicklung der Theorie nicht aufrechterhalten zu werden braucht, ist schon von Ghosh selbst ausgeführt worden. Auch die besonderen Zusatzannahmen für die Erklärung der Leitfähigkeit von Säuren und Basen sind auf Widerspruch gestoßen; es ist schon oben hervorgehoben worden, daß die von Ghosh gewählte spezielle kinetische Vorstellung dabei nicht das Wesentliche ist. Weiteres Beobachtungsmaterial und Durchrechnung schon vorliegender genauer Messungen dürften hier die Entscheidung bringen.

Sehr eingehend sind die Bestätigungen der Theorie durch Leitfähigkeitsmessungen kritisiert und dabei einige Irrtümer aufgedeckt worden.

Aber es scheint nicht genügend zwischen den eigentlichen Messungsergebnissen und den mit Hilfe von μ_∞ errechneten α-Werten unterschieden worden zu sein. Kohlrausch selbst hat den von ihm extrapolierten Grenzwerten für die Leitfähigkeit bei unendlicher Verdünnung niemals große Genauigkeit beigemessen; in seinen Kurven ist der über den Messungsbereich hinausgehende Teil entweder nur angedeutet oder ganz weggelassen, und in der Tat kann man, auch wenn die Messungen mit besonderen Vorsichtsmaßregeln bis zu hohen Verdünnungen ausgedehnt werden, mangels einer Theorie niemals mit Sicherheit den Grenzwert extrapolieren. So erscheint es kaum angängig, die Theorie von Ghosh damit zu widerlegen, daß sie für diese Grenzwerte etwas höhere Zahlen erfordert, als sie bisher angenommen wurden. Stellt man sich auf diesen Standpunkt, so erledigen sich eine große Reihe von Einwendungen gegen die Beweisführung von Ghosh.

Gewisse Mängel der Theorie bei der Anwendung auf nichtwässerige Lösungen müssen zugegeben werden, aber in diesen liegen die Verhältnisse jedenfalls viel verwickelter als in wässerigen Lösungen, so daß auch nach der bisherigen Theorie allerlei Hilfsannahmen — Polymerisation, Komplexbildung, Solvatation — gemacht werden mußten, um die Besonderheiten völlig erklären zu können. Hier wie auch bei den wässerigen Lösungen ist die *Rolle des Lösungsmittels* noch nicht genügend erforscht, und das Studium der Beziehungen zwischen Lösungsmittel und Ionen wird möglicherweise mehr dazu beitragen, die Theorie von Ghosh auszubauen, als sie zu beseitigen.

Vielversprechend ist die Art, in der Bjerrum, der ja noch vor Milner, Hertz und Ghosh die Hypothese von der vollständigen Dissoziation der starken Elektrolyte begründet hatte, die weitere Entwicklung und Anwendung der Theorie fördert. Unter vorläufigem Verzicht auf eine kinetische Ableitung der durch die elektrostatischen Wirkungen der Ionen erzeugten Effekte drückt er diese Effekte durch *»Abweichungskoeffizienten«* für die einzelnen Eigenschaften der Elektrolytlösungen aus. Diese Koeffizienten besagen, in welchem Verhältnis die beobachteten Werte zu denjenigen stehen, die bei Abwesenheit innerer elektrischer Kräfte zu erwarten wären. So bedeutet der *»Leitvermögenskoeffizient«* f_μ für starke Elektrolyte dasselbe wie $\alpha = \mu/\mu_\infty$, der *»osmotische Koeffizient«* f_0 das Verhältnis des gemessenen osmotischen Druckes einer Salzlösung zu dem bei völliger Dissoziation in freie Ionen zu erwartenden (also *nicht* den van 't Hoffschen Faktor i, der das Verhältnis des osmotischen Druckes zu dem *ohne* Dissoziation zu erwartenden darstellt; für in n Ionen zerfallende Molekelarten ist $f_0 = i/n$). Ganz besonders wichtig ist der *»Aktivitätskoeffizient«* f_a, der das Verhältnis der »aktiven Masse« oder »Aktivität« der Ionen, d. h. ihrer chemischen oder elektrochemischen Wirksamkeit zu ihrer räumlichen Konzentration wiedergibt. Die Bestimmung dieser Koeffizienten für die einzelnen Elektrolyte und Konzentrationen und die Aufdeckung von rechnerischen Beziehungen zwischen ihnen betrachtet Bjerrum mit Recht

als die wichtigste Aufgabe zur Vertiefung unserer Kenntnisse von den Salzlösungen und zugleich als den Schlüssel für die Erklärung der verschiedenen
Anomalien der starken Elektrolyte.

Der Wert des *osmotischen Koeffizienten* f_0 ist — wenn man von den
Versuchen zu seiner theoretischen Ableitung durch MILNER, durch GHOSH
und später durch KLEIN absieht — für zahlreiche Salze über ein großes
Konzentrationsgebiet wenigstens in der Nähe von $0°$ aus Gefrierpunktsmessungen genau bekannt. Aus den Zusammenstellungen der besten Werte
durch NOYES und FALK ergibt sich für seine Abhängigkeit von der Konzentration die empirische Formel $f_0 = 1 - k\sqrt[3]{c}$, wobei für alle 1-1-
wertigen Elektrolyte der Wert der Konstante k nur wenig verschieden ist
und in der Nähe von $0,17$ liegt.

Auch für den *Leitvermögenskoeffizienten* f_μ liegt ein ungeheures Beobachtungsmaterial an wässerigen und nichtwässerigen Lösungen bei den verschiedensten Konzentrationen und Temperaturen vor, nur daß, wie mehrfach erwähnt, der Nenner des Bruches μ/μ_∞ in keinem Falle sicher bekannt
ist. Die Beziehung zwischen f_0 und f_μ, die nach der alten Theorie lauten
sollte $f_0 = \dfrac{1 - f_\mu}{n} + f_\mu$, nimmt nach GHOSH die Form an

$$f_0 = 1 + \frac{1}{3} \ln f_\mu.$$

Zu beachten ist, daß bei schwachen und mittelstarken Elektrolyten die
Leitfähigkeit mit der Konzentration nicht nur wegen der elektrischen Beeinflussung der Ionen, sondern auch infolge der Verschiebung des wirklichen
Dissoziationsgleichgewichtes (z. B. Pseudosäure $\rightleftarrows$ Ionen) veränderlich ist;
nennt man den wirklichen Dissoziationsgrad x, so wird $\mu = \mu_\infty \cdot x \cdot f_\mu$
und $f_\mu = \dfrac{1}{x} \dfrac{\mu}{\mu_\infty}$.

Im übrigen hat f_μ im Sinne der neuen Anschauungen nicht mehr entfernt die große Bedeutung, wie dem bisher als Dissoziationsgrad betrachteten
Werte μ/μ_∞ zugeschrieben wurde. Wenn man in unzähligen Fällen bei
der Berechnung chemischer Gleichgewichte oder Reaktionsgeschwindigkeiten für die aktive Masse der Ionen den aus der Leitfähigkeit berechneten
»Dissoziationsgrad« zugrunde legte, so beging man den doppelten Fehler,
das Sinken des Leitvermögens mit zunehmender Konzentration immer nur
auf eine Verringerung der relativen Ionenkonzentration zu schieben und
zweitens die aktive Masse der Ionen mit ihrer räumlichen Konzentration
gleichzusetzen. Diese Gleichsetzung ist schon bei neutralen Molekeln nur
für sehr verdünnte Lösungen berechtigt, noch weniger aber bei den durch
elektrische Kräfte beeinflußten Ionen.

Daraus erhellt die Wichtigkeit des »*Aktivitätskoeffizienten*« f_a, der das
Verhältnis zwischen der Aktivität ξ der Ionen und ihrer Konzentration c
ausdrückt: $\xi = c \cdot f_a$. Für seine Beziehung zum osmotischen Koeffizienten
f_0 hat BJERRUM auf thermodynamischem Wege die Gleichung abgeleitet:

$$f_0 + c\,\frac{df_0}{dc} = 1 + c\,\frac{d\ln f_a}{dc}.$$

Diese Gleichung erlaubt, aus empirischen oder theoretischen Formeln für die Konzentrationsabhängigkeit von f_0 auch entsprechende Formeln für f_a abzuleiten. So erhält BJERRUM für die *Abweichungskoeffizienten von KCl* folgende Werte, denen noch der Wert $2f_0 - 1 = i - 1$ hinzugefügt ist, weil dieser früher als mit f_μ und f_a identisch angesehen wurde:

c (mol/l)	f_0	$i - 1$	f_μ	f_a
0,001	0,985	0,970	0,979	0,943
0,01	0,969	0,938	0,941	0,882
0,1	0,932	0,864	0,861	0,762
1,0	0,854	0,708	0,755	0,558

Während also in den verdünnteren Lösungen der aus dem Gefrierpunkt berechnete Wert $(i - 1)$, wie bekannt, mit dem aus der Leitfähigkeit berechneten f_μ nahe zusammenfällt, ist der Aktivitätskoeffizient f_a schon in den verdünntesten Lösungen wesentlich niedriger; die bisherige Gleichsetzung beider Größen mußte also erhebliche Fehler verursachen. Im Durchschnitt ergibt sich für 1-1-wertige Salze in wässeriger Lösung

$$\log f_a = -\,0{,}3\,\sqrt[3]{c},$$

wobei aber den Abweichungen der einzelnen Salze voneinander und den Verschiedenheiten der beiden Ionen eines Salzes nicht Rechnung getragen ist.

Da man somit bei der Berechnung von Gleichgewichten (homogenen und heterogenen, also auch Löslichkeiten), Potentialdifferenzen und Reaktionsgeschwindigkeiten stets statt der Ionenkonzentration c die Aktivität, d. h. $f_a \cdot c$ einzusetzen hat, so kann man umgekehrt aus Gleichgewichten, Löslichkeiten, Potentialdifferenzen und Reaktionsgeschwindigkeiten die Aktivitätskoeffizienten der Ionen berechnen, wenn alle übrigen Werte bekannt sind oder sich durch Analogieschlüsse oder Extrapolationen mit genügender Sicherheit abschätzen lassen. Bei der praktischen Durchführung dieser Überlegung sind viele Schwierigkeiten zu überwinden, zu denen besonders die Unkenntnis über die Hydratation (oder allgemeiner Solvatation) der Ionen gehört; aber das Interesse an derartigen Berechnungen wird dadurch noch erhöht.

Außer BJERRUM hat sich namentlich sein Landsmann J. N. BRÖNSTED auf diesem Gebiete betätigt. Soweit seine Überlegungen, Rechnungen und Versuche die individuelle Verschiedenheit der Aktivitätskoeffizienten der einzelnen Ionen und deren Veränderung unter gegenseitigem Einfluß betrifft, ist die Forschung noch zu sehr im Fluß, um hier einen zusammenfassenden Bericht zu gestatten. Aber in welch hübscher Art die allgemeine Benutzung der Aktivitätsgleichung $\xi = c \cdot f_a$ es erlaubt, zahlreiche bisher unverstandene Erscheinungen unter einem einheitlichen Gesichtspunkt zusammenzufassen, soll wenigstens an einigen Beispielen gezeigt werden.

Eine besonders anschauliche Vorstellung von der Bedeutung und von der Größe der Aktivitätskoeffizienten gewinnt man bei der Betrachtung der *Löslichkeitsbeeinflussung schwerlöslicher Stoffe durch gleichzeitig gelöste Salze.* Am bekanntesten ist die als »Aussalzung« bezeichnete *Erniedrigung* der Löslichkeit, die hauptsächlich bei Nichtelektrolyten beobachtet wird und in verdünnten Lösungen der Konzentration des zugesetzten Salzes annähernd proportional verläuft. Da nach thermodynamischen Grundsätzen die Aktivität des schwerlöslichen Stoffes, so lange die Lösung an ihm gesättigt ist, die gleiche bleibt, so ist, wenn man seine Löslichkeit in reinem Wasser mit s_0, diejenige bei Gegenwart des Salzes mit s, seine Aktivität mit ξ und seinen Aktivitätskoeffizienten mit f bezeichnet, $\xi = s \cdot f =$ konst., und zwar, da man dem Aktivitätskoeffizienten bei Abwesenheit von Salz in der verdünnten Lösung den Wert 1 beimessen kann, $\xi = s \cdot f = s_0$. Wenn also die Löslichkeit s durch die Gegenwart des Salzes abnimmt, so bedeutet dies, daß der Aktivitätskoeffizient f entsprechend s_0/s *ansteigt.*

Ganz anders verläuft die Beeinflussung der Löslichkeit schwerlöslicher *Salze* durch andere Salze. Schließt man die Gegenwart von Salzen mit einem gleichen Ion, die bekanntlich die Löslichkeit entsprechend dem Löslichkeitsprodukt zurückdrängen, aus, so wird die *Löslichkeit* durchweg *erhöht*, z. B. diejenige von $CaSO_4$ durch $NaCl$. Während nach der gewöhnlichen Form des Löslichkeitsproduktes gilt:

$$c_{\text{Anion}} \cdot c_{\text{Kation}} = \text{konst.} = s_0^2$$

wird nach der thermodynamischen Form dieser Beziehung

$$\xi_{\text{Anion}} \cdot \xi_{\text{Kation}} = s^2 \cdot f_{\text{Anion}} \cdot f_{\text{Kation}} = \text{konst.} = s_0^2,$$

oder, wenn man für Anion und Kation gleiche Aktivitätskoeffizienten annimmt, $\xi^2 = s^2 \cdot f^2 = s_0^2$, woraus wiederum, wie bei neutralen Stoffen folgt: $s_0/s = f$, nur daß jetzt $f < 1$, eine *Wirkung der elektrostatischen Kräfte* der Ionen des zugesetzten auf die des schwerlöslichen Salzes. (Diejenigen des schwerlöslichen Salzes selbst sind in zu geringer Konzentration zugegen, als daß bei Abwesenheit anderer Salze f merklich von 1 abweichen könnte.)

BRÖNSTED fand nun, daß die experimentell bestimmte Löslichkeitserhöhung 1-1-wertiger Salze durch ein gleichzeitig in der Lösung anwesendes 1-1-wertiges Salz von der Konzentration c annähernd der Gleichung folgt:

$$\log \frac{s}{s_0} = \frac{1}{3}\sqrt[3]{c},$$

somit wird

$$\log f = -\frac{1}{3}\sqrt[3]{c}.$$

Das ist aber nahezu der gleiche Ausdruck, den BJERRUM, wie oben angeführt, für den durchschnittlichen Wert des Aktivitätskoeffizienten 1-1-wertiger Salze auf ganz anderem Wege, nämlich aus Gefrierpunktsmessungen abgeleitet hatte, — gewiß eine bemerkenswerte Übereinstimmung!

Viel stärker ist die *Löslichkeitserhöhung mehrwertiger Salze* durch
1-1-wertige, wie z. B. an Hand von Löslichkeitsbestimmungen komplexer
Kobaltamminsalze gefunden wurde. So steigt die Löslichkeit eines 2-2-
wertigen Salzes dieser Gruppe durch 0,5-normale *NaCl*-Lösung gegenüber
dem Wert in reinem Wasser auf das 4,1fache, diejenige eines 3-3-
wertigen Salzes sogar auf das 49,6fache! In gleichem Verhältnis sinken
also die Aktivitätskoeffizienten — eine Folge des viel stärkeren elektrischen
Kraftfeldes, das von zwei- oder dreifach geladenen Ionen ausgeht. Schematisch wird dies durch die Abb. 1 veranschaulicht, in der die Aktivitätskoeffizienten der verschiedenen Typen schwerlöslicher Stoffe in wässeriger
Lösung in ihrer Abhängigkeit von der Konzentration gleichzeitig gelöster ein-
wertiger Ionen dargestellt sind, und zwar bedeutet f_n den Aktivitätskoeffizienten neutraler, nicht ionisierter Stoffe, f_1 denjenigen 1-1-wertiger, f_2
und f_3 2-2-wertiger und 3-3-wer-
tiger Salze. Man sieht, wie mit der
zunehmenden Wertigkeit der Ionen
ihre Fesselung durch entgegengesetzte
Ionen ungeheuer gesteigert wird; die
große Anziehungskraft verhindert trotz
der verhältnismäßig hohen Konzentration die Ausscheidung des Salzes.
Wenn andererseits der Aktivitätskoeffizient neutraler Stoffe durch die
Gegenwart von Salzen erhöht wird,
so ist dies wohl auf eine Inanspruch-
nahme des *Lösungsmittels* durch die
sich hydratisierenden Ionen des Salzes
zurückzuführen.

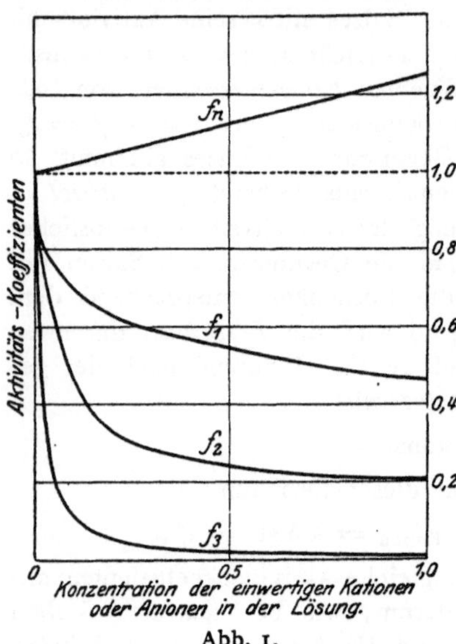

Abb. 1.

f_n Aktivitätskoeffizient eines Nichtelektrolyten
f_1 »   »   1-1-wertigen Salzes
f_2 »   »   2-2-wertigen »
f_3 »   »   3-3-wertigen »
*Aktivitätskoeffizienten schwerlöslicher Stoffe bei
Gegenwart eines 1-1-wertigen Salzes.*

Die auf solche Weise zunächst schematisch, ohne Rücksicht auf die
Verschiedenheit der einzelnen Ionen ermittelten Werte der Aktivitätskoeffizienten f, die nur von der Wertigkeit der Ionen und der Gesamtionenkonzentration der Lösung abhängen, lassen sich nun auch für die Berechnung des *Salzeinflusses auf chemische Gleichgewichte* in Lösung benutzen.
So ergibt sich z. B., was schon mehrfach vermutet wurde, daß die
Dissoziation des Wassers in $H^{\cdot}$ und OH' unter dem Einfluß gelöster Salze
zunehmen muß. Denn da $\xi_{H^{\cdot}} \cdot \xi_{OH'} = k_{\xi}$ in verdünnter Lösung konstant
ist, so wird die gewöhnliche, auf räumliche Konzentrationen bezogene

Dissoziationskonstante des Wassers $k_c = c_{H^{\cdot}} \cdot c_{OH'} = \dfrac{k_{\xi}}{f_1^2}$, also wird, da

$f_1 < 1$, $c_{H^{\cdot}}$ und $c_{OH'}$ mit zunehmender Salzkonzentration ansteigen; es berechnet sich z. B. in 0,1 n *NaCl*-Lösung $c_{H^{\cdot}}$ 1,2 mal so groß wie in 0,01 n

NaCl-Lösung. Experimentell könnte dies durch Messung elektromotorischer Kräfte von galvanischen Ketten geprüft werden, in denen sich zwei Wasserstoffelektroden in Säure und Alkali gegenüberstehen, weil dann, wie sich leicht errechnet, das Wasserstoffpotential an den beiden Elektroden in entgegengesetztem Sinne beeinflußt wird; doch leidet die genaue Auswertung derartiger Messungen an der Unsicherheit des Flüssigkeitspotentials in der Mitte der Kette.

Ebenso wird die *Dissoziation schwacher Säuren* durch Elektrolyte gesteigert. In diesem Falle kommt noch die aussalzende Wirkung auf die undissoziierten Molekeln der Säure (oder vielmehr Pseudosäure) hinzu, so daß z. B. für Essigsäure die gewöhnliche Massenwirkungsgleichung die Form annimmt:

$$\frac{c_{H\cdot} \cdot c_{Ac'}}{c_{HAc}} = k_{\bar{\varsigma}} \cdot \frac{f_n}{f_1^2}$$

worin f_n etwas größer als 1, f_1 wesentlich kleiner als 1 ist, d. h. die Dissoziationskonstante steigt durch die Gegenwart des Salzes. Die Versuche von ARRHENIUS über die Beeinflussung der Inversionsgeschwindigkeit schwacher Säuren durch Neutralsalze sind mit dieser Folgerung in guter Übereinstimmung, allerdings nur dann, wenn man annimmt, daß die Inversionsgeschwindigkeit der Konzentration und nicht der Aktivität der Wasserstoffionen proportional ist. Hierüber kann, in Ermangelung einer kinetischen Theorie der Katalyse durch Wasserstoffionen, eine Entscheidung nur durch weitere Experimente gesucht werden*).

Besonders wichtig wegen ihres häufigen Vorkommens in der Praxis der Chemiker und Biologen sind die *»Salzfehler«* bei den sogenannten *Puffermischungen* und bei *Indikatoren*. Der von SÖRENSEN zur Kennzeichnung der Wasserstoffionenkonzentration eingeführte »Wasserstoffexponent« $p_{H\cdot}$ entspricht nach der alten Anschauung dem negativen Logarithmus der $H\cdot$-Konzentration, nach der neueren dem negativen Logarithmus der $H\cdot$-Aktivität. In einem Gemisch z. B. von Essigsäure + Natriumazetat berechnete sich früher

$$p_{H\cdot} (= - \log c_{H\cdot}) = - \log k_c + \log \frac{c_{Ac'}}{c_{HAc}}$$

jetzt

$$p_{H\cdot} (= - \log \xi_{H\cdot}) = - \log k_{\bar{\varsigma}} + \log \frac{c_{Ac'}}{c_{HAc}} + \log \frac{f_1}{f_n},$$

wenn man wieder mit k_c die gewöhnliche, auf räumliche Konzentrationen bezogene, mit $k_{\bar{\varsigma}}$ die thermodynamische, auf Aktivitäten bezogene Dissoziationskonstante der Essigsäure bezeichnet. Da f_1/f_n ein echter Bruch ist, so wird mit zunehmender Konzentration an Azetat oder an anderen zugesetzten Salzen $p_{H\cdot}$ kleiner, also der Säuregrad der Puffermischung ein

---

*) SCHREINER hat aus einer Reihe vorliegender Messungen über Katalyse durch Säuren einen mit der Ionenkonzentration steigenden »Katalyse-Koeffizienten« abgeleitet, der $>$ 1 und dem Leitvermögenskoeffizienten umgekehrt proportional sein soll.

höherer als nach den früheren Formeln zu erwarten war. Messungen von SÖRENSEN, PALITZSCH, WALPOLE an Azetat- oder Phosphat-Puffermischungen, in beiden Fällen auch bei Gegenwart von $NaCl$, stimmen mit dieser Folgerung gut überein.

Die Beeinflussung der *Indikatorenfärbung* durch Salze erklärt sich durch genau entsprechende Gleichungen wie bei den Puffern, man muß nur für die einzelnen Indikatoren wissen, welche Gleichgewichte dem Indikatorumschlag zugrunde liegen, was nicht immer klar ist. Handelt es sich um einen sauren Indikator, so berechnet sich für einen bestimmten Farbenton $p_{H^{\cdot}} = \log f_{\mathrm{I}}/f_n + k$. Da durch Salzzusatz f_{I}/f_n erniedrigt wird, so wird die Lösung von gleichem Farbton im Vergleich zur salzfreien Lösung saurer, oder aus dem Farbton wird die $H^{\cdot}$-Aktivität zu klein gefunden. Das Umgekehrte muß bei basischen Indikatoren eintreten. Diese Folgerungen konnte BRÖNSTED an vorliegenden Messungen über Indikatorfärbungen in Puffermischungen im Vergleich zu der elektrometrisch gemessenen Wasserstoffionenaktivität bestätigen; der Salzfehler stimmte immer der Richtung und meist auch annähernd der Größe nach mit dem berechneten überein.

Versucht man, die vorstehend geschilderten neuen Anschauungen über die Dissoziation der Elektrolyte in wenigen Sätzen zusammenzufassen, so läßt sich vielleicht folgendes sagen:

Die *starken Elektrolyte* (starke Säuren, starke Basen, die meisten Neutralsalze) sind in wässeriger Lösung wie auch in vielen nichtwässerigen Lösungsmitteln *vollständig* in Ionen zerfallen. Ein Dissoziationsgleichgewicht, auf das das Massenwirkungsgesetz anwendbar wäre, besteht bei diesen Elektrolyten nicht. Die früher auf unvollständige Dissoziation zurückgeführten Erscheinungen beruhen auf elektrostatischen Wirkungen der Ionen aufeinander. Die Versuche zur theoretischen Berechnung dieser Wirkung auf kinetischer Grundlage bedürfen noch der Vervollkommnung, lassen aber schon jetzt erkennen, daß die Grundannahme alle wesentlichen Eigenschaften der Lösungen starker Elektrolyte — außer den schon durch die bisherige Theorie erklärten namentlich das Leitvermögen unter den verschiedensten Bedingungen in seiner Abhängigkeit von der Konzentration, den Gefrierpunkt und andere osmotische Eigenschaften, die elektromotorischen Kräfte, die sogenannten Neutralsalzwirkungen auf die Löslichkeit schwerlöslicher Stoffe, auf Dissoziationsgleichgewichte (auch in Puffermischungen und Indikatorlösungen), auf Katalysen — nicht nur in großen Zügen, sondern auch in vielen Einzelheiten zu erklären vermag. Die Abweichungen in der Leitfähigkeit *starker Säuren* (und *Basen*) in wässeriger Lösung von der der Neutralsalze können erklärt werden, wenn man die elektrolytische Beweglichkeit des $H^{\cdot}$-Ions (ebenso die des OH'-Ions) in einen von der Konzentration abhängigen und einen davon unabhängigen Teil zerlegt.

Dagegen besteht in den Lösungen *schwacher Elektrolyte* ein wirkliches chemisches Gleichgewicht zwischen einer nichtpolaren und einer ionisierbaren Form (Pseudosäure und echte Säure, Pseudobase und echte Base), die zueinander im Verhältnis von Isomeren oder von Anhydrid und Hydrat (bzw. Solvat) oder von Polymeren oder dergleichen stehen. Der ionisierbare Anteil verhält sich wie ein starker Elektrolyt, ist also völlig ionisiert, so daß am Gleichgewicht nur die undissoziierten Molekeln der nichtpolaren Form und die Ionen der polaren Form teilnehmen; von den Konzentrationen dieser Bestandteile hängt das Gleichgewicht nach dem Massenwirkungsgesetz ab. Solange die Konzentration der Ionen gering ist, können die elektrischen Kräfte zwischen ihnen vernachlässigt werden. Bei größerer Ionenkonzentration, wie sie in den Lösungen *mittelstarker Elektrolyte* vorkommt, überlagern sich die Eigenschaften der schwachen und starken Elektrolyte.

In den Lösungen der Elektrolyte muß man danach unterscheiden:

1. Die Gesamtkonzentration, die sich namentlich aus analytischen Abscheidungen oder Titrationen ergibt und bei starken Elektrolyten mit der Konzentration einer der beiden Ionenarten identisch ist;

2. bei schwachen und mittelstarken Elektrolyten die Konzentration der Ionen und die des undissoziierten Anteils, die sich durch gewisse physikalische Eigenschaften, bei selektiv absorbierenden Stoffen z. B. durch die Farbe, bei schwachen Elektrolyten durch den Gang des Leitvermögens mit der Verdünnung, in anderen Fällen auch vielleicht durch katalytische Wirksamkeit messen lassen;

3. die osmotisch wirksame Konzentration, die sich aus Messungen des Gefrierpunktes, des Siedepunktes oder anderer mit dem osmotischen Druck zusammenhängender Eigenschaften ergibt und bei starken Elektrolyten infolge der elektrostatischen Wirkung der Ionen aufeinander hinter der Gesamtionenkonzentration zurückbleibt; ihr Verhältnis zur Gesamtkonzentration ist der osmotische Koeffizient;

4. die scheinbare Konzentration der für das Leitvermögen in Betracht kommenden »freien« Ionen, die sich aus Messungen der Leitfähigkeit ergibt und bei starken Elektrolyten infolge der elektrostatischen Wirkung der Ionen aufeinander hinter der Gesamtionenkonzentration zurückbleibt; ihr Verhältnis zur Gesamtionenkonzentration ist der Leitvermögenskoeffizient;

5. die Aktivität der Ionen, die durch Gleichgewichte oder Reaktionsgeschwindigkeiten ermittelt wird und infolge der elektrostatischen Wirkung der Ionen aufeinander hinter der Gesamtkonzentration zurückbleibt; ihr Verhältnis zur Gesamtionenkonzentration ist der Aktivitätskoeffizient.

Bei chemischen oder elektrochemischen Gleichgewichten und Reaktionsgeschwindigkeiten in Elektrolytlösungen ist nicht mit der Konzentration der gelösten Stoffe, sondern mit ihrer Aktivität zu rechnen. Der Aktivitätskoeffizient weicht von 1 um so mehr nach unten ab, je höher die Valenz der Ionen ist. Aus experimentellen Unterlagen in Verknüpfung mit theoretischen Beziehungen die Werte der Aktivitätskoeffizienten der einzelnen Ionen unter den wechselnden Bedingungen abzuleiten, ist eine wichtige Aufgabe, deren Inangriffnahme schon gute Erfolge gezeitigt hat.

Sucht man schließlich den Kern der neuen Form der elektrolytischen Dissoziationstheorie herauszuschälen, so ist der begriffliche Unterschied gegen die frühere nicht gar so groß, als es zunächst erscheinen mag. Die Abweichungen der Lösungen starker Elektrolyte von den für völlige Ionisation zu erwartenden Eigenschaften wurden früher durch unvollständige Dissoziation, d. h. durch *chemische Bindung* eines Teiles der Ionen, jetzt durch deren gegenseitige *elektrische Hemmung* erklärt. Nahm man früher an, daß die bei der Wärmebewegung in der Lösung sich treffenden entgegengesetzten Ionen unter günstigen Bedingungen zu einer Molekel zusammentreten, so sagt man jetzt, die jeweils zusammentreffenden Ionen bilden ein »elektrisches Dublett«. Die Löslichkeitserhöhung von $CaSO_4$ durch $NaCl$ wurde früher damit begründet, daß die $Ca^{\cdot\cdot}$-Ionen mit den Cl'-Ionen undissoziierte oder halbdissoziierte $CaCl_2$-Molekeln, die SO_4''-Ionen mit den $Na^{\cdot}$-Ionen undissoziierte oder halbdissoziierte Na_2SO_4-Molekeln bilden, wodurch das Löslichkeitsprodukt erst bei einer höheren Gesamtkonzentration erreicht wird: jetzt sagt man, daß die $Ca^{\cdot\cdot}$-Ionen durch die Cl'-Ionen, die SO_4''-Ionen durch die $Na^{\cdot}$-Ionen elektrisch beansprucht und dadurch in ihrer Aktivität, in ihrem Streben zur Abscheidung als kristallisiertes Salz beschränkt werden. Der Gegensatz der beiden Anschauungen spitzt sich also auf den Unterschied zwischen chemischen und elektrischen Kräften zu. Nun führen wir aber heute auch die chemische Bindung auf die elektrischen Kräfte zurück, die von den positiven Kernen und den negativen Elektronenwolken eines Atoms auf diejenigen eines zweiten ausgeübt werden; somit bleibt als Unterschied nur das Kraftgesetz übrig, das für die »chemischen« Kräfte in nächster Nähe des Atoms wegen des Ineinandergreifens anziehender und abstoßender Wirkungen einen anderen Ausdruck annimmt, als für die in etwas größerer Entfernung wirkenden Kräfte, bei denen die Ionen nur mit ihrer überschüssigen positiven *oder* negativen Ladung vermutlich nach dem Coulombschen Gesetz aufeinander wirken.

Von diesem Gesichtswinkel aus betrachtet bedeuten die neuen Vorstellungen einen Fortschritt auf dem Wege zu einer einheitlichen Zurückführung aller chemischen Erscheinungen auf elektrische Kräfte.

Literatur.

1. Arrhenius, S., Zschr. f. phys. Chemie 1922, Bd. 100, S. 9.
2. Bjerrum, N., Proc. 7. Internat. Congr. Applied Chemistry, Sect. X. London 1909; 16. Skandin. Naturforsk. Förhandl. 1916, p. 226; Zschr. f. Elektroch. 1918, Bd. 24, S. 321; Meddel. Kgl. Vetensk. Akad. Nobel-Instit. 1919, Bd. 5, No. 16; Zschr. f. anorg. Chemie 1920, Bd. 109, S. 275.
3. Brönsted, J. N., Meddel. Kgl. Vetensk. Akad. Nobel-Inst. 1919, Vol. 5, Nr. 1; Kong. Danske Vidensk. Meddel. 1919, Vol. 2, p. 10; Journ. Amer. Chem. Soc. 1920, Vol. 42, p. 761, 1448; Journ. Chem. Soc. 1921, Vol. 119, p. 574. — Brönsted, J. N., und Petersen, A., Journ. Amer. Chem. Soc. 1921, Vol. 43, p. 2265. — Brönsted, J. N., Journ. Amer. Chem. Soc. 1922, Vol. 44, p. 877, 938.

4. CHAPMAN, D. L., und GEORGE, H. J., Phil. Mag. 1921, Bd. 41, S. 799.

5. Diskussion über die Theorie der elektrolytischen Dissoziation in der Faraday Society am 21. Januar 1919, Trans. Faraday Soc. 1919, Vol. 15, p. 1—178.

6. GHOSH, I. Ch., Journ. Chem. Soc. 1918, Vol. 113, p. 449, 627, 707, 790; Trans. Faraday Soc. 1919, Vol. 15, p. 154; Journ. Chem. Soc. 1920, Vol. 117, S. 823, 1390; Zschr. f. phys. Chem. 1921, Bd. 98, S. 211.

7. HARNED, H. S., Journ. Amer. Chem. Soc. 1920, Vol. 42, p. 1808; 1922, Vol. 44, p. 252.

8. HERTZ, P., Ann. Phys. 1912, Reihe 4, Bd. 37, S. 1.

9. KALLMANN, H., Zschr. f. phys. Chem. 1921, Bd. 98, S. 433.

10. KENDALL, J., Journ. Amer. Chem. Soc. 1922, Vol. 44, S. 717.

11. KLEIN, O., Meddel. Kgl. Vetensk. Akad. Nobel-Inst. 1919, Vol. 5, Nr. 6.

12. LORENZ, R., Zschr. f. anorg. Chem. 1920, Bd. 111, S. 55; Bd. 113, S. 135. — LORENZ, R., und OSSWALD, PH., Zschr. f. anorg. Chem. 1920, Bd. 114, S. 209. — LORENZ, R., und NEU, W., Zschr. f. anorg. Chem. 1921, Vol. 116, S. 45. — LORENZ, R., und MICHAEL, W., Zschr. f. anorg. Chem. 1921, Bd. 116, S. 161; — LORENZ, R., und SCHEUERMANN, A., Zschr. f. anorg. Chem. 1921, Bd. 117, S. 121. — LORENZ, R., Zschr. f. anorg. Chem. 1921, Bd. 118, S. 209.

13. MILNER, S. R., Phil. Mag. 1912, Bd. 23, S. 551; 1913, Bd. 25, S. 742; 1918, Bd. 35, S. 214 u. 352; Trans. Faraday Soc. 1919, Vol. 15, p. 148.

14. NOYES, A. A., und FALK, K. G., Journ. Amer. Chem. Soc. 1910, Vol. 32, p. 1011; 1911, Vol. 33, p. 1436; 1912, Vol. 34, p. 454, 485.

15. PARTINGTON, J. R., Trans. Faraday Soc. 1919, Vol. 15, p. 98.

16. SCHREINER, E., Zschr. f. anorg. Chem. 1921, Bd. 115, S. 181; Bd. 116, S. 102.

17. SUTHERLAND, W., Phil. Mag. 1907, Bd. 14, S. 1.

Abgeschlossen im Juni 1922.

XI. Röntgenstrahl-Spektroskopie.

Von **M. v. Laue**-Berlin-Zehlendorf.

Mit 1 Abbildung.

1. *Die Meßmethoden.*

Das wesentlichste Hilfsmittel der Spektroskopie im Röntgengebiet ist nach wie vor das Raumgitter eines Kristalls. M. SIEGBAHN in Lund und seine Mitarbeiter, denen wir die genauesten Mitteilungen verdanken, benutzen im Anschluß an BRAGG Spektrometer, bei denen die spiegelnden Netzebenen der Vorderfläche des Kristalls parallel sind und bei denen der Kristall um eine in dieser Fläche liegende Achse gedreht wird. Da die Spaltblende, welche vorher den Strahl begrenzt, fest steht, wird so der Einfallswinkel und damit die gespiegelte Wellenlänge geändert. Statt dieser Blende benutzt z. B. G. HERTZ [22]) die von H. SEEMANN [38]) angegebene, auf der Kristallfläche aufsitzende Schneide. Verbesserungen am SEEMANNschen Spektrographen bringen an W. VOGEL [45]) und A. WEBER [49]). Abbildungen dieser Apparate finden sich bei H. SEEMANN [38]) und in dem Bericht über Röntgenspektroskopie von M. SIEGBAHN [40]). Dort finden sich auch die Literaturangaben über die einschlägigen Originalarbeiten. — Die Spektren werden entweder photographiert oder mit der Ionisationskammer aufgenommen.

Bei scharfen Spektrallinien hat SIEGBAHN [41]) das Verhältnis der Wellenlänge zum Abstand der spiegelnden Netzebenen photographisch gelegentlich mit einer Genauigkeit von $2 \cdot 10^{-5}$ gemessen. Er gibt z. B. für die K-Linie des Kupfers $\lambda = 1537, 302$ X-Einheiten an, wobei man unter einer X-Einheit 10^{-11} cm versteht. DUANE und seine Mitarbeiter [13]) erreichen mit dem Ionisationsspektrometer Genauigkeiten von etwa 10^{-4}. Doch sind die Wellenlängenangaben nur im Verhältnis zu einander, nicht aber absolut von dieser Genauigkeit. Man kennt nämlich die Gitterkonstanten der Kristalle, und daher die Netzebenenabstände, nicht mit derselben Genauigkeit. Alle Zahlenangaben darüber sind mit einem Fehler behaftet, der daher stammt, daß man zu ihrer Berechnung die Zahl der Atome im Grammatom kennen muß. Diese kennt man mit derselben Genauigkeit, wie das elektrische Elementarquantum, für welches die besten Bestimmungen von MILLIKAN $(4, 774 \pm 0{,}004) \cdot 10^{-10}$ elektrostatische Einheiten ergeben. Da hier die Unsicherheit 10^{-3} ausmacht, und man zur Berechnung der Gitterkonstanten die dritte Wurzel ausziehen muß, so beträgt der mögliche Fehler bei diesen noch $3 \cdot 10^{-4}$. Für jene Wellenlängenangaben setzt man daher im Anschluß an SIEGBAHN mit einer gewissen Willkür für den Abstand der gewöhnlich benutzten Netzebenen (100) des Kalkspaths bei 18° C.

$$3{,}02904 \cdot 10^{-8} \text{ cm} \quad (^{10}\log (2\,d) = 0{,}7823347 - 8).$$

Benutzt man einen anderen Kristall, so muß man dessen Gitterkonstante zunächst auf die des Kalkspaths zurückführen, indem man die Glanzwinkel derselben Spektrallinie an ihnen vergleicht.

Eine zurzeit noch schwer abschätzbare Fehlerquelle liegt unseres Erachtens in der Ungenauigkeit der elementaren Interferenztheorie, und der aus ihr fließenden BRAGGschen Gleichung

$$n\lambda = 2\,d \cdot \sin \varphi,$$

welche M. STENSTRÖM[42]) und E. HJALMAR[25]) gefunden haben, und welche SIEGBAHN l. c. bestätigt. Die Sinus der Glanzwinkel φ verhalten sich für die Interferenzmaxima verschiedener Ordnung bei derselben Spektrallinie nicht genau wie ganze Zahlen. Deswegen benutzt man zurzeit für Präzisionsmessungen nur die erste Ordnung, ohne für diese der BRAGGschen Formel hinreichend sicher zu sein. Die Theorie dieser Abweichungen von P. P. EWALD[17]) legte es eigentlich näher, gerade die höheren Ordnungen zu bevorzugen. Denn sie liefert für den Zusammenhang zwischen der wirklichen Wellenlänge λ und der in n^{ter} Ordnung nach der BRAGGschen Formel gemessenen, λ_n, die Gleichung

$$\lambda = \lambda_n \left(1 + \frac{A}{n^2} \right),$$

in welcher A eine nur vom Kristall und der spiegelnden Netzebene abhängige Zahl darstellt. [Vgl. EWALDS Formeln (5) und (7)]. Die Größe von A schätzt EWALD nach Messungen von HJALMAR am Gips auf $-1{,}4 \cdot 10^{-3}$. Die Genauigkeit der Messungen wäre also danach durch die Abweichungen von der BRAGGschen Gleichung wesentlich beeinträchtigt. Doch beruhen EWALDS Rechnungen auf der Vorstellung schwingender Dipole statt der wirklichen Atome, und sind auch nicht mit allen Messungen HJALMARS in Einklang, so daß ein abschließendes Urteil noch nicht möglich ist. Die weitgehenden und gut zutreffenden Gesetzmäßigkeiten zwischen den Röntgenlinien, die man aus den Messungen hat ableiten können, sprechen sehr für deren Genauigkeit.

Die Grenzen der bisherigen Wellenlängenmessung mittels der Kristalle liegen etwa bei 14000 und bei 100 X-Einheiten. Ein Bedürfnis, zu kürzeren Wellen zu gelangen, liegt für die Röntgenspektrallinien nicht vor; denn versteht man darunter solche Spektrallinien, welche in den inneren Ringen der Elektronenhülle der Atomkerne entstehen, so sind sie alle langwelliger als die bei 107,5 X-Einheiten liegende K-Grenze des Urans*). Die Höchstgenauigkeit ist freilich nicht ganz bis an diese untere Grenze erreicht. Für die aus dem Atomkern stammenden γ-Strahlen, die jedenfalls zum großen Teil *viel* kurzwelliger sind, haben E. RUTHERFORD und ANDRADE[37]) mittels einer abgeänderten Kristallmethode Wellenlängen von 99 und 71 X-Einheiten gemessen. Und für das kontinuierliche Röntgenspektrum, das man zurzeit für die medizinische Tiefentherapie möglichst kurzwellig zu machen strebt, gibt es ungefähre Messungen bis etwa 50 X-Einheiten hinab. Nach oben ließe sich die Meßgrenze nur dann verschieben, wenn man Kristalle von wesentlich größerem Netzebenenabstand als Gips (7, $621 \cdot 10^{-8}$ cm) und Zucker ($10 \cdot 10^{-8}$ cm) zur Verfügung hätte. Die hochmolekularen organischen Kristalle, auf welche man hier Hoffnungen setzen könnte, haben sich wegen mangelnder Schärfe der Interferenzmaxima bisher nicht dazu verwenden lassen. Gut kristallin aussehende Proteine ergaben z. B. bei R. O. HERZOG und W. JANCKE[23]) gar keine Kristallinterferenz.

Mit dem optischen Mittel eines technisch hergestellten, besonders engen Strichgitters hat R. A. MILLIKAN[33 und 34]) die L-Serie bei den ganz niedrigen Atomzahlen (13 Al, 12 Mg und 11 Na) gemessen. Er ist damit bis zu Wellenlängen von 136 Angström-Einheiten = 136000 X-Einheiten hinabgekommen, also bis zum zehnfachen der mit den Kristallen meßbaren Wellenlänge. Man kann so auch den Übergang der L-Reihe in die optischen Spektren bei 3 Li, 4 Be usw. verfolgen. Als La-Linie bei Lithium z. B. ist die bekannte rote Linie 6708 Angströmeinheiten anzusehen.

Neben diesen beiden Interferenzmethoden spielen zwei quantentheoretische eine vorläufig zwar nur geringe Rolle. Sie führen die Wellenlängenbestimmung auf Geschwindigkeitsmessungen an Elektronen zurück, die entweder die Röntgenstrahlen erregen oder von solchen bzw. von γ-Strahlen lichtelektrisch ausgelöst werden. Das erste Verfahren beruht auf dem DUANE-HUNTschen Verschiebungsgesetz, von dem wir in Absatz 2 berichten. Wird es dabei auch weit über den Bereich hinaus gebraucht, für den es bestätigt ist, so ist doch das Vertrauen auf diese einfache Quantenbeziehung zurzeit so groß, daß man daran keinen Anstoß nehmen wird. So bestimmt z. B. H. M. DADOURIAN[10]) aus den Potentialdifferenzen von 20 bis 1000 V, welche er zur Erzeugung von Röntgenstrahlen mit Erfolg benutzt — früher hatten DEMBER, J. J. THOMSON

---

*) An das Dasein einer J-Serie, die kurzwelliger wäre als die K-Serie, vermögen wir trotz der Messungen von C. G. BARKLA und M. P. WHITE (Phil. Mag. 1917, Bd. 34, S. 270) und A. CROWTHER (Phil. Mag. 1921, Bd. 42, S. 719) nicht zu glauben. Spektroskopisch hat sie sich jedenfalls nicht finden lassen, trotzdem verschiedene Forscher, u. a. nach Mitteilung von SIEGBAHN auch in LUND (Jahrb. d. Radioakt. u. Elektronik 1922, Bd. 18, S. 240) sowohl in Emission als in Absorption danach gesucht haben. Vgl. auch M. SIEGBAHN und R. A. WINGARDH (Phys. Zschr. 1920, Bd. 21, S. 83), F. R. RICHTMYER (Phys. Rev. 1921, Bd. 17, S. 433 und Bd. 18, S. 13.

u. a. schon ähnliche Versuche gemacht — die größten Wellenlängen zu 60000 X-Einheiten.

Das zweite Verfahren beruht darauf, daß ein Röntgenstrahl bei der Absorption stets das seiner Schwingungszahl ν entsprechende Energiequantum $h\nu$ abgibt. Macht er dabei ein Elektron frei — dies geschieht vorzugsweise in den inneren Schalen des Atomverbandes — so wird ein Teil dieses Quantums zur Ablösungsarbeit verbraucht, die sich z. B. aus der Schwingungszahl ν_K der K-Grenze zu $h\nu_K$ ergibt, wenn das Elektron aus der K-Schale stammt. Der Rest tritt als kinetische Energie E des Elektrons in Erscheinung, so daß

$$E = h(\nu - \nu_K)$$

ist (vergl. M. DE BROGLIE [6]). Auf diese Art haben O. W. RICHARDSON und C. B. BAZZONI [35]) ganz langwellige Röntgenstrahlen nachgewiesen; nämlich die K-Strahlung des $6\,C$ bei 43400 und die M-Strahlung des $42\,Mo$ bei 34800 X-Einheiten. M. DE BROGLIE [5]) hat dies Verfahren zu hoher Vollkommenheit ausgebildet; er vermochte die vier Hauptlinien der K-Reihe von $74\,W$ besser zu trennen, als mit einem Kristallspektrometer. Da nach C. D. ELLIS [15]) und L. MEITNER [31]) derselbe Vorgang sich beim radioaktiven Zer.fall zwischen den aus dem Kern stammenden γ-Strahlen und den Elektronen in dessen Umgebung abspielt, verspricht diese Methode aber auch zur Bestimmung kurzwelliger γ-Strahlen wertvolle Dienste. Als kürzeste bisher bestimmte Wellenlänge gibt L. MEITNER [32]) die beim $Th\,C''$ vorkommende von 24,5 X-Einheiten, C. D. ELLIS [16]) beim $Ra\,C$ 20,3 X-Einheiten an.

2. *Das kontinuierliche Röntgenspektrum.*

Über das kontinuierliche Röntgenspektrum haben wir bisher nur ein exaktes Ergebnis. Durchlaufen die Elektronen in der Röntgenröhre den Potentialunterschied V und bedeutet e die Elektronenladung, so gilt unabhängig von dem Material der Antikathode sowie von allen sonstigen den Vorgang beeinflussenden Faktoren für die größte Schwingungszahl des kontinuierlichen Spektrums das einfache Gesetz:

$$e \cdot V = h\nu$$

Spricht man statt dessen lieber von der kürzesten Wellenlänge und mißt man sie in X-Einheiten, die Spannung aber in Volt, so ist

$$V \cdot \lambda_{\min} = 1{,}234 \cdot 10^7.$$

An dieser Stelle bricht das Spektrum *scharf* ab. Dies Verschiebungsgesetz haben DUANE und HUNT 1915 aufgestellt. Es ist von vielen Autoren im Bereich von 4500 bis 170000 Volt vollauf bestätigt worden, mit dem am genauesten von E. WAGNER [46]). In dessen umfassendem Bericht [47]) findet sich die Literatur darüber aufgezählt.

Die Genauigkeit, mit der das Gesetz zutrifft, ersieht man am besten aus der Möglichkeit, mit seiner Hilfe Präzisionsmessungen des PLANCKschen elementaren Wirkungsquantums h auszuführen. E. WAGNER findet so $h = (6,53 — 0,01) \ 10^{-27} \ g \cdot cm^2 \cdot sek^{-1}$, DUANE und HUNT $(6,557 — 0,013) \cdot 10^{-27}$, während doch zurzeit wohl als sicherster Wert $6,54 \cdot 10^{-27}$ gilt.

In diesem Verschiebungsgesetz findet die alte Beobachtung die erste strenge Formulierung, daß mit wachsender Spannung an der Röhre die »Härte« der Röntgenstrahlen zunimmt. Die nach Ionisationsmessungen veröffentlichten Spektralkurven zeigen auch beim Intensitätsmaximum eine Verschiebung mit wachsender Spannung zu den kurzen Wellen (Vergl. C. Z. ULREY[44]). Die Gesamtintensität wächst dabei sehr stark; nach ULREYS Ergebnissen auf das 35fache, wenn die Spannung von 20000 auf 50000 Volt ansteigt. Sie scheint ferner in guter Annäherung zur Atomnummer des strahlenden Körpers proportional zu sein. Doch ist bei diesen Feststellungen zu bedenken, daß keine Ionisationsmessung bisher einen sicheren Rückschluß auf die wirkliche Energie der Strahlung gestattet. Auf andere fälschende Einflüsse macht überdies H. KÜSTNER[28]) aufmerksam. Eine absolute Energiemessung bei Röntgenstrahlen haben wir überhaupt noch nicht*). Schon deswegen scheint uns der Versuch von H. BEHNKEN[2]) sowie von A. MARCH[30]) auf halbtheoretischem Wege eine mit diesen Messungen verträgliche Intensitätsformel aufzustellen, verfehlt. Wertvoll hingegen ist die Feststellung des ersteren Autors, daß die spektrale Energieverteilung bei gleichem Antikathodenmaterial ausschließlich von der Spannung, nicht aber daneben noch von der Stromdichte am Brennfleck abhängt.

Bald nach Entdeckung der Röntgenstrahlen hatte W. WIEN aus dem DOPPLERschen Prinzip gefolgert, daß die Härte dieser Strahlen von ihrer Richtung gegen die erzeugenden Kathodenstrahlen abhängen müsse. Je kleiner der Winkel zwischen beiden, um so kurzwelliger die Röntgenstrahlung. Ältere Versuche von W. FRIEDRICH[19]) haben dies auch für spektral unzerlegte Strahlung nachgewiesen. E. WAGNER[43]) hingegen weist jetzt ausdrücklich darauf hin, daß die kurzwellige Grenze des kontinuierlichen Spektrums unabhängig von der Strahlrichtung an der vom DUANE-HUNTschen Gesetz verlangten Stelle liegt. Wohl aber fällt von der Gesamtenergie des Spetrums ein um so größerer Teil auf die längeren Wellen, je größer jener Winkel gewählt ist. Für die mittlere Härte der Röntgenstrahlen bleibt also der obige Schluß aus dem DOPPLERschen Prinzip richtig.

3. *Die Spektrallinien und Absorptionskanten.*

Die größten Erfolge hat die Röntgenspektroskopie in der präzisionsmäßigen Ausmessung einer überaus großen Zahl von Spektrallinien und vieler Absorptionskanten gefeiert und in deren so gut wie vollständigen Zurückführung auf Terme. Eine Unzahl höchst gewissenhafter und scharfsinniger

---

*) Ein genaues Verfahren zur *Vergleichung* zweier Intensitäten bei derselben Wellenlänge haben M. SIEGBAHN und K. A. WINGARDH (Phys. Zschr. 1920, Bd. 21, S. 83) ausgearbeitet.

experimenteller und theoretischer Untersuchungen hat diesen großen Erfolg gezeitigt. Wir verzichten auf die Anführung aller Arbeiten, da in jüngster Zeit zwei das ganze Zahlenmaterial und die ganze Literatur umfassende Berichte von G. WENTZEL [51]) und M. SIEGBAHN [40]) erschienen sind. Im ersteren sind sogar alle Wellenlängen einheitlich auf den oben genannten Netzebenenabstand beim Kalkspat umgerechnet, was in der Originalliteratur nicht immer der Fall ist, zudem sind die Schwingungszahlen im Verhältnis zur Rydbergkonstanten tabelliert. In den Tabellen ist ebenso vollständig die 3. Auflage von A. SOMMERFELDS Buch »Atombau und Spektrallinien« (Braunschweig 1922). Nur jüngere Arbeiten, welche in jenen Berichten noch nicht genannt werden konnten, führen wir im folgenden an.

Man hat jetzt Präzisionsmessungen für die Linien der K-Reihe für die Elemente von 11 Na bis zu 78 Pt, wenn auch mit erheblichen Lücken, bei der L-Reihe von 29 Cu bis 92 U, für die M-Reihe von 66 Dy bis 92 U. Für die N-Reihe haben wir nur wenige Messungen von V. DOLEJSEK [12]) und zwar an den Elementen 83 Bi, 90 Th und 92 U; ihre Linien liegen selbst für diese höchsten Atomzahlen dicht an der oberen Grenze der Wellenlängenmessung mit Kristallen und entziehen sich deshalb für niedere Atomzahlen vorläufig der Bestimmung. Die Linien der M-Reihe werden von W. STENSTRÖM als sehr verwaschen geschildert, im Gegensatz zu denen der K- und L-Reihe, deren spektrale Breite zurzeit wohl noch als unmeßbar klein zu bezeichnen ist.

Die Absorptionsgrenzen kennt man für die K-Reihe ziemlich vollständig von 12 Mg bis 92 U, die 3 L-Grenzen von 55 Cs bis 92 U, die 5 M-Grenzen nur bei 83 Bi, 90 Th und 92 U.

Die Benennungen der Linien einer Reihe wechseln von Autor zu Autor. Nach dem Vorbild der optischen Spektroskopie geht man aber mehr und mehr dazu über, sie durch Angabe der Terme zu bezeichnen, aus deren Differenz sich ihre Schwingungszahl berechnet. Da die Terme, wenigstens die für die regulären Linien in Betracht kommenden, einheitlich und nach einem einfachen Prinzip benannt werden, ist so jede Mehrdeutigkeit ausgeschlossen.

Allerdings ist dies Verfahren erst möglich, seit man alle regulären Linien in das Schema der Terme einordnen kann. Und man ist erst im letzten Jahr so weit gekommen, daß man sagen kann: Eine Linie, die sich dem Termschema nicht fügt, gehört nicht dem Atom im Normalzustande, sondern dem ein- oder mehrfach ionisierten Atom an; sie ist keine »reguläre« oder — wie man in einer optischen Sprechweise sagt — Bogenlinie, sondern eine Funkenlinie. Das Kombinationsprinzip, d. h. die Grundgleichung

$$\nu = T_1 - T_2$$

des Termschemas (T_1 und T_2 sind Terme), wird dabei in voller Strenge durchgeführt. Die von SOMMERFELD und anderen früher gefundenen

Abweichungen (Kombinationsdefekte) sind ausnahmslos als Verwechslungen benachbarter Terme aufgeklärt.

Man kennt bei den Elementen, deren Atomzahl über 86 (Emanation) liegt, 1 K-Term, 3 L-Terme, 5 M-, 7 N-, 5 O- und 3 P-Terme, zusammen 24 verschiedene Terme. Über ihre Zahlenwerte (Schwingungszahl der zugehörigen Absorptionsgrenze im Verhältnis zur Rydbergzahl) gibt die Tabelle 53 des Sommerfeldschen Buchs, soweit zurzeit möglich, Auskunft, während Tabelle 54 daselbst angibt, wie man diese Terme am

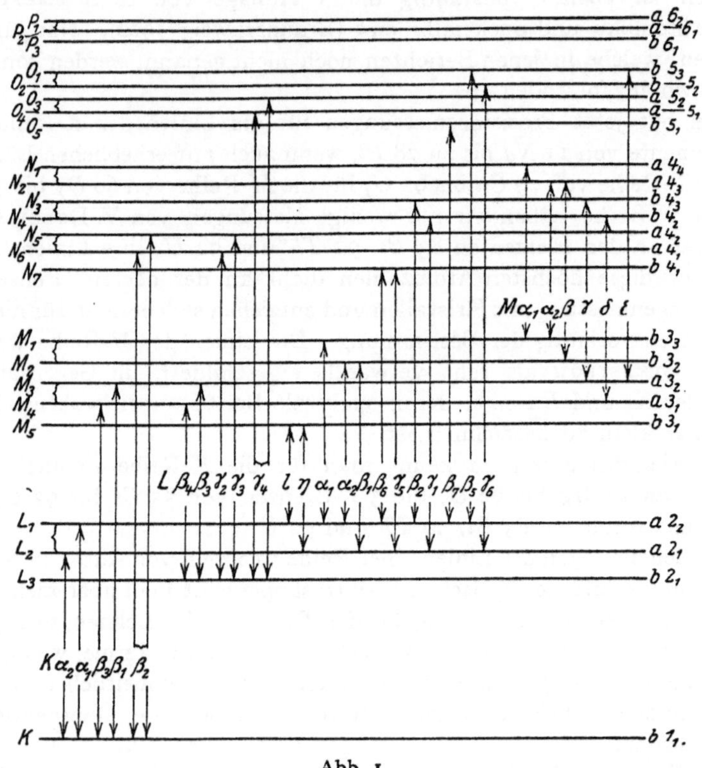

Abb. 1.

genauesten aus den Beobachtungen berechnet. Nur die P-Terme sind daselbst nicht berücksichtigt. Über sie weiß man nur wenig; einmal aus einer Angabe von A. Dauvillier[11]) über die härteste L-Linie des Uran und einer anschließenden Diskussion von G. Wentzel[51]), sodann aus der erwähnten Arbeit von Dolejsek[12]). Geht man mit der Atomzahl abwärts, so fallen wegen Mangels der zugehörigen Elektronen die höheren Terme nach und nach fort, zugleich natürlich alle die Linien, für die sie Ausgangsterme sind. An der Stelle des periodischen Systems, an der eine bestimmte Linie verschwindet, muß eines der obigen Termen entsprechenden Energieniveaus aufhören, mit Elektronen besetzt zu sein.

Deshalb sind solche Stellen für die Entwicklung der Bohrschen Vorstellungen über den Atombau von größter Bedeutung. Überhaupt hat
die empirische Röntgenspektroskopie durch die
Darstellung aller regulären Linien durch 24 Terme
so viel für die Erkenntnis des Atombaus getan,
als ihr irgend möglich ist.

Über die Energiestufen, welche den Termen
entsprechen, gibt Fig. 1, entnommen aus D. Co-
sters[9]) Arbeit, einen qualitativen Aufschluß.
Je tiefer eine Stufe, um so größer der Term
und die Energie, die zur Entfernung eines
Elektrons von ihr gehört. Die Striche, welche
je zwei Stufen verbinden, bedeuten mögliche
Übergänge zwischen ihnen, also Spektrallinien.
Nur die Übergänge aus den P-Stufen sind noch
nicht eingezeichnet. Hier ist als Ergänzung
Fig. 1 von Dolejsek a. a. O. heranzuziehen.

Es sind aber durchaus nicht alle denkbaren
Kombinationen zweier Stufen berücksichtigt.
Genau wie für das sichtbare Spektrum gibt es
nämlich ein Auswahlprinzip, welches manchen
derartigen Übergang verbietet. Und in der Tat
finden sich die »verbotenen« Linien in den
Spektralaufnahmen höchstens sehr schwach.
Daß sie nicht immer ganz ausfallen, läßt sich
zwanglos durch die meist benutzte Erregung der
Röntgenstrahlen durch Elektronenstoß erklären.
Auch aus dem Optischen weiß man ja, daß
Elektronenstoß die strenge Gültigkeit der Aus-
wahlprinzipien durchbricht.

Wie die Terme selbst ist das Auswahlprinzip
vorwiegend empirisch gefunden; es wird von
verschiedenen Autoren verschieden ausgesprochen. Wir folgen darin zunächst Sommerfeld
und Wentzel und geben die Übersicht der
Terme und der zugehörigen Quantenzahlen in
der Tabelle.

Jeder der 6 Elektronen-»Schalen« ist zunächst eine *Quantensumme* k zugeordnet, die
von Schale zu Schale um eine Einheit wächst;
zudem eine *azimutale Quantenzahl* n, welche

Tabelle I.

	K	L-Schale	M-Schale	N-Schale	O-Schale	P-Schale
Scheinbare Quantenzahl … s	1	2	3	4	3	2
Quantensumme … k	1	2	3	4	5	6
	K	$L_1\ L_2\ L_3$	$M_1\ M_2\ M_3\ M_4\ M_5$	$N_1\ N_2\ N_3\ N_4\ N_5\ N_6\ N_7$	$O_1\ O_2\ O_3\ O_4\ O_5$	$P_1\ P_2\ P_3$
Grundquantenzahl … m	1	2 2 1	3 3 2 2 1	4 4 3 3 2 2 1	3 3 2 2 1	2 2 1
Azimutale Quantenzahl … n	1	2 1 1	3 2 2 1 1	4 3 3 2 2 1 1	3 2 2 1 1	2 1 1

mindestens gleich 1 und höchstens gleich k ist. Durch dieselben Zahlen
kennzeichnen auch Bohr, Coster und Dolejsek die Energiestufen und
sie sind in der obigen Figur angegeben, k als die Hauptziffer, n als der

ihr angehängte Zeiger (z. B. bedeutet $4_3 : k = 4$, $n = 3$). Daneben aber kennt die SOMMERFELD-WENTZELsche Tabelle noch eine *scheinbare Quantenzahl s*; $2s - 1$ gibt die Zahl der Unterteilungen der Schale in Energiestufen an. Wichtiger für das Auswahlprinzip ist die *Grundquantenzahl m*, die nie kleiner als n, nie größer als s ist. Dies Prinzip selbst lautet nun: Zwei Terme lassen nur dann sich kombinieren, wenn ihre Grundquantenzahl m um 1, ihre Azimutalquantenzahlen n um 1 oder 0 verschieden sind. COSTER und DOLEJSEK ordnen statt dessen (vgl. obige Figur) die Stufen in a- und b-Stufen und sagen: Es kombiniert sich immer nur eine a- mit einer b-Stufe.

Die Theorie vermag die Bedeutung dieser Quantenzahlen ebensowenig völlig zu klären, wie sie die genaue Berechnung der Energiestufen ermöglicht. Denn die mathematische Behandlung der Elektronenbewegung in einem Atom mit höherer Atomzahl ist hoffnungslos, und die Vorstellungen, welche BOHR[4]) entwickelt, vermögen sie selbstverständlich nur zu einem kleinen Teil zu ersetzen. Wichtig ist hingegen BOHRS Auffassung, daß die Unterteilung einer Schale in (z. B. bei der L-Schale 3) Stufen keineswegs auf ebensoviel verschiedene bei verschiedenen Atomen verwirklichte Normalzustände hinweist; nur verschiedene Anordnungen der Elektronen in Atomen, die eins verloren haben, entsprechen diesen Stufen[*]). Da die Arbeit, die zur Entfernung eines Elektrons notwendig ist, von der Anordnung der übrig bleibenden abhängt, versteht man den Unterschied zwischen diesen Termen. SOMMERFELD, der früher anderer Anschauung zuneigte, begründet jetzt auf S. 614 u. f. seines Buches diese Ansicht besonders schlagend durch den Hinweis, daß zwei Atome mit verschiedenen L-Schalen so verschiedene K-Grenzen haben müßten, daß man diese Unterschiede längst hätte finden müssen, wenn sie bei normalen Atomen einigermaßen gleich häufig aufträten.

Die Unterteilungen der Schalen geben Anlaß zu sogenannten Dubletts. Z. B. beruht das Dublett der Linien $K—L_1$ und $K—L_2$ (K_α und $K_{\alpha'}$) auf dem Nebeneinanderbestehen der Stufen L_1 und L_2. In Tabelle 1 sind deswegen je zwei aufeinander folgende Stufen mit Klammern verbunden. Man unterscheidet relativistische Dubletts (obere Klammer) von Abschirmungsdubletts (untere Klammer). SOMMERFELD nennt erstere regulär, letztere irregulär, obwohl beide in ihrer Abhängigkeit von der Atomzahl einfachen Gesetzen folgen. Bei den relativistischen Dubletts ist nämlich der Unterschied der beiden Energiestufen im wesentlichen proprotional zu Z^4, und der entsprechende Unterschied der Wellenlänge demnach ungefähr unabhängig von Z. Das von G. HERTZ[22]) gefundene Gesetz der Abschirmungsdubletts hingegen sagt, daß der Energieunterschied proportional zu Z, der Wellenlängenunterschied proportional zu Z^{-3} ist. In der Tabelle wechseln relativistische und Ab-

---

[*]) Vgl. auch W. GROTRIAN, Z. f. Phys. 1921. Bd. 8, S. 116.

schirmungsdubletts regelmäßig ab. Das läßt sich auch dahin aussprechen, daß zwei Stufen derselben Schale dann ein relativistisches Dublett bilden, wenn ihre Grundquantenzahlen m übereinstimmen und ihre azimutalen Quantenzahlen n sich unterscheiden.

Ihren Namen haben diese Dubletts von ihrer formelmäßigen Darstellung her. Die ersteren lassen sich nämlich vortrefflich aus der Formel ableiten, welche SOMMERFELD für die Aufspaltung der Wasserstofflinien infolge der relativistischen Massenveränderlichkeit gegeben hat. Sie stellen ein bei höheren Atomzahlen millionenfach vergrößertes Wasserstoffdublett dar. Freilich muß man dabei von der Atomzahl Z, die in diese Gleichung eingeht, eine empirisch bestimmte Abschirmungszahl s abziehen, also statt Z schreiben: $Z—s$. Für das Dublett $L_1—L_2$ ist z. B. $s = 3,5$. Daß eine solche Abänderung notwendig ist, darf niemanden wundern, eher, daß überhaupt noch für die höheren Atomzahlen die für den einfachen Wasserstoffkern mit seinem einen Elektron abgeleitete Formel sich auf die so unendlich verwickelteren Bewegungen bei den höheren Kernladungen anwenden läßt. Die Abschirmungsdubletts hingegen stellt man einfach durch Unterschiede in den Abschirmungszahlen dar; eine tiefere Deutung fehlt bisher. (Siehe SOMMERFELD, Kap. 8, § 5.)

Bei den niedrigen Atomzahlen, bei denen die Röntgenlinien allmählich in das optische Gebiet rücken, muß sich der Dublettunterschied der L-Stufen auch in den Spektralformeln für das optische Spektrum zeigen. In der Tat kann so W. GROTRIAN [20]) das L-Dublett im Spektrum des Neon nachweisen.

Die wenigen und verhältnismäßig schwachen Linien, welche sich nicht in das obige Termschema einordnen lassen, erklärt G. WENTZEL [53]) für Funkenlinien; sie sollen in Atomen entstehen, welche aus der K-, der L- oder einer der anderen Schalen schon ein oder mehr Elektronen verloren haben, also ionisiert sind. Mittels einer Überschlagsrechnung kann er sämtliche derartige Linien, die man kennt, auf diese Weise modellmäßig deuten, insbesondere auch die kurzwelligen Satelliten der $K—L_1$-Linie. Zugleich ergibt dieser Gedanke eine neue Deutung für die komplexe Struktur der K-Grenze, welche FRICKE [18]), G. HERTZ [22]), M. DE BROGLIE und A. DAUVILLIER [7]), sowie W. STENSTRÖM [42]) beobachtet haben. Diese Auffassung möchten wir der älteren Deutung W. KOSSELS [27]), daß ein aus einer inneren Schale hinausgeworfenes Elektron nicht immer ins Unendliche befördert wird, sondern auch in eine der unbesetzten Quantenbahnen weiter außerhalb gelangen kann, und daß dies den in der Vielfachheit der K-Grenze zum Ausdruck kommenden Energieunterschied ergibt, vorziehen. Vor allem, weil die oben erwähnten Arbeiten von ELLIS und Frl. MEITNER die Auffassung empirisch stützen, daß ein solches Elektron immer bis ins Unendliche gelangt.

Dagegen bleibt KOSSELS Deutung für den Unterschied zwischen optischer Absorption und solcher im Röntgengebiet nach der neueren Entwicklung der BOHRschen Vorstellungen bestehen. Bei der optischen

Absorption wird das »Leuchtelektron« auf eine unbesetzte Quantenbahn gehoben, von der es unmittelbar wieder in die alte Bahn zurückfallen kann. So tritt dieselbe Linie in Absorption und Emission auf. Aus der K- oder L-Schale hingegen kann kein Elektron in eine der nächsthöheren Schalen gelangen, weil diese im allgemeinen voll besetzt sind. Es muß ganz aus dem Atomverband ausscheiden. Ist dies geschehen, so stellt sich die ursprüngliche Anordnung im allgemeinen so her, daß die unvollständig gewordene Schale sich aus einer der nächsthöheren Energiestufen ergänzt, und daß in diese die Elektronen von weiter außen nachfallen. Die Emissionslinien, welche diesen Vorgängen entsprechen, treten in Absorption nicht auf.

Um durch Elektronenstoß die Linien einer Spektralreihe hervorzurufen, muß man danach die Stoßenergie mindestens gleich der Ablösungsarbeit aus der der Reihe entsprechenden Energiestufe, d. h. gleich h mal der Schwingungszahl der Absorptionsgrenze wählen. Dann aber entstehen alle Linien der Reihe gleichzeitig. Daß die Erfahrung diesen Schluß vollauf bestätigt, zeigen Versuche von A. W. HULL und M. RICE [26]) und D. L. WEBSTER [50]). Die von ihnen bei verschiedenen Spannungen gemessenen Spektralkurven zeigt auch der Bericht von E. WAGNER [48]) über das kontinuierliche Spektrum in seinen Figuren 5 und 6.

Die Entstehung der Röntgenspektren in den inneren Schalen erklärt bekanntlich auch, daß sie von der Nachbarschaft des Atoms, also z. B. seiner chemischen Bindung, dem Aggregatzustand und bei allotropen Elementen von der Modifikation weitgehend unabhängig sind. R. SWINNE [43]) hat zuerst ausgesprochen, daß diese Unabhängigkeit nicht strenge besteht, und in der Tat haben Versuche von J. BERGENGREN [4]) und A. E. LINDH [29]) an zwei Elementen mit niedrigen Atomzahlen — bei denen die inneren Schalen naturgemäß nicht so gut gegen äußere Einflüsse abgeschirmt sind — chemische Einflüse auf die K-Grenzen nachgewiesen, nämlich bei 15 P und 17 Cl. Die Absorptionsgrenze des schwarzen Phosphors ist um 17 X-Einheiten langwelliger als die des chemisch aktiven Phorphors, und beim violetten Phosphor findet man sie doppelt, so daß man diese Modifikation wohl als ein Gemisch auffassen muß, dessen einer Bestandteil, nach der Lage der K-Grenze zu urteilen, der schwarze Phosphor ist. Chlor zeigt als Element dieselbe Absorptionskante, wie als einwertiges Ion in den Alkalichloriden; wo es aber 5-wertig auftritt, ist seine K-Grenze nach kürzeren Wellen verschoben, noch mehr, wenn es sich siebenwertig verhält. — Bei isotopen Elementen hat man niemals einen Unterschied im Röntgenspektrum gefunden, was zu der Vorstellung stimmt, daß die Elektronenanordnung und -Bewegung sich bis auf Verschwindendes aus der Kernladung, nicht aus der Kernmasse bestimmt (vergl. z. B. C. D. und D. COOKSEY) [8]).

In erster Näherung ist bekanntlich $\sqrt{\nu}$ für alle Röntgenlinien eine lineare Funktion der Atomzahl Z. Dies MOSELEYsche Gesetz gilt aber nicht bei den niedrigen Atomzahlen, bei denen die Schalen, welche für die betreffenden Linien in Betracht kommen, nicht mehr vollständig besetzt sind. Für die Linie L_1—M_2 ($L\alpha$) gilt es nach MILLIKAN [33] ziemlich gut hinunter bis zu $Z = 11$ (Na), versagt dann aber vollständig.

4. Das Absorptionsgesetz.

Wie sich das Linienspektrum im Röntgengebiet durch Einfachheit vor den optischen Spektren auszeichnet, so zweifellos auch das Absorptionsgesetz. Das lassen schon die bisherigen, gewiß nicht endgültigen Formulierungen erkennen, welche, wie beim Linienspektrum, den Körper nur durch seine Atomnummer kennzeichnen. Man muß hier unterscheiden zwischen der wahren Absorption, d. h. der Verwandlung von Strahlungsenergie in Energie ausgelöster Elektronen, in andere Strahlung und — vielleicht nur mittelbar — in Wärme, und der Zerstreuung, bei welcher die Strahlung ihre Schwingungszahl und, wie die Kristallinterferenzen zeigen, auch ihre Schwingungsform behält. Man bezeichnet den Koeffizienten, der die wahre Absorption mißt, mit μ ,den Zerstreuungskoeffizienten mit σ. Die Schwächung eines Strahls auf die Strecke d wird dann durch die Exponentialfunktion

$$e^{-\mu' d} = e^{-(\mu + \sigma)d}$$

ausgedrückt. μ' könnte man wohl passend als den Schwächungskoeffizienten bezeichnen. Nun setzt sich aber die an einen Körper abgegebene Energie additiv aus den Abgaben an die einzelnen Atome zusammen. Infolgedessen definiert man für jedes Element einen atomaren Absorptions- und Zerstreuungskoeffizienten

$$\mu_a = \frac{\mu}{\varrho}A, \quad \sigma_a = \frac{\sigma}{\varrho}A \qquad (\varrho \text{ Dichte, } A \text{ Atomgewicht})$$

von der Dimension $m^{-1}\lambda^2$. Wollte man ihn auf das wirkliche Atom beziehen, so hätte man noch mit der Masse des Wasserstoffatoms zu multiplizieren; doch läßt man üblicherweise diese universelle Konstante fort.

Ausführliche Untersuchungen und einen eingehenden Bericht mit umfassenden Literaturangaben verdanken wir R. GLOCKER [20]). Die dort erwähnten Absorptionsgesetze haben alle die Form:

$$\mu_a = CZ^p\lambda^q,$$

wobei die drei universellen Konstanten zu beiden Seiten einer Absorptionsgrenze verschiedene Werte haben. Trägt man, wie üblich, $\log \mu_a$ als Ordinate, $\log \lambda$ als Abszisse auf, so ist dieser Zusammenhang durch Stücke gerader Linien dargestellt, welche sich an den Absorptionskanten unstetig aneinander schließen. (Es bedarf keiner Erwähnung, daß das Gebiet, in welchem die Feinstruktur der Kante liegt, hier außer Betracht bleibt.) Die Beobachtungen beziehen sich meist nur auf das Verhalten an der K-Grenze.

Den Konstanten der obigen Formel gibt GLOCKER zuletzt die Werte:

$$C = \frac{22,8}{1120} \cdot 10^{-6}\ \mathrm{gr}^{-1}\ \mathrm{cm}^{2-q}, \qquad p = \frac{4,28}{3,72}, \qquad q = 2,8 \qquad \begin{array}{l}\text{für } \lambda > \lambda_x\text{-Grenze} \\ \text{für } \lambda < \lambda_x\text{-Grenze.}\end{array}$$

K. A. WINGHARD [59]), der sehr sorgfältige Messungen an einer Reihe von Elementen zwischen 6 C und 82 Pb, aber nur für die eine Wellenlänge 708 X-Einheiten gemacht hat, gibt für den atomaren Schwächungskoeffizienten die Formel

$$\mu'_a = \alpha \cdot Z^p, \qquad p = \begin{array}{l}3,44 \ \text{für } \lambda > \lambda_x\text{-Grenze} \\ 3,75 \ \text{für } \lambda < \lambda_x\text{-Grenze.}\end{array}$$

Andere Forscher bestätigen für den Schwächungskoeffizienten eine aus theoretischen Erwägungen hervorgegangene Formel:

$$\mu'_a = C Z^p \lambda^3 + f(Z),$$

in welcher der erste Summand die wahre Absorption, der zweite, von λ unabhängige, die Zerstreuung bestimmen soll. An den Absorptionskanten soll sich nur C ändern. So Tycho E: SON AUREN [1]), der im Gegensatz zu den folgenden die Strahlung nicht im Spektrometer zerlegt, C. W. HEWLETT [24]), der die Körper von 3 Li bis 26 Fe untersucht, und F. K. RICHTMYER [36]) der an den Elementen 13 Al, 29 Cu, 42 Mo, 47 Ag, und 82 Pb Messungen ausführt. Doch betont z. B. HEWLETT das Auftreten von Abweichungen. Über den Wert von p herrscht keine Übereinstimmung; RICHTMYER gibt 4, HEWLETT *etwa* 3 an. Für besonders kurze Wellen (95—165 X-Einheiten) haben W. DUANE und K. C. MAZUNDER [14]) an 13 Al und 29 Cu das Gesetz

$$\mu'_a = \alpha \lambda^3 + \beta$$

bestätigt gefunden, ohne die Abhängigkeit von der Atomzahl Z zu untersuchen. Für noch kürzere Wellen haben wir keine quantitativen Bestimmungen.

Literatur.

1. AUREN, T. E. Phil. Mag. 1921, Bd. 41, S. 733.
2. BEHNKEN, H., Zschr. f. Phys. 1921, Bd. 4, S. 241; ebenda 1920, Bd. 3, S. 48.
3. BERGENGREN, J., Zschr. f. Phys. 1920, Bd. 3, S. 247.
4. BOHR, N., Phys. Zschr. 1922, Bd. 9, S. 1.
5. DE BROGLIE, M., Compt. rend. 1921, Bd. 173, p. 1157.
6. — Journ. de phys. 1921, Bd. 2, p. 265.
7. — u. DAUVILLIER, A., Compt. rend. 1921, Bd. 171, p. 629.
8. COOKSEY, C. D. und D., Phys. Rev. 1920, Bd. 16, S. 327.
9. COSTER, D., Phil. Mag. 1922, Bd. 43, S. 1070.
10. DADOURIAN, H. M., Phys. Revue 1919, Bd. 14, S. 234.
11. DAUVILLIER, A., Compt. rend. 1921, Bd. 173, p. 674.

12. Dolejsek, V., Zschr. f. Phys. 1922, Bd. 10, S. 129.
13. Duane, W., Phys. Revue 1918, Bd. 11, S. 488, 489, 516; 1919, Bd. 14, S. 369; 1920, Bd. 16, S. 526; Proc. Nat. Acad. 1920, p. 607.
14. — u. Mazunder, K. C., Proc. Nat. Acad. 1922, Vol. 8, p. 45.
15. Ellis, C. D., Proc. Roy. Soc. 1921, Vol. 99, p. 261.
16. — Ebenda 1922, Bd. 101.
17. Ewald, P. P., Zschr. f. Phys. 1920, Bd. 2, S. 332.
18. Fricke, Phys. Rev. 1920, Bd. 16, S. 202.
19. Friedrich, W., Diss. München 1912.
20. Glocker, R., Phys. Zschr. 1918, Bd. 19, S. 66; vgl. auch Sommerfelds Buch „Atomben und Spektrallinien" 3. Aufl. 1922, S. 231 ff.
21. Grotrian, W., Zschr. f. Phys. 1921, Bd. 8, S. 116.
22. Hertz, G., Zschr. f. Phys. 1920, Bd. 3, S. 19; Phys. Zschr. 1920, Bd. 21, S. 630.
23. Herzog, R. O., u. Jancke, W., Naturwissenschaften 1921, Bd. 9, S. 320.
24. Hewlett, C. W., Phys. Rev. 1921, Bd. 17, S. 284.
25. Hjalmar, E., Zschr. f. Phys. 1920, Bd. 1, S. 439.
26. Hull, A. W. u. Rice, M., Proc. Nat. Acad. 1916, Vol. 2, p. 265.
27. Kossel, W., Zschr. f. Phys. 1920, Bd. 1, S. 119.
28. Küstner, H., Verh. d. D. Phys. Ges. 1921, Bd. 2, S. 56.
29. Lindh, A. E., Zschr. f. Phys. 1921, Bd. 6, S. 303.
30. March, A., Phys. Zschr. 1921, Bd. 22, S. 209; Ann. d. Phys. Bd. 65, S. 449;
31. Meitner, L., Zschr. f. Phys. 1922, Bd. 9, S. 45, 131.
32. — Naturwissenschaften 1922, Bd. 10, S. 381.
33. Millikan, R. A., Proc. Nat. Acad. 1921, Vol. 7, p. 289.
34. — Phys. Rev. 1917, Bd. 10, S. 205; Astrophys. Journ. 1920, Bd. 52, S. 47; Proc. Nat. Acad. 1921, Vol. 7, p. 289.
35. Richardson, O. W., u. Bazzoni, C. B., Phil. Mag. 1921, Bd. 42, S. 1015.
36. Richtmyer, F. K., Phys. Rev. 1921, Bd. 17, S. 264 u. Bd. 18, S. 13.
37. Rutherford, E., u. Andrade, Phil. Mag. 1914, Bd. 28, S. 263.
38. Seemann, H., Ann. d. Phys. 1916, Bd. 49, S. 470; Phys. Zschr. 1921, Bd. 22, S. 580.
39. — Zschr. f. techn. Phys. 1922, Bd. 3, S. 57.
40. Siegbahn, M., Jahrb. d. Radioakt. u. Elektron. 1922, Bd. 18, S. 240.
41. — Zschr. f. Phys. 1922, Bd. 9, S. 68.
42. Stenström, W., Exper. Unters. d. Röntgenspektra. Diss. Lund 1919.
43. Swinne, R. Phys. Zschr. 1916, Bd. 17, S. 481, bes. S. 487.
44. Ulrey, C. Z., Phys. Rev. 1918, Bd. 11, S. 401.
45. Vogel, W., Zschr. f. Phys. 1921, Bd. 4, S. 257.
46. Wagner, E., Ann. d. Phys. 1918, Bd. 57, S. 401.
47. — Jahrb. d. Radioakt. u. Elektron. 1920, Bd. 16, S. 190.
48. — Phys. Zschr. 1920, Bd. 21, S. 621.
49. Weber, A., Zschr. f. Phys. 1921, Bd. 4, S. 360.
50. Webster, D. L., Phys. Rev. 1916, Bd. 7, S, 599.
51. Wentzel, G., Naturwissenschaften 1922, Bd. 10, S. 369.
52. — Zschr. f. Phys. 1922, Bd. 8, S. 85.
53. — Ann. d. Phys. 1921, Bd. 66, S. 437.
54. Winghard, K. A., Zschr. f. Phys. 1922, Bd. 8, S. 363.

XII. Fortschritte im Bereich der Kristallstruktur.

Von **A. Johnsen**-Berlin.

Inhalt:

I. Methodik.

Das *Laue-Verfahren zur Ermittlung der Kristallstruktur* hat besondere Erfolge zuerst in derjenigen Gestaltung gezeitigt, die ihm W. H. und W. L. BRAGG [11]) gegeben haben. Die richtige Annahme, daß die vom Atom reflektierte Intensität mit dem Atomgewicht wächst, sowie die kristallographisch zunächst etwas kühn erscheinende, durch den Erfolg aber gerechtfertigte Hypothese, daß Steinsalz ($NaCl$) und Sylvin (KCl) eine analoge Struktur besitzen, befähigten W. L. BRAGG [12]), zwei Unbekannte auf einmal zu bestimmen, nämlich eine Gitterkonstante und eine Wellenlänge; mit der Wellenlänge konnten neue Gitterkonstanten, mit der Gitterkonstante neue Wellenlängen gemessen werden, wie es besonders M. SIEGBAHN [92]) für die Röntgenfluoreszenz vieler Elemente mit seinem Vakuumspektrographen ausführte. Äußerst fruchtbar zeigte sich bei alledem das von W. L. BRAGG [13]) aus der LAUESchen Beugungs- und Interferenztheorie extrahierte *Reflexionsprinzip*. Daß dieses freilich keine ganz strenge Gültigkeit besitzt, zeigten neuerdings die Messungen von W. STENSTRÖM [97]) und E. HJALMAR [45]); nach P. P. EWALD [22]) ist M. v. LAUES [60]) Ansatz der Dipolschwingungen durch einen komplizierteren zu ersetzen, weil die Röntgenwellen an jeder Gitterebene der reflektierenden Schar eine Phasenverschiebung erfahren, die sich besonders bei großem Minimalabstand der Gitterebenen bemerkbar machen muß, was auch die genannten Präzisionsmessungen ergaben. Das *Braggsche Verfahren*, einzelne wohldefinierte Scharen von Gitterebenen eines sich drehenden Kristalles monochromatisch zu bestrahlen und den Glanzwinkel sowie die Intensität der Interferenzmaxima mittels Ionisierungskammer, Elektroskop und Fernrohr zu messen, wurde von M. DE BROGLIE [16]) so gehandhabt, daß er an die Stelle dieser Instrumente unter Beibehaltung der von BRAGGS [11]) erdachten fokusierenden Anordnung eine photographische Platte setzte; andererseits ist jenes Verfahren durch H. SEEMANNS [89]) *Lochkameramethode* insofern verbessert worden, als anstatt der Primärstrahlen die reflektierte Strahlung durch eine Spaltblende geschickt und der Kristall unmittelbar an die Röntgenröhre gebracht wird; arbeitet man hierbei mit einer möglichst großen Antikathodenfläche, so entsteht ein unter dem Reflexionswinkel abgebeugtes Bündel von großer Dichte, weil sich auch tiefere Schichten des Kristalls, soweit es die Absorption zuläßt, an der Reflexion beteiligen. SEEMANNS [90]) *Schneidenmethode* liefert überdies eine scharfe Kante des Interferenzstreifens, indem zwischen einfallenden und austretenden Strahlen ein Keil mit seiner Schneide so auf den Kristall aufgesetzt wird, daß die Schneide senkrecht zur Einfallsebene verläuft. Bei der von W. FRIEDRICH und H. SEEMANN [31]) beschriebenen *Fenstermethode*, die mit sehr harter Strahlung arbeitet, können sehr kleine Kristalle untersucht werden; auch ist die Linienschärfe von der Durchlässigkeit des Kristalles nahezu unabhängig. Endlich erhält SEEMANN [91]) *vollständige Spektraldiagramme*, indem er einen ebenen Büschel von Primärstrahlen mit möglichst großem Öffnungswinkel senkrecht zu einer Kristallfläche und zugleich senkrecht zu einer Zonenachse orientiert; dann liefert jede wirksame Schar von Gitterebenen der betreffenden Zone einschließlich der Kristallfläche selbst ein Spektrum, wie z. B. das *L*-Spektrum einer Platinantikathode. Führt man das mit zwei verschiedenen Flächen, etwa einer Würfel- und einer Oktaederfläche von Steinsalz aus, so läßt sich die gesamte Kristallstruktur ableiten.

Das Originalverfahren von M. v. LAUE, W. FRIEDRICH und P. KNIPPING [64]) hat sich gegenüber den verschiedenen Modifizierungen als weniger geeignet zur Strukturbestimmung erwiesen, weil es mit weißem anstatt monochromatischem Röntgenlicht arbeitet, so daß im allgemeinen mehrere und zunächst unbekannte Wellenlängen an einem und demselben Fleck des LAUE-Musters beteiligt sind; doch hatte es, z. B. in der RINNEschen Schule, praktische Erfolge aufzuweisen, nachdem sich um seine Ausgestaltung W. L. BRAGG [12]), P. P. EWALD [23]), W. FRIEDRICH [30]), R. GLOCKER [33]), R. GROSS [36]), M. v. LAUE [61]), F. RINNE [83]), E. SCHIEBOLD [87]), E. WAGNER [106]). G. WULFF [108]) und R. W. G. WYCKOFF [109]) in verschiedenster Hinsicht bemühten. Beispielsweise lassen sich nach SCHIEBOLDS *Kombinationsmethode* Strukturen aus dem *Laue-Diagramm* dadurch herleiten, daß man solche Interferenzflecke von geringer oder mittlerer Schwärzung vergleicht, deren Grundwellenlänge, Ordnungszahl und Glanzwinkel gleich sind; ihre Intensitäten sind dem Quadrate des Strukturfaktors proportional. Nach P. P. EWALD kann man bei einer anderweitig im großen und ganzen bestimmten Struktur aus dem LAUE-Diagramm infolge der relativ zahlreichen Maxima einer und derselben Schar diejenigen Atomlagen genauer berechnen, die wie z. B. die Schwefelatome des Schwefelkieses (FeS_2) oder die Sauerstoffatome des Kalkspates, mit Freiheitsgraden ausgestattet sind; so erhielt SCHIEBOLD das Verhältnis der Atomabstände bis auf $\pm 3\%$ genau. Da das LAUE-Muster die Symmetrie der senkrecht betrahlten

Kristallfläche auf der parallel gestellten Photoplatte wiedergibt, so ermöglicht es nach R. GROSS eine schnelle und genaue Bestimmung etwaiger Inhomogenitäten und Deformationen. Überdies hat GROSS [36a]) gezeigt, wie man Symmetrie und Struktur eines kleinen Kristalles, der sich der morphologischen Untersuchung entzieht, mit Hilfe von höchstens 16 LAUE-Aufnahmen unter Anwendung eines Drehapparates festzustellen vermag. Endlich erörterte GROSS [36]) die Schärfe der Schwärzungsmaxima als Funktion von λ, Absorption, Blendenöffnung und Plattendicke und fand die letztere im Optimum umgekehrt proportional dem mittleren Absorptionskoeffizienten des Kristalles gegenüber dem kontinuierlichen Spektrum der Primärstrahlung.

Viele interessante Ergebnisse hat das Verfahren von P. DEBYE und P. SCHERRER [18]) zu verzeichnen, die das LAUEsche Prinzip auf *Kristallpulver* und kristalline *Aggregate* sowie *Kolloide* anzuwenden vermochten. Hierbei ist die Intensität der Interferenzmaxima außer von den auch sonst geltenden Faktoren (Polarisationsfaktor, Lorentzfaktor, Debyefaktor, Quadrat des LAUEschen Strukturfaktors und reziprokes Quadrat der Ordnungszahl der Spektrallinie) noch von einem sogenannten *Kombinationsfaktor*, d. h. von der Anzahl gleichwertiger Stellungen der betreffenden Gitterebene abhängig. Der durch die *Dicke* des *Pulverzylinders* bedingte Fehler des Glanzwinkels wird auf Grund einer einfachen Formel eliminiert. Über die besondere Strukturberechnung soll weiter unten berichtet werden.

Nach der genannten Methode verriet Ruß die gleiche Struktur wie Graphit, und die Partikeln des ZSIGMONDYschen Goldsoles zeigten denjenigen Aufbau, den BRAGGS an Goldkristallen gefunden hatten; ihr Durchmesser berechnete sich nach einer von SCHERRER [86]) gegebenen Formel aus der *Halbwertsbreite* der Schwärzungslinien, der Wellenlänge und dem primitiven Abstand der Gitterebenen zu 2 $\mu\mu$ in guter Übereinstimmung mit dem Werte 1 $^{1}/_{2}$ $\mu\mu$, den früher die Messung des osmotischen Druckes geliefert hatte; ein solches Goldteilchen enthält etwa 100 flächenzentrierte Elementarwürfel. Ganz allgemein tritt nämlich von 10^2 bis 10 $\mu\mu$ des Partikeldurchmessers eine zunehmende Verbreiterung der Schwärzungsstreifen ein, während noch kleinere Teilchen nur wenige, schwache Maxima, und zwar bei sehr kleinen Glanzwinkeln erzeugen. Auch an käuflichem Silbersol konnte SCHERRER die Kristallstruktur dieses Elementes feststellen. Während SCHERRER verschiedene optische Gläser und S. KYROPOULOS [57]) das Quarzglas als amorph befand, erhielt der letztere an gealterten Gelen von SiO_2 sowie von SnO_2 deutliche Kristallstruktur, und das gleiche zeigte sich an gealtertem Sol von Vanadiumpentoxyd. Auch Zellulose besteht nach SCHERRER sowie nach R. O. HERZOG und W. JANCKE [43]) aus winzigen Kristallen. Dagegen erwiesen sich nach E. HÜCKEL [46]) die sogenannten flüssigen Kristalle von Paraazoxyanisol, Cholesterylsalzen und andern organischen Verbindungen als nicht kristallin, was für die

Bosesche Schwarmtheorie spricht und für die erstgenannte Substanz bereits durch J. St. van der Lingen [67]) festgestellt worden war; das gleiche Ergebnis hatten Scherrers [18]) Untersuchungen von Stärke, Kasein, Fibrinen, Globulinen und Oxyhämoglobin, dessen Molgewicht etwa gleich 10^4 ist.

Übrigens haben A. W. Hull [47]) und H. Bohlin [2]) eine Abänderung des Debye-Scherrerschen Verfahrens geschaffen, welche die Intensität der reflektierten Strahlen steigert und obendrein die eine Kante der Schwärzungslinien scharf sowie unabhängig von Blendenöffnung und Eindringungstiefe macht.

Die *Auswertung* der Debye-Scherrerschen Spektrogramme ist von C. Runge [84]) sowie von O. Toeplitz und mir [101]) methodisch klargelegt worden. Da bei der Braggschen Methode für jeden Glanzwinkel die morphologischen Indizes der reflektierenden Schar von vornherein bekannt sind, können Braggs aus den Glanzwinkeln dreier Scharen und den gegenseitigen Neigungen der letzteren ein Gitter Γ_x berechnen, das entweder ein Teilgitter des wahren Gitters Γ ist oder dieses als Teilgitter enthält; mit Hilfe des Molvolumens und der Loschmidtschen Zahl wird dann aus Γ_x ein Gitter Γ_y und aus diesem durch Aufsuchen des Strukturfaktors das richtige Gitter Γ abgeleitet. Während der Weg von Γ_x bis Γ bei Debye-Scherrer der gleiche ist, gelingt hier die Ermittlung von Γ_x nicht ohne weiteres, da die den Glanzwinkeln φ zuzuordnenden Scharen (hkl) zunächst unbekannt sind. Debye und Scherrer [18]) haben nun für das sie in Sinusquadrat von φ eine quadratische Form ϱ dadurch erhalten, daß der Braggschen Reflektionsformel den Abstand d der reflektierenden Schar durch deren Indizes und die Gitterkonstanten ausdrückten. Die numerische Ermittlung dieser Indizes und Konstanten gelingt nun dadurch, daß man für die quadratischen Formen ϱ_1, ϱ_2, ϱ_3 dreier Scharen eine ganzzahlige Relation $\mu_1\varrho_1 + \mu_2\varrho_2 + \mu_3\varrho_3 = 0$ gewinnt, deren Koeffizienten μ_i in eindeutiger Weise von den 3×3 Indizes abhängen. Statt jenes dreigliedrigen Ausdruckes benutzt C. Runge einen viergliedrigen.

Der viergliedrige Ausdruck von Runge dient zur Strukturbestimmung aller Kristalle und sogar zur Bestimmung ihres Kristallsystems, während der dreigliedrige von Toeplitz und mir nur den hexagonalen, tetragonalen und rhomboedrischen Gittern gewachsen ist, bei denen er aber gewisse Vorzüge vor dem Rungeschen besitzen dürfte; H. Bohlin hat ihn auf das hexagonale Gitter des Magnesiums angewendet, während A. W. Hull und Wh. P. Davey ihm gewisse graphische Hilfsmittel anpaßten.

Die Eindeutigkeit der Indizesbestimmung kann hinfällig werden, wenn die in ϱ steckenden Messungsfehler, die mit abnehmendem φ von $^1/_{10}$ bis 1% zu steigen pflegen, zu große Werte annehmen. Übrigens haben unlängst A. W. Hull und Wh. P. Davey [49]) die Meßgenauigkeit dadurch zu erhöhen gewußt, daß sie z. B. alle Frequenzen einer Molybdänantikathode außer $\lambda = 0{,}712$ Å von einem ZrO_2-Filter absorbieren ließen und dadurch die gleichmäßige Schwärzung beseitigten, die den Film infolge weißen Röntgenlichtes mehr oder weniger dicht überzieht.

Kürzlich hat P. P. Ewald[24]) aus den *allgemeinsten* regelmäßigen Punkthaufen an Stelle der speziellen Bravaisschen Polargitter eine neue Art *reziproker Gitter* entwickelt. Die »Basis« solch reziproken Gitters, d. i. die in seinem Elementarparallelepiped steckende Gruppe von Atomen ist eine Gewichtsfunktion G der Basis des primären Gitters und erweist sich als identisch mit dem Laueschen Strukturfaktor. Praktisch wäre zuerst aus den irgendwie gemessenen Interferenzen im Verein mit den chemischen Massen der Ausdruck G und aus diesem dann die primäre Basis zu berechnen.

Alle Strukturbestimmungen werden erleichtert durch das inhaltreiche und sorgfältige Buch von P. Niggli[76]) über die »*Geometrische Kristallographie des Diskontinuums*«, wo u. a. besondere Tabellen Auskunft geben über die in jedem Raumsystem möglichen Arten von Punktlagen, über ihre auf ein Elementarparallelepiped bezogenen Zähligkeiten und über den Ausfall gewisser Interferenzordnungen, wie er unabhängig von der speziellen Struktur für die einzelnen Raumsysteme kennzeichnend ist. Besonders nützlich für die Beschreibung der Atomörter, Atomdistanzen und Netzebenenabstände erwies sich in Nigglis Buch die von Bravais in seine Gitterlehre eingeführte Indizesrechnung in der von mir[51]) für alle regelmäßigen Punktsysteme und ihre Koordinatentransformationen erweiterten Form.

An *Röntgenröhren* sind besonders die Modelle von Coolidge, Lilienfeld, Siegbahn und Rausch v. Traubenberg benutzt worden; zur *Intensitätsmessung* dienten mehrfach das Kochsche Elektrophotometer und das Hartmannsche Mikrophotometer. Die *Berechnung* der Beugungsintensität, die dem Produkt der obengenannten Faktoren proportional ist, wurde besonders eingehend von M. v. Laue[62]) erörtert.

II. Dynamik und Statik.

Nachdem die Orte der Beugungszentren einer Kristallart röntgenometrisch festgelegt sind, müssen sie unter Anpassung an den Chemismus mit derartigen Eigenschaften ausgestattet werden, daß erstens das *Gleichgewicht* der ganzen Struktur erklärlich wird und zweitens jeder *kristallphysikalische Vorgang*, der unter dem Einfluß äußerer Kräfte in Erscheinung tritt, als Reaktion jener Struktur auf diese Kräfte erklärt oder vorausgesagt werden kann. So ergibt sich für jede Strukturart eine *Gitterstatik* und für jede kristallphysikalische Eigenschaftsart eine *Gitterdynamik*. Die Dynamiken einer Struktur müssen mit der Statik und auch untereinander in Einklang stehen und können durch Verallgemeinerung der Ansätze zu einer einzigen Dynamik verschmolzen werden, die mehrere oder alle Eigenschaftsarten umfaßt und außerdem die ganze Statik als Sonderfall in sich schließt. Daraus folgt, daß jeder Fortschritt einer Dynamik zur Vervollkommnung der Statik führen kann und umgekehrt. Beispielsweise könnten dynamische Untersuchungen über das Spalten der Kristalle unter dem Einfluß einer scherenden Kraft zu der Auffassung hinführen, daß entgegengesetzte Ladungen in besonderer Weise verteilt sind, und bereits die Reaktion der Kristalle auf Röntgenstrahlen, also der LAUE-Effekt selbst, weist auf eine bestimmte Verteilung negativer Ladungen hin. Zuweilen wird sogar die bei dem Ausbau einer Dynamik automatisch eintretende Vervollkommnung der Statik wichtiger erscheinen als jener. Aus diesen Gründen sind hier Dynamik und Statik in einem einzigen Kapitel vereinigt.

Während die reine geometrische Strukturtheorie von A. SCHOENFLIES (1891) und von E. v. FEDOROW (1891) zeigte, daß die erfahrungsmäßigen und mit HAUYS Gesetz verträglichen Symmetrieelemente der Kristalle in 230 verschiedenen räumlichen Perioden angeordnet sein können, ließ sie für die einzelne Kristallart eine zwar in bestimmter Weise beschränkte, aber doch noch unendlich große Anzahl von Atomanordnungen zu. Dagegen erlaubte der LAUE-Effekt, die Gleichgewichtsörter der Atome oder richtiger die Schwerpunkte gewisser Elektronensysteme als Beugungszentra zu ermitteln, und ermöglichte es daher, Zusammenhänge zwischen Struktur und Physik der Kristalle zahlenmäßig zu erfassen.

Bereits das erste allgemeine Ergebnis der Röntgenometrie, daß ein Unterschied in der Größenordnung intramolekularer und intermolekularer Atomabstände nicht bestehe, vielmehr beide Größen mit einer Ångströmeinheit kommensurabel seien, zeitigte 1915 eine Strukturphysik der Kristalle, nämlich M. BORNS [4]) *»Dynamik der Kristallgitter«*. BORN betrachtet nur solche Vorgänge, bei denen es sich, etwa im Gegensatz zur thermischen Ausdehnung, um derartig kleine Atomverschiebungen handelt, daß über das Gesetz der Kräfte keine speziellen Annahmen gemacht zu werden brauchen; das gilt für Elastizität, Piezoelektrizität, spezifische Wärme, Reststrahlen, Dispersion, Doppelbrechung und optische Aktivität. Schon vor einem Jahrhundert hatte CAUCHY die Elastizität der Kristalle molekulartheoretisch behandelt; seine Vorstellungen bewegten sich aber offenbar im Rahmen der späteren BRAVAISschen Raumgitterlehre und so gelangte er zu sechs Gleichungen, welche die Konstantenanzahl der Kontinuumstheorie auf $21 - 6 = 15$ herabsetzten. Die Experimente von W. VOIGT führen aber auf die alte Zahl 21. M. BORN ersetzt nun, dem röntgenometrischen Befund entsprechend, die punktförmige Molekel der CAUCHYSCHEN Theorie durch eine den Elementarbereich des Gitters erfüllende Gruppe von Atomen, so daß nicht nur das Gitter, sondern auch jene »Basisgruppe« elastisch deformiert wird. Hierbei ergeben sich in Harmonie mit der Erfahrung 21 unabhängige Konstanten und überdies werden BORNS Gleichungen denen der phänomenologischen Theorie formal völlig gleich. Fügt man die Annahme positiver Atomkerne

und negativer Elektronen hinzu, so muß eine Deformation der Einzelgitter
die dielektrische Polarisation des Kristallinnern, die vorher durch eine
auf der Kristalloberfläche angesammelte Ladung kompensiert war, ändern
und wahrnehmbar machen; die daraus folgende Piezoelektrizität erscheint
dann durch 18 Konstanten bestimmt und die Gleichungen werden auch
hier wieder mit denen der Kontinuumstheorie identisch. BORNS Untersuchung der mechanischen Eigenschwingungen des Gesamtgitters liefert
einen Ausdruck für den Energieinhalt und die spezifische Wärme und
führt die Reststrahlfrequenzen auf Gitterschwingungen zurück, die von
einfallenden optischen Wellen angeregt werden; die Anzahl dieser Frequenzen ergibt sich gleich höchstens $3(n - 1)$, wenn n-Einzelgitter vorhanden sind, und hiermit ist ein Zusammenhang behauptet, der sich an
strukturell bekannten Kristallen nach der RUBENSschen Methode prüfen
läßt. Die durch einfallendes Licht *erzwungenen* periodischen Schwingungen
der elektrischen Gitterladungen befolgen in erster Näherung das FRESNEL-
sche Gesetz der Lichtgeschwindigkeiten sowie die bekannte Dispersions-
formel. — Für die Richtung der optischen Achse einachsiger Kristalle
ergeben sich die Polarisationsebenen erst bei Berücksichtigung eines Zu-
satztherms derart, daß man im allgemeinsten Fall die beiden Brechungs-
indizes einer rechts- und einer linkszirkularen Welle, d. h. ein optisches
Drehungsvermögen erhält.

Später hat BORN sich dann denjenigen Kristalleigenschaften zugewandt,
die als Wechselwirkungen zwischen thermischen und mechanischen sowie
thermischen und elektrischen Änderungen erscheinen, und dabei gezeigt,
daß sich die Temperaturkoeffizienten der spezifischen Wärme, der thermischen Dilatation und der Pyroelektrizität aus Reaktionen der zentralen
Atomkräfte des Kristallgitters mindestens qualitativ erklären lassen.

P. P. EWALD[25]) hatte bereits im Jahre 1912 eine Gitterdynamik,
und zwar eine *Elektrodynamik* zur Deutung *kristalloptischer* Eigenschaften
aufgestellt und dabei gefunden, daß ein einfaches rhombisches Gitter nach
Quadern, deren Kantenlängen etwa dem Achsenverhältnis des Anhydrit
entsprechen und deren Gitterpunkte gemäß der DRUDEschen Dispersionstheorie Dipole sind, eine starke Doppelbrechung, etwa die dreifache des
Anhydrit, sowie die bekannte Wellenfläche der optisch zweiachsigen
Kristalle liefert. Dabei wurde von der einfallenden Welle ganz abgesehen
und nur das Innere des Modells betrachtet, wo nach Art *freier* Schwingungen lediglich Energiestrahlung von Dipol zu Dipol ohne Brechung und
Reflexion erfolgt. Später hat EWALD Brechung und Reflexion an der
Gittergrenze untersucht, wobei der Zusammenhang der gittertheoretischen
Ergebnisse mit FRESNELS und MAXWELLS phänomenologischen Formeln
aufgezeigt wird, die man unter gewissen Annahmen durch Mittelwertsbildung aus den EWALDschen erhält; auch wird die DRUDEsche Dispersionstheorie auf optisch anisotrope Kristalle erweitert. — Aus solcher
Verbindung von DRUDES Dipolschwingungen und der Gittervorstellung

gewann Ewald endlich auch eine Kristalloptik der Röntgenstrahlen an Stelle der rein kinematischen Theorie von Laue und der nur geometrischen von W. H. und W. L. Bragg.

Elektrolytisches Leitvermögen, insonderheit sein positiver Temperaturkoeffizient, ist schon lange vor Laues Entdeckung, z. B. von J. Curie im Jahre 1889 für Steinsalz $(NaCl)$, Flußspat (CaF_2) und Kalkspat $(CaCO_3)$, von O. Lehmann für das weiche, kubische Silberjodid und von andern, allerdings nicht ohne Einspruch, für gewisse Metallsulfide, wie Bleiglanz (PbS) und Metalloxyde wie Eisenglanz (Fe_2O_3) auf Grund von Messungen angegeben worden. Neuerdings gelangte man auf mehreren ganz verschiedenen Wegen zu der Ansicht, daß die Salze, deren wässerige Lösungen elektrolytisches Leitvermögen aufweisen, auch in ihrem Kristallbau aus *Ionen* bestehen. P. Debye und P. Scherrer [19]) haben eine vortreffliche Untersuchung über den Ionencharakter von Lithium und Fluor in dem kubischen, wie Steinsalz struierten LiF angestellt. Bezeichnet man mit Li und F die Elektronenanzahl der Atome des kubischen LiF, so ist die Schwingungsamplitude des Intensitätsmaximums für Gitterebenen E mit gerader und für Ebenen E' mit ungerader Indizessumme proportional $F + Li$ und proportional $F - Li$. Dabei müssen jedoch Ebenen von sehr kleinem Glanzwinkel verglichen werden, weil sonst der Debye-Faktor, d. h. der Temperatureinfluß die Intensitäten von Li und von F in verschiedener und kaum berechenbarer Weise verändert; außerdem gilt die Braggsche Proportionalität zwischen der Beugungsintensität und dem Quadrat der Elektronenzahl nur für sehr kleine Glanzwinkel, während bei größeren Winkeln die Elektronenverteilung des Atoms die Beziehung kompliziert und für sehr kleine Wellenlänge des Primärstrahls in die J. J. Thomson-C. G. Barklasche Relation überführt, wonach die Intensität der Elektronenzahl selbst proportional ist. Ordnet man nun je einer Ebene E eine Ebene E' von theoretisch gleichem Glanzwinkel φ zu und bildet jedesmal den Quotienten $\dfrac{A}{A'}$ ihrer Amplituden, so kann man

$\dfrac{A_0}{A'_0}$ für $\varphi = 0$ extrapolieren, und es muß dann $\dfrac{F + Li}{F - Li} = \dfrac{A_0}{A'_0}$ sein.

Die Rechnung ergab $\dfrac{A_0}{A'_0} = 1{,}52$; da andererseits das einfach negativ geladene F-Ion $9 + 1 = 10$ Elektronen und das einfach positiv geladene Li-Ion $3 - 1 = 2$ Elektronen besitzt, so wird $\dfrac{F + Li}{F - Li} = \dfrac{10 + 2}{10 - 2} = 1{,}5$

in bester Übereinstimmung mit dem Werte $\dfrac{A_0}{A'_0}$, während neutrale oder zweifach geladene Atome ganz abweichende Werte liefern. Ähnlich haben W. Gerlach und O. Pauli [32]) aus dem Fehlen gewisser Interferenzlinien bei Periklas (MgO) auf $\overset{++}{Mg}$-Ionen und $\overset{--}{O}$-Ionen mit je 10 Elektronen schließen können. DEBYE und SCHERRER [19]) wandten sich auch der Struktur homöopolarer Stoffe zu. Nachdem sie die Atomanordnung in dem diamantartig gebauten Silizium und im Graphit ermittelt hatten, prüften sie für Diamant folgende von D. COSTER, H. THIRRING u. a. befürwortete Vorstellung von Quadrupolen. Jedes C-Atom gibt vier von seinen sechs Elektronen ab, so daß in der Mitte der Verbindungsstrecke je zweier benachbarter Atome zwei Elektronen etwa wie im BOHR-DEBYEschen H_2-Molekül einen um jene Strecke als Achse kreisenden Koppelungsring bilden. Dann müßten diese Ringe ungefähr ebenso intensiv reflektieren wie die Atome mit ihren restlichen zwei Elektronen und die Oktaederebenen würden ein starkes Spektrum zweiter Ordnung liefern. Dem entgegen fanden aber BRAGGS mit Rhodiumstrahlung ($\lambda_{K\alpha} = 0{,}617$ Å) und DEBYE-SCHERRER mit Cu- und mit Fe-Strahlung ($\lambda_{K\alpha} = 1{,}541$ und $1{,}930$ Å) die Interferenzintensität von (222) gleich Null. DEBYE und SCHERRER gelangten vielmehr zu einem Diamantatom mit vier äußeren Elektronen, die auf einem BOHRschen Kreis von $0{,}17$ Å oder auf einer Kugel von $0{,}43$ Å Radius (das ist der vierte Teil des kleinsten Atomabstandes) den Atomkern und seine einquantige Heliumschale umkreisen. Auch fand A. W. HULL [48]) bei metallischem Li und Na die Atome in einem raumzentrierten Würfelgitter ohne Koppelungsringe angeordnet; somit wird F. HABERS Vorstellung hinfällig, wonach diese Atome und aus je zwei Elektronen gebildete Koppelungsringe so verteilt sein sollten wie im Steinsalz die Na- und Cl-Ionen, denn diese Auffassung würde lediglich nach einem einfachen Würfelgitter geordnete Beugungszentren ergeben, die überdies bei Lithium sämtlich aus zwei Elektronen bestehen müßten.

Die von H. RUBENS im Jahre 1897 entdeckten *Reststrahlen* des Steinsalzes und anderer Kristalle wurden bereits im Jahre 1909 durch E. MADELUNG entsprechend der P. DRUDEschen Dispersionstheorie als elektromagnetische Resonanz der Eigenschwingungen von Kristallionen behandelt, wobei sich aus der Kristalldichte, den Elastizitätskonstanten und den Atomgewichten sowie aus der Annahme *einfach* geladener Ionen für $NaCl$, KCl, $NaBr$, KBr usw. ungefähr das Zahlenverhältnis der von RUBENS gemessenen Ultrarotfrequenzen ergab. So haben auch die Untersuchungen von H. RUBENS im langwelligen, von R. E. NYSWANDER, O. REINKOBER, CL. SCHÄFER [85]), M. SCHUBERT [85]) u. a. im kurzwelligen Ultrarot an Ca- und Pb-Salzen sowie an Karbonaten und Sulfaten bestimmte von Ca-, Pb-, CO_3- und SO_4-Ionen herrührende Schwingungen nachgewiesen, die allerdings von dem zweiten Ion des Kristalles mehr oder weniger beeinflußt werden und überdies mit der Polarisationsrichtung etwas variieren. Der von E. MADELUNG gemachte Ansatz konnte durch W. DEHLINGER [20]) und M. BORN [5]) quantitativ ausgestaltet werden, nachdem Struktur und Gitterkonstanten von Steinsalz und anderen zweiatomigen kubischen Salzen röntgenometrisch ermittelt worden waren; dabei wurden die Ionenladungen des Kristalles immer denen seiner Lösung gleichgesetzt.

Die aus den *Elastizitätskonstanten* berechneten Eigenschwingungen stehen nach P. Debye [17a]) sowie nach M. Born und Th. v. Kármán [8]) in einer gewissen Beziehung zur *spezifischen Wärme* und somit auch, wie E. Grüneisen [40]) und F. Lindemann [66]) ausführten, zur *thermischen Ausdehnung* und zur *Schmelztemperatur*, so daß auch diese kristallphysikalischen Größen sich im Einklang mit Ionengittern befinden. Die betreffenden Relationen wurden im Jahre 1913 auf der sogenannten Göttinger Kinowoche von W. Nernst [75]) u. a. einer eingehenden Erörterung unterworfen.

Später hat E. Madelung [71]) das *elektrostatische Gitterpotential* von Kristallen berechnet, indem er es unter Postulierung des Coulombschen Gesetzes in stark konvergierenden und daher bereits nach wenig Gliedern abzubrechenden Reihen von Einzelpotentialen entwickelte, wodurch die numerische Rechnung erleichtert oder überhaupt ermöglicht wird. Nach seiner Methode haben dann M. Born [7]) [9]), A. Landé [9]) und E. Bormann [7]) die *Gitterenergie* von Steinsalz, Zinkblende (ZnS) und Flußspat (CaF_2) aus der bei *elastischer Kompression* gegen die abstoßenden Kräfte erfahrungsgemäß zu leitenden Arbeit berechnet; dabei ergab sich, daß zu dem Coulombschen Ausdruck der anziehenden und der abstoßenden Kraft für die letztere noch ein zweiter hinzukommt, in welchem die zehnte Potenz des Ionenabstandes als Nenner fungiert. Auf diese Weise konnten die *Kompressibilitätskoeffizienten K* der kubischen Kristalle von $NaCl$, $NaBr$, NaJ, KCl, KBr, KJ, $TlCl$, $TlBr$, TlJ sowie CaF_2 in guter Übereinstimmung mit den empirischen Größen erhalten werden; bei der Zinkblende erwies sich allerdings die Annahme eines andern Kraftgesetzes als erforderlich. Zur empirischen Bestimmung der K-Werte haben E. Madelung und R. Fuchs [73]) die Th. W. Richardssche Piezometermethode verfeinert. Nach einer theoretischen Untersuchung von M. Born [6]) ergaben sich auch die *Reststrahlenfrequenz* sowie die W. Voigtsche *Elastizitätskonstante* »c« ähnlich den empirischen Größen. Übrigens wurde auf formal anderem Wege die Gitterenergie von Steinsalz und von Flußspat auch durch P. P. Ewald [24a]) berechnet, indem er sein elektrodynamisches Gitterpotential in gut konvergierenden Reihen entwickelte und unter Annahme Coulombscher Kraftwirkungen in das elektrostatische überführte.

M. Born und O. Stern [10]) bedienten sich des Madelungschen Ansatzes ferner zur Berechnung der *Kapillarkonstanten σ* von Kristallflächen. Die bei der Zerlegung eines Kristalles längs einer Ebene in zwei Hälften gegen die Coulombsche Anziehung zu leistende Arbeit ist offenbar gleich der Oberflächenenergie E der beiden freigelegten Flächengrößen F; die Konstante $\sigma = \dfrac{E}{2F}$ ergab sich bei den regulären Alkalihaloidsalzen vom Steinsalztyp für die Flächen des Rhombendodekaeders $2 \cdot 7$ mal so groß als für die des Würfels. Da nun $2{,}7 > \sqrt{2}$ und nach W. Gibbs sowie G. Wulff die Urpunktsdistanzen zweier Wachstumsflächen eines Kristalles sich wie ihre Kapillarkonstanten verhalten, so würden unter den der Rechnung zugrunde liegenden Bedingungen, nämlich beim absoluten Nullpunkt und im Vakuum Steinsalzkristalle sublimieren, die bei Ausbildung von Würfelflächen frei von den Flächen des Rhombendodekaeders sein müßten. Die Ausrechnung von σ für solche Kristallflächen, die nur Ionen von einerlei Art enthalten, wie z. B. das Oktaeder des Steinsalzes, bereitet Schwierigkeiten, die noch nicht behoben sind. Der für das Rhombendodekaeder von Steinsalz erhaltene Wert ist $\sigma = 405$ dyn-cm^{-1}, während G. HULETT s. Z. nach ganz anderer Methode für die Bruchflächen von Gips gegenüber seiner gesättigten wässerigen Lösung bei Zimmertemperatur $\sigma = 1100$ dyn-cm^{-1} gefunden hatte. Übrigens muß nach der Form des BORN-STERNschen Ansatzes das *Verhältnis* der Kapillarkonstanten irgend zweier Flächenarten für alle Alkalihaloidsalze vom Steinsalztyp *gleich* sein. — In ähnlicher Weise hat W. EITEL [21]) das von M. BORN und E. BORMANN ermittelte Gitterpotential der Zinkblende (ZnS) dazu benutzt, die Oberflächenspannung σ für $\{110\}$ und $\{112\}$ einfacher Kristalle sowie für die *Verwachsungsfläche* (112) von *Zwillingen* dieses Minerals zu berechnen; während die Kristallflächen von $\{112\}$ ein viel größeres σ liefern als die von $\{110\}$, ergibt sich σ für die Verwachsungsfläche (112) merklich kleiner, und das stimmt gut damit überein, daß die Zwillinge $\parallel$ (112) größere Durchmesser aufweisen als $\perp$ (112); dabei ist allerdings eine bestimmte Annahme über die Ionenabstände in der Richtung $\perp$ (112) gemacht. Bei dieser Gelegenheit mag erwähnt werden, daß E. SCHIEBOLD [87]) und G. AMINOFF [1]) die G. FRIEDELsche Gittertheorie der Zwillingsbildung zu bestätigen vermochten; bei Kalkspat ($CaCO_3$) weichen nämlich die Normalen der häufigsten Zwillingsebenen ($01\bar{1}2$), ($10\bar{1}1$) und ($02\bar{2}1$) um weniger als $1°$ von einer Gitterlinie mit einfachen Indizes ab und am hexagonalen AgJ (Jodyrit) fällt die Normale der Zwillingsebene ($30\bar{3}4$) fast mit der Gitterlinie [$\bar{3}032, 1\bar{2}10$] zusammen, während auf den stärker mit Masse belasteten Flächen $\{10\bar{1}1\}$ keine derart einfache Gitterlinie annähernd senkrecht steht.

Nach K. FAJANS [26]) berechnet sich die *Bildungswärme* einer einfachen Kohlenstoffbindung aus den thermochemischen Daten gewisser Paraffine pro Grammatom gleich 140 ± 4 kgcal. Wenn sich umgekehrt ein Atom aus dem Innern eines Diamantkristalles verflüchtigt, so werden vier Bindungen zerrissen, deren jede zwei C-Atome verbunden hielt; daher ist jedem Atom die zum Zerreißen von zwei Bindungen nötige Energie zuzuführen, d. h. die sogenannte Sublimationswärme eines Grammatoms ist absolut gleich der doppelten Bildungswärme seiner einfachen Bindung, und in der Tat berechnete FAJANS aus dem Gitterpotential des Diamanten den obigen Wert innerhalb der Fehlergrenzen genau. Ähnlich fand A. L. v. STEIGER [96]) die betreffende Größe für Graphit und aromatische Verbindungen übereinstimmend gleich etwa 187 kgcal pro Grammatom; hierbei wurden nur die drei starken, in der Spaltungsfläche (111) des Graphit liegenden Bindungen, nicht die schwache $\perp$ (111) gerichtete berücksichtigt, so daß der Graphitwert gleich $^4/_3$ des Diamantwertes ist. Die Diamantstruktur ist übrigens bereits im Jahre 1905 durch A. Nold aus der Annahme abgeleitet worden, daß jedes C-Atom vier gleich starke und nach den vier Flächennormalen eines regulären Tetraeders gerichtete Valenzkräfte auf vier Nachbaratome ausübe.

K. Fajans [27]) hat das Born-Madelungsche Gitterpotential weiterhin dazu benutzt, um für kubische Alkalihalogenide aus thermochemischen Daten die Hydratationswärme für stark verdünnte wässerige Lösungen zu errechnen. —

Nach Ableitung der Gleichungen, denen die Deformation allgemeinster regelmäßiger Punktsysteme bei der *Kristallschiebung* oder Zwillingsgleitung unterliegt, zeigte ich [52]), daß im Kalkspat nicht jedes Atom parallel der Gleitrichtung eine Strecke durchlaufen kann, die seinem Abstand von der Gleitfläche proportional ist; dagegen kann die Struktur in sich übergehen, wenn die Ca-Atome und die CO_3-Gruppen solche geradlinigen Bewegungen ausführen. Da nun aber ein Zerfall von $CaCO_3$ in Ca- und CO_3-Partikeln nur in der elektrolytischen Dissoziation bekannt ist, so wird durch diese rein kinematische Untersuchung der Aufbau des Kalkspates aus Ca-Ionen und CO_3-Ionen wahrscheinlich gemacht und hiermit ein Beitrag zur Gitterelektrostatik geliefert. Ebenso wie die Kalkspationen bewegen sich bei der analogen Schiebung des rhomboedrischen Natronsalpeters die Na- und NO_3-Ionen. Im Wismut können ebenfalls nicht die einzelnen Atome, wohl aber Bi_2-Molekeln geradlinige Bahnen bei der Schiebung durchlaufen, und im Rutil sind es die Molekeln TiO_2. Bei der Eisenglanzschiebung nach (100) vermögen Fe_2- und O_3-Partikeln sich translatorisch zu bewegen, während bei der Eisenglanzschiebung nach (111) die Molekel Fe_2O_3 sich als Ganzes bewegt und das gleiche gilt für den Korund (Al_2O_3). Das raumzentrierte Würfelgitter des α-Eisens sowie des β-Eisens wird durch die von O. Mügge am ersteren festgestellte Schiebung nach (112) (mit ($11\bar{2}$) als zweiter Kreisschnittsebene) in sich deformiert, dagegen das flächenzentrierte Würfelgitter des γ-Eisens nicht; da auch ein einfaches Würfelgitter durch jene Schiebung nicht in sich übergeführt wird, hätte man das von A. W. Hull [48]) sowie von A. Westgren und A. E. Lindh [107]) röntgenometrisch gefundene Gitter des gewöhnlichen Eisens voraussagen können*). Andererseits ist die von A. Grühn [39]) am Magneteisen (Fe_3O_4) bewirkte Schiebung nach (111) (mit ($11\bar{1}$) als zweiter Kreisschnittsebene) nur im flächenzentrierten Würfelgitter möglich, was mit der von W. H. und W. L. Bragg röntgenometrisch bestimmten Magnetitstruktur übereinstimmt.

Wie das Problem der *Spaltbarkeit*, der am längsten bekannten kristallphysikalischen Eigenschaft, im Zeitalter der Kontinuumstheorien ungeklärt geblieben war, so entbehrt es heute noch einer strukturtheoretischen Behandlung. Die Bravaissche Hypothese, wonach die Spaltung parallel

---

*) Das gleiche Reihenergebnis hat auch O. Mügge soeben erhalten (Göttinger Nachr. 1922).

derjenigen Schar des einfachen Gitters erfolgt, der die größte Netzdichte D und somit auch der größte Abstand δ benachbarter Gitterebenen zukommt, verliert im Gebiet der allgemeinsten regelmäßigen Punkthaufen ihre Eindeutigkeit, weil hier D und δ im allgemeinen nicht einander proportional sind und innerhalb einer und derselben Schar mehrere verschiedene Werte annehmen; so haben im Diamant die oktaedrischen Spaltungsebenen $\{111\}$ zwar die größten Abstände δ, aber eine kleinere Anzahl D von Atomzentren pro Flächeneinheit als die Rhombendodekaederebenen $\{110\}$ und zwar so, daß das Produkt $D \cdot \delta$ für $\{111\}$ und für $\{110\}$ genau gleich wird. Ersetzt man mit P. NIGGLI[76]) den Begriff der Netzdichte D durch den der Flächenbelastung B, d. h. der Masse einer Gitterebene pro Flächeneinheit, so gilt natürlich auch dann das soeben Gesagte. Überdies haben z. B. in der dem Diamanten analog gebauten Zinkblende (ZnS) die Zinkebenen $\{111\}$ einen größeren, die Schwefelebenen $\{111\}$ aber einen kleineren B-Wert als die Schwefelzinkebenen $\{110\}$, denen die Spaltbarkeit entspricht; das Analoge gilt für Nantockit ($CuCl$), Kupferbromid und Marshit (CuJ), die soeben von R. W. G. WYCKOFF und E. POSNJAK[110]) strukturell untersucht worden sind. Offenbar spielt bei solchen heteropolaren Verbindungen außer B und δ auch der Wechsel von anziehenden und abstoßenden Kräften zwischen den Ionen eine Rolle. Nach J. STARK[95]) vermag ein längs einer Ebene wirkender Schub dadurch Spaltung parallel dieser Ebene zu verursachen, daß er gleichgeladene Ionen in solche gegenseitigen Stellungen bringt, die in bezug auf die Schubfläche spiegelbildlich sind; die hiermit verbundene Annäherung der gleichen Ionen kann Abstoßung, d. h. Spaltung zur Folge haben. Diese von J. STARK nur am Steinsalz exemplifizierte Beziehung scheint für alle bisher strukturell untersuchten Kristallarten heteropolarer Verbindungen zuzutreffen, z. B. für Steinsalz ($NaCl$), Sylvin (KCl), $RbCl$, NH_4Br, NH_4J, Periklas (MgO), Bleiglanz (PbS), Alabandin (MnS), Zinkblende (ZnS), Nantockit ($CuCl$), $CuBr$, Marshit (CuJ), Flußspat (CaF_2), $CsCl$, $TlCl$, Salmiak (NH_4Cl), Kalkspat ($CaCO_3$), Natronsalpeter ($NaNO_3$) und Dolomit ($CaMgC_2O_6$); auch wird das Fehlen einer deutlichen Spaltbarkeit bei Schwefelkies (FeS_2) und Rotkupfererz (Cu_2O) verständlich. Im übrigen leuchtet ein, daß nach diesen Vorstellungen besondere Spaltungsrichtungen innerhalb der Spaltungsebene anzunehmen und experimentell zu bestätigen wären. Ferner genügen der STARKschen Bedingung, wofern sie von einer Schar von Gitterebenen befriedigt wird, stets auch unendlich viele andere Scharen, so daß fraglos noch andere Bedingungen hinzukommen müßten. Vielleicht kann die Spaltbarkeit ähnlich behandelt werden, wie die Oberflächenspannung durch M. BORN und O. STERN*).

Für die *Translationsebenen* T ($\parallel$ (110)) und die *Translationsrichtungen* τ ($\parallel$ [1$\bar{1}$0]) des Steinsalzes hat J. STARK[95]) hervorgehoben, daß während

---

*) Das rechnerische Verfahren von G. TERTSCH ist unzulänglich.

dieser Translation niemals gleichgeladene Ionen einander genähert werden, weil stets eine Reihe von Na-Ionen und eine von Cl-Ionen längs T und τ aneinander hingleiten. Auch diese Vorstellung scheint mit allen bisher untersuchten heteropolaren Kristallarten in Einklang zu stehen, z. B. mit Steinsalz ($NaCl$), Sylvin (KCl), $RbCl$, NH_4Br, NH_4J, Periklas (MgO), Bleiglanz (PbS), Zinkblende (ZnS), Flußspat (CaF_2), Salmiak (NH_4Cl), Magnesit ($MgCO_3$) und Dolomit ($CaMgC_2O_6$). Aber auch hier genügen der Forderung unendlich viele verschiedene Paare von T und τ; auch bleiben die Plastizität und Spaltbarkeit homöopolarer Kristalle, wie der Metalle, ungeklärt.

Nach A. WERNER ist die maximale *Koordinationszahl* der meisten chemischen Elemente gleich 6; nur bei Gliedern der ersten Periode des periodischen Systems, und zwar bei denen mit besonders kleinem Atomvolumen wie Kohlenstoff und Stickstoff beträgt sie 4. Während WERNER für die Vierzahl das VAN 'T HOFF-LE BELsche Tetraeder benutzt, denkt er sich in den anderen Fällen die sechs Koordinationsstellen in den sechs Ecken eines Oktaeders, in dessen Mittelpunkt er das Zentralatom stellt. Er leitet hieraus für Verbindungen mit dem komplexen Radikal $\left[Me\,{}^{A_4}_{B_2}\right]$ die Möglichkeit zweier Isomerer ab, da die beiden Radikale B an zwei benachbarten oder an zwei gegenüberliegenden Oktaederecken liegen können; solches Isomerenpaar fand sich in der Tat bei derartigen Verbindungen, in denen Cr, Co oder Pt die Rolle des Zentralatoms Me spielte. Betrachten wir die maximale Koordinationszahl 6 vom Standpunkt der Strukturtheorie, so fällt uns auf, daß gerade sechs Gitterlinien von jedem Gitterpunkt ausstrahlen. P. PFEIFFER [81]) hat die Struktur des Steinsalzes mit dem WERNERschen Oktaeder in Zusammenhang gebracht; jedes Na-Atom liegt im Zentrum eines Oktaeders, dessen sechs Ecken von sechs Cl-Atomen besetzt sind, und jedes von diesen fungiert wieder als *Koordinationszentrum* von sechs Na-Atomen usf., wobei die Bindungen als ionogen zu betrachten sind; daß anstatt eines Metallatoms auch ein Halogenatom Zentralstellung innehaben kann, zeigen Verbindungen wie $Me[Cl(HgCl_2)_6]$. Daraus folgt, daß die in der Oberfläche des Kristalles liegenden Atome koordinativ nicht völlig abgesättigt sind und daher anziehend auf Atome der Mutterlauge wirken können. Auf solche Weise hat F. HABER [42]) das *Kristallwachstum* gedeutet. Dementsprechend fanden F. PANETH und K. HOROVITZ [80]) sowie K. FAJANS und F. RICHTER [29]), daß beim Ausfällen von Pb- oder Ba-Salzen aus Lösungen, die ein Radioelement, etwa ThB, enthalten, dieses bis zu fast 100% seiner ursprünglichen Menge auch dann mitgefällt wird, wenn das Löslichkeitsprodukt nicht erreicht ist; überdies scheiden sich um so größere Mengen des Radiosalzes aus, je schwerer löslich es in der betreffenden Flüssigkeit ist. Schüttelte man nachher den Niederschlag 24 Stunden lang mit reiner gesättigter $PbCl_2$-Lösung, so wurde nur etwa 1% des ThB-Salzes wieder gelöst; somit handelt es sich nicht um Adsorption, sondern um Mischkristalle oder Schichtkristalle. Beruht nun die Schwerlöslichkeit einer Kristallart auf besonders fester Atomverbindung, so ist es verständlich, daß die ThB-Ionen des schwer löslichen ThB-Salzes an den freien Sättigungsstellen der ebenfalls schwer löslichen (und vielleicht isomorphen) Bleisalz- oder Bariumsalzkristalle fixiert und von diesen überwachsen wurden.

R. GROSS [37]) hat zur Erklärung der *Kornvergrößerung* oder *Sammelkristallisation* an Stelle der thermodynamischen Theorie von WILH. OSTWALD den Begriff des Atomfeldes von F. GRANDJEAN herangezogen. Hiernach werden an der Oberfläche besonders kleiner Kristalle die Atome nicht ganz regelmäßig fixiert sein und können von den besser geordneten Oberflächenatomen anstoßender größerer Kristalle der gleichen Art in ihre Atomfelder hineingezogen werden; ebenso kann ein nicht deformiertes Individuum ein angrenzendes durch mechanische Bearbeitung deformiertes aufzehren.

Eine Erklärung von J. J. P. VALETON [103]), wonach die nur mit einer Ionenart besetzten Kristallflächen schneller wachsen sollen als solche mit beiderlei Ionen, z. B. die Oktaederflächen von Steinsalz gegenüber den Würfelflächen, bedarf eines mathematischen Ansatzes, damit alle ihr zugrunde liegenden Vorstellungen über den vielfältigen *Wachstumsvorgang* klar zutage treten und einzeln erörtert oder geprüft werden können. Daß die Wachstumsgeschwindigkeit einer Kristallfläche, d. i. die Verschiebung längs ihrer Normalen in der Zeiteinheit, außer von ihrer Belastung B und den primitiven Abständen δ auch von dem Vorhandensein gleicher oder ungleicher Ionen irgendwie abhängt, ist klar; es müssen aber noch andere Faktoren mitwirken. Beispielsweise haben beim Sylvin (KCl) folgende fünf Paare von Flächenarten je gleiches B und δ, wobei die zwei Flächenarten jedes Paares *beide* entweder von z gleichen Ionen oder von $\dfrac{x}{2}$ positiven nebst $\dfrac{x}{2}$ negativen Ionen besetzt sind: $\{540\}$, $\{344\}$; $\{711\}$, $\{551\}$; $\{722\}$, $\{445\}$; $\{322\}$, $\{41C\}$; $\{845\}$, $\{1, 2, 10\}$; nun ist aber die erste Flächenart jedes Paares an KCl-Kristallen beobachtet worden, die zweite nicht.

P. NIGGLI [77]) hat jeder Kristallfläche eine »*innere Übergangsschicht*« von der Dicke $\varDelta$ zugeschrieben, d. h. eine der Kristallfläche parallele Schicht von nicht völlig abgesättigten Atomen; hierbei müssen freilich gewisse Annahmen über Koordinationszahl und Koordinationsrichtungen gemacht werden, die NIGGLI sich z. B. am Steinsalz parallel den sechs Kantenrichtungen des Würfels denkt. Die Wachstumsgeschwindigkeit einer Fläche soll nun um so größer sein, je größer ihr $\varDelta$ ist. — Übrigens werden derartige strukturtheoretische Deutungen der Wachstumvorgänge oft dadurch beeinträchtigt, daß die Beugung und Interferenz der Röntgenstrahlen als zentrisch-symmetrischer Vorgang erscheint und daher für

Kristalle der 21 azentrischen Symmetrieklassen zwar die vollständige, wahre Atomanordnung, *nicht* aber deren eindeutige Zuordnung zur Kristallform zu liefern vermag. So ist z. B. nicht entschieden, ob bei der Zinkblende (ZnS) das von den vier Schwefelatomen im Innern des flächenzentrierten Zn-Würfels gebildete Tetraeder dem positiven oder dem negativen Tetraeder der Zinkblende entspricht. Ebenso wird die Röntgenometrie eines rechtsdrehenden Quarzes zu zwei einander enantiomorphen Atomanordnungen hinführen und die eines Linksquarzes zu denselben zwei Anordnungen, so daß es zweifelhaft bleibt, welche der beiden Strukturen dem R-Quarz und welche dem L-Quarz eigentümlich ist*). Das Debye-Scherrer-Verfahren schließt noch eine weitere Zweideutigkeit in sich; es gestattet bei keinem Kristall, der in eine der fünf rhomboedrischen Symmetrieklassen gehört, eine eindeutige Zuordnung zu den positiven oder negativen Rhomboedern der Kristalloberfläche.

Am Schluß dieses Kapitels möge über den *Bau von Mischkristallen* berichtet werden. Daß es wirkliche Mischkristalle gibt, die nicht submikroskopische Verwachsungen oder Schichtkristalle darstellen, hatte man längst daran erkannt, daß sie im Sinne der Phasenlehre und überhaupt der Thermodynamik *homogene*, nicht heterogene oder inhomogene Systeme darstellen. Die röntgenometrischen Untersuchungen von L. Vegard und H. Schjelderup [105]) an Mischkristallen von KCl und KBr ergaben dementsprechend, daß der Mischkristall an Stelle jedes Paares von zwei analogen Intensitätsmaxima der beiden Komponenten ein einziges von besonderem Glanzwinkel darbietet. Ebenso fanden Sh. Kôzu, Y. Endô und M. Suzuki [56]), daß der glaukisierende und somit inhomogene Mondstein von Ceylon, wie auch der von Korea, zweierlei Spektren liefert, die sich mit steigender Temperatur unter allmählichem Verblassen des einen einander nähern und schließlich, nachdem der Perlmutterschimmer schon vorher verschwunden ist, zusammenfallen, so daß ein Spektrum des Natronsanidins, $(K, Na)AlSi_3O_8$, entsteht, das sich bei sinkender Temperatur wieder aufspaltet. — Der Begriff Homogeneität ist bekanntlich zweideutig; er gilt für Systeme von Partikeln, einerlei, ob diese *statistisch* gleichmäßig verteilt sind wie die eines Glases oder periodisch wie die Na- und Cl-Ionen des Steinsalzes. In einem Kristall der chemischen Verbindung $A_m B_n C_p \ldots$ seien ϱm Gitter der Atomart A, ϱn Gitter von B, ϱp Gitter von C usw. ineinander gestellt, wo ϱ eine ganze Zahl bedeutet, und es werde eine Anzahl der Atome B durch ebenso viele Atome B' ersetzt, so daß sich ihre Mengen nun wie $x' : x$ verhalten, dann sind zwei Fälle möglich. Erstens können x' von den $x + x'$ Teilgittern,

---

*) Bei dieser Gelegenheit sei noch einmal hervorgehoben, daß das Laue-Diagramm die Symmetrie der bestrahlten Kristallfläche darstellt und man daher z. B. bei Bestrahlung von (010) und (0$\bar{1}$0) eines monoklin-holoedrischen Kristalles zwei enantiomorphe Muster erhält; die Zuordnung der daraus erschlossenen Struktur zur Kristallform fällt aber trotzdem natürlich eindeutig aus.

aus denen man stets jedes der ϱn-Gitter des Elementes B aufgebaut denken
kann, jedesmal ausschließlich mit Atomen B' besetzt sein; dann resultiert
periodische Verteilung von B und B'. Zweitens kann die Verteilung
von B' und B bei gleichem Mengenverhältnis $x' : x$ eine nur statistische
sein. Im letzten Fall wird sich, wie M. v. LAUE [63]) berechnete, eine zer-
streute Strahlung auf dem Röntgenfilm bemerkbar machen; im übrigen
müssen die Maxima von den gleichen Scharen $(h\,k\,l)$ erzeugt werden wie
bei jeder der beiden Komponenten des Mischkristalles, nur werden die
Glanzwinkel eine etwas abweichende Größe haben. Im ersten Fall dagegen,
bei periodischer Verteilung, sind Maxima gewisser Scharen $(h\,k\,l)$ zu erwarten, denen bei der einzelnen Komponente die Intensität Null zukommt; VEGARD und SCHJELDERUP konnten an Mischkristallen von 1 Mol
$KCl + 1$ Mol KBr *keine* neuen Maxima beobachten. Dagegen spricht
wohl für periodischen Bau nach G. TAMMANNS [98]) Darlegungen das Verhalten, das er an manchen binären Legierungen beobachtete. Danach wird
ein aus zwei Metallen bestehender Mischkristall von einer Flüssigkeit, die
nur eines der beiden Metalle chemisch oder galvanisch zu lösen vermag,
in der Regel nur dann angegriffen, wenn die Atome des edleren Metalles

weniger als $\dfrac{n}{8}$ aller Atome ausmachen, wobei n eine ganze Zahl ist. Stellt

man z. B. eine Anode aus gutgetemperter und homogenisierter Gold-Kupfer-
legierung und eine Kathode aus Kupfer in eine Kupfervitriollösung, so steigt
die Zersetzungsspannung zunächst proportional dem Au-Gehalt der Mischkristalle, bis die Goldatome mehr als $^2/_8$ aller Atome der Anode ausmachen,
worauf die Zersetzungsspannung ziemlich plötzlich auf die des reinen Goldes
hinaufgeht und sich bei noch höheren Au-Gehalten nicht mehr ändert;
diese Resistenzgrenze ist von R. LORENZ, W. FRAENKEL und M. WORMSER [69])
bestätigt worden. — Periodischer Aufbau von Mischkristallen dürfte derart
zu deuten sein, daß ein Atomabstand des einen Kristalls und der entsprechende des andern bei der Mischkristallbildung einem mittleren Werte
zustreben, so daß auch die von G. TSCHERMAK im Jahre 1864 für die Kalk-
natronfeldspäte und von J. W. RETGERS im Jahre 1889 allgemein formulierte Regel der Additivität der Volumina verständlich wird; dabei mag aber
betont werden, daß im allgemeinen auch solche Richtungen existieren, in
denen der Atomabstand des Mischkristalles *nicht* zwischen den entsprechenden zwei Atomdistanzen der beiden Einzelkristalle liegt, und das gleiche
gilt für die Winkel zwischen zwei Gitterlinien oder zwei Gitterebenen! —
Hieran knüpft sich die Frage, welcherlei Ähnlichkeit zwischen zwei
Atomarten bestehen muß, wenn beide in wechselndem Verhältnis homologe Stellen eines Kristallgitters besetzen sollen. Schon im Jahre 1840
haben H. KOPP und H. SCHRÖDER bemerkt, daß zwei Kristallarten, die
Mischkristalle bilden, oft sehr ähnliches *Molekularvolumen* besitzen, und
überdies zeigt die von L. MEYER im Jahre 1870 entworfene Kurve der
Atomvolumina, daß die in Mischkristallen einander vertretenden Elemente

im reinen Zustande oft ähnliches Atomvolumen aufweisen; später gestattete der von F. Becke (1893) und W. Muthmann (1894) entwickelte Begriff der »topischen Parameter« das Größenverhältnis aller analogen Gitterparameter zweier isomorpher Kristallarten zahlenmäßig anzugeben, wofern man ihre Strukturen als analog voraussetzt. Die Röntgenometrie, die eine Messung der absoluten Atomabstände ermöglicht, hat nicht nur alles das bestätigt, sondern darüber hinaus noch ergeben, daß auch *innerhalb des Elementarbereichs* die Atomdistanz isomorpher Kristalle, wie z. B. nach den Bestimmungen von A. Ogg [79]) der Abstand der beiden Atome im primitiven Gitterrhomboeder von Antimon und Wismut, sehr ähnlich ist; *derartige* Atomdistanzen kommen weder in der Dichte noch in den morphologischen Konstanten des Kristalles noch in dem Hauyschen Rationalitätsgesetz zu unmittelbarem Ausdruck.

Die Ähnlichkeit der Strukturkonstanten, die deren Ausgleich beim periodischen Aufbau eines Mischkristalls erleichtern oder ermöglichen dürfte, kommt natürlich auch in den Radien der Ionen zum Ausdruck, wie sie teils unabhängig vom Kristallbau durch M. Born [6a]), A. Günther-Schulze [41]), A. Heydweiller [44]), A. Landé [59]), R. Lorenz [68]), A. O. Rankine [82]) u. a. nach verschiedenen Methoden und mit merklich verschiedenem Ergebnis berechnet, teils als sogenannte Wirkungsradien r der Kristallionen von W. L. Bragg [14]) und P. Niggli [78]) aus den Strukturen abgeleitet worden sind. So legt W. L. Bragg um die Atome des Diamanten Kugeln, die einander berühren, und erhält auf diese Weise den r-Wert des C-Atoms; setzt er diesen in die Kalkspatstruktur ein, so ergibt sich die Größe r für Sauerstoff usf. Dabei zeigt sich aber, daß der resultierende r-Wert einer Atomoder Ionenart nicht ganz unabhängig davon ist, aus welchen Strukturen er hergeleitet wurde. Das bedeutet eine gegenseitige Beeinflussung der Wirkungsradien, die übrigens naturgemäß etwas größer als die Radien der äußersten Elektronenschale ausfallen. P. Niggli ermittelt die r-Werte solcher positiver Ionen, die im periodischen System eine Kolonne gleicher Valenz bilden, gegenüber einem und demselben negativen Ion und findet, daß die r-Größe dann meistens mit der Nummer des Elementes wächst, daß aber zuweilen auch Rekurrenz vorkommt. Die von R. Lorenz und W. Herz [70]) aus den Regeln der übereinstimmenden Zustände mit Hilfe der Schmelztemperaturen für den absoluten Nullpunkt berechneten Molvolumina werden vielleicht eine schärfere Prüfung der Beziehungen ermöglichen, die zwischen den Dimensionen von Mischkristallkomponenten bestehen. Bei Zimmertemperatur und höheren Temperaturen geht die Mischungsfähigkeit zwar oft, aber keineswegs immer der Ähnlichkeit der Volumina oder Radien parallel. So sind die Gitterkonstanten von Gold und Aluminium bei Zimmertemperatur einander innerhalb der Messungsfehler gleich, und dennoch bilden sich aus der gemeinsamen Schmelze keinerlei Mischkristalle; der größere Ausdehnungskoeffizient des Aluminiums bewirkt, daß seine Gitterkonstante die des Goldes bei den Schmelztemperaturen der Mischkristalle nur um etwa 1% übersteigt. Steinsalz mischt sich mit Sylvin bei Zimmertemperatur nicht merklich, während sich aus dem gemischten Schmelzfluß Mischkristalle aller Proportionen ausscheiden können; die Gitterkonstante von Steinsalz ist bei Zimmertemperatur kleiner als die des Sylvins. Nun dehnt sich ersteres bei Zimmertemperatur zwar etwas stärker aus als Sylvin, bei ca. $+500°$ C aber kehrt sich das um und im übrigen sind die Dilatationen auch hier wieder recht geringfügig, so daß die Gitterkonstanten bei $+500°$ sich immerhin um 12% gegenüber 14% bei Zimmertemperatur unterscheiden.

K. FAJANS und K. F. HERZFELD [28]) zeigten, daß der Abstand zweier ungleicher Ionen in der Kristallstruktur binärer Verbindungen sehr nahezu gleich $d = k_1 r_1 + k_2 r_2$ ist, wo k_1 und k_2 zwei in allen Kristallen gleiche Konstanten von Anion und Kation sind, wofern man ihre Radien nach einer und derselben Methode, einerlei nach welcher, berechnet. Im Anschluß hieran fand H. GRIMM [35]) folgendes.

Die Gitterkonstante binärer Verbindungen ändert sich stark, wenn man darin ein Ion vom Neontyp durch das entsprechende vom Argontyp ersetzt, weniger stark beim Ersatz des Kryptontyps durch den Xenontyp und sehr wenig, wenn der Argontyp durch den Kryptontyp ersetzt wird; die gleiche Beziehung gilt für beliebige physikalische Kristallkonstanten und auch für die Radien oder die Wirkungsradien der Ionen, wofern man sie nach einer und derselben beliebigen Methode berechnet. Dementsprechend zeigen nach GRIMM bei Zimmertemperatur Argon- und Kryptontyp völlige Mischbarkeit, Krypton- und Xenon- sowie Argon- und Xenontyp eine zuweilen beschränkte Mischungsfähigkeit, während Neon- und Argontyp nur bei großer Molekel oder bei höheren Temperaturen Mischkristalle liefern. Daß He- und Neontyp trotz geringer Volumendifferenzen bei Zimmertemperatur im allgemeinen keine Mischkristalle bilden, beruht nach GRIMM auf der verschiedenen Anzahl der Außenelektronen, die nach W. KOSSEL [55]) bei He 2, bei Ne 8 beträgt. GRIMMS Betrachtungen gipfeln nun in einer Hypothese, wonach kristallstrukturelle Ersetzbarkeit von Na- und Ag- oder Mg-, Zn- und Mn-Ionen u. a. sowie die Ähnlichkeit der betreffenden Gitterkonstanten dadurch verursacht werden, daß hier die erheblichen Differenzen der Ionenradien einerseits und des Baues der Außenschalen andererseits einander in ihren elektrostatischen Wirkungen weitgehend kompensieren.

III. Symmetrik.

Die *Symmetrie einer Kristallgestalt* ist offenbar identisch mit der Symmetrie ihres Wachstums, die in einer symmetrischen Verteilung der Wachstumsvektoren zum Ausdruck kommt, und diese sind in den ungleich langen Durchmessern des Kristalls auf natürliche Weise veranschaulicht. Wir wollen nun annehmen, daß der Kristall unter idealen äußeren Bedingungen, d. h. in einem homogenen flüssigen oder gasförmigen Medium infolge gleichmäßiger Diffusion ohne Mitwirkung von Konzentrationsströmen gewachsen ist; das kann bei künstlicher Züchtung durch starkes Rühren erzielt werden. Gleichwohl ist dann die Gestalt des Kristalls nicht nur durch seine Struktur bedingt, sondern auch durch äußere Faktoren, nämlich stoffliche Beschaffenheit des Mediums sowie Temperatur und Druck. Daher zeigen die Individuen einer Kristallart, obwohl diese als die Gesamtheit physikalisch gleicher Kristalle definiert wird, oft verschiedene Gestalt. Infolgedessen müssen sie aber im allgemeinen ungleiche Oberflächeneigenschaften, wie Kapillarkonstante, Ritzbarkeit, Reflexionsvermögen aufweisen, so daß physikalische Identität nur für das *Innere* dieser Kristallindividuen behauptet werden darf. Aber auch die *Symmetrie* der Gestalten einer Kristallart wird von den äußeren Wachstumsbedingungen selbst dann oft beeinflußt, wenn diese unserer Homogenitätsforderung genügen. Beispielsweise können sowohl oktaedrisch als auch tetraedrisch geformte Kristalle von Zinkblende (ZnS) auftreten; die erstere *Gestalt* besitzt ein Inversionszentrum, die letztere aber nicht. Das isotrope Außenmedium kann nämlich die von der Kristallstruktur angestrebte Kristallform derart beeinflussen, daß eine Erhöhung der Symmetrie, etwa der tetraedrischen auf oktaedrische, eintritt. Ein Oktaeder von Zinkblende werde in übersättigte ZnS-Lösung gebracht. Diffundieren nun die Zn- und S-Ionen überall schneller an die Kristallflächen als sie von diesen fixiert werden können, dann werden vier Oktaederflächen schneller wachsen, d. h. sich schneller in die Mutterlauge vorwärts schieben als die vier übrigen, so daß die Kombination zweier ungleich großer Tetraeder oder gar nur ein einziges Tetraeder entsteht, also jedenfalls eine Gestalt von tetraedrischer Symmetrie; diffundieren die Ionen aber überall langsamer an die Kristallflächen als sie von diesen fixiert werden können, dann kann ein Oktaeder entstehen. Charakteristisch, d. h. nur durch die Struktur bedingt, ist somit diejenige Formsymmetrie, deren Symmetrieelemente allen Gestalten der Kristallart gemeinsam sind; wir haben also die Gestalten von *niedrigster* Symmetrie als kennzeichnend für die Kristallart und ihre Struktur zu betrachten. Auf *diese charakteristischen* Formen bezieht sich das *Grundgesetz der physikalischen Kristallsymmetrie*. Dieses Gesetz hat bereits vor einem Jahrhundert dem Klassiker der Kristallphysik, F. E. Neumann, bei seinen Untersuchungen über elastisches, optisches und thermisches Verhalten als Leitstern vorgeschwebt, so daß es von seinem Schüler W. Voigt geradezu als das Neumannsche Prinzip bezeichnet wurde. Klar ausgesprochen ist es aber meines Wissens zuerst im Jahre 1867 von Axel Gadolin, der es in der Einleitung seiner berühmten Arbeit »Über die Herleitung aller kristallographischen Systeme mit ihren Unterabteilungen aus einem einzigen Grundsatz« folgendermaßen formulierte: »*Zwei Richtungen, die in bezug auf die äußere Form des Kristalls gleich sind, zeigen auch identisches physikalisches Verhalten.*«

Jeder Kristallstruktur muß sich eines der 230 SCHOENFLIESSchen Raumsysteme zuordnen lassen, so daß man als *Symmetrie der Struktur* diejenige des betreffenden Raumsystems bezeichnen kann. Nun besteht das Raumsystem aus Scharen periodisch geordneter Symmetrieelemente, die denen der charakteristischen Kristallform isomorph sein sollen, d. h. jeder Drehungsachse der Kristallform läuft eine Schar gleichzähliger Drehungs- oder Schraubungsachsen parallel, jeder Spiegelungsebene eine Schar von Spiegelungs- oder Gleitspiegelungsebenen, jeder Drehspiegelungsachse eine Schar gleichzähliger Drehspiegelungsachsen. Da sich z. B. den von L. VEGARD [104]) angegebenen Strukturen von Zirkon ($ZrSiO_4$) und Xenotim (YPO_4) kein der Kristallform isomorphes Raumsystem anpassen läßt, muß wohl entweder die Struktur oder die Symmetrie der Kristallgestalten unrichtig bestimmt sein. Andererseits konnte die morphologisch als regulär-dyakisdodekaedrisch gefundene Symmetrie des Kobaltglanzes ($CoAsS$) durch BRAGGS [11]) und durch M. MECHLING [74]) strukturell mit Sicherheit als regulär-tetartoedrisch nachgewiesen werden. Wird ein Atom der Kristallstruktur von einer Drehungsachse, Drehspiegelungsachse oder Spiegelungsebene des Raumsystems durchsetzt, so muß es durch sämtliche Operationen dieses Symmetrieelements in sich selbst übergeführt werden. Daher kann man, wenn eine Kristallstruktur und ihr Raumsystem ermittelt ist, für jedes Atom eine bestimmte Symmetrie ableiten, die ich [22]) als »*minimale Atomsymmetrie*« bezeichnete, weil sie als notwendig und hinreichend erscheint, um die Symmetrie des Raumsystems, der Struktur und der Kristallform zu liefern. Dabei ergab sich zugleich, daß einerseits den Atomen oder Ionen eines chemischen Elementes in verschiedenen Kristallarten im allgemeinen eine ungleiche Minimalsymmetrie zukommt, und daß andererseits die wirkliche Symmetrie des Atoms meist höher sein kann als die minimale, ohne daß dadurch die Symmetrie des Raumsystems beeinflußt wird; zuweilen aber ist auch eine obere Grenze gegeben, so daß z. B. im Sylvin, falls hier die Chlorionen regulär-holoedrische Symmetrie wie im Steinsalz besitzen, die Kaliumionen nur reguluär-pentagonikositetraedrische Symmetrie aufweisen dürfen, weil sonst der Sylvin im Widerspruch mit der Erfahrung die Symmetrie des Steinsalzes erhalten würde. Die »minimale« Atomsymmetrie ist also die *scheinbare*, d. h. die aus der Struktur und den Formen der Kristallart gefolgerte. Jedoch fußen die von mir festgestellten Minimalsymmetrien, was H. THIRRING [100]) betonte, auf der wahrscheinlichen, aber nicht sicheren Voraussetzung, daß das *kleinste* mit der Kristallsymmetrie in Einklang zu bringende Strukturparallelepiped den Elementarbereich darstelle. So zeigte A. C. CREHORE [17]), daß man die Symmetrie des Steinsalzes auch dann erhalten kann, wenn die Minimalsymmetrie der *Na*-Ionen und der *Cl*-Ionen nicht gleich der Symmetrie eines Würfels, sondern gleich der eines ebenen gleichseitigen Dreiecks gesetzt wird; die Gitterkonstante fällt dann doppelt so groß aus als im andern Falle, und der Elementarbereich demnach achtmal so groß. Da-

gegen bleibt, wie THIRRING nachwies, beim Diamant die von mir abgeleitete Minimalsymmetrie des C-Atoms stets erhalten, wie man auch
immer das System der Atomschwerpunkte deutet. —

Der Begriff der minimalen Atomsymmetrie beweist seine Fruchtbarkeit
dadurch, daß er auf zwei wichtige, miteinander zusammenhängende Fragen
führt. *Erstens:* Kann die wirkliche Atomsymmetrie gegenüber der scheinbaren oder minimalen ein Defizit aufweisen? *Zweitens:* Worauf beruht
die minimale oder scheinbare, d. h. die aus der Formsymmetrie und der
Atomanordnung gefolgerte Atomsymmetrie?

Wenn man an vier Ecken eines Würfels winzige Tetraederflächen an-
schleift, so erhält man ein Polyeder von tetraedrischer Symmetrie; sinkt
aber die Größe jener vier Flächen unter die mikroskopische Grenze, so
wird man mit den gewöhnlichen Hilfsmitteln eine zu hohe Symmetrie,
nämlich die eines Würfels, finden. So ist der Kristallograph tatsächlich
zuweilen im Zweifel darüber, ob z. B. ein oktaedrisch erscheinender Kristall
wirklich acht Oktaederflächen oder aber $4 + 4$ Tetraederflächen von
äußerst geringem Größenunterschied darbietet; im letzteren Falle hat
man die Meroedrie oder Teilflächigkeit des betreffenden Kristalls als
eine »schwache« bezeichnet. Beispielsweise ist die dyakisdodekaedrische
Meroedrie des Schwefelkieses (FeS_2) stark, die pentagonikositetraedrische
des Sylvins (KCl) aber schwach; dementsprechend ergibt beim Schwefelkies bereits die bloße *Anordnung* der *Atomschwerpunkte* die erwähnte
Symmetrie, während die Sylvinatome, punktförmig gedacht, ein holoedrisches Kaliumchlorid anstatt des meroedrischen liefern würden. Die
pentagonikositetraedrische Meroedrie des Rotkupfererzes (Cu_2O) ist sehr
schwach oder sogar unsicher, die tetraedrische der Zinkblende aber stark;
dementsprechend ergeben die Schwerpunkte der Cu- und der O-Atome des
Cuprit ein holoedrisches Punktsystem, die der Zn- und der S-Atome von
Zinkblende aber ein tetraedrisches, wofern man die Zentren der Zn- und
der S-Ionen qualitativ unterscheidet. Dolomit ($CaMgC_2O_6$) ist schwach
meroedrisch und das System seiner Atomzentren fällt holoedrisch aus,
wenn Ca- und Mg-Ionen identifiziert werden; Kobaltglanz ($CoAsS$) ist
sehr schwach tetartoedrisch, scheinbar dyakisdodekaedrisch, und seine
Atomschwerpunkte liefern annähernd ein dyakisdodekaedrisches System,
wenn man As- und S-Ionen gleich setzt. Nach alledem scheint die Atomsymmetrie unmittelbar einen nur schwachen Einfluß auf die Symmetrie
der Kristallformen auszuüben. Die Tatsache, daß analoge Verbindungen
zweier Elemente, die wie K und Rb oder Ca und Sr, im periodischen
System in einer Kolonne gleicher Valenz aufeinander folgen, Isomorphie und
somit auch gleiche Symmetrie aufweisen, hat es nahegelegt, nur die äußerste
Elektronenhülle des Atoms als maßgebend für seine scheinbare (minimale)
Symmetrie zu betrachten, denn solche Atome besitzen in der äußersten
Schale nach den Vorstellungen, die W. KOSSEL [55] und G. N. LEWIS [65]
aus dem Valenzverhalten der Elemente und den Elektronenstoßbeobach-

tungen von J. FRANCK und G. HERTZ entwickelt haben, die gleiche Anzahl von Elektronen. Daß aber selbst in der äußersten Schale die Elektronenanzahl nicht eindeutig aus der scheinbaren Atomsymmetrie zu erschließen ist, dürfte daraus hervorgehen, daß in vielen Verbindungen ein
Element durch solche der folgenden Kolonnen des periodischen Systems
ersetzt werden kann, ohne daß die Kristallsymmetrie sich ändert; so sind
die analogen Verbindungen von dreiwertigem *Cr*, *Mn* und *Fe* oder von
zweiwertigem *Mn*, *Fe*, *Co*, *Ni*, *Cu* und *Zn*, die sich um je ein Elektron
in der äußersten Schale unterscheiden (falls man dem Krypton 18 Außenelektronen zuschreibt), oft isomorph und gleichsymmetrisch, und ähnliches
gilt für die Triaden *Ru*, *Rh*, *Pd* und *Os*, *Jr*, *Pt*. Zuweilen scheint es sogar,
als ob nur die Anzahl der Valenzelektronen ausschlaggebend sei, wie z. B.
bei *Ca*-, *Sr*- und *Ba*-Verbindungen einerseits und *Pb*-Verbindungen
andererseits sowie bei Korund (Al_2O_3) und Eisenglanz (Fe_2O_3), die gleichsymmetrisch, isomorph und analog struiert sind und daher eine und die-
selbe Symmetrie für $\overset{\text{III}}{Al}$ und $\overset{\text{III}}{Fe}$ fordern. — H. TERTSCH [99]) und W. GRAH-
MANN [34]) haben über den Zusammenhang zwischen Kristallsymmetrie und
Elektronenanordnung mannigfaltige Betrachtungen angestellt, die aber die
Quantenbedingungen unberücksichtigt ließen und inzwischen durch Fortschritte in der Erkenntnis dieser Bedingungen zum Teil bereits hinfällig ge-
macht sind; so hat man die acht Kleinkreise der Elektronen des sogenann-
ten Würfelatoms fallen lassen müssen, und selbst die Annahme von zwei
Schalen des *Na*-Ions mit zwei und acht Elektronen oder von drei Schalen des
Cl-Ions mit zwei, acht und acht Elektronen läßt sich anscheinend nicht aufrecht erhalten, nachdem u. a. W. L. BRAGG, R. W. JAMES und C. H. BOSAN-
QUET [15]) fanden, daß die unter jener Voraussetzung für Steinsalz berechneten
LAUE-Intensitäten erheblich von den gemessenen abweichen; man wird
nunmehr die *neuen* Atommodelle erproben müssen, die N. BOHR soeben
auf PLANCKS Quantentheorie aufzubauen begonnen hat. Sind die Außenelektronen des Atoms für dessen scheinbare Symmetrie verantwortlich,
so können sie bei gewissen Kristallen nicht in einem einzelnen Ring angeordnet sein; beispielsweise fordert die tetraedrische Minimalsymmetrie
des Diamantatoms, daß seine vier Außenelektronen sich in vier Ebenen
befinden, die so zueinander geneigt sind wie die Flächen eines Tetraeders;
legt man diese vier Ebenen durch das Atomzentrum, so erhält man LANDÉS
»Tetraederverband«. Als BORN und LANDÉ bei der Berechnung der Kom-
pressibilitäten kubischer Alkalihalogenide zu dem COULOMBSCHEN An-
ziehungs- oder Abstoßungspotential noch ein Zusatzpotential umgekehrt
proportional der neunten Potenz des Abstandes der Ionenzentren hinzu-
nehmen mußten, machten sie darauf aufmerksam, daß die hohe Potenz
dieses Ausdrucks nur mit einer *räumlichen* Anordnung der Außenelektronen,
wie im Tetraederverband, verträglich sei; komplanare Elektronen würden
zwar die richtige Gitterkonstante, aber eine zu große Kompressibilität und
überdies zu kleine Reststrahlfrequenzen ergeben. Ferner kann man nach

H. Thirring [100]) auch den Sylvin (KCl) nicht mit Bohrs wirtelförmigen Atomen darstellen, da das zum Crehoreschen Steinsalzmodell, also zu holoedrischer Symmetrie führen würde; dagegen liefert der Tetraederverband von je acht Außenelektronen des K- und des Cl-Ions die Symmetrie des Sylvins, wofern diese nicht nur von elektrostatischen, sondern auch von magnetischen Atomkräften beeinflußt wird; laufen nämlich auf jeder Tetraederebene des Kaliumions zwei Elektronen synchron um, so erhalten die dreizähligen Achsen polarmagnetischen Charakter, woraus die pentagonikositetraedrische Symmetrie der Sylvinstruktur resultieren würde. Thirring hat das zwar für das damals geltende Landésche Würfelatom bewiesen, doch läßt sich leicht einsehen, daß der später angenommene Tetraederverband das gleiche ergibt. Daß dagegen Steinsalz holoedrische Symmetrie zeigt, deutet dann nach Thirring darauf hin, daß die magnetischen Kräfte der Alkaliatome vom Natrium nach dem Kalium, Rubidium usw. wachsen. Hiernach bestände auch zwischen Steinsalz und Sylvin kein scharfer Symmetriekontrast, sondern nur ein gradueller Unterschied des Symmetriedefektes. Endlich bewies A. Smekal [93]), daß die L_α-Linien der Siegbahnschen Röntgenspektren unter Voraussetzung der Bohrschen Frequenzbedingungen unvereinbar mit einer komplanaren Lage der zweiquantigen Elektronenbahnen sind, was mit dem oben über die Sylvinatome Gesagten übereinstimmt. Auch würde sich nach Smekal ein gegenüber dem Atomvolumen des Diamanten zu hoher Wert der »Atomgröße« in der Sommerfeldschen Kurve ergeben, falls man die vier Außenelektronen des C-Atoms ringförmig anordnete; ganz allgemein scheinen nach A. Sommerfelds [94]) Kurve Ringe mit mehr als vier Elektronen infolge der starken Abstoßung einen zu großen Durchmesser zu liefern. Daß aber die Atome trotz dreidimensionaler Anordnung ihrer Außenelektronen im allgemeinen nicht, wie oft behauptet wird, als isotrope Kraftzentren wirken, läßt sich mannigfach erkennen. Die trikline Symmetrie binärer Verbindungen wie Tenorit (CuO) und die monokline Symmetrie des β-Schwefels wären dann kaum verständlich; bei chemischen Elementen würde dann dichteste Kugelpackung die stabilste Anordnung darstellen. Das trifft zwar für das flächenzentrierte Würfelgitter von Ca, Al, Cu, Ag, Au, Pb, γ-Fe, α-Co, Ni, α-Ce, Th, Rh, Pd, Ir, α-Os und Pt sowie für In (pseudokubisch) zu, nicht aber für das raumzentrierte Würfelgitter von Li, Na, α-Fe, β-Fe, Cr, Mo, W und Ta; auch unter den hexagonalen Strukturen von Mg, Zn, Cd, Hg, Ti, Zr, β-Ce, β-Co, β-Os und Ru sowie von ZnO, CdS, AgJ und H_2O können nur einige, z. B. diejenigen von Zn und Cd, als dichteste Packungen betrachtet werden.

Außer dem Atombau ist fraglos auch das *stöchiometrische Zahlenverhältnis der Atome des chemischen Moleküls* von Einfluß auf die Kristallsymmetrie. Auf Grund einer Zusammenstellung der möglichen Zähligkeiten einer Punktlage in jeder der 32 Symmetrieklassen zeigte ich [22]), daß z. B. im monoklinen Eisenvitriol die $7\,H_2O$-Molekeln und ebenso im triklinen Zirkontetrafluoridhydrat die 4 F-Atome nicht sämtlich gleichwertige Lagen besitzen können. Später ging P. NIGGLI[78]) in Anlehnung an ältere Hypothesen von CHR.H.D. BUYS-BALLOT*), J. D. DANA, G. TSCHERMAK und J. W. RETGERS von der Vermutung aus, daß die chemisch gleichartigen Atome oder Atomgruppen einer Verbindung bei der Kristallisation gleichwertige Lagen anstreben und auf diese Weise die Symmetrie der Struktur beeinflussen. Dabei ergab eine umfangreiche Statistik, daß Verbindungen mit den stöchiometrischen Zahlen 3, 6 oder 9 in etwa 50% der Fälle Kristalle mit einer dreizähligen Achse oder vier solchen bilden, daß dagegen die stöchiometrischen Zahlen 4 oder 8 nur in etwa 25% der Fälle Kristalle mit einer vierzähligen Achse oder mit vier dreizähligen Achsen liefern; NIGGLI erklärt das damit, daß dreizählige Punktlagen nur in Verbindung mit dreizähligen Achsen, dagegen achtzählige und vierzählige Punktlagen auch im rhombischen, vierzählige sogar im monoklinen Kristallsystem auftreten. — Überhaupt werden anscheinend vom wachsenden Kristall zuweilen ganze Atomgruppen aus der Mutterlauge übernommen, wie z. B. das Ion CO_3 vom Kalkspat und das Ion NO_3 vom Natronsalpeter; in der von R. W. JAMES und N. TUNSTALL[50]) sowie A. OGG[79]) ermittelten Struktur von Antimon und Wismut treten Gruppen Sb_2 und Bi_2 auf, und das Magnesium scheint nach H. BOHLINS[2]) Strukturbestimmung aus Mg_2-Partikeln zu bestehen. P. v. GROTH[38]) machte es wahrscheinlich, daß die Ringe mancher aromatischen Verbindungen als solche in den Kristall eintreten, und schon das PASTEURsche Gesetz, wonach enantiomorphe Molekeln auch enantiomorphe Kristalle bilden, läßt ahnen, daß die künftige Röntgenometrie homöopolarer Kohlenstoffverbindungen deren Stereochemie im Kristalle wiederfinden wird. —

Bei künftigen Erörterungen über Struktursymmetrie wird man vor allem auch an die *Bewegungen* der Elektronen denken und sich darüber klar werden müssen, wie man überhaupt *die Symmetrie bewegter Systeme definieren* will; wahrscheinlich wird die neue Begriffsbildung so ausfallen, daß die sogenannte minimale oder scheinbare Atomsymmetrie und somit auch die empirische Kristallsymmetrie ein *statistisches Mittel* kinematischer Symmetrien darstellt. H. N. KOLKMEIJER[54]) hat dieses Problem in Angriff genommen und dabei u. a. die Raum-Zeit-Symmetrie LANDÉscher Rhomboederverbände und LANDÉ-MADELUNGscher[72]) Tetraederverbände untersucht.

Literatur (seit 1912).

1. AMINOFF, G., Geol. Fören i Stockholm Förh. 1922, S. 444.
2. BOHLIN, H., Ann. d. Phys. 1920, Bd. 61, S. 421.
3. BORMANN, E., Zschr. f. Phys. 1920, Bd. 1, S. 55.
4. BORN, M., Dynamik der Kristallgitter. Leipzig u. Berlin 1915; Zschr. f. Phys. 1921, Bd. 7, S. 217.

*) Der bekannte Meteorolog.

5. BORN, M., Sitzungsber. Preuß. Akad. Wiss. 1918, S. 604; Physikal. Zschr. 1918, Bd. 19, S. 539.

6. — Verh. D. Phys. Gesellsch. 1919, Bd. 21, S. 533.

6a. — Zeitschr. f. Phys. 1920, Bd. 1, S. 1, 45, 221.

7. — u. BORMANN, E., Verh. D. Phys. Gesellsch. 1919, Bd. 21, S. 733; Ann. d. Phys. 1920, Bd. 62, S. 218.

8. — u. v. KÁRMÁN, TH. v., Physikal. Zschr. 1912, Bd. 13, S. 297 u. 1913. Bd. 14, S. 65.

9. — u. LANDÉ, A., Verh. D. Phys. Gesellsch. 1918, Bd. 20, S. 187.

10. — u. STERN, O., Sitzungsber. Preuß. Akad. Wiss. 1919, S. 901.

11. BRAGG, W. H. u. W. L., Proced. Roy. Soc. A. 1913, Vol. 28, S. 428; Xrays and crystal structure. London 1915.

12. BRAGG, W. L., Proced. Roy. Soc. A. 1913, Vol. 89, p. 248.

13. — Proced. Cambridge Phil. Soc. 1912, Vol. 17, I, p. 43.

14. — Phil. Mag. 1920, Vol. 40, p. 169.

15. —, JAMES, R. W., u. BOSANQUET, C. H., Phil. Mag. 1921, Vol. 41, p. 309 u. Vol. 42, p. 1; Zschr. f. Phys. 1921, Bd. 8, S. 27.

16. DE BROGLIE, M., Verh. D. Phys. Gesellsch. 1913, Bd. 15, S. 1348.

17. CREHORE, A. C., Phil. Mag. 1915, Bd. 29, S. 750.

17a. DEBYE, P., Ann. d. Phys. 1912, Bd. 39, S. 789.

18. — u. SCHERRER, P., Physikal. Zschr. 1916, Bd. 17, S. 277 u. 1917, Bd. 18, S. 291.

19. — Ebenda 1918, Bd. 19, S. 474.

20. DEHLINGER, W., Physikal. Zschr. 1914, Bd. 15, S. 276.

21. EITEL, W., Senckenbergiana 1920, Bd. 2, S. 81.

22. EWALD, P. P., Ann. d. Phys. 1917, Bd. 54, S. 519, 557; Zeitschr. f. Phys. 1920, Bd. 2, S. 332.

23. — Physikal. Zschr. 1913, Bd. 14, S. 465 u. 1914, Bd. 15, S. 399; vgl. auch EWALD, P. P., KRATZER, A. u. CITRON, L., Verh. D. Phys. Gesellsch. 1920, Bd. 1, S. 33.

24. — Zschr. f. Krist. 1921, Bd. 56, S. 129.

25. — Dispersion u. Doppelbrechg. von Elektronengittern (Kristallen) Diss. München 1912; Ann. d. Phys. 1916, Bd. 49, S. 1, 117.

25a. — Ann. d. Phys. 1921, Bd. 64, S. 253.

26. FAJANS, K., Ber. D. Chem. Gesellsch. 1920, Bd. 53, 643.

27. — Verh. D. Phys. Gesellsch. 1919, Bd. 21, S. 539, 549, 709, 714.

28. — u. HERZFELD, K. F., Zschr. f. Phys. 1920, Bd. 2, S. 309.

29. — u. RICHTER, F., Ber. D. Chem. Gesellsch. 1915, Bd. 48, I, S. 700.

30. FRIEDRICH, W., Ann. d. Phys. 1914, Bd. 44, S. 1169.

31. — u. SEEMANN, H., Physikal. Zschr. 1919, Bd. 20, S. 55.

32. GERLACH, W., u. PAULI, O., Zschr. f. Phys. 1921, Bd. 7, S. 116.

33. GLOCKER, R., Physikal. Zschr. 1914, Bd. 15, S. 401.

34. GRAHMANN, W., Zschr. f. Krist. 1922, Bd. 57, S. 48; vgl. auch LACOMBLÉ, Zschr. f. physikal. Chem. 1919, Bd. 93, S. 257.

35. GRIMM, H., Zschr. f. physikal. Chem. 1921. Bd. 98, S. 353; Zschr. f. Elektrochem. 1922, Bd. 28, S. 75.

36. GROSS, R., Sitzungsber. Sächs. Gesellsch. Wiss. math. phys. Kl. Jan. 1918, Bd. 70, S. 7.

36a. — Zentralbl. f. Mineral. usw. 1919, S. 201 u. 1920, S. 52.

37. — Jahrb. Radioakt. usw. 1918, Bd. 15, S. 270.

38. v. GROTH, P., Ber. D. Chem. Gesellsch. 1914, Bd. 47, S. 2063.

39. GRÜHN, A., Zentralbl. f. Mineral usw. 1918, S. 99.

40. GRÜNEISEN, Verh. D. Phys. Gesellsch. 1911, Bd. 13, S. 426; Ann. d. Phys. 1912, Bd. 39, S. 257.

41. GÜNTHER-SCHULZE, A., Zschr. f. Phys. 1921, Bd. 5, S. 324.

42. HABER, F., Zschr. f. Elektrochem. 1914, Bd. 20, S. 521.

43. HERZOG, R. O., u. JANCKE, W., Zschr. f. angew. Chem. 1921, Bd. 34, S. 385.

44. HEYDWEILLER, A., Zschr. f. Phys. 1920, Bd. 1, S. 393.

45. HJALMAR, E., Phil. Mag. 1921, Bd. 41, S. 675.
46. HÜCKEL, E., Physikal. Zschr. 1921, Bd. 22, S. 561.
47. HULL, A. W., Phys. Rev. 1917, Bd. 10, S. 661 u. 1921, Bd. 17, S. 42.
48. — Phys. Rev. 1919, Bd. 14, S. 540.
49. — u. DAVEY, WH. P., Phys. Rev. 1921, Bd. 17, S. 266, 549.
50. JAMES, R. W., u. TUNSTALL, N., Phil. Mag. 1920, Bd. 40, S. 233.
51. JOHNSEN, A., N. Jahrb. f. Mineral. usw. 1918, S. 49 u. Zentralbl. f. Mineral. usw.
        1918, S. 46.
52. — Physikal. Zeitschr. 1914, Bd. 15, S. 712; Zentralbl. f. Mineral. usw. 1916, S. 385
        u. 1917, S. 433.
53. — Physikal. Zschr. 1915, Bd. 16, S. 269.
54. KOLKMEIJER, N. H., Physikal. Zschr. 1921, Bd. 22, S. 457.
55. KOSSEL, W., Ann. d. Phys. 1916, Bd. 49, S. 229.
56. KÔZU, SH., ENDÔ, Y., u. SUZUKI, M., Sc. Rep. Tôhoku Imp. Univ. 1921, T. 1, S. 1.
57. KYROPOULOS, S., Zschr. f. anorg. Chem. 1917, Bd. 99, S. 197.
58. LANDÉ, A., Sitzungsber. Preuß. Akad. Wiss. 1919, S. 101; Verh. D. Phys. Gesellsch.
        1919, Bd. 21, S. 2, 644, 653.
59. — Zschr. f. Fys. 1920, Bd. 1, S. 191 u. Bd. 2, S. 83, 380.
60. V. LAUE, M., Jahrb. Radioakt. usw. 1914, Bd. 11, S. 308.
61. — Ann. d. Phys. 1913, Bd. 42, S. 397; vgl. auch V. LAUE, M., u. TANK, F., ebenda
        1913, Bd. 41, S. 1003.
62. — Enzykl. math. Wissensch. V, 1913, Bd. 3, S. 359; Ann. d. Phys. Bd. 42, S. 1561.
63. — Ann. d. Phys. 1918, Bd. 56, S. 497.
64. —, FRIEDRICH, W., u. KNIPPING, P., Sitzungsber. bayr. Akad. Wiss. 1912, S. 303,
        363; Ann. d. Phys. 1913, Bd. 41, S. 971.
65. LEWIS, G. N., Journ. Amer. Chem. Soc. 1916, Bd. 38, S. 762.
66. LINDEMANN, F. A., Physikal. Zschr. 1910, Bd. 11, S. 609.
67. V. D. LINGEN, J. St., Verh. D. Phys. Gesellsch. 1913, Bd. 15, S. 913.
68. LORENZ, R., Zeitschr. f. Phys. 1921, Bd. 6, S. 272.
69. —, FRAENKEL, W., u. WORMSER, M., Zschr. f. anorg. Chem. 1921, Bd. 118, S. 231.
70. — u. HERZ, W., Zschr. f. anorg. Chem. 1921, Bd. 117, S. 103, 267.
71. MADELUNG, E., Physikal. Zschr. 1918, Bd. 19, S. 524.
72. — u. LANDÉ, A., Zschr. f. Phys. 1920, Bd. 2, S. 230.
73. — u. FUCHS, R., Ann. d. Phys. 1921, Bd. 65, S. 289.
74. MECHLING, M., Abh. Sächs. Gesellsch. Wiss. math. phys. Kl. 1921, Bd. 38, Nr. 3.
75. NERNST, W.; vgl. Vorträge über d. kinet. Theorie d. Materie usw. Leipzig u.
        Berlin 1914, S. 63.
76. NIGGLI, P., Geometr. Kristallographie d. Diskontinuums. 2 Bde. Leipzig 1918
        u. 1919.
77. — Zschr. f. anorg. Chem. 1920, Bd. 110, S. 55.
78. — Zeitschr. f. Krist. 1921, Bd. 56, S. 12, 167.
79. OGG, A., Phil. Mag. 1921, Bd. 42, S. 163.
80. PANETH, F., Physikal. Zschr. 1914, Bd. 15, S. 924.
81. PFEIFFER, P., Zschr. f. anorg. Chem. 1915, Bd. 92, S. 376; vgl. auch LANGMUIR, J.,
        Journ. Amer. Chem. Soc. 1916, Bd. 38, S. 2221.
82. RANKINE, A. O., Phil. Mag. 1920, Bd. 40, S. 516.
83. RINNE, F., Sitzungsber. Sächs. Gesellsch. d. Wiss. math. phys. Kl. 1915, Bd. 67,
        S. 303 u. Bd. 68, S. 11.
84. RUNGE, C., Physikal. Zschr. 1917, Bd. 18, S. 509.
85. SCHÄFER, CL., u. SCHUBERT, M., Ann. d. Phys. 1916, Bd. 50, S. 283, 339.
86. SCHERRER, P., Nachr. Ges. Wiss. Göttingen 1918, S. 98.
87. SCHIEBOLD, E., Die Verwendung der Laue-Diagramme z. Bestimmung d. Struktur
        d. Kalkspates. Diss. Leipzig 1919.
88. SCHWENDENWEIN, H., Zschr. f. Phys. 1921, Bd. 4, S. 73.
89. SEEMANN, H., Ann. d. Phys. 1916, Bd. 51, S. 391.

90. SEEMANN, H., Physikal. Zschr. 1917, Bd. 18, S. 242.
91. — Ebenda 1919, Bd. 20, S. 169.
92. SIEGBAHN, M., Jahrb. Radioakt. usw. 1916, Bd. 13, S. 296.
93. SMEKAL, A., Zschr. f. Phys. 1920, Bd. 1, S. 309.
94. SOMMERFELD, A.; vgl. Aussprachen z. M. PLANCKS 65. Geburtstag. Karlsruhe 1918, S. 24.
95. STARK, J., Jahrb. Radioakt. usw. 1915, Bd. 12, S. 279.
96. v. STEIGER, A. L., Ber. D. Chem. Ges. 1920, Bd. 53, S. 666.
97. STENSTRÖM, W., »Lund 1919«; Referat: Beibl. d. Ann. d. Phys. 1919, Bd. 43, S. 816.
98. TAMMANN, G., Die chem. u. galvan. Eigensch. v. Mischkrist. u. ihre Atomverteilg. Leipzig u. Hamburg 1919; vgl. auch LANGMUIR, J., Journ. Amer. Chem. Soc. 1916, Bd. 38, S. 2221.
99. TERTSCH, H., Sitzungsber. Wiener Akad. Wiss. math. naturw. Abt. I, Wien 1920, Bd. 129, 3. u. 4. Heft; vgl. auch LANGMUIR, J., Journ. Amer. Chem. Soc. 1919, Bd. 41, S. 868, 1543.
100. THIRRING, H., Physikal. Zschr. 1920, Bd. 21, S. 281.
101. TOEPLITZ, O., u. JOHNSEN, A., Physikal. Zschr. 1918, Bd. 19, S. 47.
102. TUBANDT, C., u. LORENZ, E., Zschr. f. physikal. Chem. 1914, Bd. 87, S. 513.
103. VALETON, J. J. P., Zschr. f. Krist. 1921, Bd. 56, S. 434.
104. VEGARD, L., Phil. Mag. 1916, Bd. 32, S. 68, 505 u. 1917, Bd. 33, S. 421.
105. — u. SCHJELDERUP, H., Physikal. Zschr. 1917. Bd. 18, S. 93.
106. WAGNER, E., Physikal. Zschr. 1913, Bd. 14, S. 1232.
107. WESTGREN, A. E., u. LINDH, A. E., Zschr. f. physikal. Chem. 1921, Bd. 98, S. 181.
108. WULFF, G., Physikal. Zschr. 1913, Bd. 14, S. 217.
109. WYCKOFF, R. W. G., Amer. Journ. Science 1920, Vol. 50, p. 317.
110. — u. POSNJAK, E., Journ. Amer. Chem. Soc. 1922, Vol. 44, p. 30.

XIII. Fortschritte der Atom- und Spektraltheorie.

Von **Gregor Wentzel**-München.

Mit 3 Abbildungen.

§ 1. Die Methoden der Atomforschung.

Die Bohrsche Theorie des Wasserstoffatoms ist bekanntlich aus dem Bestreben hervorgewachsen, die Balmerserie, das charakteristische Wasserstoffspektrum, aus einem Atommodell heraus zu verstehen. In ähnlicher Weise erstreben wir auch die Kenntnis der komplizierten Atome nicht so sehr um ihrer selbst willen als vielmehr zum Verständnis ihrer spektroskopischen Eigenart. Grundlage der Untersuchung ist die Mechanik der Quantentheorie. Das Ideal einer rein deduktiven Theorie des Atombaues und der Spektren hat sich allerdings bisher nur beim Wasserstoffatom realisieren lassen. In den andern Fällen sind die Schwierigkeiten der mechanischen Probleme so ungeheuer, daß alle verfügbaren Mittel, auch die der experimentellen Erfahrung, zu ihrer Lösung zusammengefaßt werden müssen. Mit anderen Worten: Es gilt eine Brücke zu schlagen zwischen der Quantenmechanik einerseits und der chemischen und spektroskopischen Erfahrung andererseits. Der Atomstruktur kommt bei diesem Brückenbau etwa die Bedeutung eines Mittelpfeilers zu. Kann man die Überbrückung gegenwärtig als beinahe gelungen ansehen, so verdanken wir das der intensiven Arbeit auf *beiden* Seiten, auf der empirischen sowohl wie auf der theoretischen Seite.

Die älteren, mehr elementaren Erkenntnisse bezüglich der Struktur der komplizierten Atome verdanken wir der *induktiven, empirischen* Forschungsmethode. Kossel war es, der als erster (unter Weiterentwicklung Bohrscher Ansätze) einen schalenförmigen Aufbau der Elektronenhülle annahm, um zur Deutung der Hauptzüge der Röntgenspektren und der chemischen Periodizität zu gelangen. Seitdem hat man, um auch deren feinere Züge verstehen zu können, mancherlei Hypothesen über die Verteilung der Elektronen auf die verschiedenen Schalen, sowie über die Form und die gegenseitige Anordnung ihrer Bahnen aufgestellt. Die Mehrzahl dieser Hypothesen hat sich jedoch in der Folgezeit als zu speziell und als unhaltbar erwiesen; es sei an die Vorstellung der ringförmigen Elektronenanordnungen erinnert, die von verschiedenen Seiten zu detaillierter Berechnung von Röntgenfrequenzen verwendet wurde, ferner an den sogenannten Ellipsenverein und die Kubenmodelle. Die neuen Untersuchungen Bohrs lehren uns, daß wir von solchen mehr oder weniger willkürlich konstruierten Modellen ein quantitatives Verständnis der Spektren nicht erwarten dürfen, zum mindesten nicht eine exakte Berechnung der *Absolutwerte* von Linienfrequenzen. Am ehesten dürfte man die *Differenzen* benachbarter Linien quantitativ verstehen lernen, welche unter wenig verschiedenen Bedingungen entstehen, d. h. die sogenannte *Feinstruktur* der Spektren, deren empirische Kenntnis und formale quantenmäßige Deutung sowohl bei den optischen als bei den Röntgenspektren in den letzten Jahren bedeutende Fortschritte gemacht hat. Wir werden in § 4 ausführlicher auf diesen Gegenstand zurückkommen.

Den Ausbau der *mathematischen, deduktiven* Forschungsmethoden andererseits verdanken wir BOHR; sie gipfeln in seiner *Methode der Störungsquantelung* und in seinem *Korrespondenzprinzip*. Jene gestattet unter gewissen Bedingungen, analog der astronomischen Störungsrechnung, eine approximative Behandlung von Mehrkörperproblemen. Das Korrespondenzprinzip dagegen unterrichtet nicht über die Termgrößen (Linien*frequenzen*) sondern über die Wahrscheinlichkeit von Termkombinationen (Linien*intensitäten*), und zwar, wie sein Name aussagt, auf Grund einer gewissen Korrespondenz mit klassisch gedachten Atomschwingungen. Von besonderer Bedeutung wird das Korrespondenzprinzip in den Fällen, wo es sich zum *Auswahlprinzip* verschärft, d. h. über Möglichkeit und Unmöglichkeit von Termkombinationen entscheidet. Die Möglichkeit eines Übergangs zwischen zwei bestimmten Quantenzuständen, d. h. das Auftreten einer bestimmten Spektrallinie, ist hiernach davon abhängig, ob die Bewegung des Atoms, in FOURIERscher Reihenentwicklung dargestellt, gewisse, mit jenem Übergang korrespondierende Schwingungskomponenten enthält oder nicht.

In ihrer Anwendung auf das Wasserstoffatom und sein Verhalten im magnetischen und elektrischen Feld haben sich die BOHRschen Methoden, wie man weiß, als sehr fruchtbar erwiesen. Nach BOHRS eigener Mitteilung bilden sie außerdem aber auch eine geeignete Grundlage zum Verständnis der übrigen Atome. Leider hat BOHR noch nicht angegeben, wie diese Aussage im einzelnen zu verstehen ist; die bisher veröffentlichten Rechnungen beziehen sich lediglich auf Wasserstoff. Aus BOHRS Kopenhagener und Göttinger Vorträgen (Oktober 1921 und Juni 1922) wissen wir aber, daß seine Untersuchungen über den Bau der komplizierten Atome durchaus nicht mehr den rein deduktiven Charakter seiner Wasserstoffarbeiten besitzen. Es scheint vielmehr gerade ihr größter Vorzug zu sein, daß sie die mathematischen und die empirischen Hilfen gleichmäßig in äußerst glücklicher Synthese zur Auswirkung gelangen lassen. Ihre Tendenz ist in gewissem Sinne entgegengesetzt der Tendenz jener oben erwähnten Arbeiten, die, auf Grund der chemischen Systematik von bestimmten Modellvorstellungen ausgehend, ein quantitatives Verständnis der Spektren anstrebten. BOHR erhält umgekehrt durch Kombination seiner allgemeinen Prinzipien mit dem spektroskopischen Befund, ohne von chemischen Tatsachen Gebrauch zu machen, gewisse Aufschlüsse über die Besetzungsverhältnisse der Atomschalen und ihrer Untergruppen, welche die charakteristischen Züge des periodischen Systems mit erstaunlicher Klarheit widerspiegeln.

BOHR erreicht dies durch Betrachtung des sogenannten *Bindungsprozesses*. Er denkt sich zunächst alle Elektronen des Atoms ins Unendliche entfernt und läßt sie dann nacheinander unter Strahlung in Kernnähe zurückkehren, in derselben Weise, wie etwa ein durch Elektronenstoß angeregtes Elektron unter Emission von Serienlinien in seinen Normalzustand zurückkehrt. Er untersucht dabei die Formen und die gegenseitige Anordnung der stabilsten Endbahnen, welche die Elektronen der Reihe nach einnehmen. Er unterscheidet die Bahnen nach ihrer Hauptquantenzahl n und ihrer zweiten (azimutalen, Impuls-) Quantenzahl k und bezeichnet sie dementsprechend durch n_k. Im Wasserstoffatom ist die n_k-Bahn bekanntlich eine Ellipse mit der großen Halbachse $a \cdot n^2$ und der kleinen Halbachse $a \cdot n \cdot k$, wo a den Radius der kreisförmigen 1_1-Bahn bedeutet. Im komplizierten Atom werden die Elektronenbahnen noch eine gewisse Verwandtschaft mit den Wasserstoffbahnen gleicher Quantenzahlen n und k aufweisen; doch wird der Einfluß der benachbarten Elektronen eine Verzerrung der Bahnform bewirken können.

Um zu erklären, wie BOHR die spektroskopische Erfahrung zu Schlüssen auf den Verlauf seines Bindungsprozesses nutzbar macht, gehen wir auf den »spektroskopischen Verschiebungssatz« von KOSSEL und SOMMERFELD[6]) zurück. Dieser sagt aus, daß das Funkenspektrum eines Elementes von der Ordnungszahl $N + 1$ mit dem Bogenspektrum des Elementes N qualitativ identisch ist. Unter Bogenspektrum versteht man bekanntlich das Spektrum des neutralen Atoms, unter Funkenspektrum das Spektrum des (einfach) ionisierten Atoms. Das genannte Verschiebungsgesetz, das sich als Grundlage einer empirischen Systematik der Spektren vorzüglich bewährt hat, erklärt sich daraus, daß das Bogenspektrum des Elementes N und das Funkenspektrum des Elementes $N + 1$ von solchen Elektronen emittiert werden, die sich im Felde der *gleichen* Anzahl (nämlich $N - 1$) innerer Elektronen bewegen. Dasselbe gilt aber auch von dem Spektrum des zweifach ionisierten Elementes $N + 2$, allgemein von dem J-fach ionisierten Spektrum des Elementes $N + J$; auch diese Spektren werden demnach mit dem Bogenspektrum des Elementes N identisch sein. Beim größerem J können freilich Abweichungen von dieser Regel vorkommen, doch wird man das Eintreten einer solchen Unregelmäßigkeit aus den vorangehenden Spektren voraussagen können. Natürlich sind die Funktenspektren höherer als erster Ordnung ($J > 1$) nur in den allerseltensten Fällen beobachtet. Man ersieht aber aus obiger Überlegung, daß man ihren Charakter aus dem Bogenspektrum des Elementes N und dem Funkenspektrum (1. Ordnung) des Elementes $N + 1$ extrapolatorisch erschließen und dadurch zu bestimmten Aussagen über den Vorgang der *Bindung des N^{ten} Elektrons* (im Felde der $N-1$ vorher gebundenen Elektronen) gelangen kann. Speziell wird man durch diese Extrapolation mit einer gewissen Sicherheit entscheiden können, welcher Term des betreffenden Funkenspektrums höherer Ordnung der *größte* sein wird; dieser stellt jeweils den *stabilsten* Quantenzustand dar, d. h. denjenigen Zustand, in welchem sich das N^{te} gebundene Elektron letzten Endes anlagern wird.

Von hier aus wird man verstehen, wie es Bohr gelingen konnte, aus den Serienspektren leichterer Atome auf die Struktur schwererer Atome zu schließen. Im folgenden (§ 3) hoffen wir die Bohrschen Überlegungen auch in Einzelheiten verständlich zu machen. Auf eine Besprechung des mathematischen Apparates können wir in diesem Zusammenhang verzichten, da über seine Anwendung auf das Problem der komplizierten Atome, wie bereits erwähnt wurde, noch keine Veröffentlichungen vorliegen.

In § 2 soll das nächst dem Wasserstoff einfachste Atom, das Helium, eingehender behandelt werden, einerseits als markantes Beispiel für die Tragweite der empirischen Methoden, andererseits zur Illustration des Bohrschen Bindungsprozesses an einem lehrreichen Spezialfall.

§ 2. Das Heliumatom.

Das Bogenspektrum des Heliums unterscheidet sich bekanntlich von den Bogen- und Funkenspektren aller anderen Elemente dadurch, daß es in zwei getrennte Seriensysteme zerfällt, die nicht mit einander kombinieren, das sogenannte Ortho- und Parheliumspektrum. Dies sagt modellmäßig aus, daß das neutrale Helium zwei Reihen angeregter Zustände besitzt, derart, daß spontane mit Strahlung verbundene Übergänge wohl zwischen zwei Zuständen der gleichen Reihe aber nie zwischen zwei Zuständen verschiedener Reihen stattfinden können.

Die numerisch größten Serienterme des Para- bzw. Orthoheliumspektrums, die im Optischen und Ultravioletten zugänglich sind, betragen, nach der Beziehung $h\nu = eV$ auf Ionisierungsspannungen umgerechnet, bzw. 4,0 und 4,8 Volt. Diese relativ geringe Größe zeigt an, daß sie beide zu angeregten Atomzuständen, nicht zum Normalzustand gehören; andernfalls würde nämlich die Elektronenaffinität des Edelgases He von der gleichen Größenordnung wie diejenige der Alkalien ausfallen. Die genannten Terme entsprechen in der Tat zweiquantigen Bahnen des angeregten Elektrons (vgl. Fig. 1, S. 305)*). Theoretische und experimentelle Arbeiten haben nun das merkwürdige Resultat ergeben, daß die Orthoreihe keinen einquantigen Zustand besitzt; Normalzustand des Atoms ist der einquantige Parazustand. Zum erstenmal haben Franck und Reiche [2]) hierfür den Nachweis erbracht, auf Grund der Tatsache,

---

*) Anm. b. d. Korr. Kürzlich hat Lyman (Nature, 26. 8. 22) die zum einquantigen Normalzustand gehörige ultraviolette Hauptserie des He in Emission beobachtet. Man vergleiche die Diskussion von J. Franck, Ztschr. f. Phys. 1922, Bd. 11, S. 155.

daß die Orthoheliumlinie $2p - 1,5 s$ ($\lambda = 10830$ Å) den Charakter einer
Resonanzlinie hat[3]. Stellt man nämlich den Zustand $1,5 s$ durch elektrische Anregung her und führt ihn darauf durch Bestrahlung mit dem
Licht der Linie $1,5 s - 2p$ in den Zustand $2p$ über, so strahlen die so
erregten Atome die gesamte absorbierte Energie wieder in der gleichen
Frequenz $1,5 s - 2p$ aus, ändern also die spektrale Zusammensetzung
des einfallenden Lichtes nicht, sondern zerstreuen es nur. Dies zeigt an,
daß sämtliche Atome bei der Emission in den Zustand $1,5 s$ zurückkehren, was sicher nicht der Fall sein würde, wenn noch ein s-Zustand
kleinerer Energie (etwa $0,5 s$) realisierbar wäre. Das Helium im Ortho-
zustand $1,5 s$ kann also ohne fremden Eingriff in keinen andern Zustand
übergehen, es ist »metastabil«. Da seine Elektronenaffinität etwa gleich
der eines Alkalimetalls ist, stellt es eine chemisch sehr aktive Modifikation
des *He* dar. Hierin aber liegt gerade seine faktische Unbeständigkeit
unter normalen Bedingungen begründet; es wird mit den als Verunreinigungen anwesenden Elementen reagieren und unter dem Einfluß starker
Atom- und Ionenfelder in den normalen Parazustand zurückkehren können.

In sehr reinem Helium dagegen wird der metastabile Zustand eine
merkliche Lebensdauer haben können. Dies hat sich in der Tat bei Elek-
tronenstoßversuchen in mannigfacher Weise bestätigt. Bekanntlich
wird Helium durch den ersten unelastischen Stoß bei 19,8 Volt*) gerade
in jenen metastabilen Zustand versetzt, während der zweiquantige Parazustand erst bei 20,6 Volt angeregt wird. FRANCK und KNIPPING haben
nun zeigen können, daß in gut gereinigtem Helium bei Spannungen
unter 20,6 Volt noch keine Fluoreszenz beobachtbar ist; die alleinige
Anregung des metastabilen Zustandes gibt eben nicht zu spontanen Übergängen Anlaß. Ferner konnte ein direkter Nachweis der endlichen Lebensdauer von verschiedenen Forschern dadurch erbracht werden, daß sie
zunächst durch Überschreiten der Ionisationsspannung 24,6 Volt ($= 19,8$
$+ 4,8 = 20,6 + 4,0$ Volt, s. o.) einen Lichtbogen erzeugten, die
Spannung dann plötzlich unter 20 Volt herabsetzten und nachwiesen,
daß der Lichtbogen dabei nicht augenblicklich erlosch. Dies ist nur dadurch erklärlich, daß ein angeregter Zustand, dessen völlige Ionisierung
eben nur eine geringere Spannung erfordert, während einer merklichen
Verweilzeit bestehen bleibt. Daß dieser angeregte Zustand gerade mit
dem sogenannten metastabilen identisch ist, konnte kürzlich von F. M. KAN-
NENSTINE[5] nachgewiesen werden. Diesem gelang es nämlich, den Lichtbogen noch bei einer ermäßigten Spannung von 4,8 Volt, d. h. bei der
Ionisationsspannung des metastabilen Zustandes, aufrecht zu erhalten,
während derselbe bei kleineren Spannungen momentan erlosch. Durch
periodische Veränderung der Spannung bestimmte KANNENSTINE die
mittlere Lebensdauer des metastabilen Zustandes bei seiner Versuchsanordnung zu etwa $^1/_{400}$ Sekunde.

---

*) Zu den Zahlenreihen vergleiche man die S. 301, Anm., zitierte Arbeit von J. FRANCK.

Der erste erfolgreiche Versuch einer modellmäßigen Deutung der Eigentümlichkeiten des Heliumspektrums rührt von A. LANDÉ[7] her. Dieser nimmt für das eine (innere) Elektron eine einquantige Bahn an und untersucht die möglichen Bahnen des zweiten Elektrons nach den Regeln der Quantentheorie. Von den so erhaltenen Modellen erweisen sich als hinreichend stabil ein System komplanarer Bahnen mit gleichem Umdrehungssinn und ein System gekreuzter Bahnen; jenes ordnet LANDÉ dem Orthohelium, dieses dem Parhelium zu. Im komplanaren System hat die Rückwirkung des äußeren Elektrons auf die innere Kreisbahn eine exzentrische Verschiebung der letzteren zur Folge.

Genauere und systematischere Berechnungen werden gegenwärtig von BOHR, KRAMERS und PAULI durchgeführt. Hiernach soll das komplanare System aus einer inneren und einer äußeren Ellipse bestehen, und zwar soll die (in raschem Tempo durchlaufene) innere Ellipse eine Perihelbewegung ausführen, die synchron mit der langsamen Umdrehung des äußeren Elektrons verläuft. Dabei soll die große Achse der inneren Ellipse stets auf das äußere Elektron hin gerichtet und ihre Exzentrität je nach dem Abstand der letzteren periodisch veränderlich sein. Im normalen Parheliumzustand dagegen sollen noch BOHR und KEMBLE die beiden einquantigen Kreisbahnen um $120°$ gegeneinander geneigt sein und das Ganze überdies langsam um die feste Impulsachse rotieren.

Wie weit der Anschluß der berechneten an die experimentell ermittelten Spektralterme quantitativ befriedigend ist, scheint noch nicht sichergestellt. Speziell was den Normalzustand anbetrifft, scheinen Zweifel zu bestehen, ob sich der richtige Wert für die Ionisationsspannung ergeben wird[*]. Bemerkenswert ist übrigens, daß das Modell des normalen Atoms ein resultierendes mechanisches Moment $\dfrac{1 \cdot h}{2\pi}$ besitzt und daher nach der klassischen Elektrodynamik ein magnetisches Moment (von der Größe eines »BOHRschen Magnetons«) besitzen sollte. Dies widerspricht der Tatsache, daß Helium diamagnetisch ist. BOHR ist der Ansicht, daß die Elektronentheorie des Magnetismus (das BIOT-SAVARTsche Gesetz) bei Anwendung auf atomare Vorgänge versagt, wofür bekanntlich auch die Effekte von EINSTEIN-DE HAAS und BARNETT sprechen. Er schreibt deshalb dem Heliumatom wohl ein mechanisches aber kein magnetisches Moment zu.

Wir wollen jetzt noch mit BOHR die Entstehung des Heliumatoms aus seinen Bestandteilen verfolgen, d. h. die sukzessive Bindung der beiden Elektronen durch den zweifach geladenen Kern. Den Vorgang der Bindung des *ersten* Elektrons beherrschen wir als Zweikörperproblem mathematisch vollständig; er ist uns aus der Theorie des Helium*funkenspektrums* geläufig, das ja gemäß dem Verschiebungssatze mit dem Balmer-

---

[*] Anm. b. d. Korr. Nach VAN VLECK (Phil. Mag. 1922, Bd. 44, S. 842) beträgt die Ionisierungsspannung des Modells 20,7 (statt 24,6) Volt.

spektrum qualitativ identisch ist. Das Endergebnis des Bindungsvorganges ist eine einquantige Bahn mit der Ionisierungsspannung $4\,Rhc/e$.

Über die zweite Stufe des Atombildungsprozesses, die darin besteht, daß das soeben gebildete *He*-Ion ein weiteres Elektron einfängt und bindet, gibt das *Bogenspektrum* des Heliums Auskunft. Dieses zeigt an, daß sich die spontane Annäherung des zweiten Elektrons an den Kern auf zwei Wegen vollziehen kann, entweder über eine Reihe gekreuzter Parazustände oder über eine Reihe komplanarer Orthozustände. Als Endergebnis der Bindung wird sich auf dem ersten Wege der einquantige Normalzustand, auf dem andern der zweiquantige metastabile Zustand des Heliumatoms herstellen. Von der Tatsache, daß nicht auch der zweite Weg zu einem einquantigen Endzustand führt, gibt nun das BOHRsche Korrespondenzprinzip interessanterweise Rechenschaft. BOHR argumentiert folgendermaßen. Es ist zwar a priori ein komplanarer Zustand denkbar, in dem beide Elektronen gleichberechtigte einquantige Bahnen beschreiben; dies ist das bereits 1913 von BOHR vorgeschlagene Modell, in welchem die Elektronen einander diametral gegenüberliegend auf dem gleichen Kreise rotieren; dieses Modell ist sogar noch um 3,5 Volt stabiler als das Modell des gekreuzten Normalzustandes. Daß dieser Zustand in Wirklichkeit nicht vorkommt, liegt lediglich daran, daß er von höherquantigen Orthozuständen aus durch spontane Übergänge nicht erreichbar ist, weil das Korrespondenzprinzip, wie BOHR angibt, keinen solchen Übergang gestattet.

Derartigen Schlüssen werden wir bei der weiteren Verfolgung der BOHRschen Gedankengänge noch häufiger begegnen, und zwar u. a. an den wichtigsten Stellen des periodischen Systems, nämlich immer da, wo eine neue Atomschale angesetzt wird, bei den Alkalien. Hieraus ist zu entnehmen, daß der Methode des Bindungsprozesses eine prinzipielle, mehr als bloß heuristische Bedeutung zukommt.

§ 3. Das periodische System.

Gehen wir nunmehr mit BOHR zur Betrachtung schwererer Atome über, so können wir annehmen, daß die Bindung der beiden ersten Elektronen in allen Fällen ganz analog verläuft wie beim Helium und zu einem Endzustand führt, der dem gekreuzten Normalzustand von Helium entspricht. Die so entstandene Elektronengruppe bleibt im Verlauf der weiteren Bindungsvorgänge erhalten; sie stellt die sogenannte K-Schale des Atoms dar.

Über die Bindung des dritten Elektrons gibt uns das Bogenspektrum des Lithiums ($N = 3$) Auskunft. Der größte bekannte Term desselben, $1,5\,s$, der auch, wie sein Verhalten in Absorption lehrt, den Normalzustand des Atoms repräsentiert, entspricht einer Ionisierungsspannung von 5,36 Volt. Die Kleinheit dieses Wertes läßt darauf schließen, daß die Grundbahn des dritten Elektrons zweiquantig, nicht einquantig ist. Man sieht nämlich leicht ein, daß die Bindung des äußeren Elektrons in einer n-quantigen Bahn eines *komplizierten* Atoms immer fester sein muß als die Bindung in einer n-quantigen Bahn des *Wasserstoffatoms*. Sehen wir uns daraufhin Fig. 1 an, welche neben einigen uns bereits bekannten Ionisierungsspannungen von H und He (normaler und angeregter Zustände) den Lithiumpunkt graphisch darstellt, so werden wir nicht im Zweifel sein, daß der letztere ebenso wie der H-Punkt 3,38 Volt und die He-Punkte 4,0 und 4,8 Volt (metastabiler Zustand) zur Hauptquantenzahl $n = 2$ gehört.

Die Grundbahn des Lithiumvalenzelektrons ist demnach als 2_1-Bahn anzusprechen. Aus analogen Betrachtungen kommt BOHR, wie wir hier vorgreifend bemerken wollen, zu dem Ergebnis, daß die Grundbahnen der Valenzelektronen bei Na ($N = 11$), K ($N = 19$), Rb ($N = 37$) und Cs ($N = 55$) bzw. 3_1-, 4_1-, 5_1- und 6_1-Bahnen sind. Diese Ergebnisse scheinen eine Korrektur der SOMMERFELD-schen Systematik der Serienspektren notwendig zu machen. SOMMERFELDS Theorie liefert bekanntlich die RYDBERG-RITZsche Seriendarstellung der Terme, wenn man deren Laufnummer mit der Hauptquantenzahl (Quantensumme) identifiziert. Bei den s-Termen bestand nun von jeher die Schwierigkeit der halbzahligen Laufnummern (Grundterm $= 1,5\ s$); doch schien kein anderer Ansatz möglich zu sein als $n = 1$ ($= 1,5 - 0,5$, SOMMERFELD) oder $n = 2$ ($= 1,5 + 0,5$; SCHRÖDINGER, ROSCHDESTWENSKY). BOHR dagegen behauptet je nach dem Element (Alkali) : $n = 2, 3, 4, 5, 6$.

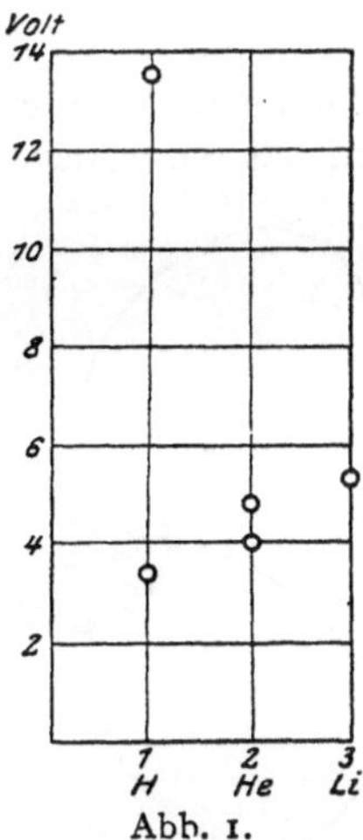

Abb. 1.

Der Widerspruch zwischen den Ergebnissen von BOHR und SOMMERFELD löst sich auf Grund einer Überlegung, die zuerst von SCHRÖDINGER [9]) angestellt wurde und die jetzt in den Untersuchungen BOHRS eine große Rolle spielt. Man muß nämlich in Betracht ziehen, daß das Serienelektron auf seiner Bahn sich durchaus nicht immer außerhalb der Rumpfelektronen befindet, wie in SOMMERFELDS Theorie vorausgesetzt ist, sondern bei jedem Umlauf einmal in der Wolke der letzteren untertauchen kann. Unter Umständen dringt es nach Angabe von BOHR sogar bis tief in das Innere der K-Schale ein. Dies ist z. B. bei dem 6_1-Elektron des Cäsiums ($N = 55$) der Fall, welches im Atominnern, wo die Kernladung unabgeschirmt in ihrer vollen Stärke wirksam ist, angenähert ein Stück einer wasserstoffähnlichen stark exzentrischen 5_1-Ellipse (Achsenverhältnis $= 5 : 1$ l) beschreibt, deren Perihelabstand nur etwa gleich dem halben K-Schalenradius ist. Außerhalb des Rumpfes ist die Bahn jenes Cs-Elektrons gleichfalls ellipsenähnlich, aber jetzt sehr viel weniger exzentrisch, da die Kernladung hier durch die Rumpfelektronen bis auf $1e$ abgeschirmt ist. Die Gesamtbahn wird also eine Gestalt haben, wie sie durch Fig. 2 angedeutet ist. Aber nicht nur die Form, sondern auch die Energie der Bahn wird durchaus wasserstoff*un*ähnlich sein. Setzt man letztere in formaler Analogie zu den Wasserstofftermen gleich Rhc/n_{eff}^2, so fällt die »*effektive*« Hauptquantenzahl n_{eff} erheblich kleiner aus als die richtige Hauptquantenzahl n. SCHRÖDINGER, der lediglich mit der Durchdringung einer einzigen äußeren Schale (Achterschale) rechnete, fand für $k = 1$ (*s*-Terme) die Differenz $n - n_{eff}$ beinahe unabhängig von *n*, nämlich gleich 0,74 $\pm$ 0,01. Die RYDBERGsche Darstellung der *s*-Terme mit halbzahligen Laufnummern:

$$(m + \tfrac{1}{2}, s) = \frac{R}{(m + \tfrac{1}{2} + s)^2} ;$$

die bisher theoretisch nicht gedeutet war, ergab sich hieraus einfach mittels des Ansatzes: $n = 0,74 + (m + \tfrac{1}{2} + s) = m + 1$; dem Grund-

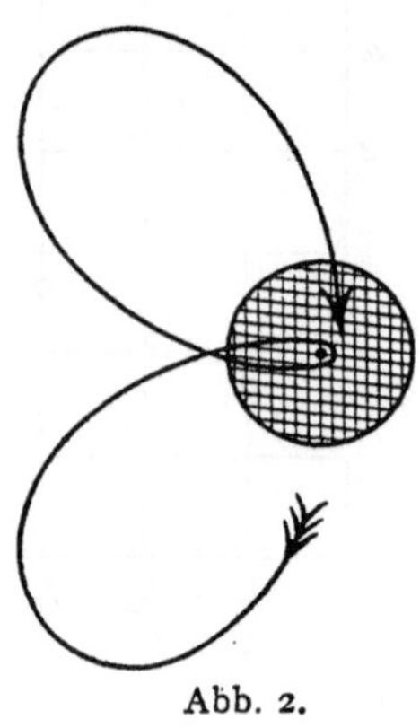

Abb. 2.

term 1,5 *s* fiel dabei die Hauptquantenzahl $n = 2$ zu. Bei BOHR erscheint die Differenz $n - n_{eff}$ infolge der Berücksichtigung weiterer innerer Atomschalen noch wesentlich vergrößert, und zwar um so stärker, je größer die Atomnummer ist. Bei Bahnen, die in große Kernnähe geraten, findet BOHR aus einer theoretischen Überlegung, die er gelegentlich seiner Göttinger Vorträge mitteilte, $n_{eff} \cong k + 1$. Beim *s*-Term ($k = 1$) ist hiernach $n_{eff} \cong 2$ zu erwarten; dieses Ergebnis wird durch die Erfahrung vorzüglich bestätigt. Die Differenz $n - n_{eff}$ kommt also bei unserem Beispiel der 6_1-(1,5 *s*-) Bahn von *Cs* bereits auf etwa 4 (genau 4,13) Einheiten. Auch bei den *p*- und *d*-Bahnen ($k = 2$ und 3), die offen-

bar nicht so tief oder gar nicht mehr in das Atominnere eindringen, findet BOHR den Gang der Zahlen n_{eff} in Übereinstimmung mit seinen Erwartungen. Das gleiche gilt schließlich von den Funkenspektren der Erdalkalien. Der Gültigkeitsbereich der SOMMERFELDschen Theorie der Serienspektren ist auf den Fall $n_{eff} \cong n$ beschränkt, der bei größerem *k* und vorzugsweise bei leichten Elementen realisiert ist.

Nach dieser Einschaltung kehren wir zur Bindung des dritten Elektrons zurück, von der wir aus obigem wissen, daß sie in einer 2_1-Bahn endigt, ebenso wie die Bindung des zweiten Elektrons im Falle komplanarer Bahnstellungen (vgl. § 2). Die Analogie beider Bindungsvorgänge ist in der Tat eine mehr als bloß äußerliche; die Stabilität der 2_1-Bahn bei *Li* hat nämlich nach BOHR genau dieselbe Ursache wie die Metastabilität der 2_1-Bahn von Orthohelium. Wenn auch stabile Zustände des Lithiumatoms denkbar sind, in denen alle drei Elektronen gleichberechtigte 1_1-Bahnen beschreiben (z. B. ein Dreierring), so können sich diese doch in Wirklichkeit nicht ausbilden, weil das Korrespondenzprinzip keine

Übergänge in dieselben gestattet. Während aber He daneben noch einen einquantigen Zustand besitzt, stellt der 2_1-Zustand bei Li den Normalzustand dar; gerade diesem Umstande verdankt Li seinen stark elektropositiven Charakter und seine Einwertigkeit (sehr lose Bindung des äußeren Elektrons, sehr feste Bindung der inneren Elektronen), d. h. seinen Alkalicharakter im Gegensatz zu der chemischen Trägheit des Edelgases He.

Nicht nur bei Li sondern auch bei allen schwereren Atomen lagert sich das 3. gebundene Elektron in einer 2_1-Bahn an. Das gleiche hat man von dem 4., 5., und 6. Elektron anzunehmen. Nach der Bindung des 6. Elektrons besitzt das Atom ähnlich wie nach der Bindung des .2 Elektrons einen besonders hohen Grad von Symmetrie. Die vier 2_1-Bahnen sind in einer Art Tetraedersymmetrie angeordnet, ähnlich wie in dem LANDÉschen Kohlenstoffmodell. Die 2_1-Elektronen tauchen bei jedem Umlauf in die K-Schale ein, aber nicht gleichzeitig (d. h. nicht in der Art, wie man sich früher die Bewegung im »Ellipsenverein« vorstellte), sondern abwechselnd in regelmäßigen Abständen. Gerade diese letztere Vorstellung ist nach BOHR unerläßlich für die Stabilität des Modells. Jener besonderen Art von Symmetrie verdankt der Kohlenstoff ($N = 6$) seine chemische Sonderstellung.

Die Bindung eines weiteren Elektrons in einer 2_1-Bahn wird nun wiederum vom Korrespondenzprinzip nicht zugelassen. Das 7. eingefangene Elektron wird sich also in der nächst stabilen Bahn, einer 2_2-Bahn anlagern, ebenso das 8., 9. und 10. Elektron. Wir haben hier abermals auf einen grundlegenden Unterschied gegen frühere Vorstellungen aufmerksam zu machen. Die 2_2-Elektronen entsprechen bekanntlich nach SOMMERFELD dem L_1-Niveau, die 2_1-Elektronen dem L_2- (und L_3-) Niveau der Röntgenspektren. In seiner relativistischen Theorie des Dubletts ($L_1 L_2$) nahm SOMMERFELD ursprünglich an, daß die Niveaus L_1 und L_2 in *verschiedenen* Atomen ausgebildet wären, d. h. daß es sowohl Atome mit 8 2_2-Elektronen, als Atome mit 8 2_1-Elektronen gäbe. Diese Vorstellung ist nach BOHR unzutreffend. Zugunsten der BOHRschen Auffassung spricht die große Anzahl der neuerdings entdeckten Röntgen-Niveaus; eine konsequente Erweiterung der älteren Auffassung würde, wie SOMMERFELD selbst hervorhebt, auf absurde Vorstellungen führen. Damit wird leider die modellmäßige Deutung der Röntgenfeinstruktur noch schwieriger als sie ursprünglich schien. (Vgl. § 4.)

Das Edelgas Neon ($N = 10$) ist wiederum durch sehr symmetrischen Bau ausgezeichnet. Die L-Schale ($n = 2$) ist gegenüber C durch vier hinzugetretene kreisförmige 2_2-Bahnen vervollständigt, die ihrerseits wieder symmetrisch angeordnet sind. Dabei sind die 2_2-Bahnen derart in die 2_1-Bahnen eingelagert, daß die äußeren Schleifen der letzteren noch über diejenigen der ersteren herausragen. Infolge der Wechselwirkung der beiden Elektronengruppen tritt eine systematische Abweichung von der Tetraedersymmetrie auf, derart, daß eine Axialsymmetrie der L-Schale gegen die Impulsachse der K-Schale zustande kommt. Der stark elcktro-negative Charakter der vorangehenden Elemente O $(N = 8)$ und F $(N = 9)$ erklärt sich aus dem Bestreben der L-Schale, sich durch Einfangung weiterer 2_2-Elektronen zu einer Neonkonfiguration zu vervollständigen (KOSSEL). Dieses Bestreben wird dadurch gefördert, daß die 2_2-Elektronen innerhalb des Bereiches der 2_1-Elektronen Unterkunft finden können.

Oben wurde bereits auseinandergesetzt, daß der Grundterm des Natrium-spektrums $(N = 11)$ einer 3_1-Bahn zugeschrieben werden muß. Das an 11. Stelle gebundene Elektron wird sich demnach in einer 3_1-Bahn anlagern; daß es nicht in eine zweiquantige Bahn übergehen kann, wird analog wie bei He, Li und N durch das Korrespondenzprinzip verhütet. Wir haben hiermit den Anfang einer neuen Periode des Systems der Elemente, deren fernere Ausbildung bis zum nächsten Edelgas Argon $(N = 18)$ im wesentlichen genau analog verläuft wie die Ausbildung der vorhergehenden Periode von Li bis Ne. Die an 11. bis 14. Stelle gebundenen Elektronen werden in 3_1-Bahnen*), die an 15. bis 18. Stelle gebundenen in 3_2-Bahnen angelagert. Letztere sind allerdings nicht kreisförmig wie die 2_2-Bahnen der L-Schale; da sie in das Innere der L-Schale eintauchen, sind sie stabiler als die kreisförmigen 3_3-Bahnen.

Beim Kalium $(N = 19)$ beginnt das Spiel der Periodenbildung aufs neue, diesmal aber unter etwas veränderten Bedingungen; es handelt

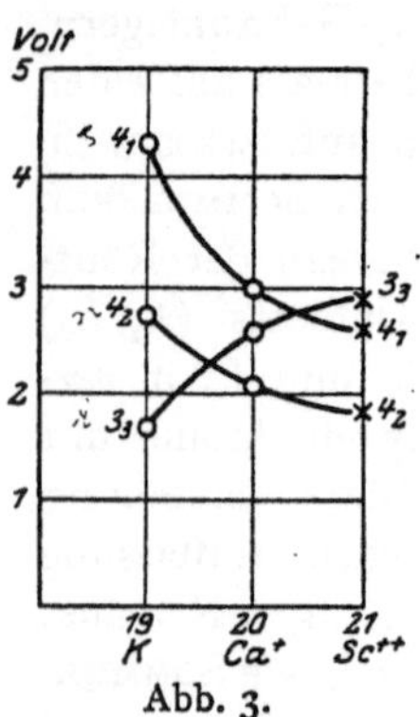

Abb. 3.

sich in der Tat um die erste *große* Periode des natürlichen Systems. Bei der Bindung des 19. Elektrons tritt nämlich zum erstenmal der Fall ein, daß das *Endergebnis der Bindung bei verschiedenen Atomen verschieden ausfällt.* Um dies im Anschluß an BOHR zu zeigen, stellen wir in Fig. 3 die Terme $1,5\,s$ (4_1), $2p$ (4_2) und $3d$ (3_3) des Kaliumbogenspektrums und des Calciumfunkenspektrums graphisch dar. Dabei sind die Ca^+-Terme, um sie mit den K-Termen vergleichbar zu machen, durch 4 dividiert. Bei K ist wie gewöhnlich $1,5\,s > 2p > 3d$; beim Übergang zu Ca^+ nimmt aber der Term $3d$ so unverhältnismäßig stark zu, daß er zwischen $1,5\,s$ und $2p$

zu liegen kommt, und wie die (natürlich etwas willkürliche) Extrapolation auf das Funkenspektrum 2. Ordnung von Sc lehrt, welches der Beobachtung noch nicht zugänglich ist, wird er bei diesem auch den Term $1,5\,s$ übertreffen. Im Sc^{++}-Spektrum stellt demnach nicht der Term $1,5\,s$, sondern der Term $3d$ den Grundterm dar. (Die Zahlwerte der Terme von Sc^{++} sind natürlich neunmal so groß als die Figur angibt.) Das an 19. Stelle eingefangene Elektron wird sich demnach bei K und Ca $(N = 19$

---

*) Nur das 13. Elektron geht bei Al $(N = 13)$ ausnahmsweise in eine 3_2-Bahn. Der 3_2-Term ist nämlich (nach Absorptionsversuchen von MC LENNAN) der Grundterm des Al-Bogenspektrums.

und 20) in einer 4_1-Bahn, bei Sc ($N = 21$) und den folgenden Elementen aber in einer 3_3-Bahn anlagern. Von hier aus versteht man, wie es möglich ist, daß die Elemente 21 Sc, 22 Ti, 23 V, 24 Cr, 25 Mn, 26 Fe, 27 Co, 28 Ni in ihren chemischen Eigenschaften so grundsätzlich von den Elementen der kleinen Perioden abweichen. In jener Reihenfolge werden die Elemente nämlich eine wachsende Anzahl von dreiquantigen Bahnen aufnehmen können, d. h. sie werden zunächst die M-Schale ($n = 3$) fertig ausbilden und dann erst, von Cu ($N = 29$) ab, den bei K und Ca begonnenen Ausbau der N-Schale ($n = 4$) weiterführen. Hierdurch erklärt sich der aus der Regel fallende Stillstand in der Entwicklung des chemischen Charakters, der gerade die *Eisentriade Fe, Co, Ni* auszeichnet. Aus der Unvollständigkeit der M-Schale versteht man auch den Paramagnetismus und die Farbe der betr. Ionen.

Fig. 3 diene uns noch zur Feststellung einer anderen interessanten Tatsache, auf die FRANCK und BOHR kürzlich aufmerksam wurden. Die Figur lehrt nämlich, daß der Zustand 3_3 ($3d$) bei Ca^+ metastabil ist; denn der Übergang $3d \rightarrow 1,5\,s$ ($3_3 \rightarrow 4_1$) ist durch das Auswahlprinzip verboten, und die andern Zustände, speziell der Zustand 4_2, sind wegen ihrer größeren Energie von 3_3 aus ohne äußere Anregung nicht erreichbar. Das Ca^+-Ion kann demnach bei Abwesenheit äußerer Störungen in zwei beständigen Modifikationen existieren. Der 3_3-Zustand des 19. Elektrons hört aber auf, metastabil zu sein, sobald ein 20. Elektron, etwa in einer 4_2- oder 4_3-Bahn, anwesend ist. Die von letzterem ausgehenden Störungen können veranlassen, daß das 19. Elektron unter Durchbrechung des Auswahlprinzips aus dem 3_3- in den 4_1-Zustand übergeht. Die bei derartigen Übergängen emittierten Spektren sind empirisch schon lange bekannt (RYDBERG, POPOW); ihre Termdarstellung und formale quantentheoretische Analyse hat kürzlich R. GÖTZE [3]) mit Hilfe der Systematik der Serien und ihrer anomalen Zeemaneffekte (SOMMERFELD und LANDÉ) durchgeführt. Die hier mitgeteilte modellmäßige Deutung, die durch quantitative Beziehungen gesichert ist, verdanken wir BOHR. Es sei in diesem Zusammenhang bemerkt, daß die Verhältnisse bei Sr und Ba sowohl empirisch als auch theoretisch denen bei Ca genau entsprechen.

Das Edelgas Krypton ($N = 36$) ist wieder durch einen hohen Grad von Symmetrie ausgezeichnet. Die M-Schale besteht aus je 6 3_1-, 3_2- und 3_3-Elektronen, die N-Schale aus je 4 4_1- und 4_2-Elektronen. Daß die M-Schale gerade 18 Elektronen enthält, scheint BOHR ähnlich wie bei der L-Schale aus einer Betrachtung der Symmetrieeigenschaften verstehen zu können, speziell auch, warum die bei A, K und Ca so stabile Konfiguration von je 4 3_1- und 3_2-Bahnen im Verlauf der Periode einer anderen Konfiguration Platz macht. Während nämlich bei K und Ca der Übergang in eine 3_1- oder 3_2-Bahn durch das Korrespondenzprinzip verboten war, wird dieses Verbot bei den höheren Elementen durch die Anwesenheit der 3_3-Elektronen aufgehoben, und damit erhält die N-Schale die Freiheit, sich im Verlauf der *eisenähnlichen Elemente* zu einer Achtzehnerschale zu erweitern.

Die Ausbildung der zweiten großen Periode ($N = 37$ bis 54) geht im wesentlichen genau ebenso vor sich, wie die der ersten. Es lagert sich eine neue O-Schale ($n = 5$) von 8 Elektronen an, und zugleich erweitert sich die N-Schale (in der Nähe der *Palladiummetalle*) aus einer Achter- zu einer Achtzehnerschale.

Die dritte große Periode dagegen zeigt wieder eine Besonderheit, die Gruppe der *seltenen Erden*. Diese beginnt nach Bohr, wenn man in der Reihe der Elemente vorschreitet, in demjenigen Augenblick, wo sich das 47. und 48. Elektron statt in einer 5_3-Bahn zum erstenmal in einer 4_4-Bahn anlagert; dieses Ereignis tritt anscheinend bei Pr ($N = 59$) ein. Durch die Anwesenheit einer 4_4-Bahn erhält die N-Schale nun abermals die Freiheit sich zu erweitern; in der Tat muß man aus der großen chemischen Verwandtschaft aller seltenen Erden ($N = 59$ bis 71) schließen, daß die N-Schale, die sich hier schon tief im Atominneren befindet, beim Fortschreiten von Element zu Element jeweils *ein* Elektron mehr aufnimmt. Bei $71\ Cp$ soll sie wiederum ein Maximum an Symmetrie erreicht haben, zugleich auch ihre maximale Besetzungszahl von 32 Elektronen, unter denen sich je 8 4_1-, 4_3-, 4_3- und 4_4-Elektronen befinden. Kurz darauf, in der Gruppe der *Platinmetalle* baut sich auch die O-Schale zu einer Achtzehnerschale aus. Am Ende der Periode steht wieder ein Edelgas (Niton, *Em*, $N = 86$) mit 2 K-, 8 L-, 18 M-, 32 N-, 18 O- und 8 P-Elektronen.

Bohr ist auch imstande, das natürliche System über Uran ($N = 92$) hinaus auf hypothetische Elemente höherer Atomnummer auszudehnen; das nächste Edelgas z. B. würde bei $N = 118$ ($= 86 + 32$) zu erwarten

	1_1	$2_1\ 2_2$		$3_1\ 3_2\ 3_3$			$4_1\ 4_2\ 4_3\ 4_4$				$5_1\ 5_2\ 5_3\ 5_4\ 5_5$					$6_1\ 6_2\ 6_3\ 6_4\ 6_5\ 6_6$						$7_1\ 7_2 \ldots$
1 *H*	1																					
2 *He*	2																					
3 *Li*	2	1																				
4 *Be*	2	2																				
5 *B*	2	2	(1)																			
6 *C*	2	4																				
7 *N*	2	4	1																			
8 *O*	2	4	2																			
9 *F*	2	4	3																			
10 *Ne*	2	4	4																			
11 *Na*	2	4	4	1																		
12 *Mg*	2	4	4	2																		
13 *Al*	2	4	4	2	1																	
14 *Si*	2	4	4	(4)																		
15 *P*	2	4	4	4	1																	
16 *S*	2	4	4	4	2																	
17 *Cl*	2	4	4	4	3																	
18 *A*	2	4	4	4	4																	

	1_1	2_1	2_2	3_1	3_2	3_3	4_1	4_2	4_3	4_4	5_1	5_2	5_3	5_4	5_5	6_1	6_2	6_3	6_4	6_5	6_6	7_1	$7_2 \dots$
19 K	2	4	4	4	4		1																
20 Ca				4	4		2																
21 Sc				4	4	1	(2)																
22 Ti				4	4	2	(2)																
.																							
.																							
29 Cu				6	6	6	1																
30 Zn				6	6	6	2																
31 Ga				6	6	6	2	1															
32 Ge				6	6	6	(4)																
33 As				6	6	6	4	1															
34 Se				6	6	6	4	2															
35 Br				6	6	6	4	3															
36 Kr	2	4	4	6	6	6	4	4															
37 Rb	2	4	4	6	6	6	4	4			1												
38 Sr							4	4			2												
39 Y							4	4	1		(2)												
40 Zr							4	4	2		(2)												
.																							
.																							
47 Ag							6	6	6		1												
48 Cd							6	6	6		2												
49 In							6	6	6		2	1											
50 Sn							6	6	6		(4)												
51 Sb							6	6	6		4	1											
52 Te							6	6	6		4	2											
53 I							6	6	6		4	3											
54 X	2	4	4	6	6	6	6	6	6		4	4											
55 Cs	2	4	4	6	6	6	6	6	6		4	4				1							
56 Ba							6	6	6		4	4				2							
57 La							6	6	6		4	4	1			(2)							
58 Ce							6	6	6		4	4	2			(2)							
59 Pr							6	6	6	2	4	4	(2)			1							
.																							
.																							
71 Cp							8	8	8	8	4	4	(2)			1							
.																							
.																							
79 Au							8	8	8	8	6	6	6			1							
80 Hg							8	8	8	8	6	6	6			2							
81 Tl							8	8	8	8	6	6	6			2	1						
82 Pb							8	8	8	8	6	6	6			(4)							
83 Bi							8	8	8	8	6	6	6			4	1						
84 Po							8	8	8	8	6	6	6			4	2						
85 —							8	8	8	8	6	6	6			4	3						
86 Em	2	4	4	6	6	6	8	8	8	8	6	6	6			4	4						
87 —	2	4	4	6	6	6	8	8	8	8	6	6	6			4	4					1	
88 Ra											6	6	6			4	4					2	
89 Ac											6	6	6			4	4	1				(2)	
90 Th											6	6	6			4	4	2				(2)	
.																							
.																							
118 —	2	4	4	6	6	6	8	8	8	8	8	8	8	8		6	6	6				+	4

sein. Daß diese Elemente in Wirklichkeit nicht existieren, liegt vermutlich an der Unstabilität ihrer Atomkerne.

Die vorstehende von BOHR herrührende Tabelle möge einen Ge-
samtüberblick über die Besetzungsverhältnisse der Atome geben. Die
eingeklammerten Zahlen sind unsicher.

Interessanterweise ist die Technik der Röntgenspektroskopie gerade
in der jüngsten Zeit so vervollkommnet worden, daß mit ihrer Hilfe eine
ganz neuartige Prüfung der BOHRschen Vorstellungen möglich wurde.
Es handelt sich dabei nicht, wie im Vorhergehenden, um eine Untersuchung
von *Termgrößen*, sondern um eine Untersuchung von *Linienintensitäten*.
Zunächst ist hervorzuheben, daß auch bei den schwersten Elementen
keine einzige Röntgenlinie bekannt ist, die auf die Anwesenheit von 5_4-,
5_5-, 6_3...- Elektronen schließen lassen könnte [11]). Wohl aber gibt es z. B.
in der L-Serie der Röntgenspektren gewisse Linien [$\zeta(\beta_5)$, $\gamma(\beta_2)$],
deren Existenz, wie aus dem Termschema bekannt ist, an die Anwesenheit
der Bahntypen 5_3 bzw. 4_3 gebunden ist. Geht man nun von Uran ($N = 92$)
zu leichteren Elementen über, so bleiben jene Linien in ihrer Intensität
zunächst merklich konstant, zeigen aber im Bereich der *Pt*- bzw. *Pd*-Triade
auf einmal eine starke *Intensitätsabnahme* und verschwinden wenige Elemente unterhalb gänzlich [1]. Ähnliches geschieht mit einigen Linien der
M-Serie, die an das Vorhandensein von 4_4-Elektronen geknüpft sind, im
Verlauf der seltenen Erden. Das Verschwinden der 3_3-Elektronen ist wegen
experimenteller Schwierigkeiten in den Röntgenspektren nicht nachweisbar.

Bei welchem Element genau ein gewisser Bahntypus zum letztenmal
auftritt, läßt sich allerdings auf diese Weise nicht feststellen. Denn auch
bei denjenigen Elementen, wo ein solcher Bahntypus im *unangeregten* Atom
nicht vorkommt, kann er doch infolge des Anregungsvorganges zeitweilig
hergestellt werden und dann zur Emission der betreffenden Röntgenlinie Anlaß geben. Man hat also zu erwarten, daß bei sukzessivem Vor-
schreiten von schwereren zu leichteren Elementen, die Linie (wenn auch
mit geringer Intensität) länger sichtbar bleibt als der Bahntypus nach
BOHR vorhanden ist. So erklärt es sich z. B., daß die γ-Linie der K-Serie
noch bei 19 K (vielleicht auch bei 16 S) beobachtet wurde, obwohl die
4_2-Elektronen, deren Anwesenheit die Emission jener Linie ermöglicht,
in dem BOHRschen Besetzungsschema schon bei 30 Zn verschwinden.

§ 4. Feinstrukturfragen.

Wir haben die Feinstrukturfragen bisher nur gestreift. Hier hat die empirische Forschung, wie eingangs erwähnt wurde, in den letzten Jahren eine
große Fülle spektroskopischen Materials zusammengetragen, systematisch
gesichtet und in der Quantensprache formuliert. Es sei besonders an
die Gesetzmäßigkeiten der Zeemaneffekte erinnert. Wir sind nicht in
der Lage, hier auf diese Systematik der Spektren einzugehen; wir ver-

weisen auf SOMMERFELDS Buch »Atombau und Spektrallinien« (3. Auflage, Braunschweig 1922), wo dieser Gegenstand besondere Beachtung findet.

Eine modellmäßige Deutung der optischen Feinstrukturen ist kürzlich von W. HEISENBERG [4]) vorgeschlagen worden. Hiernach werden die Termmultiplizitäten durch innere Magnetfelder verursacht. Auf Grund gewisser Annahmen über die Verteilung des Gesamtimpulsmomentes $nh/2\pi$ auf die beteiligten Valenzelektronen und den Atomrumpf gelangt HEISENBERG zu einer formelmäßigen Darstellung der gesamten anomalen Zeemaneffekte einschließlich des *Paschen-Back*-Effektes, die quantitativ mit der Erfahrung übereinstimmt und sich bei den Dublettermen mit den Formeln der VOIGTschen Theorie deckt. Die berechnete Größe des Lithiumdubletts stimmt ebenfalls vorzüglich zu dem experimentellen Werte. Schließlich erklären die Ansätze gewisse Regelmäßigkeiten in den Abstandsverhältnissen der Tripletterme.

Leider stehen die von HEISENBERG gemachten Voraussetzungen in einem Widerspruch zur Systematik BOHRS. HEISENBERG nimmt z. B. bei den Alkalien an, daß das Impulsmoment des Atomrumpfes im Zeit-mittel die Hälfte des Quantenmomentes $\dfrac{h}{2\pi}$ und dasjenige des Valenzelek-trons ein ungerades Vielfaches von $\dfrac{1}{2} \cdot \dfrac{h}{2\pi}$ betrüge; die Beziehung zwischen mechanischem und magnetischem Moment entnimmt er dem BIOT-SAVART-schen Gesetz. BOHR ist der Meinung, daß diese Annahmen prinzipiell unzulässig seien, und will die Feinstruktur seinerseits daraus verstehen, daß die Struktur des Atomrumpfes Abweichungen von der Zentralsym-metrie aufweist; er hat aber bisher aus diesen Vorstellungen noch keine quantitativen Ergebnisse gewonnen.

Auch für das Verständnis der Röntgenfeinstruktur geben die BOHR-schen Anschauungen bisher nur sehr allgemeine Anhaltspunkte. Die Röntgenemissionen im Atominnern haben unmittelbar nichts mit dem Bindungsprozeß zu tun; sie treten dann auf, wenn sich das Atom nach vorangegangener Störung durch innere Ionisation *»reorganisiert«*. Daß in dem Termschema der Röntgenspektren jedem Bahntypus n_k gerade *zwei* Terme entsprechen, erklärt BOHR durch die Annahme, daß bei Ent-fernung eines Elektrons der betreffenden n_k-Gruppe aus dem Atom die übrigen Elektronen sich noch in zwei verschiedenen Arten anordnen können; diesen verschiedenen Anordnungen entsprechen natürlich verschiedene Ionisierungsspannungen bzw. Terme. Eine Ausnahme von dieser Regel macht nur in jeder Schale die zuletzt angelagerte Untergruppe (größter Wert von k), welche die kreisähnlichsten Elektronenbahnen umfaßt; die Ent-fernung eines dieser jeweils zuletzt gebundenen Elektronen aus dem Atom-verband stellt doch wiederum in gewissem Maße die Umkehrung eines Bindungsvorganges dar und muß aus diesem Grunde *eindeutig* verlaufen. In der Tat entspricht diesem Bahntypus in jeder Schale nur ein einziger Term.

Stellt man die Röntgenterme formelmäßig in Abhängigkeit von den Quantenzahlen und der Atomnummer dar, so äußert sich die Wechselwirkung der verschiedenen Elektronen in einer Abschirmung der Kernladung. Bei den Elektronen einer Schale (gleiches n) ist die Abschirmung im großen und ganzen um so stärker, je größer k, d. h. je weniger sich das betreffende Elektron dem Kern nähert, wie ohne weiteres verständlich ist. Unverstanden aber sind bisher die merkwürdigen numerischen Beziehungen zwischen den verschiedenen Abschirmungszahlen [10]). Bei gewissen Paaren benachbarter Terme — z. B. $(L_1 L_2)$, $(M_1 M_2)$, $(M_3 M_4)$ — sind die Abschirmungskonstanten beider Terme überhaupt identisch; dies ist gerade der Grund dafür, daß die betreffenden Termdifferenzen quantitativ durch SOMMERFELDS relativistische Dublettformel dargestellt werden. Zwischen zwei solche relativistischen Dubletts schiebt sich jeweils ein andersartiges Dublett ein — z. B. $(L_2 L_3)$, $(M_2 M_3)$, $(M_4 M_5)$ —, welches dadurch gekennzeichnet ist, daß die Abschirmungszahlen beider Terme sich um konstante, d. h. von der Atomnummer unabhängige Beträge unterscheiden*). Unbekannt ist bisher auch die physikalische Bedeutung der Auswahlregeln, welche die Kombinationsmöglichkeiten der Röntgenterme bestimmen; diese Regeln sind von ähnlicher Form wie die entsprechenden der optischen Spektren (Verbot von Quantensprüngen $>$ 1 für zwei Quantenzahlen). Hier steht die Atomtheorie vor interessanten und schwierigen Aufgaben. Bezüglich der empirischen Einzelheiten sei auf SOMMERFELDS »Atombau und Spektrallinien«, 3. Auflage, 8. Kapitel, §§ 5 u. 6, oder auf den Bericht des Verfassers in »Naturwissenschaften« 1922, Bd. 10, S. 369 verwiesen.

---

*) Als Kuriosum sei erwähnt, daß diese Abschirmungszahldifferenzen, wie sie bei SOMMERFELD u. WENTZEL, l. c. S. 92, (7) zusammengestellt sind, sich recht gut als kleine ganze Vielfache von 0,57 darstellen lassen:

$$\lambda_{12} - \lambda_3 = 1,2 = 2 \cdot 0,57$$

$$\mu_{12} - \mu_{34} = 3,39 = 6 \cdot 0,57 \qquad \mu_{34} - \mu_5 = 1,7 = 3 \cdot 0,57$$

$$\nu_{12} - \nu_{34} \cong 9 = 16 \cdot 0,57 (?) \qquad \nu_{34} - \nu_{56} = 4,7 = 8 \cdot 0,57 \qquad \nu_{56} - \nu_7 = 2,3 = 4 \cdot 0,57$$

Literatur.

1. COSTER, D., Phil. Mag. 1922, Bd. 43, S. 1070 (S. 1101 ff.).
2. FRANCK u. REICHE, Zschr. f. Phys. 1920, Bd. 1, S. 154.
3. GÖTZE, R., Ann. d. Phys. 1921, Bd. 66, S. 285.
4. HEISENBERG, W., Zschr. f. Phys. 1922, Bd. 8, S. 273.
5. KANNENSTINE, F. M., Astrophys. Journ. 1922, Bd. 55, S. 345.
6. KOSSEL u. SOMMEREELD, Verh. d. D. Phys. Ges. 1919, Bd. 21, S. 240.
7. LANDÉ, A., Phys. Ztschr. 1919, Bd. 20, S. 228; 1920, Bd. 21, S. 114.
8. PASCHEN, Ann. d. Phys. 1914, Bd. 45, S. 625.
9. SCHRÖDINGER, E., Zschr. f. Phys. 1921, Bd. 4, S. 437.
10. SOMMERFELD u. WENTZEL, Zschr. f. Phys. 1921, Bd. 7, S. 86.
11. WENTZEL, G., Zschr. f. Phys. 1921, Bd. 6, S. 84, (S. 96); Bd. 8, S. 85, (S. 88).

XIV. Der heutige Stand der Theorie der Bandenspektren.

Von **A. Kratzer**-Münster.

Mit 4 Abbildungen.

Über die Bandenspektren schreibt KONEN in seinem Buche »Das Leuchten der Gase und Dämpfe«*): »Äußerlich ist ein Bandenspektrum in der Regel dadurch zu erkennen, daß sich in bestimmten Teilen des Spektrums zahlreiche Linien häufen und hier sogenannte Banden bilden ... Es ist zurzeit nicht möglich, eine einwandfreie Definition eines Bandenspektrums zur Unterscheidung von einem Linienspektrum zu geben, ohne auf den speziellen Bau der Bandenspektra einzugehen.« Natürlich ist dies heute vom Standpunkte der empirischen Verhältnisse aus ebenso wenig möglich. Um aber im folgenden trotzdem ein hinreichend scharf umgrenztes Gebiet der spektroskopischen Forschung unserem Berichte zugrunde legen zu können, wollen wir vom Standpunkte der Theorie aus definieren: Bandenspektrum soll jedes Spektrum heißen, das von einem *Gasmolekül* herrührt. Durch diese Begriffsbestimmung schließen wir also z. B. die Spektren fester Substanzen und von Lösungen grundsätzlich aus unserer Betrachtung aus, während wir andererseits die sogenannten Rotationsspektren, sowie das Wasserstoff-Viellinienspektrum mit in den Kreis unserer Überlegungen ziehen.

§ 1. Historisches. Die Grundzüge der Theorie. Die Anfänge einer Theorie der Bandenspektren knüpfen sich an die Namen N. BJERRUM[2]) und K. SCHWARZSCHILD[22]). Jener versuchte die ultraroten Absorptionsbanden durch ein Zusammenwirken der intramolekularen Schwingungen mit der Rotation der Molekel im Raum zu erklären und konnte bereits vor der ersten Bohrschen Arbeit über die Balmerserie die wesentlichen Merkmale dieser Spektren theoretisch verstehen. Wenn auch die Bohrsche Theorie nachträglich an der Bjerrumschen Arbeit manche Änderung anbringen mußte, der Grundgedanke in der Bjerrumschen Auffassung ist geblieben und hat sich auch für die Theorie der optischen Bandenspektren als äußerst fruchtbar erwiesen. Der erste, der diese erfolgreich in Angriff nahm, war SCHWARZSCHILD; indem er, von Bohrschen Vorstellungen aus-

---

*) Braunschweig 1913, S. 199.

gehend, das Molekül als einen symmetrischen Kreisel auffaßte und dessen Bewegung nach den Regeln der Quantentheorie festlegte, erhielt er jetzt mit Benutzung der Bohrschen Theorie Formeln für das Liniensystem einer Bande, die mit den empirischen Formeln von DESLANDRES übereinstimmten. Allerdings waren die Zahlen, die sich aus den empirischen Daten für die Trägheitsmomente der Molekülkreisel ergaben, mit den sonstigen Erfahrungen über Moleküle in Widerspruch. Diese Schwierigkeit konnten erst LENZ und HEURLINGER überwinden, die voneinander unabhängig durch Hinzunahme des SCHWARZSCHILD noch unbekannten sogenannten Auswahlprinzips die Theorie in ihrer jetzigen Form begründeten.

Als Ergebnis der bis jetzt erwähnten Forschungen können wir festhalten: Die Bandenspektren resultieren aus dem Zusammenwirken der Elektronenbewegung, der intramolekularen Schwingungen der das Molekül aufbauenden Atome (Ionen) und der Bewegung (Rotation bzw. Präzession) des Moleküls im Raum. Sämtliche in Frage kommenden Bewegungszustände sind gequantelt, d. h. es sind nur gewisse durch die Regeln der Quantentheorie festgelegte Zustände mit merklicher Häufigkeit vorhanden. Geht das Molekül von einem solchen gequantelten Zustand in den andern über, so wird dies immer mit einer Energieänderung des Moleküls verbunden sein. Handelt es sich dabei um eine Energieabnahme ΔW, so kann die freiwerdende Energie sich als Strahlung im Raume ausbreiten, und zwar immer als monochromatische Strahlung, deren Frequenz ν sich nach der Bohrschen Frequenzbedingung berechnet zu

$$(1) \qquad\qquad \nu = \frac{\Delta W}{h},$$

wo h das Plancksche Wirkungsquantum, also eine feste universelle Größe ist. Nimmt das Molekül bei seiner Zustandsänderung Energie auf, so kann dies ebenfalls im Zusammenhange mit einem Strahlungsvorgange erfolgen. Das Molekül kann seinen Energiebedarf aus dem umgebenden Strahlungsfeld decken durch Absorption einer monochromatischen Strahlung, deren Frequenz sich nach der gleichen Formel wie bei der Emission bestimmt. Auf Grund eines Auswahlprinzips, auf das wir später noch einzugehen haben, sind nun nicht Übergänge aus beliebigen Zuständen ineinander möglich, es ist vielmehr eine große Anzahl »verboten«. Dadurch wird die Zahl der emittierbaren und absorbierbaren Wellenlängen wesentlich eingeschränkt.

Entsprechend den drei oben genannten verschiedenen Arten von Freiheitsgraden des Moleküls wird auch die Energie des Moleküls sich in drei Anteile zerspalten lassen. Wir können sie zurückführen auf einen Elektronenanteil W_e, einen Schwingungsanteil W_s und einen Rotationsanteil W_{rot}*). Für die Frequenz bekommen wir so nach Formel (1)

---

*) Wir werden die letztere Bezeichnung auch dann benutzen, wenn die Bewegung der Molekel im Raum keine eigentliche Rotations-, sondern Kreiselbewegung (Präzession) ist.

$$(2) \qquad \nu = \frac{\varDelta W}{h} = \frac{\varDelta W_e}{h} + \frac{\varDelta W_s}{h} + \frac{\varDelta W_{rot}}{h} = \nu_e + \nu_s + \nu_{rot}.$$

Jede Frequenz einer Bandenlinie setzt sich aus diesen drei Anteilen zusammen. Dabei kann im speziellen Falle auch ein Beitrag Null sein. Ist z. B.

$$\nu_e = 0,$$

ändert sich also die Elektronenkonfiguration bei dem Strahlungsvorgang nicht, so sprechen wir von einem *Rotationsschwingungsspektrum*. Ist außerdem auch noch der Schwingungszustand ungeändert,

$$\nu_e = 0, \qquad \nu_s = 0,$$

dann liegt ein *Rotationsspektrum* vor. Da die Beträge von ν_s und noch mehr von ν_{rot} klein sind, so liegen die Rotations- und auch die Rotationsschwingungsbanden im Ultraroten (BJERRUMbanden), erst das Hinzukommen des im allgemeinen großen ν_e verlegt die Bande ins optische Gebiet. Ist in (2)

$$\nu_{rot} = 0,$$

so sprechen wir bei festem ν_e und ν_s von der *Schwingungslinie (Nullinie)* der Bande*). Nimmt dabei ν_s verschiedene Werte an, so bekommen wir ein *System von Schwingungslinien (Nullinien)*. Variiert bei festgehaltenem ν_e und ν_s nur die Rotationsfrequenz ν_m, so sprechen wir von einer *Teilbande* des Bandensystems. Eine solche zerfällt noch in mehrere »*Zweige*«, von denen meistens zwei (manchmal drei) als positiver, negativer (und Null-) Zweig in einfacher Weise zusammengehören. Allen Teilbanden eines *Systems* ist die *Elektronenfrequenz ν_e* gemeinsam.

§ 2. Die Energie des rotierenden und schwingenden Moleküles. Die Auswahlregeln.

Aus dem vorausgehenden wissen wir, daß es sich bei der Theorie der Bandenspektren (wie bei allen Spektren) um zwei Aufgaben handelt. In erster Linie sind die gequantelten Bewegungszustände festzulegen. Hernach sind die erlaubten Übergänge zwischen diesen Zuständen auszuwählen. Wenn wir die erste Frage hier in Angriff nehmen, so wollen wir unser Molekül möglichst idealisieren. Auf den Versuch, die Elektronenenergie zu berechnen, verzichten wir dabei als vorläufig aussichtslos von vornherein. Unser Modell braucht also zunächst nur die intramolekulare Schwingung und die räumliche Bewewegung (Kreiselbewegung oder Rotation) als Ganzes zu gestatten. Um einfache Verhältnisse zu bekommen, nehmen wir auch hier noch den denkbar einfachsten Fall, wir betrachten ein zweiatomiges Molekül, das wir uns am besten unter dem Bilde einer Hantel vorstellen. In dieser Hantel können nun die beiden Atome längs ihrer Verbindungslinie gegeneinander schwingen. Die Frequenz dieser Schwingung sei bei unendlich kleiner Amplitude ν°. Die

---

*) Die Schwingungslinie ist im allgemeinen von der sogenannten Nullinie, die wir später genauer definieren, nur wenig oder gar nicht verschieden.

Energie eines harmonischen Oscillators ist nun nach PLANCK zu quanteln und stellt sich dar durch

$$(3) \qquad W_s = n\,h\,\nu^\circ,$$

wo n eine ganze Zahl ist. Berücksichtigen wir, daß die Schwingung im wirklichen Molekül bei größeren Amplituden nicht mehr streng harmonisch sein kann, so ergibt eine einfache Überlegung, daß die Energie sich nun als eine Entwicklung nach Potenzen von n darstellen wird[10]) und wir können setzen:

$$(3a) \qquad W_s = n\,h\,\nu^\circ\,(1 - x\,n + \cdots).$$

Außer der Schwingung kann nun unser Molekül noch eine Kreiselbewegung im Raum ausführen. Das speziell gewählte Modell ist dadurch ausgezeichnet, daß es ein symmetrischer Kreisel ist. Für diesen läßt sich die Energie leicht berechnen[22]). Bezeichnen wir das Trägheitsmoment um die Kernverbindungslinie (Figurenachse) mit K, das Trägheitsmoment um eine Achse senkrecht hierzu mit J, so kommt:

$$(4) \qquad W_{rot} = \frac{h^2}{8\,\pi^2\,J}\,(m^2 - m_1^2) + \frac{h^2\,m_1^2}{8\,\pi^2\,K}$$

$$(m \text{ und } m_1 \text{ ganze Zahlen, } m \geqq m_1).$$

Dabei ist aber folgendes zu beachten: Das Trägheitsmoment K in unserem Modell ist ausschließlich auf die Elektronen zurückzuführen und aus diesem Grunde sehr klein. Da nun bei dem Energieausdruck in (4) K für $m_1 \neq 0$ in den Nenner kommt, so hat die Kleinheit von K einen verhältnismäßig sehr großen Energiebetrag zur Folge. Damit steht im engsten Zusammenhang, daß die Drehgeschwindigkeit unseres Moleküls um die Figurenachse sehr groß ist, von der gleichen Größenordnung wie die Elektronenumlaufsgeschwindigkeiten. Infolgedessen würde daß Hinzukommen dieser Umdrehungsgeschwindigkeit eine große Störung der Elektronenbahnen veranlassen und die ganze Frage fällt somit in ein Gebiet, dessen theoretische Behandlung zurzeit noch nicht möglich ist. Wenn also wirklich m_1 von Null verschieden ist, so kann die gesamte Kreiselenergie nur im Zusammenhang mit der Elektonenbewegung rechnerisch streng betrachtet werden. Der erste Term in (4), der ja das Trägheitsmoment K nicht enthält, bleibt aber unverändert, so daß wir besser schreiben

$$(4a) \qquad W_{rot} = \frac{(m^2 - m_1^2)\,h^2}{8\,\pi^2\,J} + \cdots$$

$$(m \geqq m_1).$$

Nach dem empirischen Befund ist nun sehr häufig $m_1 = 0$ und wir haben es dann mit reiner Rotation um eine Achse senkrecht zur Kernverbindungslinie zu tun. In diesem Falle wird die Energie dargestellt durch:

$$(4b) \qquad W_{rot} = \frac{m^2\,h^2}{8\,\pi^2\,J}.$$

Die bisherigen Überlegungen sind nun in zweierlei Hinsicht zu ergänzen. Da ja unsere Hantel nicht starr ist, die Atome vielmehr längs ihrer Verbindungsgeraden schwingen können, so wird das Molekül bei seiner Rotation durch die Zentrifugalkraft auseinander gezogen werden. Das Trägheitsmoment J wird also mit wachsender Umlaufsgeschwindigkeit (mit wachsendem m) größer werden. Man sieht sofort, daß der Betrag dieser Änderung nicht von der Richtung des Umlaufes abhängen kann. Daraus schließt man, daß die Umlaufsgeschwindigkeit ω nur quadratisch eingehen kann und wegen des linearen Zusammenhangs zwischen m und ω müssen wir deshalb im Falle reiner Rotation ansetzen:

$$J = J^\circ (1 + m^2 \beta + \cdots).$$

An Stelle von (4b) tritt jetzt die genauere Formel:

$$(4\,c) \qquad W_{rot} = \frac{m^2 h^2}{8\pi^2 J^\circ} - \frac{m^4 h^2}{8\pi^2 J^\circ}\beta + \cdots$$

Die Deformation des Moleküls unter dem Einfluß der Zentrifugalkraft hat aber noch eine zweite viel einschneidendere Wirkung: Die Atome schwingen jetzt um eine andere Gleichgewichtslage. Da hier die anharmonische Bindung weniger stark ist, so hat dies zur Folge, daß die Frequenz und die Energie der Schwingung von der Umlaufsgeschwindigkeit abhängen. Die gleiche Überlegung, wie wir sie eben anstellten, ergibt auch hier eine quadratische Abhängigkeit von m. Wir können also sagen, daß die Rotation die Frequenz der Schwingung verkleinert. ν° ist zu ersetzen in (3a) durch $\nu^\circ (1 - \gamma m^2)$.

Umgekehrt wirkt auch die Schwingung noch auf die Rotation ein. Infolge der Schwingung ist der Abstand der Atome von ihrem gemeinsamen Schwerpunkt zeitlich veränderlich und unser J in (4, 4a, 4b) ist auch bei festgehaltenem m nicht konstant. Wir müssen deshalb dort den zeitlichen Mittelwert über eine ganze Schwingung von $\frac{1}{J}$ bilden. Die Ausführung dieser Rechnung ergibt, daß dieser Mittelwert vom Werte von $\frac{1}{J^\circ}$ in der schwingungslosen Molekel verschieden ist und daß an Stelle von $\frac{1}{J}$ zu schreiben ist $\frac{1}{J^\circ}(1 + \delta n + \cdots)$. Die Schwingung hat eine Verkleinerung des mittleren Trägheitsmomentes zur Folge.

Führt man die gesamten hier mitgeteilten Überlegungen rechnerisch streng durch, so ergibt sich schließlich als Energie des rotierenden anharmonischen Oscillators [16]):

$$(5) \qquad W' = W_s + W_{rot} + W_{sr}$$

$$= n h \nu^\circ (1 - xn + \cdots) + \frac{h^2}{8\pi^2 J^\circ}(m^2 - m^4 u^2) + \cdots$$

$$- m^2 \frac{h^2}{8\pi^2 J^\circ} n(\alpha + \alpha_1 n + \cdots).$$

Hier ist v° die Schwingungsfrequenz für unendlich-kleine Amplituden, J° das Trägheitsmoment der nichtrotierenden und nichtschwingenden Molekel, x, α, α_1 sind Konstante, die ebenso wie v° und J° vom einzelnen Molekül abhängen, ferner ist

$$(5\,\mathrm{a}) \qquad u = \frac{h}{4\,\pi^2\,J^\circ\,v^\circ}.$$

Zur Rotations- und zur Schwingungsenergie ist noch eine wechselseitige Energie W_{sr} hinzugekommen. Wollen wir nun die gesamte Energie unserer Molekel haben, so müssen wir hierzu noch die Energie der Elektronenkonfiguration addieren. Außerdem wird zu erwarten sein, daß auch zwischen der Elektronenbewegung und den beiden anderen Bewegungen Wechselbeziehungen stattfinden. Bezeichnen wir die darauf zurückgehenden Energie-Anteile mit W_{es} bzw. W_{er}, so kommt schließlich für die Gesamtenergie einer rotierenden Molekel:

$$(6) \qquad W = W_e + W_{es} + W_{er} + W'.$$

Für eine symmetrische Molekel mit Präzessionsbewegung würde in (6) W' einige unwesentliche Abänderungen im Sinne von (4 a) erfahren. Der dort durch die Punkte angedeutete, nicht genauer angebbare Energiebetrag ist jetzt in W_{er} mit aufgenommen zu denken. Die drei ersten Größen in (6) können wir zurzeit noch nicht in ihrer Abhängigkeit von den Quantenzahlen darstellen. Da nun Gleichung (6) den vollständigen Energiebetrag der Molekel darstellt, so muß sie uns deswegen die Möglichkeit bieten, die gesamte Struktur der Bandenspektren zu verstehen. Dieses Ziel ist allerdings erst dann erreicht, wenn es gelungen sein wird, auch die noch nicht explizit angebbaren Terme zu berechnen.

Um nun die von einem Molekül emittierten oder absorbierten Spektrallinien zu finden, haben wir nach (1) zu verfahren, müssen aber dabei beachten, daß nicht zwei beliebige Zustände ineinander übergehen können, daß wir vielmehr eine Auswahl zu treffen haben. Diese wird uns vorgeschrieben durch das *Bohrsche Korrespondenzprinzip*. Dessen Anwendbarkeit hat allerdings zur Voraussetzung, daß wir die mechanische Bewegung des vorgelegten Systems vollständig kennen. Da dies hier nur bei der Rotations- und Schwingungsbewegung der Fall ist, so können wir zurzeit nur für diese beiden die *Auswahlbedingungen* formulieren. Allerdings kommt uns ein allgemeiner Satz zu Hilfe: Die Quantenzahl m ist immer dem Gesamtimpulsmoment der Molekel (auch bei Berücksichtigung der Elektronenbewegung) zugeordnet. Für diese gilt deswegen, daß sie sich nur um ± 1 oder 0 ändern darf, wobei die Änderung $\varDelta m = 0$ in besonderen Fällen auch noch zu verbieten ist. Für die anharmonische Schwingung können wir nach dem Korrespondenzprinzip keine Beschränkung erwarten, wir lassen also die Quantenzahl n sich um beliebige Beträge ändern. Als Auswahlbedingungen kommt so:

$$(7) \qquad \varDelta m = (0),\; +1,\; -1 \qquad \varDelta n = 0,\; 1,\; 2,\; \ldots$$

Zu diesen Einschränkungen kommen nun die uns noch unbekannten Bedingungen für die Elektronenquantenzahlen und die Verknüpfung der Elektronensprünge mit Oscillations- und Rotationsquantensprüngen hinzu. Wenn wir hierüber auch keine spezielle Aussage machen können, so läßt sich doch allgemein sagen, daß die Verknüpfungsauswahlregeln höchstens eine Verschärfung der Bedingungen und eine weitere Einschränkung der nach (7) erlaubten Sprünge mit sich bringen können.

§ 3. Die Rotations- und Rotationsschwingungsbanden. Wir sahen, daß bei der Emission einer Bandenlinie das Molekül von einem Bewegungszustand in den andern übergeht. Ist damit insbesondere auch eine Änderung der Elektronenkonfiguration verbunden, so wird sich das ganze Molekül in seinen mechanischen Konstanten bei dem Übergange ändern. Die veränderte Elektronenanordnung hat auch einen veränderten Atomabstand zur Folge und Trägheitsmoment und Schwingungsfrequenz werden dadurch wesentlich abgeändert; wir haben es mechanisch für Rotation und Schwingung mit zwei verschiedenen Molekülen zu tun. Anders dagegen, wenn die Elektronenanordnung von der Energieumsetzung unbeeinflußt bleibt, wenn $\Delta W_e = 0$ ist. Mit diesem einfacheren Falle, der bei den Rotations- und Rotationsschwingungsbanden vorliegt, wollen wir uns zunächst beschäftigen. Jetzt ist das Molekül im Endzustand dasselbe wie im Anfangszustand, insbesondere sind die Größen J°, ν°, x, α, $\alpha_1 \ldots$ in beiden Zuständen identisch. Die Anwendung von (7) auf (5) liefert*) unter Benutzung von (1)

$$\nu' = \frac{\Delta W'}{h} = n_1\,\nu^\circ\,(1 - x\,n_1) - n_2\,\nu^\circ\,(1 - x\,n_2)$$

$$+ \frac{h}{8\,\pi^2\,J^\circ}\left[\left((m \pm 1)^2 - m^2\right) - \left((m \pm 1)^4 - m^4\right) u^2 + \cdots\right]$$

$$(8) \qquad - (m \pm 1)^2\,\frac{h}{8\,\pi^2\,J^\circ} \cdot n_1\,\alpha + \cdots + m^2\,\frac{h}{8\,\pi^2\,J^\circ}\,n_2\,\alpha - \cdots$$

$$= (n_1 - n_2)\,\nu^\circ - x\,\nu^\circ\,(n_1^2 - n_2^2) + B \pm 2\,m\,B + \cdots$$

$$(8a) \qquad\qquad - \left((m \pm 1)^2\,n_1 - m^2\,n_2\right)\,\alpha\,B.$$

Hier ist zur Abkürzung $\dfrac{h}{8\,\pi^2\,J} = B$ gesetzt und die mit der kleinen Größe u^2 multiplizierten Glieder sind in der zweiten Form nicht mehr angeschrieben.

Wenn wir jetzt $\Delta n = n_1 - n_2 = 0$ annehmen, bekommen wir ein Rotationsspektrum. In diesem Falle kommt aus (8a) mit $n_1 = n_2 = n$

$$(9) \qquad \nu_{rot} = (1 \pm 2\,m)\,B\,(1 - n\,\alpha) + \cdots = (1 \pm 2\,m)\,B^n + \cdots$$

Wir erwarten also, da n noch verschiedene Werte haben kann, zunächst ein System von Teilbanden mit in erster Näherung äquidistanten Linien**)

---

*) Wegen $\Delta W_e = 0$ gehen wir auf (5) zurück, müssen aber beachten, daß ΔW_{es} und ΔW_{er} einen Beitrag liefern können, den wir hier unberücksichtigt lassen.

**) Das negative Vorzeichen in (9) bedeutet eine Energieaufnahme, also Absorption.

im Abstande $B(1 - n\alpha)$. Für den Vergleich mit der Erfahrung ist aber zu beachten, daß bei normalen Temperaturen bei den meisten Substanzen die Schwingung nicht angeregt ist, so daß die Intensität aller Teilbanden, für die $n \neq 0$ ist, verschwindend klein zu erwarten ist. Wir können deshalb $n = 0$ setzen und bekommen

$$(9a) \qquad \nu_{rot} = (1 \pm 2m) B + \cdots$$

An der Erfahrung ist diese Formel bisher nicht bestätigt, weil noch keine Messungen an zweiatomigen Molekülen durchgeführt wurden. Die Prüfung an der Erfahrung wäre deswegen von besonderer Wichtigkeit, weil das konstante Glied B von theoretischem Interesse ist.

Auch bei der Diskussion der Rotationsschwingungsbanden $(n_1 - n_2 \neq 0)$ wollen wir davon Gebrauch machen, daß als Anfangszustand der Absorption nahezu ausschließlich der schwingungslose Zustand $n_2 = 0$ in Frage kommt. Berücksichtigen wir dies gleich, dann vereinfacht sich die allgemein gültige Form (8a) zu

$$(10) \qquad \nu' = n_1 \nu^\circ (1 - x n_1) + B \pm 2mB + \cdots - (m \pm 1)^2 n_1 \alpha B + \cdots$$

Wir können (10) entsprechend (2) zerlegen und bekommen für die Schwingungsfrequenz

$$(10a) \qquad \nu_s = n_1 \nu^\circ (1 - x n_1).$$

Außer der Frequenz ν° der mechanischen Schwingung treten also auch noch die Oberschwingungen auf. Wegen des anharmonischen Charakters sind diese Oberschwingungen nicht die genauen Vielfache der Grundschwingung, sondern weichen davon gesetzmäßig ab. Diese Oberschwingungen sind auch erfahrungsmäßig vorhanden und bei einer Reihe von Substanzen festgestellt [3] [8] [16] [21]).

Nach (10) ist nun jede Schwingungsfrequenz die Ausgangsfrequenz für zwei Zweige einer Teilbande. Sehen wir vom letzten, dem Wechselwirkungsgliede, zunächst ab, so überlagert sich auf die Schwingungsfrequenz nach größeren und kleineren Wellenzahlen hin symmetrisch die Rotationsbande (9a) als positiver und negativer Zweig. Das Wechselwirkungsglied endlich hat zur Folge, daß die einzelnen Linien dieser Bande nicht mehr äquidistant sind, die Linien rücken mit zunehmender Frequenz enger zusammen. Die schönste Bestätigung findet die Theorie an den Messungen von Imes bei den Halogenwasserstoffen [13]), denen die Abb. 1 entnommen ist. Da Imes auch die Oberbanden gemessen hat, so lassen sich hier auch die theoretischen Beziehungen zwischen den Konstanten der Banden prüfen, insbesondere, daß B und α in der Grund- und Oberschwingung den gleichen Wert haben.

Um zu einem vollen Verständnis der Abbildung von Imes zu gelangen, müssen wir noch einige Worte über die Intensitätsverteilung sagen. Aus (10) ist zunächst zu ersehen, daß die Schwingungsfrequenz $\nu_s = n_1 \nu^\circ (1 - n_1 x)$ nicht der Bande angehört; die *Nullinie* der Bande, die durch $m = 0$ definiert ist, ist hiervon verschieden

$$\nu_{Null} = \nu_s + B (1 - n_1 \alpha).$$

Um diese Frequenz verlangt die Theorie, vom Korrekturglied abgesehen, eine der Lage nach symmetrische Anordnung der Zweige. Nun kann man aus dem Korrespondenzprinzip schließen, daß die Quantensprünge $m \lessgtr m + 1$ alle gleich wahrscheinlich sind. Die Intensität der Linien wird also nur von der Wahrscheinlichkeit der Anfangszustände abhängen. Da diese nach einem Verteilungsgesetz ähnlich dem Maxwellschen sich berechnen wird, so müssen auch die Intensitäten der Linien innerhalb eines Zweiges sich nach einem derartigen Wahrscheinlichkeitsgesetz ergeben. Von der Mitte gleichweit entfernte Linien der Zweige unterscheiden sich nur durch den gleichwahrscheinlichen Sprung der Quantenzahl ($+ 1$ bzw. $- 1$), die Zweige müssen deshalb auch nach der Intensität symmetrisch sein. Die Abbildung zeigt, daß auch diese Forderung der Theorie erfüllt ist. Merkwürdig bleiben aber die Verhältnisse in der Nähe der Nullinie.

Wir sahen, daß die Schwingungsfrequenz nicht der Bande angehört. Wenn nun das Molekül überhaupt rotationslos ist, dann haben wir es mit

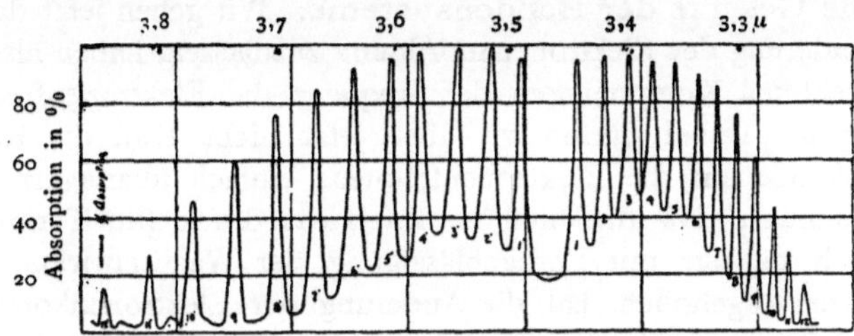

Abb. 1. Rotationsschwingungsbande von $H\,Cl$ bei $3{,}46\,\mu$.

einem anharmonischen Oscillator zu tun, der die Frequenz ν_s (10 a) aussendet. Aus dem Umstand, daß ν_s nicht beobachtet ist, müssen wir schließen, daß rotationslose Moleküle nicht mit merklicher Häufigkeit vorkommen. Daraus ergibt sich aber als weitere Konsequenz, daß der Zustand $m = 0$ auch als Anfangs- oder Endzustand des Rotationssprunges äußerst unwahrscheinlich ist, wir kommen so dazu, in unserer Bande sowohl den Sprüngen $1 \to 0$, wie $0 \to 1$ verschwindende Wahrscheinlichkeit zuzuschreiben, also das Ausfallen von zwei Linien in der Bandenmitte zu fordern. Aus der Abbildung stellen wir aber fest, daß nur eine Linie fehlt, der wir vorläufig den Übergang $1 \to 0$ im Falle der Emission zuordnen wollen. Das Vorhandensein der Linie $0 \to 1$ muß hier noch ungeklärt bleiben, wir werden aber darauf zurückkommen.

Für den Fall, daß das Molekül auch ein Impulsmoment um die Figurenachse hat, tritt im Energieausdruck an die Stelle von (4 b) der Term (4 a) ein. Wenn die Quantenzahl m_1 bei der betreffenden Bande ungeändert bleibt, so fällt $\dfrac{m_1^2 h^2}{8 \pi^2 J}$ bei der Differenzbildung heraus und unsere Formeln (8), (9), (10) bleiben unverändert. Der einzige Unterschied ist der,

21*

daß für die Quantenzahl m im Anfangs- und Endzustand die Einschränkung aus (4a) besteht. Dies hat für die Laufzahl die Bedingung zur Folge:

$$m \geqq m_\mathrm{r} \quad \text{im positiven Zweig,}$$
$$m - \mathrm{1} \geqq m_\mathrm{r} \quad \text{im negativen Zweig.}$$

Wir erwarten also das Ausfallen mehrerer Linien am Anfang der Rotations- und in der Mitte der Rotationsschwingungsbande. Weiter kommt jetzt hinzu, daß das Auswahlprinzip für diesen Fall auch

$$\varDelta m = \mathrm{o}$$

zuläßt. Das bedeutet, daß auch die Schwingungslinie (10a) der Bande angehört. Eine einwandfreie empirische Bestätigung haben diese letzten Forderungen der Theorie noch nicht gefunden, immerhin lassen sich die Beobachtungen an der Wasserdampfbande bei 6,24 μ im Sinne der Theorie deuten[15]).

§ 4. Die Gesetze der Bandensysteme. Wir gehen jetzt dazu über, auch eine Änderung der Elektronenanordnung zuzulassen, haben also zu den bisher betrachteten Komponenten der Frequenz die Elektronenfrequenz ν_e hinzuzunehmen. Dabei dürfen wir aber jetzt nicht etwa die Rotations- schwingungsbande auf die Elektronenfrequenz einfach überlagern, müssen vielmehr beachten, daß dies nur im Energieausdruck (im Term) erlaubt ist, und auch da nur mit Vernachlässigung der Wechselwirkungsglieder. Wie bereits hervorgehoben, hat die Änderung der Elektronenkonfiguration zur Folge, daß wir es für die Berechnung von Rotation und Schwingung im Anfangs- und Endzustand gleichsam mit zwei verschiedenen Molekülen zu tun haben. Die Konstanten J°, ν°, x, α haben in beiden Zuständen verschiedene Werte, die wir durch die Indizes 1 (Anfangszustand) und 2 (Endzustand) unterscheiden wollen. Nun liefert (1) aus (6) und (5) mit Berücksichtigung der Auswahlbedingungen (7):

$$\begin{aligned}
\nu = \bar{\nu}_e &+ n_\mathrm{r}\, \nu_\mathrm{r}^\circ (\mathrm{1} - n_\mathrm{r}\, x_\mathrm{r}) - n_\mathrm{a}\, \nu_\mathrm{a}^\circ (\mathrm{1} - n_\mathrm{a}\, x_\mathrm{a}) \\
&+ (m + \varDelta)^2 B_\mathrm{r} - m^2 B_\mathrm{a} + (m + \varDelta)^4 u_\mathrm{r}^2 B_\mathrm{r} - m^4 u_\mathrm{a}^2 B_\mathrm{a} \\
&- n_\mathrm{r} (m + \varDelta)^2 \alpha_\mathrm{r}\, B_\mathrm{r} + m^2 n_\mathrm{a}\, \alpha_\mathrm{a}\, B_\mathrm{a} + \ldots
\end{aligned} \tag{11}$$

Diese Formel enthält alles, was sich theoretisch über die Frequenzen der Bandenlinien aussagen läßt. Dabei soll

$$\varDelta = \pm \mathrm{1},\ \mathrm{o}$$

sein und $\bar{\nu}_e$ ist gesetzt für den Beitrag, den die Elektronenenergie zur Frequenz der Bandenlinie liefert. $\bar{\nu}_e$ wird wegen der Wechselwirkungs- glieder noch von den Schwingungs- und Rotationsquantenzahlen abhängen. Wir sehen aber zunächst davon ab und behandeln es als Konstante.

a) Die Teilbanden.

Die Quantenzahlen n_r und n_a mögen feste Werte haben und eine Schwingungsfrequenz ν_s definieren.

Schreiben wir die kleinen Glieder mit u^2 nicht an, dann kommt aus (11) mit $\varDelta = \pm 1$

$$
\begin{aligned}
\text{(11a)} \quad v &= \bar{v}_e + v_s + (m \pm 1)^2 B_1^{n_1} - m^2 B_2^{n_2} + \dots \\
&= \bar{v}_e + v_s + B_1^{n_1} \pm 2 m B_1^{n_1} + m^2 (B_1^{n_1} - B_2^{n_2}) + \dots \\
&= A \pm 2 m B_1 - m^2 C + \dots
\end{aligned}
$$

mit $\varDelta = 0$:

$$
\text{(11b)} \qquad v = \bar{v}_e + v_s + m^2 C + \dots
$$

Zur Abkürzung ist dabei wie in (9)

$$
\text{(11c)} \qquad B_1 (1 - n\,\alpha) = B_1^n
$$

und

$$
\text{(11d)} \qquad B_1^{n_1} - B_2^{n_2} = C
$$

gesetzt.

Wir erhalten eine Teilbande[19])[9]), bestehend aus einem positiven und negativen Zweig (11a) und dem Nullzweig (11b). Beide Gleichungen stimmen überein mit den empirischen Tatsachen, wie sie im *ersten Deslandresschen Gesetz* zum Ausdruck kommen[14]). Beim Vergleich mit der Erfahrung ist zu beachten, daß durch die Frequenzen allein in (11a) die Numerierung niemals festgelegt werden kann. Ersetzt man m durch $m' - \delta$, so geht (11a) in die analoge Formel mit m' über, die Konstanten A und B_1 haben aber dabei ihren Zahlenwert geändert. Da DESLANDRES die Kante der Bande als das Primäre ansah, wählte er die Numerierung so, daß $m = 0$ die Kante lieferte. Nach theoretischer Auffassung kommt dagegen der Kante gar keine besondere Bedeutung zu, es ist lediglich diejenige Frequenz, wo im negativen (positiven) Zweig der Zuwachs des quadratischen Gliedes in (11a) für positive (negative) C den des linearen Gliedes gerade ausgleicht, so daß die Frequenzen, die bis zu dieser Stelle $\left(m = -\dfrac{B_1}{C}\right)$ mit wachsendem m abnahmen (zunahmen), von jetzt an wieder zunehmen (abnehmen)*). Daß die von den Anhängern der Deslandresschen Auffassung ins Feld geführte besonders große Intensität der Kante objektiv gar nicht vorhanden ist und deswegen für die singuläre Stellung der Kante kein Argument sein kann, werden wir sofort besprechen.

Ob eine Kante in einer Bande auftritt oder nicht, hängt nach unserer Deutung lediglich davon ab, ob die Laufzahl m den Wert $-\dfrac{B_1}{C}$ erreicht oder nicht. Je nach dem Vorzeichen von C wird dabei die Kante auf der langwelligen (positives C) oder kurzwelligen Seite (negatives C) der Bande liegen. Für Wasserstoff ist $B = \dfrac{h}{8\pi^2 J}$ wegen des kleinen Trägheitsmomentes sehr groß; das hat zunächst nach (11a) zur Folge, daß die Linienabstände in einer Teilbande sehr groß werden. Außerdem hat der

---

*) Die Auffassung wurde schon früher von THIELE (Astrophys. Journ. 6, 65, 1897) und FORTRAT, Thèses, Paris 1914, vertreten.

große Wert von B die weitere Folge, daß bei nicht zu hohen Temperaturen nach den Gesetzen der Quantenstatistik die Quantenzahl m nur kleine Werte annimmt, so daß m den für das Auftreten einer Kante notwendigen Wert nicht erreicht. Der Bandencharakter des Spektrums verschwindet, wir bekommen ein Viellinienspektrum[19]).

Den Übergang zwischen dem Viellinienspektrum und den gewöhnlichen Bandenspektren bildet das Bandenspektrum des Heliums[4] [5] [7]), wo J einen mittleren Wert hat.

Wir bemerkten bereits, daß bei der Wahl der Numerierung außer der Frequenz noch andere Daten zu Hilfe zu nehmen sind, wenn den Koeffizienten der Formel (11 a) die wahre theoretische Bedeutung zukommen soll. Nach unseren Erfahrungen bei den ultraroten Banden kommt hierfür in erster Linie die Intensitätsverteilung in Frage. Wir sahen dort, daß diese symmetrisch zur Nullinie war und daß in der Mitte eine oder mehrere Linien ausfielen. Indem nun HEURLINGER[9]) dieselben Gesichtspunkte auf die optischen Banden anwandte, konnte er mit ziemlicher Sicherheit bei

Abb. 2. Cyanbandengruppe λ 3883 aus den Kohlebogen. Die Kanten erscheinen als schwarze Streifen.

einer größeren Zahl von Banden die Lage der Nulllinie bestimmen. Dabei kam ihm noch eine andere Erscheinung zu Hilfe: Einzelne Linien der Teilbande liegen nicht genau an der Stelle, wo sie nach der Interpolationsformel liegen sollen, sie sind »gestört«. HEURLINGER konnte nun zeigen, daß bei der von ihm getroffenen Wahl der Nullinie die Störungen symmetrisch zu dieser angeordnet waren, sie erhielten die Laufzahlen $+ m$ und $- (m + 1)$, wurden also den Quantenübergängen m $+$ 1 $\rightarrow m$ und $m \rightarrow m + 1$ zugeordnet.

Wir geben in Abb. 2 ein Bild aus den violetten Cyanbanden. Der Anblick zeigt das starke Hervortreten der Kanten. In Abb. 3 geben wir die mittels des KOCHschen Mikrophotometers ausgemessene Intensitätsverteilung*) der langwelligsten der in Abb. 2 abgebildeten Teilbanden bei $\lambda = 3883$ Å. Die Abbildung zeigt deutlich, daß die scheinbare große Intensität der Kante nur dem Auge durch die Anhäufung der Linien vorgetäuscht wird. Das Photometer ordnet sie vollkommen in den stetigen Intensitätsverlauf der einzelnen Linien ein. Gleichzeitig liefert uns die Abbildung auch noch die volle Analogie zu Abb. 1. Bei der mit o be-

---

*) Die Photometerkurve ist mir von Herrn GREBE in dankenswerter Weise zur Verfügung gestellt worden.

zeichneten Stelle fehlt die Nullinie. Schreiten wir nach rechts weiter, so bekommen wir mit rasch ansteigender Intensität die beiden mit $+1$ und $+2$ bezeichneten Zacken. Nach links weitergehend, von o aus, kommen im negativen Zweig die Linien -1, -2, -3 . . ., deren Intensität ebenfalls rasch zunimmt und gleich der Intensität der entsprechenden Linien 1 und 2 des positiven Zweiges ist. Verfolgt man die Linien weiter bis zur Kante, so sieht man die Linien sich immer stärker häufen, während die Intensität stetig zunimmt und in der Nähe der Kante ein flaches Maximum hat. An der Kante kehrt der negative Zweig um und läuft jetzt mit rasch zunehmenden Linienabständen wieder nach rechts. Die Linien sind in der Abbildung zum Teil mit der ihnen nach HEURLINGER zukommenden Laufzahl bezeichnet*). Bemerkenswert ist der in der Intensität vollkommen stetige Übergang, der auf die Kante zukommenden Hälfte des negativen Zweiges in die wegeilende. Die Intensitätsverteilung in den Cyanbanden ist von R. T. BIRGE [1]) genauer untersucht worden. Er stellt zunächst fest, daß die beiden Zweige bei sehr verschiedenen Temperaturen symmetrische Intensitäts*verteilung* aufweisen, dann aber, daß bei Anregung der Bande im elektrischen Ofen auch die absoluten Beträge der Intensitäten entsprechender Linien in beiden Zweigen gleich sind. Auch durch die Lage des Intensitätsmaximums innerhalb der Zweige wird das statistische Gesetz, das eine Verschiebung mit der Quadratwurzel aus der absoluten Temperatur erfordert, bestätigt.

---

*) Auf den Umstand, daß die Linien mit wachsender Laufzahl in immer deutlicher getrennte Dubletts sich aufspalten, sei hier lediglich hingewiesen. Wir kommen im folgenden kurz darauf zurück.

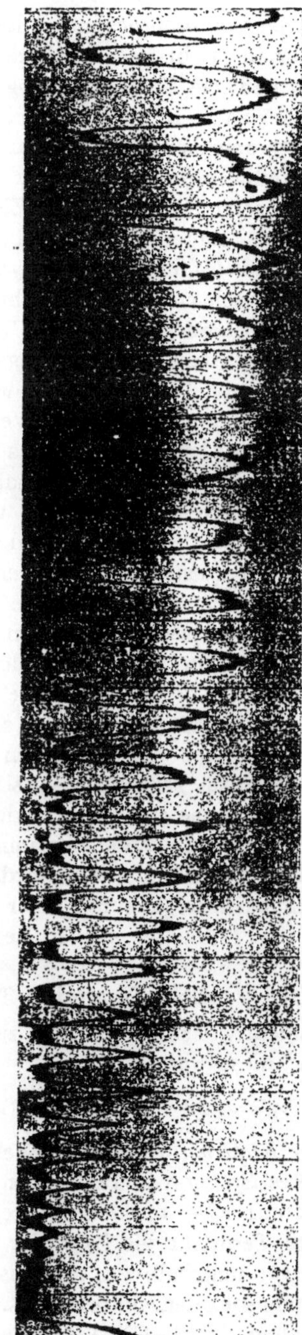

Abb. 3. Photometerkurve der Cyanbande 3883. Erste Teilbande aus Abb. 2. Als Abszisse ist die Wellenlänge nach rechts abnehmend, als Ordinate die Schwächung der Platte aufgetragen. Die Zahlen sind die Laufzahlen nach HEURLINGER. Linie $m = o$ fehlt.

Die hier dargestellte Bande ist dadurch besonders einfach, daß sie nur aus den beiden besprochenen (doppelten) Zweigen besteht. Die Theorie sieht aber in (11b) auch noch das Auftreten eines Nullzweiges vor[19]), der in gesetzmäßigem Zusammenhang mit den beiden andern Zweigen steht. Ein solcher ist z. B. beobachtet bei Wasserdampf. Der geforderte theoretische Zusammenhang der Konstanten ist aber hier nur angenähert erfüllt[11]), so daß die Theorie speziell dieser Banden noch einer Ergänzung bedarf, die in der genaueren Darstellung der Elektronenwechselwirkungsglieder zu suchen ist. Dagegen konnte HULTHÉN[12]) bei den Kohlenwasserstoffbanden, sowie bei Hg, Zn und Cd das Bestehen von Kombinationsbeziehungen nachweisen.

Es sei noch kurz auf eine sehr schöne Bestätigung dieser Überlegungen über das Zustandekommen der Teilbanden hingewiesen[20]). Die Theorie behauptet, daß von jedem Anfangszustand $m = m_0$ aus beim Fehlen eines Nullzweiges zwei Linien emittiert werden können durch die Quantensprünge $m_0 \rightarrow m + 1$, $m_0 \rightarrow m - 1$. Wenn man also einen bestimmt definierten Anfangszustand herstellt, muß das Molekül ein Dublett emittieren. Nun ist aber die Anregung eines Moleküls zu einem genau definierten Anfangszustand dadurch möglich, daß man eine scharf definierte Spektrallinie absorbieren läßt. Dabei wird der Endzustand der Absorption durch die Bohrsche Frequenzbedingung genau vorgeschrieben, z. B. ist Joddampf für die grüne und auch für die gelbe Quecksilberlinie absorptionsfähig. Das durch Absorption der grünen (oder gelben) Quecksilberlinie angeregte Jod emittiert nun aber nicht bloß dieselbe Linie wieder, sondern auch noch die nach (11a) zugeordnete Linie des zweiten Zweiges. Mischt man nun dem Joddampf Helium bei, so werden durch die Zusammenstöße mit den Heliumatomen die Rotationen der Jodmoleküle gestört und unser angeregtes Molekül kann ohne Ausstrahlung bei ungeänderter Schwingungs- und Elektronenenergie einen anderen Rotationszustand m_0' annehmen, um erst von diesem Zustande aus nun auszustrahlen. Die Folge ist, daß jetzt ein anderes Dublett emittiert wird. Die Zumischung des Helium veranlaßt also, daß bei Anregung mit einer scharf definierten Wellenlänge zwei ganze Zweige der Teilbande in der Resonanzstrahlung auftreten.

b) Die Verknüpfung der Teilbanden. Das Kantengesetz.

Nunmehr wollen wir in (11) bzw. (11a) die Schwingungsfrequenz ν_s betrachten; diese war:

$$(12) \qquad \nu_s = (n_1 - n_2)\,\nu_1^o + n_2\,(\nu_1^o - \nu_2^o) - (n_1^2 x_1\,\nu_1^o - n_2^2 x_2 \nu_2^o)^{1}).$$

Zu jeder *Elektronenfrequenz* ν_e gehört ein nach zwei Parametern n_1 und n_2 geordnetes *System* von Teilbanden (Schwingungslinien). Beachten wir, daß die Differenz $\nu_1^o - \nu_2^o$ klein ist gegen ν_1^o und ν_2^o selbst, so zeigt (12), daß der erste Term für die Lage der Bande ausschlaggebend ist. Er definiert die *Gruppe* innerhalb des Systems; diese wird also durch den *Sprung* der Schwingungsquantenzahl festgelegt. Das zweite Glied liefert zusammen mit dem kleinen dritten Glied die Lage der *Teilbande* innerhalb der Gruppe.

Sie wird durch den *Absolutwert* (n_2) der Schwingungsquantenzahlen festgelegt. Vergl. Abb. 4.

Das durch (12) ausgesprochene Gesetz wurde von DESLANDRES als *Kantengesetz* näherungsweise gültig gefunden, wobei er jede Teilbande durch die Kante an Stelle der Schwingungslinie wiedergab. Für die Schwingungslinien der Teilbanden muß es streng gelten und läßt sich auch bei einer Reihe von Banden sehr genau bestätigen*).

Außer den bereits genannten Gesetzen hat DESLANDRES noch ein weiteres empirisches Gesetz formuliert, das bei KAYSER als *zweites Deslandressches Gesetz* bezeichnet wird. Von jeder Kante gehen gleichviele gleiche Zweige aus. Wir müssen dieses Gesetz auf Grund unserer Theorie strenger so formulieren: Zu jeder Schwingungslinie gehören gleichviele Zweige, die einander entsprechen und im wesentlichen gleich sind. Im wesentlichen soll dabei bedeuten, daß sie sich nur in den Zahlenwerten der Konstanten

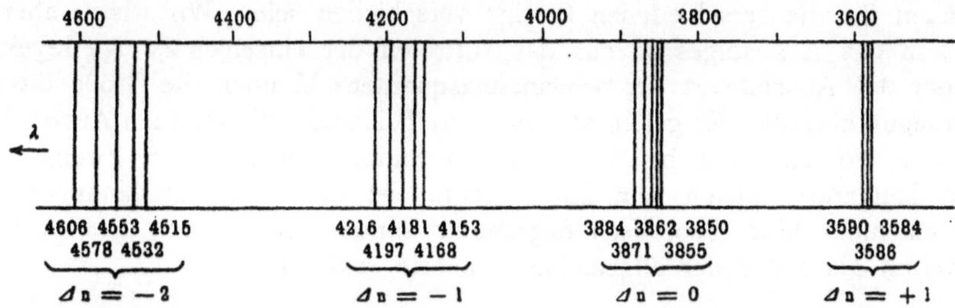

Abb. 4. System der violetten Cyanbanden. Jede Teilbande ist durch ihre Kante dargestellt. Die Gruppen 4606, 4216, 3884 und 3590 gehören zu den Sprüngen der Schwingungsquantenzahlen — 2, — 1, 0, + 1. Innerhalb jeder Gruppe 5 bzw. 3 Teilbanden.

etwas unterscheiden. Die theoretische Ableitung dieses empirischen Gesetzes ist bereits in (11) enthalten. Zunächst ist klar, daß diese Gleichung für einen einzigen Wert von $\bar{\nu}_e$ jeder Schwingungslinie (feste n_1, n_2) drei Zweige zuordnet, die wir im vorausgehenden bereits besprochen haben. Diese Zweige waren festgelegt durch die Konstanten B''. Nach (11 c) unterscheiden sich aber die Werte von B'' nur durch die kleine Größe $- n \alpha \cdot B$. Die Werte von C sind nach (11 d) als Differenzen der B-Werte im Anfangs- und Endzustand festgelegt. Die Theorie zeigt also nicht bloß, daß die Teilbanden eines Systems einander ähnlich sind, sondern sie gibt auch das Gesetz der Abweichung; die Koeffizienten sind in erster Näherung lineare Funktionen der Oscillationsquantenzahlen. Der Vergleich mit der Erfahrung ergibt auch in diesem Punkte eine volle Bestätigung der Theorie [17].

Berücksichtigen wir nun, daß $\bar{\nu}_e$ nicht notwendig eine konstante Frequenz ist, daß wir darunter vielmehr den gesamten auf die Elektronen zurückgehenden Beitrag zur Frequenz verstehen wollten, so daß also $\bar{\nu}_e$ für

---

*) Dabei ergibt sich insbesondere, daß die sogenannten Cyanbanden und die meisten Stickstoffbanden gleiche Terme haben, daß also alle diese Banden vom gleichen Molekül emittiert werden.

mehrere benachbarte Frequenzen stehen kann, so folgt aus (11), daß jetzt
an die Stelle der berücksichtigten drei Zweige in jeder Teilbande das
gleiche Multiplum hiervon tritt. Der Umstand, daß $\bar{\nu}_e$ im allgemeinen
auch noch eine Abhängigkeit von den Quantenzahlen n_1, n_2, m enthält,
hat lediglich zur Folge, daß die Konstanten B, α, ν^o in den Zweigen
nochmals eine in allen Teilbanden gleiche Korrektur erfahren, die natürlich an der Ähnlichkeit der entsprechenden Zweige nichts ändert, sondern
im Gegenteil die Gleichartigkeit besonders hervortreten läßt. Wenn z. B.
$\bar{\nu}_e$ die Form hat

$$\bar{\nu}_e = \nu_e^- \pm \varepsilon B_1 m + \cdots,$$

so bedeutet das, daß jetzt jeder der drei (zwei) Zweige einer Teilbande
in ein Dublett aufgespalten ist; es kommt also ein besonderes Merkmal
hinzu, das die Ähnlichkeit deutlicher macht. Im allgemeinen werden nun
nicht alle drei Zweige in gleicher Multiplizität auftreten, die Auswahlregeln
können für die verschiedenen Zweige verschieden sein. Wir wissen aber,
daß in das Auswahlgesetz, das das Auftreten der einzelnen Zweige regelt,
weder der Absolutwert der Schwingungsquantenzahl noch die Größe ihres
Sprunges eingeht. Es gelten also für jede Teilbande die gleichen Auswahl-
gesetze, so daß auch bei komplizierten Banden die Zahl der Zweige in
den Teilbanden gleich sein muß. Damit ist das zweite Deslandressche
Gesetz nicht bloß theoretisch begründet, sondern auch noch quantitativ
erweitert als Folge der allgemeinen Theorie erwiesen.

§ 5. Die Feinstruktur der Banden. Die letzten Überlegungen
haben uns bereits mitten in das noch am wenigsten geklärte Gebiet in der
Theorie der Bandenspektren, in das der Feinstrukturen geführt. Wir wollen
nochmals feststellen, daß sich als unmittelbare Folge der Grundanschau-
ungen über die Bandenspektren eben der Satz ergab: *Sämtliche Teilbanden
eines Systems müssen die gleiche Feinstruktur zeigen.* Was können wir nun
über die Feinstruktur selber sagen? Mit Sicherheit jedenfalls das eine,
daß an ihrer Entstehung immer der Elektronenvorgang mitbeteiligt sein muß*).
Hierfür bieten sich noch zwei wesentlich verschiedene Möglichkeiten. Die
eine ist, daß die Feinstruktur analog derjenigen in den Linienspektren
ist. Zwei verschiedene Elektronenkonfigurationen unterscheiden sich nur
um einen sehr geringen Energiebetrag. Der Elektronensprung führt dann
zu zwei nahe beieinander liegenden Frequenzen ν_e^1 und ν_e^2, die nun beide
Grundfrequenz eines Bandensystems sind. Da die mechanischen Größen
J^o, ν^o usw. ebenfalls etwas verschieden sein werden, so besteht die Bande
aus einer zwei- oder mehrfachen Nebeneinanderlagerung des gewöhnlichen
Systems mit zwei bzw. drei Zweigen, wobei zwischen den Konstanten teilweise Beziehungen bestehen müssen, die sich sofort angeben lassen, sobald die Multiplizität der Elektronenfrequenz termmäßig verstanden ist.

---

*) Der Fall, daß die Feinstruktur durch Isotope veranlaßt ist, sei hier von der
Betrachtung ausgeschlossen. Vgl. Zschr. f. Phys. 3, 460, 1921.

Charakteristisch ist, daß jedes Teilsystem auf eine andere Elektronenfrequenz führt. Empirisch sind derartige Bandensysteme bisher nicht festgestellt.

Die zweite Möglichkeit eine Feinstruktur zu erhalten liegt in den Wechselwirkungsgliedern. Da bei dem Strahlungsvorgang mindestens einmal (bei der Emission im Anfangs-, bei der Absorption im Endzustand) das Molekül angeregt sein muß, so wird eine Unsymmetrie in der Elektronenbewegung sehr wahrscheinlich sein, so daß man im allgemeinen annehmen darf, daß eine räumliche Richtung mit Umlaufsinn durch die Elektronen ausgezeichnet ist. Andererseits ist nun durch die Bewegung der Molekel im Raum (Präzession oder Rotation) ebenfalls eine Richtung ausgezeichnet. Diese zwei ausgezeichneten Richtungen sind miteinander gesetzmäßig verknüpft, wobei die Quantenbedingungen nur eine diskrete Anzahl von Kombinationen zulassen. Diesen Kombinationen wird nun eine verschiedene Wechselenergie W_{er} zukommen und als Folge davon eine Aufspaltung der Bandenlinien. Die Elektronenfrequenz ν_e ist dabei in erster Näherung unverändert, sämtliche Teilbanden müssen sich auf eine Elektronenfrequenz zurückführen lassen. Dieser Fall scheint bei den einfacheren Feinstrukturen, die sich jetzt schon übersehen lassen, vorzuliegen. Allgemein läßt sich natürlich die Berechnung der Wechselwirkungsenergie ohne Kenntnis der Elektronenbewegung nicht durchführen, im einfachsten Falle läßt sich aber wenigstens qualitativ der Zusammenhang angeben. Es mögen in einem zweiatomigen Molekül die Elektronen ein resultierendes Impulsmoment senkrecht zur Kernverbindungslinie haben. Die einfachste quantenmäßig zulässige Bewegung des Moleküls ist dann eine Rotation des Moleküls um die Achse dieses Momentes im gleichen oder entgegengesetzten Sinne. In diesem Falle ergibt sich in erster Annäherung:

$$(13) \qquad W_{er} = \mp 2\,\varepsilon\,B\,m.$$

Setzt man diesen Ausdruck ein, so kommt aus (11) an Stelle von (11a)

$$(14) \quad \begin{cases} \nu_+^1 = m^2 C + 2\,m\,((1 - \varepsilon_1)\,B_1 + \varepsilon_2\,B_2) + B_1 - 2\,\varepsilon_1 B_1 + \cdots \\ \nu_+^2 = m^2 C + 2\,m\,((1 + \varepsilon_1)\,B_1 - \varepsilon_2\,B_2) + B_1 + 2\,\varepsilon_1 B_1 + \cdots \\ \nu_-^1 = m^2 C - 2\,m\,((1 + \varepsilon_1)\,B_1 - \varepsilon_2\,B_2) + B_1 + 1\,\varepsilon_1 B_1 + \cdots \\ \nu_-^2 = m^2 C - 2\,m\,((1 - \varepsilon_1)\,B_1 + \varepsilon_2\,B_2) + B_1 - 2\,\varepsilon_1 B_1 + \cdots \end{cases}$$

d. h. jeder Zweig von (11a) ist in zwei Zweige ν^1 und ν^2 aufgespalten; die Aufspaltung ist in erster Näherung proportional zur Laufzahl m. Der Wert von ε kann dabei so groß werden, daß die zusammengehörenden Linien eines Dubletts (gleiches m) manchmal gar nicht mehr als solche aufgefaßt werden*).

Besondere Verhältnisse ergeben sich, wenn ε sehr nahe gleich 0,5 ist,

$$\varepsilon = \frac{1}{2} + \delta.$$

---

*) Dies ist z. B. bei $Hg\,\lambda = 4218,\ 4017$ Å, $Zn\,\lambda = 4297$ Å der Fall.

In diesem Falle werden nämlich die Dublettkomponenten um den halben Abstand aufeinanderfolgender Linien verschoben und nun bildet die Linie ν_m^1 mit ν_{m-1}^2 ein Dublett.

Berechnet man die Mitten dieser Dubletts, so kommt für deren Frequenz:

$$\nu = \left(m^2 - m + \frac{1}{2}\right) C + 2\left(m - \frac{1}{2}\right) B_1 + A$$

$$= \left(m - \frac{1}{2}\right)^2 C + 2\left(m - \frac{1}{2}\right) B_1 + A^*$$

$$\nu = m^{*2} C + 2 m^* B_{1_1}^* + A^* . \tag{15}$$

Wir erhalten so das merkwürdige Ergebnis, daß die Dublettmitte eines solchen Bandenzweiges mit *halben Laufzahlen* darzustellen ist. Als Beispiel hierfür seien die *violetten Cyanbanden*[18]) erwähnt.

Tatsächlich müssen wir dort halbe Laufzahlen benutzen, wenn wir die empirischen Verhältnisse richtig wiedergeben wollen. $B_1^* = B_1$ muß nach dem vorausgehenden (11c) für alle die Teilbanden des Systems streng den gleichen Wert haben, denen die gleiche Schwingungsquantenzahl im Anfangszustand zuzuordnen ist. Diese Bedingung ist bei Heurlinger nicht erfüllt, läßt sich aber streng dadurch erfüllen, daß man in der Heurlingerschen Numerierung die Laufzahl m um $\dfrac{1}{2}$ vermindert.

Einen weiteren Beweis für die Zweckmäßigkeit dieser Abänderung bildet das Auftreten der sogenannten Störungen. Aus ihrer Verteilung über das Bandensystem schließt man, daß sie bei den violetten Cyanbanden *Term*störungen im Anfangszustande der Molekel sind. Da nun zu einem gegebenen Anfangsterm $(m^* = m_0^*)$ wegen der zwei möglichen Sprünge ± 1 zwei Linien einer Teilbande gehören, so muß in einer Teilbande jede Störung sowohl im positiven wie im negativen Zweig auftreten, und zwar im positiven Zweig bei $m_0^* - 1$, im negativen bei $- (m_0^* + 1)$. Nach Heurlinger liegen die zusammengehörigen Störungen bei m_0 und $- (m_0 + 1)$. Ändern wir, wie oben verlangt, die Laufzahl durch Verschiebung um $- \dfrac{1}{2}$ ab, so kommt für die Störungen $m_0 - \dfrac{1}{2} = m_0^* - 1$,

$- (m_0 + 1) - \dfrac{1}{2} = - (m_0^* + 1)$, also gerade die verlangte Lage.

Die Mitberücksichtigung der Elektronenwechselwirkung in der Form (13), deren Zweckmäßigkeit durch die beiden ausgeführten experimentellen Tatsachen bewiesen ist, hat noch einen weiteren Vorteil. Wir wiesen früher darauf hin, daß in der Mitte der Bande eine Linie ausfällt, der wir die Laufzahl $m = 0$ und den Übergang $1 \to 0$ zuteilten. Es blieb dabei unerklärt, warum bei einer verschwindenden Wahrscheinlichkeit des Zustandes $m = 0$ nicht auch die zu $0 \to 1$, also zur Laufzahl $m = -1$ gehörende Linie ausfiel. Nach unserer jetzigen Auffassung bietet dies keine Schwierigkeit mehr: Die *beiden* Linien $m = 0$ und $m = -1$ haben sich in je zwei Komponenten aufgelöst, die nun bei $m^* = 0{,}5, \; -0{,}5; \; -0{,}5, \; -1{,}5$

liegen. Nun ist klar, daß im neuentstandenen Dublett $m^* = -\,0,5$ im Einklang mit der Erfahrung beide Komponenten ausfallen. In den benachbarten Dubletts $m^* = 0,5$ und $m^* = -\,1,5$ fällt aber nur die *eine* von $m = 0$ bzw. $m = -\,1$ herrührende Komponente aus und da das Dublett für kleine Werte von m^* nicht auflösbar ist, so ist diese Erscheinung der Beobachtung nicht zugänglich. Anders liegen dagegen die Verhältnisse, wenn der Zahlenwert von ε sich von $^1/_2$ merklich unterscheidet. Dieser Fall liegt bei den schon erwähnten sogenannten Quecksilberbanden 4218 und 4017 Å vor. Hier zeigt sich, daß tatsächlich, wie es die theoretische Deutung fordert, sämtliche 4 Komponenten des doppelten positiven und negativen Zweiges, bei denen die Gesamtquantenzahl m im Anfangs- oder Endzustand Null ist, und auch nur diese ausfallen.

Die durch Gleichung (13) dargestellte Feinstruktur ist dadurch ausgezeichnet, daß die Dubettaufspaltung in erster Näherung proportional zur Laufzahl ist. Dies ist aber nach dem empirischen Befunde durchaus nicht immer der Fall, z. B. zeigt H_2O oder die sogenannten atmosphärischen Sauerstoffbanden eine ganz andere Aufspaltung. Die zu deren Deutung gemachten theoretischen Ansätze geben zwar qualitativ ein richtiges Bild, sind aber noch nicht soweit verfeinert, daß sie eine vollständige Darstellung der betreffenden Banden ermöglichen.

Endlich hätten wir noch über die Elektronenfrequenz ν_e zu sprechen. Es ist zu erwarten, daß für diese ein Seriengesetz ähnlich dem der Linienserien gilt. Theoretisch läßt sich hierüber aber noch keine bestimmte Angabe machen. Die Folge wäre, daß wir eine Serie von Bandensystemen bekommen. Empirisch liegt hier eine Arbeit von FOWLER[6]) vor, die die theoretische Erwartung zu bestätigen scheint. Ein abschließendes Urteil ist aber erst möglich, wenn das in Frage kommende Spektrum des Heliums besser bekannt und formelmäßig dargestellt sein wird.

Überblicken wir die angeführten Ergebnisse der Theorie, so können wir feststellen, daß für das zweiatomige Molekül alle diejenigen Fragen geklärt sind, die keine besondere Kenntnis über die Elektronenbewegung voraussetzen. Das nächste Ziel muß nun sein, wenigstens über die Wechselwirkung zwischen Elektronenbewegung und Molekülschwingung und -kreiselung weitere quantitative Aussagen zu bekommen und dadurch die Probleme der Feinstruktur in Angriff zu nehmen. Eng damit verknüpft ist die Frage des Zeemaneffekts bei Bandenspektren, die bisher nur von LENZ berührt worden ist. Dazu kommen dann die Probleme des dreiatomigen Moleküles, vor die uns das Spektrum des Wasserdampfes stellt.

Literatur.

1. Birge, R. T., Astrophys. Journ. 1922, Bd. 55, S. 273.
2. Bjerrum, N., Nernstfestschrift, Halle 1912, S. 90.
3. Brinsmade u. Kemble, Proc. Nat. Acad. 1917, Bd. 3, S. 420.
4. Curtis, W. E., Proc. Roy. Soc. 1913, Bd. (A) 89, S. 146.
5. — Proc. Roy. Soc. 1922, Bd. (A) 101, S. 38.
6. Fowler, A., Proc. Roy. Soc. 1915, Bd. (A) 91, S. 208.
7. Goldstein, E., Verh. d. Deutsch. Phys. Ges. 1913, Bd. 15, S. 402.
8. Hettner, G., Zschr. f. Phys. 1920, Bd. 1, S. 345.
9. Heurlinger, T., Dissertation, Lund 1918.
10. — Zschr. f. Phys. 1920, Bd. 1, S. 82.
11. — Phys. Zschr. 1919, Bd. 20, S. 188.
12. Hulthén, E., 1921, C. R. Bd. 173, S. 524.
13. Imes, E. S., Astrophys. Journ. 1919, Bd. 50, S. 251.
14. Kayser, H., Handb. d. Spektroskopie, Bd. II, S. 475.
15. Kratzer, A., Diss., München 1920 (nicht gedruckt).
16. — Zschr. f. Phys. 1920, Bd. 3, S. 289.
17. — Ann. d. Phys. 1922, Bd. 67, S. 127.
18. — Münch. Ber. 1922, S. 107.
19. Lenz, W., Verh. d. Deutsch. Phys. Ges. 1919, Bd. 21, S. 632.
20. — Phys. Zschr. 1920, Bd. 21, S. 691.
21. Mandersloot, W. C., Jahrb. f. Radioakt. u. Elektr. 1916, Bd. 13, S. 54.
22. Schwarzschild, K., Berliner Ak. Ber. 1916, S. 548.

XV. Lichtelektrische Wirkung und Photolumineszenz.

Von **Peter Pringsheim**-Berlin.

1. Äußere lichtelektrische Wirkung.

Auf dem Gebiet der äußeren lichtelektrischen Wirkung hat sich in neuerer Zeit das Interesse hauptsächlich der Frage zugewandt, welche Bedeutung das Vorhandensein adsorbierter oder okkludierter Gase für die Arbeit besitzt, die bei der Abtrennung der Elektronen vom Metall geleistet werden muß. Es stehen sich hier immer noch eine Anzahl widersprechender Resultate gegenüber — so wird von manchen die Behauptung aufrecht erhalten, daß Entgasung durch wiederholtes Umdestillieren oder langdauerndes Sieden im Vakuum ohne wesentlichen Einfluß auf die lichtelektrische Empfindlichkeit von Metallen bleibt [10]); andere finden nach Glühen eines festen Metalls ausschließlich eine Vergrößerung der lichtelektrischen Stromstärke ohne gleichzeitige Verschiebung der langwelligen Erregbarkeitsgrenze [35]). Bis auf weiteres scheint aber doch der Fragenkomplex durch die Arbeiten von HALLWACHS und seiner Schüler dahin aufgeklärt, daß es sich bei sukzessiver Entgasung einer Metalloberfläche um zweierlei Einwirkungen handelt: erst um Entfernung einer äußerlich anhaftenden Gashaut und dann um die Austreibung okkludierter bzw. im Metall gelöster Gasmoleküle, und daß diese beiden Prozesse durchaus ungleichartige Veränderungen in der lichtelektrischen Empfindlichkeit verursachen *) — [30]) [60]) [65]).

Oberflächlich adhärierende Gasschichten erschweren den Austritt der am Metall durch das Licht ausgelösten Elektronen, vor allem, wenn diese bei großer Wellenlänge der erregenden Strahlung geringe Anfangsgeschwindigkeiten besitzen. Daher wird, wenn diese Oberflächenschichten durch kurzes nicht zu intensives Glühen des Metalls im Vakuum entfernt werden, die lichtelektrische Stromstärke im ganzen zunehmen, hauptsächlich aber im Gebiet langwelliger Erregung: die lichtelektrische Empfindlichkeitskurve, welche die Zahl der bei gleicher einfallender Energie aus-

---

*) Die Frage, inwieweit es sich bei all diesen Phänomenen nicht nur um Entgasung, sondern auch um Ausbildung elektrischer Doppelschichten und sonstige Polarisationserscheinungen handeln könnte, ist allerdings nie ausführlich diskutiert worden. Der hier gegebenen Darstellung kann nur der bisher vorhandene experimentelle Befund zugrunde gelegt werden.

gelösten Elektronen als Funktion der Wellenlänge wiedergibt und die Nullaxe bei der Grenzwellenlänge l_0 erreicht, verschiebt sich im wesentlichen parallel mit sich selbst nach größeren Wellenlängen hin. Das im Metall okkludierte Gas dagegen scheint die beim Photoeffekt angeregten Metallelektronen in ihrer Bindung an die Atome zu lockern, die Abtrennungsarbeit herabzusetzen. Wird daher durch fortgesetztes starkes Glühen auch dieses Gas aus dem Metallinnern immer stärker ausgetrieben, so sinken die lichtelektrischen Ströme wieder, jetzt aber handelt es sich nicht mehr nur um eine Änderung der gegen ein äußeres Hindernis zu leistenden Austrittsarbeit, die eine Erhöhung der zu ihrer Überwindung nötigen Mindestenergie und somit eine Verschiebung von l_0 zur Folge hat, sondern um eine Änderung der Ablösungsarbeit aus dem Atomfeld, die die Wahrscheinlichkeit des Elementarprozesses für jede wirksame Wellenlänge vermindert. So wird nun nicht lediglich die Empfindlichkeitskurve parallel verschoben, sie wird gleichzeitig auch weniger steil: das Wandern der Grenze nach kürzeren Wellenlängen wird von einer sehr beträchtlichen Abnahme der Empfindlichkeit auch im kurzwelligen Gebiet begleitet. Beim stets zu den Messungen verwandten Pt liegt zu Anfang l_0 bei 265 $\mu\mu$, rückt nach der ersten Entgasung bis 300 $\mu\mu$ vor, um schließlich wieder nach 276 $\mu\mu$ zurückzuweichen. Gleichzeitig steigt bei der kürzesten beobachteten Wellenlänge 221 $\mu\mu$ der Effekt zuerst auf das 2,3fache an, und sinkt nachher auf den achten Teil dieses Maximalwertes. Der ganze Gang der Empfindlichkeitskurve wird rückwärts durchlaufen, wenn man das entgaste Metall wieder der Luft aussetzt; dasselbe geschieht aber auch — nur sehr viel langsamer — im Vakuum, infolge der Diffusion von Gasen aus den Zuleitungsdrähten in das entgaste Pt-Blech hinein: in diesem Falle geht die Rückbildung an den mit den Zuleitungen verbundenen Enden des Bleches schneller vor sich als in seiner Mitte.

Ob man freilich aus dem beobachteten relativ kurzen Kurvenstück von 260—220 $\mu\mu$ so weit extrapolieren darf, um anzunehmen, daß bei vollständiger Entgasung reine Metalle nur durch Licht von Wellenlängen $< 12 \mu\mu$ erregt werden könnten, scheint zum mindesten sehr zweifelhaft. Auf der anderen Seite aber steht es absolut fest, daß die häufig bis ins Sichtbare, bei den Alkalimetallen sogar unter Umständen bis ins Ultrarot reichende lichtelektrische Empfindlichkeit nur der Nähewirkung dicht benachbarter Atome — mögen diese nun dem Metall selbst oder einem eingebetteten Gase angehören — zuzuschreiben ist und keinesfalls auch beim isolierten Atom des Metalldampfes vorhanden sein kann. Eine lichtelektrische Theorie der Flammenleitung, die aus dem Verhalten der festen Alkalimetalle folgert, »es müsse *natürlich* angenommen werden, daß im intensiven Strahlungsfeld einer Bunsenflamme, ob sie nun leuchtend ist oder nicht, eine derartige Elektronenabgabe durch lichtelektrische Wirkung an jedem freien Alkaliatom stattfindet« [40]), geht von Voraussetzungen aus, die nicht nur mit all unseren Erfahrungen auf lichtelektrischem Gebiet, sondern auch mit unserer gesamten Kenntnis von Atombau, Resonanzstrahlung, Ionisierungsspannung usf. im krassesten Widerspruch stehen.

Eng verbunden mit der langwelligen Grenze seiner lichtelektrischen Erregbarkeit ist das Kontaktpotential eines Metalls [43] [47]. In unmittelbarem Anschluß an die Gleichung für die Energie der lichtelektrisch ausgelösten Elektronen:

$$(1) \qquad \frac{m}{2}v^2 = e\,V_\nu = h\nu - p = h(\nu - \nu_0)$$

hat EINSTEIN diesen von ihm vermuteten Zusammenhang durch die weitere Beziehung:

$$(2) \qquad K_{1,2} = \frac{1}{e}(p_1 - p_2) = \frac{h}{e}(\nu_{0,1} - \nu_{0,2})$$

dargestellt, wo e die Ladung des Elektrons, V_ν die Brennspannung für die schnellsten durch Licht der Frequenz ν ausgelösten Elektronen und ν_0 die für das Metall charakteristische Grenzfrequenz ist; $p = h\nu_0$ mißt dann die zur gänzlichen Entfernung eines Elektrons nötige Mindestenergie, und die Größe $K_{1,2}$ soll die Kontaktspannung zwischen zwei durch die Indizes 1 und 2 charakterisierten Metalle bezeichnen. Diese zweite EINSTEINsche Gleichung war lange als qualitativ zutreffend bekannt und auch quantitativ in einer Anzahl von Fällen bestätigt, sollte dagegen in andern Fällen, nämlich bei den Alkalimetallen, nach Messungen von MILLIKAN nicht erfüllt sein, wodurch natürlich ihre allgemeine Bedeutung vollständig hinfällig geworden wäre. Neuerdings hat MILLIKAN aber gezeigt, daß diese Ausnahmen nicht zu Recht bestehen, sondern bei seinen früheren Versuchen dadurch vorgetäuscht worden sind, daß sich an den Gegenelektroden Oberflächenschichten mit beträchtlichen zeitlich variabeln Ladungen ausbildeten, deren Wirkung sich den andern Feldern superponierte. Die von ihm verwandten Gegenelektroden aus Kupferoxyd sind nach älteren Untersuchungen von BAEYER und TOOL zur Ausbildung solcher unter Umständen sehr hohe Werte erreichenden Oberflächenladungen besonders geeignet. — In Gleichung (2) sind für das Bremspotential V_ν stets neben der von außen angelegten Spannung $\overline{V}_\nu$ noch das Kontaktpotential $K_{1,0}$ zwischen der belichteten Platte und der Gegenelektrode sowie die eventuell von Oberflächenladungen herrührenden Felder P mit in Rechnung zu ziehen. Sind die letzteren nicht vorhanden, oder behalten sie wenigstens zeitlich konstante Werte, so läßt sich (1) für zwei verschiedene mit der gleichen Frequenz belichtete Metalle in der Form schreiben:

$$e\,V_{\nu,1} = e(\overline{V}_{\nu,1} + K_{1,0} + P) = h\nu - p_1$$
$$e\,V_{\nu,2} = e(\overline{V}_{\nu,2} + K_{2,0} + P) = h\nu - p_2$$

und da $K_{1,0} - K_{2,0} = K_{1,2}$, folgt, wenn die Gleichung (2) erfüllt ist, zwangsläufig:

$$(3) \qquad \overline{V}_{\nu,1} = \overline{V}_{\nu,2}.$$

d. h. die äußerlich anzulegende Brennspannung muß bei Verwendung immer derselben Gegenelektrode für eine bestimmte wirksame Frequenz ν stets die gleiche sein, ganz unabhängig von der Natur der bestrahlten Substanz: die jeweiligen Unterschiede der Austrittsgeschwindigkeiten werden durch die Unterschiede in den Kontaktspannungen gerade kompensiert. Auf diese Weise ist jetzt die Richtigkeit der Gleichung (2) ganz allgemein, auch für die Alkalimetalle, nachgewiesen und kann immer wieder geprüft werden, ohne daß jedesmal eine besondere Messung des Kontaktpotentials ausgeführt zu werden braucht. Insbesondere verschiebt sich auch an einem gegebenen Metall — etwa infolge veränderter Gasbeladung — das Kontaktpotential immer gleichzeitig mit der Grenzfrequenz ν_0 unter Aufrechterhaltung der Beziehung (2). Kombiniert man dieses Ergebnis mit den oben besprochenen HALLWACHSschen Resultaten, so folgt daraus, daß mit zunehmender Entgasung die Metalle durchweg weniger elektropositiv werden.

MILLIKAN definiert als Kontaktpotential eines Metalls die Arbeit, die auf dem Wege durch die Metalloberfläche hindurch an dem Elektron geleistet werden muß, und da die Kontaktpotentialdifferenz $K_{1,2}$ zwischen zwei Metallen durch die Differenz $\frac{1}{e}(p_1 - p_2)$ gemessen wird, kommt er zu dem Schlusse, daß entweder eine innere Ablösungsarbeit der Elektronen aus den Atomfehlern überhaupt nicht aufzuwenden ist, es sich also um »freie« Elektronen handelt, oder aber, was ihm selbst unwahrscheinlich ist, daß diese Arbeit für alle Metalle die gleiche ist und also bei der Differenzbildung herausfällt. Dabei liegt natürlich in der genannten Definition eine gewisse Willkür. Die experimentellen Resultate zeigen bloß, daß die tolale Arbeit, die bei der Abtrennung eines Elektrons gleichviel an welcher Stelle und gegen welche Kräfte zu leisten ist, ein Maß für das Kontaktpotential darstellt; und abgesehen von manchem anderen — etwa der Existenz selektiver Photoeffekte — macht gerade die Lockerung der Elektronenbindung durch okkludierte Gase es wahrscheinlich, daß die durch Licht abtrennbaren Elektronen nicht ganz frei sondern irgendwie an einzelne Atome gebunden sein dürften.

Im Verhältnis zu den großen Energien der lichtelektrisch ausgelösten Elektronen bei der Erregung mit X-Strahlen spielt die Arbeit p keine merkliche Rolle mehr, und die Höchstgeschwindigkeiten in der so erzeugten Elektronenstrahlung sind daher direkt durch die Beziehung $mv^2 = h\nu_x$ gegeben, wenn ν_x die Frequenz der primären Röntgenstrahlen ist. Zerlegt man diese Elektronenstrahlen aber mit Hilfe eines Magnetfeldes, so zeigt es sich, daß neben dieser Höchstgeschwindigkeit noch eine Anzahl diskreterer kleiner Geschwindigkeiten vorkommen, die ein diskontinuierliches »Geschwindigkeitsspektrum« bilden. Es erklärt sich das daraus, daß auch jetzt wieder Elektronen von den Atomen abgespalten werden, deren Abtrennungsarbeit einerseits nicht verschwindend klein gegen $h\nu_x$ ist und andererseits wohl definierte Werte besitzt: sie entstammen den innern Schalen des Atomes, der K-, L-, M-Schale usw. Die Abtrennungsarbeit dieser Elektronen ist aus der Theorie der Röntgenspektren bekannt als $h\nu_K$, $h\nu_L \ldots$, wo ν_K, $\nu_L \ldots$ die Schwingungszahlen der K-, L- $\ldots$ Kanten darstellen. Die durch die magnetische Aufspaltung experimentell gemessenen diskreten Geschwindigkeitswerte sind in voller Übereinstimmung mit den theoretisch zu berechnenden Differenzen $h\nu_x - h\nu_K$, $h\nu_x - h\nu_L \ldots$ Bei der praktischen Ausführung dieser Untersuchungen ist zu berücksichtigen, daß im allgemeinen nicht nur die primär erregende Strahlung mehrere monochromatische Frequenzen enthält, sondern daß durch sie an dem bestrahlten Metall auch noch dessen charakteristische X-Strahlung ausgelöst wird, so daß man also in den obigen Energiedifferenzen nicht nur einen, sondern eine ganze Reihe verschiedener Werte von ν_x einzusetzen hat; unter Berücksichtigung dieses Umstandes lassen sich die beobachteten Geschwindigkeitsspektren in allen ihren Linien deuten. Nachdem dies Ergebnis durch DE BROGLIE und dann auch von WIDDINGTON [1] [2] [73] direkt festgestellt worden, sind andere Untersuchungen, die auf einem indirekten Wege zu analogen aber nur qualitativen Resultaten führen, von geringerem Interesse [62]. Auch ein großer Teil der in den magnetischen β-Strahlspektren auftretenden Linien sind auf die gleiche Weise als sekundär durch die γ-Strahlen aus den innern Elektronenschalen des radioaktiven Atoms ausgeschleuderte Elektronenstrahlen zu deuten, deren Geschwindigkeit sich also berechnet aus $\dfrac{m}{2}\, v = h^2 \nu_\gamma - h\nu_K$ usw. [41].

Das Vorhandensein eines selektiven lichtelektrischen Effekts, bisher nur an den Alkali- und Erdalkalimetallen direkt beobachtet, ist jetzt auch für Cu und Au im kurzwelligen Ultraviolett wahrscheinlich gemacht; es konnte zwar noch nicht ein Maximum der Empfindlichkeit für ein bestimmtes λ aufgefunden werden, wohl aber wird bei Erregung mit polarisiertem Licht das Verhältnis zwischen den ausgelösten Elektronenströmen ein anormal großes, je nachdem ein Lichtvektor senkrecht zur Metallfläche vorhanden ist oder nicht; und dies Verhältnis wächst weiter mit abnehmender Wellenlänge des einfallenden Lichts. Werden die im Vakuum hergestellten Metallflächen der atmosphärischen Luft ausgesetzt, so verschwindet dies auf einen selektiven Effekt hinweisende anormale Verhalten [17]. Für die Erdalkalisulfidphosphore hat LENARD bereits lange auf indirektem Wege — nämlich aus den selektiven Dauererregungsmaximis der Phosphoreszenz — auf die Existenz selektiver Photoeffekte geschlossen. Daß es nunmehr auch gelungen ist, diese direkt festzustellen, darauf soll an einer anderen Stelle dieses Berichts zurückgekommen werden [16].

Verschiedentlich angestellte Versuche, eine Beeinflussung der Abtrennungsarbeit lichtelektrischer Elektronen durch Magnetfelder [9] [45] oder durch einen gleichzeitig das bestrahlte Metall durchfließenden Leitungsstrom[61] [31]) nachzuweisen, sind in ihrer ganzen Ausführung noch so unsicher, daß es zum mindesten verfrüht sein dürfte, hier schon von positiven Ergebnissen zu sprechen. Auf die immer häufiger werdende Verwendung von Elektronenröhren zur Verstärkung lichtelektrischer Ströme — insbesondere zu Photometrierzwecken — sei nur im Vorübergehen hingewiesen: für die Technik dieser Schaltungen spielen die Photozellen die sozusagen nur zufällige Rolle einer schwachen Gleichstromquelle[55]).

2. Lichtelektrische Leitfähigkeit (innere lichtelektrische Wirkung).

Während das Phänomen, das jetzt wohl meist als lichtelektrische Leitfähigkeit bezeichnet wird und in der Herabsetzung des elektrischen Widerstandes fester Körper bei Bestrahlung mit Licht bestimmter Wellenlängen besteht, früher fast ausschließlich am Selen beobachtet worden war, ist im Laufe der letzten Jahre sein Auftreten an sehr vielen andern Substanzen konstatiert und untersucht worden, und es hat sich mit ziemlicher Sicherheit feststellen lassen, daß es sich dabei primär um eine lichtelektrische Ablösung von Elektronen aus ihrer Normallage im Atomgitter handelt, die dann im Innern des Kristalls einem elektrischen Felde zu folgen vermögen. Freilich ist diesem relativ einfachen Prozeß noch eine ganze Reihe teilweise wohl sekundärer Vorgänge überlagert, welche die Gesamterscheinung komplizieren. Vollständige Klarheit ist daher trotz der zahlreichen neuen Beiträge noch nicht geschaffen, um so weniger als verschiedene Forscher ganz unabhängig voneinander gearbeitet und so unter verschiedenartigen Versuchsbedingungen Resultate zutage gefördert haben, die teilweise schwer sich unter gemeinschaftliche Gesichtspunkte einordnen lassen. Es handelt sich dabei in erster Linie um drei Gruppen von Untersuchungen: die Arbeiten von COBLENTZ und einigen Mitarbeitern über das Verhalten verschiedener Sulfidminerale unter der Einwirkung vor allem roten und ultraroten Lichtes, aus den Jahren 1918—1920[3—8]); die Veröffentlichungen von GUDDEN und POHL, die, von dem Zusammenhang zwischen Phosphoreszenz und Photoeffekt ausgehend, als Hauptergebnis zur Abtrennung des einfachen Primäreffekts führten, aus den Jahren 1920—22[18—29]); und schließlich die erst 1921 erfolgte Publikation der zeitlich schon sehr viel weiter zurückreichenden Untersuchungen über die Leitfähigkeit des Steinsalzes von RÖNTGEN und JOFFE[53]).

Sucht man zunächst festzustellen, an welchen Körpern lichtelektrische Leitfähigkeit überhaupt nachgewiesen werden kann, so zeigt es sich, daß hier ausschließlich schlecht leitende kristallinische Substanzen in Betracht zu kommen scheinen, reine Elemente wie der Diamant sowohl wie einfache Salze und komplizierte feste Lösungen. Hier tritt gleich eine schwer zu entscheidende Frage hervor: Handelt es sich in all diesen Fällen um denselben Vorgang und sind es die reinen Substanzen selbst, denen der Effekt zuzuschreiben ist, oder spurenweise Verunreinigungen — wie das ja z. B. für die Phosphoreszenzfähigkeit der Erdalkalisulfide sicher nachgewiesen ist? Tatsächlich sind gerade für solche Phosphore ($CaBiNa$; Zinkblende mit Schwermetallzusatz) die gleichen Wellenlängen imstande lichtelektrische Leitfähigkeit und Nachleuchten hervorzurufen, und die spektrale Lage dieser LENARDschen »d-Erregungsbanden« wird wesentlich durch die Natur des in minimaler Quantität dem Sulfid beigemengten »wirksamen Metalls« bedingt[22][24]. Reines weißes Steinsalz ist gegen die Strahlung des gesamten Spektrums vom Rot bis ins äußerste Ultraviolett der Quarz-Hg-Lampe lichtelektrisch unempfindlich; erst wenn es unter der Einwirkung von Röntgenstrahlen in seiner ganzen Masse leicht gelblich gefärbt worden ist, tritt der Effekt auf. Das nämliche gilt für Sylvin und Flußspat. Wird durch Erhitzen oder auf andere Weise diese Färbung wieder rückgängig gemacht, so verliert der Kristall auch die lichtelektrische Empfindlichkeit wieder — in vollkommener Analogie mit der Phosphorenszenzerregbarkeit des Flußspats, des Steinsalzes, des Kunzit usw. Andererseits ist das natürlich blaugefärbte Steinsalz, das stets bedeutende lichtelektrische Leitfähigkeit aufweist, nicht vorwiegend durch Strahlen derjenigen Wellenlängen erregbar, deren Absorption die Blaufärbung verursacht und man kann diese Färbung durch Erwärmen des Salzes fast ganz beseitigen, ohne die lichtelektrische Empfindlichkeit herabzusetzen; ja der Effekt kann auf diese Weise sogar vergrößert werden und ist also offenbar nicht den Teilchen — vermutlich kolloidalem Na — zuzuschreiben, welche die Blaufärbung hervorrufen[53]. Am Diamant ist die lichtelektrische Wirksamkeit desto größer, je klarer der Stein ist; und wenn er durch irgendwelche Beimengungen schwach gefärbt ist, so weist die lichtelektrische Leitfähigkeit ein ausgeprägtes Minimum in der Nähe des Spektralbereiches auf, dessen Wellenlänge durch die betreffende Verunreinigung selektiv absorbiert wird[23][29]. Ebenso ist auch die lichtelektrische Leitfähigkeit des Zinnobers und der Zinkblende an den reinsten Kristallproben am intensivsten[25]), und gerade dieses letzte Beispiel scheint darum sehr merkwürdig, weil, wie oben schon erwähnt, Zinksulfid mit Beimischungen von Schwermetallen die charakteristischen Erregungsmaxima der »wirksamen« Verunreinigungen aufweist. Durchweg zeigt es sich, daß verschiedene Proben desselben Materials, ja selbst verschiedene Stellen ein und desselben Stückes sehr ungleich in ihrer lichtelektrischen Empfindlichkeit sind, was, zumal es sich häufig um natürliche Mineralien handelt, sehr wohl durch den verschiedenen Reinheitsgrad zu erklären sein mag; dabei bleibt es dann natürlich unentschieden, ob größte Reinheit den Effekt begünstigt, oder ob umgekehrt sein Auftreten an das Vorhandensein bestimmter Inhomogenitäten (Gelbfärbung des $NaCl$!) gebunden ist, während andere Verunreinigungen nachteilig sind. Die durch Röntgenbestrahlung verursachte Veränderung des Steinsalzes hält sich unter Umständen jahrelang, und man mag ähnliche frühere Beeinflussungen etwa durch β-Strahlen bei vielen natürlichen Mineralien zu erwarten haben. Bemerkt sei ferner, daß an manchen Kristallen (Molybdänglanz, Wismutglanz) die empfindlichsten Stellen eine merklich andere mikrokristallinische Struktur unter dem Mikroskop erkennen lassen [3]. Am einfachsten liegen sicher die Verhältnisse noch bei einheitlichen Kristallen, wie sie von RÖNTGEN und in den späteren Arbeiten auch von GUDDEN und POHL ausschließlich verwandt wurden, während bei kristallinischen Konglomeraten, also den meisten von COBLENTZ untersuchten natürlichen Mineralien, und bei gepluvertem Material noch die verschiedensten neuen Komplikationen — Gleichrichtereffekte, Kohärerwirkungen usw. — hinzutreten. Zuverlässig aber scheint aus dem Gesagten zu folgen, daß nicht, wie zuweilen angenommen wird [32], die Existenz zweier chemischer Modifikationen, wie sie beim Selen, Jodsilber oder Schwefel vorkommen, die notwendige Vorbedingung dafür sein kann, daß eine Substanz lichtelektrische Leitfähigkeit besitzt, und daß also auch das Wesen dieses Effekts nicht primär in der Überführung aus der einen dieser Modifikationen in die andere besteht.

Die Wirkung des Lichtes ist in allen untersuchten Fällen mehr oder weniger selektiv, d. h. obgleich sie sich häufig über ein sehr großes Gebiet des Spektrums erstreckt, erreicht sie doch in einem ziemlich eng begrenzten Bereich ein meist sehr scharf ausgeprägtes Maximum. Diese Frequenz maximaler Wirksamkeit fällt häufig nicht in das Gebiet größter optischer Absorption, so daß also nicht diejenigen Strahlen, die am stärksten absorbiert werden, die größte Veränderung im elektrischen Leitvermögen hervorrufen. Sondern in den meisten Fällen liegen die Maxima der lichtelektrischen Leitfähigkeit am langwelligen Ende, und zwar noch merklich außerhalb der typischen Absorptionsbanden (Molybdänglanz [5], ZnS [28]), Diamant [23]) u. a. m.), nach GUDDEN und POHL aber doch immer schon in einem Gebiet hohen Brechungsvermögens ($n > 2$), d. h. in einem Spektralgebiet, in welchem im Sinne der DRUDESSchen Dispersionstheorie die Verschieblichkeit der Elektronen einen hohen Wert besitzt [29]). Die Erregungsverteilungskurven, die in diesen Fällen allerdings stets nur auf gleiche einfallende Lichtenergie bezogen wurden, ändern sich nicht wesentlich, wenn das Licht nicht senkrecht zur Stromrichtung, sondern durch die eine durchsichtige Elektrode (Flüssigkeitselektrode) hindurch in der Stromrichtung auf den Kristall fällt*), so daß das Auftreten der Maxima kaum durch die ungleiche Eindringungstiefe der verschiedenen Lichtarten zu erklären sein kann [25]). Ist der Kristall wie z. B. der Zinnober dichroitisch, so verschiebt sich das Maximum der lichtelektrischen Leitfähigkeit bei Erregung mit polarisiertem Licht genau im Sinne des Dichroismus, wenn der Polarisator gedreht wird; auch wandert es bei einer Temperatur-

---

*) Das gilt auch für das gefärbte $NaCl$, das sich sonst in optischer Hinsicht merklich abweichend verhält.

steigerung parallel mit der Kante der Absorptionsbande zu längeren Wellen [54]).

Substanz	Selektive Erregungsbanden der lichtelektrischen Leitfähigkeit in $\mu\mu$	Autor
Akanthit ($Ag_2 S$)	1300	COBLENTZ
Molybdänglanz ($Mo\,S_2$)	740, 1020, 1720	»
Wismutglanz ($Bi_2 S_3$)	940, 1080	»
Grauspießglanz ($Sb_2 S_3$)	760	ELLIOT
»Thallofide« (Thalliumsulfid?)	1000	COBLENTZ
Zinnober (HgS)	600	GUDDEN u. POHL
Greenockit (CdS)	530	» » »
Zinkblende (ZnS) (rein?)	420	» » »
Sidolblende Cu	350, 450	» » »
» Uran	420	» » »
» Mn	390	» » »
Ca-Bi-Na-Phosphor ($CaS + Bi + NaCl$)	300, 420	» » »
Gelb gefärbtes $NaCl$ (x-bestrahlt)	462	RÖNTGEN
Natürlich blaues $NaCl$	515	»
x-bestrahltes KCl	550	»
» Flußspat	490	»
CuO_2	280, 625	(PFUND)
Diamant	226	POHL
Selen	717	
Unempfindlich:		
Bleiglanz (PbS) und Pyrit (FeS_2)		COBLENTZ
x-bestrahlter Kalkspat und Quarz		RÖNTGEN

Bei dem röntgenbestrahlten Steinsalz dagegen koinzidiert die Wellenlänge, welche größte lichtelektrische Wirkung hervorruft, mit der schmalen Absorptionsbande zwischen 434 und 486 $\mu\mu$, durch welche die schwache Färbung des Kristalls verursacht wird, das deutlich ausgeprägte Maximum, auf gleiche einfallende Energie bezogen, liegt bei 462 $\mu\mu$. Wird hier jedoch die Wirkung auf gleiche absorbierte Energie umgerechnet, so verschwindet die Selektivität vollkommen, die Größe des Effekts wird ganz unabhängig von der Wellenlänge nur durch die aufgenommene Strahlungsenergie bestimmt*). Bei den LENARDschen Phosphoren fallen die Erregungsmaxima gleichfalls mit Absorptionsbanden zusammen, den sogenannten

---

*) Die Kenntnis dieses Umstandes verdanke ich einer mündlichen Mitteilung des Herrn JOFFE.

Zusatz bei der Korrektur: Nach einem von Herrn GUDDEN auf der Leipziger Naturforscherversammlung (September 1922) gehaltenen Vortrag, verliert auch für die anderen Kristalle, von denen inzwischen eine große Zahl untersucht worden ist, die Empfindlichkeitsverteilungskurve die typische Form mit dem scharfen selektiven Maximum, wenn man die Zahl der — durch den Strom Jp gemessenen — frei gemachten Elektronen nicht auf gleiche einfallende, sondern auf die absorbierte Lichtenergie bezieht. Dann fällt die Empfindlichkeit, wenn man von rot nach violett fortschreitet, ziemlich linear mit abnehmender Wellenlänge, und erst unmittelbar vor der langwelligen Kante der

Banden der erregenden Absorption, deren Intensität bekanntlich infolge des Erregungsprozesses stark abnimmt. Die typischen Phosphore weisen stets mehrere Erregungsmaxima auf — einer einzelnen Phosphoreszenz- bande (von denen die meisten Phosphore wiederum mehrere besitzen) entsprechen meist drei oder vier, die in der Regel an der Grenze des Ultra- violett liegen; ebenfalls vier Maxima der lichtelektrischen Erregbarkeit kommen dem Molybdänglanz zu, diese aber an der Grenze des Ultrarot gelegen. An andern Substanzen wird nur eine einzige Bande selektiver Erregbarkeit beobachtet, so am Zinnober im Orange, am Diamant im äußersten Ultraviolett (vgl. Tabelle). Dabei reicht aber in ihren Ausläufern die lichtelektrische Empfindlichkeit des Diamanten ebenfalls ins Orange, bis etwa 600 $\mu\mu$.

Die in Frage kommenden Substanzen sind in der Regel auch ohne Belichtung keine vollkommenen Isolatoren, sie besitzen ein gewisses Dunkelleitvermögen, das wohl fraglos elektrolytischer Natur ist und in manchen Fällen ganz beträchtlich sein kann; die von diesem herrührenden Ströme sind natürlich bei Untersuchung des lichtelektrischen Leitvermögens in Abzug zu bringen oder zu kompensieren. Auch der Dunkelwiderstand verschiedener Proben einer Substanz ist gewöhnlich sehr ungleich und nach Coblentz ist im allgemeinen die lichtelektrische Empfindlichkeit eines gegebenen Materials desto größer, je kleiner die Dunkelleitfähigkeit des betreffenden Stückes ist; dasselbe gilt für gegossene Schichten von HgJ_2 [32]) und Se. Durch Abkühlung wird bei allen von Coblentz unter- suchten Stoffen (Molybdänglanz, Silbersulfid, Wismutglanz) der Dunkel- widerstand vermehrt und gleichzeitig unter schärferer Ausprägung der selektiven Maxima das lichtelektrische Leitvermögen gesteigert, manchmal beides in außerordentlich hohem Grade [4]). Dagegen nimmt nach Rose die lichtelektrische Leitfähigkeit des Zinnobers mit steigender Temperatur beträchtlich zu — bei Erwärmung von 21° auf 63° um das Achtfache [54]). Das Dunkelleitvermögen mit seinem stets positiven Temperaturkoeffi- zienten gehorcht beim Steinsalz innerhalb weiter Grenzen (500—8000 Volt/cm) dem Ohmschen Gesetz [53]); beim ZnS gilt das ebenfalls angenähert bis zu Feldstärken von etwa 8000 Volt/cm, bei höheren Feldstärken steigt die Stromstärke viel rascher als die Spannung, so daß z. B. in einem Falle der scheinbare spezifische Widerstand für 8000 Volt/cm 10^{15} Ohm, aber nurmehr 10^{14} Ohm für 20000 Volt/cm beträgt [26]). Die volle Stromstärke des Dunkelstromes erhält man immer nur im ersten Augenblick nach An-

---

Absorptionsbande sinkt sie steil auf Null herab. In dem geradlinigen Teil der Kurve ist die Zahl der ausgelösten Elektronen mit guter Annäherung gleich der Zahl der absorbierten Lichtquanten. Der steile Anstieg auf der langwelligen Seite des Emp- findlichkeitsmaximums in den älteren Kurven wird verursacht durch die bei größeren Wellenlängen sehr gering werdende Lichtabsorption, der steile Abfall auf der kurz- welligen Seite dagegen beruht auf dem tatsächlich schnell kleiner werdenden Nutz- effekt. Ein erster Hinweis auf dieses Verhalten findet sich bereits in der als (29) angeführten Arbeit des Literaturverzeichnisses.

legen der Spannung; dann stellen sich — eben infolge der relativ geringen Leitfähigkeit — bald Raumladungen oder Polarisationserscheinungen ein, die dem äußeren Feld entgegenwirken und so den scheinbaren Widerstand vermehren [53]).

Mit derselben Schwierigkeit hat man bei Untersuchung der lichtelektrischen Leitfähigkeit zu kämpfen. GUDDEN und POHL operieren darum in ihren späteren Arbeiten immer nur mit ballistischen Methoden und sehr kurzen Belichtungszeiten. Sie erzielen dadurch noch einen zweiten Vorteil. Es zeigt sich nämlich, daß mit zunehmender Belichtungszeit trotz der sich etwa ausbildenden Gegenfelder die lichtelektrische Stromstärke zunächst ansteigt, bzw. daß die ballistisch gemessenen Elektrizitätsmengen, die während einer kurzen Belichtungsperiode das Galvanometer durchfließen, nicht der Belichtungsdauer, also der einfallenden Gesamtstrahlung, proportional sind, sondern stärker wachsen als diese. Stellt man die jeweils ausgelöste Elektrizitätsmenge J als Funktion der Belichtungsdauer t dar, so läßt sich diese Beziehung rein formal durch die Gleichung $J = J_p t + J_s t^2$ wiedergeben. Variiert man hier nun J systematisch, indem man entweder bei konstanter Lichtintensität die Feldstärke oder bei konstanter Spannung die Lichtintensität verändert, so findet man, daß J_p einerseits genau mit der letzteren proportional geht, andererseits mit zunehmender Spannung einem Sättigungswert zustrebt. J_s dagegen wächst, geradeso wie früher der Dunkelstrom, vor allem oberhalb 5000 Volt/cm, sehr viel schneller als die Spannung und nimmt ebenso auch stärker zu als die Intensität der primär erregenden Strahlung. Demgemäß nehmen GUDDEN und POHL an, daß die Größe von J_p durch die Zahl der direkt durch das Licht freigemachten Elektronen bestimmt wird, während J_s von einem sekundären Prozeß herrührt, dem eine gewisse Trägheit innewohnt und der irgendwie dem Dunkelstrom analog ist, also vermutlich durch Ionenleitung vor sich geht [26]).

Auch wenn nicht die ganze Strecke des Kristalls zwischen den beiden Zuleitungselektroden belichtet wird, sondern nur ein kleiner Teil, etwa ein Zehntel, wird gleichwohl durch die Bestrahlung der Widerstand der Substanz bedeutend herabgesetzt. Zum erstenmal beschrieben hat COBLENTZ diese Erscheinung für Molybdänglanz [5]), sie aber sicher falsch gedeutet, indem er annahm, daß hier einfach das unbestrahlte Stück mit hohem Widerstand als in Serie geschaltet mit dem bestrahlten Stück von kleinem Widerstand anzusehen sei: auf diese Weise könnte niemals die Leitfähigkeit des ganzen Stückes um ein Vielfaches zunehmen. Ganz klargestellt ist diese Tatsache durch die Messungen von RÖNTGEN am gefärbten $NaCl$. Quantitativ auswertbare Resultate haben GUDDEN und POHL für ZnS geliefert. Vermeidet man durch Anwendung geringer Lichtintensität und kurzer Belichtungszeit die Ausbildung von Raumladungen und das Hervortreten des »Sekundärstromes« J_s, so ist J_p nur bedingt durch die einfallende Gesamtenergie, nicht aber durch die Größe der bestrahlten Fläche, noch auch durch die Lage des bestrahlten Flächenstückes relativ zu den Elektroden. Liegt jedoch innerhalb der Strombahn eine inhomogene Stelle des Kristalls (etwa in Gestalt einer feinen spaltförmigen Trübung), so wird die Stromstärke merklich herabgesetzt, wenn diese Inhomogenität sich zwischen der Erregungsstelle und der Anode, nur sehr wenig dagegen, wenn sie sich vor der Kathode befindet [27]).

Auf Grund dieser Erfahrungen haben sich GUDDEN und POHL die Vorstellung gebildet, daß an den von Licht getroffenen Atomen Elektronen freigemacht werden, und daß diese dann durch den Kristall hindurch, auch durch seine unbestrahlten Teile, einem äußeren elektrischen Feld frei folgen können, solange nicht durch das Abwandern der Elektronen sich Raumladungen (Verarmungsbereiche) ausbilden und ein nun entstehendes inneres Feld das äußere Feld kompensiert. Der von J_p herrührende Teil des lichtelektrischen Stromes wäre so ein reiner Elektronenleitungsvorgang, der allenfalls durch Inhomogenitäten im Kristall stellenweise aufgehalten werden könnte. Nun kann man keineswegs annehmen, daß der — teilweise — beleuchtete Kristall zusammen mit den äußeren Zuleitungsdrähten, dem Galvanometer usw. einen vollständigen Leiterkreis ausmacht, der, wenn auch nur kurze Zeit, von einem Elektronenstrom gleichmäßig durchflossen wird; denn wenn die Elektronen an der eventuell unbelichteten Anode aus dem Kristall austreten, könnten sie doch wohl ebenso an der Kathode aus dem Metall wieder in den Kristall eintreten — und dann müßte schließlich auch der gänzlich unbelichtete Kristall ein Leiter erster Klasse sein, was ja gerade nicht der Fall ist. Es müssen also vielmehr die Elektronen, die an einer Stelle der Strombahn frei werden, falls sie wirklich unbehindert den Kristall durchwandern, an der Anode eine Flächenladung hervorrufen, die dann nur durch Influenzwirkung im äußeren Leiterkreis den ballistisch gemessenen Stromstoß verursacht*).

Aber selbst die Stromfortpflanzung im Innern des Kristalls durch gleichmäßige Bewegung freier Elektronen scheint schwer mit einer weiteren Erfahrung in Übereinstimmung gebracht zu werden. Der Diamant im Normalzustand ist für Licht der Wellenlänge $> 600\ \mu\mu$ unempfindlich; dagegen wird seine elektrische Leitfähigkeit auch durch Bestrahlung mit rotem oder ultrarotem Licht erhöht, wenn eine lichtelektrische Erregung mit kurzwelliger Strahlung vorangegangen ist [23]). Das läßt sich kaum anders erklären, als daß, während die gewöhnlichen C-Atome des Diamanten auf ultrarote Strahlen nicht ansprechen, durch den voran-

---

*) Nach der in dem erwähnten Vortrag (S. 343) entwickelten Vorstellung von GUDDEN und POHL sollen wirklich die einmal im Kristallinneren freigemachten Elektronen aus dem Kristall in das angrenzende Metall übergehen können, während der entgegengesetzte Vorgang, etwa bei Umkehr der Feldrichtung wohl möglich wäre — also ähnlich wie wenn sich an Stelle des Kristalles ein Gas befände, das irgendwo in seinem Inneren eine Elektronenquelle enthalte.

gegangenen lichtelektrischen Strom irgendeine modifizierte Sorte von Atomen entsteht, von denen auch durch Licht großer Wellenlängen Elektronen abgetrennt werden können. Diese ultrarot empfindlichen Atome dürften aber doch wohl sicher nicht die durch das kurzwellige Licht schon einmal ionisierten positiv geladenen Atome sein; viel wahrscheinlicher ist es, daß es sich hierbei um irgendwelche Atome handelt, die jene frei gewordenen Elektronen abgefangen haben und so eine überzählige negative Ladung tragen. Ist dem so, dann hätte also auch die vorangegangene Einwirkung des kurzwelligen Lichtes nicht ein vollständiges Freiwerden von Elektronen zur Folge gehabt, sondern nur eine sozusagen kettenweise Weitergabe derselben von einem Atom an das andere — eine Hypothese, die GUDDEN und POHL auch diskutieren, aber für weniger wahrscheinlich zu halten scheinen. Das Phänomen erinnert sehr stark an die beschleunigte Ausleuchtung von Phosphoren bei Bestrahlung mit langwelligem Licht, die nach LENARD ebenfalls als eine beschleunigte Rückkehr der Elektronen aus einem erregten, »polarisierten« Zustand des Moleküls in den unerregten aufzufassen ist; und in der Tat ist auch an den LENARDschen Phosphoren, wenn sie erregt sind, das »auslöschende« Licht gleichzeitig imstande die Leitfähigkeit zu steigern, während es am unerregten Phosphor keine Wirkung ausübt [20]). Natürlich könnten diese Polarisationseffekte nicht dem »primären« Strom J_p, sondern dem noch ganz hypothetischen Strom J_s ihre Herkunft verdanken. Vielleicht spräche für eine solche Auffassung die Tatsache, daß die selektiven Erregungsmaxima der Leitfähigkeit von Zinksulfidphosphoren erst nach längerer Bestrahlung deutlich hervortreten und somit der durch sie ausgelöste Effekt ebenso wie J_s eine gewisse Trägheit besitzt; die nämliche Beobachtung wird am Molybdänglanz und ähnlichen Mineralien beschrieben [4]) (vgl. weiter unten). — Am gelb gefärbten $NaCl$ steigt die relative Empfindlichkeit gegen langwelliges Licht nach vorangegangener kurzwelliger Bestrahlung [53]).

Sobald man mit größeren Intensitäten der Primärstrahlung und mit längeren Belichtungsdauern arbeitet, werden die Verhältnisse ganz andere, weil der von J_s herrührende Teil des lichtelektrischen Stromes zu überwiegen beginnt, noch mehr aber, weil nun die im Innern sich ausbildenden Raumladungen dem äußeren Feld entgegenwirken. Dadurch wird, wie Sondenmessungen anzeigen, das ursprünglich lineare Potentialgefälle in der leitenden Schicht verzerrt [27]) [32]), es ist nicht mehr gleichgültig, an welcher Stelle der Strombahn die Elektronenverarmungsbereiche liegen — ob bei der Anode oder Kathode —, noch auch, einen wie großen Teil der gesamten Strombahn die bestrahlten Flächenstücke ausmachen. So kann durch unsymmetrische Bestrahlung einer lichtelektrisch leitenden Platte, an der ein Wechselfeld liegt, eine ganz ausgesprochene Gleichrichterwirkung hervorgerufen werden [76]); bei symmetrischer Bestrahlung dagegen ist im allgemeinen von einer derartigen Wirkung nichts zu

erkennen. Wohl aber wird immer, wenn der lichtelektrische Strom längere
Zeit in einer Richtung geflossen ist, wobei mit der Zeit seine Intensität
wegen der sich ausbildenden Polarisation stark absinkt, bei einer nun
folgenden Umkehrung des äußeren Feldes ein sehr viel stärkerer Strom
in entgegengesezter Richtung auftreten — entsprechend dem Umstande,
daß auch nach vollständiger Abschaltung der von außen angelegten
Spannung nur durch die innere Polarisation ein solcher Strom von allmählich abnehmender Intensität unterhalten wird, falls die Bestrahlung
mit erregendem Licht fortdauert. Im Dunkeln dagegen erhält sich jener
Polarisationszustand unter Umständen über sehr lange Zeit [53].

COBLENTZ und seine Mitarbeiter verwenden im allgemeinen relativ
große Belichtungsintensitäten und -zeiten, bei ihnen ist also der Primär-
effekt J_p nicht vom Sekundärstrom J_s, der Polarisation und etwaigen
sonstigen mittelbaren Wirkungen abzutrennen. Wenn aber bei den von
ihnen untersuchten Substanzen die Verhältnisse analog liegen sollten wie
in den von GUDDEN und POHL behandelten Fällen — und bei der Ähnlichkeit vieler der in Betracht kommenden Körper: Silbersulfid, Antimon-
glanz, Molybdänglanz einerseits, Zinkblende, Zinnober andererseits dürfte
das nicht unwahrscheinlich sein —, dann muß der größte Teil der von
ihnen beschriebenen Erscheinungen, die beträchtliche Trägheit besitzen,
dem sogenannten Sekundärstrom J_s zugeschrieben werden. COBLENTZ
findet nämlich, daß nicht nur bei länger dauernder Belichtung unter
Konstanthaltung aller andern Bedingungen die gesamte lichtelektrische
Stromstärke im allgemeinen zunimmt (entsprechend dem Gliede $J_s \cdot t^2$ bei
GUDDEN und POHL), sondern daß dies vor allem für die Wellenlängen größter
Wirksamkeit gilt; daher denn die selektiven Maxima in der Empfindlichkeitskurve stärker hervortreten, wenn die Belichtung länger fortgesetzt wird*).
Dasselbe geschieht bei wachsender Intensität der einfallenden Strahlung,
indem zwar die Größe der Leitfähigkeit in allen Spektralgebieten langsamer zunimmt als die einfallende Energie, dies Verhältnis aber im Wellenlängenbereich der maximalen Erregbarkeit am günstigsten ist; endlich
werden auch bei tiefen Temperaturen die Maxima viel schärfer, wie dies
bereits oben erwähnt worden ist. Nach Aussetzen der Belichtung geht die
lichtelektrische Leitfähigkeit (nachdem sie im COBLENTZschen Sinne »voll
erregt« ist, d. h. ihren Höchstgrad erreicht hat; wobei es sich offenbar
um die Superposition mehrerer Wirkungen handelt) nicht augenblicklich
wieder auf den normalen Dunkelwert zurück, sondern ebenso wie im
Anklingen hat im Abklingen die Erscheinung eine sehr ausgesprochene
Trägheit [3—8]. Solche Nachwirkung der Bestrahlung beobachtet man
auch an den *einheitlichen* Kristallen des gefärbten Steinsalzes [53].

Andererseits tritt, wenn die Substanz voll erregt ist, bei konstant bleibender Erregung allmählich wieder ein Absinken des Stromes ein; es ist zu ver-

---

*) Vgl. das oben über LENARDsche Phosphore Gesagte.

muten, daß dem positiven Effekte entgegenwirkende Momente sich vom ersten Augenblick an ausbilden, daß nur anfangs jener überwiegt, bis sich schließlich ein Gleichgewicht und dann eine Umkehr einstellt. Daß ein solcher Gegeneffekt in der allmählich anwachsenden Polarisation vorhanden sein muß, ist ohne weiteres klar; außer dieser muß aber noch ein zweiter existieren, und zwar wieder eine Wirkung, die nicht nur mittelbar durch das Einsetzen des positiven Photostromes ausgelöst wird, sondern direkt von einer spezifischen Veränderung des Kristalls durch das erregende Licht herrührt. Denn ihre Größe hängt nicht — wie das bei einer Polarisation oder Raumladung der Fall sein muß — ausschließlich von der absoluten Stärke des lichtelektrischen Stromes ab, sondern im höchsten Grade auch von der Wellenlänge des erregenden Lichtes. Coblentz hat für sie die Bezeichnung »photonegativer Effekt« eingeführt. Dieser photonegative Effekt scheint im allgemeinen mit der Größe des Dunkelstromes und daher auch mit der Größe des äußeren Feldes zu wachsen; bei schwachen Feldern (20 Volt/cm) *) ist er stets sehr gering und zeigt außerdem in seiner Ausbildung noch größere Trägheit als der positive Effekt, bei größeren Spannungen übertrifft er dagegen den letzteren unter Umständen so stark, daß vom ersten Moment der Belichtung an die von der Dunkelleitfähigkeit herrührende Stromstärke nicht erst ansteigt sondern sofort sinkt. Spricht schon das gegen die Erklärung des negativen Effekts als einer durch den positiven Strom hervorgerufenen Polarisation, so gilt das in noch höherem Grade für den Umstand, daß gerade die Wellenlängen, denen das Maximum des positiven Effekts entspricht, auch bei hohen Spannungen niemals den negativen Effekt erzeugen, während gerade für die außerhalb dieser selektiven Maxima gelegenen kurzwelligen Spektralgebiete unter geeigneten Versuchsbedingungen die scheinbar den Widerstand erhöhende Wirkung sehr stark hervortritt. So ist beim Molybdänglanz, dessen Maxima der lichtelektrischen Empfindlichkeit oberhalb 700 $\mu\mu$ liegen, bei Bestrahlung mit Licht, dessen Wellenlänge 650 $\mu\mu$ übersteigt, ein photonegativer Effekt niemals zu beobachten; für Licht von kürzeren Wellenlängen dagegen tritt bei Spannungen von 600 Volt/cm allein noch der negative Effekt in die Erscheinung, während er bei geringeren Spannungen sich allmählich erst der anfänglichen positiven Wirkung überlagert; die ziemlich wohldefinierte Spannung, bei der der Umschlag in den rein negativen Effekt sich einstellt, hängt von der Wellenlänge des erregenden Lichtes und von der Temperatur ab. Ebenso wie nämlich an einer Materialprobe einzelne Stellen besonders hohe Empfindlichkeit für die photopositive Wirkung zeigen und es genügt, eine solche Stelle zu bestrahlen, um den scheinbaren Widerstand der gesamten Leitungsbahn herabzusetzen, so sind *andere* Stellen in besonders hohem Grade zur photonegativen Reaktion zu erregen und wieder genügt die Belichtung

---

*) Die elektrischen Widerstände sind hier ungleich niedriger als bei den einheitlichen Kristallen.

einer solchen Stelle, um den Gesamtstrom zu erniedrigen. Hohe photonegative und -positive Empfindlichkeit können an *einer* Stelle vereinigt
sein, sie sind aber häufiger ungleich lokalisiert. Nun besitzen die hier in
Frage stehenden Mineralien von meist faseriger Struktur im allgemeinen
ein ausgesprochen unipolares Leitvermögen; der Gleichstromwiderstand
ist bei konstanter äußerer Spannung für eine Stromrichtung bedeutend
geringer als für die entgegengesetzte; bei Temperaturerniedrigung kehrt
sich bei ganz bestimmter Temperatur (in einem Falle z. B. bei — 20°)
der Sinn dieser Vorzugsrichtung um, so daß man also bei Zimmertemperatur oder bei — 85° entgegengesetzte Resultate erzielt: photonegative
Wirkung ist nur dann zu beobachten, wenn der Strom in der Richtung
des kleineren Dunkelwiderstandes fließt [5]). Die spektrale Empfindlichkeitsverteilung und Größenordnung des photopositiven Effekts dagegen ist
für beide Stromrichtungen dieselbe. Vielleicht ist in diesem Verhalten
der Schlüssel für das ganze Phänomen zu suchen. Während, wie bereits
oben bemerkt, die Leitfähigkeit dieser natürlichen Mineralien bei mittleren Temperaturen eine sehr viel größere ist als die der einheitlichen
Kristalle (ZnS u. dgl.), wird der Widerstand bei der Temperatur der
flüssigen Luft von derselben Größenordnung wie bei diesen, steigt z. B. für
eine Akanthitprobe (Ag_2S) von 3 Ohm auf 10^8 Ohm [4]); dabei verschwinden alle Trägheitserscheinungen fast vollständig, dagegen fehlen
Angaben über das gleichzeitige Verhalten der photonegativen Wirkung.

Es muß daran erinnert werden, daß die COBLENTzschen Angaben sich
durchweg auf unhomogene Kristallkonglomerate beziehen. An kristallinischen Pulvern ist von GUDDEN und POHL ebenfalls eine sehr auffallende
Trägheit der lichtelektrischen Leitfähigkeit konstatiert worden; besonders
merkwürdig und schwer zu deuten aber ist die von ihnen an solchen
Pulvern gemachte Beobachtung, daß hier im Gegensatz zu den einheitlichen Kristallen die selektiven Empfindlichkeitsmaxima nur bei Anwendung hoher elektrischer Felder hervortreten, während bei geringen
Feldstärken ($<$ 2000 Volt/cm) die lichtelektrische Leitfähigkeit mit abnehmender Wellenlänge des erregenden Lichtes stetig ansteigt — analog
dem »normalen« äußeren Photoeffekt. Es sollen also einerseits die Elektronen durch das Licht des selektiven Gebiets in größerer Zahl abgetrennt
werden als durch Licht von anderer Frequenz, für diese Elektronen soll
aber durch die Pulverform der elektrische Widerstand in anderem Maße
beeinflußt werden als für die andern [19]). —

Neben dem elektrischen Widerstand wird in zwei bisher beschriebenen
Fällen auch noch die Dielektrizitätskonstante durch Bestrahlung mit Licht
bestimmter Wellenlängen verändert, und zwar gilt das für Selen [63]) und
ZnS, für dieses aber nur mit Cu-Zusatz [18]) [44]), während Zinkblende rein
oder mit andern Metallbeimischungen den Effekt nicht zeigt. In bezug
auf spektrale Empfindlichkeitsverteilung, Trägheit usw. geht die Änderung der Dielektrizitätskonstante mit derjenigen der Leitfähigkeit parallel

die Wirkung, nimmt jedoch stark ab, wenn die Frequenz des zu ihrer Untersuchung verwandten Wechselfeldes vermindert wird; so ist in einem Falle die Dielektrizitätskonstante der unbelichteten Zinkblende $\varepsilon = 8{,}07$, die der belichteten Blende bei einer Frequenz von 10^6: $\varepsilon = 14$, bei einer Frequenz von $6 \cdot 10^5$ aber nurmehr $\varepsilon = 9{,}5$.

3. Resonanzstrahlung und Fluoreszenz von Dämpfen.

Durch die Einführung der Bohrschen Theorie ist die enge Verknüpfung zwischen der Resonanzstrahlung der Gase und der lichtelektrischen Wirkung vollständig klargestellt. Die Auffindung der verschiedenen Resonanz-, Anregungs- und Ionisierungsstufen, die beim Auftreffen von Elektronenstrahlen verschiedener Geschwindigkeit auf die Atome auftreten, wird in einem andern Kapitel dieses Bandes behandelt. Innerhalb gewisser Grenzen sind die analogen Prozesse auch bei Erregung der Atome durch Lichtstrahlen festgestellt worden. Während bei Bestrahlung eines Dampfes mit Licht der Resonanzfrequenz, durch die das Leuchtelektron auf die nächste der Normalbahn benachbarte Quantenbahn gehoben wird, nur die gleiche Frequenz reemittiert wird, tritt bei Erregung mit der zweiten Linie der Hauptserie (3303 beim Na) neben dieser auch die erste Hauptserienlinie (D-Linien) in der Emission auf, weil das Elektron jetzt von der 3. Quantenbahn nicht nur direkt auf die Grundbahn zurückfallen kann, sondern auch auf dem Umwege über die 2. Bahn [64]). Ebenso kann aber auch, wenn durch Absorption der Resonanzlinie das Atom in den erregten Zustand versetzt worden ist, dieses, ehe es wieder in den Normalzustand zurückkehrt, all die Frequenzen absorbieren, die von der 2. Quantenbahn ihren Ausgang nehmen, d. h. also die Linien der verschiedenen Nebenserien, und dann können auch diese im Fluoreszenzspektrum auftreten. In der Tat hat Füchtbauer das Vorkommen solcher Linien (5461, 3131 Å usw.) im Emissionsspektrum des Hg-Dampfes beobachtet, wenn der Dampf *gleichzeitig* mit dem Licht dieser Linien und der Resonanzlinie 2537 Å erregt wurde [15]). Endlich aber kann auch ein durch Absorption der Resonanzfrequenz erregtes Atom seine Erregungsenergie, ehe sie reemittiert wird, durch Stoß strahlungslos an ein zweites Atom von eventuell sogar anderer Gattung übertragen, und falls dessen Anregungsspannung nur niedriger liegt, dieses seinerseits zur Emission seiner Resonanzlinie veranlassen: in einem Gemisch von Hg- und Tl- oder Ag-Dampf erhält man bei Erregung mit der Hg-Resonanzlinie neben dieser im Emissionsspektrum auch noch die entsprechenden Linien des Tl und des Ag [11]).

Auch die beträchtlich komplizierteren Fälle, wie sie in den Resonanzspektren zweiatomiger Moleküle vorliegen, gelingt es durch die von Lenz vorgenommene Erweiterung der Heuerlingerschen Bandentheorie in die allgemeine Bohrsche Auffassung einzuordnen. Hier überlagern sich über die durch einen Elektronensprung verursachte Energieänderung gleichzeitige sprungweise Änderungen des Kernschwingungszustandes und

der Rotationsgeschwindigkeit, so daß jede einfache Linie, die dem bloßen
Elektronensprung entspräche, in eine komplexe Bandengruppe ausein-
andergezogen wird [37] [46]. (Vgl. hierzu den Artikel über Bandenspektren.)
Ein durch monochromatisches Licht ausgelöstes Resonanzspektrum entsteht in der Weise, daß bei der Rückkehr des Elektrons auf die Normalbahn nicht von allen Atomen die beim Absorptionsakt aufgenommene Kernschwingungsenergie wieder voll abgegeben wird: den verschiedenen so
bei der Emission freiwerdenden Energiemengen entsprechen die verschiedenen Linien des Resonanzspektrums; besaß das Molekül schon vor
der Erregung eine Kernschwingungsenergie $< o$, so kann auch diese bei
der Emission mit verausgabt werden und es erscheinen Linien von größerer
Frequenz als die des erregenden Lichtes — »antistokessche Glieder«. Bei
Temperaturerhöhung werden wirklich die antistokesschen Glieder in der
Resonanzstrahlung des Joddampfes zahlreicher und kräftiger, was der Vorstellung entspricht, daß bei hohen Temperaturen Moleküle mit größerer
Kernschwingungsenergie auch im unerregten Dampf häufiger werden [48].
Ferner werden von jedem einzelnen monochromatisch erregten Resonanzspektrum nur die ersten, der erregenden Linie benachbarten Glieder im unerregten kalten Dampf merklich absorbiert; auch dies ist theoretisch zu
erwarten, weil die zur Absorption der höheren Glieder allein fähigen Moleküle hoher Kernschwingungsenergie im kalten Dampf nicht vorhanden sind;
bei Erhitzung der absorbierenden Dampfschicht werden allmählich auch
Glieder höherer Ordnung stärker absorbiert [49]. Bis auf einen durch diese
Umstände verursachten Farbenumschlag ändert sich die Fluoreszenzfähigkeit des Joddampfes konstanter Dichte entgegen früheren Angaben
von Wood durch Erwärmung nicht wesentlich, solange man nicht Tem-
reraturen erreicht, bei denen beträchtliche Dissoziation eintritt. Erst
dann beginnt die Fluoreszenz zu verschwinden. Auch der Polarisationsgrad der Joddampffluoreszenz ist, wie es theoretisch zu erwarten steht,
von der Temperatur innerhalb weiter Grenzen unabhängig [36] [50] [51].
Schwieriger liegen die Verhältnisse bei der vom Gelb bis ins Ultraviolett
reichenden Bandenfluoreszenz des Hg-Dampfes, die sowohl durch Absorption der Hg-Resonanzlinie als durch alle Wellenlängen, die in die
ultravioletten Absorptionsbanden des Hg-Dampfes fallen, erregt werden
können. Daß solche Absorptionsbanden überhaupt auftreten, muß durch
das Vorhandensein mehratomiger Moleküle, vermutlich Hg_2, wenn auch
in sehr geringer Konzentration, erklärt werden. Bei Erwärmung des Dampfes
verschwinden die Banden, infolge der nun eintretenden Dissoziation der
Moleküle [12]. Da aber die Absorption der Resonanzlinie sicher den Hg-
Atomen zuzuschreiben ist, sollen diese nach Franck im angeregten Zustande fähig sein, mit unangeregten Atomen heteropolare Hg_2-Moleküle
von großem Energieinhalt zu bilden, die beim Übergang in »normale«
unerregte Hg_2-Moleküle die Fluoreszenzbanden aussenden. Dieser Übergang tritt im allgemeinen nicht spontan ein, sondern muß herbeigeführt

werden durch die Kollision mit einem andern Atom von gleichviel welcher chemischen Beschaffenheit: der Emissionsprozeß besitzt eine beträchtliche Trägheit, die nur durch Erhöhung des Dampfdruckes, Beimischung von Stickstoff, Helium usw. herabgesetzt wird; je größer die Gasdichte und damit die Kollisionswahrscheinlichkeit, desto intensiver und kürzer dauernd das Nachleuchten [11]. Der gleiche Effekt kann durch ein kräftiges Magnetfeld hervorgerufen werden, dessen Einwirkung also ebenfalls die Stabilität der erregten Hg_2-Moleküle vermindern muß [14]. Aber auch die Moleküle, die nicht erst durch Bestrahlung mit dem Licht der Resonanzlinie aus Atomen sich bilden, sondern primär im Dampf existieren und die Absorptionsbanden verursachen, zeigen, wenn durch Absorption von Licht in diesen Banden (etwa die Linien des Cd- oder Al-Funkens) erregt, jene Trägheit des Nachleuchtens; und zwar setzt das Nachleuchten sogar erst einige Zeit nach der Erregung bzw. im strömenden Dampf an einem vom Erregungsort entfernten Punkt mit merklicher Intensität ein [39] [74]. Ja, es scheint, daß diese Fluoreszenz überhaupt nur in destillierendem Dampf zu beobachten ist, nicht aber im ruhenden Dampf von gleicher Dichte und (konstanter oder sinkender) Temperatur; eine Erklärung dieses Phänomens scheint bis jetzt nicht möglich: die von WOOD gegebene Deutung, als wären im ersteren Falle allein Hg_2-Moleküle in größerer Menge vorhanden, ist sicher nicht zutreffend; denn deren Zahl muß, mindestens solange überhaupt noch flüssiges Hg sich im Beobachtungsrohr befindet, bei derselben Temperatur immer dieselbe bleiben, ganz gleich ob infolge lokaler Abkühlung einer Stelle der Gefäßwand das Quecksilber dorthin überdestilliert oder aber im dynamischen Gleichgewicht mit dem neu sich bildenden Dampfe die Atome bzw. Moleküle sich in dem ursprünglichen Reservoire wieder kondensieren. Besonders merkwürdig ist es, daß die bei Erregung mit dem Licht des Al-Funkens neben den Banden auftretende Resonanzlinie 2537 Å gleichfalls im destillierenden Dampf um ein Vielfaches intensiver erscheint als im ruhenden. Mit wachsender Dampfdichte (bei Temperaturerhöhung) tritt ceteris paribus die Resonanzlinie gegenüber den Banden immer mehr zurück. Die relative Intensitätsverteilung innerhalb der ganz strukturlos scheinenden von ca. 5600 bis 3300 Å reichenden Banden variiert mit der Wellenlänge des erregenden Lichtes; dasselbe gilt für die schon früher von STEUBING beschriebene, jetzt auch von WOOD aufgefundene Fluoreszenzbande bei 2400—2100 Å, wenn im erregenden Licht Linien zwischen 2000 und 2100 Å enthalten sind, und zwar rückt das Maximum der Fluoreszenzbande desto weiter nach langen Wellenlängen, je kurzwelliger das erregende Licht ist [39].

Die Resonanzlinie des Cd bei 2288 Å, die allerdings noch nie als durch Einstrahlung der gleichen Frequenz zur Emission erregt beobachtet wurde, ist im Absorptionsspektrum gleichfalls von einer Bande umgeben, deren Ursprung wir nun wohl auch dem Vorhandensein von Cd_2-Molekülen zuschreiben müssen. Bei Erregung des Cd-Dampfes durch Licht der Frequenz

2288 tritt ein Teil dieser Bande, von der Resonanzlinie nach größeren Wellen sich bis 2305 Å erstreckend, als Fluoreszenz auf. Im Gegensatz zu den Fluoreszenzbanden des Hg zeigt diese Cd-Bande sehr deutliche Struktur [38]. Wenn die Unmöglichkeit, die Hg-Banden in ihre Linien aufzulösen, durch das allzugroße Trägheitsmoment der Hg_2-Moleküle zu erklären ist [13]), so muß man aus dem andersartigen Verhalten des Cd schließen, daß die Cd_2-Moleküle ein bedeutend kleineres Trägheitsmoment besitzen, was teilweise zum mindesten in dem bedeutend kleineren Atomgewicht begründet sein könnte.

4. Die Gruppe der Erdalkaliphosphore.

Schon vor der Entwicklung der BOHRschen Theorie hat im Anschluß an Überlegungen von ELSTER und GEITEL LENARD für die Erdalkalisulfidphosphore den genetischen Zusammenhang zwischen lichtelektrischer Wirkung und Lichtemission experimentell und theoretisch begründet; diese lichtelektrische Theorie der Phosphoreszenz hat sich auch weiterhin glänzend bewährt. Daß die Erregungsmaxima der lichtelektrischen Leitfähigkeit mit denen der Phosphoreszenz übereinstimmen, wurde bereits im vorangehenden besprochen [22]) [24]); für den äußeren lichtelektrischen Effekt konnte an zwei Beispielen ($CaBi$ und $SrBi$ Phosphor) das gleiche nachgewiesen werden: die LENARDschen »d-Maxima« der Phosphoreszenzerregung entsprechen wirklich Frequenzen selektiver lichtelektrischer Empfindlichkeit. Am durch Druck zerstörten Phosphor, der durch diesen Prozeß seine Nachleuchtfähigkeit eingebüßt hat, verschwindet der selektive Photoreffekt und es bleibt nur ein, allerdings auch noch ins Sichtbare sich erstreckender Normaleffekt [16]). Dabei sind die im Dunkeln zerstörten ungefärbten Phosphore bedeutend stärker lichtelektrisch empfindlich als die durch Belichtung verfärbten; und zwar hat die lichtelektrische Wirkung am unverfärbten Präparat und die verfärbende Lichtwirkung selbst die gleiche spektrale Verteilung; das scheint eine Bestätigung der LENARDschen Anschauung, wonach die Verfärbung gerade eine Folge des Entweichens von Elektronen aus den Zentrenmolekülen sein soll.

Es hat sich ferner immer deutlicher gezeigt, daß die ursprünglich allein untersuchten Erdalkalisulfidphosphore in ihrem ganzen Verhalten typisch sind für eine sehr viel größere Gruppe von Substanzen. Das Erdalkalimetall kann ersetzt werden durch Zink, Magnesium, Beryll [67]) — der Schwefel durch Sauerstoff [56]) oder Selen. Nur aus Verbindungen mit starker Eigenfärbung wie CdS und HgS lassen sich keine Phosphore (mit sichtbaren Phosphoreszenzbanden) herstellen [69]). Die Kristallform des Zinksulfids — regulär oder hexagonal — ist im Gegensatz zu älteren Angaben ohne Bedeutung für seine Phosphoreszenzfähigkeit; dagegen ist diese auch hier an die Anwesenheit geringer Mengen eines »wirksamen« Schwermetalls (Cu, Mn usw.) gebunden [71]). Das Zusatzsalz (Alkalihalogensalz oder dgl.), das anfänglich gleichfalls für einen unent-

behrlichen Bestandteil des leuchtfähigen Phosphors galt, dient in erster
Linie nur als Flußmittel und kann in gewissen Fällen — wenn das vollständige Schmelzen der andern Bestandteile ohne vorher auftretende
Sublimation durch geeignete Versuchsanordnungen sich bewerkstelligen
läßt — entbehrt werden[68]). Da durch die besondere Natur des Zusatzsalzes
das Hervortreten einer oder der andern Bande eines Phosphors begünstigt
wird, muß es doch noch einen spezifischen Einfluß auf die Zentrenbildung
besitzen; möglicherweise kommt dabei aber nicht eine direkte Wirkung,
sondern nur die durch die Art des Flußmittels bedingte Schmelztemperatur in Betracht.

Durch diese Erweiterung des Beobachtungsmaterials wird die bereits
früher wahrscheinlich gemachte Annahme zur Evidenz bewiesen, daß die
einzelnen Banden — Erregungsbanden sowohl als Emissionsbanden —
für das »wirksame« Schwermetall charakteristisch sind und durch die
Natur der übrigen Bestandteile nur insoweit in ihrer spektralen Lage
beeinflußt werden, als dadurch die mittlere Dielektrizitätskonstante bedingt ist. Während für die Emissionsbanden ein solcher Zusammenhang
nur qualitativ besteht, besitzt für eine Erregungsbande (etwa das d_2-
Maximum der α-Bande) eines bestimmten Schwermetalls das Verhältnis
$\dfrac{\lambda}{\sqrt{D}}$ (λ = Wellenlänge der d-Bande, D = Dielektrizitätskonstante) immer
denselben Wert, ob es nun in einem Kalziumsulfid- oder in einem Stron-
tiumselenphosphor eingebettet ist. Die Größe $\dfrac{\lambda}{\sqrt{D}}$ wird als die »absolute
Wellenlänge« der betreffenden Bande bezeichnet und soll die für das
Metall charakteristische Eigenwellenlänge im freien Äther messen*). Allgemein gilt ferner, daß die Nachleuchtdauer einer Phosphoreszenzbande
desto größer ist, bei je höherer Temperatur sie ihren Dauerzustand besitzt,
und daß analoge Banden von Selen-, Schwefel- und Sauerstoffphopshoren
hinsichtlich ihrer Temperaturlage und ihrer Nachleuchtdauer sich in der
Reihenfolge ordnen, die der wachsenden Elektronegativität der drei Elemente Se, S und O entspricht: das am meisten elektronegative Sauer-
stoffatom bindet die durch den Erregungsvorgang vom Metallatom ab-
gespaltenen Elektronen stärker als das Schwefel- oder gar das Selenatom,
die Rückkehr in die Normallage erfolgt im Mittel langsamer und ein
Dauerleuchten ist noch bei höheren Temperaturen zu beobachten[56])[57])[71]).

---

*) Neuerdings sind von E. TIEDE und A. SCHLEEDE (Ann. d. Phys. 1922, Bd. 67,
S. 573) Magnesiumsulfidphosphore mit seltenen Erden als wirksamen Metallen dargestellt worden, deren Erregungsverteilung den auch sonst bekannten Typus ver-
wachsener Banden aufweist. Dagegen enthalten die Emissionsspektren vielfach scharfe
Linien, offenbar ein Anzeichen dafür, daß hier der Emissionsmechanismus durch den
Einfluß benachbarter Atome nicht wesentlich gestört wird, wie das ja auch sonst in
den optischen Eigenschaften von Verbindungen der seltenen Erden häufig zutage tritt.
Und dem entspricht weiterhin die Tatsache, daß diese Linien für Phosphore mit verschiedenem Sulfid (CaS oder MgS) identische Lage besitzen.

Die Abklingung eines erregten Phosphors kann nicht nur durch Temperaturerhöhung oder Bestrahlung mit auslöschendem (richtiger: »ausleuchtendem«) Licht beschleunigt werden, sondern auch durch das momentane Anlegen eines starken elektrischen Feldes [20]. Dies Phänomen erscheint als eine Art Umkehrung der lichtelektrischen Leitfähigkeit und ist ein weiterer Beweis für den engen Zusammenhang zwischen der Phosphoreszenz und der lichtelektrischen Wirkung.

5. Lösungen organischer Substanzen.

Für Lösungen organischer Substanzen (Fluoreszein, Eosin u. dgl.) hat im Gegensatz zu der rein lichtelektrischen Auffassung, nach der die Lichtemission durch die Rückkehr des erregten Moleküls in seinen wieder erregungsfähigen Normalzustand veranlaßt wird, Perrin auf Grund eigener Versuche eine photochemische Theorie aufgestellt, derzufolge die Fluoreszenz eine durch das Licht ausgelöste photochemische Umwandlung begleitet, so daß jedes Molekül nur ein einziges Mal, nämlich im Moment seines Zerfalls oder vielmehr seiner Umwandlung an dem Fluoreszenzprozeß teilnimmt. Begründet wird diese Hypothese durch die Beobachtung, daß derartige fluoreszierende Lösungen durch das fluoreszenzerregende Licht wirklich dauernd zerstört (etwa entfärbt) werden und dabei ihre Fluoreszenzfähigkeit verlieren; und daß beide Erscheinungen (Fluoreszenz und Umwandlung) im gewissen Sinne parallel verlaufen. Die Beobachtungen wurden von anderer Seite bestätigt, aber mit verschiedenen, ihrer von Perrin gegebenen Deutung widersprechenden Erweiterungen [75] [52]: Fluoreszenzfähigkeit und Umwandlungsgeschwindigkeit einer gegebenen Lösung haben ganz ungleiche Temperaturabhängigkeit; sie hängen in ganz verschiedener Weise von der Natur des Lösungsmittels ab; insbesondere ändern kleine Zusätze — etwa von Ätzkali zu einer alkoholischen Eosinlösung — das Leuchtvermögen nicht merklich, während die Zersetzungsgeschwindigkeit dadurch nicht nur außerordentlich stark beeinflußt werden kann, sondern auch ganz anders geartete Umwandlungsprodukte entstehen. So scheint es vielmehr, daß auch hier die durch Lichtabsorption erregten Moleküle entweder unter Lichtemission in den Normalzustand zurückkehren; oder aber sie können aus dem erregten Zustande in eine andere chemische Modifikation übergehen. Hierzu stimmen auch Beobachtungen an einer nichtorganischen fluoreszenzfähigen Substanz, nämlich am Silikathydroxyd [33]; dieses kann einerseits durch Oxydationsmittel in Leukon übergeführt werden, wobei eine kräftige Chemilumineszenz auftritt; andererseits kann es durch Licht zur Fluoreszenz erregt werden, wobei gleichzeitig die chemische Umwandlung sich einstellt. In beiden Fällen aber wird durch Abkühlung auf die Temperatur der flüssigen Luft die chemische Umwandlung zugunsten der Lichtemission zurückgedrängt, so daß es also wieder nicht die gerade sich umwandelnden Moleküle sein können, welche das Leuchten verursachen. Für die vorher genannten organischen Farbstofflösungen ist ferner noch festgestellt, daß, während die Fluoreszenzhelligkeit innerhalb weitester Grenzen der primären Lichtintensität proportional ist, die photochemische Umwandlungsgeschwindigkeit mit wachsender Lichtdichte schnell zunimmt und nur in hochkonzentriertem Licht beträchtliche Werte erreicht: es kommt nicht nur auf die Zahl der Lichtquanten an, die innerhalb einer beliebigen Zeit absorbiert werden, sondern auf die Kürze des Zeitintervalls innerhalb deren sie von den Molekülen aufgenommen werden; d. h. zur Einleitung des Prozesses muß anscheinend von dem gleichen oder vielleicht von einem ihm benachbarten Molekül ein zweites Quant absorbiert werden, ehe noch das erste durch Strahlung wieder abgegeben wurde [52].

Gegen die Richtigkeit der PERRINSchen Theorie spricht weiter noch die Entdeckung einer neuen Klasse von stark nachleuchtenden Phosphoren durch TIEDE. Es handelt sich dabei um feste glasartige Lösungen von organischen Substanzen wie Fluoreszein, Uranin, Phenol usw. in reiner Borsäure, die, was Intensität und Dauer des Nachleuchtens angeht, die ja auch schwach phosphoreszierenden Lösungen von Farbstoffen in Gelatine, Bernsteinsäure usf. um ein Vielfaches übertreffen und vielen LENARDschen Phosphoren in nichts nachstehen [66] [70]. Diese neuen Borsäurephosphore haben einerseits im wesentlichen dieselben Absorptions- und Emissionsbanden wie die flüssigen Lösungen der gleichen fluoreszierenden Substanzen, so daß also sicher der Erregungsmechanismus in beiden Fällen der nämliche sein dürfte. Andererseits sind sie in ihrem Verhalten den bekannten anorganischen Phosphoren ganz analog, sie können insbesondere nach voller Erregung und Ausleuchtung immer wieder neu erregt werden, eine Zerstörung der nachleuchtfähigen Zentren ist in keiner Weise zu konstatieren*). Präparate, in denen die Borsäure durch Kieselsäure oder Phos-

---

*) Die TIEDESchen Borphosphore sind inzwischen von R. TOMASCHECK (Ann. d. Phys. Bd. 67, S. 612, 1922) genauer auf ihr physikalisches Verhalten untersucht worden, und es hat sich dabei herausgestellt, daß sie sich doch im einzelnen in ihrem Emissionsspektrum von den fluoreszierenden flüssigen Lösungen, in sonstiger Hinsicht von den anorganischen Phosphoren vielfach unterscheiden. Die Phosphoreszenzspektren bestehen aus mehreren manchmal ziemlich scharfen Einzelbanden, die aber bei ganz identischer Erregungsverteilung, wesentlich gleicher Temperaturabhängigkeit und nicht unabhängiger Erregbarkeit im Sinne der LENARDschen Theorie als Teile einer einheitlichen Bande anzusehen bzw. immer einer einheitlichen Zentrensorte zuzuschreiben sind. Diese Banden sind nicht identisch mit den Fluoreszenzbanden der flüssigen Lösungen, scheinen sich aber z. B. beim Phenanthren mit den Banden der Dampffluoreszenz und der GOLDSTEINschen »Hauptspektren« (Kathodolumineszenz bei tiefer Temperatur nach längerer Bestrahlung) in eine Art von Serienbeziehung bringen zu lassen. Daneben existiert, während bei den anorganischen Phosphoren Dauer- und Momentanleuchten in der Emission immer spektral koinzidieren, ein anders gefärbtes Momentanleuchten, das zum mintestens beim Fluoreszeinnatrium mit der Fluoreszenz in alkoholischer Lösung identisch zu sein scheint und auch am geschmolzenen Phosphor noch zu erregen ist, wogegen die Phosphoreszenzfähigkeit meist schon bei Erwärmung auf ca. 100° stark abnimmt, beim Schmelzen aber immer verschwindet. Die

phorsäure ersetzt ist, sind nicht photolumineszent, ebensowenig solche, in denen sie durch Hydratisierung in Orthoborsäure oder durch vollständige Entwässerung in Borsäureanhydrat übergeführt ist. Umgekehrt können an Stelle der organischen Zusätze nicht anorganische Verbindungen treten — eine Ausnahme bildet der Borstickstoff; aber auch manche aromatische Körper, wie Anthrazen, das rein und in zahlreichen Lösungsmitteln intensiv fluoresziert, geben in Borsäure eingebettet keinen Phosphor. — Die Frage, ob es sich um eine Lösung oder eine Art chemischer Verbindung der organischen Stoffe mit der Borsäure handelt, ist noch nicht mit Sicherheit zu beantworten. Dagegen hat G. C. SCHMIDT einwandfrei gezeigt, daß Einbettung von Farbstoffen in andern festen Medien wie z. B. Benzoesäure, Bernsteinsäure usw. nur dann leuchtfähige Präparate liefert, wenn die Substanzen wirklich gelöst, nicht aber wenn sie nur adsorbert sind [58]); daß es sich hier um chemische Verbindungen handeln sollte, scheint wenig wahrscheinlich, weil chemisch indifferente Stoffe wie Gelatine oder Zucker ganz analoge feste phosphorenszente Lösungen ergeben. Beim Schmelzen all dieser festen Lösungen ändert sich ihre Leuchtfähigkeit nicht wesentlich, doch ist im flüssigen Aggregatzustand immer nur Fluoreszenz, nie Phosphoreszenz zu beobachten, deren Leuchtdauer unter 10^{-6} Sekunden liegt.

.. Im Gegensatz zur Fluoreszenzstrahlung der Gase galt bis vor kurzem das von flüssigen oder festen Lösungen ausgesandte Luminiszenzlicht — soweit es sich nicht um doppelbrechende Kristalle handelt — stets für unpolarisiert, auch wenn das erregende Licht polarisiert ist. Diese Ansicht ist durch neue Arbeiten von F. WEIGERT als irrig erwiesen, für Uranglas sowohl wie für eine Anzahl von Farbstofflösungen [72] [39]. Und zwar nimmt in flüssigen Lösungen der Polarisationsgrad bei Gelatinezusatz zu und er ist an und für sich desto größer, je schwerer die fluoreszierende Moleküle sind. Er beträgt z. B. für Eosin in Wasser $15\,°/_0$, in Gelatine $22\,°/_0$, für J_4 Fluoreszein in Gelatine sogar $36\,°/_0$; diese WEIGERTschen Resultate durch einen überlagerten Tyndall-Effekt erklären zu wollen, ist darum nicht angängig, weil er durch Verwendung entsprechender Lichtfilter das erregende Licht dem Auge vollkommen fernhält, und weil der Effekt auch dann erhalten bleibt, wenn man — was eben durch die eingeschalteten Lichtfilter ermöglicht wird — das Fluoreszenzlicht in Richtung des einfallenden Primärstrahles betrachtet. Es muß also angenommen werden, daß auch bei diesem Vorgang, der fraglos viel komplizierter verlaufen muß als die einfache Resonanzstrahlung der Gase, eine Vorzugsrichtung im Erregungsprozeß auch im Emissionsprozeß noch erhalten bleibt.

Erregungsverteilung der Phosphoreszenz fällt mit selektiven Absorptionsgebieten zusammen; dagegen tritt eine Zerstörung der Leuchtfähigkeit unter gleichzeitiger Verfärbung ein bei Bestrahlung mit Licht, das einem anderen beträchtlich kurzwelligerem Spektralgebiet angehört — also vermutlich ein ganz anderer Prozeß als der vorher für die flüssigen Lösungen beschriebene, auch kann er im Gegensatz zu jenem durch darauffolgende Erwärmung wieder rückgängig gemacht werden.

Literatur.

1. DE BROGLIE, M., Sur les spectres corpusculaires des élements. C. R. 1921, T. 172, p. 274 et 1922, T. 174, p. 939.

2. — Sur les spectres corpusculaires et leur utilisation pour l'étude des spectres de rayons X. C. R. 1921, Vol. 173, p. 1157.

3. COBLENTZ, W. W., Photoelectric sensitivity of bismuthinite and various other substances. Bul. Bur. of Stand. 1918, Vol. 14, p. 591.

4. — Some general caracteristics of spectro-photo-electrical conduction in solids. Journ. opt. soc. Amer. 1920, Vol. 4, p. 249.

5. — Positive and negative photoelectric properties of Molybdenite and several other substances. Bul. Bur. of Stand. 1920, T. 16, p. 596.

6. — Spectro-photo-electric sensitivity of talofide. Scient. pap. Bur. of Stand. 1920, Vol. 16, p. 253; Phys. Rev. 1920, Vol. 15, p. 139.

7. — and KAHLER, H., The spectral photoelectric sensitivity of silver sulphide. Phys. Rev. 1919, Vol. 13, p. 291.

8. — — Some optical and photoelectric properties of mobybdenite. Scient. pap. Bur. of Stand 1919, Vol. 15, p. 121.

9. DEMBER, H., Über die Beeinflussung der Lichtelektrizität durch ein Magnetfeld. Phys. Zschr. 1920, Bd. 21, S. 568.

10. ELSTER, J., u. GEITEL, H., Über eine scheinbare photoelektrische Nachwirkung und über den Einfluß der Entgasung auf den Photoeffekt an Metallen. Phys. Zschr. 1920, Bd. 21, S. 361.

11. FRANCK, J., u. GROTRIAN, W., Einige aus der Theorie von KLEIN und ROSSELAND zu ziehende Folgerungen über Fluoreszenz, photochemische Prozesse und die Elektronenemission glühender Körper. Zschr. f. Phys. 1922, Bd. 9, S. 259.

12. — — Über die Absorptionsbanden im Quecksilberdampf. Zschr. f. techn. Phys. 1922, Bd. 3, S. 194.

13. — — Bemerkung über angeregte Atome. Zschr. f. Phys. 1921, Bd. 4, S. 89.

14. — — Über den Einfluß eines Magnetfeldes auf die Dissoziation angeregter Moleküle. Zschr. f. Phys. 1921, Bd. 6, S. 35.

15. FÜCHTBAUER, CHR., Über eine neue Art der Erregung von Spektrallinien durch Einstrahlung (Fluoreszens). Phys. Zschr. 1920, Bd. 21, S. 635.

16. GÖPPEL, K., Über die lichtelektrische Wirkung bei den Erdalkalisulfidphosphoren. Ann. d. Phys. 1922, Bd. 67, S. 301.

17. GROSS, F., Über den selektiven Photoeffekt an Metallschichten, die durch Kathodenzerstäubung hergestellt sind. Zschr. f. Phys. 1921, Bd. 6, S. 376.

18. GUDDEN, B., u. POHL, R., Zur Kenntnis des Zinkblendephosphors. Zschr. f. Phys. 1920, Bd. 1, S. 365.

19. — — Lichtelektrische Beobachtung an Zinksulfiden. Zschr. f. Phys. 1920, Bd. 2, S. 181.

20. — — Über Ausleuchten der Phosphoreszens durch elektrische Fehler. Zschr. f. Phys. 1920, Bd. 2, S. 192.

21. — — Lichtelektrische Beobachtungen an isolierenden Metallsulfiden. Zschr. f. Phys. 1920, Bd. 2, S. 361.

22. — — Über lichtelektrische Leitfähigkeit und Phosphoreszenz. Zschr. f. Phys. 1920, Bd. 3, S. 98.

23. — — Über die lichtelektrische Leitfähigkeit des Diamanten. Zschr. f. Phys. 1920, Bd. 3, S. 123.

24. — — Über die lichtelektrische Leitfähigkeit von Zinksulfidphosphoren. Zschr. f. Phys. 1921, Bd. 4, S. 206.

25. — — Über die lichtelektrische Leitfähigkeit von Zinkblende. Zschr. f. Phys. 1921, Bd. 5, S. 176.

26. — — Über den zeitlichen Anstieg der lichtelektrischen Leitfähigkeit. Zschr. f. Phys. 1921, Bd. 6, S. 248.

27. GUDDEN, B., u. POHL, R., Über den Mechanismus der lichtelektrischen Leitfähigkeit. Zschr. f. Phys. 1921, Bd. 7, S. 65.

28. — — Über lichtelektrische Leitfähigkeit. Phys. Zschr. 1921, Bd. 22, S. 599.

29. — — Zur lichtelektrischen Leitfähigkeit des Diamanten. Zschr. f. techn. Phys. 1922, Bd. 3, S. 199.

30. HALLWACHS, W., Lichtelektrizität als Funktion des Gasgehaltes. Phys. Zschr. 1920, Bd. 21, S. 561.

31. HORTON, F., The effect of an electric currant on the photo-electric effect. Phil. Mag. 1921, Bd. 42, S. 339.

32. KÄMPF, F., Beitrag zur Kenntnis der Elektrizitätsleitung in festen elektronisch schlecht leitenden Körpern. Versuche am Quecksilberjodid. Ann. d. Phys. 1921, Bd. 23, S. 463.

33. KAUTSKY, H., u. ZOCHER, H., Über die Beziehung zwischen Chemi- und Photolumineszenz bei ungesättigten Siliziumverbindungen. Zschr. f. Phys. 1922, Bd. 9, S. 267.

34. KONEN, Das Leuchten der Gase und Dämpfe. Braunschweig 1913, S. 199.

35. KOPPIUS, O., A comparison of the thermionic and photo-electric work-function for platinum. Phys. Rev. 1921, Vol. 18, p. 442.

36. LANDAU, St., u. STENZ, E., The dissociation of iodine vapour and its fluorescence. Phil. Mag. 1920, Bd. 40, S. 189.

37. LENZ, W., Über einige spezielle Fragen aus der Theorie der Bandenspektren. Phys. Zschr. 1920, Bd. 21, S. 691.

38. VAN DER LINGEN, J. S., Die Fluoreszens des Cd-Dampfes. Zschr. f. Phys. 1921, Bd. 6, S. 403.

39. — — and WOOD, R. W., The fluorescence of mercury vapor. Astrophys. Journ. 1921, Vol. 54, p. 149.

40. MARX, E., Die lichtelektrische Theorie der Flammenleitung. Ann. d. Phys. 1921, Bd. 657, S. 65.

41. MEITNER, L., Über die Entstehung der β-Strahlspektren radioaktiver Substanzen. Zschr. f. Phys. 1922, Bd. 9, S. 131.

42. MEITNER, L., Über die Entstehung der β-Strahlspektren radioaktiver Substanzen.

43. MILLIKAN, R. A., The distinction between intrinsic and spurious contact $e \cdot m \cdot f \cdot s$ and the question of the absorption of radiation by metals in quanta. Phys. Rev. 1921, Bd. 18, S. 236.

44. MOLTHAN, W., Über die Erhöhung der Dielektrizitätskonstante eines Zn-Phosphors durch Licht. Zschr. f. Phys. 1921, Bd. 4, S. 262.

45. POOLE, J. H. J., On a possible connexion between the magnetic state of iron and its photo-electric properties. Phil. Mag. 1921, Bd. 42, S. 339.

46. PRINGSHEIM, P., Fluoreszenz und Phosphoreszens im Lichte der neueren Atomtheorie. Springer 1921.

47. — Bemerkung über den Zusammenhang zwischen lichtelektrischem Effekt und Kontaktpotential. Verh. d. d. phys. Ges. 1919, Bd. 21, S. 606.

48. — Über die Abweichungen von der STOKESschen Regel bei der Erregung der Joddampffluoreszenz. Zschr. f. Phys. 1921, Bd. 7, S. 206.

49. — Über einen nach der LENZschen Bandentheorie zu erwartenden Unterschied zwischen dem Absorptionsspektrum und dem vollständigen Fluoreszenzspektrum des Joddampfes. Zschr. f. Phys. 1921, Bd. 8, S. 126.

50. — Über die Polarisation und Intensität der Joddampffluoreszenz in ihrer Abhängigkeit von der Temperatur. Zschr. f. Phys. 1921, Bd. 4, S. 52.

51. — Über den Einfluß erhöhter Temperatur auf das Fluoreszenz- und Absorptionsspektrum des Joddampfes von konstanter Dichte. Zschr. f. Phys. 1921, Bd. 5, S. 130.

52. — Über die Zerstörung der Fluoreszenzfähigkeit fluoreszierender Störungen durch Licht und das photochemische Äquivalentgesetz. Zschr. f. Phys. 1922.

53. Röntgen, W. C., Über die Elektrizitätsleitung in einigen Kristallen und über den Einfluß einer Bestrahlung darauf. Ann. d. Phys. 1921, Bd. 64, S. 1.
54. Rose, H., Über die lichtelektrische Leitfähigkeit des Zinnobers. Zschr. f. Phys. 1921, Bd. 6, S. 174.
55. Rosenberg, H., Sternphotometrie mit Photozelle und Verstärkerröhre. Naturwissenschaften 1921, Bd. 9, S. 359 u. 389.
56. Schmidt, F., Die Erdkalisauerstoffphosphore. Ann. d. Phys. 1920, Bd. 63, S. 264.
57. — Über die Dielektrizitätskonstante der Phosphore und die absolute Wellenlänge ihrer Dauererregungsbanden. Ann. d. Phys. 1921, Bd. 64, S. 713.
58. Schmidt, G. C., Über Lumineszenz von festen Lösungen. Ann. d. Phys. 1921, Bd. 65, S. 247.
59. — Polarisiertes Fluoreszenzlicht von Farbstofflösungen. Phys. Zschr. 1922, Bd 23, S. 233.
60. Senda, M., u. Simon, N., Lichtelektrizität als Funktion des Gasgehalts. Ann. d. Phys. 1921, Bd. 65, S. 697.
61. Shenstone, G., The effect of an electric currant on the photo-electric effect. Phil. Mag. 1921, Bd. 41, S. 916 u. Bd. 42, S. 596.
62. Simons, L., The β-ray emission from thin metal films of the elements exposed to Roentgen Raies. Phil. Mag. 1921, Bd. 41, S. 120.
63. Spät, W., Zur Kenntnis des Selens. Zschr. f. Phys. 1921, Bd. 9, S. 165.
64. Strutt, R. J., A study of the line spectrum of sodium as excited by fluorescence. Proc. Roy. Soc. 1919, Vol. 96, p. 272.
65. Suhrmann, R., Rote Grenze und spektrale Verteilung der Lichtelektrizität des Platins in ihrer Abhängigkeit vom Gasgehalt. Ann. d. Phys. 1922, Bd. 67, S. 43.
66. Tiede, E., Borsäurehydrate als Grundlage hochphosphoreszensfähiger Systeme. Phys. Zschr. 1921, Bd. 22, S. 563.
67. — u. Richter, F., Magnesiumsulfidphosphore. Chem. Ber. 1922, Bd. 55, S. 69.
68. — u. Schleede, A., Kristallform, Schmelzmittel und tatsächlicher Schmelzvorgang beim phosphoreszierenden Zinksulfid. Chem. Ber. 1920, Bd. 53, S. 1721.
69. — — Phosphoreszenz und Schmelzen der Sulfide der 2. Gruppe, inbesondere des Zinksulfids. Centralbl. f. Min. 1921, S. 154.
70. — u. Wulf, O., Bortrioxydhydrate als Bestandteile hochphosphoreszenzfähiger, organische Verbindungen enthaltender Lösungen. Chem. Ber. 1922, Bd. 55, S. 588.
71. Tomaschek, R., Über die Zinksulfidphosphore. Ann. d. Phys. 1921, Bd. 65, S. 189.
72. Weigert, F., Über polarisierte Fluoreszenz. Verh. d. d. phys. Ges. 1920, Bd. 23, S. 100; Phys. Zschr. 1922, Bd. 23, S. 232.
73. Widdington, R., X-Ray-elektrons. Phil. Mag. 1922, Bd. 43, S. 1116.
74. Wood, R. W., The time interval between absorption and emission of light in fluorescence. Proc. Roy. Soc. 1921, Vol. 99, p. 362.
75. — Fluorescence and photochemistry. Phil. Mag. 1922, Bd. 43, S. 757.
76. Zahn, H., Über Gleichrichtereffekte an belichteten Zinkblendekristallen. Zschr. f. Phys. 1922, Bd. 8, S. 382.

Abgeschlossen am 1. Juli 1922.

XVI. Das periodische System der chemischen Elemente.

Von **Fritz Paneth**-Berlin.

Hierzu 6 Abbildungen.

Ein halbes Jahrhundert ist verflossen, seit es LOTHAR MEYER gelang, funktionale Zusammenhänge zwischen dem Atomgewicht der chemischen Elemente und ihren Eigenschaften aufzudecken, und MENDELEJEFF sich so »in das Verhalten der Elemente zueinander hineingedacht« hatte [65], daß sich ihm das »periodische Gesetz« enthüllte, welches — nach seiner Überzeugung keine Ausnahme duldend — als glänzendste Leistung die Beschreibung noch unentdeckter Elemente ermöglichte.

Wenn wir heute die Entwicklung überblicken, die unsere Kenntnisse vom periodischen System der Elemente seit seiner Aufstellung genommen haben, so können wir deutlich zwei Abschnitte unterscheiden: Im ersten konzentrierte sich die wissenschaftliche Arbeit fast ausschließlich auf die experimentelle Fundierung, wie die Bestimmung unsicherer Element-konstanten, die Einreihung noch wenig erforschter Elemente auf Grund neuer Untersuchungen, oder die damit zusammenhängende Diskussion der zweckmäßigsten Schreibweise des ganzen Systems; die prinzipiellen Fragen, wie etwa die, worauf überhaupt die Möglichkeit einfacher gesetzmäßiger Beziehungen zwischen den unzerstörbaren chemischen Grundstoffen beruhe, wie sich die Länge der einzelnen Perioden verstehen lasse usw., wurden vorläufig von der exakten Wissenschaft in dem Bewußtsein, daß die Zeit zu ihrer Lösung noch nicht gekommen sei, beiseite gelassen*). Wie berechtigt diese Zurückhaltung war, zeigte sich in dem zweiten, etwa die letzten beiden Dezennien umfassenden Forschungsabschnitt, während dessen dank den Fortschritten, die auf anderen Gebieten der Natur-wissenschaften erzielt worden waren, die Lösungen mancher der Grund-

---

*) Um so eifriger beschäftigten sich Dilettanten mit diesen Fragen; nächst dem Gravitationsgesetz ist wohl keine Literatur so stark durch im Selbstverlag erschienene Beiträge bereichert worden, von harmlosen, nur in der Bedeutung überschätzten Zahlen-spielereien in fließendem Übergang bis zu den Wahnsystemen der Paranoiker, Theo-sophen und Anthroposophen. Aber auch ein hoher Prozentsatz der in wissenschaft-lichen Zeitschriften erschienenen Abhandlungen über das periodische System trägt, unsichtbar, die Widmung: ›An die Vergessenheit!‹ [62]. Ein Eingehen auf diese Literatur wäre völlig wertlos.

fragen des periodischen Systems den Chemikern wie reife Früchte in den Schoß fielen.

Wir wollen uns in diesem kurzen Überblick über das heute Erreichte darauf beschränken, die Klärung der prinzipiellen Fragen zu skizzieren, dagegen auf die zahllosen experimentellen Arbeiten über Probleme, die mit dem periodischen System zusammenhängen, nicht eingehen, soweit sie nicht in nächster Beziehung zu einer der erörterten Fragen stehen. Als wichtigste Grundprobleme, deren Erforschung zu MENDELEJEFFS Zeit noch aussichtslos war, die wir aber heute bereits als weitgehend geklärt betrachten können, wollen wir folgende vier behandeln:

1. Die Einheit der Materie.
2. Die Reihenfolge und Ganzzahligkeit der Atomgewichte.
3. Die Anzahl der chemischen Elemente.
4. Die Entstehung der Perioden.

Es braucht wohl kaum betont zu werden, daß wir auch noch innerhalb dieses eingeengten Themas die außerordentliche Fülle der Arbeiten nicht erschöpfend referieren können.

1. Die Einheit der Materie.

Obwohl MENDELEJEFF selber sich wiederholt in scharfer Form dagegen wandte, wenn man in seinem periodischen System irgendein Argument zugunsten der Existenz einer Urmaterie erblicken wollte [66], hat seine Entdeckung trotzdem im höchsten Maß dazu beigetragen, diesen alten Lieblingsgedanken der Naturphilosophie und Alchemie ($\ell\nu$ $\tau\grave{o}$ $\pi\tilde{a}\nu$) in der exakten Wissenschaft heimisch zu machen. Die Harmonie, die sich in der gesetzmäßigen Aufeinanderfolge der rund 80 damals bekannten chemischen Elemente offenbarte, ließ kaum einen Zweifel darüber, daß man es in ihnen nur mit verschiedenartigen Kombinationen derselben Urbestandteile, nicht aber mit letzten, unabhängigen Wesenheiten zu tun habe. Freilich war zunächst nur das Problem, welches namentlich durch den Erfolg der DALTONschen qualitativen Atomistik in den Hintergrund gedrängt war, wieder in das Bewußtsein der Chemiker gerufen; ein Weg zu seiner Lösung war nirgends zu erblicken, seit PROUTS Gedanke, daß der Wasserstoff das Urelement sei, wegen der Nicht-Ganzzahligkeit der Atomgewichte der schwereren Elemente (bezogen auf $H = 1$) hatte aufgegeben werden müssen.

Erst die mit der Elektronentheorie und Radioaktivität einsetzende Entwicklung brachte hier Aufklärung. Eines der wichtigsten Ergebnisse der Forschungen über die Kathodenstrahlen und verwandten Phänomene war der Nachweis, daß aus jeder Art Materie stets die gleichen negativen Elektrizitätsteilchen in Freiheit gesetzt werden können, daß also die *Elektronen* einen gemeinsamen Baustein aller chemischen Elemente darstellen. Einen anderen gemeinsamen Baustein lehrte die Radiumforschung kennen;

es zeigte sich, daß sämtliche α-strahlenden Radioelemente zweifach positiv geladene Heliumatome ausschleudern, somit in den schweren radioaktiven Atomen als unmittelbare Bestandteile *Heliumkerne* anzunehmen sind. (Daß die β-Strahlen der radioaktiven Substanzen sich als identisch mit den Elektronen erwiesen, war eine weitere Stütze der Ansicht, daß die Elektronen Bausteine sämtlicher Atome sind.) Endlich ist es in den letzten Jahren RUTHERFORD und seinen Mitarbeitern gelungen, als dritten unmittelbaren Baustein in manchen Atomen *Wasserstoffkerne* experimentell nachzuweisen; wenn sie nämlich Bor, Stickstoff, Fluor, Natrium, Aluminium oder Phosphor mit den α-Strahlen eines starken Präparates bombardierten, konnten sie durch Szintillationsbeobachtungen an Zinksulfidschirmen feststellen, daß neue Strahlen von abnorm großen Reichweiten entstanden. Die nähere Untersuchung zeigte, daß es sich hier um positive Wasserstoffkerne handelte, deren Herkunft, Geschwindigkeit und Richtung sich nur so deuten ließ, daß durch das heranfliegende α-Teilchen das Atom des getroffenen Elementes zertrümmert und dabei H-Kerne, die vorher durch einen uns den physikalischen Kräften nach noch nicht näher bekannten Mechanismus innerhalb des Atomkerns festgehalten waren, nun in Freiheit gesetzt und mit explosionsartiger Heftigkeit fortgeschleudert wurden [86] [90] [91] [92] [87].

Experimentell nachgewiesen sind somit heute als Urbestandteile der schwereren Elemente Heliumkerne, Wasserstoffkerne und Elektronen*); darüber hinaus muß es aber als wahrscheinlich bezeichnet werden, daß auch die Heliumkerne nicht unzerlegbar, sondern aus vier Wasserstoffkernen aufgebaut sind; daß die Zertrümmerung der Heliumkerne bisher noch nicht gelungen ist, hat seinen Grund wahrscheinlich bloß darin, daß die Energie eines fliegenden α-Teilchens nicht ausreicht, um die Zerlegung zu bewirken. Der Umstand, daß die Masse eines Heliumatoms (4,00) wesentlich geringer ist als die von vier Wasserstoffatomen ($4 \times 1,008 = 4,032$) ist im Sinne der Relativitätstheorie so zu deuten, daß bei der Aggregation der vier Wasserstoffatome große Energiemengen frei werden, die bei der Zerlegung wieder aufgewendet werden müßten; und zwar läßt sich berechnen, daß dazu etwa dreimal so viel Energie erforderlich wäre, als sie ein α-Teilchen von Radium C besitzt [60] [113]). Jedenfalls sind Heliumkerne als äußerst stabile Gebilde anzusehen, welche darum auch beim Zerfall der radioaktiven Atome intakt als α-Strahlen entweichen. Daß sie auch in leichteren Atomen als Bausteine vorhanden sind, wird dadurch wahrscheinlich gemacht, daß häufig die Atomgewichtsdifferenz auch leichter Elemente — und zwar im allgemeinen zweier nicht benachbarter — ungefähr vier Einheiten beträgt [94]); z. B. (in abgerundeten Werten) C = 12, O = 16, Ne = 20, Mg = 24, Si = 28, S = 32. Da aber zwischen unmittelbar aufeinander folgenden Elementen die Differenz oft nur 1, bzw. 3 aus-

---

*) Teilchen von der Masse 3, die RUTHERFORD neben den H-Teilchen aufgefunden zu haben glaubte [90]), scheinen nach seinen späteren Untersuchungen [87]) nicht vorhanden zu sein.

macht, müssen wir auch aus diesem Grunde neben Helium noch auf einen leichteren materiellen Betandteil des Kerns zusammengesetzter Atome schließen, als welcher unter den uns bekannten Elementen nur Wasserstoff in Betracht kommen kann. Mit dieser Auffassung stimmt das experimentelle Ergebnis sehr gut überein, daß gerade jene Elemente, aus denen H-Strahlen erhalten werden konnten, Atomgewichte besitzen, welche nicht ganze Vielfache von 4 sind, man also von vornherein annehmen mußte, daß in ihnen neben He-Kernen auch H-Kerne vorhanden sind. Aus Elementen wie Kohlenstoff (Atomgewicht 12,00), Sauerstoff (16,00) oder Schwefel (32,07), deren Atomgewichte durch 4 teilbar sind, konnten bisher keine H-Strahlen erzeugt werden.

Folgende Tabelle 1 gibt einen Überblick über den wahrscheinlichen Kernaufbau der Elemente, die bisher durch α-Strahlen aufgespalten worden sind:

Tabelle 1.
Wasserstoff enthaltende Atomkerne*).

Element	Atomgewichte	Zahl der Heliumkerne (Masse 4)	Zahl der Wasserstoffkerne (Masse 1)
Bor	10; 11	2	2; 3
Stickstoff	14	3	2
Fluor	19	4	3
Natrium	23	5	3
Aluminium	27	6	3
Phosphor	31	7	3

Die Kerntheorie der Atome von Rutherford und Bohr nimmt bekanntlich an, daß sich der materielle Teil jedes Atoms in seinem Innern auf einem verschwindend kleinen Raum befindet und eine positive Ladung trägt, welche gleich groß ist, wie die Platznummer des betreffenden Elements im periodischen System, während eine numerisch gleiche Zahl von negativen Elektronen in verschiedenen Bahnen um diesen Kern kreisen[88][8]). Der Radius des Atoms ist der Größenordnung nach 10^{-8}, der eines Elektrons schätzungsweise 10^{-13}, und der des positiven H-Kerns, welcher nach einem Vorschlag Rutherfords »Proton« genannt wird[85]), nur 10^{-16} cm**). Da die Atome im Normalzustand neutral sind, muß zu jedem positiven H-Kern ein Elektron vorhanden sein, zu jedem He-Kern, welcher zwei positive Ladungen trägt — wie sich am anschaulichsten in der doppelten Ladung der α-Teilchen zeigt — zwei Elektronen. Diese Elektronen müssen aber nicht sämtlich außerhalb des Kerns kreisen. Ebenso wie im Heliumkern selber offenbar neben den vier H-Kernen bereits zwei Elektronen

---

*) Vgl. auch Tabelle 5 S. 385.
**) Das »Proton« ist demnach das Teilchen kleinster Dimension, welches wir kennen.

vorhanden sind, wodurch seine Ladung von $+4$ auf $+2$ herabgesetzt wird, müssen wir auch in den Kernen der schwereren Atome neben den H- und He-Kernen noch Elektronen annehmen. Dies geht schon aus der Tatsache hervor, daß die typischen β-Strahler unter den Radioelementen Elektronen zweifellos aus dem Kern aussenden, wie man daran erkennt, daß als Folge des verlorenen β-Teilchens ihre Kernladungszahl — und daher auch ihre Platznummer im periodischen System — um eins vermehrt erscheint.

Die Kernladungszahl ist demnach gleich der algebraischen Summe der im Kern vorhandenen positiven und negativen Ladungseinheiten; die kreisenden Elektronen ergänzen diese Summe auf Null. Mit Sicherheit können wir sagen, daß z. B. im Urankern, entsprechend den 6 β-strahlenden Tochtersubstanzen UX_1, UX_2, Ra B, Ra C, Ra D und Ra E, zumindest 6 Elektronen vorhanden sein müssen. Daß diese Zahl aber wesentlich größer ist, ergibt ein Vergleich der Atomgewichte mit den Kernladungszahlen; letztere müßten stets die Hälfte der Atomgewichte betragen, wenn das betreffende schwere Atom nur aus Heliumkernen (Masse $= 4$, Ladung $= 2$) aufgebaut wäre. Da etwa vom Atomgewicht 40 an aber die Ladung unter diesem Wert zurückzubleiben beginnt, ist es wahrscheinlich, daß von dieser Stelle des periodischen Systems an Elektronen sich am Kernaufbau beteiligen. Eine Schätzung ergibt für die schweren Radioelemente bereits einen Elektronengehalt von 20 bis 30; Thorium z. B. hat das Atomgewicht 232 und die Ordnungszahl 90; unter der Vermutung, daß der Thoriumkern aus 58 He-Kernen besteht, denen 116 positive Ladungen entsprechen, müssen, da die effektive Kernladung nur 90 ist, 26 Elektronen im Kern angenommen werden. Wenn nicht nur He-, sondern auch H-Kerne im Thoriumkern vorhanden sind, ergibt die Berechnung eine noch höhere Zahl von Kernelektronen, da das Verhältnis Ladung zu Masse bei Wasserstoff doppelt so groß wie bei Helium ist [44] [52] [43].

Es ist auch möglich gewesen, sich nähere Vorstellungen darüber zu bilden, in welcher Weise die Kernelektronen angeordnet sind [64]. Da nämlich sehr häufig in den radioaktiven Zerfallsreihen auf einen α-Strahler zwei β-Strahler, oder auf einen β-Strahler ein α- und ein β-Strahler folgen, ist es wahrscheinlich, daß sich im Kern der radioaktiven Atome Gruppen befinden, bestehend aus einem He-Kern und 2 Elektronen, die durch Verlust eines ihrer Bestandteile instabil werden, so daß die beiden anderen Komponenten der Gruppe bald danach ausgeschleudert werden müssen. Analog kann man aus der Tatsache, daß an anderen Stellen der Zerfallsreihen mehrere α-Strahler aufeinander folgen, den Schluß ziehen, daß im Kern auch Gruppen von He-Kernen ohne Elektronen vorkommen, die ebenfalls, einmal instabil geworden, alle ihre Komponenten ausschleudern, ehe der Zerfall an einer anderen Gruppe des Kerns angreift. Wenn man die durch je 2 Elektronen neutralisierten He-Kerne mit dem Buchstaben α', die zugehörigen Elektronen mit β, die Heliumkerne mit freier Ladung mit α, die neutralisierten Wasserstoffkerne mit H, die sie neutralisierenden Elektronen mit e bezeichnet, kann man sagen, daß die α'-Teilchen und H-Teilchen die Ursache sind, warum das Atomgewicht der schweren Elemente mehr als das Doppelte der Ordnungszahl beträgt. Beispielsweise würde der Kern des Urans (Atomgewicht $238 = 59 \times 4 + 2$; Ordnungszahl 92) aus folgenden N Bestandteilen sich aufbauen lassen:

$$N = 46\,\alpha + 13\,(\alpha' + 2\,\beta) + 2\,H + 2\,e.$$

Näher wollen wir auf die Spekulationen, in welcher Weise die Bestandteile der schweren Atome angeordnet sein können, nicht eingehen; das Gesagte dürfte ausreichend sein, um zu erläutern, daß wir den Weg bereits erblicken, wie aus zwei Urbestandteilen — den positiven, mit Masse begabten Protonen und den negativen Elektronen — sich die Mannigfaltigkeit der chemischen Elemente aufbaut. Wir erkennen, daß die alte Hypothese von PROUT in modifizierter Form hier ihre Auferstehung feiert. (Wie die Abweichungen der Atomgewichte von der Ganzzahligkeit zu erklären sind, wird im folgenden Abschnitt noch zu besprechen sein.) Besonders verdient aber noch hervorgehoben zu werden, daß ein dem heutigen sehr ähnlicher Standpunkt in der Frage Urmaterie und Vielheit der chemischen Elemente bereits von ROBERT BOYLE eingenommen worden ist*). Bekannt ist, daß BOYLE den für die Chemie grundlegenden Begriff der qualitativen chemischen Elemente schuf, von denen eine beliebig große Zahl rein auf Grund der analytisch-chemischen Erfahrung angenommen werden sollte. Diese qualitativ verschiedenen chemischen Elemente haben später, namentlich infolge der Stellungnahme von LAVOISIER und DALTON, den Gedanken an eine Urmaterie ganz verdunkelt. BOYLE selber aber betrachtete die chemischen Elemente nur als unentbehrlichen Hilfsbegriff für die chemische Praxis; als Theoretiker und Philosoph hielt er mit Entschiedenheit an der Vorstellung einer Urmaterie fest und suchte die qualitative Verschiedenheit der Stoffe in völlig modern anmutender Weise zu erklären durch verschiedene Zahl- und Aneinanderlagerung der kleinsten Teilchen des Urstoffes. Wenn bei chemischen Verbindungen und Trennungen die Elemente erhalten bleiben, so kann dies nach seiner Überzeugung nur beruhen auf einer *relativen* Beständigkeit ihrer Teilchen; die »corpuscula auri et mercurii« z. B. sind nach BOYLES Theorie selber zusammengesetzt aus kleineren Partikeln, gehen aber »illaesa manente ipsorum natura« in die verschiedensten chemischen Verbindungen ein [13]).

Mit bewundernswertem Tiefblick hat BOYLE — darin größer als seine Nachfolger LAVOISIER, DALTON und MENDELEJEFF — schon vor einem Vierteljahrtausend im Prinzip denselben Weg eingeschlagen, um die Viel-

---

*) Man findet jetzt öfters die Behauptung, daß BOYLES Elementbegriff nicht mehr aufrecht erhalten werden könne. Indessen muß gerade sein Weltbild als Vorläufer der heutigen Theorien genannt werden [72]).

heit der chemischen Grundstoffe mit seinem Bedürfnis nach einheitlicher Welterklärung zu versöhnen, wie auf Grund eines unendlich reicheren Tatsachenmaterials die heutige Wissenschaft. Ihm fehlte jede Möglichkeit, experimentell die Zusammengesetztheit von Stoffen zu beweisen, die die stärksten Mittel der damaligen chemischen Analyse nicht zerlegen konnten, und die Behauptung des komplizierten Aufbaus der Atome aller chemischen Elemente war bei ihm zunächst nur philosophisches Postulat. Doch wenn er erklärte, daß »Teilchen zusammengesetzter Natur bei allen gewöhnlichen chemischen Vorgängen als unzerlegbar betrachtet werden können«[14]), war es nur selbstverständlich, daß er andererseits doch auch stets mit der Möglichkeit rechnete, daß ein besonders wirksames Agens aufgefunden werden könnte, welches imstande wäre, daß »Gefüge dieser zusammengesetzten Teilchen zu zerstören, indem es ihre Bestandteile auseinander reißt«[15]). Ein »agens subtile et potens« muß es nach BOYLES Worten sein[14]). Dieses fein-angreifende und kraftvolle Werkzeug, welches den allen chemischen Einwirkungen gegenüber stabilen Atombau auseinander zu reißen vermag, hat bereits RAMSAY »mit seinem charakteristischen Instinkt für die Wahl der besten Angriffslinie«[87]) in den α-Strahlen der radioaktiven Substanzen vermutet — dabei aber die Größenordnung der Wirkung weit überschätzt —, und RUTHERFORD mittels einer aufs äußerste verfeinerten Experimentierkunst als tatsächlich vorhanden nachgewiesen.

2. Die Reihenfolge und Ganzzahligkeit der Atomgewichte.

MENDELEJEFF und seine ersten Nachfolger waren von der ausnahmslosen Gültigkeit des periodischen »Gesetzes« — zum Unterschied von einer grammatikalischen »Regel«[68]) — überzeugt, und eine große Anzahl von Experimentaluntersuchungen ist aufgewendet worden, um zu beweisen, daß in allen jenen Fällen, wo die Reihenfolge der Atomgewichte nicht mit der Anordnung der Elemente nach chemischen Gesichtspunkten übereinstimmte, die Atomgewichte ungenau bestimmt oder als falsche Multipla der Äquivalentgewichte berechnet worden seien. Vielfach haben sich tatsächlich die geforderten Korrekturen bewährt (z. B. bei Beryllium, Indium, Uran und den Platinmetallen), doch blieben drei Elementpaare übrig, die nach ihrem chemischen Verhalten eine umgekehrte Einreihung erforderten, wie nach ihren Atomgewichten: Argon (39,9) mußte vor Kalium (39,10), Tellur (127,5) vor Jod (126,92) und Kobalt (58,97) vor Nickel (58,68) gestellt werden*). Sehr viel Scharfsinn (Annahme höherer Homologer u. dgl.) ist aufgewendet worden, um diese störenden

---

*) Wenn Protactinium das Atomgewicht 230 besitzt und man nur die langlebigsten Arten der Elemente 90 (Thor) und 91 (Protactinium) berücksichtigt, liegt hier eine vierte Unstimmigkeit in der Reihenfolge der Atomgewichte vor[41]). Das Atomgewicht 234 aber, welches für Protactinium auch in Betracht kommt, würde in die Reihe passen.

Unregelmäßigkeiten des Systems zu deuten *), doch erst die Entdeckung der *Isotopie* hat den richtigen Weg zur Erklärung gewiesen.

Als erster hat FREDERICK SODDY die fundamentale Bedeutung der Untrennbarkeit mancher Radioelemente klar erkannt und bereits im Jahre 1910 die Möglichkeit diskutiert, daß die gewöhnlichen Elemente Gemische von Isotopen seien, wodurch »das Fehlen einfacher Zahlenbeziehungen zwischen den Atomgewichten nicht mehr erstaunlich, sondern selbstverständlich erscheinen würde«[102])**). Die Ansicht von SODDY, die sich damals nur auf seine eigenen Beobachtungen an untrennbaren Radioelementen[101]) und die vorausgegangenen Arbeiten von McCoy und Ross[21]), BOLTWOOD[11]), MARCKWALD und KEETMANN[63]), STRÖMHOLM und SVEDBERG[108]) und HAHN[40]) stützen konnte, und seine im Jahre 1911 aufgestellte »Verschiebungsregel« für α-Strahlen[96]) wurden mehr und mehr bestätigt und erweitert durch genaue Experimentaluntersuchungen über chemische Untrennbarkeit, Spektrum, elektrochemischen Charakter und Diffusionsgeschwindigkeit von Radioelementen (FLECK[34], EXNER und HASCHEK[30]), RUSSELL und ROSSI[82]), HEVESY[46]) u. a.). Im Jahre 1913 konnte RUSSELL[83]) eine weitgehend richtige und kurz darauf FAJANS[31]) und SODDY[98]) die ausnahmslos gültige »Verschiebungsregel« für α- und β-strahlende Radioelemente aufstellen. Hierdurch bekam der Isotopie-Gedanke eine neue Stütze, namentlich auch infolge der anschließenden Atomgewichtsbestimmungen an verschiedenen Bleiarten, die von HÖNIGSCHMID[51]), RICHARDS[80]), SODDY[103])[100]) und ihren Mitarbeitern ausgeführt wurden ***).

Ganz unabhängig von dieser Linie der Entwicklung führte auch die Analyse der positiven Strahlen im Jahre 1913 J. J. THOMSON und ASTON zur Auffindung der Isotopie beim Neon[111]). Volle theoretische Klarheit erhielt das Gebiet durch die im Anschluß an Versuche von GEIGER und MARSDEN[35]) über Zerstreuung von α-Strahlen entworfene Atomtheorie von RUTHERFORD[88]) und besonders die Untersuchung von MOSELEY[71]) über die Röntgenspektren der chemischen Elemente, welche eine direkte Bestimmung der Kernladung der Atome ermöglichte und das allgemeine Gesetz enthüllte, von dem die oben genannte »Verschiebungsregel« ein Spezialfall ist[99]).

Wir wissen heute, daß die Stellung eines chemischen Elementes im periodischen System nicht durch sein Atomgewicht, sondern durch seine Kernladungszahl bestimmt ist, und daß sich diese Größe von Element zu

---

*) Die einschlägigen Arbeiten über das Tellur sind in einer Monographie zusammengestellt[77].

**) Der Terminus »Isotop«, d. h. an dieselbe Stelle (des periodischen Systems) gehörig, wurde von SODDY 1913 in Vorschlag gebracht[97].

***) Auch schon vor Aufstellung der »Verschiebungsregel« nahmen manche Forscher (RUSSELL[84], HEVESY[47]) für Blei aus Uranmineralien ein niedrigeres Atomgewicht als für gewöhnliches Blei an.

Element um eine Einheit ändert *). Der Kern des Wasserstoffatoms trägt die positive Ladung 1, der des Heliumatoms 2, usw. bis zum Uran mit der Kernladungszahl 92. In welcher Weise das Atomgewicht mit der Kernladungszahl ansteigt, wurde schon im vorigen Abschnitt besprochen: bis zur Kernladungszahl 20 (Calcium) ist es rund doppelt so groß, von da an beträgt es mehr als das Doppelte.

Doch können wir streng genommen überhaupt nicht von dem »Atomgewicht eines Elements« reden, wenn wir nicht wissen, ob dieses Element aus einer einzigen Atomart besteht; da auf radioaktivem Gebiet beobachtet worden war, daß ein Gemisch zweier verschiedener Atomarten sich völlig wie ein einheitliches chemisches Element verhalten kann, mußte nach SODDYS oben erwähnter Ansicht auch bei jedem gewöhnlichen Element mit der Möglichkeit gerechnet werden, daß es aus einem Gemisch mehrerer Atomarten bestünde**). Eine direkte Probe ist durch die Analyse der Elemente mittels positiver Strahlen zuerst ASTON [2]) [4]) [5]) und nach einer etwas anderen Methode DEMPSTER.[26]) gelungen. Sie hat als wichtigstes Resultat ergeben, daß tatsächlich eine große Anzahl der bisher untersuchten chemischen Elemente keine »*Reinelemente*«, sondern »*Mischelemente*«, d. h. aus mehr als einer Atomart aufgebaut sind***); daß die Gewichte der einzelnen Atomarten stets ganzzahlig sind (bezogen auf $O = 16,00$); und daß die gebrochenen Zahlen der durch chemische Analyse gefundenen »Verbindungsgewichte« nur Mittelwerte aus den in konstantem Verhältnis gemischten ganzzahligen »Atomgewichten« sind.

Folgende Tabelle gibt die von ASTON und DEMPSTER bisher erhaltenen Resultate wieder, wobei die Atomarten bei jedem Element in der Reihenfolge angeführt sind, wie es ihrem Mengenverhältnis im natürlichen Mischelement — absteigend geordnet — entspricht†). Die zweifelhaften sind mit einem Fragezeichen versehen.

---

*) RYDBERG hat schon im Jahre 1897 in einer auch heute noch lesenswerten Abhandlung ausgesprochen, daß »bei Untersuchungen über das periodische System die Ordnungszahlen der Grundstoffe anstatt der Atomgewichte als unabhängige Veränderliche benutzt werden müssen« [93]); die physikalische Bedeutung der »Ordnungszahl« als Anzahl der positiven Ladungen des Atomkerns konnte erst auf dem Boden der RUTHERFORDschen Atomtheorie gefunden werden [16]) [8]) [71]).

**) In verschiedenartiger Ausprägung haben denselben Gedanken früher SCHÜTZEN-BERGER [95]), BUTLEROW [17]), CROOKES [23]) [24]) und BOLTZMANN [12]) entwickelt; eine sichere experimentelle Stütze hat er aber erst durch das Studium der untrennbaren, aber durch Atomgewicht und Strahlung unterscheidbaren Radioelemente erhalten. Schon vor SODDY haben auf Grund radiochemischer Tatsachen STRÖMHOLM und SVEDBERG [109]) die Möglichkeit hervorgehoben, daß die gewöhnlichen Elemente »Gemische von mehreren gleichartigen Elementen von ähnlichen, aber nicht völlig identischen Atomgewichten« seien und daß darauf die Unregelmäßigkeit der Atomgewichtswerte beruhe. Wie man sieht, hat sich die Fruchtbarkeit dieses grundlegenden Gedankens erst verhältnismäßig spät gezeigt.

***) Die Einführung der Termini »Reinelement« und »Mischelement« wurde im Zusammenhang mit der veränderten Elementdefinition empfohlen [72]) (vgl. Abschnitt 3 S. 386).

†) Mit welcher Genauigkeit ASTON imstande ist, das Verbindungsgewicht eines Mischelements aus der Intensität der Linien seiner Atomarten im Massenspektrum zu

Tabelle 2.

Atomarten der Elemente.

Ordnungszahl	Element	Verbindungsgewicht	Gewichte der Atomarten
1	Wasserstoff	1.008	1.008
2	Helium	4.00	4
3	Lithium	6.94	7, 6
4	Beryllium	9.1	9
5	Bor	10.8	11, 10
6	Kohlenstoff	12.00	12
7	Stickstoff	14.008	14
8	Sauerstoff	16.000	16
9	Fluor	19.00	19
10	Neon	20.2	20, 22, 21?
11	Natrium	23.00	23
12	Magnesium	24.32	24, 25, 26
14	Silicium	28.3	28, 29, 30?
15	Phosphor	31.04	31
16	Schwefel	32.07	32
17	Chlor	35.46	35, 37, 39?
18	Argon	39.9	40, 36
19	Kalium	39.10	39, 41
20	Calcium	40.07	40?, 44?
26	Eisen	55.85	56, 54?
28	Nickel	58.68	58, 60
30	Zink	65.37	64?, 66?, 68?, 70?
33	Arsen	74.96	75
35	Brom	79.92	79, 81
36	Krypton	82.92	84, 86, 82, 83, 80, 78
37	Rubidium	85.5	85, 87
50	Zinn	118.7	120,118,116,124,119,117,122,121?
53	Jod	126.92	127
54	Xenon	130.2	129, 132, 131, 134, 136, 128, 130
55	Cäsium	132.8	133
80	Quecksilber	200.6	197—200?, 202, 204

Es ist bemerkenswert, daß trotz der großen Zahl der Atomarten, die aufgefunden worden sind, und die, wie erwähnt, nur die Plätze der ganzen Zahlen einnehmen, noch kein Fall sicher bekannt ist, in dem Atome zweier verschiedener Elemente dasselbe Gewicht haben. Solche »*Isobare*« [107]) kennen wir im Gebiet der radioaktiven Substanzen gut — sie entstehen immer, wenn

schätzen, zeigte besonders der Fall des Bors. Für dieses Element wurde bis vor kurzem ein Verbindungsgewicht von 10·90 angenommen; ASTON fand aber, daß die Atomart 11 im Spektrogramm sicher nicht 9 mal so stark vertreten ist, wie die Atomart 10, und schloß daraus, daß das Verbindungsgewicht nur 10·75 ± 0·07 sein könne. Tatsächlich hat die neueste Revision dieses Wertes durch HÖNIGSCHMID und BIRCKENBACH [50]) den Wert 10·82 ergeben.

ein Element durch β-Strahlung aus seinem Mutterelement hervorgeht —
und es ist auffallend, daß ihre Zahl bei den stabilen Elementen so gering
ist*). Man vergleiche etwa die Besetzung der Atomgewichte 1 bis 40 und 78
bis 87 in Abb. 1, die gut erkennen läßt, wie kunstvoll, möchte man
fast sagen, die Atomarten einander ausweichen. Da der Unterschied
im Aufbau der Kerne zweier Isobare im Besitz von β-Teilchen liegt,
spricht ihr spärliches Vorkommen ebenso wie die unten folgenden Überlegungen für die Instabilität vereinzelter β-Teilchen im Atomkern.

Die Anzahl der Isotope eines Elements und der Spielraum ihrer Atom-
gewichte scheint ziemlich enge Grenzen zu haben; die meisten stabilen
Atomarten, nämlich 7 oder 8, wurden bisher beim Zinn entdeckt; die größte
Atomgewichtsdifferenz, 8 Einheiten, findet sich beim Krypton und Xenon**).

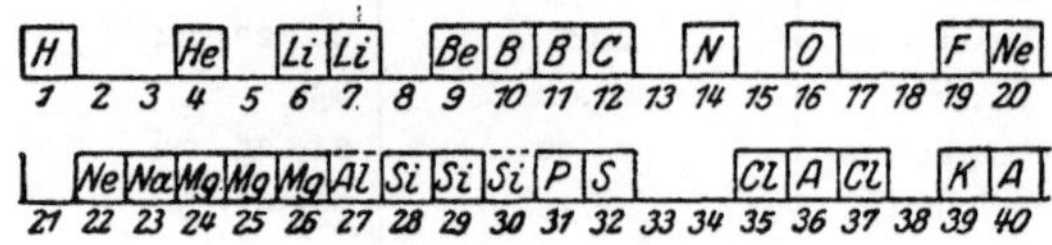

Abb. 1.   Verteilung der Atomarten auf die ganzzahligen Atomgewichte 1 bis 40 und 78 bis 87.

Welches Gesetz aber das Auftreten der Isotope beherrscht, ist uns noch
unbekannt, hier stehen zweifellos in Zukunft noch wichtige Entdeckungen
bevor. Gewisse Regelmäßigkeiten hat man schon nach der Verteilung
der Atomarten auf die verschiedenen Kernladungszahlen aufstellen können,
wie etwa die, daß die Zahl der Elektronen im Kern gerade zu sein pflegt —
dies folgt aus der Tatsache, daß zu geraden Kernladungen meist auch
gerade Atomgewichte gehören, und zu ungeraden Kernladungen ungerade
Atomgewichte [2]) —, und daß Atomarten, deren Kerne negative Elektronen
enthalten, die keinem Neutralteil angehören, instabil zu sein scheinen.
(LISE MEITNER[64]), FAJANS[33]); man vergleiche das im vorigen Abschnitt über
den Aufbau radioaktiver Kerne aus α'-Teilchen und H-Kernen $+$ β-Teil-
chen Gesagte.)

Die große Zahl der Atomarten mancher Elemente und ihr anscheinend
beliebiges Mischungsverhältnis muß es uns heute, wo wir die Gesetze ihres
Auftretens noch nicht erkannt haben, fast als wunderbarer erscheinen

---

*) Es ist anzunehmen, daß in verschiedenen Fällen, z. B. beim Calcium und beim
Selen, sich Isobare mit andern Elementen werden finden lassen.

**) Wenn wir auch instabile Atomarten zählen, ist die Zahl der Isotope und
der Streubereich ihrer Gewichte beim Blei ebenso groß (s. Tabelle 3, S. 378); eine
Atomgewichtsdifferenz von 8 zeigen ferner auch die Poloniumarten (S. 379).

lassen, daß die Verbindungsgewichte der natürlich vorkommenden Mischelemente im allgemeinen mit der Atomnummer ansteigen, als daß in den drei erwähnten Fällen eine Ausnahme von dieser Regel stattfindet. Folgende Abb. 2, welche die Isotope von benachbarten Halogenen, Edelgasen und Alkalimetallen darstellt, wird dies noch anschaulicher machen [2]. Die Isotope der Halogene sind durch weiße Felder, die der Edelgase durch gestreifte und die der Alkalimetalle durch schwarze kenntlich gemacht, wobei die Höhe der Felder die relative Menge der betreffenden Atomart im natürlichen Mischelement angibt. Man erkennt aus dem verschiedenartigen Anblick der vier Diagramme sofort, daß keinerlei Regelmäßigkeit innerhalb der Gruppen vorhanden ist; die Zahl der Isotope nimmt bei den Edelgasen mit steigendem Atomgewicht zu, während das schwerste Halogen und

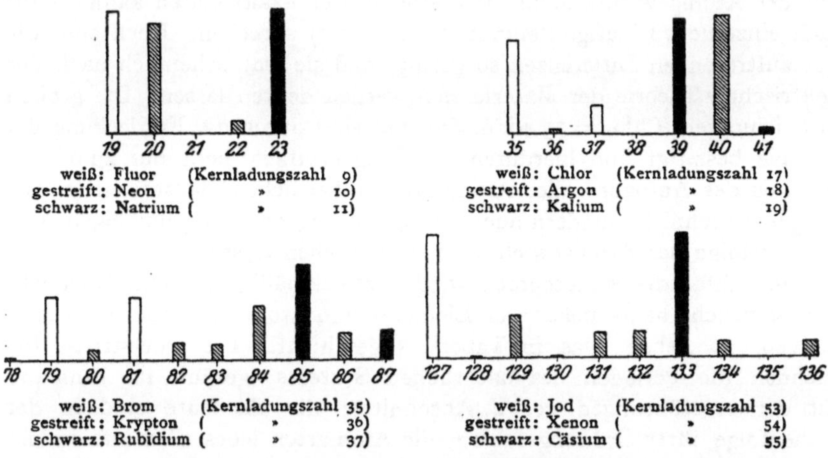

Abb. 2. Atomgewichte und Mengenverhältnis der Isotope der Halogene (weiß), Edelgase (gestreift) und Alkalimetalle (schwarz).

schwerste Alkalimetall »Reinelemente« sind, d. h. nur aus einer Atomart bestehen. Man sieht ferner, daß die Anomalie in der Stellung Argon-Kalium offenbar darauf beruht, daß beim Argon die schwerere Atomart weitaus überwiegt, beim Kalium die leichtere. Wären die Mengen der Atomarten in beiden Fällen gleichmäßig verteilt, dann käme Kalium auch nach dem Verbindungsgewicht, nicht nur nach der Kernladungszahl, nach Argon zu stehen. Ebenso sind auch beim Nickel bereits zwei Atomarten nachgewiesen worden und zwar ist die Atomart 58 stärker vertreten als die Atomart 60; wäre das Umgekehrte der Fall, dann würde Nickel ein Verbindungsgewicht größer als Kobalt besitzen, also auch keine Ausnahme im periodischen System mehr bilden.

Mit der Entdeckung, daß die wahren Atomgewichte ganzzahlig sind, fällt auch das Bedenken, das bisher der PROUTschen Hypothese entgegenstand; an die Stelle der unregelmäßig verteilten und häufig gebrochene

Zahlen darstellenden Verbindungsgewichte treten die Atomgewichte, wie
sie aus Tabelle 2 zu ersehen sind, als jene Konstanten, denen eine reale Bedeutung für die Frage des Atombaues zukommt. Allerdings ist nicht,
wie PROUT annahm, Wasserstoff der hauptsächliche Baustein, sondern
Helium, wie im vorigen Abschnitt besprochen; darum sind die Atomgewichte auch nur ganzzahlig, wenn sie nicht auf Wasserstoff, sondern
auf den aus vier Heliumkernen aufgebauten Sauerstoff bezogen werden*).
Bei der Kondensation von Wasserstoff zu Helium tritt der sogenannte
»Packeffekt« ein, d. h. Massenverlust infolge Energieabgabe bei besonders
dichter Packung. (RUTHERFORD [89], HARKINS [44] [45].) Übrigens muß betont
werden, daß das Auftreten eines ähnlichen Effektes auch beim Aufbau
der schwereren Atome anzunehmen ist, so daß die Regel der Ganzzahligkeit der Atomgewichte nicht als mathematisch-exakt gelten kann, wofür
auch einzelne vorläufige Befunde von ASTON [4] sprechen. Doch sind die
hier auftretenden Differenzen so gering, daß sie wahrscheinlich nach der
elektrischen Theorie der Materie sich werden deuten lassen. Die großen
Abweichungen (Chlor $= 35,46$ u. dgl. m.) sind durch die Entdeckung der
Isotopie beseitigt und hierdurch der Weg eröffnet nicht nur zum Verständnis des Aufbaues aller Atome aus einheitlichen Bausteinen (s. den
vorigen Abschnitt), sondern auch zur Erklärung der unregelmäßigen Aufeinanderfolge der Atomgewichte im periodischen System.

Am Schluß dieses Abschnitts wird es zweckmäßig sein, eine Übersicht
über sämtliche heute bekannten Elemente und Atomarten, auch die radioaktiven, zu geben, was in Tabelle 3 geschieht. Die Querstriche bezeichnen die Perioden des natürlichen Systems, gezählt im Einklang
mit den Ausführungen des 4. Abschnitts; die Elemente sind in der
Reihenfolge ihrer Ordnungszahlen, die Atomarten jedes Elements in der
Reihenfolge ihrer Gewichte geordnet, ohne daß auf das Mengenverhältnis,
in dem sie im natürlichen Mischelement vertreten sind, Rücksicht genommen wird (diesbezüglich ist Tabelle 2 einzusehen). Die 4. Spalte
gibt das »Verbindungsgewicht« des natürlichen Mischelements an. Die
folgenden Spalten sind nur bei jenen Elementen ausgefüllt, bei denen
wir auf Grund von massenspektroskopischen oder radiologischen Untersuchungen etwas über Atomarten und Atomgewichte aussagen können;
man erkennt die großen Lücken, die unsere Kenntnisse hier noch aufweisen. Bei den inaktiven Elementen genügt zur Benennung der Atomarten mangels besonderer Eigenschaften die Anführung des Atomgewichts
(z. B. Lithium$_6$ und Lithium$_7$), bei den radioaktiven erscheinen hier
sinngemäß als Atomarten eines und desselben chemischen Elementes Substanzen von ganz verschiedenen radioaktiven Eigenschaften und dem-

---

*) Wenn Wasserstoffkerne als selbständige Bausteine neben den Heliumkernen
vorhanden sind (vgl. Tabelle 1, S. 365), ist ein Überschuß über die Ganzzahligkeit,
bezogen auf Sauerstoff zu erwarten; vielleicht erklärt sich daraus, daß die Stickstoff-
atome das Gewicht 14,008, die Phosphoratome das Gewicht 31,04 haben [91].

entsprechend auch ganz verschiedenen Namen, die aber, einmal miteinander vermischt, durch kein chemisches Verfahren wieder getrennt werden können (z. B. als Atomarten des chemischen Elementes Aktinium, sowohl das Aktinium im engeren Sinn, Ac, als das Mesothorium 2, Ms Th_2). Die kursiv gedruckten Elemente und Atomarten sind radioaktiv; die kursiv gedruckten Atomgewichte sind nicht experimentell bestimmt, sondern auf Grund der genetischen Zusammenhänge berechnet. Die eingeklammerten kursiven Zahlen sind hypothetisch. Hierin schließen wir uns dem Vorgang der Deutschen Atomgewichtskommission [28]) an*).

Tabelle 3.
Verbindungsgewichte der chemischen Elemente und Atomgewichte ihrer Atomarten.

Ordnungszahl	Symbol	Name des Elementes	Verbindungs-gewicht	Name der Atomart	Atomzeichen	Atomgewicht
1	H	Wasserstoff	1,008	Wasserstoff	H	1,008
2	He	Helium	4,00	Helium	He	4,0
3	Li	Lithium	6,94	Lithium6		6,0
				Lithium7		7,0
4	Be	Beryllium.	9,1	Beryllium	Be	9,0
5	B	Bor	10,8	Bor10		10,0
				Bor11		11,0
6	C	Kohlenstoff. . . .	12,00	Kohlenstoff	C	12,0
7	N	Stickstoff.	14,008	Stickstoff	N	14,0
8	O	Sauerstoff	16,000	Sauerstoff	O	16,000
9	F	Fluor	19,00	Fluor.	F	19,0
10	Ne	Neon	20,2	Neon		20,0
				Neon21 ?		21,0 ?
				Neon22		22,0
11	Na	Natrium	23,00	Natrium.	Na	23
12	Mg	Magnesium	24,32	Magnesium24.		24
				Magnesium25.		25
				Magnesium26.		26
13	Al	Aluminium	27,1			
14	Si	Silicium	28,3	Silicium28		28,0
				Silicium29		29,0
				Silicium30 ?		30,0 ?

*) Bezüglich der Aufnahme neuer Forschungsergebnisse warten wir dagegen bei dieser für wissenschaftlichen Gebrauch bestimmten Tabelle nicht die Beschlüsse der jährlich zusammentretenden Kommission ab, aus Gründen, die bereits vor Erscheinen des ersten Kommissionsberichtes genannt worden sind [75].

(Fortsetzung.)

Ordnungszahl	Symbol	Name des Elementes	Verbindungs-gewicht	Name der Atomart	Atomzeichen	Atomgewicht
15	P	Phosphor	31,04	Phosphor	P	31,0
16	S	Schwefel	32,07	Schwefel	S	32,0
17	Cl	Chlor	35,46	$Chlor_{35}$		35,0
				$Chlor_{37}$		37,0
				$Chlor_{39}$?		39,0 ?
18	Ar	Argon	39,9	$Argon_{36}$		36,0
				$Argon_{40}$		40,0
19	*K*	*Kalium*	39,10	*$Kalium_{39}$**)		39
				$Kalium_{41}$		41
20	Ca	Calcium	40,07	$Calcium_{40}$?		40 ?
				$Calcium_{44}$?		44 ?
21	Sc	Skandium . . .	45,10			
22	Ti	Titan	48,1			
23	V	Vanadium . . .	51,0			
24	Cr	Chrom	52,0			
25	Mn	Mangan	54,93			
26	Fe	Eisen	55,85	$Eisen_{54}$?		54 ?
				$Eisen_{56}$		56
27	Co	Kobalt	58,97			
28	Ni	Nickel	58,68	$Nickel_{58}$		58
				$Nickel_{60}$		60
29	Cu	Kupfer	63,57			
30	Zn	Zink	65,37	$Zink_{64}$?		64 ?
				$Zink_{66}$?		66 ?
				$Zink_{68}$?		68 ?
				$Zink_{70}$?		70 ?
31	Ga	Gallium	69,9			
32	Ge	Germanium . . .	72,5			
33	As	Arsen	74,96	Arsen	As	75,0
34	Se	Selen	79,2			
35	Br	Brom	79,92	$Brom_{79}$		79,0
				$Brom_{81}$		81,0
36	Kr	Krypton	82,92	$Krypton_{78}$		78,0
				$Krypton_{80}$		80,0
				$Krypton_{82}$		82,0
				$Krypton_{83}$		83,0
				$Krypton_{84}$		84,0
				$Krypton_{86}$		86,0

---

*) Es ist nicht entschieden, ob beide oder nur eine der beiden Atomarten des Kaliums radioaktiv sind. Dasselbe gilt für Rubidium.

(Fortsetzung.)

Ordnungszahl	Symbol	Name des Elementes	Verbindungs-gewicht	Name der Atomart	Atomzeichen	Atomgewicht
37	*Rb*	*Rubidium*	85,5	*Rubidium*85 *)		85
				*Rubidium*87		87
38	Sr	Strontium	87,6			
39	Y	Yttrium	88,7			
40	Zr	Zirkonium	90,6			
41	Nb	Niobium	93,5			
42	Mo	Molybdän	96,0			
43	—	—	—			
44	Ru	Ruthenium	101,7			
45	Rh	Rhodium	102,9			
46	Pd	Palladium	106,7			
47	Ag	Silber	107,88			
48	Cd	Cadmium.	112,4			
9	In	Indium.	114,8			
0	Sn	Zinn.	118,7	Zinn116		116
				Zinn117		117
				Zinn118		118
				Zinn119		119
				Zinn120		120
				Zinn121 ?		121?
				Zinn122		122
				Zinn124		124
51	Sb	Antimon	120,2			
52	Te	Tellur	127,5			
53	J	Jod	126,92	Jod.	J	127
54	X	Xenon	130,2	Xenon128		128
				Xenon129		129
				Xenon130		130
				Xenon131		131
				Xenon132		132
				Xenon134		134
				Xenon136		136
55	Cs	Cäsium	132,8	Cäsium	Cs	133
56	Ba	Barium.	137,4			
57	La	Lanthan	139,0			
58	Ce	Cer	140,25			
59	Pr	Praseodym	140,9			
60	Nd	Neodym	144,3			
61	—	—	—			

*) Vgl. Anm. beim Kalium.

(Fortsetzung.)

Ordnungszahl	Symbol	Name des Elementes	Verbindungsgewicht	Name der Atomart	Atomzeichen	Atomgewicht
62	Sm	Samarium	150,4			
63	Eu	Europium	152,0			
64	Gd	Gadolinium	157,3			
65	Tb	Terbium	159,2			
66	Dy	Dysprosium	162,5			
67	Ho	Holmium.	163,5			
68	Er	Erbium	167,7			
69	Tu	Thulium	169,4			
70	Yb	Ytterbium	173,5			
71	Lu	Lutetium	175,0			
72	—	—	—			
73	Ta	Tantal	181,5			
74	W	Wolfram	184,0			
75	—	—	—			
76	Os	Osmium	190,9			
77	Ir	Iridium.	193,1			
78	Pt	Platin	195,2			
79	Au	Gold	197,2			
80	Hg	Quecksilber. . . .	200,6	Quecksilber$_{197-200}$ . .		197—200 (noch nicht aufgelöst)
				Quecksilber$_{202}$		202
				Quecksilber$_{204}$		204
81	Tl	Thallium	204,4			
				Aktinium C''	*Ac C''*	*(206)*
				Thorium C''.	*Th C''*	*208*
				Radium C''	*Ra C''*	*210*
82	Pb	Blei	207,2			
				Radium G (Uranblei) .	Ra G	206
				Aktinium D		*(206)*
				Thorium D (Thorblei).	Th D	208
				Radium D	*Ra D*	*210*
				Aktinium B	*Ac B*	*(210)*
				Thorium B	*Th B*	*212*
				Radium B.	*Ra B*	*214*
83	Bi	Wismut	209,0			
				Radium E.	*Ra E*	*210*
				Aktinium C	*Ac C*	*(210)*
				Thorium C	*Th C*	*212*
				Radium C.	*Ra C*	*214*

(Fortsetzung.)

Ordnungszahl	Symbol	Name des Elementes	Verbindungsgewicht	Name der Atomart	Atomzeichen	Atomgewicht
84	*Po*	*Polonium*		*Polonium (Radium F)* .	*Po(Ra F)*	*210*
				Aktinium C′	*Ac C′*	*(210)*
				Thorium C′	*Th C′*	*212*
				Radium C′	*Ra C′*	*214*
				Aktinium A	*Ac A*	*(214)*
				Thorium A	*Th A*	*216*
				Radium A.	*Ra A*	*218*
85	—	—	—			
86	*Em*	*Emanation*	*222*	*Aktinium-Emanation* .	*Ac Em*	*(218)*
				Thorium-Emanation.	*Th Em*	*220*
				Radium-Emanation . .	*Ra Em*	*222*)*
87	—	—	—			
88	*Ra*	*Radium*	*226,0*	*Aktinium X*	*Ac X*	*(222)*
				Thorium X	*Th X*	*224*
				Radium	*Ra*	*226,0*
				Mesothorium 1	*Ms Th$_1$*	*228*
89	*Ac*	*Aktinium.*		*Aktinium*	*Ac*	*(226)*
				Mesothorium 2	*Ms Th$_2$*	*228*
90	*Th*	*Thorium*	*232,1*			
				Radioaktinium	*Ra Ac*	*(226)*
				Radiothorium	*Ra Th*	*228*
				Ionium	*Io*	*230**)*
				Uran Y.	*U Y*	*(230)*
				Uran X$_1$	*U X$_1$*	*234*
91	*Pa*	*Protaktinium* . . .		*Protaktinium.*	*Pa*	*(230)*
				Uran X$_2$	*U X$_2$*	*234*
				Uran Z.	*U Z*	*234*
92	*U*	*Uran*	*238,2*			
				Uran II	*U II*	*234*
				Uran I	*U I*	*238*

3. Die Anzahl der chemischen Elemente.

Seit der Standpunkt Boyles, nicht wie die Aristoteliker und Alchemisten a priori etwas über die Zahl der chemischen Elemente auszusagen, sondern durch Versuche festzustellen, wie viele nicht weiter zerlegbare Stoffe

---

*) Der Wert wurde durch direkte Dichtebestimmung innerhalb der Versuchsfehler bestätigt.

**) Der Wert wurde durch experimentelle Atomgewichtsbestimmung eines Ionium-Thoriumgemisches gestützt.

sich in der Natur finden, durch LAVOISIER zu allgemeiner Anerkennung
gebracht worden war, mußte die Frage nach der Zahl der chemischen
Elemente offen gelassen werden. Auch die Entdeckung des periodischen
Systems änderte diesen Zustand nicht völlig; zwar war jetzt die Möglichkeit
einer deduktiven Behandlung des Elementproblems gezeigt, aber eine
gewisse Unbestimmtheit blieb bestehen, da die Formulierung des Systems
im Gebiet der seltenen Erden nicht ohne Willkür möglich war. MENDE-
LEJEFF und die meisten seiner Nachfolger füllten die achte, neunte und
zehnte Horizontalreihe nach Analogie der großen Perioden aus, so daß —
bei Annahme einer nullten Gruppe — 20 Elemente zwischen Barium und
Tantal zu erwarten waren. Doch sei erwähnt, daß MENDELEJEFF selber
es vermied, detaillierte Voraussagen über Elemente der neunten Reihe zu
machen, und geneigt war, für die zahlreichen Lücken des Systems in dieser
Gegend »einen Grund in der Natur der Elemente« anzunehmen [69]).

Erst MOSELEY konnte im Anschluß an die bereits im vorigen Abschnitt
erwähnte Arbeit über die Röntgenspektren [71]) angeben, wieviel chemische
Elemente möglich sind. Die von ihm entdeckte Beziehung, daß die Wurzel
aus der Schwingungszahl einer charakteristischen Röntgenlinie sich linear
mit der Ordnungszahl der chemischen Elemente ändert, erleidet auch im
Gebiet der seltenen Erden keine Ausnahme; auch jeder seltenen Erde ist
durch ihre charakteristische Strahlung ein ganz bestimmter Platz in diesem
»linearen System der Elemente« angewiesen und wir können daher auch
bei diesen Stoffen, für welche das periodische System versagt, die Zahl
der Plätze angeben, die zwischen bestimmten bekannten Elementen für
noch zu entdeckende vorhanden sind. Man vergleiche Abb. 3, bei welcher
auf der Abszisse die Ordnungszahlen der chemischen Elemente aufgetragen
sind und auf der Ordinate sowohl die Atomvolumina wie die Wurzeln aus
den Schwingungszahlen der α-Linien der K-, L- und M-Serie *); man erkennt deutlich den scharfen Gegensatz zwischen letzterer Funktion, welche
sich fast genau linear ändert, und dem Atomvolumen, welches wie beinahe
alle anderen chemischen und physikalischen Elementeigenschaften die
bekannte Periodizität zeigt**). Der glatte Verlauf der die Schwingungszahl
wiedergebenden Linien würde sofort Bruchstellen aufweisen, wenn die
Zahl der chemischen Elemente größer oder kleiner angenommen würde.
MOSELEY zeigte, daß dem Barium die Kernladungszahl 56, dem Tantal
die Kernladungszahl 73 zukommt, zwischen beiden also nur 16 chemische

---

*) Die Werte der Atomvolumina sind einem Diagramm von LADENBURG [55]) ent-
nommen, die der Röntgenfrequenzen den Tabellen im Buch von SOMMERFELD über
Atombau und Spektrallinien [105]).

**) Die heutige Atomtheorie erklärt bekanntlich den Gegensatz damit, daß die
meisten chemischen und physikalischen Eigenschaften von den *äußersten* Elektronen
im Atom abhängen, deren Zahl und Anordnung sich periodisch ändert (siehe den
nächsten Abschnitt), die Röntgenspektren aber von den *innersten*, die bei gleich
bleibender Zahl und Verteilung der direkten Einwirkung der von Element zu Element
regelmäßig ansteigenden Kernladung unterliegen.

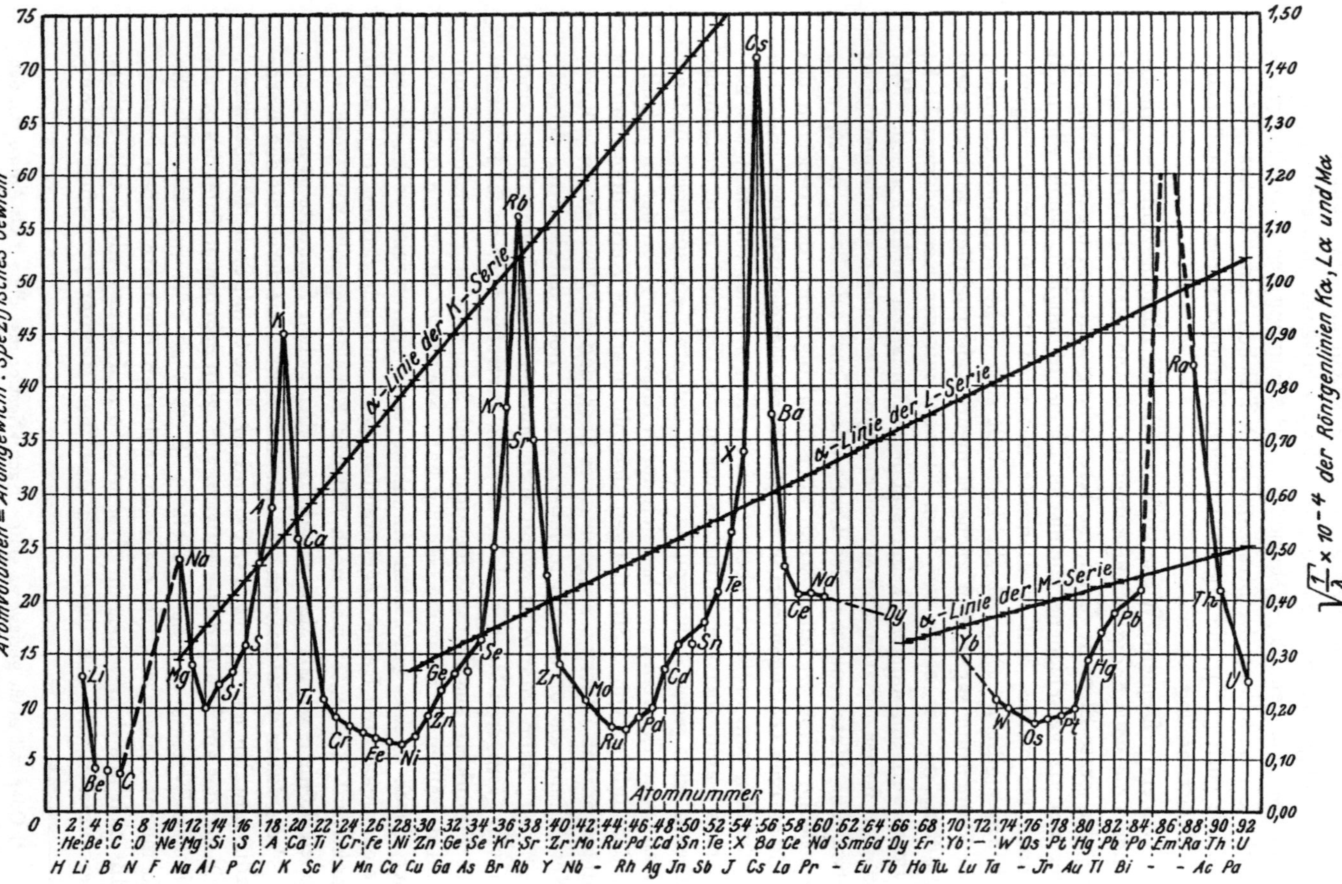

Abb. 3. Atomvolumina und Röntgenspektren der Elemente.

Elemente möglich sind und nicht, wie aus dem alten Mendelejeffschen Schema abgelesen worden war, 20. Es sei erwähnt, daß eine andere — etwas weniger genaue — Methode zur Bestimmung der Kernladungszahl in der Untersuchung der Streuung von α-Teilchen beim Durchgang durch Materie vorliegt [18]); die Ergebnisse beider Methoden stehen in vorzüglicher Übereinstimmung.

Das erste Element, Wasserstoff, hat die Kernladungszahl 1 — wie besonders die vollständig durchgearbeitete Theorie seines Spektrums beweist —, das letzte Element, Uran, die Kernladungszahl 92; im ganzen sind daher nur 92 verschiedene chemische Elemente möglich, wenn wir nicht annehmen wollen, daß es Elemente mit noch höherer Kernladungszahl als Uran gibt*). Diese Möglichkeit läßt sich nicht streng ausschließen; wir können nur sagen, daß solche Elemente wahrscheinlich radioaktiv sein müßten, da wir schon von dem Element mit der Kernladungszahl 84 (Polonium) angefangen, keine stabilen Atomarten mehr kennen. Wir können ferner erklären, daß ein solches hypothetisches Radioelement nicht etwa eine Muttersubstanz des Urans oder Thors sein kann, da es, wenn kurzlebig, schon zerfallen, wenn aber langlebig, nach den Gesetzen des radioaktiven Gleichgewichts in vergleichbaren Mengen mit Uran und Thor vorhanden sein müßte; so beträchtliche Mengen eines beigemengten Elementes wären aber der Aufmerksamkeit der Chemiker nicht entgangen. Ebenso fehlt jeder Anhaltspunkt dafür, daß etwa ein späteres Glied der Uran- oder Thorreihe, welches sich durch Abzweigung von der Hauptreihe bildet, infolge von β-Strahlungen sich bis über die Kernladungszahl 92 hinaus erhebt. Nicht unmöglich ist es aber, daß ein Element von höherer Kernladung als 92 die Muttersubstanz einer noch unbekannten Zerfallsreihe ist; dann könnte es, wenn auch von sehr langer Lebensdauer, doch in viel geringeren Mengen als etwa Uran vertreten sein, da die Konstanz des Produktes aus Zerfallskonstante und Menge ja nur innerhalb einer und derselben Zerfallsreihe Geltung hat. Wenn wir aber von dieser bisher durch nichts gestützten Annahme eines spurenweise vorhandenen, keiner bekannten Reihe angehörenden, sehr schwach aktiven (oder auch inaktiven) Elementes von noch höherer Kernladungszahl als Uran absehen, können wir als Maximalzahl der chemischen Elemente 92 angeben.

Von diesen 92 Elementen sind alle, mit Ausnahme derer mit den Kernladungszahlen 43, 61, 72, 75, 85 und 87, bereits mit Sicherheit bekannt, wie aus der am Schluß dieses Aufsatzes (S. 399) gegebenen Tafel des periodischen Systems und aus Tabelle 3 (S. 375) zu erkennen ist. Welche chemischen Eigenschaften die noch fehlenden Elemente haben müssen, läßt sich aus dem »linearen System« von Moseley nicht mit Sicherheit ablesen, da uns dieses von den vier Mendelejeffschen »Atom-

---

*) Oder mit noch geringerer als 1. Nach »Neutronen«, die wir als Atome von der Kernladungszahl 0 auffassen können, wurde bereits — allerdings erfolglos — gesucht [36].

analogen« nur die beiden »Reihennachbarn«, nicht aber die »Gruppennachbarn« angibt, die zum Erschließen der chemischen Eigenschaften noch wichtiger sind. Da durch die Ordnungszahl aber auch die Stellung im periodischen System fixiert ist, läßt sich durch dessen Heranziehung auch der chemische Charakter der fehlenden Elemente erkennen. Er ist unter Benutzung der von MENDELEJEFF eingeführten Termini (Eka-, Dvi-) aus Tabelle 4 zu ersehen.

Tabelle 4.

Die noch nicht entdeckten chemischen Elemente.

43	Ekamangan	75	Dvimangan
61	Seltene Erde	85	Ekajod
72	Ekazirkon	87	Ekacäsium

Da wir zur Bestimmung des chemischen Charakters auf das periodische System eingehen müssen, tritt uns hier auch sofort wieder die Unsicherheit entgegen, die diesem System im Gebiet der seltenen Erden anhaftet. Wir wissen nicht sicher, ob die Gruppe der seltenen Erden 15 oder 16 Glieder umfaßt, mit anderen Worten, ob das Element 72 noch dazu gehört oder bereits als Ekazirkon in die vierte Gruppe zu setzen ist. Wir haben in Tabelle 4 aus atomtheoretischen Gründen (siehe den folgenden Abschnitt) das letztere angenommen. Doch sei erwähnt, daß kürzlich DAUVILLIER [25] die Mitteilung gemacht hat, daß das Element 72 mittels Röntgenspektroskopie in der von URBAIN [114] als Celtium bezeichneten Fraktion seiner seltenen Erden aufgefunden worden sei. Diese Nachricht, die sich bisher nur auf zwei äußerst schwache Röntgenlinien stützt, bedarf noch der Bestätigung, und auch wenn sie zutreffen sollte, würde aus dem Vorhandensein geringer Spuren des Elementes 72 in einer seltenen Erdfraktion vor Anstellung genauer Trennungsversuche nicht unbedingt die chemische Zugehörigkeit zu dieser Gruppe folgen. Es dürfte sich jedenfalls empfehlen, auch in Zirkonmineralien nach dem Element 72 zu suchen.

Auch das Element 61 soll kürzlich entdeckt worden sein; nach Angabe von ASSAR HADDING [38] wurde eine entsprechende Röntgenlinie in Material gefunden, das aus dem Mineral Fluocerit stammt. Auch hier ist das Röntgenspektrum nur so schwach sichtbar, daß wir vor den wohl bald zu erwartenden weiteren Mitteilungen das Element 61 noch nicht als gesichert ansehen wollen.

Die Elemente Ekamangan, Dvimangan, Ekajod und besonders Ekacäsium [81] [6] [27] wurden bereits vielfach gesucht, doch ohne Erfolg; wir können ja auch nach den Ergebnissen von MOSELEY nur behaupten, daß ihre Existenz möglich ist, insofern als wir uns Atome mit den betreffenden Kernladungszahlen konstruiert denken können. Ob sie aber tatsächlich existieren, hängt davon ab, ob sie sich im Laufe der Entwicklung der Materie gebildet haben und ob sie stabil sind. Da wir über die Gesetze der

Entwicklung der Materie und die Beständigkeitsbedingungen der Atomarten noch sehr wenig wissen (siehe den vorigen Abschnitt), muß das Vorhandensein der noch fehlenden Elemente auf unserer Erde durchaus als fraglich gelten. HARKINS, der sich besonders mit dem Problem der Häufigkeit des Vorkommens der verschiedenen Elemente und Atomarten beschäftigt hat, macht darauf aufmerksam, daß die Elemente mit geraden Atomnummern in viel größeren Quantitäten auf der Erde und in Meteoriten *) vorkommen als die mit ungeraden [42]). Abb. 4 veranschaulicht diese Tatsache für die Steinmeteoriten; die Verhältnisse in der Erdkruste liegen sehr ähnlich. Man sieht, wie sich infolge des Zurückbleibens der Elemente von ungerader Kernladungszahl eine scharf ausgeprägte Periodizität von zwei ausbildet. $97 \cdot 6\%$ des gesamten Materials der Steinmeteorite besteht aus Elementen mit gerader Atomnummer, zu denen vor allem die 7 am stärksten vertretenen Elemente Sauerstoff (8), Magnesium (12), Silicium (14), Schwefel (16), Calcium (20)- Eisen (26) und Nickel (28) gehören. Es ist darum wohl auch, wie HARKINS betont, kein Zufall, daß von den noch fehlenden Elementen mit Ausnahme des vielleicht schon entdeckten Elementes 72 alle ungerade Atomnummern haben.

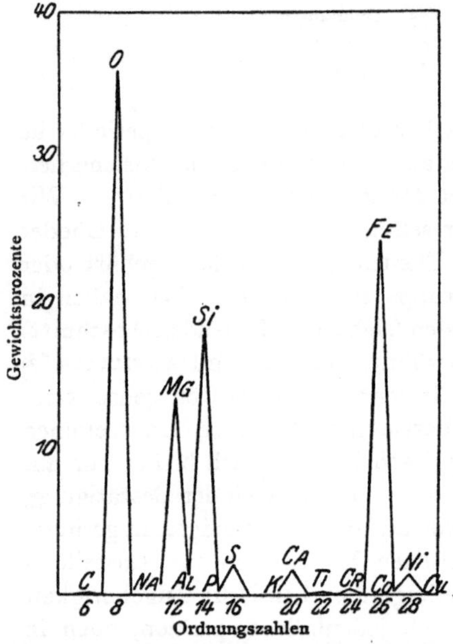

Abb. 4. Durchschnittliches Mengenverhältnis der Elemente in den Steinmeteoriten.

Die Ansicht, daß Elemente mit ungerader Atomnummer weniger beständig sind, erfährt übrigens eine ganz unabhängige experimentelle Bestätigung durch die im ersten Abschnitt erwähnten Versuche über Kernzertrümmerung mittels α-Teilchen. RUTHERFORD [92]) gibt folgende Tabelle (5) der ersten 19 Elemente, die alle mit Ausnahme von Helium, Neon und Argon bereits mit α-Strahlen geprüft wurden, von denen aber nur die unterstrichenen aufgespalten werden konnten.

Man sieht, daß die Elemente, die zertrümmert werden konnten, eine regelmäßige Reihe mit den ungeraden Ordnungszahlen 5, 7, 9, 11, 13 und 15 bilden, während alle geradzahligen Elemente sich als unangreif-

---

*) Meteorite geben zuverlässigeren Aufschluß über die Zusammensetzung der ursprünglich gebildeten Weltmaterie als die in geologischen Zeiten in ihrer Beschaffenheit stark veränderte Erdkruste [43]). Auch das Fehlen einer Entmischung durch das eigene Schwerefeld bei kleineren kosmischen Massen macht das Studium der Zusammensetzung von Meteoriten besonders instruktiv [37]).

Tabelle 5.
Die durch α-Teilchen aufspaltbaren Elemente.

Element	Kernladung	Atomgewichte	Element	Kernladung	Atomgewichte
H	1	1,008	Na	11	23
He	2	4,00	Mg	12	24, 25 und 26
Li	3	6 und 7	Al	13	27?
Be	4	9	Si	14	28 und 29
B	5	10 und 11	P	15	31
C	6	12	S	16	32
N	7	14	Cl	17	35 und 37
O	8	16	A	18	36 und 40
F	9	19	K	19	39 und 41
Ne	10	20 und 22			

bar erwiesen; doch wissen wir dafür ebensowenig einen Grund wie für die auffallende Erscheinung, daß Lithium auf der einen, Chlor auf der anderen Seite, die Reihe nicht fortsetzen. — Jedenfalls können die beiden von HARKINS und von RUTHERFORD hervorgehobenen Tatsachen bezüglich der Existenz der noch nicht entdeckten Elemente skeptisch machen.

Der Vollständigkeit halber sei zum Schluß nicht verschwiegen, daß man naturgemäß zu ganz anderen Aussagen über die Zahl der chemischen Elemente kommt, wenn man Isotope als verschiedene Elemente, nicht wie es hier geschehen ist, als Arten eines und desselben Elementes betrachtet. Beide Standpunkte sind vertreten worden; zur Zeit, als nur die Isotope der Radioelemente bekannt waren, welche sich außer durch ihr Atomgewicht auch noch durch die Art ihrer Strahlen, ihre Halbwertszeit usw. unterscheiden, hielten es viele für richtiger, jede radioaktive Substanz als besonderes chemisches Element anzusehen, auch wenn sich ihre chemischen Eigenschaften mit denen eines bekannten Elements deckten. Doch führte eine kritische Betrachtung der historischen Entwicklung des Elementbegriffs und seines Nutzens in der Chemie sowie der Bedeutung von MOSELEYS Arbeit für die Klassifikation der Elemente schon damals zum Schluß, daß Isotope nur als Arten eines und desselben Elementes aufgefaßt werden dürfen, wenn man nicht den Wert des Elementbegriffs für die Chemie vernichten will[72]). Man mußte sich dazu verstehen, den chemischen Elementbegriff nur auf die *chemische Unzerlegbarkeit* zu stützen, ihn also vom thermodynamischen Stoffbegriff vollständig loszulösen[73]). Dieser Vorschlag, der seinerzeit ziemlich stark bekämpft worden ist[32]) [115]) [78]) [49]) [76]), kann heute wohl in Deutschland als angenommen gelten, seit auch die »Deutsche Atomgewichtskommission« Isotope nur als Arten der betreffenden Elemente ansieht und auch den damit zusammenhängenden Vorschlag[74]) durchführt, für die Elemente und die Atomarten zwei getrennte Tabellen aufzustellen[28]) [70]) [39]).

Als Definition des chemischen Elementes scheint uns dem entsprechend jene am zweckmäßigsten, die schon 1916 vorgeschlagen worden ist[72]): *Ein chemisches Element ist ein Stoff, der durch kein chemisches Verfahren in einfachere zerlegt werden kann.* Denn nur die chemische Untrennbarkeit der Isotope, die für alle praktischen Zwecke Geltung behält, ist ja der Grund, warum die Chemie an den alten Elementen als Bausteinen ihres chemischen Systems festhält und festhalten muß. Für praktische und didaktische Zwecke ist die obige Definition auch genügend scharf, da alle erfolgreichen Trennungsmethoden für Isotope typisch mechanische sind, insofern als immer von der Verschiedenheit ihrer Masse, nie von einer Verschiedenheit ihrer chemischen Eigenschaften Gebrauch gemacht wird*). Wenn Stoffe überhaupt keine chemischen Reaktionen eingehen, wie die Edelgase, ist natürlich das Kriterium der chemischen Untrennbarkeit nicht anwendbar, und man muß durch andere, z. B. spektroskopische Methoden, die Einheitlichkeit der Kernladung (vgl. die unten folgende Definition) prüfen. Doch nicht der Ausnahmefall der Edelgase, sondern die chemische Unzerlegbarkeit von Elementen, wie Gold, Quecksilber usw. hat zur Aufstellung des chemischen Elementbegriffes geführt; sein Wert liegt auch heute genau so wie zur Zeit seiner Konzeption durch BOYLE eben darin, daß diese Stoffe »bei allen gewöhnlichen chemischen Vorgängen als unzerlegbar betrachtet werden können«[14]).

Die oben gegebene Definition läßt auch erkennen, daß die z. B. im Fall des Aluminiums gelungene Atomzertrümmerung kein Grund ist, diesen Stoff nicht mehr zu den chemischen Elementen zu zählen, denn das zur Zerlegung angewandte Verfahren ist kein chemisches. Im Verlauf der gewöhnlichen chemischen Umsetzungen können wir sicher sein, daß weder Atome »zertrümmert« noch Isotope »entmischt« werden; die — in doppeltem Sinne vorhandene — Zusammengesetztheit der Elemente kann eben darum von der Chemie ignoriert werden.

Eine strengere — wenn auch dem chemischen Sinn des Elementbegriffes fernere —, mehr »theoretische Definition« läßt sich durch Heranziehung der Vorstellungen der Atomtheorie geben[72]); ganz streng läßt sich sagen:

Ein chemisches Element ist ein Stoff, dessen sämtliche Atome gleiche Kernladung haben. Beispiele: Wasserstoff (Kernladung 1), Chlor (Kernladung 17), Blei aus einem beliebigen Mineral (Kernladung 82), Blei aus zerfallener Radiumemanation (Kernladung 82).

Ein Reinelement ist ein Element, das nur aus einer Art von Atomen besteht. Beispiele: Wasserstoff (Atome vom Gewicht 1,008), Blei aus Radiumemanation (Atome Radium D — β-strahlend — vom Gewicht 210).

Ein Mischelement ist ein Element, das aus mehreren Arten von Atomen

---

*) Über die Einteilung der Trennungsmethoden in mechanische, physikalische und chemische siehe z. B. die Ausführungen von VAN T' HOFF[48]).

besteht. Beispiele: Chlor (Atome vom Gewicht 35 und 37), Blei aus reinster Pechblende (Atome Radium G vom Gewicht 206, Atome Aktinium D vom Gewicht 206, Atome Radium *D* vom Gewicht 210, die letztgenannten β-strahlend).

Auch ASTON faßt den Elementbegriff so auf, daß er die chemisch unzerlegbaren Substanzen bezeichnen soll*). Doch hat sich nach seinem Vortrag auf der letzten Versammlung des »Institut International de Chimie Solvay« in Brüssel (April 1922) noch eine gewisse Opposition gegen diese Auffassung geltend gemacht, indem mehrere Diskussionsredner die Ansicht vertraten, daß das Wort »Element die Vorstellung der Homogenität mit sich bringe, die nicht mit dem Vorschlag vereinbar sei, ein Gemisch von Isotopen als ein Element zu bezeichnen«[104]). Es kann aber wohl kaum fraglich sein, daß sich auch außerhalb Deutschlands die Ansicht, daß der Begriff des chemischen Elementes auf die chemische Untrennbarkeit, bzw. die Einheitlichkeit der Kernladung gestützt werden muß, allmählich durchsetzen wird.

Wenn wir uns an die oben gegebenen Definitionen halten, können wir sagen: Von Wasserstoff bis Uran sind 92 chemische Elemente möglich, von denen wir 86 bereits mit Sicherheit und zwei weitere mit einiger Wahrscheinlichkeit kennen. Viele dieser Elemente sind in ihrem natürlichen Vorkommen nicht Reinelemente, sondern Mischelemente; die Konstanz ihres Verbindungsgewichtes beruht darauf, daß in ihnen dieselben Atomarten stets im gleichen Verhältnis gemischt sind. Über die Zahl der möglichen Atomarten wissen wir nichts; wir müssen heute bereits über 150 annehmen.

4. Die Entstehung der Perioden.

Bekanntlich zerfällt das System der Elemente in der Form, die ihm im Anschluß an MENDELEJEFF meist gegeben wird, in zwei kleine und mehrere große Perioden. Wasserstoff wird gewöhnlich außerhalb des Systems gelassen; die erste kleine Periode wird dann gezählt von Helium bis Fluor (= 8 Elemente), die zweite von Neon bis Chlor (ebenfalls 8 Elemente), die erste große von Argon bis Brom (18 Elemente) und die zweite große von Krypton bis Jod (ebenfalls 18 Elemente). Die nun folgende große Periode ist durch das Auftreten der seltenen Erden so sehr gestört, daß sie von MENDELEJEFF in zwei Perioden von je 18 Elementen — mit vielen Lücken — zerlegt wurde; mit Rücksicht auf die zu geringe Zahl der in ihr tatsächlich vorhandenen Plätze (siehe den vorhergehenden Abschnitt) müssen wir sie aber als eine einheitliche

---

*) Eine Definition des chemischen Elements, die ASTON gegeben hat, deckt sich fast wörtlich mit der oben vorgeschlagenen: » . . . *a substance* such as hydrogen, oxygen, chlorine, or lead, *which* has unique chemical properties and *cannot be resolved into more elementary constituents by any known chemical process*«[3]).

Periode von im ganzen 32 Elementen auffassen, die sich von Xenon bis zum hypothetischen Ekajod erstreckt. Die letzte Periode endlich, beginnend mit der Emanation, ist uns nur in ihrem Anfang bekannt (bis Uran; 7 Elemente). Zu dieser Einteilung ist die Chemie ausschließlich auf Grund der chemischen Eigenschaften der Elemente gekommen, indem die gleichartigen, wie etwa die Alkalimetalle auf der einen, die Halogene auf der anderen Seite, untereinander gestellt wurden. Eine Erklärung für die verschiedene Länge der Perioden konnte nicht gegeben werden, da ja überhaupt der Grund für die Wiederkehr gleicher chemischer Eigenschaften nach gewissen Atomgewichtsdifferenzen nicht bekannt war.

An dieser Stelle können wir nun, als Abschluß unserer Übersicht über die Fortschritte in der Erklärung des periodischen Systems, auf einen neuen großen Erfolg der BOHRschen Theorie des Atombaues hinweisen, von dem man erwarten darf, daß er uns die Lösung des Rätsels der Periodizität der chemischen Elemente bringen wird. BOHR hat seine Überlegungen und Berechnungen bisher erst zum Teil publiziert [9] [10]) und betont selber den noch vorläufigen Charakter mancher Ergebnisse. Die bereits sichtbaren Resultate sind aber von so außerordentlichem Interesse, daß es berechtigt sein dürfte, einiges davon auch an dieser Stelle mitzuteilen. Eine Darstellung des sehr mühsamen Weges, auf dem BOHR das Vordringen in bisher unerschlossenes Gebiet gelungen ist, läßt sich nur im Zusammenhang mit der modernen Spektraltheorie geben; wir müssen uns hier darauf beschränken, die für die Erklärung der Periodenentstehung wichtigsten Ergebnisse seiner Arbeit zu skizzieren.

Auch vor BOHR sind schon öfters Theorien über den Bau der chemischen Elemente aufgestellt worden, welche die Wiederkehr gleicher Eigenschaften nach einer gewissen Anzahl von Gliedern verständlich machen sollten; stets sind aber bei der Ableitung dieser Theorien die Kenntnisse über die Periodizität der chemischen Elemente zugrunde gelegt worden, so daß ihnen für diese Frage kaum ein größerer Wert zukam, als der, die Verhältnisse an einem Modell anschaulich zu machen. Eine Ausnahme machte nur der Versuch von J. J. THOMSON [11] [12]), auf Grund von Untersuchungen über die Stabilität von Elektronenanordnungen eine Erklärung zu geben; da seine Vorstellungen über die Verteilung der positiven Elektrizität innerhalb des Atoms sich als unhaltbar erwiesen, mußte seine Deutung des periodischen Systems zwar fallen gelassen werden, doch haben die von ihm ausgesprochenen Gedanken sehr anregend auf die weitere Entwicklung der Atommodellfrage gewirkt*). BOHR ist es nun gelungen, von den allgemeinen Prinzipien seiner Atomtheorie aus-

---

*) Es ist vielleicht nicht überflüssig darauf hinzuweisen, daß im Gegensatz zu dem, was zur Zeit der Entdeckung der radioaktiven Verschiebungssätze öfters behauptet wurde, der »periodische Charakter der radioaktiven Umwandlungen« mit der Entstehung der Perioden im System der Elemente nichts zu tun hat.

gehend, unter Benutzung des ungeheuren in den spektroskopischen Arbeiten liegenden Tatsachenmaterials, aber auch unter Heranziehung zahlreicher anderer physikalischer Eigenschaften der Elemente, ganz bestimmte Schlußfolgerungen betreffs der Anordnung der Elektronen in den Atomen der schwereren Elemente zu ziehen; wobei sich zeigte, daß diese Anordnung die Periodizität der chemischen Eigenschaften bis in viele Einzelheiten hinein zu erklären vermag.

Ein wesentlicher Zug der neuen Atomtheorie von BOHR ist der, daß nicht, wie in seinen ersten Arbeiten angenommen, bestimmte Elektronen beständig in äußeren Teilen des Atoms, andere in den inneren kreisen; die ellipsenartigen Kurven, in denen sich nach den verfeinerten Überlegungen die Elektronen bewegen, können eine so langgestreckte Gestalt haben, daß ein Elektron, welches sich während des größten Teils seiner Bahn weit entfernt vom Kern befindet, einen Teil seines Umlaufs ganz in der Kernnähe zurücklegt und dabei in Elektronenwolken eintaucht, welche ihm gegenüber sonst als »innere« gelten müssen. Die Elektronen sind nicht mehr durch ihre Zugehörigkeit zu bestimmten ineinander liegenden Schalen, sondern durch ihre Zugehörigkeit zu bestimmten Gruppen charakterisiert; wobei jede Gruppe gekennzeichnet ist durch die für die Form und Größe ihrer Bahn maßgebenden zwei Quantenzahlen, die »Hauptquantenzahl« n und eine zweite Quantenzahl k. BOHR schreibt dies in der Form n_k und bezeichnet eine Bahn, für die die Hauptquantenzahl einen gegebenen Wert n hat, als eine n-quantige Bahn. n bestimmt die große Achse der Bahn und die Energie; k kann die Werte von 1 bis n annehmen; k/n gibt das Verhältnis der kleinen zur großen Achse der Ellipse wieder. In welcher Weise die Gestalt der Bahn eines rotierenden Elektrons im einfachsten Fall von diesen beiden Quantenzahlen abhängt, möge Abb. 5 erläutern, welche die stationären Bahnen*) im Wasserstoffatom wiedergibt. Man sieht, daß die Bahnen mit gleichem n

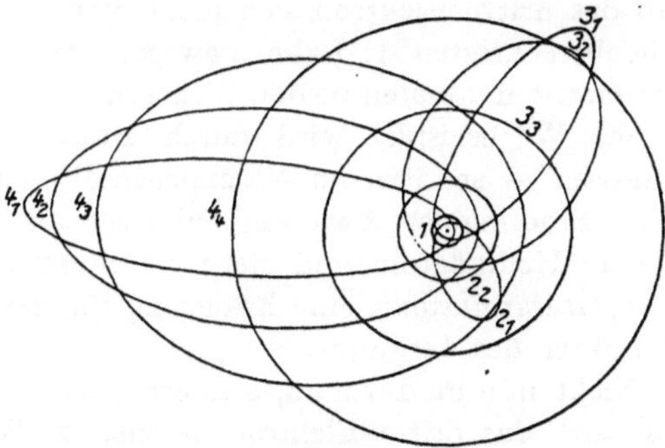

Abb. 5.
Stationäre Bahnen des Elektrons im Wasserstoffatom.

und k Kreise sind, und die Ellipsen um so langgestreckter werden, je kleiner k ist. (Grenzfall $k = 1$). Bei den höheren Atomen haben wir es infolge der gegenseitigen Beeinflussung der Elektronen nur mehr angenähert mit Kreis- und Ellipsenbahnen zu tun.

---

*) Als »stationär« bezeichnet man jene Bahnen, in welchen ein Elektron rotieren kann, ohne Energie auszustrahlen.

Beim *Wasserstoffatom* ist die Bahn 1_1 am stabilsten, d. h. das eine Elektron im Wasserstoffatom wird aus jeder anderen stationären Bahn, in die es durch Anregung von außen gebracht worden ist, nach außerordentlich kurzer Zeit wieder in die 1_1-Bahn zurückkehren, worauf sich das Atom wieder im »Normalzustand« befindet.

Das *Heliumatom* zeigt insofern bereits recht komplizierte Verhältnisse, als neben dem stabilen Zustand (»Parhelium«) noch ein metastabiler Zustand (»Orthohelium«) bekannt ist, auf den wir hier nicht eingehen wollen. Für den Normalzustand des Heliumatoms (»Parhelium«) wird BOHR zu der Auffassung geführt, daß seine beiden Elektronen sich in 1_1-Bahnen bewegen, also (angenähert) Kreisbahnen, und daß deren Ebenen einen Winkel von 120° miteinander bilden. Das geschilderte Heliummodell ist durch große Symmetrie ausgezeichnet, worauf sich die chemische Inaktivität zurückführen läßt; die Abtrennungsarbeit für ein Elektron ist viel größer als beim Wasserstoffatom. Wasserstoff und Helium bilden zusammen die erste Periode der chemischen Elemente, dadurch charakterisiert, daß im stabilen Endzustand nur einquantige Bahnen vorhanden sind.

In allen höheren Atomen ist als innerer Teil eine Anordnung von zwei um den Kern kreisenden Elektronen anzunehmen, welche mit dem eben geschilderten Heliummodell übereinstimmen; es handelte sich nun darum, festzustellen, welche stabilen Endbahnen die übrigen Elektronen der höheren Atome, wenn sie von außen eingefangen werden, zuletzt annehmen müssen. Beim nächsthöheren, dem *Lithium*, konnte BOHR zeigen, daß das dritte Elektron sich nicht mehr in einer mit den ersten beiden gleichberechtigten 1_1-Bahn bewegen kann — die Störung der hohen Symmetrie der ersten beiden Elektronenbahnen durch Eintritt des dritten in ihr Wechselspiel wird durch BOHRS Korrespondenzprinzip ausgeschlossen — sondern im Normalzustand sich in einer 2_1-Bahn befindet. Seine Bindung ist etwa fünfmal loser als die Bindung der Elektronen in dem Heliumatom und mehr als zweimal loser, als die des Elektrons im Wasserstoffatom: eine Erklärung für den viel stärker elektropositiven Charakter des Lithiums.

Nicht nur im Lithium, sondern auch in jedem der folgenden Atome muß sich das dritte Elektron in einer 2_1-Bahn bewegen. Dasselbe gilt vermutlich auch für das vierte und fünfte Elektron, wodurch erklärt wird, daß *Beryllium* und *Bor* in Verbindung mit anderen Stoffen elektropositiv mit zwei bzw. drei Valenzen auftreten können. Auch das vierte und fünfte Elektron müssen ebenso wie das dritte viel loser gebunden sein als die ersten beiden; doch muß der elektropositive Charakter beim Beryllium und Bor schwächer ausgeprägt sein als beim Lithium, da die Elektronen der zweiquantigen Bahnen wegen des stärkeren Feldes, in dem sie sich bewegen (positive Kernladung beim Beryllium $= 4$, beim Bor $= 5$) fester gebunden sein müssen.

Auch beim sechsten Elektron nimmt BOHR an, daß es seine Stabilität in einer 2_1-Bahn erreicht; die besonderen Eigenschaften des *Kohlenstoff*atoms werden darauf zurückgeführt, daß nach der Bindung des sechsten Elektrons die Bahnen der vier letztgebundenen Elektronen eine außerordentlich symmetrische Konfiguration bilden, doch ist dieser Punkt, der das Verständnis der organischen Verbindungen erschließen müßte, von BOHR noch nicht näher ausgeführt.

Die hohe Symmetrie, die nach Einfangen des sechsten Elektrons erreicht ist, hat des weiteren zur Folge, daß die bei den nächsten Elementen neu hinzu kommenden Elektronen nicht mehr in Bahnen gebunden werden können, welche mit den Bahnen des dritten, vierten, fünften und sechsten Elektrons äquivalent sind. Ebenso wie wir zum erstenmal beim dritten Elektron sahen, daß es durch die hohe Symmetrie der beiden ersten Elektronenbahnen verhindert wurde, an ihrem Wechselspiel teilzunehmen, müssen wir uns auch hier vorstellen, daß nach Erreichung der Symmetrie der sechs ersten Elektronenbahnen die folgenden Elektronen gezwungen sind, in Bahnen anderer Typen einzutreten. Für das siebente, achte, neunte und zehnte Elektron ergeben sich dafür Kreisbahnen vom Typus 2_2. Der Durchmesser dieser Kreise wird bedeutend größer sein als der der Bahn der zwei innersten Elektronen, trotzdem werden die äußersten Teile der exzentrischen 2_1-Bahnen noch etwas über die kreisförmigen 2_2-Bahnen hinausreichen; hier tritt zum erstenmal der Fall ein, daß die hinzukommenden Elektronen Bahnen einnehmen, die nicht einfach als »äußere« bezeichnet werden können.

Im *Neon*atom ist die Existenz von vier 2_2-Bahnen anzunehmen, deren Ebenen sowohl in bezug aufeinander einen hohen Grad räumlicher Symmetrie besitzen, als auch relativ zu den vier elliptischen 2_1-Bahnen eine harmonische Konfiguration bilden. Hierauf ist der träge Charakter des Edelgases Neon zurückzuführen und die Neigung der dem Neon vorausgehenden Elemente, *Sauerstoff* und *Fluor*, durch Aufnahme von Elektronen negative Ionen von ähnlicher Konstitution wie das neutrale Neonatom zu bilden. Schon früher hat KOSSEL [53] in Anlehnung an Gedankengänge von J. J. THOMSON [112] hervorgehoben, daß offenbar die den Edelgasen benachbarten Elemente die besondere stabile Elektronenkonfiguration dieser Stoffe durch Aufnahme bzw. Abgabe von Elektronen anzunehmen trachten; erst die BOHRsche Theorie hat aber — unter voller Bestätigung der Grundannahme von KOSSEL — die tieferen Gründe für die Stabilität der Edelgasanordnungen aufgezeigt. Übrigens beruht nach BOHR die eben erwähnte Neigung der vorausgehenden Elemente zur Elektronenaufnahme nicht nur auf der größeren Symmetrie, die das Elektronengebäude dadurch erlangt, sondern auch auf dem Umstand, daß die einzufangenden Elektronen innerhalb des Gebiets der 2_1-Bahnen Platz finden können.

Mit dem Neon findet die zweite Periode ihren Abschluß; bezüglich der nun folgenden dritten Periode können wir uns kurz fassen, da die Verhältnisse denen der eben besprochenen zweiten sehr ähnlich sind. Das elfte Elektron wird, da die Symmetrie der Neonkonfiguration nicht gestört werden darf, in einer Bahn von neuem Typus, einer 3_1-Bahn gebunden werden; dieses Elektron muß loser gebunden sein als das zuletzt eingefangene Elektron im Lithiumatom: *Natrium* ist stärker positiv als Lithium. Das zwölfte, dreizehnte und vierzehnte Elektron ist ähnlich gebunden, wie das vierte, fünfte und sechste, an Stelle der 2_1-Bahnen begegnen wir hier 3_1-Bahnen. Das fünfzehnte Elektron muß abermals in einen neuen Bahntypus eintreten, doch werden wir es hier zum Unterschied vom siebenten Elektron nicht mit einer kreisförmigen Bahn, sondern mit einer exzentrischen vom Typus 3_2 zu tun haben, weil bei dieser das Elektron zeitweilig viel tiefer in das Innere des Atoms eindringen kann, sie also einer festeren Bindung entspricht als eine kreisförmige von derselben Quantenzahl. Im *Argon* müssen wir annehmen, daß, wie aus Tabelle 6 ersichtlich ist, die zehn innersten Elektronen sich in Bahnen von demselben Typus bewegen wie diejenigen des Neonatoms, und die acht letzten Elektronen eine äußerst symmetrische Konfiguration von vier 3_1-Bahnen und vier 3_2-Bahnen bilden.

Tabelle 6.

Verteilung der Elektronen in den Edelgasen.

Element	Atomnummer	Anzahl der Elektronen in den n_k Bahnen																							
		1_1	2_1	2_2	3_1	3_2	3_3	4_1	4_2	4_3	4_4	5_1	5_2	5_3	5_4	5_5	6_1	6_2	6_3	6_4	6_5	6_6	7_1	7_2	7_3
Helium	2	2																							
Neon	10	2	4	4																					
Argon	18	2	4	4	4	4	—																		
Krypton	36	2	4	4	6	6	6	4	4	—	—														
Xenon	54	2	4	4	6	6	6	6	6	6	—	4	4	—	—	—									
Emanation	86	2	4	4	6	6	6	8	8	8	8	6	6	6	—	—	4	4	—	—	—	—			

Die besondere Leistungsfähigkeit der BOHRschen Entwicklungen zeigt sich am klarsten in den nun folgenden Perioden, weil sie ein Verständnis dafür eröffnen, daß nun an Stelle der achtgliedrigen Perioden solche von 18 bzw. 32 Gliedern treten müssen.

Das neunzehnte Elektron im *Kalium* ist in einer 4_1-Bahn anzunehmen, ebenso das neunzehnte und zwanzigste im *Kalzium*; es handelt sich um die leicht abtrennbaren Valenzelektronen der beiden Elemente, welche bekanntlich ihren tieferen Homologen Natrium und Magnesium sehr weitgehend gleichen. Die auf das Kalzium folgenden Elemente von höherer Kernladungszahl haben aber in der dritten Periode keine Homologen; ihre Eigenschaften ändern sich auffallend wenig mit steigender

Platznummer, ja in der Eisentriade (Eisen, Kobalt, Nickel) ist ein fast völliges Gleichbleiben der chemischen Eigenschaften zu verzeichnen. Erst das Ende der vierten Periode zeigt wieder starke Ähnlichkeit mit den Endgliedern der dritten Periode.

Der Grund hierfür, der sich zwangsläufig aus der BOHRschen Theorie ergibt, ist darin zu suchen, daß vom Skandium angefangen die neu hinzukommenden Elektronen nicht, wie wir es bisher fanden, in einer außenliegenden Gruppe angelagert werden, sondern daß jetzt mit steigender Kernladung eine der inneren Elektronengruppen des Atoms noch vollständiger ausgebaut wird; statt in vierquantigen Bahnen werden die Elektronen in dreiquantigen gebunden. BOHR konnte zeigen, daß beim *Skandium* (Kernladung 21) eine 3_3-Bahn einer festeren Bindung des neunzehnten Elektrons entspricht, als eine 4_1-Bahn. (Auch dieses Elektron ist aber noch lockerer gebunden als die ersten achtzehn Elektronen, woraus die Fähigkeit des Skandiums, dreiwertig aufzutreten, folgt.) Auch die nächsthöheren Elemente werden Elektronen in den 3_3-Bahnen besitzen, und zwar ist es wahrscheinlich, daß dadurch auch die vorher »geschlossene« Konfiguration der vier Elektronen in den 3_1-Bahnen und der vier Elektronen in den 3_2-Bahnen »geöffnet« und hierdurch die Bindung weiterer Elektronen in Bahnen dieser Typen ermöglicht wird; so daß beim *Kupfer* (Kernladung 29) bereits je sechs Elektronen in den 3_1-, 3_2-, und 3_3-Bahnen sich bewegen und eines in einer 4_1-Bahn. Dies erklärt, warum Kupfer eine gewisse Neigung hat einwertig aufzutreten; doch müssen wir aus seiner Fähigkeit, auch zweiwertige Ionen zu bilden, schließen, daß die Gruppe der Elektronen in den dreiquantigen Bahnen noch nicht jenen Grad von Festigkeit erlangt hat, wie etwa beim Zink (Kernladung 30), das nur mehr zweiwertig, nicht dreiwertig auftreten kann.

Das Wesentliche der Auffassung liegt also darin, daß an Stelle der Besetzung der 3_1- und 3_2-Bahnen mit je vier Elektronen allmählich eine Besetzung der 3_1-, 3_2- und 3_3-Bahnen mit je sechs Elektronen tritt — also an Stelle von 8 dreiquantigen Bahnen 18 dreiquantige Bahnen, — und jetzt erst bis zum Periodenende die Auffüllung von 8 außen gelegenen vierquantigen Bahnen erfolgt; die Zahl der verfügbaren Plätze in der vierten Periode muß demnach, ganz im Einklang mit den bekannten Verhältnissen des periodischen Systems, 18 betragen. Besonders gestützt wird diese Anschauung, abgesehen von den spektroskopischen Befunden, auf die hier, wie erwähnt, überhaupt nicht eingegangen werden kann, durch das fast gleiche und sehr niedrige Atomvolumen dieser Elemente — sie liegen bekanntlich in den breiten Minima der Perioden der Abb. 3 (S. 381) — und ferner durch die Tatsache, daß gerade diese Elemente, bei denen infolge des allmählichen Überganges von einer symmetrischen Konfiguration von acht Elektronen zu einer anderen symmetrischen Konfiguration von 18 Elektronen ein Mangel an Symmetrie im innern Atombau (den dreiquantigen Bahnen) angenommen werden muß, eine Reihe auffallender Eigenschaften besitzen, die eben durch diese Asymmetrie erklärbar erscheinen. Der Paramagnetismus ebenso wie die Farbe der Ionen dieser Elemente wird von BOHR zurückgeführt auf die im sonst sehr symmetrischen inneren Bau der Atome vorhandene »Wunde, von deren Entstehung und Heilung wir beim Fortschreiten in der Reihe der Elemente Zeugen sind.« Dieselben auffallenden Eigenschaften sind schon im Jahre 1920 von LADENBURG [55] [56] an Hand eines großen Materials diskutiert und auf das Auftreten einer »Zwischenschale« von leicht verschiebbaren Elektronen zurückgeführt worden; die BOHRsche Theorie führt nun zu einem Verständnis der ihr in formaler Beziehung bereits sehr nahe kommenden Auffassung von LADENBURG. Betrachten wir z. B. den Fall des *Kupfers*; als einwertiges Ion besitzt es noch die symmetrische Gruppe der dreiquantigen Bahnen, als zweiwertigem Ion fehlt ihm ein Elektron im Innenbau. Ganz entsprechend ist das einwertige Kupro-Ion farblos, das zweiwertige Kupri-Ion gefärbt. Auch die Fähigkeit der gerade hier in Frage stehenden Elemente, Ionen verschiedener Wertigkeitsstufen bilden zu können — bis zum Skandium haben die Ionen konstante Elektrovalenz — wird von BOHR mit der Möglichkeit von Übergangsprozessen zwischen den Elektronen im Innern der nicht durch Symmetrie gefestigten Elektronengruppen erklärt.

Die fünfte Periode denkt sich BOHR durchaus in Analogie zur vierten gebaut; auch hier wird das 37. und 38. Elektron (*Rubidium* und *Strontium*) in 5_1-Bahnen gebunden, dann aber wird die Elektronengruppe mit vierquantigen Bahnen weiter ausgebaut; analog wie dieser Ausbau in der vierten Periode beim Kupfer beendet ist, so ist er hier in der fünften Periode beim *Silber* zu einem vorläufigen Abschluß gebracht durch Auftreten einer symmetrischen Konfiguration von drei Untergruppen mit je 6 Elektronen in Bahnen der Typen 4_1, 4_2 und 4_3. Das Valenzelektron des Silbers ist wie das des Rubidiums in einer 5_1-Bahn gebunden. Am Ende der fünften Periode, im *Xenon* (Kernladung 54) haben wir bereits, symmetrisch angeordnet, vier Elektronen in einer 5_1- und vier in einer 5_2-Bahn. Man vergleiche die Tabelle 6.

Ein Blick auf die Tabelle 6 wird auch verständlich machen, wie BOHR die Erklärung für die doppelte Anomalie in der sechsten Periode gibt, wo sowohl die seltenen Erden wie die Platinmetalle die Änderung des chemischen Charakters mit steigender Ordnungszahl verzögern. Der nachträgliche Ausbau findet bei der Ausbildung dieser Periode nicht nur in den fünfquantigen, sondern auch noch in den (bereits einmal vervollständigten) vierquantigen Bahnen statt; hier sind zwei »Wunden«, die geschlossen werden müssen. Daß die sechste Periode 32 Plätze hat, ist nach BOHR so zu verstehen, daß die endgültig ausgebaute vierquantige Gruppe 8 Elektronen in jeder ihrer vier Untergruppen enthält, statt wie früher 6 in drei Untergruppen (Zunahme von 14 Elektronen) und die fünfquantige Gruppe von 2×4 auf 3×6 Elektronen ansteigt

(= Zunahme von 10), während die sechsquantige Gruppe in der *Emanation* die bekannte Anordnung von je vier Elektronen in der 6_1- und 6_2-Gruppe zeigt (= Zunahme von 8). Man vergleiche wieder Tabelle 6.

Die große Ähnlichkeit des *seltenen Erden* untereinander wird demnach sehr einleuchtend dadurch erklärt, daß in diesem Gebiet des periodischen Systems die neu hinzukommenden Elektronen in eine relativ sehr tief gelegene Gruppe — die vierquantigen Bahnen — eintreten, die außenliegenden Valenzelektronen also keine merkliche Änderung erleiden, da die Unterschiede zwischen den einzelnen seltenen Erden in der drittäußersten Gruppe gelegen sind; auch die Farbe und der Magnetismus der seltenen Erden — die bekanntlich im Gegensatz zu der Einförmigkeit ihrer chemischen Eigenschaften sehr charakteristisch sind — findet in der oben angedeuteten Weise eine befriedigende Erklärung. Die *Platinmetalle* entsprechen der Stelle, wo die fünfquantigen Bahnen komplettiert werden.

Der Anfang der siebenten Periode unterscheidet sich dadurch von der sechsten, daß in dem uns bekannten Stück keine Stoffe auftreten, die einander so ähnlich wären, wie die seltenen Erden, wofür die Erklärung aus den Bindungsbedingungen der Elektronen gegeben werden kann; im übrigen bietet sie dasselbe Bild wie die fünfte Periode.

Abb. 6 (S. 396) kann nach BOHR zur Einprägung dieser Verhältnisse dienen [10]). Die Elemente der sieben Perioden des Systems sind in Vertikalreihen geschrieben; und zwar sind immer jene Folgen von Elementen eingerahmt, in deren Atomen sich eine »innere« Elektronengruppe in einem Entwicklungsstadium befindet. Die Einrahmung in der vierten Periode (21 Skandium bis 28 Nickel) deutet die oben besprochene endgültige Komplettierung der Gruppe von Elektronen in dreiquantigen Bahnen an; die Einrahmung in der fünften Periode (39 Yttrium bis 46 Palladium) entspricht der vorletzten Vervollständigung der Gruppe von vierquantigen Bahnen. Bei der sechsten Periode sind zwei Einrahmungen ineinander geschaltet; die innere (58 Cer bis 70 Ytterbium) weist auf die endgültige Komplettierung der Gruppe der vierquantigen Bahnen hin, die das fast völlige Stillstehen des chemischen Charakters beim Durchschreiten der Gruppe der seltenen Erden bewirkt; die äußere Umrahmung (57 Lanthan bis 78 Platin) bezeichnet das Gebiet, über welches sich der allmähliche Ausbau der fünfquantigen Bahnen erstreckt. Da BOHR zu dem Schluß geführt wird, daß die Elektronengruppe mit vierquantigen Bahnen wahrscheinlich schon beim Lutetium (71) völlig ausgebildet ist, muß man folgern, daß das Element 72 nicht mehr die Eigenschaften der seltenen Erden, sondern bereits die des Zirkons und Thors zeigt (vgl. oben S. 383), doch wird diese Betrachtung von BOHR selber als nicht ganz sicher bezeichnet. Die Verbindungslinien zwischen den Elementen der verschiedenen Perioden sollen auf die vorhandene Homologie der chemischen und physikalischen Eigenschaften hinweisen. Man beachte besonders, daß keine

Verbindungslinien gezogen sind zwischen zwei Elementen, die eine ungleiche Stellung bezüglich ihrer Einrahmung einnehmen. Denn wenn in chemischer Beziehung vielleicht auch eine nahe Verwandtschaft besteht — wie z. B. sicher zwischen den beiden dreiwertig positiven Elementen Aluminium und Skandium —, so wird die Sonderstellung, die die Atomtheorie den eingerahmten Elementen zuweist, durch Spektralbeobachtungen bestätigt.

Diese Angaben über das für den Chemiker Wichtigste aus der um-

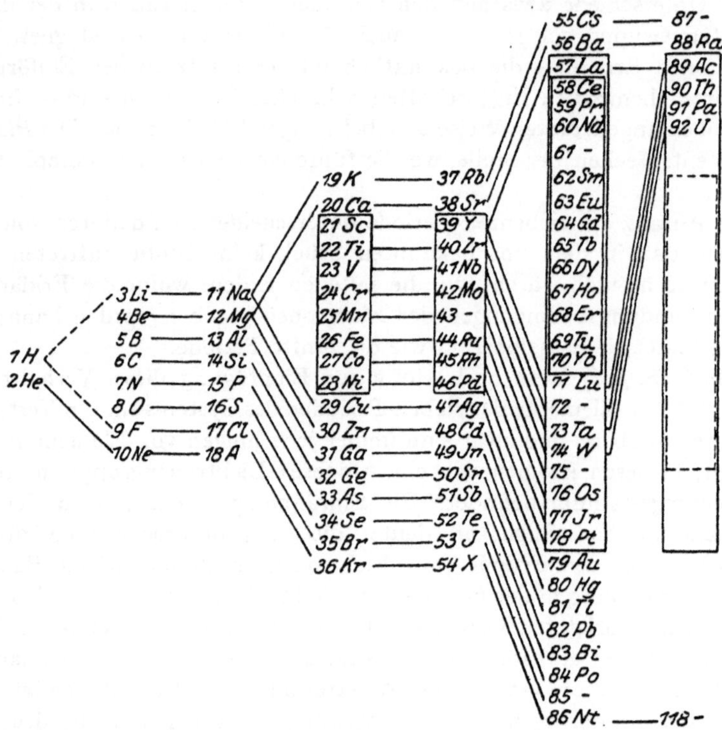

Abb. 6. Periodisches System der chemischen Elemente in Beziehung zum Atombau.

fangreichen Arbeit von BOHR dürften genügen, um zu zeigen, daß wir es hier zum erstenmal mit einer Ableitung der Perioden des Systems der Elemente auf theoretisch-physikalischer Grundlage zu tun haben. Viel freilich ist darin vorläufig noch mehr Programm als Erfüllung, und niemand kann stärker als der Autor selber den noch durch weitere Rechnungen und Vergleiche zu stützenden provisorischen Charakter in der Einzelausführung betonen. Wenn man aber die Erfolge bedenkt, die die Quantentheorie des Atoms und das BOHRsche Korrespondenzprinzip bereits in der Spektralerklärung davon getragen haben, wird man von vornherein nicht zweifeln, daß auch die Lösung des Problems des periodischen Systems nur im Einklang mit diesen Vorstellungen erfolgen kann. Und da wir bisher für die verschiedene Länge der Perioden überhaupt keinen Grund anzugeben vermochten, die Bohrsche Theorie aber nicht nur die Periodizität von 8 und 18, sondern sogar die Ausnahme der seltenen Erden plausibel zu machen versteht — von allen Einzelheiten, die durch sie eine neue Beleuchtung finden, abgesehen —, wird man die Bedeutung des durch Bohr in der Deutung des periodischen Systems bereits Erreichten kaum hoch genug veranschlagen können. Seine Theorie bildet den lange gesuchten Übergang von der linearen Anordnung der Kernladungszahlen — und Atomgewichte — zur Periodizität der Eigenschaften der Elemente*)

Daneben soll anderen, primitiveren Versuchen zur »Erklärung« des periodischen Systems nicht jeder Wert abgesprochen werden. Abgesehen davon, daß die Bohrsche Theorie noch nicht vollständig durchgeführt ist, wird auch, wenn wir sie uns ideal vollendet denken, die Beantwortung irgendeiner speziellen Frage, sagen wir nach dem Atomverhältnis, in dem mehrere Elemente zu einer chemischen Verbindung zusammentreten, auf ihrem Boden wahrscheinlich schweres mathematisch-physikalisches Rüstzeug erfordern, und für die chemische Praxis werden darum zum mindesten noch auf lange Zeit hinaus nicht die Besetzungsverhältnisse der Quantenbahnen mit Elektronen, sondern die einfachen chemischen Symbole mit ihren physikalisch nicht zu deutenden Valenzstrichen die ausschlaggebende Rolle spielen. Ja man kann sich dieser oder ähnlicher Schreibweisen in Zukunft vielleicht noch freier als bisher bedienen, wenn man ihren fiktiven Charakter von vornherein zugibt. *Die Bohrsche Theorie beansprucht Wahrheit zu sein*, in so hohem Sinn, wie man nur überhaupt in irgendeinem Gebiet der Naturwissenschaften von objektiv realer Wahrheit zu reden das Recht hat; als bewußte *Fiktionen* mögen daneben beliebige chemische Schreibweisen einherlaufen. In diesem Zusammenhang sei besonders auf eine bemerkenswerte Verfeinerung der Darstellung der chemischen Bindungsverhältnisse — unter beständiger Rücksichtnahme auf das periodische System — aufmerksam gemacht, die, an Ideen von Lewis [61] [29] anknüpfend, Langmuir [57] [58] [59] gegeben hat und die sich zur Erklärung chemischer Verhältnisse sehr brauchbar zu erweisen scheint [20] [22], obwohl sie ad hoc gemachte Annahmen enthält, die keiner physikalischen Behandlung fähig sind.

Am Ende dieser Übersicht wollen wir eine Tabelle geben, welche den oben mitgeteilten Fortschritten in der Erkenntnis des periodischen Systems

---

*) Der bekannte etwas mystische Satz, den DE CHANCOURTOIS aus wirklichen und vermeintlichen Beziehungen der Zahlenreihe zu den auf der »vis tellurique« angeordneten Elementen ableitete: »*Die Eigenschaften der Stoffe sind die Eigenschaften der Zahlen*« [19] erscheint heute in neuer Beleuchtung, wo im Prinzip bei jeder der Kernladungszahlen 1 bis 92 (und noch darüber hinaus) gezeigt werden kann, daß zu ihr ganz bestimmte chemische und spektroskopische Eigenschaften gehören.

Rechnung trägt, sich aber trotzdem nicht von der bewährten Form entfernt. Nach unserer Meinung kommen für den praktischen Gebrauch auch heute nur die zwei Anordnungen in Betracht, die bereits MENDELEJEFF diskutiert hat [67]), nämlich entweder das einfache Aneinanderreihen der kleinen und großen Perioden, oder die Unterteilung der großen Perioden.

Die erstere Schreibweise ist nichts als eine Übertragung der Atomvolumenkurve (Abb. 3) in Tabellenform, wobei aber noch eine Entscheidung darüber getroffen werden muß, über welche Glieder der großen Perioden die Elemente der beiden kleinen Perioden gesetzt werden, bzw. in welcher andern Weise (durch Striche oder dergl.) die homologen Elemente charakterisiert werden sollen. In diesem Punkte unterscheiden sich die im übrigen sehr ähnlichen — und für die Diskussion vieler Verhältnisse sehr empfehlenswerten — Anordnungen von MENDELEJEFF, STAIGMÜLLER [106]), ALFRED WERNER [116]), JULIUS THOMSEN [110]), RICHARDS [79]) u. a. Die auf S. 396 wiedergegebene Abb. 6 stellte eine von BOHR für die Veranschaulichung der Beziehungen zum Atombau gewählte Form dar, so daß wir andere, ähnliche Beispiele dieser Ausführungsart hier nicht bringen müssen. Für didaktische und mnemotechnische Zwecke hat aber doch die Unterteilung der großen Perioden, die sich durch die mehr oder minder ausgeprägte doppelte Periodizität einzelner Eigenschaften rechtfertigt, so bedeutende Vorzüge — man denke nur an die im wesentlichen gute Wiedergabe der Maximalvalenz der chemischen Elemente durch die Gruppennummer — daß wir nicht darauf verzichten wollen, diese, von MENDELEJEFF bevorzugte und später besonders von ABEGG [1]) verteidigte Anordnung auch hier zu bringen, mit den Änderungen, die im vorhergehend Besprochenen ihre Begründung finden.

Tabelle 7 zählt die Perioden so, wie es im Einklang mit der BOHRschen Theorie steht*), also als erste Periode Wasserstoff und Helium, als sechste die Elemente Cäsium bis Emanation mit der Gruppe der seltenen Erden. Diese letztere wird, ebenfalls entsprechend den BOHRschen Ansichten, nicht bis zum Element 72 fortgeführt, sondern dieses als Zirkonhomolog aufgefaßt. Die ganze Gruppe der seltenen Erden ist in der Tabelle auf einen einzigen Platz beschränkt, um die folgenden Elemente der sechsten Periode als direkte höhere Homologe der Elemente in den tieferen Perioden kenntlich zu machen, was unmöglich wird, wenn man, wie es häufig geschieht, die Gruppe der seltenen Erden über die ganze Breite der Tabelle ausdehnt; es erscheint uns wichtig, dieses direkte Anschließen deutlich zu machen, da es sich in einzelnen Fällen quantitativ hat zeigen lassen, daß die durch die seltenen Erden bewirkte abnorme Länge der sechsten Periode das Auftreten der homologen Gesetzmäßigkeiten nicht stört [54]).

Im übrigen wird durch diese Tabelle, wie üblich, in erster Linie der chemische Charakter betont; betreffs der homologen Zusammengehörigkeit nach den Vorstellungen des Atombaues (die mit der spektralen Zusammengehörigkeit sich deckt), siehe die Tabelle von BOHR (Abb. 6).

Bei jedem Element ist neben der Ordnungszahl das Verbindungsgewicht angegeben; von einer Anführung der isotopen Atomarten, aus denen viele Elemente bestehen, wurde abgesehen, denn da das periodische System in seiner allgemeinen Form die

---

*) Eine sehr ähnliche Tabelle findet sich bei SOMMERFELD [105]) und bei BLOCH [7]).

Tabelle 7.
Periodisches System der chemischen Elemente
(mit den Ordnungszahlen und Verbindungsgewichten).

Periode	Gruppe I a	Gruppe I b	Gruppe II a	Gruppe II b	Gruppe III a	Gruppe III b	Gruppe IV a	Gruppe IV b	Gruppe V a	Gruppe V b	Gruppe VI a	Gruppe VI b	Gruppe VII a	Gruppe VII b	Gruppe VIII	O
I	1 H 1,008															2 He 4,00
II	3 Li 6,94		4 Be 9,1		5 B 10,8		6 C 12,00		7 N 14,008		8 O 16,000		9 F 19,00			10 Ne 20,2
III	11 Na 23,00		12 Mg 24,32		13 Al 27,1		14 Si 28,3		15 P 31,04		16 S 32,07		17 Cl 35,46			18 Ar 39,9
IV	19 K 39,10	29 Cu 63,57	20 Ca 40,07	30 Zn 65,37	21 Sc 45,10	31 Ga 69,9	22 Ti 48,1	32 Ge 72,5	23 V 51,0	33 As 74,96	24 Cr 52,0	34 Se 79,2	25 Mn 54,93	35 Br 79,92	26 Fe 55,85 27 Co 58,97 28 Ni 58,68	36 Kr 82,92
V	37 Rb 85,5	47 Ag 107,88	38 Sr 87,6	48 Cd 112,4	39 Y 88,7	49 In 114,8	40 Zr 90,6	50 Sn 118,7	41 Nb 93,5	51 Sb 120,2	42 Mo 96,0	52 Te 127,5	43—	53 J 126,92	44 Ru 101,7 45 Rh 102,9 46 Pd 106,7	54 X 130,2
VI	55 Cs 132,8	79 Au 197,2	56 Ba 137,4	80 Hg 200,6	57 bis 71 Seltene Erden*	81 Tl 204,4	72—	82 Pb 207,2	73 Ta 181,5	83 Bi 209,0	74 W 184,0	84 Po 210	75—	85—	76 Os 190,9 77 Ir 193,1 78 Pt 195,2	86 Em 222
VII	87—		88 Ra 226,0		89 Ac		90 Th 232,1		91 Pa		92 U 238,2					

* Seltene Erden

VI 57—71	57 La 139,0	58 Ce 140,25	59 Pr 140,9	60 Nd 144,3	61—	62 Sm 150,4	63 Eu 152,0	64 Gd 157,3	65 Tb 159,2	66 Dy 162,5	67 Ho 163,5	68 Er 167,7	69 Tu 169,4	70 Yb 173,5	71 Lu 175,0

Beziehungen der »Elemente« zueinander zur Darstellung bringen soll, gehören die Isotope, die ja nur Arten derselben Elemente sind, nicht in die allgemeine Tabelle mit hinein. Namentlich solange wir bei vielen Elementen noch nicht wissen, ob sie Mischelemente oder Reinelemente sind, wird die Mitteilung unserer — durch Zufälligkeiten der bisher angestellten Untersuchungen beschränkten — Kenntnisse am besten durch eine eigene Liste vermittelt (siehe Seite 375).

Sehr häufig sind kompliziertere Anordnungen, besonders auch räumliche Darstellungen des periodischen Systems vorgeschlagen worden, um noch weitere Beziehungen ersichtlich machen zu können. Alle diese Modelle (Spiralen, Achter usw.) leiden an großer Unübersichtlichkeit. Sie wären nur dann berechtigt, wenn sie zur Aufdeckung neuer Beziehungen führen würden — was bisher nicht der Fall war — oder wenn der Form der Raumkurve irgendwelche physikalische Bedeutung beigelegt werden sollte. Dies war z. B. die Absicht bei der Lemniskaten-Spirale von Crookes [23]), bei welcher allerdings die Vorstellung einer pendelartig schwingenden Schöpferkraft schon mehr Metaphysik als Physik ist. Wenn man aber keinen tieferen Sinn hineinlegt, sondern die Anordnung nur zu systematischen Zwecken vornimmt, ist in erster Linie Übersichtlichkeit und Einprägsamkeit zu fordern, und darum wird unseres Erachtens die darin unübertroffene Mendelejeffsche Tabelle — mit den durch den augenblicklichen Stand des Wissens geforderten kleinen Veränderungen — auch in Zukunft den ersten Platz behaupten.

Literatur.

1. Abegg, R., Ber. d. Deutsch. Chem. Ges. 1905, Bd. 38, S. 1386 u. 2330.
2. Aston, F. W., Isotopes (Arnold u. Co., London 1922).
3. — Journ. Chem. Soc. 1921, Bd. 119, S. 677.
4. — Nature 1922, Bd. 109, S. 813.
5. — Nature 1922, Bd. 110, S. 312.
6. Baxter, G. P., Journ. Amer. Chem. Soc. 1915, Bd. 37, S. 286.
7. Bloch, L., Journ. de Phys. et Le Radium 1922, (6) Bd. 3, S. 110.
8. Bohr, N., Phil. Mag. 1913, Bd. 26, S. 1, 476 u. 857; Abhandlungen über Atombau aus den Jahren 1913 bis 1916 (Übersetzung von H. Stintzing; Vieweg, Braunschweig 1921).
9. — Z. f. Physik 1922, Bd. 9, S. 1.
10. — Drei Aufsätze über Spektren und Atombau (Vieweg, Braunschweig 1922), S. 70.
11. Boltwood, B. B., Amer. Journ. Science 1907, Bd. 24, S. 99.
12. Boltzmann, L., Mündliche Tradition (s. Literatur-Zitat 72, S. 187).
13. Boyle, R. Chymista Scepticus (Rotterdam 1668), S. 36; The Sceptical Chymist (Everyman's library, London) S. 32.
14. — Chymista Scepticus (Rotterdam 1668), S. 165; The Sceptical Chymist (Everyman's library, London) S. 104.
15. — Chymista Scepticus (Rotterdam 1668), S. 370; The Sceptical Chymist (Everyman's library, London), S. 217.
16. Broek, A. van den, Physikal. Ztschr. 1913, Bd. 14, S. 32.
17. Butlerow, A., Journ. d. russ. phys. chem. Ges. 1882, (1) S. 208; Ber. d. Deutsch. Chem. Ges. 1882, Bd. 15, S. 1559; Bull. soc. chim. 1883, Bd. 39, S. 263.
18. Chadwick, J., Phil. Mag. 1920, Bd. 40, S. 734.

19. CHANCOURTOIS, B. DE, Vis tellurique: Classement naturel des corps simples ou radicaux (Paris 1863); s. C. SCHMIDT, Das period. System der chemischen Elemente (Leipzig, 1917).

20. CONANT, J. B., Journ. Amer. Chem. Soc. 1921, Bd. 43, S. 1705.

21. McCOY, H., u. ROSS, W., Journ. Amer. Chem. Soc. 1907, Bd. 29, S. 1709.

22. CROCKER, E. C., Journ. Amer. Chem. Soc. 1922, Bd. 44, S. 1618.

23. CROOKES, W., Journ. Chem. Soc. 1888, Bd. 53, S. 487; Die Genesis der Elemente (Braunschweig 1888); Z. f. anorg. Chem. 1898, Bd. 18, S. 72.

24. — Journ. Chem. Soc. 1889, Bd. 55, S. 255, 284; Nature 1914, Bd. 94, S. 367.

25. DAUVILLIER, A., Comptes rend. 1922, Bd. 174, S. 1347.

26. DEMPSTER, A. I., Phys. Review 1918, Bd. 11, S. 316; 1921, Bd. 17, S. 427 und Bd. 18, S. 415. Science 1921, Bd. 53, S. 363. Proc. Nat. Acad. Science Amer. 1921, Bd. 7, S. 45. Phys. Review 1922, Bd. 19, S. 271.

27. DENNIS, L. M., und WYCKOFF, R. W. G., Journ. Amer. Chem. Soc. 1920, Bd. 42, S. 985.

28. DEUTSCHE ATOMGEWICHTSKOMMISSION, Ber. d. Deutsch. Chem. Ges. 1921, Bd. 54A, S. 181.

29. DUSHMAN, S., General Electric Review 1917, S. 403.

30. EXNER, F. und HASCHEK E., Wiener Sitzber. 1912, Bd. 121 (IIa), S. 1075.

31. FAJANS, K., Physikal. Z. 1913, Bd. 14, S. 131 u. 136; Ber. d. Dtsch. Chem. Ges. 1913, Bd. 46, S. 422; Verhandl. d. Deutsch. Phys. Ges. 1913, Bd. 15, S. 240.

32. — Jahrb. d. Radioakt. u. Elektron. 1917, Bd. 14, S. 314; 1918, Bd. 15, S. 101. Die Naturwissenschaften 1918, Bd. 6, S. 751. Radioaktivität und die neueste Entwicklung d. Lehre v. den chem. Elementen (Vieweg, Braunschweig, 1. bis 3. Aufl.). Z. f. Elektroch. 1918, Bd. 24, S. 377.

33. — Radioaktivität u. die neueste Entwicklung d. Lehre v. den chem. Elementen, 4. Aufl. 1922, S. 93. (Vieweg, Braunschweig.)

34. FLECK, A., Trans. Chem. Soc. 1913, Bd. 103, S. 381 u. 1052.

35. GEIGER, H. und MARSDEN E., Proc. Roy. Soc. (A) 1909, Bd. 82, S. 495; Wiener Sitzber. 1912, Bd. 121 (IIa), S. 2361.

36. GLASSON, J. L., Phil. Mag. 1921, Bd. 42, S. 596.

37. GOLDSCHMIDT, V. M., Z. f. Elektroch. 1922, Bd. 28, S. 411; Die Naturwissenschaften 1922, Bd. 42, S. 918.

38. HADDING, ASSAR, Z. anorgan. Chemie 1922, Bd. 122, S. 195.

39. HAHN, O., Die Naturwissenschaften 1922, Bd. 10, S. 934.

40. — Phil. Mag. 1906, Bd. 12, S. 82; Ber. d. Deutsch. Chem. Ges. 1907, Bd. 40, S. 1462.

41. — und MEITNER, L., Ber. d. Deutsch. Chem. Ges. 1919, Bd. 52, S. 1812, 1828.

42. HARKINS, W. D., Journ. Amer. Chem. Soc. 1917, Bd. 39, S. 856.

43. — Phil. Mag. 1921, Bd. 42, S. 305.

44. — und WILSON, E. D., Journ. Amer. Chem. Soc. 1915, Bd. 37, S. 1367 und 1383.

45. — — Z. anorgan. Chem. 1916, Bd. 95, S. 1 und 20.

46. v. HEVESY, G., Phil. Mag. 1912, Bd. 23, S. 628; Physikal. Z. 1912, Bd. 13, S. 672; 1913, Bd. 14, S. 49 u. 1202. — v. HEVESY, G. und PANETH, F., Wiener Sitzber. 1913, Bd. 122 (IIa), S. 993.

47. — Physikal. Z. 1913, Bd. 14, S. 49, 61.

48. HOFF, J. H. VAN 'T., Die chemischen Grundlehren nach Menge, Maß und Zeit (Vieweg, Braunschweig 1912), S. 4 ff.

49. HOLLEMAN, A. F., Lehrb. d. anorg. Chemie (Veit, Leipzig, 15. Aufl., 1919) S. 379.

50. HÖNIGSCHMID, O. und BIRCKENBACH, L., Chemiker-Zeitung. 1922, Bd. 46, S. 884.

51. — und HOROVITZ, St., Wiener Sitzber. 1914, Bd. 123 (IIa), S. 1033.

52. KOSSEL, W., Physik. Z. 1919, Bd. 20, S. 265.

53. — Ann. d. Phys. 1916, Bd. 49, S. 229; Die Naturwissenschaften 1919, Bd. 7, S. 339 u. 360.

54. — Z. f. Physik 1920, Bd. 1, S. 395.

55. LADENBURG, R., Die Naturwissenschaften 1920, Bd. 8, S. 5.

56. — Z. f. Elektrochemie 1920, Bd. 26, S. 262.

57. LANGMUIR, J., Journ. Amer. Chem. Soc. 1919, Bd. 41, S. 868 und 1543.

58. — Journ. Amer. Chem. Soc. 1920, Bd. 42, S. 274.

59. — Science 1921, Bd. 54, S. 59.

60. LENZ, W., Bayer. Akad. 1918, S. 355; Die Naturwissenschaften 1920, Bd. 8, S. 181; Z. Elektrochemie 1920, Bd. 26, S. 277.

61. LEWIS, G. N., Journ. Amer. Chem. Soc. 1916, Bd. 38, S. 762; Chem. Met. Eng. 1921, Bd. 24, S. 871.

62. LICHTENBERG, GEORG CHRIST., Timorus (Berlin 1771; Reclam, Leipzig 1880; Diederichs, Jena 1907).

63. MARCKWALD, W. und KEETMANN, B., Ber. d. Dtsch. Chem. Ges. 1908, Bd. 41, S. 49. MARCKWALD, W., ebenda 1910, Bd. 43, S. 3420.

64. MEITNER, L., Z. f. Physik 1921, Bd. 4, S. 146; Die Naturwissenschaften 1921, Bd. 9, S. 423.

65. MENDELEJEFF, D., Grundlagen der Chemie (St. Petersburg 1891), S. 683, Anm. 8.

66. — Journ. Chem. Soc. 1889, Bd. 55, S. 634, 644 ff.; Grundlagen der Chemie (St. Petersb. 1891) S. 24, Anm. 27 und S. 1102, Anm. 27.

67. — Grundlagen d. Chemie (St. Petersb. 1891), S. 685, Anm. 10.

68. — Grundlagen d. Chemie (St. Petersb. 1891) S. 692, Anm. 13.

69. — Ann. d. Chem. u. Pharm. 1872, Supplementband 8, S. 133.

70. MEYER, R. J., Die Naturwissenschaften 1922, Bd. 10, S. 911.

71. MOSELEY, H. G. J., Phil. Mag. 1913, Bd. 26, S. 1024; 1914, Bd. 27, S. 703.

72. PANETH, F., Z. physik. Chem. 1916, Bd. 91, S. 171.

73. — Z. physik. Chem. 1916, Bd. 91, S. 171, 196.

74. — Z. physik. Chem. 1917, Bd. 92, S. 677; Die Naturwissenschaften 1920, Bd. 8, S. 839.

75. — Die Naturwissenschaften 1920, Bd. 8, S. 839, 842, Anm. 1.

76. — Z. physik. Chem. 1918, Bd. 93, S. 86; Die Naturwissenschaften 1918, Bd. 6, S. 646; 1920, Bd. 8, S. 94 und 839; Z. f. Elektroch. 1918, Bd. 24, S. 378.

77. PELLINI, G., Über das Atomgewicht des Tellurs und seine Beziehungen zu den Gruppenhomologen. Deutsch von B. L. VANZETTI; Sammlung chemischer und chemisch-technischer Vorträge. (Enke, Stuttgart 1914.)

78. REMY, H., Die Naturwissenschaften 1918, Bd. 6, S. 525.

79. RICHARDS, TH. W., Chem. News 1898, Bd. 78, S. 193; s. G. RUDORF, Das period System (Voß, Leipzig 1904), S. 236.

80. — und LEMBERT, M., Z. anorg. Chem. 1914, Bd. 88, S. 429.

81. — und ARCHIBALD, E. H., Proc. Amer. Acad. 1903, Bd. 38, S. 443.

82. RUSSELL, A. S. und ROSSI, R., Proc. Roy. Soc. 1912, Bd. 87 (A), S. 478.

83. — Chem. News 1913, Bd. 107, S. 49.

84. — Mündliche Äußerung (s. SODDY, F., Chem. News 1913, Bd. 107, S. 97).

85. RUTHERFORD, E., Cardiff meeting of the British Association (1920).

86. — Phil. Mag. 1919, Bd. 37, S. 538.

87. — Journ. Chem. Soc. 1922, Bd. 121, S. 400.

88. — Phil. Mag. 1911, Bd. 21, S. 669; 1914, Bd. 27, S. 488.

89. — Phil. Mag. 1914, Bd. 27, S. 488, 494.

90. — Proc. Roy. Soc. A. 1920, Bd. 97, S. 374.

91. — u. CHADWICK, J., Nature 1921, Bd. 107, S. 41; Phil. Mag. 1921, Bd. 42, S. 809.

92. — u. CHADWICK, J. Phil. Mag. 1922, Bd. 44, S. 417.

93. RYDBERG, J. R., Z. anorgan. Chem. 1897, Bd. 14, S. 66, 94.

94. — Z. anorgan. Chem. 1897, Bd. 14, S. 66, 80.

95. SCHÜTZENBERGER, P., Chem. News 1882, Bd. 45, S. 50; Ber. d. Deutsch. Chem. Ges. 1882, Bd. 15, S. 958; Bull. soc. chim. 1883, Bd. 39, S. 258.

96. SODDY, F., The Chemistry of the Radio-Elements, Part I. (Longmans, Green and Co., London 1911.)

97. SODDY, F., The Chemistry of the Radio-Elements, Part II. (Longmans, Green and Co., London 1913.)

98. — Chem. News 1913, Bd. 107, S. 97; Jahrb. d. Rad. u. Elektron. 1913, Bd. 10, S. 188.

99. — Nature 1913, Bd. 92, S. 399.

100. — Nature 1915, Bd. 94, S. 615.

101. — Journ. Chem. Soc. 1911, Bd. 99, S. 72.

102. — Report of the Chem. Soc. 1910, Bd. 7, S. 256, 286.

103. — und HYMANN, H., Journ. Chem. Soc. 1914, Bd. 105, S. 1402.

104. SOLVAY INSTITUTE OF CHEMISTRY, Nature 1922, Bd. 109, S. 718.

105. SOMMERFELD, A., Atombau und Spektrallinien (Vieweg, Braunschweig, 3. Aufl., 1922).

106. STAIGMÜLLER, H., Z. f. phys. Chem. 1902, Bd. 39, S. 245.

107. STEWART, A. W., Phil. Mag. 1918, Bd. 36, S. 326.

108. STRÖMHOLM, D. und SVEDBERG, T., Z. anorg. Chem. 1909, Bd. 61, S. 338 und Bd. 63, S. 197.

109. — Z. anorg. Chem. 1909, Bd. 63, S. 197, 206.

110. THOMSEN, JULIUS, Z. anorgan. Chem. 1895, Bd. 9, S. 190.

111. THOMSON, J. J., Vorträge auf d. British Association 1913; vgl. Z. f. Elektrochem. 1914, Bd. 20, S. 90 f.; Rays of positive electricity and their application to chemical analyses (Longmans, Green and Co., London 1913).

112. — The Corpuscular Theory of matter (London 1907); Die Korpuskulartheorie d. Materie (Vieweg, Braunschweig, »Die Wissenschaft« Bd. 25).

113. TOLMAN, R. C., Journ. Amer. Chem. Soc. 1922, Bd. 44, S. 1902.

114. URBAIN, G., Comptes rend. 1911, Bd. 152, S. 141; 1922, Bd. 174, S. 1349.

115. WEGSCHEIDER, R., Z. phys. Chem. 1918, Bd. 92, S. 741; 1919, Bd. 93, S. 380.

116. WERNER, A., Ber. d. Deutsch. Chem. Ges. 1905, Bd. 38, S. 914 u. 2022.